Manfred Kahle

Elektrische Isoliertechnik

Mit 311 Abbildungen und 30 Tabellen

Springer-Verlag Berlin Heidelberg GmbH 1989

Prof. Dr.-Ing. Manfred Kahle, Ilmenau

Lizenzausgabe für den
Springer-Verlag Berlin Heidelberg New York Paris Tokyo

Vertriebsrechte für die nichtsozialistischen Länder:
Springer-Verlag Berlin Heidelberg New York London Paris Tokyo

Vertriebsrechte für die sozialistischen Länder:
VEB Verlag Technik, Berlin

ISBN 978-3-642-48350-9   ISBN 978-3-642-48349-3 (eBook)
DOI 10.1007/978-3-642-48349-3

CIP-Kurztitelaufnahme der Deutschen Bibliothek
Kahle, Manfred
Elektrische Isoliertechnik / Manfred Kahle. – Berlin ;
Heidelberg ; New York ; London ; Paris ; Tokyo : Springer, 1989

© Springer-Verlag Berlin Heidelberg 1989
Ursprünglich erschienen bei VEB Verlag Technik, Berlin 1989.

Die Wiedergabe von Gebrauchsnamen, Handelsnamen, Warenbezeichnungen usw. in diesem Werk berechtigt auch ohne besondere Kennzeichnung nicht zur Annahme, daß solche Namen im Sinne der Warenzeichen- und Markenschutz-Gesetzgebung als frei zu betrachten wären und daher von jedermann benutzt werden dürften.

Sollte in diesem Werk direkt oder indirekt auf Gesetze, Vorschriften oder Richtlinien (z. B. DIN, VDI, VDE) Bezug genommen oder aus ihnen zitiert worden sein, so kann der Verlag keine Gewähr für Richtigkeit, Vollständigkeit oder Aktualität übernehmen. Es empfiehlt sich, gegebenenfalls für die eigenen Arbeiten die vollständigen Vorschriften oder Richtlinien in der jeweils gültigen Fassung hinzuzuziehen.

Buchbinderei: Lüderitz & Bauer, Berlin
2160/3020-543210

Vorwort

Die elektrische Energieerzeugung, -übertragung, -verteilung und -wandlung, aber auch die meisten Informationsprozesse bedienen sich der elektrischen Stromleitung. Damit wird die Herstellung und Aufrechterhaltung der Potentialtrennung zu einer absolut notwendigen Voraussetzung für diese Techniken.

Die Lehre von der Potentialtrennung ist Gegenstand der elektrischen Isoliertechnik. Der Vermittlung grundlegender Erkenntnisse zu diesem Fachgebiet ist das vorliegende Buch gewidmet.

Es wird der Versuch unternommen, das umfangreiche Gebiet konsequent unter den Gesichtspunkten Beanspruchung der Isolierung, Isoliervermögen von Stoffen und Anordnungen, Schutz der Isolierung und Koordination von Schutz und Isoliervermögen sowie Auslegung, Konstruktion und Technologie von Isolierungen zu behandeln.

Um die große Vielfalt der Lösung von Isolierproblemen übersichtlich zu gestalten, werden grundlegende Zusammenhänge zwischen Art und Struktur des Isoliermaterials, des Beanspruchungskomplexes und dem Isoliervermögen dargestellt. Auch werden konstruktive und technologische Gesichtspunkte vorwiegend für typische Isoliersysteme abgeleitet und nur durch Erzeugnis- und Technologiebeispiele untersetzt. Auf diese Weise wird das Verständnis für physikalische und technische Zusammenhänge gefördert und dem Leser das notwendige Material für die detaillierte eigene Erkenntnisgewinnung bereitgestellt.

Das Buch versteht sich in erster Linie als Fachbuch für die Aus- und Weiterbildung von Ingenieuren der Elektrotechnik, ist aber auch als Lehrbuch für Studenten geeignet. Dem Bedürfnis nach der Entwicklung von Fachkadern auf Grenzgebieten wurde ebenfalls starke Beachtung geschenkt.

Schließlich wendet sich das Buch in dem genannten Sinne auch an Physiker und Chemiker, die in der Elektrotechnik tätig sind oder elektrotechnische Zielstellungen aus dem eigenen Fachgebiet heraus vorantreiben wollen.

Dem in der Praxis tätigen Ingenieur soll das Buch eine Unterstützung bei der Systematisierung eigener Erkenntnisse und Erfahrungen bieten und in gewissem Umfang quantitative und wertende Aussagen zum Stand und zur Entwicklung der elektrischen Isoliertechnik liefern. Der besonderen Stellung der Hochspannungsisoliertechnik wird Rechnung getragen.

Das vorliegende Buch ist nicht zuletzt das Ergebnis einer umfassenden Forschung zu Teilgebieten und einer langjährigen Lehr- und Weiterbildungstätigkeit. In diesem Zusammenhang sind auch umfangreiche Erfahrungen und Erkenntnisse meiner Mitarbeiter und vieler Kollegen der Industrie und des Hochschulwesens eingeflossen. Ihnen allen sei mein Dank ausgesprochen.

Manfred Kahle

Inhaltsverzeichnis

Verzeichnis der wichtigsten Formelzeichen 10

1. Aufgaben und Bedeutung der elektrischen Isoliertechnik für elektrotechnische Erzeugnisse und Verfahren 15

2. Belastung von Isolierungen und Beanspruchung der Isolierstoffe 21
   2.1. Klimatische und Umweltfaktoren 21
       2.1.1. Wirkungen des Luftdrucks 21
       2.1.2. Einfluß der Luftfeuchtigkeit 21
       2.1.3. Temperatureinfluß 22
       2.1.4. Strahlungsbelastung 22
       2.1.5. Chemische Einflüsse 22
   2.2. Betriebstechnische Belastungen 23
       2.2.1. Mechanische Belastungen 23
       2.2.2. Thermische Belastungen 25
       2.2.3. Elektrische Belastungen 26
       2.2.3.1. Der ungestörte Betrieb 27
       2.2.3.2. Innere Überspannungen 28
       2.2.3.3. Äußere Überspannungen 36

3. Isoliervermögen von Isolierungen und deren Einflußgrößen 46
   3.1. Isoliervermögen und Durchschlag 46
       3.1.1. Der Durchschlag als Wahrscheinlichkeitsprozeß 47
       3.1.2. Verteilungsfunktionen zur Beschreibung von Durchschlagprozessen 48
       3.1.3. Lebensdauer und Zuverlässigkeit von Isolierungen 52
   3.2. Einfluß des elektromagnetischen Feldes auf das Isoliervermögen 54
       3.2.1. Einfluß der elektrischen und magnetischen Feldkomponenten 54
       3.2.2. Lösungen der Potentialgleichung 60
       3.2.2.1. Geschlossene Lösungen 60
       3.2.2.2. Methode der Diskretisierung des Potentialfeldes 66
       3.2.2.3. Numerische Lösungen der Potentialgleichung 67
       3.2.2.4. Graphische Lösungen 73
       3.2.2.5. Simulationsmethoden 75
       3.2.3. Betrachtungen zu Feldeinflüssen im Einstoffsystem 75
       3.2.3.1. Homogenes elektrostatisches Feld 75
       3.2.3.2. Inhomogenes elektrostatisches Feld 76
       3.2.4. Feldeinflüsse im Mehrstoffsystem 81
   3.3. Struktur und Eigenschaften der Isolierstoffe 87
   3.4. Einfluß der Ladungsträger und ihrer Bewegung auf die Isolierfähigkeit 93
       3.4.1. Elektrische Ströme im nichtidealen Dielektrikum 93
       3.4.2. Elektrischer Leitungsmechanismus in Isoliergasen 95
       3.4.3. Elektrischer Leitungsmechanismus in Isolierflüssigkeiten 102

3.4.4. Elektrische Leitung in festen Isolierstoffen ... 105
3.4.5. Polarisationszustand im Isolierstoff ... 110
3.4.6. Frequenzeinfluß auf die dielektrische Polarisation ... 114
3.4.6.1. Polarisation im zeitkonstanten elektrischen Feld ... 114
3.4.6.2. Polarisation im zeitvariablen elektrischen Feld ... 119
3.4.7. Einflußfaktoren auf die Dielektrizitätskonstante und den dielektrischen Verlustfaktor ... 126
3.4.8. Analyse der Überlagerung von Leitungs- und Polarisationsprozessen und der dielektrischen Verluste ... 132

3.5. Elektrische Durchschlagvorgänge ... 135
   3.5.1. Durchschlag von gasförmigen Isolierstoffen ... 135
   3.5.1.1. Lawinendurchschlag ... 135
   3.5.1.2. Kanaldurchschlag ... 140
   3.5.1.3. Durchschlag von elektronegativen Gasen und synthetischen Isoliergasen ... 147
   3.5.1.4. Durchschlag an Grenzflächen ... 153
   3.5.2. Durchschlag von flüssigen Isolierstoffen ... 161
   3.5.2.1. Durchschlagmechanismus in Isolierflüssigkeiten ... 161
   3.5.2.2. Einflußgrößen des Flüssigkeitsdurchschlags ... 164
   3.5.3. Festkörperdurchschlag ... 174
   3.5.3.1. Elektrischer Durchschlag ... 176
   3.5.3.2. Wärmedurchschlag ... 180
   3.5.3.3. Struktureinfluß auf die Durchschlagfestigkeit ... 186
   3.5.3.4. Einfluß der Temperatur ... 191
   3.5.3.5. Einfluß der Geometrie der Isolierstoffe und des elektrischen Feldes ... 193
   3.5.3.6. Einfluß der Belastungszeit und des zeitlichen Spannungsverlaufs ... 194

3.6. Alterung von Isolierstoffen ... 195
   3.6.1. Alterung als zeit- und belastungsabhängige Veränderung des Isoliermaterials ... 195
   3.6.2. Thermische Alterung ... 197
   3.6.3. Mechanische Alterung ... 206
   3.6.4. Elektrische Alterung ... 208
   3.6.5. Kriechstromalterung ... 228
   3.6.6. Strahlungsalterung ... 232
   3.6.7. Multistressalterung ... 234

4. Schutz der Isolierung und Diagnose des Isoliervermögens ... 237

4.1. Aktiver und passiver Schutz der Isolierung gegen Überspannungen ... 237
4.2. Isolationskoordination ... 239
4.3. Isolierstoffdiagnose ... 241
   4.3.1. Bestimmung der elektrischen Festigkeit von Isolierstoffen ... 241
   4.3.2. Bestimmung der dielektrischen Kenngrößen ... 243
   4.3.3. Bestimmung der Kriechstromfestigkeit ... 245
   4.3.4. Bestimmung von betriebsrelevanten Isolierstoffeigenschaften ... 246
4.4. Diagnose zur Zustandserfassung von Isolierungen ... 250
   4.4.1. Teilentladungsdiagnose ... 251
   4.4.2. Dielektrische Diagnoseverfahren ... 254
   4.4.3. Gaschromatographische Diagnoseverfahren ... 254
4.5. Hochspannungsprüf- und -meßtechnik ... 254
   4.5.1. Hochspannungsprüfverfahren ... 255
   4.5.1.1. Wechselspannungsprüfung ... 255
   4.5.1.2. Impulsspannungsprüfung ... 257

Inhaltsverzeichnis 9

4.5.1.3. Gleichspannungsprüfung... 261
4.5.2. Hochspannungsmeßmethoden 263
4.5.2.1. Elektrostatische Spannungsmessung 263
4.5.2.2. Messung mit Kugelfunkenstrecken 263
4.5.2.3. Messung hoher Spannungen mit Vorwiderständen..................... 264
4.5.2.4. Messung über Wandler und Teiler 264
4.5.2.5. Scheitelspannungsmeßeinrichtungen 268
4.5.2.6. Abbildung und Messung von Spannungsverläufen...................... 269
4.5.3. Feldmessungen 269

5. Auslegung, Konstruktion und Technologie von elektrischen Isolierungen 273

5.1. Luftisolierungen 273
   5.1.1. Grenzflächenfreie Luftisolierungen 273
   5.1.2. Luftisolierungen mit Grenzflächen 279
   5.1.2.1. Luftisolierungen mit isolierenden Grenzflächen 279
   5.1.2.2. Luftisolierungen mit fremdschichtbehafteten Grenzflächen................ 291

5.2. Druckgasisolierungen 298
   5.2.1. Auslegung von Druckgasisolierungen 299
   5.2.2. Technologie von Druckgasisolierungen 301
   5.2.3. Beispiele für konstruktive Lösungen von druckgasisolierten Geräten und Anlagen.. 302

5.3. Flüssigkeits- und Mischisolierungen 305
   5.3.1. Flüssigkeitsisolierungen... 305
   5.3.2. Auslegung von Öl-Barrieren-Isolierungen 307
   5.3.3. Auslegung von Öl-Papier-Isolierungen................................ 311
   5.3.4. Typische Technologien zur Realisierung von Öl-Barrieren- und Öl-Papier-Isolierungen... 320
   5.3.5. Beispiele für konstruktive Lösungen von Öl-Barrieren- und Öl-Papier-Isolierungen 323
   5.3.5.1. Transformatoren... 323
   5.3.5.2. Durchführungen... 328
   5.3.5.3. Kondensatoren 332
   5.3.5.4. Kabel 334

5.4. Festkörperisolierungen 340
   5.4.1. Auswahl von Isolierstoffen und Auslegung von Festkörperisolierungen...... 340
   5.4.2. Beispiele für konstruktive Lösungen von Festkörperisolierungen 342
   5.4.2.1. Maschinenisolierungen 342
   5.4.2.2. Feststoffisolierte Kabel 348
   5.4.2.3. Feststoffisolierte Schaltanlagen 352
   5.4.2.4. Trockentransformatoren 353

Literaturverzeichnis 354

Sachwörterverzeichnis 358

Verzeichnis der wichtigsten Formelzeichen

A	Fläche; Alterungsbetrag	f_F	Feldfaktor
A_{IR}	Absorption im Infrarotspektrum	f_r	Rauheitsfaktor
a	Abstand; Weibull-Exponent der Durchschlagzeitverteilung; Schwingungskonstante	f_g	Grenzflächenfaktor
		f_{imp}	Impulsfaktor
		f_K	Krümmungsfaktor
B	magnetische Induktion; Konstante	f_l	lokaler Inhomogenitätsfaktor
		f_P	Porenfaktor
b	Weibull-Exponent der Durchschlagsspannungsverteilung	f_s	Stoßfaktor für Blitzspannungsimpulse
C	Kapazität; Konzentration	f_{sl}	Blitzspannungsbeanspruchungsfaktor
C_L	Lebensdauerkonstante		
c	Lichtgeschwindigkeit	f_{sch}	Stoßfaktor für Schaltspannungsimpulse
$\bar{c}$	mittlere Geschwindigkeit		
$\tilde{c}$	Effektivwert der Geschwindigkeit	$f(U_D)$	Dichtefunktion der Verteilung
		G	Stromdichte
c_s	spezifische Kapazität	G_E	Elastizitätsmodul
c_V	spezifische Wärme bei konstantem Volumen	G_s	Schermodul
		g	Green-Funktion
D	dielektrische Verschiebungsflußdichte; Verschiebungsdichte; Diffusionskoeffizient	$\tilde{g}$	metrischer Koeffizient
		g_D	Dissoziationskonstante
		H	magnetische Feldstärke
D_{IR}	Durchlässigkeit im Infrarotspektrum	$\hbar$	Planck-Wirkungsquantum
		h	Schrittweite
D_K	Kapillardurchmesser	I_K	Kriechstrom
D_P	dielektrische Polarisation	$\bar{I}_{TE}$	mittlerer Teilentladungsstrom
d	Elektrodenabstand	i_a	Absorptionsstrom
d_P	Abstand der Potentialminima	i_{aE}	Absorptionsanteil des Entladestroms
E	elektrische Feldstärke		
E_D	Durchschlagfeldstärke	i_C	kapazitiver Längsstrom; kapazitiver Ladestrom
E_{Di}	innere Durchschlagfestigkeit		
E_e	Einsetzfeldstärke	i_{cE}	kapazitiver Anteil des Entladestroms
E^*	Einsetzfeldstärke kritischer Teilentladung		
		i_E	Entladestrom
E_{IR}	Extinktion	i_K	kapazitiver Querstrom
E_r	radiale Feldstärke am Bolzen	i_l	Leitungsstrom
e	Elementarladung	i_L	Gesamtladestrom
F	Kraft; Feuchtigkeitsgehalt	K	Querkapazität; Kriechweg; Konstante
$F(U_D)$	Verteilungsfunktion der Durchschlagspannung		
		K_A	Konstante der Reaktionsgeschwindigkeit
F_L	Leiterzugkraft		
f	Frequenz; Formfaktor	K_e	Konstante der

Verzeichnis der wichtigsten Formelzeichen

	Einsetzspannungsabhängigkeit vom Elektrodenabstand	P_{sp}	spezifischer Verlust aus der dielektrischen Relaxation, der Leitung und Leiterverlustwärme
K_G	Verhältnis der Gaskonzentration im Öl zur Gleichgewichtskonzentration des Gases in der Atmosphäre	p	Druck
		p_0	Gasdruck von 0,1 MP
		$P(U_D)$	Wahrscheinlichkeit der Durchschlagspannung
K_W	Wärmedurchschlagkonstante	Q	Intensität einer Quelle im Potentialfeld
k	Exponent der Extremwertverteilung; Boltzmann-Konstante	Q_W	Wahrscheinlichkeit für die Wiederherstellung der Isolierung
k_F	Faktor zur Berücksichtigung der Feuchtigkeit	Q_i	fiktive Ladung
k_H	Henry-Koeffizient	Q_s	Summenladung in einem festgelegten Zeitintervall
k_{HW}	Halbwellenzahl	q	Ladung
k_L	Lebensdauerkonstante	q_A	Flächenladung
k_{LEsch}	Schaltüberspannungsfaktor	q_a	absorbierte Ladung
k_m	Koeffizient des mechanischen Lebensdauergesetzes	q_s	scheinbare Ladung
		q_{th}	Wärmeflußdichte
k_V	Volumenabhängigkeitsfaktor	R	Widerstand; Gaskonstante
k_z	Spannungsüberhöhungsfaktor	R_E	Entladewiderstand
L	Länge; Fadenmaß	R_f	Reduktionsfaktor
L_0	Loschmidt-Zahl	R_{Iso}	Isolationswiderstand
l	Schrittweite; Abstand von Dipolladungen; Isolatorlänge an der Oberfläche	R_{FS}	Fremdschichtwiderstand
		R_S	Schichtwiderstand
		R_{TZ}	Trockenzonenwiderstand
l_{glf}	Gleitfunkenlänge	r	Radius; Abstand; Ortskoordinate
M	Molmasse	r_a	Alterungsrate
m	Zahl; Masse	r_{ao}	normierte Alterungsrate
m^*	effektive Masse des Elektrons	r_{equ}	äquivalenter Radius des Bündelleiters
m_L	Leiteroberflächenkoeffizient		
m_p	Dipolmoment	S_n	Belastungs- und Einflußgrößen der Multistreßalterung
N	Normale; Partikelzahl		
N_0	Zahl der Anfangselektronen	T	absolute Temperatur
N_{TE}	Zahl der TE-Impulse	T_0	Gittertemperatur
n	laufende Windungsnummer; Vergrößerungsfaktor; Ladungsträgerzahl	T_G	Glasübergangstemperatur
		TK_ϱ	Temperaturkoeffizient
		T_{kr}	Kristallisationstemperatur; kritische Temperatur
n_f	Konzentration der Gitterleerstellen	T_u, T_o	untere und obere Temperaturgrenze des Glasübergangsbereichs
n_I	Zahl der Ionenpaare		
n_{TE}	Zahl der TE-Impulse/s		
P	Leistung	t	Zeit
P_E	elektrisch generierte Leistung	t_B	Belastungszeit
P_T	Transportleistung eines Dampfstroms	t_E	Entladungsdauer
		t_L	Lebensdauer
$\bar{P}_{TE}$	mittlere TE-Leistung	t_{Lm}	Lebensdauer bei mechanischer Belastung
P_{ik}	Potentialkoeffizient		
P_k	Konturpunkt		
P_m	Polymerisationsgrad	t_a	Aufbauzeit

Verzeichnis der wichtigsten Formelzeichen

t_{ka}	Zeit für den TE-Kanalaufbau	α'	wirksamer Ionisationskoeffizient
t_{ke}	Zeit bis zum TE-Kanaleinsatz	α_{kr}	Kristallinitätsgrad
t_s	statistische Streuzeit	α_p	atomare Polarisierbarkeit
t_v	Verzögerungszeit	α_v	Exponent der Temperaturabhängigkeit der Verluste
U	Spannung		
U_D	Durchschlagspannung	α_w	linearer Wärmeausdehnungskoeffizient
U_L	Leiterumfang		
U_I	innerer Umfang der Isolierung	β	Feldverstärkungsfaktor
U'_L, U'_I	Umfang nach der Deformation	β_G	Adsorptionskoeffizient für Gas
U_{LE}	Leiter-Erde-Spannung	β_v	Volumenausdehnungskoeffizient
U_{LL}	Leiter-Leiter-Spannung	γ	Koeffizient der Nichtlinearität der Spannungsverteilung; 2. Townsend-Ionisationskoeffizient
U_R	Restspannung		
U_b	Betriebsspannung		
U_a	Aussetzspannung		
U_e	Einsetzspannung	γ_d	Dichte
U_l	Löschspannung	γ_s	Streumaß für Doppelexponentialverteilung
U_m	Isolationsspannung		
U_n	Nennspannung	δ	Dämpfungsfaktor; Luftdichte; Verlustwinkel zwischen ε' und ε^*
U_{st}	Stehspannung		
U_{psts}	statische Stehblitzspannung	δ_{LD}	Luftdichtekorrekturfaktor
$U_{üz}$	Effektivwert der zeitweiligen Spannungsüberhöhung	$\tan \delta$	dielektrischer Verlustfaktor
		ΔT	Temperaturdifferenz
U_z	Zündspannung	ΔU_D	Streubereich der Durchschlagspannung
$\hat{u}_{gl.e}$	Gleiteinsetzspannung		
$\hat{u}_{üsch}$	Schaltüberspannung	ε	Dielektrizitätskonstante
$\hat{u}_{üz}$	Scheitelwert der zeitweiligen Spannungsüberhöhung	ε_0	Dielektrizitätskonstante des Vakuums
V	Gebiet; Volumen	ε_1	relative Dielektrizitätskonstante
v_D	Driftgeschwindigkeit	ε^*	komplexe Dielektrizitätskonstante
W	Ebenenbezeichnung; Energie		
W_{AH}	Hoppingaktivierungsenergie	ε'	Realteil von ε^*
W'_A, W'_B	aufgenommene und abgegebene Energie je Zeiteinheit	ε''	Imaginärteil von ε^*
		ε_r	relative Dielektrizitätskonstante
W_{Diss}	Dissoziationsenergie	η	Homogenitätsgrad; Feldänderungsfaktor
W_a	Aktivierungsenergie		
W_e	Elektronenenergie	η_a	Anlagerungskoeffizient
W_i	Ionisationsenergie	η_{deg}	Degradationsfaktor
W_{kin}	kinetische Energie	η_R	Rekombinationskoeffizient
W_{pot}	potentielle Energie	η_{DS}	wirksame Ladung einer Dipolschicht
W_s	spezifische Energie; Schwingungsenergie		
		η_v	Viskosität; dynamische Zähigkeit
x_{kr}	kritische Wegstrecke		
Y	komplexer Leitwert	ϑ	Temperatur in °C
Z	Ebenenbezeichnung; Zeitfaktor	$\varkappa$	spezifische elektrische Leitfähigkeit
Z_w	Ionenwertigkeit		
α	Brechungswinkel (α_1, α_2); 1. Townsend-Koeffizient	$\varkappa_s$	Schichtleitfähigkeit
		$\varkappa^*$	komplexe Leitfähigkeit
α_F	Ionisationskoeffizient für reine Flüssigkeiten	λ	Ausfallrate
		λ_{Grenz}	Grenzwellenlänge der Strahlung

Verzeichnis der wichtigsten Formelzeichen   13

λ_i	Ionisationsweglänge	σ_m	mechanische Beanspruchung
λ_m	mittlere freie Weglänge	σ_{zb}	Zugbruchbiegespannung
λ_w	Wärmeleitfähigkeit	σ_t	Tangentialspannung
λ_{WS}	Wellenlänge der Wechselspannung	ϕ	Ablösearbeit
		φ	Phasenwinkel; Potential
μ	arithmetischer Mittelwert; magnetische Permeabilität; Beweglichkeit	φ_{BL}	Teilungswinkel der Bündelleiter
		τ	Zeitintervall; Zeitkonstante
		τ_0	Zeitkonstante der Atomschwingungen
μ_D	Dipolmoment		
ν	Zahl der Moleküle im Einheitsvolumen; Strahlungsfrequenz; Schwingungsfrequenz	ω	Kreisfrequenz
		ω_E	Eigenschwingungsfrequenz der jeweiligen Relaxation
ϱ	spezifischer Widerstand		

Abkürzungen

ϱ_D	Raumladungsdichte		
ϱ_{FS}	spezifischer Fremdschichtwiderstand	r.F.	relative Feuchte
		DP	Polarisationsgrad
σ	mechanische Spannung; Standardabweichung; Flächenladungsdichte	TI	Temperaturindex
		KSV	Konstantspannungsversuch
		SSV	Spannungssteigerungsversuch
σ_E	Eigenschaftsparameter	WAK	Wärmeausdehnungskoeffizient
σ_W	Wärmeübertragungskoeffizient	WBK	Wärmebeständigkeitsklasse

1. Aufgaben und Bedeutung der elektrischen Isoliertechnik für elektrotechnische Erzeugnisse und Verfahren

Die industrielle Entwicklung erfordert weltweit eine Erhöhung des Anteils der Elektroenergie am Gesamtenergieverbrauch. Die Vorzugsstellung der Elektroenergie ist gegenüber anderen Energieformen charakterisiert durch

- Möglichkeiten einer zentralisierten Erzeugung auf der Basis fossiler Brennstoffe, Kernenergie und Wasserkraft mit relativ hohen Wirkungsgraden in sehr großen Leistungseinheiten (Kraftwerke 2 bis 8 GW, Turbogeneratoren bis 1,5 GW)
- Energietransport ohne Massetransport
- verlustarme Übertragung und Verteilung mit geringer Umweltbelastung
- hohe Leistungsdichte bei Übertragung und Wandlung
- hervorragende Verfügbarkeit und Steuerbarkeit der Energieströme
- günstige Umwandlung in mechanische und thermische Energie, Möglichkeit zur Erzeugung von Licht und zum Einsatz in elektrotechnologischen Verfahren.

Alle damit in Verbindung stehenden elektrotechnischen Funktionen, wie Wandeln, Umformen, Stellen, Schalten, Leiten, sind nur im Zusammenhang mit der Aufrechterhaltung der Potentialtrennung möglich, d.h., alle elektrotechnischen Zielfunktionen bedürfen der Isolierfunktion.

Die elektrische Isoliertechnik ist deshalb die Lehre von der Potentialtrennung.

Von der Mikroelektronik bis zur Höchstspannungstechnik ist die Aufgabe der Potentialtrennung zu erfüllen. Das Grundanliegen besteht in der Minimierung des elektrischen Stromflusses über die Isolierung, da hiervon der Grad und die Zuverlässigkeit der Potentialtrennung bzw. die Realisierung der Zielfunktionen und die Höhe der Verluste abhängen.

Die Hauptforderung ist deshalb, die Isolierung mit einem Material zu verwirklichen, das nur eine geringe Dichte von freien Ladungsträgern mit möglichst geringer Beweglichkeit besitzt. Außerdem ist wegen der erwünschten geringen Ladeströme ein Dielektrikum mit kleinen Polarisationsanteilen gefordert. Eine Ausnahme davon bildet nur die Kondensatorisolierung.

Die Potentialtrennung kann praktisch in allen Aggregatzuständen realisiert werden. Die Lösungsbreite wird lediglich durch zusätzliche Funktionen, die von der Isolierung realisiert werden müssen, eingeschränkt. Hierzu gehören mechanische Trag- und Distanzierungsfunktionen, Aufgaben der Wärmeableitung oder Hüllfunktionen.

Die Haupteigenschaft „Leitfähigkeit" wird in hohem Maße durch den atomaren und molekularen Aufbau bestimmt.

Zentrale Bedeutung hat die Feldstärke- und Temperaturabhängigkeit der Leitfähigkeit. Die Verknüpfung zwischen Isoliereigenschaften und Kenngrößen der Materie hebt die besondere Bedeutung von Physik, Chemie und Werkstoffkunde für die elektrische Isoliertechnik hervor.

Die höchsten Anforderungen an die elektrische Durchschlagfestigkeit werden wegen der geringen Abstände potentialführender Teile an Isolierungen von mikroelektronischen Bauelementen gestellt. Der Vorteil besteht bei diesen Isolierungen in den kleinen be-

16   *1. Aufgaben und Bedeutung der elektrischen Isoliertechnik*

lasteten Isolierstoffvolumina, in denen die erforderliche Fehlstellenfreiheit – eine Voraussetzung für hohe Betriebsfeldstärken –, garantiert werden kann.

Niederspannungsisolierungen werden im allgemeinen nicht nach Gesichtspunkten der Durchschlagfestigkeit ausgewählt. Vielmehr stehen hier andere Eigenschaften der Isolierung, wie thermische und mechanische Kennziffern, Eigenschaften, die für die Technologie der Verarbeitung von Bedeutung sind, und insbesondere ökonomische Faktoren, im Vordergrund.

Gegenwärtig werden in Elektroenergiesystemen Spannungen bis 1200 kV Wechselspannung und 2×800 kV Gleichspannung eingesetzt, wobei Spannungsebenen bis 380 kV die größte Anwendungsbreite haben [109].

Daraus resultiert die besondere Rolle der Hochspannungsisolierungen.

Hierbei handelt es sich um Isolieranordnungen, deren elektrische Betriebsfeldstärke weitestgehend die Abmessungen bestimmt. Aus Gründen des ökonomischen Materialeinsatzes sollte diese möglichst nahe der Durchschlagfestigkeit des Isolierstoffs liegen. Während die Zuverlässigkeit mikroelektronischer Schaltungen durch gezielte Redundanz der Bauelemente auch beim Ausfall der Isolierfunktion eines Elements gewährleistet werden kann, ist bei Hochspannungsgeräten eine Geräteredundanz ökonomisch und technisch sehr aufwendig und eine Redundanz der Isolierung aus Gründen der logischen Reihenschaltung der Teilisolierungen im Sinne der Zuverlässigkeitstheorie im Hinblick auf den Durchschlag nicht möglich. Daraus folgt, daß der Isolieraufwand zur Erhöhung der Zuverlässigkeit überproportional mit der Spannung wächst.

Damit erhebt sich die Frage nach der Notwendigkeit hoher Spannungen.

Der auch gegenwärtig noch ansteigende Trend des Einsatzes von Elektroenergie hat das Wachstum der installierten elektrischen Leistung zur Folge. Die dazu notwendige Verlustminimierung ist unter Beibehaltung des Normalleitungsprinzips nur durch Maximierung der Spannung des jeweiligen Elektroenergiesystems möglich. Das ergibt sich aus der Begrenzung der Stromdichte aus thermischen und Verlustgründen und des Stroms durch die Höhe des Einsatzes von Leitermaterial.

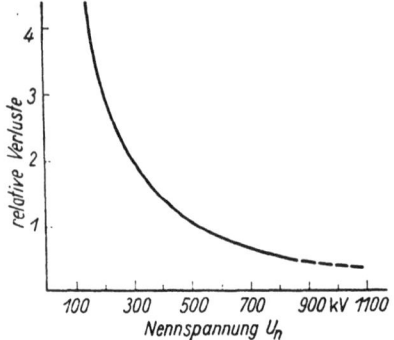

Bild 1.1. Abhängigkeit der Verluste von Freileitungen von der Nennspannung des Übertragungssystems bei konstanter Übertragungsleistung – Bezugsspannung 500 kV

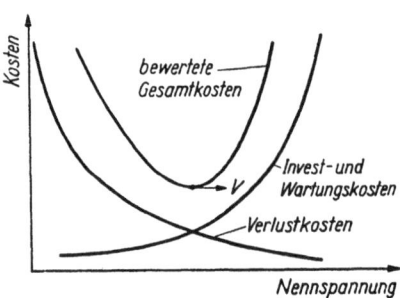

Bild 1.2. Kostenoptimierung durch Wahl der Nennspannung bei vorgegebener Übertragungsleistung

V Verschiebung des Minimums bei steigender Übertragungsleistung

Der Verlustsenkung steht die Steigerung des Materialaufwands für die Isolierung und dadurch bedingt auch für Konstruktionsmaterial gegenüber.

Gemäß Bild 1.1 sinken die Übertragungsverluste mit erhöhter Betriebsspannung hyperbelförmig. Damit ist eine Kostensenkung für die Leitungsverluste verbunden. Mit steigender Spannung steigen jedoch die Investitions- und Werterhaltungskosten. Bild 1.2

zeigt qualitativ das Optimierungsproblem. Das Minimum der resultierenden Kostenkurve ist abhängig vom Bewertungszeitraum, der Amortisationspolitik und der Bewertung von Energie und Material in der betreffenden Volkswirtschaft.

In der Hochspannungstechnik steht somit das Problem der Optimierung des Einsatzes von Leiter- und Konstruktionsmaterial, Verlustleistung, Isolationsaufwand, Zuverlässigkeit und Lebensdauer als eine Einheit.

Weil der Isolationsaufwand stark mit der Erhöhung der Betriebsfeldstärke sinkt, gleichzeitig aber die Wahrscheinlichkeit für die Überschreitung der Durchschlagfestigkeit steigt und die Lebensdauer sich verringert, sind die Zuverlässigkeit und Lebensdauer unmittelbar mit der Feldstärke und so mit den vorgenannten Problemen verknüpft. Wie zu ersehen ist, stellt die Auswahl des Isolierstoffs und der Konstruktion und Technologie der Isolierung einen komplizierten Zusammenhang mit anderen technischen und ökonomischen Kenngrößen der Geräte und Anlagen dar.

Die Isolierung erbringt bei vielen Hochspannungsgeräten einen erheblichen Anteil an den Gesamterzeugniskosten und ist im allgemeinen an der lebendigen Arbeit besonders stark beteiligt.

Es sollen anhand von Beispielen aus der energieorientierten Elektrotechnik einige Grundprobleme und Problemlösungen dargestellt werden:

Die Energiewandlung von thermischer und mechanischer in elektrische Energie geschieht über Turbinen und Turbo- bzw. Hydrogeneratoren. Obwohl wegen der verlustarmen Übertragung Spannungen von mehreren hundert Kilovolt als Generatorspannung erwünscht wären, überschreitet die Generatorausgangsspannung bei den bisher ausgeführten Maschinen kaum 20 kV. Die magnetische Auslegung erfordert eine Minimierung des Wicklungsraums bei vorgegebenen Leiterquerschnitten, also die Reduzierung des Isoliervolumens. Die daraus resultierende hohe elektrische Feldstärke und die sich aus den unterschiedlichen Wärmeausdehnungskoeffizienten von Wicklungskupfer, Magnetkörper und Isolierung ergebenden thermomechanischen Spannungen machen eine Feststoffisolierung auf Glimmerbasis erforderlich und begrenzen die Spannungshöhe. Es ist ersichtlich, daß die Auslegung der Isolierung, deren Zuverlässigkeit und Lebensdauer weitgehend die Qualität der Generatoren bestimmen.

Leistungstransformatoren können im Gegensatz zu rotierenden Maschinen mit verschiedenen Isolierungstypen ausgeführt werden. Als zweckmäßig für hohe Leistungen hat sich die Öl/Papier-Isolierung erwiesen, weil damit Betriebsfeldstärken von mehr als 10^7 V/m bei geringer Alterung und hoher konvektiver Verlustenergieabführung gewährleistet werden können. Für spezielle Anwendungen mit Öleinsatzverbot sind für Leistungen unter 10 MVA auch Feststoffisolierungen möglich. Druckgasisolierte Transformatoren mit getrennter Wärmeabführung sind im Versuchsstadium. Am Transformatorbeispiel kann gezeigt werden, daß die Auswahl des Isolierungsprinzips wesentlich Funktion, Zuverlässigkeit, Masse, Volumen, Gefährdungsgrad, Anforderung an die Technologie und den Grad der Automatisierungsfähigkeit und Ökonomie der Herstellung des betreffenden Gerätes bestimmt.

Die große Variabilitätsbreite der Isolierungsausführung und deren Einfluß auf die technischen und ökonomischen Parameter demonstriert der Elektroenergietransport. Freileitungen mit Luftisolierung und Luft/Feststoff-Grenzschichtisolierung (Isolatoren) erfordern gegenüber Kabelanlagen mit Druckgas-, Öl/Papier- oder Feststoffisolierungen nur 10 bis 20 % des Investitionsaufwands. Jedoch ist die Ausnutzung der Isolierung durch das stark inhomogene Feld wesentlich geringer und erfordert erheblich mehr Übertragungsraum. Hinsichtlich der Zuverlässigkeit und des Wartungsaufwands wird, infolge der Verschmutzungsprobleme und der damit verbundenen Absenkung des Isoliervermögens, zuungunsten der Freileitung entschieden. Bild 1.3 zeigt einige dieser Zusammenhänge. Die vergleichsweise geringe Kapazität der Freileitung gegenüber den Kabeln bringt entscheidende Vorteile hinsichtlich der blindleistungsbedingten Einschränkung der Leitungslänge. Die Möglichkeit, durch Wahl des Isoliermediums bei der Kabelisolierung die Kapazität im Verhältnis 1:4 zu verändern und die Verluste zu reduzieren sowie die Technologie weitgehend zu beeinflussen, demonstriert große Flexibilität der Anpassung der Isolierung an die verschiedensten Forderungen, macht aber auch die Notwendigkeit der breiten Beherrschung von Werkstoff, Technologie und Berechnung deutlich.

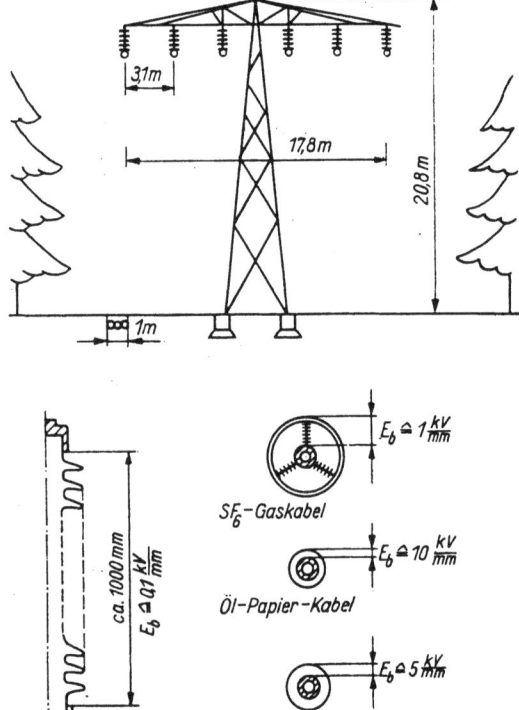

Bild 1.3
Vergleich einer 110-kV-Freileitung mit Kabeln bezüglich Platzbedarf und Ausnutzung der Isolierung
E_b Betriebsfeldstärke

Ein Beispiel für den enormen Einfluß des Isolierprinzips auf die Kompaktierung und den Betrieb ist die Schaltanlage. Die Nutzung des synthetischen Isoliergases Schwefelhexafluorid anstelle von Luft als Löschmittel für Druckgasschalter ermöglichte eine drastische Reduzierung der Schalterabmessungen durch Erhöhung der Schaltleistung. Der entscheidende Fortschritt ergibt sich jedoch durch Integration von Schalter, Trenner, Kurzschließer, Strom- und Spannungswandler und Sammelschienen in einer metallgekapselten, mit SF_6-Druckgas isolierten Schaltanlage. Wie Bild 1.4 zeigt, können nicht nur die Abmessungen gegenüber einer Freiluftschaltanlage stark reduziert werden, sondern es wird auch der Einfluß der Umweltfaktoren vollständig eliminiert. Diese Lösung bringt umfassend die Möglichkeiten der Nutzung von Systemaspekten, der Funktionsintegration und der Miniaturisierung durch geeignete Anpassung der Isolierung zum Ausdruck.

Neben Geräten der Elektroenergieversorgung erfordern viele elektrotechnische Prozesse spezielle Isolierlösungen. So müssen bei elektrochemischen Verfahren Isolierungen mit hoher Beständigkeit gegenüber Säuren, Laugen, Lösungsmitteln, bei elektrothermischen Verfahren solche für hohe Temperaturbelastungen und in der Kryotechnik solche für Temperaturen in der Nähe des absoluten Nullpunktes verwendet werden.

Bild 1.4
SF_6-isolierte, metallgekapselte Schaltanlage für 110-kV-Nennspannung, Typ TRO/GSAS 123 – Schaltfeldabmessung

Hohe Anforderungen hinsichtlich Entgasungsfestigkeit werden an Isolierstoffe im Hochvakuumbereich gestellt. Für die Elektronik müssen Leiterplatten als Isolierelemente Formstabilität, Lötbadbeständigkeit, Stanzbarkeit, ggf. die Fähigkeit zur aufdampftechnischen oder sputtertechnischen Leiterbahnbeschichtung aufweisen.

Da für hochbelastete Isolierungen Genauigkeit, Sauberkeit und häufig individuelle Anpassung erforderlich sind, ist der manuelle Anteil in der Fertigung groß. Die Entwicklung rationeller Isoliertechnologien ist deshalb eine dringende Aufgabe. Die außerordentlich komplizierten Zusammenhänge zwischen dem Belastungskomplex und der Veränderung der Festigkeitswerte durch Alterungsprozesse erfordern mathematische Modelle, die die physikalischen und chemischen Veränderungen und ihre Folgen richtig widerzuspiegeln gestatten und eine Lebensdauerprognose ermöglichen.

Zusammenfassend können die wichtigsten Aufgaben der Isoliertechnik folgendermaßen formuliert werden:

- Analyse der Belastung nach Ort, Zeit und deren Wahrscheinlichkeit
- Festigkeitsanalyse nach Stoff, Struktur und Beanspruchungskomplex und deren zeitlicher Veränderung
- ökonomische Analyse mit dem Zielkriterium der Gesamtoptimierung unter Einbeziehung der Isolierung
- Auswahl und Optimierung mathematischer Verfahren zur Feldberechnung und zur Berechnung stochastischer Vorgänge
- Untersuchung des dielektrischen und Leitfähigkeitsverhaltens einschließlich der elektrischen Durchschlagfestigkeit von Stoffen und Isolieranordnungen

- Entwicklung und Anwendung von Modellen zur Dimensionierung von Isolieranordnungen
- Schaffung von Kriterien für die zielgerichtete Synthese und Modifikation von Werkstoffen, die für den Einsatz als Isoliermaterial erforderlich sind
- Entwicklung und Anwendung von Isoliertechnologien, die den Anforderungen der Isolierung nach technischen und ökonomischen Gesichtspunkten entsprechen
- Untersuchungen zur Ableitung von Prüfmethoden und Prüfgeräten, die die speziellen Anforderungen der Isolierung, insbesondere der Hochspannungsisolierungen, erfüllen
- Entwicklung und Anwendung einer Diagnosetechnik zur Zustandserfassung von Isolierungen mit speziellen Merkmalen der Informationsgewinnung und -verarbeitung.

2. Belastung von Isolierungen und Beanspruchung der Isolierstoffe

Isolierungen werden sowohl durch äußere, vom Betrieb des Gerätes nicht oder wenig abhängige Faktoren als auch durch Betriebszustände des Systems oder des Gerätes selbst oder durch die im Herstellungsprozeß festgelegten Spannungszustände beeinflußt. So sind für das Verständnis des Betriebsverhaltens, der Zuverlässigkeit und der Lebensdauer der Isolierung die Zusammenhänge zwischen Belastung und Isoliervermögen notwendig.

2.1. Klimatische und Umweltfaktoren
[58]

2.1.1. Wirkungen des Luftdrucks

Der Luftdruck hat nur Einfluß auf das Isoliervermögen von Luftisolierstrecken, da, wie im Abschnitt 3.5.1 gezeigt wird, die Durchschlagfeldstärke mit sinkendem Druck abnimmt und damit bei der Auslegung von Luftisolierungen in höhergelegenen Regionen dieser Gesichtspunkt berücksichtigt werden muß.

2.1.2. Einfluß der Luftfeuchtigkeit

Die Luftfeuchtigkeit wirkt sehr unterschiedlich auf das Isoliervermögen. Während Luftisolierungen von der absoluten Luftfeuchtigkeit abhängen (s. Abschn. 3.5.1), ist bei festen und flüssigen Isolierstoffen und an Feststoff-Gas-Grenzschichten die relative Luftfeuchtigkeit von Bedeutung. Durch Wechselwirkung flüssiger oder fester Isolierstoffe mit den im Gas befindlichen Wassermolekülen wird eine molekulare Lösung des Wassers in der Flüssigkeit (s. Abschn. 3.5.2) bzw. eine Kapillarkondensation im Festkörper eingeleitet. Letztere hat eine Quellung in unterschiedlichem Maß, abhängig von der Stoffstruktur, zur Folge. Bei gleichzeitiger Einwirkung von erhöhter Temperatur kann es bei organischen hochpolymeren Isolierstoffen zur hydrolytischen Alterung kommen (siehe Abschn. 3.6.2). Sowohl in der Isolierflüssigkeit wie auch im festen Isolierstoff erhöht H_2O die dielektrischen Verluste (s. Abschn. 3.4.7) und die elektrische Leitfähigkeit (s. Abschn. 3.4.4). Der Zusammenhang zwischen Feuchtigkeit und Wassergehalt des Isolierstoffs kann durch eine Sorptionsisotherme mit der Temperatur als Parameter quantifiziert werden. Die Durchschlagfestigkeit des betreffenden Isoliermediums sinkt im allgemeinen mit steigender Feuchtigkeit ab. Auf verschmutzte Grenzflächen von Isolatoren wirkt die H_2O-Adsorption wegen der Ausbildung eines Elektrolyten überschlagsfördernd (s. Abschn. 3.5.1). Auch ist die Feuchtigkeit für die Kriechspurausbildung und die Erosion von organischen Isolatoren durch Kriechströme bedeutsam (s. Abschn. 3.6.5).

2.1.3. Temperatureinfluß

Die Temperatur der Umgebung elektrischer Geräte hat eine beachtliche Wirkung auf die Isolierung. Die Unterschreitung einer bestimmten Temperaturgrenze führt zur Veränderung der Isoliereigenschaften, insbesondere der Viskosität von Isolierölen in Transformatoren, Kabeln und Kondensatoren, und damit zur Betriebseinschränkung.

Im Falle synthetischer gasförmiger Isolierungen, speziell SF_6, können niedrige Temperaturen abhängig von den Druckverhältnissen zu einem völlig veränderten Isoliervermögen im System führen. Temperaturabsenkungen haben bei Vorhandensein von Wasser im Isoliergas eine Veränderung des relativen Dampfdrucks und ggf. eine Kondensation an Isoliergrenzschichten zur Folge. Bei feuchten Isolierungen ist mit der Umgebungstemperatur auch die H_2O-Diffusion gekoppelt. Da die Umgebungstemperaturen praktisch nicht die Temperaturbeständigkeitsgrenzen von Isolierstoffen erreichen, ist nur die Einflußnahme auf den Kühlprozeß bei den verlustbehafteten Geräten zu berücksichtigen.

Untere und obere Grenztemperaturen sind insbesondere wegen der genannten Einwirkungen auf die Isolierfähigkeit bzw. Alterungsgeschwindigkeit im Zusammenhang mit der konstruktiv bestimmten Übertemperatur und dem Betriebsregime festzulegen.

2.1.4. Strahlungsbelastung

Strahlungsbelastungen spielen eine beachtliche Rolle als Beanspruchungsgröße für Isolierungen. Beachtet werden müssen die von der Sonne ausgehenden UV- und Höhenstrahlungen und die natürliche und künstliche Radioaktivität.

Alle genannten Strahlungsarten stellen durch Fremdionisation Ladungsträger für einen Gasentladungsaufbau zur Verfügung (s. Abschn. 3.5.1). Besondere Bedeutung erlangt die UV-Strahlung wegen der Degradation von hochpolymeren Isolierstoffen an der Festkörperoberfläche. Hochenergetische Elektronen und γ-Strahlung in Kernkraftwerken führen zu einer dosis- und dosisleistungsabhängigen Alterung von hochpolymeren Isolierstoffen.

2.1.5. Chemische Einflüsse

Durch die vorhandenen Umweltbelastungen sind auch Wirkungen chemischer Agenzien auf äußere Isolierungen (s. Abschn. 2.2.3) zu beobachten. Bei der Herstellung der Isolierung sind diese Aspekte auch für innere Isolierungen von Bedeutung, ebenfalls bei nicht voll abgeschlossenen Systemen mit Gasaustausch. Die Wirkung von Chemikalien ist nicht nur im Sinne der Materialzerstörung zu beachten, sondern muß vor allem unter dem Blickpunkt der Ausbildung leitfähiger Beläge oder der Erhöhung des ionogenen Leitungsanteils des Isolierstoffs gesehen werden.

Besondere Bedeutung kommt der Chemieverschmutzung bei der Ausbildung von Kriechströmen (s. Abschn. 3.6.5) und Fremdschichtüberschlägen (s. Abschn. 3.5.1.4 und 5.1.2.2) zu. Unter den chemischen Einflußgrößen muß auch der Regen verstanden werden, da die Leitfähigkeit des Regenwassers eine deutliche Herabsetzung der Grenzschichtwiderstände einer Außenisolierung zur Folge hat (s. Abschn. 5.1.2.2). Feststoffniederschläge sind meist mit einer Erhöhung der Leitfähigkeit der Niederschlagschicht, insbesondere bei Feuchtigkeitsaufnahme, verbunden.

2.2. Betriebstechnische Belastungen

2.2.1. Mechanische Belastungen
[59]

Mechanische Belastungen entstehen bei vielen Betriebszuständen in Form dynamischer, quasistatischer und statischer Krafteinwirkungen. Man kann innere und äußere mechanische Belastungen der Isolierung unterscheiden.

Als äußere bezeichnet man diejenigen, die durch Kräfte auf die Isolierung übertragen werden. Demgegenüber sind innere Spannungen herstellungsbedingt oder treten während des Betriebs z. B. durch ungleichmäßige Erwärmung der Isolierung und daraus resultierende unterschiedliche Ausdehnungen auf. Im gleichen Sinne ist eine Isolierung mit verschiedenen Materialien zu betrachten, die unterschiedliche Wärmeausdehnungskoeffizienten besitzen.

Innere Spannungen werden bei der Herstellung praktisch aller Kunststoffisolierungen, insbesondere bei dreidimensional vernetzenden Hochpolymeren, wie Epoxid-, ungesättigten Polyester- und Phenolharzen, im Formkörper aufgebaut. Besonders stark macht sich das bei Preßmassen und dickwandigen Gießharzformkörpern bemerkbar. Ursache für die Bildung von Spannungszonen sind die örtlich und zeitlich unterschiedlichen Geschwindigkeiten der chemischen Reaktionen, die durch die ungleiche Temperaturverteilung im Formkörper hervorgerufen werden. Die Temperaturverteilung wird durch die Form und die Aufheiztechnologie bestimmt. Außerdem treten häufig exotherme Reaktionen auf, die in Gebieten im Inneren des Formkörpers zur Temperaturerhöhung und damit wiederum zur Steigerung der Reaktion Anlaß geben.

Je nach Kunststofftyp wird beim Polymerisationsprozeß zu unterschiedlichen Zeiten die Molekülfixierung erreicht. Da aber mit der Erhöhung des Polymerisationsgrades eine Erhöhung der Dichte einhergeht, kommt es zu Schrumpfungserscheinungen. Ist die Schrumpfung örtlich unterschiedlich, entstehen daraus Zug- oder Druckspannungen im Isolierkörper.

Die Tatsache, daß häufig Elektroden oder Armaturen in das Isoliersystem einbezogen werden, die einen vom Isolierstoff verschiedenen Wärmeausdehnungskoeffizienten haben, führt ebenfalls zu inneren Spannungen. In den genannten Fällen ist die feste Bindung zwischen Armatur und Isolierstoff durch Adhäsion unbedingt notwendig, weil sonst die mechanische Kraftübertragung beeinträchtigt wird und der sich bildende Gasspalt zu Teilentladungen (s. Abschn. 3.5.1) Anlaß gibt. Je nach Isolierstofftyp und Höhe der mechanischen Spannungen kann es im Laufe der Zeit zum Spannungsausgleich kommen. Das ist insbesondere dann der Fall, wenn die Elastizitätsgrenze überschritten wird und ein Fließen des Werkstoffs eintritt. Häufig muß jedoch auch dabei mit einer Rißbildung und der Folge einer Herabsetzung der mechanischen und elektrischen Festigkeit gerechnet werden. Außerdem werden damit neue Probleme der Wechselwirkung mit der Umwelt, z. B. mit der Feuchtigkeit, dem Sauerstoff u. dgl., geschaffen.

Für Isolierungen häufig eingesetzte Sprödbruchmaterialien, wie Glas und Keramik, erhalten beim Fertigungsprozeß innere eingefrorene mechanische Spannungen. Das geschieht z. B. bei der Porzellanherstellung durch Kristallbildung in der Glasphase und bei oxidkeramischen Werkstoffen durch die Festkörperreaktionen bei hohen Temperaturen und die darauf folgende Abkühlung. Glasisolierkörper bilden durch unterschiedliche Abkühlungsgeschwindigkeit im Querschnitt beim Durchlaufen des Transformationspunktes innere Spannungen aus. Über sehr lange Zeiten werden die Spannungen aufrechterhalten, da kein innerer Spannungsausgleich im Festkörperzustand erfolgt.

2. Belastung von Isolierungen und Beanspruchung der Isolierstoffe

In einigen Anwendungsfällen hat es sich als zweckmäßig erwiesen, künstlich innere Spannungen zu erzeugen, um bei thermomechanischen oder mechanischen Belastungen von außen eine Kompensation zu erreichen. Bei gezielter, der äußeren Kraftrichtung entgegengerichteter innerer Spannung kann die Festigkeit des Materials gesteigert werden. Bei Glaskappenisolatoren wird davon Gebrauch gemacht.

Größere innere Spannungen, die bei schneller Temperaturänderung entstehen, können wie folgt beschrieben werden:

$$\sigma = G_E \alpha_w \Delta T; \qquad (2.2.1)$$

dabei ist G_E der Elastizitätsmodul, α_w der lineare Wärmeausdehnungskoeffizient und ΔT die Temperaturdifferenz.

Innere Spannungen hängen von der Temperatur und deren Änderungsgeschwindigkeit ab. Mit Vergrößerung der Temperatur verringern sie sich wegen der Verringerung des Elastizitätsmoduls.

Eine besondere Rolle spielen durch Temperaturänderungen auftretende Spannungen an Grenzflächen von Metall und Isolierstoff oder anorganischen und organischen Isolierstoffen mit adhäsiver Bindung.

Ist beispielsweise r der gemeinsame Grenzflächenradius einer isolierten Sammelschienenanordnung im spannungsfreien Zustand, und bezeichnet man die temperaturbedingte Umfangsänderung eines Leiters mit Kreisquerschnitt ohne Isolierung mit ΔU_L und die Änderung der Isolierung ohne Wechselwirkung mit dem Leiter mit ΔU_I, dann folgt

$$\Delta U_I = 2\pi r \alpha_{wI} \Delta T \qquad (2.2.2)$$

$$\Delta U_L = 2\pi r \alpha_{wL} \Delta T. \qquad (2.2.3)$$

Bei Abkühlung aus dem heißen Zustand der Formgebung und Polymerisation der Isolierung entstehen mechanische Spannungen wegen der im allgemeinen vorhandenen Differenz zwischen ΔU_L und ΔU_I, die sowohl den Leiter als auch die Isolierung deformieren. Bezeichnet man die zusätzliche Deformation des Leiters mit $\Delta U'_L$ und die der Isolierung mit $\Delta U'_I$, dann ist

$$\Delta U'_I = \Delta U_I - \Delta U_L - \Delta U'_L$$
$$= 2\pi r (\alpha_{wI} - \alpha_{wL})(\Delta T) - \Delta U'_L. \qquad (2.2.4)$$

Unter Anwendung des Hookeschen Gesetzes folgt

$$\frac{\sigma_I}{G_{EI}} = \frac{\Delta U'_I}{U_I} \qquad (2.2.5)$$

$$\frac{\sigma_L}{G_{EL}} = \frac{\Delta U'_L}{U_L}. \qquad (2.2.6)$$

σ_I und σ_L sind die mechanischen Spannungen in der Isolierung und im Leiter, G_{EI} und G_{EL} die entsprechenden Elastizitätsmodule, und U_I und U_L sind die Längen der Kreislinien von Isolierung und Leiter im gemeinsam abgekühlten Zustand für den Fall, daß die mechanischen Spannungen verschwinden.

Ohne Belastung der gesamten Anordnung sind die mechanischen Spannungen entgegengerichtet und gleich:

$$U_I = 2\pi r - \Delta U_I = 2\pi r (1 - \alpha_{wI} \Delta T) \tag{2.2.7}$$

$$U_L = 2\pi r - \Delta U_L = 2\pi r (1 - \alpha_{wL} \Delta T). \tag{2.2.8}$$

Durch Umformung ergibt sich

$$\sigma_I = \frac{G_{EI} G_{EL} (\alpha_{wI} - \alpha_{wL}) \Delta T}{G_{EI} + G_{EL} - (\alpha_{wI} G_{EI} + \alpha_{wL} G_{EL})}. \tag{2.2.9}$$

Bei $\alpha_{wI} - \alpha_{wL} > 0$ und $\sigma_I > 0$ wirken Zugkräfte auf die Isolierung; bei $\alpha_{wI} - \alpha_{wL} < 0$ und $\sigma_I < 0$ bildet sich eine Druckkraft aus.

Eine axiale Schrumpfung bewirkt mechanische Spannungen σ_{ax} in der Isolierung. Die Spannung σ_{ax} ist gegenüber σ_I um 90° gedreht. Die Gesamtspannung in der Isolierung ist

$$\sigma = \sqrt{\sigma_I^2 + \sigma_{ax}^2} = \sqrt{2} \, \frac{G_{EI} G_{EL} (\alpha_{wI} - \alpha_{wL}) \Delta T}{G_{EI} + G_{EL} - (\alpha_{wI} G_{EI} + \alpha_{wL} G_{EL})}. \tag{2.2.10}$$

Äußere Spannungen sind wirksam, wenn die Isolierung gleichzeitig die Funktion der Distanzierung, die mechanische Abstützung oder andere Funktionen der Konstruktion, wie Gefäß- oder Hüllfunktionen, übernimmt. Abspann- oder Tragisolatoren in Freileitungsnetzen sind z. B. statischen und dynamischen Kräften ausgesetzt.

Die Isolatoren müssen für diese Belastungen ausgelegt werden. Neben den Leiterzugkräften in der Abspannlage

$$F_L = \frac{A \gamma_D L^2}{8 h_0} \frac{1}{\left[(1 + \alpha_w (T - T_0)) + \frac{3}{8} \frac{L^2}{h_0^2} \alpha_w (T - T_0)\right]^{1/2}}; \tag{2.2.11}$$

A Leiterquerschnitt; L Länge zwischen den Aufhängepunkten; γ_D Leitermaterialdichte; α_w linearer Wärmeausdehnungskoeffizient; h_0 Durchhang bei Temperatur $T = T_0$

wirken auch Windkräfte, Eisbelagskräfte, Belastungen durch den Eisabwurf.

Belastungen, die durch Stromkräfte zwischen parallelen Leitern auftreten, berechnen sich nach

$$F_{pL} = 2 \cdot 10^{-7} i_1 i_2 \frac{\sqrt{L^2 + a^2} - a}{a}; \tag{2.2.12}$$

F_{pL} in N, i in A, L in m, a in m;

dabei bedeuten i_1 und i_2 die entsprechenden Ströme, L die Länge der Leiter und a deren Abstand.

Die höchsten Kräfte treten im Kurzschlußfall auf.

2.2.2. Thermische Belastungen
[59]

Thermische Belastungen erwachsen aus dem technologischen Prozeß, in den das elektrische Gerät eingebunden ist, oder aus der Leiterverlustwärme und den dielektrischen Verlusten. Thermische Belastungen sind für die Isolierung von Bedeutung, da mit der

Temperatur praktisch alle Eigenschaften der Isolierung verändert werden. Mit erhöhter Temperatur steigt die Leitfähigkeit, und die Durchschlagfestigkeit sinkt ab. Bei organischen hochpolymeren Isolierungen wächst die Alterungsgeschwindigkeit mit steigender Temperatur. Temperatur und Belastungszeit stehen damit in einem funktionellen Zusammenhang mit der Lebensdauer der Isolierung.

Im Bereich unterhalb der Raumtemperatur wird die Isolierfähigkeit nur über mechanische und strömungsmechanische Eigenschaften beeinflußt. Im Bereich erhöhter Temperaturen muß das Isoliermaterial der Temperaturbelastung durch die Wahl der molekularen Struktur angepaßt werden.

Die thermische Beanspruchung ist häufig durch den eigenen Verlustanteil der Isolierung und die Wärmeleitungseigenschaften des Isolierstoffs sowie durch die konstruktive Anordnung der wärmegenerierenden und wärmeableitenden Elemente festgelegt.

In vielen Fällen wird das thermische Beanspruchungsproblem dadurch kompliziert, daß die gesamte Verlustwärme über die Isolierung abgeführt werden muß, wie das beim Kabel der Fall ist. Bei solchen Konstruktionen ist eine generelle Verbesserung nur durch erhöhten axialen Wärmetransport, etwa durch flüssigkeitsgekühlte Hohlleiter, zu erreichen.

2.2.3. Elektrische Belastungen
[1] [5] bis [7]

Die elektrischen Belastungen der Isolierung ergeben sich aus den betriebsbedingten Spannungen und den sich im Netz ausbildenden Überspannungen, die ihre Ursache im elektrischen System selbst haben oder durch atmosphärische Entladungen hervorgerufen werden.

Zum Verständnis dieser Zusammenhänge sind einige Definitionen und Kenntnisse über das Energieversorgungssystem und über elektrische Kreise notwendig.

Als *Isolation* im elektrischen Sinne bezeichnet man den Grad der galvanischen Trennung leitender Teile untereinander und gegen Erde. Die *Isolierung* hingegen ist die Gesamtheit aller funktionsbedingt zusammengefaßten Isolierstoffe. Man trennt bewußt den abstrakten von dem konkreten Begriff.

Isolierungen können sowohl Außen- als auch Innenisolierungen sein. Diese Unterscheidung basiert auf der unterschiedlichen Wirkung äußerer Einflüsse. Innenisolierungen sind gegen äußere Einflüsse geschützt. Beispiele für derartige Isolierungen sind Transformator-, Kondensator- und Kabelisolierungen u. a.

Es darf nicht übersehen werden, daß zu den Außenisolierungen nicht nur Freiluftisolierungen, sondern auch Innenraumisolierungen zählen. Beispiele für diese Gruppe bilden Freileitungs- und Geräteisolierungen. Isolierungen unterscheiden sich durch den Stoff, die mikroskopische und makroskopische Struktur und den konstruktiven Aufbau. Ihre Wirksamkeit wird durch das elektrische Feld bestimmt. Wesentliches Merkmal ist der Aggregatzustand. Feste Isolierstoffe können neben der Isolierfunktion praktisch alle anderen Erfordernisse, wie mechanische Abstützung, thermische Leitung und Barrierenbildung, erfüllen, während bei Gasen und Flüssigkeiten die mechanischen Hüll- und Distanzierungsfunktionen fehlen.

Für die Feststellung der elektrischen Belastung und deren Ursachen sind die Zusammenhänge zwischen allen Elementen des Netzes von Bedeutung. Unter dem *elektrotechnischen Netz* versteht man die Zusammenfassung aller galvanisch verbundenen elektrotechnischen Anlagen gleicher Nennspannung, während die *Anlage* alle Betriebsmittel

2.2. Betriebstechnische Belastungen

gleicher Funktion zusammenfaßt. Die *elektrotechnischen Betriebsmittel* schließlich sind Bauelemente wie Transformatoren, Schalter, Ableiter, Wandler u.dgl., aber auch Isolatoren, Durchführungen u.a. Andere, nicht der öffentlichen oder industriellen Energieversorgung zurechenbaren elektrischen Systeme, wie elektrische Kreise autonomer Fahrzeuge oder informationstechnische Systeme, unterliegen ähnlichen Bedingungen bezüglich der Belastung nach Betriebs- und Überspannungsgesichtspunkten.

Im Elektroenergiesystem sind Systemaspekte im Zusammenhang mit der *Sternpunktbehandlung* bedeutsam, da sie wesentlich die Überspannungsereignisse bestimmen. Man unterscheidet die Sternpunktbehandlung nach Wirkung, Form und Art. Einen Überblick gibt Tafel 2.2.1.

Tafel 2.2.1. Sternpunktbehandlung im Elektroenergiesystem nach TGL 20 445 für Spannungen größer als 1000 V

Wirkung	wirksame Sternpunkterdung Erdfehlerfaktor $c_f \leq 1,4$	nichtwirksame Sternpunkterdung Erdfehlerfaktor $c_f > 1,4$
Form	isolierter Sternpunkt	keine Erdverbindung
	mittelbar geerdeter Sternpunkt	über Widerstand oder Reaktanz
	unmittelbar geerdeter Sternpunkt	Verbindung galvanisch zur Erde, auch über Stromwandler
Art	starre Sternpunkterdung	alle Sternpunkte unmittelbar geerdet
	teilstarre Sternpunkterdung	nicht alle Sternpunkte unmittelbar geerdet
	Resonanzsternpunkterdung	induktive Kompensation kapazitiver Fehlerströme Löschspulen
	niederohmige Sternpunkterdung	niederohmige Widerstände
	keine Sternpunkterdung	alle Sternpunkte isoliert

Die elektrische Belastung der Isolierung ist abhängig von Amplitude, Form, Dauer, Häufigkeit, Zeit und Ort der elektrischen Spannung.

Man unterscheidet die *betriebsfrequente Dauerbeanspruchung* bzw. die *Gleichspannungsdauerbeanspruchung* und die *äußeren* und *inneren Überspannungen*. Der Analyse dieser Beanspruchungen sind die folgenden Abschnitte gewidmet.

2.2.3.1. Der ungestörte Betrieb
[60]

Wegen der Transformationsmöglichkeiten und der Beherrschung von Schaltungen auf allen Spannungsebenen hat sich die Wechselspannung im dreiphasigen System durchgesetzt. Durch die enormen Fortschritte in der Leistungshalbleitertechnik wie auch in der Schaltgerätetechnik ist gegenwärtig jedoch eine starke Aktivität zu verzeichnen, Gleichspannungsübertragungen nicht nur bei Unterwasserkabelstrecken, sondern auch für die Fernübertragung hoher Leistungen und für asynchrone Netzkopplungen einzusetzen.

2. Belastung von Isolierungen und Beanspruchung der Isolierstoffe

Nachstehend sollen die Probleme der betriebsfrequenten Dauerbeanspruchung im Drehstromnetz behandelt werden.

Die *Nennspannung* U_n ist der Effektivwert der verketteten Spannung und stellt eine Bemessungsgröße dar, nach der die spannungsmäßigen Belastungskategorien aller zum Netz gehörenden Betriebsmittel festgelegt werden.

Die *Betriebsspannung* U_b ist der in Ort und Zeit unterschiedliche Spannungswert, der sich durch die Belastung und die Einspeisebedingungen einstellt und nach unten gegenüber der Nennspannung durch Vereinbarung zwischen Verbraucher und Erzeuger und nach oben durch die genormte obere Betriebsspannung U_h festgelegt ist. Die obere Betriebsspannung darf zu keinem Zeitpunkt an keinem Ort im Normalbetrieb überschritten werden.

Um eine Bemessungsspannung für die Isolierung zu haben, wurde die *Isolationsspannung* U_m eingeführt; sie ist die höchste im ungestörten Betrieb zulässige Belastung der Isolierung. Tafel 2.2.2 gibt den Zusammenhang zwischen der Nennspannung und der Isolationsspannung an.

Tafel 2.2.2
Gegenüberstellung von Nennspannung und Isolationsspannung ausgewählter Spannungsebenen nach TGL 20445

U_n/kV	U_m/kV	Umrechnungsfaktor
6	7,2	1,2
10	12	
20	24	
30	36	
110	123	
220	245	1,1
380	420	
$\geq$ 500		1,05

Die in den angegebenen Grenzen liegenden Belastungen sind von der Isolierung langzeitig schadenfrei zu tragen.

Die Belastung wird als sinusoidal vorausgesetzt. Tatsächlich treten Oberschwingungsanteile auf, die ggf. zu veränderten Alterungsprozessen der Flüssig- und Feststoffisolierung führen können. Durch den zunehmenden Einsatz von Leistungshalbleitern insbesondere bei der Phasenanschnittsteuerung und beim Einsatz von Wechselrichtern kommt der Oberschwingung stärkere Bedeutung zu.

Im Normalbetrieb ist ein Oberschwingungsanteil von kleiner als 5% festgelegt.

Belastungsabweichungen treten bei unsymmetrischer Last zwischen Leiter und Leiter, in Trennstrecken und im asynchronen Zustand zweier Netzteile auf.

2.2.3.2. Innere Überspannungen
[11] [13] [60]

In elektrotechnischen Netzen befinden sich praktisch immer Energiespeicherelemente, die entweder eine Speicherung im elektrischen Feld (Kapazitäten) oder im magnetischen Feld (Induktivitäten) vornehmen. Bild 2.2.1 zeigt eine vereinfachte Darstellung eines Elektroenergiesystems. Bei Schalthandlungen gewollter oder ungewollter Art treten stets Ausgleichvorgänge auf, die zu Überspannungen führen. Die Energie für diese Überspannungen stammt aus dem Netz; deshalb werden sie innere Überspannungen genannt.

Der Ausgleichvorgang führt zu aperiodischen oder periodischen gedämpften Schwingungen, die in Mittel- und Hochspannungsnetzen gegenüber der Netzfrequenz eine höhere Frequenz aufweisen. Die Ausgleichschwingungen gehen entweder in den Normalzustand der Spannungsbelastung zurück oder führen zu zeitweiligen Spannungsüberhöhungen mit Betriebsfrequenz oder mit Frequenzen, die harmonisch, ultraharmonisch oder subharmonisch zu dieser sind. Im Bild 2.2.2 ist ein solcher Spannungsverlauf dargestellt.

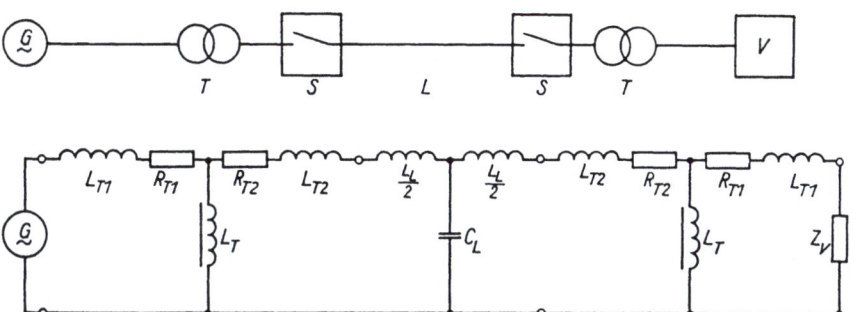

Bild 2.2.1. Symbolschaltbild und Ersatzschaltbild eines Elektroenergiesystems in einpoliger Darstellung
G Generator; T Transformator; L Freileitung; S Schalter; V Verbraucher

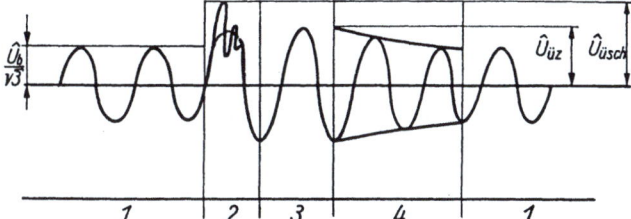

Bild 2.2.2
Zeitlicher Verlauf
von inneren Überspannungen
1 ungestörter Betrieb
2 Schaltüberspannung (Übergangsprozeß)
3 zeitweilige Spannungsüberhöhung
4 Rückführung auf den Normalzustand

Alle inneren Überspannungen haben eine Amplitude, die größer ist als die obere Betriebsspannung, bezogen auf die Leiter-Leiter- oder Leiter-Erde-Spannung.

Zeitweilige Spannungsüberhöhungen

Die Belastung der Isolierung ist durch die Amplitude, die Spannungsform und die Zeitdauer der zeitlichen Spannungsüberhöhung gekennzeichnet.

Die zeitweilige Spannungsüberhöhung $\hat{u}_{üz}$ oder $U_{üz}$ ist die Leiter-Erde-Spannung oder Leiter-Leiter-Spannung, die an einem Netzpunkt die obere Betriebsspannung vorübergehend übersteigt.

$$\hat{u}_{üz} > \frac{U_n \sqrt{2}}{\sqrt{3}}. \tag{2.2.13}$$

Charakterisiert wird die zeitweilige Spannungsüberhöhung durch den zeitweiligen Spannungsüberhöhungsfaktor

$$k_z = \frac{\hat{u}_{üz}}{U_b \sqrt{2}/\sqrt{3}}. \tag{2.2.14a}$$

Eine spezielle Variante, angepaßt an den Erdfehler, stellt der Erdfehlerfaktor dar:

$$c_f = \frac{U_{LE}}{U_b/\sqrt{3}}. \tag{2.2.14b}$$

2. Belastung von Isolierungen und Beanspruchung der Isolierstoffe

Die Spannungsüberhöhung wird also auf die Betriebsspannung bezogen. Eine andere Möglichkeit ist der Bezug auf die Isolationsspannung. Man bezeichnet diese Größe als bezogene Spannungsüberhöhung

$$\hat{u}'_{\text{üz}} = \frac{\hat{u}_{\text{üz}}}{U_m \sqrt{2}/\sqrt{3}}. \tag{2.2.15}$$

Es existieren drei Fälle der zeitweiligen Spannungsüberhöhung, die durch die Ursache kategorisiert sind.

Ursachen für die erste Kategorie sind Überregelungen und Entlastungen des Netzes sowie die Entlastung langer Leitungen. Tritt durch Störungen ein plötzlicher Lastabfall im Netz auf, so ist die Erregung der Generatoren oder die Stellung des Stufenschalters der Transformatoren nicht mehr angepaßt. Diese dynamische Spannungsüberhöhung c_d kann Werte bis etwa 1,2 annehmen, wenn z. B. die Ursache in der Generatorübererregung liegt. Die zeitweilige Spannungsüberhöhung ist betriebsfrequent. Bei Entlastung langer Leitungen treten Spannungserhöhungen infolge des kapazitiven Belastungsstroms auf. Die Spannung U_E kann dann am Ende der Leitung größer sein als die Spannung U_A am Anfang.

$$U_E = \frac{U_A}{\cos \beta l}. \tag{2.2.16}$$

Dabei ist l die Leitungslänge, und β hat die Größe von ungefähr 0,06°/km.

Mit steigender Leitungslänge wächst die Spannungsüberhöhung. Spannungsüberhöhungen treten auch in unsymmetrischen Dreiphasensystemen auf. Die Erdunsymmetrie ist auch dann vorhanden, wenn ein- oder zweipolige Erdfehler vorliegen.

Je nach Art der Sternpunkterdung ergibt sich ein stationärer oder quasistationärer Spannungszustand.

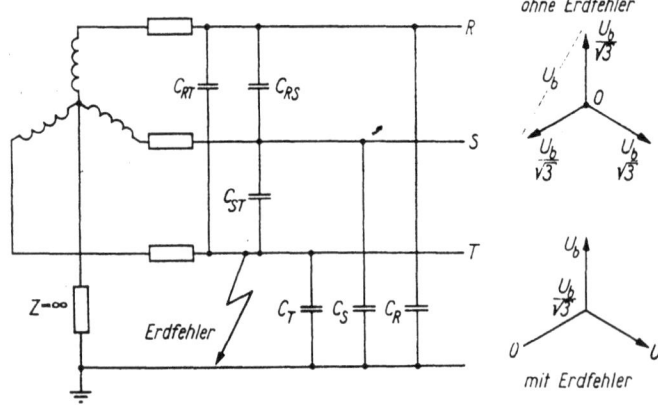

Bild 2.2.3
Ersatzschaltbild
für den einphasigen Erdschluß
in einem Netz
mit isoliertem Sternpunkt
und Darstellung
im Zeigerdiagramm

Als Beispiel sei das Netz mit isoliertem Sternpunkt betrachtet. Der im Falle des einpoligen Erdschlusses vorliegende kapazitive Strom bewirkt eine Sternpunktverlagerung von $\sqrt{3}$, d.h., der Sternpunkt erhält das Leiter-Erde-Potential und die beiden gesunden Phasen den Wert U_b. Bild 2.2.3 zeigt die genannten Zusammenhänge. Der Erdfehlerfaktor ist dabei $c_f = 1{,}73$.

Befinden sich in einem elektrischen Netz Betriebsmittel mit nichtlinearer Strom-

Spannungs-Kennlinie, so können Oberschwingungen in Strom und Spannung generiert werden. Sinusförmige Spannungen erzeugen Oberschwingungsströme. Zu diesen Betriebsmitteln gehören Transformatoren, Stromrichter, Lichtbogenöfen, koronabehaftete Freileitungen u. dgl. Oberschwingungen der Spannung werden von Asynchronmaschinen, Synchrongeneratoren und auch Transformatoren erzeugt.

Da jedes Netz ein schwingungsfähiges Gebilde ist, existiert eine Eigenschwingung. Im Falle linearer Betriebsmittel entstehen gedämpfte harmonische Schwingungen mit einer bestimmten konstanten Frequenz. Sind nichtlineare Betriebsmittel vorhanden, werden nichtharmonische Schwingungen erzeugt. Wird dem Netz mit der geeigneten Frequenz Energie nachgeliefert, so wird die Dämpfung der betreffenden Oberschwingung verringert oder aufgehoben. Im letzteren Fall spricht man von Resonanzerscheinungen.

Je nach dem Verhältnis von Eigenfrequenz und aufgeprägter Frequenz liegen harmonische, ultraharmonische oder subharmonische Resonanz vor.

Besondere Bedeutung hat in diesem Zusammenhang die Ferroresonanz, die insbesondere durch das Zusammenwirken von Oberschwingungen der eisenbehafteten Transformatoren und Drosseln und der Eigenfrequenz des Netzes hervorgerufen werden. Zu berücksichtigen ist dabei die Tatsache, daß sich die Oberwellenfrequenz mit der Höhe des Magnetisierungsstroms ändert.

Zusammengefaßt ergibt sich: Zeitweilige Spannungsüberhöhungen führen zu kritischen Belastungen der Isolierung, wenn als Ursache Lastabwurf mit Überregelung, Lastabwurf extrem langer Leitungen, Erdschlüsse in Netzen mit nicht wirksam geerdeten Sternpunkten, insbesondere bei isoliertem Sternpunkt, und Ferroresonanzen auftreten. Einige typische Fälle der Belastung sind in der Tafel 2.2.3 angeführt.

Tafel 2.2.3. Ursache und Charakteristik von zeitweiligen Spannungsüberhöhungen

Ursache	Vorgang	Zeitdauer	Spannungs-überhöhung	Charakteristik
Lastabwurf	Überregelung Transformator Generator	Sekunden bis Minuten	$c_d < 1,4$	betriebsfrequent, dynamisch, überhöht
Unbelastete Leitung mit hoher Kapazität	nach Abschalten der Last oder Einschalten einer offenen Leitung	Minuten	$c_d < 1,4$	betriebsfrequent, quasistationär nach transientem Vorgang
Erdfehler	1poliger Erdschluß	Minuten bis Stunden	$c_f > 1,4 \ldots 1,8$	betriebsfrequent, stationär
	Erdkurzschluß	< 1 s	$c_f \leqq 1,4$ $k_z < 2$	betriebsfrequent quasistationär
Zuschalten von linearen Netzelementen Induktivitäten Kapazitäten	Resonanz	Sekunden bis Minuten	$k_z \leqq 2$	harmonisch, ultraharmonisch, stationär
Zuschalten von nichtlinearen Induktivitäten	Ferroresonanz	Sekunden bis Minuten	$k_z \leqq 2$	subharmonisch, stationär

Schaltüberspannungen

[13]

Schalthandlungen oder Störungen haben Übergangsvorgänge in einem schwingungsfähigen Gebilde wie dem elektrotechnischen Netz zur Folge. Die dabei auftretenden Schwingungen übersteigen im allgemeinen die Spannungshöhe der Betriebsspannung des Systems. Die damit verbundene transiente Überspannung stellt eine Belastung der Isolierung dar. Es ist vom Gesichtspunkt der Isoliertechnik aus erforderlich, typische Schaltvorgänge und deren Überspannung unter den jeweiligen Netzkonfigurationen zu systematisieren.

Die Schaltüberspannungen sind periodisch gedämpft oder aperiodisch mit einer wesentlich höheren Frequenz als 50 Hz. Sie können als Leiter-Erde- oder als Leiter-Leiter-Überspannungen ausgedrückt werden. Die Relation für die LE-Überspannung ist

$$\hat{u}_{\text{ü sch}} > \frac{U_n \sqrt{2}}{\sqrt{3}}. \tag{2.2.17}$$

Der Grad der Überspannung wird durch den Überspannungsfaktor $k_{\text{LE sch}}$ oder $k_{\text{LL sch}}$ charakterisiert. Er wird auf die Betriebsspannung an der betreffenden Stelle des Netzes bezogen. Für den LE-Überspannungsfaktor ergibt sich

$$k_{\text{LE sch}} = \frac{\hat{u}_{\text{ü sch}}}{U_b \sqrt{2}/\sqrt{3}}. \tag{2.2.18}$$

Die bezogene Schaltüberspannung ist in Analogie zu (2.2.15)

$$\hat{u}'_{\text{ü sch}} = \frac{\hat{u}_{\text{ü sch}}}{U_m \sqrt{2}/\sqrt{3}}. \tag{2.2.19}$$

Schaltüberspannungen haben im Fall eines aperiodischen Verlaufs eine Anstiegszeit von einigen hundert und eine Rückenhalbwertzeit von einigen tausend Mikrosekunden. Schaltvorgänge mit beachtlichen Überspannungen sind

- Einschalten einer leerlaufenden Leitung
- automatische Wiedereinschaltung nach Fehlerabschaltung
- Abschalten von symmetrischen oder asymmetrischen Kurzschlüssen
- Abschalten von kleinen induktiven Strömen, insbesondere leerlaufender Transformatoren und Drosseln
- Abschalten von großen Kapazitäten und leerlaufenden Leitungen, auch mit Wiederzündung des Schaltlichtbogens
- einphasiger Erdschluß oder instabiler Lichtbogen bei isoliertem Sternpunkt und in Netzen mit Resonanzsternpunkterdung.

Die durch diese Vorgänge eingeleiteten Übergangsprozesse werden bestimmt durch

- die Frequenz der Eigenschwingung des Netzes und deren Dämpfung
- die Höhe der stationären Spannung, die von der Sternpunktbehandlung abhängt
- die Schalterart.

Die durch den Überspannungsfaktor in ihrer Höhe charakterisierte Überspannung ist von vielen Einflußgrößen abhängig und kann nur als statistische Größe angegeben werden, d. h., k_{sch} wird für bestimmte Gruppen von Übergangsprozessen in Form einer Verteilung angegeben.

Einige ausgewählte Beispiele sollen zur Problemcharakterisierung dienen:
Das Einschalten einer leerlaufenden Leitung kann durch das Ersatzschaltbild im Bild 2.2.4 beschrieben werden.

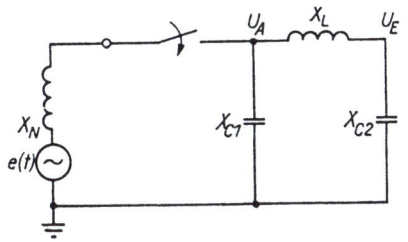

Bild 2.2.4
Ersatzschaltbild für das Einschalten einer leerlaufenden Leitung

X_N Reaktanz des vorgelagerten Netzes
X_L Reaktanz der Leitungsinduktivität
X_C Reaktanz der Leitungskapazität
$e(t)$ EMK
U_A Spannung am Leitungsanfang
U_E Spannung am Leitungsende

Die Spannung am Ende der Leitung U_E ergibt sich zu

$$U_E = U_{stat} + U_{Eig}. \qquad (2.2.20)$$

Die Spannung am Ende der Leitung setzt sich nach dem Einschaltvorgang aus dem stationären Anteil U_{stat} und dem Anteil der Eigenschwingung U_{Eig} zusammen. Für die Eigenschwingung soll vereinfacht nur die Grundschwingung betrachtet werden. Damit ergibt sich für U_E:

$$U_E = \hat{u} \frac{\omega_1^2}{\omega_1^2 - \omega} \left[\sin(\omega t + \varphi) - \sqrt{\sin^2 \varphi + \left(\frac{\omega_1}{\omega}\right)^2 \cos^2 \varphi} \right. $$
$$\left. \times e^{-\delta t} \sin(\omega_1 t + \varphi_1) \right]. \qquad (2.2.21)$$

Dabei ist $\varphi_1 = \arctan(\omega_1/\omega \tan \varphi)$, $\hat{u}$ der Scheitelwert der Speisespannung und ω_1 die Eigenfrequenz der Grundwelle des Netzes, ω die aufgeprägte Frequenz (50 Hz); δ ist der Dämpfungskoeffizient der Eigenschwingungen.

Ersetzt man die Leitungsinduktivitäten und die des vorgeschalteten Netzes durch $L_{äq}$ und die Leitungskapazitäten durch $C_{äq}$, dann ergibt sich

$$\omega_1 = \frac{1}{\sqrt{L_{äq} C_{äq}}} \quad \text{und} \quad \delta = \frac{R}{2 L_{äq}}.$$

Die maximale Spannung U_E am Ende der Leitung ist abhängig vom Schaltaugenblick mit der Phasenlage φ, von der Frequenz der Eigenschwingung und ihrer Amplitude:

$$U_E = \hat{u} \frac{\omega_1^2}{\omega_1^2 - \omega} \sqrt{\sin^2 \varphi + \left(\frac{\omega}{\omega_1}\right)^2 \cos^2 \varphi}. \qquad (2.2.22)$$

Für die Spannungsebenen bis 380 kV ist $\omega_1 > \omega$. Bei höheren Spannungsebenen wird wegen der Kompensation der Leitungsinduktivitäten $\omega_1 < \omega$.

Aus (2.2.22) folgt, daß für $\omega_1 > \omega$ die Amplitude der Eigenschwingung beim Schaltphasenwinkel von etwa 90° bzw. 270° am größten ist.

Bild 2.2.5 zeigt das Ergebnis der Überlagerung bei einem Schaltwinkel von 90° und einer Frequenzrelation von $\omega_1/\omega = 5$ (a) und $\omega_1/\omega = 2$ (b). Die Lage des Maximums

34   2. Belastung von Isolierungen und Beanspruchung der Isolierstoffe

der Schaltüberspannung verändert sich offensichtlich mit ω_1/ω. Mit Vergrößerung der Eigenfrequenz ω_1 verschiebt sich die maximale Überspannung zu kleineren Zeiten nach dem Schaltmoment. Der maximale Schaltüberspannungsfaktor $k_{sch\,max}$ ist abhängig von dem Schaltphasenwinkel und von der Eigenfrequenz des Netzes.

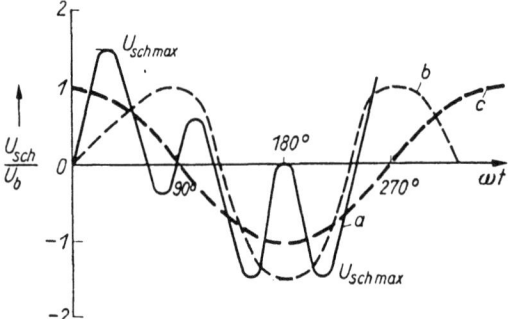

Bild 2.2.5
Darstellung des Überspannungsverlaufs bei unterschiedlichen Eigenfrequenzen des Netzes
a) $\omega_1/\omega = 5$
b) $\omega_1/\omega = 2$
c) stationärer Spannungsverlauf

Bild 2.2.6 zeigt diese Abhängigkeit von der Eigenfrequenz bei konstanter Dämpfung.

Die Schaltwinkelabhängigkeit des Schaltüberspannungsfaktors führt wegen der Zufälligkeit des Schaltmoments zu dessen statistischer Verteilung. Es ist deshalb nur unter bestimmten Netz- und Schaltbedingungen sinnvoll, mit dieser Verteilung zu arbeiten.

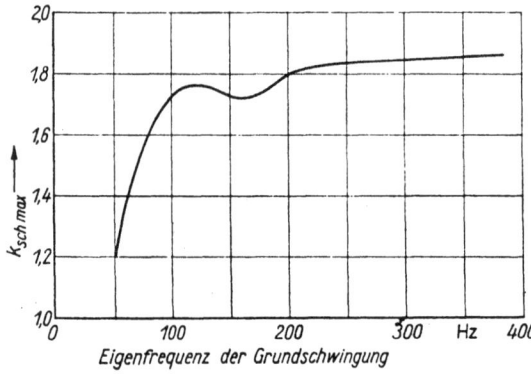

Bild 2.2.6
Abhängigkeit des maximalen Schaltüberspannungsfaktors von der Eigenfrequenz des Netzes bei konstanter Dämpfung der Eigenschwingung

Der Zeitpunkt der Schaltung wird durch den Durchschlag zwischen dem beweglichen und dem festen Schaltkontakt bestimmt. Die Änderung der Durchschlagfestigkeit ist kurz vor dem Durchschlag etwa proportional der Schaltstückgeschwindigkeit. Wäre diese unendlich groß, existierte für alle Winkel eine Gleichverteilung der Wahrscheinlichkeit. Bei endlichen Geschwindigkeiten sinkt die Wahrscheinlichkeit für Winkel über 90° um so mehr, je niedriger die Geschwindigkeit ist. Daraus folgt eine asymmetrische Winkelverteilung und damit eine beiderseitig beschränkte Verteilung des Überspannungsfaktors.

Die Abweichungen von dieser einphasigen Betrachtung sind nicht erheblich, wenn im Drehstromsystem die Phasen nicht völlig gleichzeitig geschaltet werden.

Der Fall des Einschaltens einer einphasig mit Erdfehler behafteten leerlaufenden Leitung erhöht den Schaltüberspannungsfaktor. Die höchste Überspannung entsteht bei automatischer Wiedereinschaltung (AWE), wenn die Momentanspannung der Einspeisung die umgekehrte Polarität im Vergleich zur Ladung auf der gesunden Phase hat. Berechnet werden kann die Überspannung mit (2.2.21), wobei je nach Polarität der Ladung ein Ausdruck

$$\pm u_0 \cos \omega_1 t\, e^{-\delta t} \qquad (2.2.23)$$

hinzugefügt wird. u_0 bestimmt man aus der jeweiligen Ladung.

Tafel 2.2.4. *Ursachen von kritischen Schaltüberspannungen und Bereich des Überspannungsfaktors*

Ursache	k_{LEsch}	
	mittlerer Wert	Maximalwert
Ausschalten leerlaufender Transformatoren	2,5	4,2
Ausschalten leerlaufender Leitungen mit mehrfacher Wiederzündung	2,8	4,5
Einschalten leerlaufender Leitungen	1,8	3,5
Abschalten einpoliger Erdschlüsse	1,8	2,5

Tafel 2.2.4 gibt einen Überblick über die Überspannungsfaktoren bei Einschalt- und Ausschaltvorgängen.

Beim Ausschalten nichtbelasteter Leitungen entstehen ähnliche Überspannungen wie bei der Wiedereinschaltung.

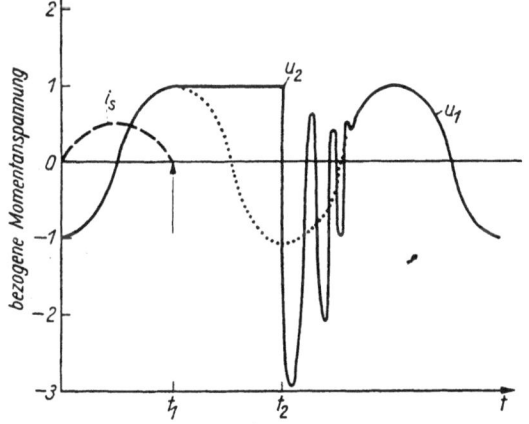

Bild 2.2.7
Spannungsverlauf bei der Abschaltung einer leerlaufenden Leitung mit Wiederzündung

t_2 Zeitpunkt der Wiederzündung
t_1 Zeitpunkt des Stromabrisses (SA)
i_s Schalterstrom
u_1 Spannung am Schalterkontakt 1
u_2 Spannung am Schalterkontakt 2 (leerlaufende Leitung)

Das Ersatzschaltbild gemäß Bild 2.2.4 kann angewendet werden. Der Spannungsverlauf wird im Bild 2.2.7 dargestellt. Über den Schalter fließt ein sinusoidaler Strom, der nach dem Schalten nahe dem Nulldurchgang abreißt. In diesem Moment ist die Spannung nahe dem Scheitelwert $\hat{u}$. Die abgeschaltete leerlaufende Leitung bleibt mit diesem Wert aufgeladen. An den Schaltpolen steht an:

$$u_{\text{Schalter}} = \hat{u} \cos \omega t - \hat{u}. \qquad (2.2.24)$$

Das bedeutet, daß nach einer Halbperiode $2\hat{u}$ am Schalter anliegen. Damit besteht die Gefahr der Wiederzündung mit den gleichen Überspannungsproblemen, die im Zusammenhang mit der automatischen Wiedereinschaltung behandelt wurden, d.h., es gilt

(2.2.21) mit der Ergänzung durch (2.2.23). Die Überspannung ist vom Zeitpunkt des Durchschlags der Schaltstrecke abhängig. Die Durchschlagwahrscheinlichkeit ergibt sich aus der Wiederverfestigung des Dielektrikums in der Schaltstrecke und dem Verlauf der wiederkehrenden Spannung. Bild 2.2.8 zeigt den qualitativen Verlauf zwischen den Vorgängen der Wiederverfestigung und dem Spannungsanstieg. Die Steilheit des Anstiegs der Spannungsfestigkeit wird durch die beim Ausschalten vorangegangene Lichtbogenbeanspruchung bestimmt. Die Einflußgrößen sind zufälliger Natur, insbesondere wegen des Schaltzeitpunktes. Das Löschprinzip ist von großer Bedeutung für die Verfestigung der Schaltstrecke. Druckluftschalter haben gegenüber ölarmen Schaltern eine steilere Kennlinie. Der Bereich der Überspannungen für den Fall des Abschaltens leerlaufender Leitungen ist in der Tafel 2.2.4 aufgelistet.

Ähnlich wie leerlaufende Leitungen verhalten sich Kondensatorenbatterien beim Ausschalten. Jedoch wird heute durch Aufbau und inneren Schutz die Abschaltung einer hohen Kurzschlußleistung nicht erforderlich, so daß sehr schnell löschende Schalter ein Wiederzünden verhindern. Damit werden die Schaltüberspannungen niedrig gehalten.

Auch das Abschalten unbelasteter Transformatoren führt zu beachtlichen Schaltüberspannungen (Tafel 2.2.4).

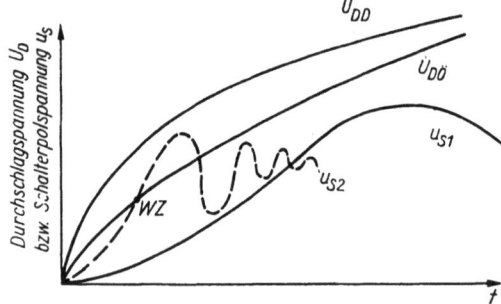

Bild 2.2.8
Verlauf der Verfestigung der Schaltstrecke

U_{DD} Durchschlagspannung eines Luftdruckschalters
$U_{DÖ}$ Durchschlagspannung eines ölarmen Schalters
u_{S1} } Spannung an den Schalterpolen
u_{S2} }
WZ Wiederzündung

2.2.3.3. Äußere Überspannungen
[11] [12] [14] [60]

Äußere Überspannungen entstehen durch Energieeintrag in Form von atmosphärischen Entladungen in einen Netzabschnitt. Durch verschiedenartige physikalische Prozesse bilden sich in der Atmosphäre Raumladungswolken aus. Trotz intensiver Untersuchungen der Gewitterbildung gibt es bisher keine vollständige Theorie der Ausbildung von Raumladungen in diesen Dimensionen. Unzweifelhaft ist, daß Luftströmungen für die Raumladungsbildungen verantwortlich sind. Die von der erwärmten Erde aufsteigenden Luftströme wie auch die durch Gebiete unterschiedlichen Luftdrucks hervorgerufenen Strömungen erreichen hohe Geschwindigkeiten. Diese Luftströme enthalten auch Wasserdampf, der in größeren Höhen wegen der Temperaturabsenkung zu Wassertropfen kondensiert. Die Wassertropfen werden im Luftstrom mitgerissen.

Die durch die Kondensation im aufsteigenden Luftstrom gebildeten Wassertropfen geraten mehr und mehr in Gebiete mit Temperaturen unter 0 °C. Dabei findet ein Gefrieren des Wassers statt. Zunächst bildet sich eine Oberflächeneisschicht aus, während im Inneren noch das flüssige Wasser vorliegt. Es entsteht eine durch den Temperaturgradienten hervorgerufene Diffusion der positiven Ionen nach außen, während der innere Kern negativ geladen zurückbleibt. Der Eisbelag kann in Form kleiner Partikel abgespalten werden. Diese positiv geladenen Partikel geringer Masse werden durch den Luftstrom in größere Höhen gebracht als die verbleibenden Tropfen. Gewitterwolken haben somit unterschiedlich geladene Gebiete, wobei ausgedehnte negative Gebiete meist in geringen Höhen bis zu etwa 6 km zu finden sind. Bild 2.2.9 zeigt Entstehung und Aufbau einer Gewitterwolke.

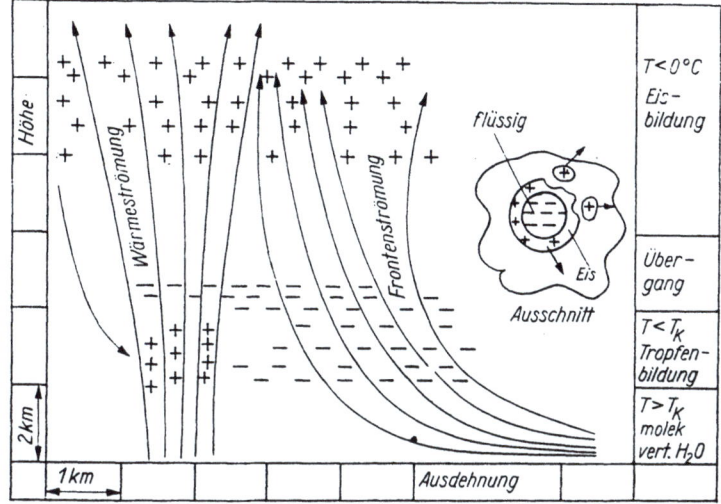

Bild 2.2.9
Entstehung
und Aufbau
einer Gewitterwolke

Es muß betont werden, daß die in Gewitterwolken befindlichen Raumladungen an materielle Träger gebunden sind, d. h. an Tropfen oder Eispartikel. Die gesamte Raumladungswolke besteht damit aus Ladungen, die durch Luftzwischenräume voneinander isoliert sind. Die gesamte Raumladungswolke bildet ein elektrisches Feld gegen Erde oder gegen eine Wolke mit entgegengesetzter Polarität aus. Man muß davon ausgehen, daß an den Berandungen der Wolken und insbesondere in der Umgebung der Wassertröpfchen stark inhomogene Felder auftreten, die die Entladungseinsatzspannung der Luft überschreiten können, d. h. Feldstärken von 20 bis 25 kV/cm. Werden bei der Ausbildung der Wolken diese Feldstärken erreicht, wird eine Blitzentladung eingeleitet.

Nach statistischen Untersuchungen sind etwa 30 % der Blitzentladungen von einer Wolke zur Erde gerichtet, und 70 % verlaufen zwischen den Wolken.

Von der negativ geladenen Wolke geht als Teilentladung ein Leader (s. Abschn. 3.5.1.2) aus. Auf der Erde wächst aus einer Feldinhomogenität heraus, gespeist durch eine positive Influenzladung, ebenfalls ein schwacher Leader der Wolkenentladung entgegen. Der Leader, ein schwach leuchtender thermoionisierter Kanal, wächst mit einer Geschwindigkeit von ungefähr 10^5 m/s.

Das Vorwachsen geschieht in Abschnitten von einigen zehn bis hundert Metern. Danach tritt eine Pause von einigen zehn Mikrosekunden ein, die im Zusammenhang mit der Energienachführung durch die Raumladungswolke mit vergleichsweise hohem „Innenwiderstand" zu sehen ist. Nach dieser Unterbrechung erfolgt die nächste Entladung in Form einer Ruckstufe. Bis zur Vereinigung der auf- und abwärts gerichteten Leader vergehen etwa 10000 µs. Bei der Vereinigung beginnt die Neutralisierung der Ladungsträger. Das geschieht im allgemeinen in Richtung Wolke mit einer um zwei Größenordnungen gegenüber dem der Anfangsleaderentwicklung gesteigerten Geschwindigkeit. Der Kanal wird dabei auf mehr als 10000 °C aufgeheizt und hat eine hohe Lichtemission. Man nennt diesen Teil mit einer Geschwindigkeit des Ablaufs von etwa 10^7 m/s Hauptentladung.

Mit der Aufheizung des Kanals sind hohe Dichteänderungen der umgebenden Luft

38   2. *Belastung von Isolierungen und Beanspruchung der Isolierstoffe*

verbunden. Durch die außerordentlich schnelle Entwicklung entstehen Druckwellen mit steilen Fronten. Diese Erscheinung ist als Donner bekannt.

Das gesamte Blitzereignis besteht aus mehreren solchen Teilabschnitten, aus Ruckstufen und Hauptentladung. Bild 2.2.10 zeigt die Darstellung eines Blitzereignisses.

Für die elektrische Isoliertechnik sind genügend genaue Angaben über die Belastung der Isolierung durch Blitzeinwirkungen erforderlich. Hierzu gehören Kenntnisse über die Häufigkeit von Gewittern in bestimmten Gebieten. Keraunische Karten mit derartigen Angaben werden von meteorologischen Diensten angefertigt. Sie geben die Gewittertage pro Jahr an. Die Projektierung von Freileitungen und Schaltanlagen muß diese Statistik berücksichtigen.

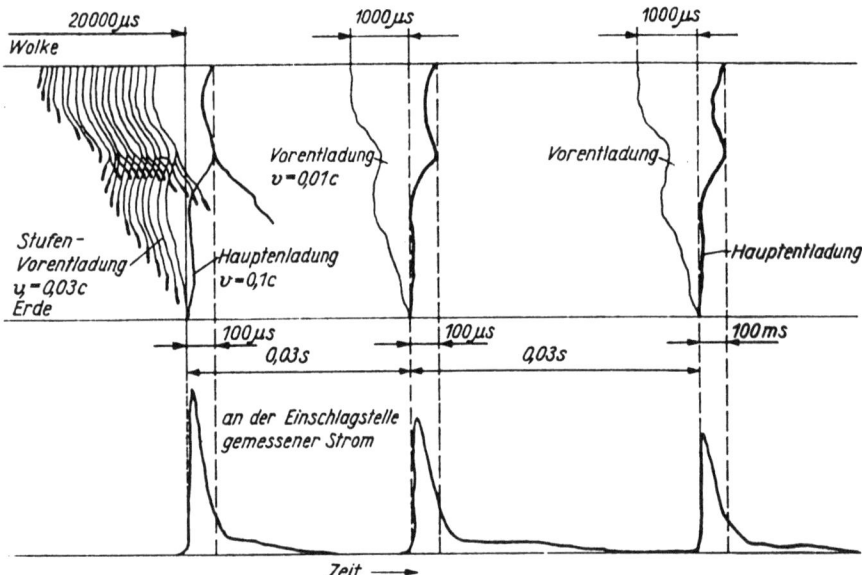

Bild 2.2.10. *Diagramm eines Blitzereignisses, dargestellt nach einer Aufnahme mit rotierender Kamera*

Von besonderer Bedeutung sind jedoch Aussagen über die Polarität, die auftretenden maximalen Blitzströme und über den Spannungsverlauf. Diese Angaben sind statistischer Natur. In den letzten Jahren wurden durch die Cigré große Anstrengungen unternommen, um gesichertes statistisches Material für den Ingenieur vorlegen zu können [57].

Aus dem vorliegenden Material können folgende Schlußfolgerungen gezogen werden:

– Die überwiegende Zahl der Blitze zwischen Wolke und Erde sind abwärts gerichtet. Aufwärts gerichtete Blitze sind nur in Verbindung mit hohen Bauwerken zu sehen.
– Nur 5 bis 20 % der in Energieversorgungsanlagen wirksamen Blitze sind positiver Natur. Die Wahrscheinlichkeit ist territorial unterschiedlich, möglicherweise auch von der Jahreszeit abhängig (Sommer/Winter).
– Nicht mehr als 5 % aller Blitzereignisse haben mehr als zehn nacheinanderfolgende Entladungszyklen (Ruckstufen und Hauptentladungen) zur Folge. Das Mittel liegt bei etwa drei Zyklen.
– Die Gesamtdauer eines Blitzes beträgt im Mittel 200 ms.

Bild 2.2.11 zeigt eine gemischte logarithmische Normalverteilung der Amplituden des Blitzstroms abwärts gerichteter negativer Entladungen. Nach dieser Darstellung liegt der Mittelwert bei 34 kA.

2.2. Betriebstechnische Belastungen

Im Bild 2.2.12 wird die Anstiegszeit des Stromimpulses dargestellt. Dabei ist die Zeit zwischen den 30-%- und 90-%-Werten des Scheitelwertes benutzt worden. Die erste und die folgenden Hauptentladungen sind eingetragen. Eine weitere wesentliche Bestimmungsgröße des Blitzstroms ist seine Anstiegsgeschwindigkeit. Im Bild 2.2.13 wird die Steilheit des Stromanstiegs in zwei verschiedenen Definitionsbereichen dargestellt.

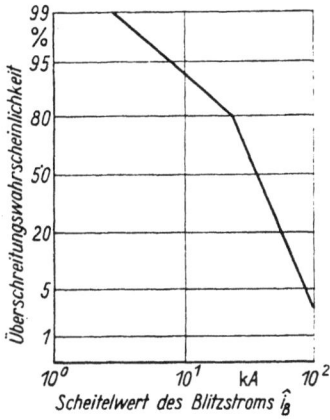

Bild 2.2.11. Häufigkeitsverteilung der Blitzstromamplituden für abwärts gerichtete negative Entladungen

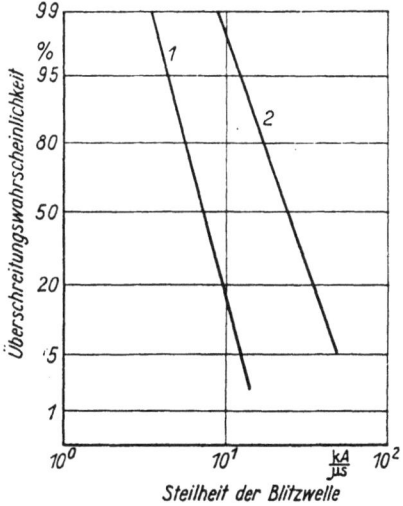

Bild 2.2.13. Häufigkeitsverteilung der Stromanstiegsgeschwindigkeit der ersten Hauptentladung des Blitzes

1 Zeiten gemessen zwischen dem 30-%- und dem 90-%-Wert der Amplitude
2 maximale Steigung der Kurve

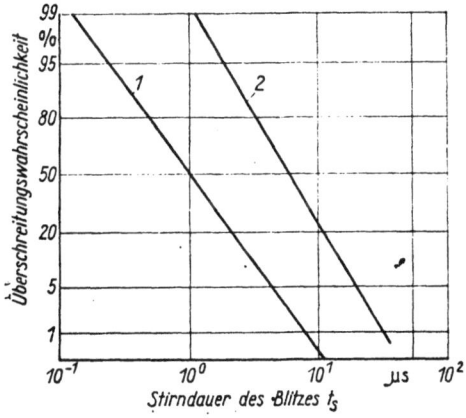

Bild 2.2.12
Häufigkeitsverteilung der Stirndauer des Blitzstroms für abwärts gerichtete negative Entladungen
1 erste Blitzentladung; 2 folgende Blitzentladungen

Die dargestellten Größen des Blitzstroms haben für die Isolierungsbelastung folgende Bedeutung:

- Die Amplitude des Blitzstroms ist für die Höhe der auf Leitungen entstehenden Überspannungen bei direktem oder indirektem Einschlag verantwortlich und für die Berechnung der Überspannungsbelastung notwendig. Außerdem kann damit der maximale Spannungsabfall an Erdungsanlagen und die daraus resultierende Gefährdung bestimmt werden. Ebenso ist die Blitzstromamplitude für die Dimensionierung von Blitzschutzeinrichtungen und Überspannungsbegrenzungsmaßnahmen nach statistischen Gesichtspunkten als Basis zu betrachten.

40   2. *Belastung von Isolierungen und Beanspruchung der Isolierstoffe*

- Der Blitzstromverlauf, insbesondere aber die Stirnzeit des Blitzimpulses in seiner Häufigkeitsverteilung, ist für die Festlegung von Blitzbelastungssimulationen, d. h. für die Definition von Prüfimpulsen, erforderlich.
- Die Steilheit des Stromanstiegs, vor allem die maximale Steilheit, ist für die Belastung von induktiven Betriebsmitteln verantwortlich. So sind an Maschinen- und Transformatorwicklungen die Spannungsverteilung und damit die Höhe der Überspannungsbeanspruchung einzelner Wicklungselemente von der maximalen Stromanstiegssteilheit abhängig.

In elektrischen Energieversorgungsnetzen treten äußere Überspannungen durch Blitzeinwirkungen auf. Die höchste Wahrscheinlichkeit besteht für die Blitzstromeinleitung bei Freileitungen und in Freiluftumspannwerken. Der Blitz kann dabei direkt in ein Leiterseil einschlagen, ein Erdseil oder eine andere Schutzeinrichtung treffen oder durch Induktion im Sinne eines indirekten Einschlags wirken. Darüber hinaus ist der Aufbau einer Überspannung im Netz durch Influenzwirkung des zwischen Gewitterwolke und Erde ausgebildeten elektrischen Feldes möglich.

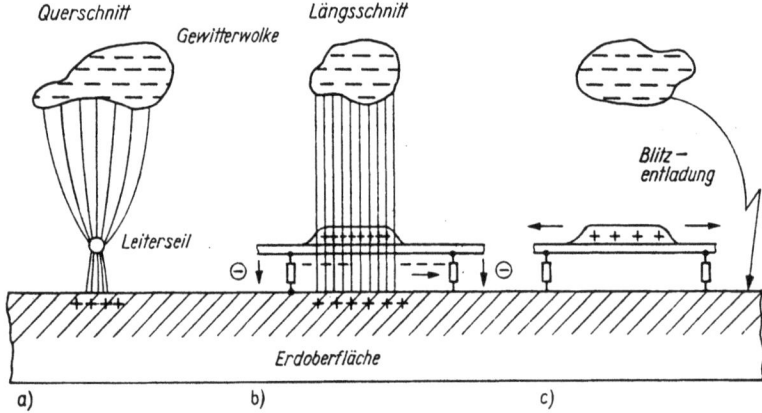

Bild 2.2.14. Schematische Darstellung eines indirekten Blitzeinschlags in ein Leiterseil einer Freileitung

Gemäß Bild 2.2.14 wird das durch ein Gewittergebiet führende Leiterseil einer Freileitung im Bereich der Raumladungswolke durch Influenz bipolar aufgeladen (a). Aufgrund der vorhandenen Übergangswiderstände der Isolatoren kann die negative Influenzladung nach Erde abgeführt werden. Damit besteht auf dem Leiterseil die in (b) angedeutete positive Influenzladung. Entlädt nun ein Blitz die Gewitterwolke, ohne einen direkten Einschlag ins Leiterseil zu verursachen, so wird innerhalb weniger Mikrosekunden das ursprüngliche elektrische Feld aufgehoben, und die positive Ladungsansammlung auf dem Leiterseil fließt nach beiden Seiten auf der Leitung ab (c). Das geschieht in Form von zwei Wanderwellen.

Eine weitere Möglichkeit der Überspannungserzeugung besteht im direkten Blitzeinschlag in ein Leiterseil gemäß der Darstellung im Bild 2.2.15. Kann durch Schutzmaßnahmen ein Einschlag in ein Leiterseil nicht verhindert werden, so hat im Punkt des Einschlags (Fall ①) der Blitzstrom i_B eine Verzweigungsstelle; er fließt nach beiden Seiten ab. Entscheidend für den dabei auftretenden Spannungsabfall ist der Gesamtwiderstand der Leitung. Da der ohmsche Widerstand R_L der Leitung im Vergleich zum Wellenwiderstand Z_W sehr klein ist (Z_W liegt für die meisten Freileitungen zwischen 300 und 600 Ω), kann die Amplitude der entstehenden Überspannungswelle $\hat{u}_{üs}$ aus dem Wellenwiderstand berechnet werden:

$$\hat{u}_{\text{üs}} = \frac{\hat{\imath}_{\text{B}}}{2} Z_{\text{W}}. \qquad (2.2.25)$$

Die Überspannung läuft in Form gleichartiger Wanderwellen nach beiden Seiten über die Leitung.

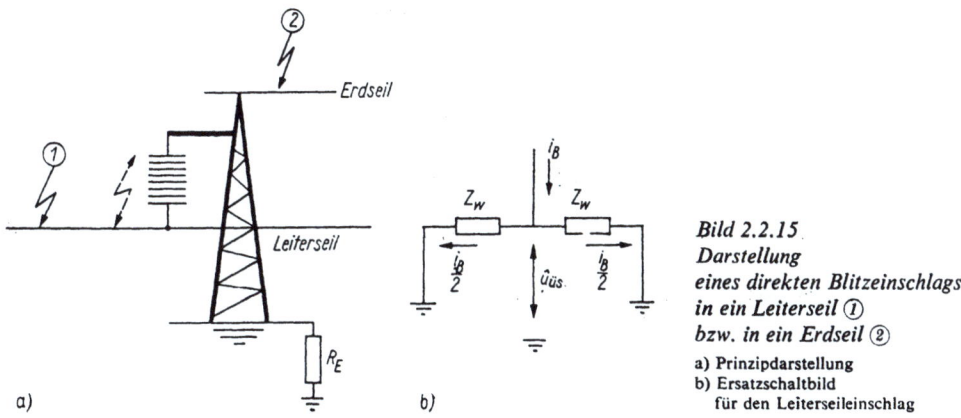

Bild 2.2.15
Darstellung
eines direkten Blitzeinschlags
in ein Leiterseil ①
bzw. in ein Erdseil ②
a) Prinzipdarstellung
b) Ersatzschaltbild
für den Leiterseileinschlag

Für die Isolierung gefährliche Überspannungen können auch dann entstehen, wenn ein Blitzeinschlag in ein Erdseil der Freileitung erfolgt (Fall ② im Bild 2.2.15). Der Blitzstrom wird in diesem Fall über das Erdseil und die benachbarten Masterder zur Erde abfließen. Hierfür sind offensichtlich der Erdseilwiderstand und die Erdübergangswiderstände der Erder verantwortlich. Ist die Summe dieser Widerstände so hoch, daß der Spannungsabfall des gegebenen Blitzstroms die Überschlag- oder Durchschlagspannung des Isolators überschreitet, dann kommt es zu einem rückwärtigen Überschlag in ein Leiterseil (gestrichelter Pfeil im Bild 2.2.15). Auf diese Weise wird ebenfalls eine Wanderwelle auf dem Leiterseil hervorgebracht. Die Amplitude der Überspannungswelle ist dann

$$\hat{u}_{\text{üs}} = \hat{\imath}_{\text{B}} R_{\text{E}}, \qquad (2.2.26)$$

wobei R_{E} sich im wesentlichen aus der Parallelschaltung mehrerer Masterderwiderstände zusammensetzt.

Schlägt ein Blitz in der Nähe einer Freileitung oder einer Freiluftanlage in die Erde oder in ein anderes geerdetes Objekt ein, so können bei entsprechenden Strombahnkomponenten des Blitzes Überspannungen auf der Freileitung induziert werden.

Die durch die unterschiedlichen Blitzeinschlagsformen gebildeten Überspannungen haben Impulscharakter. Die Spannungsform ist gekennzeichnet durch Stirnzeiten von 0,1 bis 10 µs und durch Rückenhalbwertzeiten zwischen 10 und 100 µs. Diese Wellen breiten sich mit nahezu Lichtgeschwindigkeit auf den Leitungen des Energiesystems aus. Sie werden Wanderwellen genannt. Das bedeutet, daß ein aus der Zeitdauer der Überspannung und der Ausbreitungsgeschwindigkeit berechenbarer Längenabschnitt der Leitung mit einem Überspannungszustand versehen ist, während der übrige Teil der Leitung momentan den Überspannungszustand Null besitzt. Damit liegt im Gegensatz zur Wechselspannung ein nicht stationäres Verhalten vor. Für die Berechnung und Abschätzung der Überspannungsbelastung der Isolierung sind Kenntnisse über die Gesetzmäßigkeiten der Wanderwellenvorgänge erforderlich.

2. Belastung von Isolierungen und Beanspruchung der Isolierstoffe

Nachstehend sollen die wichtigsten Gesichtspunkte zusammengefaßt werden:
Für die Verknüpfung der räumlichen und zeitlichen Änderung der Spannung ist die sogenannte Telegraphengleichung anwendbar:

$$\frac{\partial^2 u}{\partial x^2} = C'L' \frac{\partial^2 u}{\partial t^2} ; \qquad (2.2.27)$$

darin bedeuten x und t die Orts- bzw. Zeitkoordinaten, C' und L' die bezogenen Kapazitäten und Induktivitäten der Leitung und u den Momentanwert der Spannung. Analog kann der Stromzustand beschrieben werden.

Eine Lösung der Differentialgleichung für den Spannungszustand kann durch eine Überlagerung von vorschreitender (Index v) und rückschreitender Welle (Index r) mit der Ausbreitungsgeschwindigkeit v_a gefunden werden:

$$u(x, t) = u_v(x - v_a t) + u_r(x + v_a t). \qquad (2.2.28)$$

Durch analoge Lösung erhält man $i(x, t)$, so daß

$$I_v = \frac{u_v}{Z_W} \quad \text{und} \quad I_r = -\frac{u_r}{Z_W}$$

den Zusammenhang zwischen Strom und Spannung herstellen. Die Ausbreitungsgeschwindigkeit der Wanderwellen ist

$$v = \frac{1}{\sqrt{L'C'}} = \frac{c_0}{\sqrt{\mu_r \varepsilon_r}} ; \qquad (2.2.29)$$

dabei ist μ_r die relative Permeabilität und ε_r die relative Dielektrizitätskonstante der Umgebung der Leitung; c_0 ist die Lichtgeschwindigkeit. Für Freileitungen wird v nahezu gleich c_0, während für Kabel das höhere ε_r und ggf. der Einfluß ferro- oder paramagnetischer Anteile der Kabelmäntel eine deutliche Abweichung von c_0 bringt. Der Wellenwiderstand $\sqrt{L'/C'} = Z_W$ ist nur von der Geometrie der Leitung und von der Anordnung sowie vom Umgebungsmedium abhängig. Für Freileitungen sind die Wellenwiderstände etwa 10mal höher als bei Kabeln.

Übersicht:
Freileitung
    Einfachleiter   500 Ω
    Zweierbündel 400 Ω
    Viererbündel   350 Ω
Kabel   20 ... 50 Ω

Überspannungswanderwellen laufen oft von einem Leitungsabschnitt mit dem Wellenwiderstand Z_{W1} auf einen Leitungsabschnitt mit Z_{W2}. Beispielsweise ist so die Wellenwiderstandsänderung beim Übergang Freileitung-Kabel zu betrachten.

Am Übergangspunkt wird die vorlaufende Wanderwelle (hier als Sprungwelle betrachtet) u_{v1} reflektiert und gebrochen. Ein Teil der Welle läuft als reflektierte u_{r1} zurück, ein anderer Teil als gebrochene in den neuen Leitungsabschnitt als u_{v2}:

$$u_{v2} = u_{v1} + u_{r1}. \qquad (2.2.30)$$

Analog gilt für die Stromwelle

$$i_{v2} = i_{v1} + i_{r1}. \tag{2.2.31}$$

Durch Einführung der Wellenwiderstände Z_{w1} und Z_{w2} folgt

$$u_{v2} = \frac{2}{1 + \dfrac{Z_{w1}}{Z_{w2}}} u_{v1}. \tag{2.2.32}$$

Definiert man den Reflexionsfaktor

$$r_u = \frac{u_{r1}}{u_{v1}} \tag{2.2.33}$$

und den Brechungsfaktor

$$b_u = \frac{u_{v2}}{u_{v1}}, \tag{2.2.34}$$

so erhält man für die Spannungswellen

$$b_u = \frac{2}{1 + \dfrac{Z_{w1}}{Z_{w2}}} \tag{2.2.35}$$

und für

$$r_u = \frac{1 - \dfrac{Z_{w1}}{Z_{w2}}}{1 + \dfrac{Z_{w1}}{Z_{w2}}}. \tag{2.2.36}$$

Für die Stromwelle gilt dann

$$b_i = \frac{2}{1 + \dfrac{Z_{w2}}{Z_{w1}}} \tag{2.2.37}$$

und

$$r_i = -r_u. \tag{2.2.38}$$

Der Zusammenhang zwischen Reflexion und Brechung wird gegeben durch

$$b = 1 + r. \tag{2.2.39}$$

Aus (2.2.28) und der analogen Gleichung für die Stromwelle und der Beziehung zwischen beiden ergibt sich

$$u = u_v + u_r \quad \text{und} \quad Z_w i = u_v - u_r$$

und daraus

$$u = 2u_v - Z_w i. \tag{2.2.40}$$

2. Belastung von Isolierungen und Beanspruchung der Isolierstoffe

Die Gleichung (2.2.40) kann genutzt werden, um mit Hilfe von Ersatzschaltkreisen gemäß Bild 2.2.16 an Übergangspunkten von Netzabschnitten mit unterschiedlichem Wellenwiderstand die Veränderungen der Strom- und Spannungswellen zu berechnen. Liegen mehrere Übergangspunkte vor, so müssen Mehrfachbrechungen und Mehrfachreflexionen berücksichtigt werden. Hierfür sind wegen der Kompliziertheit der Vorgänge graphische Verfahren erarbeitet worden *(Bewley, Bergeron)* [7]. Heute wendet man diese und andere Verfahren zur Ermittlung des Überspannungsverlaufs im Netz mit Hilfe von Digitalrechnern an. Um die Wanderwellen mit genügender Genauigkeit der Berechnung zugänglich zu machen, verwendet man Exponentialwellen vom Typ

$$u = \hat{u}_0 (e^{-\alpha t} - e^{-\alpha t}). \tag{2.2.41}$$

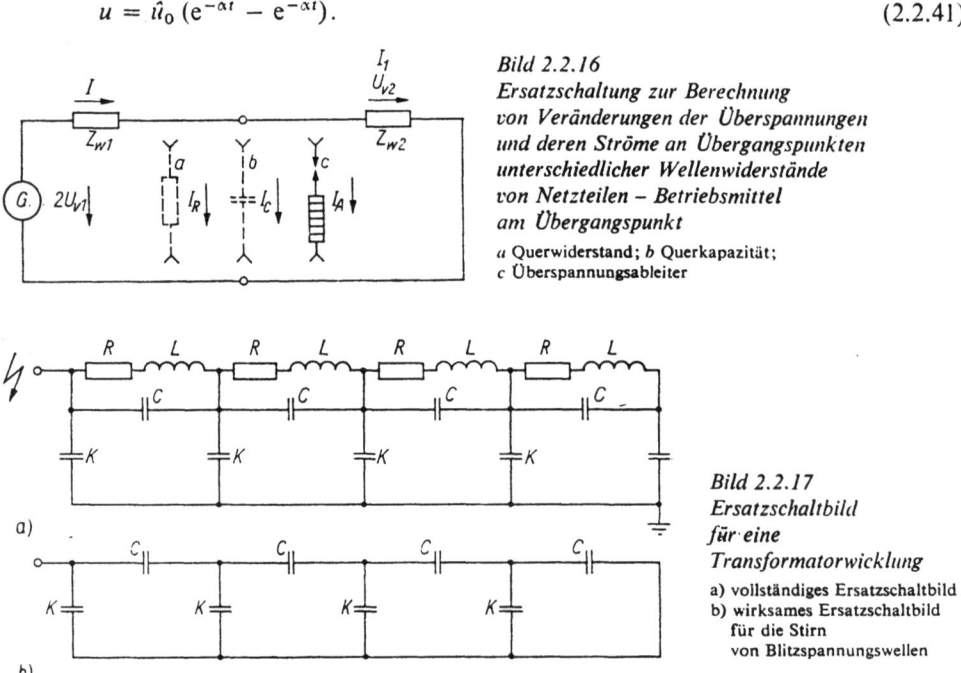

Bild 2.2.16
Ersatzschaltung zur Berechnung
von Veränderungen der Überspannungen
und deren Ströme an Übergangspunkten
unterschiedlicher Wellenwiderstände
von Netzteilen – Betriebsmittel
am Übergangspunkt

a Querwiderstand; b Querkapazität;
c Überspannungsableiter

Bild 2.2.17
Ersatzschaltbild
für eine
Transformatorwicklung

a) vollständiges Ersatzschaltbild
b) wirksames Ersatzschaltbild
für die Stirn
von Blitzspannungswellen

Qualitativ können folgende Schlußfolgerungen aus dem Dargelegten gezogen werden:
- Beim Übergang einer Wanderwelle von einer Freileitung in ein Kabel wird die Beanspruchung abgesenkt, d.h., daß sich das im Leitungszug befindliche Kabel positiv auf die Spannungsbeanspruchung nachgeschalteter Geräteisolierungen auswirkt.
- Sind im Netz Verzweigungspunkte vorhanden (verschiedene Leitungsabgänge), so wirkt am Übergangspunkt eine Parallelschaltung der Wellenwiderstände. Der so herabgesetzte Gesamtwiderstand wirkt sich auf die Spannungsbelastung der Isolierungen im Abzweig positiv aus.
- Wird die Übergangsstelle durch das Anschalten von Betriebsmitteln gekennzeichnet, so treten zwei Fälle auf: Das Betriebsmittel liegt in Reihe mit der Leitung, oder es ist als Querelement parallelgeschaltet.
- Alle Parallelschaltungen von Widerständen wirken sich wie eine Verzweigung, also positiv aus.
  Bei der Reihenschaltung ist das Ergebnis von der Größe des Widerstands im Vergleich zum Wellenwiderstand bis zum Übergangspunkt abhängig. Ist $R > Z_1$, so tritt am Übergang Spannungserhöhung ein; bei $R = Z_1$ ist keine Veränderung möglich.

- Bei Parallelschaltung von Kondensatoren wirkt sich die Frequenzabhängigkeit des Wellenwiderstands aus. Für die steile Stirn (hohe Frequenz) wirkt ein kleiner Z_c, für den Rücken ein weit größerer Wellenwiderstand. Das bedeutet einen Abbau der Überspannungshöhe an der Übergangsstelle und eine Verflachung der Stirn.
- Trifft eine Wanderwelle auf die Wicklung einer elektrischen Maschine, z.B. auf einen Transformator, so ist der Widerstand der Spule abhängig von der Spannungsänderung dU/dt. Für die Stirn einer Blitzspannungswelle gilt praktisch nur das kapazitive Ersatzschaltbild mit Längs- und Querkapazitäten gemäß Bild 2.2.17b. Wie im Abschnitt 3.2.2.2 ausgeführt, ist die Spannungsverteilung an einer solchen Kapazitätskombination nicht linear, sondern verläuft nach einer sinh-Funktion.

3. Isoliervermögen von Isolierungen und deren Einflußgrößen

3.1. Isoliervermögen und Durchschlag
[60]

Das Isoliervermögen ist als Fähigkeit einer Isolierung zu verstehen, elektrischen Belastungen eines definierten zeitlichen Verlaufs während einer bestimmten Zeit bis zu einer statistisch angebbaren Höhe zu widerstehen. Es wird durch die Stehspannung gekennzeichnet. Gewährleistet wird das Isoliervermögen durch die elektrische Durchschlagfestigkeit des Isolierstoffs oder des Isolierstoffsystems, die die Isolierung bilden. Diese wichtige Größe ist jedoch physikalisch nicht direkt ausdrückbar. Man muß das physikalisch wohldefinierte Ereignis „Durchschlag" zu Hilfe nehmen. Der Durchschlag einer Isolierstrecke ist die Aufhebung der aufgabenrelevanten Hochohmigkeit des betreffenden Isolierstoffs.

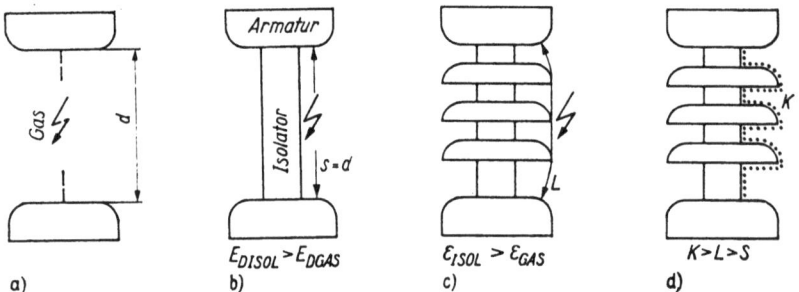

Bild 3.1.1. Darstellung von Durchschlag- und Überschlagvorgängen
a Durchschlag im homogenen Grundfeld oder Randfeld; *b* Überschlag an einem glatten Isolator;
c Überschlag an einem Schirmisolator; *d* Überschlag an einem Schirmisolator mit halbleitender Fremdschicht

Zum besseren Verständnis und zur Begriffsdefinition sollen zunächst die Formen des Durchschlags behandelt werden. Bild 3.1.1 zeigt mehrere Durchschlaganordnungen. Unter Bild 3.1.1a ist ein Feld mit homogenen und inhomogenen Feldabschnitten in einem einheitlichen Isoliermedium zu verstehen. Der Durchschlag geschieht je nach Feldform (s. Abschn. 3.2.3) im homogenen Grundfeld oder im Randfeld. Definiert wird die Durchschlagspannung U_D als die Spannung eines gegebenen zeitlichen Verlaufs, die in dem betreffenden Feldabschnitt zum Durchschlag führt. Die Angabe dieser Durchschlagspannung bedarf der Beschreibung der Versuchsparameter und der Versuchsdurchführung (s. Abschn. 3.5, 4.3.1, 4.5.1, 4.5.2). Von technischer Bedeutung ist auch die Angabe der auf den Durchschlagweg d bezogenen spezifischen Durchschlagspannung U_D/d und die Durchschlagfeldstärke E_D, die nur im homogenen Feld durch U_D/d festgelegt ist, im inhomogenen Feld jedoch wegen der veränderlichen Feldstärke bestenfalls als Höchstfeldstärke E_{Dh} für die Durchschlaginitiierung angegeben werden kann. Die Angabe der Feldstärke, obwohl eigentliche physikalische Ursache für den Durchschlag, ist auch nur dann sinnvoll, wenn das berechnete äußere Feld mit den lokalen inneren Feldern übereinstimmt, d.h. Raumladungsfreiheit gesichert ist.

Wird gemäß Bild 3.1.1 b ein Isolierkörper in das Feld gebracht, der sich in seinen elektrischen Eigenschaften von dem umgebenden Stoff unterscheidet (z. B. ein Porzellanisolator in einem gasförmigen Dielektrikum), so ist der Durchschlag in der Grenzschicht zwischen beiden Isolierstoffen, und zwar im Stoff mit der geringeren Durchschlagfestigkeit, zu erwarten. Man nennt diesen grenzschichtbeeinflußten Durchschlagvorgang Überschlag, die Überschlagspannung $U_{ü}$ und die spezifische Überschlagspannung $U_{ü}/d$. Die Bilder 3.1.1 c und d zeigen spezielle Arten des Überschlags. Liegen die Begrenzungslinien des Isolierkörpers nicht parallel zu den Feldlinien des ungestörten Feldes, wie das z. B. bei einem mit Schirmen versehenen Isolator der Fall ist, so erfolgt der Überschlag auf einem Weg L, der durch das sogenannte Fadenmaß charakterisiert ist. Die spezifische Überschlagspannung ist damit $U_{ü}/L$. Ist darüber hinaus die Isolatoroberfläche mit einer halbleitenden Fremdschicht belegt (s. Abschn. 3.5.1.4 und 5.1.2.2), entwickelt sich ein sogenannter Fremdschichtüberschlag entlang der Oberflächenkontur mit besonders niedrigen Durchschlagfestigkeitswerten. Die zugehörige Überschlagspannung $U_{üK}$ und die auf den Kriechweg K bezogene spezifische Kriechüberschlagspannung $U_{üK}/K$ sind für diesen Fall anzuwenden.

3.1.1. Der Durchschlag als Wahrscheinlichkeitsprozeß
[15]

Entsprechend der eingeführten Definition ist das Isoliervermögen statistisch zu bewerten. Grund ist, daß der Durchschlag eine physikalisch bedingte Zufallserscheinung darstellt. Die Durchschlagspannung ist also eine Zufallsgröße, die nur statistisch angebbar ist. Im Vorgriff auf den Abschnitt 3.5 sei als Begründung soviel genannt:

- Die Durchschlagspannung ist von der Bereitstellung von Anfangsladungsträgern zur Einleitung der Stoßionisation abhängig.
- Ladungsträger werden durch Fremdionisation oder elektrische und thermische Elektronenbefreiung bereitgestellt. Die Prozesse sind stochastischer Art.
- Die Stoßionisationsvorgänge tragen wie alle Teilchenstoßprozesse Wahrscheinlichkeitscharakter.
- In einem Isoliersystem sind die von Elektroden- oder Stoffehlstellen herrührenden Feldinhomogenitäten für die Einleitung von Durchschlagvorgängen verantwortlich. Die Fehlstellen sind jedoch stochastisch örtlich und ggf. zeitlich verteilt und häufig auch stochastisch bezüglich Größe und durchschlagrelevantem Eigenschaftsbild.

Neben der Zufälligkeit der Durchschlaggröße, die bei der Messung eine Streuung der Meßwerte bedingt, ist durchaus auch eine Abhängigkeit von Einflußgrößen tendenziell feststellbar. In Abhängigkeit von der Versuchszahl kann ein bestimmtes Quantil der statistischen Verteilung, z. B. der Mittelwert oder der Medianwert, konstant bleiben oder durch einen oder mehrere Einflußfaktoren verändert werden. Man spricht von statistisch unabhängigen oder abhängigen Größen. Die Durchschlagspannung kann als eine Wahrscheinlichkeitsfunktion $P(U_D)$ dargestellt werden. Will man, wie eingangs festgestellt, das Isoliervermögen durch die Durchschlagwahrscheinlichkeit ausdrücken, ist die komplementäre Wahrscheinlichkeit anzugeben:

$$1 - P(U_D) = P(U_{st}). \tag{3.1.1}$$

$P(U_{st})$ ist die Wahrscheinlichkeit für das Isoliervermögen, ausgedrückt als Stehspannung U_{st}.

Stehspannungen können mit einer festgelegten Wahrscheinlichkeit für praktisch alle

48   3. *Isoliervermögen von Isolierungen und deren Einflußgrößen*

Spannungsformen angegeben werden. Ist beispielsweise bei einer Blitzimpuls-Durchschlaguntersuchung die Durchschlagwahrscheinlichkeit $P(U_D) = 0{,}02$ für einen bestimmten Spannungswert ermittelt worden, dann ist dieser Wert die statistische Stehblitzspannung U_{psts} mit einer Wahrscheinlichkeit von 98%.

Die Durchschlagspannung ist eine stetige Zufallsgröße, d.h., bei der Ermittlung der Durchschlagspannung fallen theoretisch unendlich viele unterschiedliche Werte an. Die im Experiment gefundenen Werte U_{Di} sind Elemente dieser statistischen Grundgesamtheit. Sie werden Realisierungen einer Verteilung genannt. Legt man die Wahrscheinlichkeit für alle U_D-Werte fest, die kleiner sind als ein bestimmter Wert u_{Di}, so ergibt sich daraus eine Verteilungsfunktion $F(U_D)$:

$$P(U_D \leqq u_{Di}) = F(U_D). \tag{3.1.2}$$

Damit ist die Verteilungsfunktion der Durchschlagspannung definiert im Intervall $0 \leqq F(U_D) \leqq 1$.

Um die Dichtefunktion der Verteilung zu ermitteln, wird folgende Operation durchgeführt:

$$f(U_D) = \frac{dF(U_D)}{dU_D}. \tag{3.1.3}$$

Bild 3.1.2 zeigt im Teil a die Darstellung einer Verteilungsfunktion mit unterschiedlichen Parametern und im Teil b mögliche Formen der Dichtefunktion. Die Dichtefunktion kann symmetrisch zum Maximalwert oder asymmetrisch verlaufen. Die Breite der Verteilungsfunktion wird durch die Streuung der Durchschlagspannungswerte bestimmt. Es ist grundsätzlich das Bestreben, für den jeweiligen Prozeß den richtigen Verteilungstyp zu finden. Die Übereinstimmung zwischen den Realisierungen und der theoretischen Verteilung kann durch geeignete mathematische Prüfverfahren getestet werden. Für den ingenieurtechnischen Gebrauch sind auch graphische Tests anwendbar.

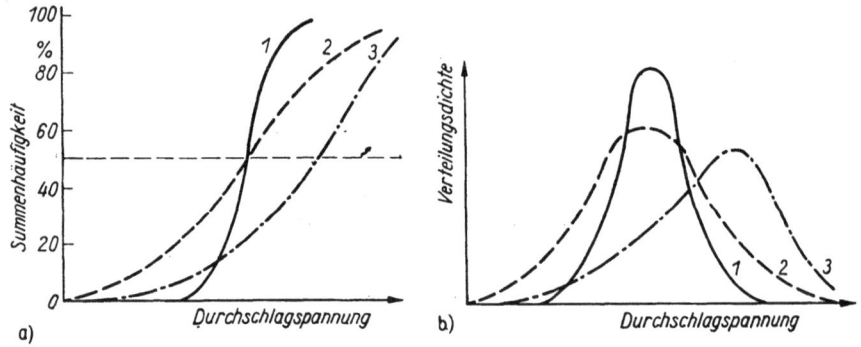

Bild 3.1.2. Darstellung der möglichen Verläufe der Durchschlagspannungsverteilung (a) und der Verteilungsdichte (b)
1 und 2 symmetrische Verteilung, unterschiedliche Streuung; 3 asymmetrische Verteilung

3.1.2. Verteilungsfunktionen zur Beschreibung von Durchschlagprozessen
[15] bis [17] [61]

Nachstehend sollen einige Verteilungstypen auf ihre Anwendbarkeit zur Beschreibung des Isoliervermögens bzw. der Durchschlagspannung und der Durchschlagzeiten (Lebensdauer unter elektrischer Beanspruchung) diskutiert werden.

Die Normalverteilung ist eine der am häufigsten benutzten Verteilungen. Sie repräsentiert stochastische Prozesse mit sich im wesentlichen ausgleichenden Einflußgrößen. Diese Verteilung ist definiert im Bereich der Zufallsgröße von minus unendlich bis plus unendlich. Die Verteilungsdichte ist symmetrisch. Der Definitionsbereich läßt den physikalischen Wert für die Beschreibung der Durchschlagspannung schon zweifelhaft erscheinen, da Durchschlagspannungen gleich oder kleiner als Null physikalisch sinnlos sind. Dennoch hat sich gezeigt, daß Realisierungen im mittleren Quantilbereich durch die Normalverteilung genügend genau approximiert werden können. Für die Durchschlagspannung geschrieben, lautet die Normalverteilung:

$$F(U_D) = \frac{1}{\sqrt{2\pi\sigma^2}} \int_{-\infty}^{U_D} \exp\left[-\frac{1}{2}\left(\frac{U_D - \mu}{\sigma}\right)^2\right] dU_D; \qquad (3.1.4)$$

μ arithmetischer Mittelwert; σ Standardabweichung.

Die Verteilungsdichte der Durchschlagspannung ist dann

$$f(U_D) = \frac{1}{\sqrt{2\pi\sigma^2}} \exp\left[-\frac{1}{2}\left(\frac{U_D - \mu}{\sigma}\right)^2\right]. \qquad (3.1.5)$$

Für die normierte Verteilung ($\mu = 0$ und $\sigma = 1$) liegt die Funktion tabelliert vor.

Durch die Abweichung des Verteilungsmodells von der physikalischen Realität ist die Extrapolationsfähigkeit zu kleineren Quantilen hin stark begrenzt. Eine entscheidende Verbesserung ist z.B. für die Darstellung der Durchschlagzeiten möglich, wenn nicht die Zufallsgröße selbst, sondern der Logarithmus der Zufallsgröße normal verteilt wird.

Für eine graphische Kontrolle werden Diagramme verwendet, deren Abszisse linear oder logarithmisch und deren Ordinate nach dem Gaußschen Fehlerintegral – s. (3.1.4) – geteilt ist. Solche Diagramme liegen als gedruckte Formblätter vor.

Eine Verteilungsgruppe eignet sich besonders gut zur statistischen Beschreibung von Durchschlagvorgängen in technischen Isolierflüssigkeiten und -feststoffen. Es handelt sich dabei um Extremwertverteilungen. Eine Extremwertverteilung ist dadurch gekennzeichnet, daß sie die asymptotische Verteilung der Extremwerte einer Initialverteilung darstellt. Sind die Variablen nach größeren Werten hin unbeschränkt, so liegt die Extremwertverteilung Typ I vor:

$$F(x) = \exp\left[-\exp - \alpha (x - u)\right] \quad -\infty < \alpha (x - u) < \infty; \qquad (3.1.6)$$

u ist der Modalwert, $1/\alpha$ ist ein Maß für die Streuung, x ist die Variable. Der Typ II soll hier nicht behandelt werden. Für die Festigkeitslehre generell von Bedeutung ist der Typ III der Extremwertverteilungen, der auf beschränkten Initialverteilungen aufbaut.

Wird die Variable x als beschränkt in $x \leq \omega$ betrachtet, so erhält man als Extremwertverteilung Typ III:

$$F(x) = \exp\left[-\left(\frac{\omega - x}{\omega - v}\right)^k\right] \quad -\infty < x < \omega. \qquad (3.1.7)$$

v ist der Modalwert. Die Gleichung gilt als Extremwertverteilung für die größten Werte der Initialverteilung, umgekehrt gilt für die kleinsten, wenn $x \geq \omega$ und $v > \omega$,

$$F(x) = 1 - \exp\left[-\left(\frac{x - \omega}{v - \omega}\right)^k\right]. \qquad (3.1.8)$$

Diese Verteilung wird für die Darstellung der Durchschlagfestigkeiten genutzt; sie wird als dreiparametrische Weibull-Verteilung bezeichnet.

3. Isoliervermögen von Isolierungen und deren Einflußgrößen

Wie bereits erwähnt, ist diese Extremwertverteilung angezeigt, wenn das Ergebnis aus einer Verteilung von Ursachen so hervorgeht, daß jeweils die höchstwirksame Ursache in einer Gruppe das Ergebnis bestimmt. Konkret heißt das für die Durchschlagprozesse, daß immer dann, wenn das Mikrofeld einer Störung den Durchschlag initiieren kann, das stärkste aller Mikrofelder den tatsächlichen Durchschlag einleitet. Das Mikrofeld wird aber durch die Leitfähigkeit, das Polarisationsverhalten, die Ladungsträgeremissionsfähigkeit, die Größe und die Lage der Störung (Defekt, Einschluß, Partikel) bestimmt. Die Verteilungen der Lagen, Eigenschaften und zeitlichen Abhängigkeiten sind die obengenannten Initialverteilungen; sie bestimmen den Extremwertverteilungstyp. Bei Flüssigkeits- und Festkörperdurchschlägen hat sich die Weibull-Verteilung als zweckmäßig erwiesen. Häufig ändert sich in unterschiedlichen Bereichen der Durchschlagspannung oder Durchschlagzeit der Ursachenkomplex bzw. der Mechanismus. In diesem Fall müssen zur Approximation der Meßwerte additive bzw. multiplikative Mischverteilungen des Weibull-Typs angewendet werden. Zur Beschreibung der Durchschlagspannungen (und der Durchschlagfestigkeiten) hat sich folgende Form der Gleichung (3.1.8) eingebürgert:

$$F(U_D) = 1 - \exp\left[-\left(\frac{U_D - U_{D0}}{U_{D63} - U_{D0}}\right)^b\right]. \tag{3.1.9}$$

U_{D0} ist die untere Schranke für den Durchschlagwert U_D; U_{D63} ist das 63-%-Quantil der Verteilung, und b ist der Weibull-Exponent, der ein Maß für die Streuung darstellt.

Diese dreiparametrische Verteilung kann hinsichtlich ihrer Parameter aus einer genügenden Anzahl von Meßwerten berechnet werden. Die Berechnung ist sehr aufwendig und kann nur mit einem Computer realisiert werden. Häufig genügt es, die untere Schranke U_{D0} gleich Null zu setzen, ohne dadurch einen entscheidenden Fehler zu machen. Die damit entstandene zweiparametrische Verteilung ist relativ einfach zu berechnen.

Die so beschriebene Durchschlagspannung wird im *Spannungssteigerungsversuch (SSV)* ermittelt. Im allgemeinen wird dabei die betreffende Spannung linear mit der Zeit in einem bestimmten Anstieg gesteigert und der Durchschlagwert festgestellt. Für praktische Lebensdaueraussagen der Isolierung ist es zweckmäßiger, im *Konstantspannungsversuch (KSV)* die Durchschlagzeit für eine bestimmte Spannungsebene zu ermitteln. Die so gewonnenen Durchschlagzeiten t_D werden mit der Weibull-Verteilung approximiert:

$$F(t_D) = 1 - \exp\left[-\left(\frac{t_D - t_{D0}}{t_{D63} - t_{D0}}\right)^a\right]. \tag{3.1.10}$$

Die Parameter der Gleichung (3.1.9) sind hier analog auf die Zeit anzuwenden. Um auch bei Anwendung der Weibull-Verteilung eine schnelle graphische Kontrolle und Auswertung der Meßwerte vornehmen zu können, ist es zweckmäßig, die Abszisse logarithmisch und die Ordinate nach $\ln 1/[1 - F(x)]$ zu teilen. In diesem Fall entspricht eine Approximationsmöglichkeit der Meßwerte durch eine Gerade einer Weibull-Verteilung. Auch hierfür wurden Wahrscheinlichkeitspapiere entwickelt.

Die Verteilungsdichte soll als Beispiel für die Verteilungsbeschreibung (3.1.10) angegeben werden:

$$f(t_D) = \frac{a}{t_{D63}}\left(\frac{t_D - t_{D0}}{t_{D63} - t_{D0}}\right)^{a-1} \exp\left[-\left(\frac{t_D - t_{D0}}{t_{D63} - t_{D0}}\right)^a\right]. \tag{3.1.11}$$

3.1. Isoliervermögen und Durchschlag 51

Bild 3.1.3 stellt die Verteilungsdichte für die normierte Weibull-Durchschlagzeitverteilung dar. t_{D63} ist damit $=1$; t_{D0} wird Null gesetzt und die Kurven für eine Werteauswahl von a angegeben. Offensichtlich ist für den Weibull-Exponenten $a \leq 1$ die Verteilungsdichte der Durchschlagzeit für den Zeitwert Null am größten, während für $a > 1$ eine Verschiebung zu größeren Zeiten hin auftritt. Der Wert $a = 1$ hat eine besondere Bedeutung, da an dieser Stelle die Weibull-Verteilung mit der Exponentialverteilung übereinstimmt.

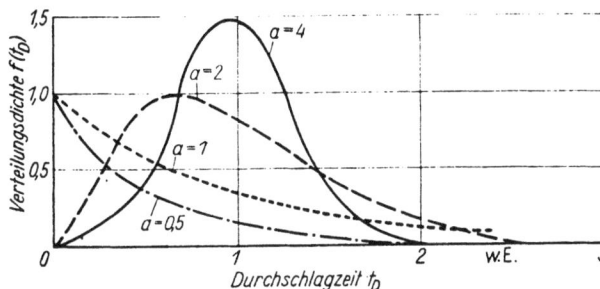

Bild 3.1.3
Durchschlagzeitverteilungsdichte
nach Gleichung (3.1.11) normiert
für $t_{D63} = 1$, $t_{D0} = 0$,
für verschiedene Weibull-
Exponenten a
in willkürlichen Einheiten (w. E.)

Wichtig für die elektrische Isoliertechnik ist die Beschreibung der Ausfallzeiten für die Elemente eines Isoliersystems, da durch die kürzeste Ausfallzeit eines Elements die Lebensdauer des Systems festgelegt wird. Analog gilt das für die Ausfallzeiten in einem Konstantspannungsversuch mit einem größeren Probenkollektiv. Für diesen Vorgang ist die Ausfallrate λ ein Maß. Die Ausfallrate ist definiert durch

$$\lambda = \frac{f(t_D)}{1 - F(t_D)}. \tag{3.1.12}$$

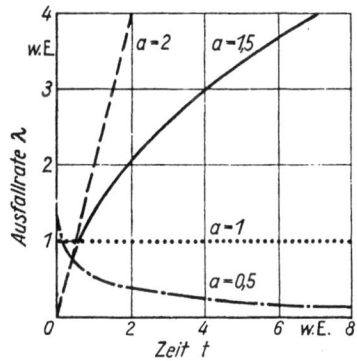

Bild 3.1.4
Ausfallrate bei Durchschlagereignissen
im Konstantspannungsversuch in Abhängigkeit
von der Belastungszeit mit dem Weibull-Parameter a
als Parameter; $t_{D63} = 1$

Sind die Ausfallzeiten, d.h. die Zeiten bis zum Durchschlag des jeweiligen Elements nach *Weibull* verteilt, so ergibt sich die Ausfallrate:

$$\lambda = \frac{a}{t_{D63}} \left(\frac{t_D - t_{D0}}{t_{D63} - t_{D0}} \right)^{a-1}. \tag{3.1.13}$$

Für eine variierte Belastungszeit ist für $t_{D0} = 0$ und $t_{D63} = 1$ die Ausfallrate λ im Bild 3.1.4 mit dem Weibull-Exponenten a als Parameter aufgetragen.

3. Isoliervermögen von Isolierungen und deren Einflußgrößen

Wichtig ist, auf drei Fälle hinzuweisen:

Für $a > 1$ steigt die Ausfallrate mit der Zeit der Belastung; unter diesen Bedingungen liegen Prozesse vor, die einer progressiven Degradation zuzuordnen sind.

Bei $a = 1$ ist die Ausfallrate konstant, und der Durchschlag erfolgt offensichtlich stochastisch.

Für $a < 1$ sinkt die Ausfallrate mit der Zeit, d. h., initiierende Fehlstellen, die bei der vorgegebenen Belastungsspannung zum Durchschlag führen können, werden in, verglichen mit der Lebensdauer, kurzen Zeiten durchschlagwirksam und fallen bei der Ausfallbetrachtung der weiteren Zeitabschnitte aus; man spricht auch von Frühausfällen.

Die mögliche Anordnung unterschiedlicher Ausfallraten mit der Belastungszeit wird qualitativ im Bild 3.1.5 dargestellt.

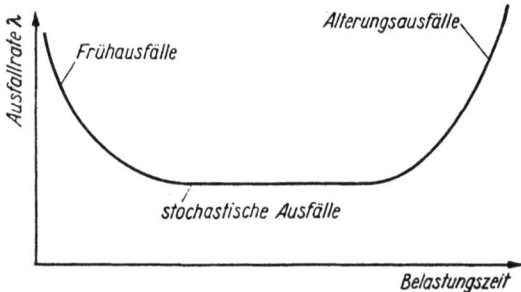

Bild 3.1.5
Schematische Darstellung der Ausfallrate bei einem System von Isolierelementen in Abhängigkeit von der Belastungszeit

3.1.3. Lebensdauer und Zuverlässigkeit von Isolierungen
[15] [59]

Ausgehend von der Definition des Isoliervermögens ist aus den experimentellen Durchschlaguntersuchungen die Angabe des Isoliervermögens möglich. Für die elektrotechnische Aufgabe ist die Zuverlässigkeit der Isolierung von entscheidender Bedeutung. Alle Isolierungen eines Netzes, einer Anlage, eines Betriebsmittels oder einer anderen gerätetechnischen Funktionseinheit sind parallelgeschaltete Isolierelemente. Hinsichtlich des Ausfalls der Isolierung durch die vielfältigen Belastungsvorgänge, insbesondere durch mechanische Brüche und elektrischen Durchschlag, liegt eine logische (im Sinne der Zuverlässigkeitstheorie) Serienschaltung der Isolierelemente vor, d. h., jeder Ausfall eines Isolierelements zieht den Ausfall der gesamten Isolierfunktion des Isoliersystems nach sich. Wenn für alle Isolierelemente eines Systems die jeweilige Durchschlagzeitverteilung (Lebensdauerverteilung) bei einer Belastungsstufe bekannt ist, dann kann die Lebensdauerverteilung des gesamten Isoliersystems berechnet werden.

Für Isolieranordnungen gilt das sogenannte Vergrößerungsgesetz, wenn die Durchschlaginitiierung durch Fehlstellen im belasteten Isoliervolumen oder durch Inhomogenitäten (gleichzeitig Feldinhomogenitäten) an den Elektrodenoberflächen stattfindet. Es basiert auf Grundgesetzen der Wahrscheinlichkeitsrechnung, wonach die Gesamtwahrscheinlichkeit sich aus dem Produkt der Wahrscheinlichkeiten der Teilereignisse ergibt, wenn die Variablen unabhängig voneinander sind.

Werden m Isolierelemente gleicher Aufbereitung mit gleichen Abmessungen mit konstanter Spannung belastet, so ergibt sich eine Verteilung der Durchschlagzeiten $F(t_D)$. Im gleichen Sinne sind m Spannungssteigerungsversuche für die Bestimmung der Verteilung $F(U_D)$ realisierbar. Wird das belastete Volumen oder die Elektrodenoberfläche auf das n-fache vergrößert, so sinken gleiche Quantile der Durchschlagzeit und der Durchschlagspannung ab. Bezeichnet man mit $F_n(t_D)$ die Verteilung des n-fach vergrößerten Isolierelements und mit $F_0(t_D)$ die Verteilung der m geprüften Isolierelemente mit Einheitsvolumen oder Einheitselektrodenflächen, so gilt das Vergrößerungsgesetz

$$F_n(t_D) = 1 - [1 - F_0(t_D)]^n. \tag{3.1.14}$$

Liegen die Bedingungen für die Weibull-Verteilung vor (Feststoff- und Flüssigkeitsdurchschlag), dann ergibt sich konkret

$$F_n(t_D) = 1 - \left\{ \exp\left[-\left(\frac{t_D - t_{D0}}{t_{D63} - t_{D0}} \right)^a \right] \right\}^n. \tag{3.1.15}$$

Für die Durchschlagspannung gelten (3.1.14) und (3.1.15) analog.

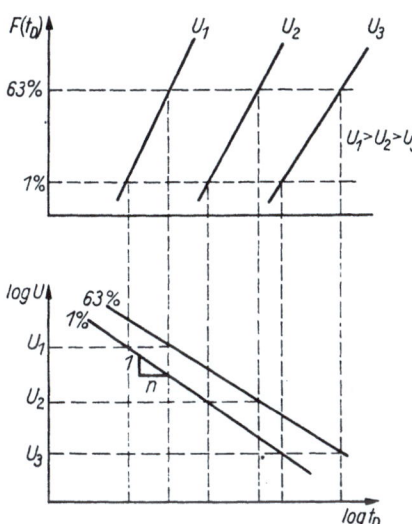

Bild 3.1.6
Konstruktion der Lebensdauerkurven aus den Durchschlagzeitverteilungen für zwei ausgewählte Quantile

Die Lebensdauer ist die Zeit des ungestörten Betriebs. Mit der Aufhebung der Isolierfähigkeit ist die Lebensdauer beendet. Die Lebensdauer kann nur durch eine Verteilung angegeben werden. Aus dem vorher Diskutierten ergibt sich, daß nur für eine bestimmte konstante elektrische Belastung die Lebensdauerverteilung existiert. Will man für alle technisch sinnvollen Spannungsbelastungen eine Lebensdaueraussage erhalten, so ist eine Lebensdauerkurve aufzunehmen. Für jedes beliebige Quantil der spannungsabhängigen Durchschlagzeitverteilung ist eine solche Kurve zu konstruieren. Die Erfahrung besagt, daß bei alterungsfähigen Isolierungen eine Lebensdauerkurve am besten in der Abhängigkeit $\log U = f(\log t_D)$ aufgezeichnet werden kann. Im allgemeinen wird die Lebensdauerkurve dabei durch eine Gerade repräsentiert. Es gibt jedoch physikalische und technische Gründe für die Tatsache, daß häufig die gesamte Lebensdauerkurve nur stückweise durch Geradenabschnitte dargestellt werden kann. Bild 3.1.6 gibt eine Lebensdauerdarstellung für unterschiedliche Wahrscheinlichkeiten, konstruiert aus den Durchschlagzeitverteilungen. Die Neigung der Geraden ist ein Maß für die Alterungsgeschwindigkeit und für unterschiedliche Alterungsmechanismen und Isolierstoffe verschieden. Der Tangens des Neigungswinkels $1/n$ kann für die Lebensdauergleichung verwendet werden. Man bezeichnet n als Lebensdauerexponenten. Unter den früher genannten Voraussetzungen wird die Lebensdauer beschrieben durch

$$t_L = kU^{-n}; \tag{3.1.16}$$

k ist eine Konstante, die für einen bestimmten Spannungswert die Lebensdauer angibt.

Zur Charakterisierung der Zuverlässigkeit von Isolierungen wird die Wahrscheinlichkeit der fehlerfreien Arbeit benutzt, d.h., daß in einem bestimmten Zeitintervall keine Störung bzw. kein Durchschlag oder anders initiierter Ausfall eintritt. Störung und Störungsfreiheit stehen im gleichen Verhältnis wie Durchschlag und Isoliervermögen:

$$P(\tau) + Q(\tau) = 1. \tag{3.1.17}$$

$P(\tau)$ ist die Wahrscheinlichkeit der störungsfreien Arbeit und $Q(\tau)$ die Wahrscheinlichkeit der Störungen. An elektrotechnischen Betriebsmitteln gibt es eine große Zahl unterschiedlicher Störungen mit Minderung der Funktion; der Durchschlag jedoch beendet die Arbeit des Gerätes absolut. Diese Störung ist aber in vielen Fällen abhängig von anderen Störungen, die zunächst keine Unterbrechung des Betriebs erzwingen. Wenn z.B. ein Transformator thermisch überlastet wird, muß nicht sofort ein Durchschlag eintreten. Diese Störung kann jedoch über die Wachsbildung zur Heißstellenausbildung und damit zur Durchschlageinleitung durch beschleunigte Alterung führen. Gasisolierungen regenerieren nach einem Durchschlag, wenn eine zeitweilige Abschaltung erfolgt. Ist Q_w die Wahrscheinlichkeit für die Wiederherstellung der Isolierung innerhalb einer Zeit τ_i, so gilt für die Wahrscheinlichkeit der fehlerfreien Arbeit

$$P(\tau) = 1 - Q(\tau)\,[1 - Q_w(\tau_i)]. \tag{3.1.18}$$

Ausgehend von den durchgeführten Betrachtungen zum Isoliervermögen und seiner statistischen Behandlung ist die Basis für eine Anwendung der Zuverlässigkeitstheorie gegeben. Damit können Aussagen über prophylaktische Prüfungen, über die erforderlichen Reserven der Isolierung für bestimmte Zuverlässigkeitsforderungen, über Austausch- und Reparaturstrategien und über die Teilzuverlässigkeiten von zusammengesetzten Isolierungen unterschiedlicher Eigenschaften und Eigenschaftsänderungen abgeleitet werden.

Eine Anwendung der Zuverlässigkeitstheorie ist nur möglich bei Kenntnis der physikalischen Ursachen und der Einflußgrößen, die die Wahrscheinlichkeitsbeschreibungen durch geeignete statistische Modelle begründen und ebenso in ihrer Anwendung begrenzen.

Auf der in den Abschnitten 3.1.1 bis 3.1.3 entwickelten Grundlage sollen die physikalischen Abhängigkeiten des Isoliervermögens von Isolierungen im folgenden untersucht werden.

3.2. Einfluß des elektromagnetischen Feldes auf das Isoliervermögen

3.2.1. Einfluß der elektrischen und magnetischen Feldkomponenten

Die für die Elektrotechnik wichtigen Eigenschaften der Isolierstoffe werden durch die Atomhüllen und ihre Wechselwirkung untereinander bestimmt. Sie unterliegen deshalb auch dem Einfluß äußerer elektrischer und magnetischer Felder. Diese können für ruhende

3.2. Einfluß des elektromagnetischen Feldes auf das Isoliervermögen

Medien durch die Maxwell-Differentialgleichungen beschrieben werden. Zur Beschreibung genügt ein System von partiellen Differentialgleichungen:

$$\text{rot } H = G + \frac{\partial D}{\partial t} \quad \text{Durchflutungsgesetz} \tag{3.2.1}$$

$$\text{rot } E = -\frac{\partial B}{\partial t} \quad \text{Induktionsgesetz} \tag{3.2.2}$$

$$\text{div } D = \varrho_R \quad \text{Beschreibung der Quelle der Verschiebungsdichte} \tag{3.2.3}$$

$$\text{div } B = 0 \quad \text{Beschreibung der Quelle der Induktion} \tag{3.2.4}$$

$$\left.\begin{array}{l} B = \mu H \\ D = \varepsilon E \\ G = \varkappa E. \end{array}\right\} \quad \text{Wechselwirkung zwischen Material und Feld} \quad \begin{array}{l}(3.2.5)\\(3.2.6)\\(3.2.7)\end{array}$$

Für die elektrische Isoliertechnik sind die durch Ladungen hervorgerufenen elektrischen Wirkungen von Bedeutung: Das sind die Kraftwirkungen von Ladung auf Ladung über die Feldkopplung; das sind die vom Feld auf die Ladungen übertragenen Energien und deren Einfluß auf die Isolierstoffeigenschaft. Magnetfelder spielen meist eine untergeordnete Rolle, da im Isolierstoff Ladungsträgerdichte und Ladungsträgerbeweglichkeit zu gering sind, um die Isolierfähigkeit durch magnetisch eingeleitete Ladungsträgerströme direkt zu beeinflussen oder die Durchschlagfestigkeit der Isolierung durch Energieumsetzung wesentlich zu reduzieren. Damit sind jedoch aus dem Gesamtsystem der Gleichungen nur (3.2.3), (3.2.6) und (3.2.7) von unmittelbarer Bedeutung.

Zu untersuchen sind demnach elektrische Felder. Bei einem idealen Dielektrikum sind die Ladungen ortsgebunden bzw. um Gleichgewichtslagen beweglich; man hat es also mit einem elektrostatischen Feld zu tun. Die realen Isolierstoffe weisen Elektronen- und Ionenleitung auf. Man muß deshalb auch ein elektrisches Strömungsfeld berücksichtigen. Zwischen beiden bestehen Analogien, die sich aus (3.2.6) und (3.2.7) ergeben. Diese Felder werden durch den Vektor der Feldstärke charakterisiert. Die in einem derartigen Feld durch Transport von Ladungsträgern umgesetzte Energie ist nicht von der Form des Weges, sondern nur von der Lage des Anfangs- und Endpunktes im Feld abhängig. Das Feld ist wirbelfrei, $\text{rot } E = 0$. Diese Voraussetzung gestattet, den Vektor E als Gradient eines skalaren Feldes darzustellen:

$$E = -\text{grad } \varphi. \tag{3.2.8}$$

φ ist deshalb das Potential des elektrischen Feldes. Man spricht von einem elektrischen Potentialfeld.
Zur Bestimmung des Vektorfeldes E genügt die Kenntnis der räumlichen Verteilung des Potentials.
Mit Hilfe des Gauß-Satzes kann die dielektrische Verschiebungsflußdichte D, die durch eine geschlossene Fläche hindurchtritt, aus der von dieser Fläche eingeschlossenen freien Ladung q berechnet werden:

$$\int_V \text{div } D \, dV = \oint_A D \, dA.$$

56   3. Isoliervermögen von Isolierungen und deren Einflußgrößen

Mit (3.2.3) ergibt sich

$$\int_V \varrho_R \, dV = \oint_A \boldsymbol{D} \, d\boldsymbol{A} = q. \tag{3.2.9}$$

Mit der Gültigkeit von (3.2.8) geht (3.2.3) über in $\varepsilon \operatorname{div} \operatorname{grad} \varphi = -\varrho_R$; div grad ist aber der Laplace-Operator Δ[1]), und man kann schreiben:

$$\Delta \varphi = -\frac{\varrho_R}{\varepsilon}. \tag{3.2.10}$$

Das ist die Poisson-Gleichung. Für den Fall der Raumladungsfreiheit im Dielektrikum, d. h. $\varrho_R(V) = 0$, geht (3.2.10) über in die Laplace-Gleichung

$$\Delta \varphi = 0, \tag{3.2.11}$$

wobei im kartesischen Koordinatensystem

$$\Delta \varphi = \frac{\partial^2 \varphi}{\partial x^2} + \frac{\partial^2 \varphi}{\partial y^2} + \frac{\partial^2 \varphi}{\partial z^2} = 0 \tag{3.2.12}$$

ist.

Prinzipiell ist jedoch die Laplace-Gleichung nicht an ein Koordinatensystem gebunden.

Zum Zwecke einer Gegenüberstellung des Problems der Beschreibung von elektrischen Strömungsfeldern und elektrostatischen Feldern durch die Potentialgleichung seien beide Fälle in voller Allgemeinheit formuliert:

$$\operatorname{div} \operatorname{grad} \varphi = \Delta \varphi = -\frac{1}{\varepsilon} \left[\varrho_D(V) + \sum_1^N q_i \delta \left(\boldsymbol{r} - \boldsymbol{r}_i \right) \right]. \tag{3.2.13}$$

Dabei ist $\varrho_R(V)$ die Raumladungsdichte der Verteilung der freien Ladungen im betrachteten abgegrenzten Raum, und q_i stellt die punktförmigen freien Ladungen dar. N ist die Gesamtzahl der punktförmigen Ladungen. $\delta \left(\boldsymbol{r} - \boldsymbol{r}_i \right)$ ist die Deltafunktion der Radiusvektoren. $\boldsymbol{r}$ stellt den Radiusvektor eines beliebigen Punktes, $\boldsymbol{r}_i$ denjenigen einer Position der Punktladung q_i im betrachteten Gebiet dar. Die δ-Funktion ist durch das Integral von $-\infty$ bis $+\infty$ einer Funktion definiert. Das Integral wird 1.

Analog kann für das Strömungsfeld die Potentialgleichung auf das Stromkontinuum angewendet werden:

$$\operatorname{div} \operatorname{grad} \varphi = \Delta \varphi = -\frac{1}{\varkappa} \left[\operatorname{div} \boldsymbol{G}_a + \sum_1^N I_i \delta \left(\boldsymbol{r} - \boldsymbol{r}_i \right) \right]. \tag{3.2.14}$$

Da aus dem Kontinuitätsprinzip des Stroms die Summe aller Ströme, die durch die Oberfläche eines abgeschlossenen Volumens fließen, 0 ist, müssen die Divergenz der äußeren Stromdichte G_a und die Summe der Ströme aus punktförmigen Stromquellen I_i berücksichtigt werden. Das ganze gilt für eine konstante spezifische Leitfähigkeit für das betrachtete Gebiet. Sind die äußeren Ströme 0, so geht (3.2.14) in die Laplace-Gleichung (3.2.11) über.

Im allgemeinen wird in der Elektrotechnik davon ausgegangen, daß die Leitfähigkeit zwischen den elektrischen Leitern und den Isolierstoffen so unterschiedlich ist, daß man für die Leiter das Strömungsfeld und für die Isolierung nur das elektrostatische Feld betrachtet. Das ist weitgehend anwendbar, da bereits bei geringen Frequenzen der Ver-

---
[1]) Die Anwendung des Nabla-Operators ∇ auf einen Skalar S und auf einen Vektor V ergibt folgende Beziehungen:
$\nabla S = \operatorname{grad} S; \nabla V = \operatorname{div} V; \nabla (\nabla S) = \operatorname{div} \operatorname{grad} S = \nabla^2 S; \nabla \times V = \operatorname{rot} V$

schiebungsstrom größer als der Leitungsstrom in einer Isolierung ist. Für den Gleichspannungsfall, aber auch bei Isolierstoffen, die Kernstrahlung oder Feuchtigkeit ausgesetzt sind, kann bei Wechselspannungsanwendung (50 Hz) das Strömungsfeld bereits dominierend werden. Bei äußeren Isolierungen, die Umweltverschmutzungen ausgesetzt sind, wird sehr häufig der Leitungsstrom die Feldverteilung bestimmen. Solange Quellenfreiheit für das Strömungsfeld gewährleistet ist, gilt die Laplace-Gleichung, und die Verteilung der Potentiale und Feldstärken ist völlig gleich zum elektrostatischen Feld.

Es ist nötig, die Poisson-Gleichung für die jeweils interessierenden Feldprobleme zu lösen. Eine geschlossene Lösung ist jedoch nur in einfachen Fällen möglich. Man muß bedenken, daß die Raumladungsdichte bzw. die Quellstromdichte im allgemeinen eine Funktion der Koordinaten und der Zeit ist. Außerdem ist das betrachtete Feldgebiet häufig nicht einheitlich, d.h., ε und $\varkappa$ sind ebenfalls Funktionen der Koordinaten.

Nachstehend sollen einige Randbedingungen für die Lösung der Potentialgleichung unter dem Gesichtspunkt der Isolierproblematik formuliert werden:

1. Auf einem zusammenhängenden Leiter (Elektrode) ist überall das gleiche Potential vorhanden.
2. D ist auf der Leiteroberfläche orthogonal zur Fläche.
3. In allen Punkten des Feldes, die nicht auf einer begrenzenden Oberfläche liegen und nicht durch äußere Quellen belegt sind, muß das Potential die Laplace-Gleichung befriedigen.
4. Das Potential ist kontinuierlich einschließlich der Grenzen über Dielektrika und Leiter verteilt, außer auf der Oberfläche einer Dipolschicht bzw. einer Doppelladungsschicht.
5. Das Potential ist überall endlich, mit Ausnahme an Stellen der Punktladungen, die durch äußere Quellen gespeist werden.
6. Die Normalkomponente von D hat einen Sprung am Übergang einer geladenen Oberfläche eines Dielektrikums (1) zu einem anderen Dielektrikum (2), analog G im Strömungsfeld.

$$D_{n1} - D_{n2} = -\varepsilon_1 \left(\frac{\partial \varphi}{\partial n}\right)_1 + \varepsilon_2 \left(\frac{\partial \varphi}{\partial n}\right)_2 = \sigma_{12} \qquad (3.2.15)$$

σ_{12} ist die Oberflächenladungsdichte.

7. Auf der Trennfläche zwischen einem Leiter und einem Dielektrikum ist die Normalkomponente von D gleich der Verteilungsdichte der Ladungen σ je Oberflächeneinheit des Leiters.

$$D_n = \varepsilon E_n = -\varepsilon \left(\frac{\partial \varphi}{\partial n}\right) = \sigma \qquad (3.2.16)$$

n ist die Normale der Fläche.

8. Im Inneren eines Leiters ist die Feldstärke gleich null; deshalb ist im Inneren und an der Oberfläche das Potential konstant.

Für die Lösung der Potentialgleichung werden häufig sich aus dem technischen Problem ergebende Randbedingungen benutzt.

Randbedingungen 1. Art sind die Vorgaben von Randfunktionen zu

$$\varphi(r_R) = f(x, y, z). \qquad (3.2.17)$$

Dieser Fall ist in der elektrischen Isoliertechnik sehr häufig anzutreffen, da im allgemeinen das auf den Elektroden aufgeprägte Potential bekannt ist.

58   3. Isoliervermögen von Isolierungen und deren Einflußgrößen

Als Randbedingungen 2. Art bezeichnet man Vorgaben der Werte der Ableitung in Normalenrichtung. Man kann dann schreiben

$$\left.\frac{\partial \varphi}{\partial n}\right|_{r_R} = \boldsymbol{n} \operatorname{grad} \varphi \Big|_{r_R} = f(x, y, z). \tag{3.2.18}$$

In der elektrischen Isoliertechnik besteht dieses Problem sehr oft als Aufgabe. Das bedeutet, daß z.B. die maximale Feldstärke am Rand vorliegt, aber aus Gründen der Durchschlagfestigkeit des Isolierstoffs ein bestimmter Wert nicht überschritten werden darf.

Schließlich sind Randbedingungen 3. Art solche, die aus einer Linearkombination der 1. und 2. Art entstehen. Eine entsprechende Formulierung wäre

$$a\varphi + b\left.\frac{\partial \varphi}{\partial n}\right|_{r_R} = f(x, y, z). \tag{3.2.19}$$

Die Koeffizienten a und b sind im allgemeinen Ortsfunktionen.

Aus der technischen Kenntnis heraus läßt sich ableiten, daß auch diese Kombination für Isolieraufgaben sinnvoll ist, da durchaus Vorgaben bezüglich der Potentiale auf den Elektroden und gleichzeitig Beschränkungen der Maximalfeldstärke denkbar sind. Die Lösung muß dann in der geometrischen Feldgestaltung gesucht werden.

Für die Kenntnis des Feldes und die Berechnung der Potentialgleichung für technisch wichtige Fälle ist die Behandlung der Singularitäten des Potentialfeldes erforderlich.

Sind in einem nichtbegrenzten homogenen Medium der Eigenschaft ε_M beliebig angeordnete Quellen vorhanden, so kann aus deren Verteilung das Potentialfeld berechnet werden. So ist das Potential U_p in einem solchen nichtbegrenzten, isotropen Raum von einer punktförmigen Einzelquelle der Intensität Q_I

$$U_p = \frac{1}{4\pi\varepsilon_M} \frac{Q_I}{R_a}. \tag{3.2.20}$$

R_a ist dabei der Abstand zwischen Quelle und dem gegebenen Potentialpunkt. Gleichung (3.2.20) gilt für alle so definierten Potentialfelder, also für elektrostatische, stationäre elektrische Strömungsfelder, stationäre Wärmequellenfelder, statische Magnetfelder, Magnetfelder stationärer Ströme usw. Für das elektrostatische Feld kann (3.2.20) so geschrieben werden:

$$\varphi = \frac{1}{4\pi\varepsilon} \frac{q}{r}; \tag{3.2.21}$$

q elektrische Ladung; r Abstand zwischen Quelle und Potentialpunkt.

Für Räume mit n Punktquellen würde, weiter auf die Elektrostatik bezogen, das Potential ausgedrückt werden können durch

$$\varphi = \frac{1}{4\pi\varepsilon} \sum_{i=1}^{n} \frac{q_i}{r_i}. \tag{3.2.22}$$

Einen Spezialfall stellt die Dipolladung dar. Nimmt man in dem System der Punktladungen an, daß zwei von der Größe gleiche, aber entgegengesetzt geladene Punkte in einem kleinen Abstand *l* voneinander vorliegen, dann ist im Abstand *r* bzw. *r'* von den beiden Ladungen das Potential des Dipols im Punkt *M* gegeben durch (Bild 3.2.1)

$$\varphi = \frac{q}{4\pi\varepsilon}\left(\frac{1}{r} - \frac{1}{r'}\right). \tag{3.2.23}$$

Führt man mit $m = ql$ das Dipolmoment ein, so ergibt sich

$$\varphi = \frac{m}{4\pi\varepsilon}\frac{1}{l}\left(\frac{1}{r} - \frac{1}{\sqrt{r^2 + l^2 - 2rl\cos\varphi}}\right). \tag{3.2.24}$$

r_1 und r_2 sollen groß im Vergleich zu *l* sein, und *l* soll im Grenzwert gegen Null gehen.

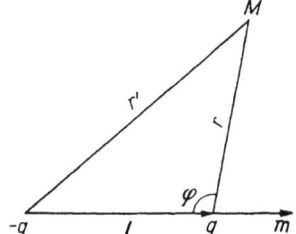

Bild 3.2.1
Darstellung des Potentials eines Dipols

Dann erhält man schließlich

$$\psi = \frac{1}{4\pi\varepsilon}\frac{mr}{r^3}. \tag{3.2.25}$$

Das Potential fällt also im Unendlichen wie $1/r^2$, im Unterschied zum Potential der Punktladung, das mit $1/r$ fällt.

Nimmt man anstelle eines Ladungspunktes ein Ladungsflächenelement an, so ist σ die Flächenladungsdichte und dA das Flächenelement. Das daraus gebildete Potential in einem beliebigen Punkt im Abstand *r* vom Flächenelement ist

$$d\varphi = \frac{\sigma\,dA}{4\pi\varepsilon r}.$$

Bestimmt man das Potential in einem Punkt für alle Ladungsflächenelemente, dann gilt

$$\varphi = \frac{1}{4\pi\varepsilon}\int_A \frac{\sigma\,dA}{r}. \tag{3.2.26}$$

Ist die Schicht als eine Doppelladungsschicht oder Dipolschicht ausgebildet (Flächenladungen $+\sigma$ und $-\sigma$), so ist das Potential in einem ausgewählten Punkt gegeben durch

$$\varphi = \frac{1}{4\pi\varepsilon}\int_A \eta_{DS}\frac{\cos\varphi_w}{r^2}\,dA. \tag{3.2.27}$$

Wenn der Abstand *d* der beiden geladenen Schichten gegen Null geht, dann ist η_{DS} definiert durch $\eta_{DS} = \lim_{d\to 0}\sigma d$. Der Winkel φ_w wird gebildet zwischen dem Abstandsvektor *r* vom Punkt, in dem das Potential angegeben werden soll, zum Flächenelement dA und der Normalen auf dA.

60   *3. Isoliervermögen von Isolierungen und deren Einflußgrößen*

Schließlich soll der Fall behandelt werden, daß in einem bestimmten Volumen eine große Zahl von Ladungen vorhanden ist, denen eine Raumladungsdichte ϱ_D zugeordnet werden kann. Dafür gilt

$$\varphi = \frac{1}{4\pi\varepsilon} \int_V \frac{\varrho_D \, dV}{r}. \tag{3.2.28}$$

In der Isoliertechnik sind neben den Grenzflächen auch Anisotropien zu berücksichtigen. So ist es durchaus möglich, daß die dielektrische Verschiebungsflußdichte von den Koordinaten abhängig ist. Im kartesischen Koordinatensystem bedeutet das:

$$D_x = \varepsilon_x E_x, \quad D_y = \varepsilon_y E_y \quad \text{und} \quad D_z = \varepsilon_z E_z.$$

Kristalle, Schichtpreßstoffe, Isolierfolien u. a. weisen eine derartige Anisotropie auf. Analog gilt das auch für die Stromdichte im Strömungsfeld. Können die Koordinaten in Richtung der Anisotropieachsen gelegt werden, so ist eine Verzerrungsdarstellung möglich.

3.2.2. Lösungen der Potentialgleichung
[18] [20]

3.2.2.1. Geschlossene Lösungen

Für die technischen Felder sind meist Vereinfachungen notwendig, um sie den bekannten Lösungsverfahren der Differentialgleichungen zugänglich zu machen.

Überlagerungsverfahren

Die inhomogene Potentialgleichung des elektrostatischen Feldes kann durch Überlagerung von partikulären Lösungen einer Lösung zugeführt werden.

Das Potential der Punktladung

$$\varphi = \frac{1}{4\pi\varepsilon} \int_V \frac{\varrho_D}{r} \, dV$$

erfüllt die Potentialgleichung.

Um die Randbedingungen zu berücksichtigen, können weitere Lösungen φ_n, die die homogene Differentialgleichung $\Delta\varphi = 0$ zu erfüllen haben, hinzugefügt werden. Die allgemeine Lösung ergibt sich aus der Überlagerung

$$\varphi(r) = \frac{1}{4\pi\varepsilon} \int \frac{\varrho_R(r_0)}{(r - r_0)} \, dV_0 + \varphi_n(r). \tag{3.2.29}$$

Die Randbedingungen für φ_n folgen aus denen für φ. Das bedeutet z. B. für die Randwertbedingungen 1. Art (das Potential auf den Elektroden ist vorgegeben): $\varphi(r_R)$ ist bekannt, und für φ_n ergibt sich

$$\varphi_n(r_R) = \varphi(r_R) - \frac{1}{4\pi\varepsilon} \int \frac{\varrho_R(r_0)}{(r_R - r_0)} \, dV_0. \tag{3.2.30}$$

Anhand folgenden Beispiels soll die Methode erläutert werden: Zwischen den Elektroden eines konzentrischen Kugelfeldes befinde sich ein Dielektrikum mit der relativen

Dielektrizitätskonstanten ε, in dem eine stetige Raumladung vorliegt, deren Dichte zum Abstand vom Rotationszentrum umgekehrt proportional ist, d.h. $\varrho_D(r) = c/r$.
Der Einfachheit halber sei $\varrho_D/\varepsilon = 1/r$, und es sei $r_1 = 1, r_2 = 3$.
Auf den Elektroden sind feste Potentiale vorgegeben:

$$\varphi(r_1) = 100, \quad \varphi(r_2) = 0.$$

Damit entsteht das Problem der Lösung der Poisson-Gleichung

$$\Delta\varphi = -\frac{1}{r}$$

mit den Randwerten $\varphi(1) = 100, \varphi(2) = 0$.
Die Lösung der Laplace-Gleichung für die kugelsymmetrische Anordnung ist leicht zu finden:

$$\varphi_H(r) = \frac{a}{r} + b.$$

Eine Lösung der Poisson-Gleichung ist die Funktion

$$\varphi_S(r) = -\tfrac{1}{2}r.$$

Nach dem dem Überlagerungsverfahren zugrunde liegenden Eindeutigkeitssatz ist damit jede Lösung des Problems darstellbar durch

$$\varphi(r) = \varphi_S(r) + \varphi_H(r) = -\frac{1}{2}r + \frac{a}{r} + b.$$

Aus den Randbedingungen bestimmt man die Lösung des Beispiels:

$$\varphi(r) = \frac{297}{2r} - 48 - \frac{r}{2}.$$

Methode der Anwendung der Green-Funktion
[19]

Eine weitere Möglichkeit der Lösung der Potentialgleichung besteht nach der Methode von *Green*. Diese Methode gestattet die Lösung einer Randwertaufgabe zur Berechnung des Feldes punktförmiger oder linienförmiger Quellen bei geeignet ausgewählten homogenen Grenzbedingungen.

Wie als technisches Problem bereits dargelegt, können mehrere Randbedingungen behandelt werden. Theoretisch sind die Lösungsansätze bedeutsam, für die meisten praktischen Fälle jedoch nicht anwendbar. Es wird deshalb an dieser Stelle auf die spezielle Literatur verwiesen.

Separation der Variablen
[18]

Wesentlich günstigere Voraussetzungen für eine geschlossene Lösung bestehen, wenn eine homogene Potentialgleichung vorliegt. Die Potentialgleichung $\Delta\varphi = 0$ kann mit Hilfe der Trennung der Variablen gelöst werden. Die allgemeine Lösung setzt sich dann zusammen aus dem Produkt von Potentialfunktionen, die jeweils nur von einer unabhängigen Variablen abhängen. Damit ist es häufig möglich, die partielle Differentialgleichung in ein System von gewöhnlichen Differentialgleichungen zu zerlegen.

Im kartesischen Koordinatensystem wird beispielsweise $\Delta\varphi = 0$ durch folgenden Ansatz einer Lösung zugeführt:

$$\varphi(x, y, z) = X(x)\, Y(y)\, Z(z). \tag{3.2.31}$$

Das bedeutet die Möglichkeit der Darstellung der Potentialgleichung in Form der Summe dreier Funktionen:

$$\Delta\varphi = \frac{1}{X}\frac{dX^2}{dx^2} + \frac{1}{Y}\frac{d^2Y}{dy^2} + \frac{1}{Z}\frac{d^2Z}{dz^2} = 0. \tag{3.2.32}$$

Wird der zweite Summand mit $-\alpha_2$ und der dritte mit $-\alpha_3$ (α_2 und α_3 sind Separationskonstanten) bezeichnet, dann lautet die Laplace-Gleichung in separierter Form:

$$\frac{d^2 X}{dx^2} - (\alpha_2 + \alpha_3)\, X = 0 \tag{3.2.33}$$

$$\frac{d^2 y}{dy^2} + \alpha_2 Y = 0 \tag{3.2.34}$$

$$\frac{d^2 Z}{dz^2} + \alpha_3 Z = 0. \tag{3.2.35}$$

Setzt man $\alpha_2 = p^2$ und $\alpha_3 = q^2$, so sind mit dem bekannten Lösungsansatz die partiellen Lösungen für die drei Koordinaten wie folgt zu schreiben:

$$X = A\, e^{\sqrt{p^2+q^2}\,x} + B\, e^{-\sqrt{p^2+q^2}\,x} \tag{3.2.36}$$

$$Y = A \sin py + B \cos py \tag{3.2.37}$$

$$Z = A \sin qz + B \cos qz. \tag{3.2.38}$$

Das gesuchte Potential ist gemäß (3.2.31) das Produkt der Einzellösungen. Die Feldstärke ist dann berechenbar nach

$$\operatorname{grad} \varphi = a_x \frac{\partial \varphi}{\partial x} + a_y \frac{\partial \varphi}{\partial y} + a_z \frac{\partial \varphi}{\partial z}. \tag{3.2.39}$$

Koordinatentransformation

[18] [65]

Wenn es gelingt, die Koordinaten eines Systems so zu legen, daß sie feldbildende Elektroden des Potentialfeldes darstellen, so ist im allgemeinen eine wesentliche Vereinfachung bei der geschlossenen Lösung der Laplace-Gleichung zu erreichen. Eine solche Möglichkeit der Anpassung bringt die Koordinatentransformation. Sie ist u. a. für translatorische und rotatorische Systeme anwendbar.

Den Übergang vom kartesischen Koordinatensystem in ein krummliniges orthogonales Koordinatensystem kann man durch Einführung der metrischen Koeffizienten $\tilde{g}$ vornehmen.

Das Volumenelement nach Bild 3.2.2 mit den Kanten dx, dy, dz und der Diagonale ds wird in das neue System mit den Kanten

$$\sqrt{\tilde{g}_{11}}\, du', \qquad \sqrt{\tilde{g}_{22}}\, du'', \qquad \sqrt{\tilde{g}_{33}}\, du'''$$

3.2. Einfluß des elektromagnetischen Feldes auf das Isoliervermögen

und der Diagonale

$$ds^2 = \tilde{g}_{11} (du')^2 + \tilde{g}_{22} (du'')^2 + \tilde{g}_{33} (du''')^2$$

übergeführt. Dabei ergibt sich der funktionelle Zusammenhang:

$$x = x(u', u'', u''')$$
$$y = y(u', u'', u''')$$
$$z = z(u', u'', u''').$$

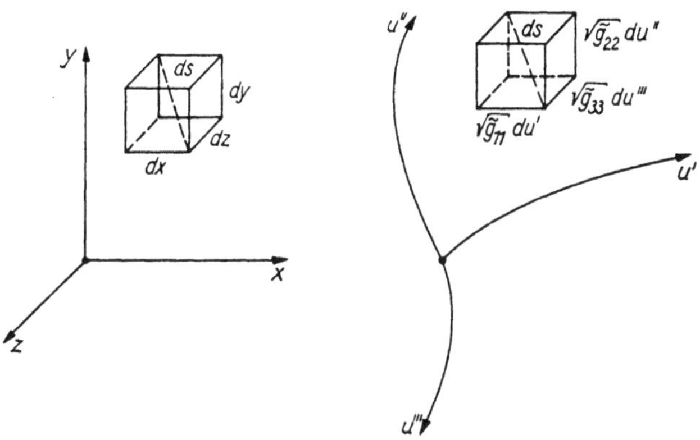

Bild 3.2.2
Koordinatentransformation
in ein krummliniges
orthogonales System

Die Differentiation ergibt für die x-Koordinate

$$dx = \frac{\partial x}{\partial u'} du' + \frac{\partial x}{\partial u''} du'' + \frac{\partial x}{\partial u'''} du'''.$$

Analog kann die Differentiation für dy, dz und ds durchgeführt werden. Daraus leiten sich die metrischen Koeffizienten wie folgt ab:

$$\tilde{g}_{11} = \left(\frac{\partial x}{\partial u'}\right)^2 + \left(\frac{\partial y}{\partial u'}\right)^2 + \left(\frac{\partial z}{\partial u'}\right)^2 \tag{3.2.40}$$

$$\tilde{g}_{22} = \left(\frac{\partial x}{\partial u''}\right)^2 + \left(\frac{\partial y}{\partial u''}\right)^2 + \left(\frac{\partial z}{\partial u''}\right)^2 \tag{3.2.41}$$

$$\tilde{g}_{33} = \left(\frac{\partial x}{\partial u'''}\right)^2 + \left(\frac{\partial y}{\partial u'''}\right)^2 + \left(\frac{\partial z}{\partial u'''}\right)^2. \tag{3.2.42}$$

Der metrische Koeffizient $\tilde{g}$ setzt sich aus dem Produkt der Komponenten zusammen:

$$\tilde{g} = \tilde{g}_{11} \tilde{g}_{22} \tilde{g}_{33}. \tag{3.2.43}$$

Mit Hilfe der metrischen Koeffizienten ist die gewünschte Transformation realisierbar.

In dem transformierten System ist dann mit den üblichen Lösungsverfahren, z.B. mit der Separation der Variablen, die Lösung der Laplace-Gleichung vorzunehmen.

In den meisten einfachen Fällen liegt die Lösung heute schon tabellarisch vor. So gibt es Tabellenwerke für die sogenannten Eisenhart-Systeme, das sind Felder von Kreiszylindern, Ellipsenzylindern und Parabelzylindern (translatorische Systeme) und von Kugeln, Ellipsoiden, Paraboloiden (rotatorische Systeme). Eine wesentliche Erweiterung

3. Isoliervermögen von Isolierungen und deren Einflußgrößen

der zugänglichen Lösungen stellen die Moon-Spencer-Systeme dar, die durch Rotation und Translation von Feldern, die auf der Basis der Methode der konformen Abbildung gewonnen wurden, abgeleitet sind. Ein technisches Problem wird dann so gelöst, daß für das Originalfeld eine möglichst starke Annäherung gesucht wird, die einem bekannten Koordinatensystem weitgehend angepaßt ist. Nun wird die Lösung der separierten Differentialgleichung für dieses System der Tabelle entnommen. Ferner sind die Randbedingungen festzulegen und die partikulären Lösungen zu suchen, die die Randbedingungen erfüllen. Mit dem so gewonnenen Potential kann die Feldstärke durch Gradientenbildung bestimmt werden. Damit sind auch die erzeugende Ladung, die Kapazität und die Feldenergie berechenbar.

Methode der konformen Abbildung
[19] [20] [65]

Ausgehend von der Funktionentheorie einer komplexen Veränderlichen können ebene Felder durch Abbildungsfunktionen so transformiert werden, daß eine Berechnung der neuen Felddarstellung möglich ist und die punktweise Rückrechnung es gestattet, die Potentiale der ursprünglichen Felder festzulegen. Die konforme Abbildung ermöglicht in allen Punkten der Felder eine winkeltreue und im Kleinen ähnliche Übertragung und bildet Randpunkte durch Randpunkte ab. Dieses Verhalten ist auf die Cauchy-Riemann-Differentialgleichungen komplexer Funktionen gestützt:

$$\frac{du}{dx} = \frac{dv}{dy} \quad \text{und} \quad \frac{dv}{dx} = -\frac{du}{dy}.$$

Aus diesen Differentialgleichungen folgt, daß u und v die Laplace-Gleichung erfüllen.

Tafel 3.2.1. Auswahl von Abbildungsfunktionen

Funktion/Beispiel	Problemlösung
Lineare Funktion $Z = aW + b$	Abbildung durch Drehung, Parallelverschiebung und ähnliche Dehnung
Gebrochene lineare Funktion $Z = \dfrac{aW + b}{cW + d}$	Überführung von Kreisen in Kreise bzw. in Geraden
Quadratische Funktion $Z = W^2$	Abbildung von Hyperbelscharen auf kartesische Netze
Wurzelfunktion $Z = \sqrt{W}$	Abbildung von Parabelscharen auf kartesische Netze
Logarithmische Funktion $Z = \ln W$	Überführung eines polaren Netzes in ein kartesisches
Trigonometrische Funktion $Z = \sin W$	Abbildung äquidistanter Quellen in eine Einzelquelle
Maxwell-Abbildungsfunktion $Z = \dfrac{d}{\pi}(W + 1 + e^W)$	Abbildung eines endlichen Platte-Platte-Feldes der Z-Ebene in ein unendliches in der W-Ebene

3.2. Einfluß des elektromagnetischen Feldes auf das Isoliervermögen 65

Die prinzipielle Anwendung der Theorie geht davon aus, eine geeignete Abbildungsfunktion zu suchen, die beispielsweise ein inhomogenes Feld der Z-Ebene als homogenes, berechenbares Feld in der W-Ebene abbildet, wobei die komplexe Funktion $Z = f(x+jy)$ durch die Abbildungsfunktion $Z = f/(W)$ in Form der komplexen Funktion $W = f(u+jv)$ dargestellt wird.

Es existieren lineare, logarithmische und trigonometrische Übertragungsfunktionen. Tafel 3.2.1 gibt einen Überblick über anwendbare Übertragungsfunktionen und ihre Einsatzgebiete. An einem einfachen Beispiel soll die Methode erläutert werden. Ist der Plattenkondensator nicht unendlich ausgedehnt, sondern hat eine endliche Elektrodenfläche, dann wird das Randfeld inhomogen, und es interessiert die Feldverteilung im Randfeld, insbesondere in der Nähe der Kante der Plattenelektrode.

Zur Vereinfachung ist es möglich, in der Z-Ebene den Plattenkondensator als Schnittbild darzustellen und die x-Achse als Symmetrielinie eines beiderseits mit endlichen Plattenelektroden versehenen Feldes (Bild 3.2.3). Mit der Abbildungsfunktion

$$Z = \frac{d}{\pi}(W + 1 + e^W) \qquad (3.2.44)$$

läßt sich dieses Feld in ein homogenes Feld in die W-Ebene übertragen.

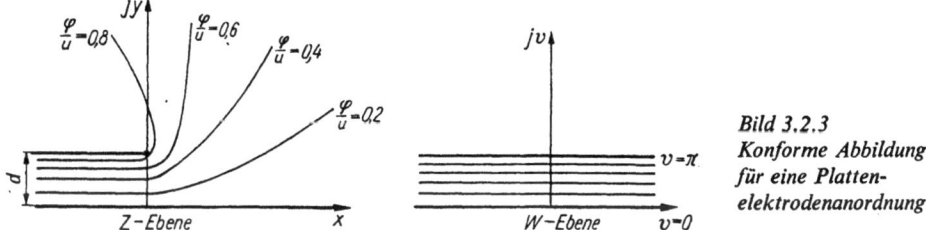

Bild 3.2.3
Konforme Abbildung
für eine Plattenelektrodenanordnung

Trennt man Real- und Imaginärteil, so erhält man

$$x = \frac{d}{\pi}(u + 1 + e^u \cos v) \qquad (3.2.45)$$

$$y = \frac{d}{\pi}(v + e^u \sin v). \qquad (3.2.46)$$

Legt man in der W-Ebene das Potential der Elektroden mit $v = 0$ und $v = \pi$ fest, so kann x und y jeweils berechnet werden.

Für $v = 0$ folgt aus (3.2.45) und (3.2.46):

$$x = \frac{d}{\pi}(u + 1 + e^u)$$

$$y = 0.$$

Für $v = \pi$ folgt analog:

$$x = \frac{d}{\pi}(u + 1 - e^u)$$

$$y = d.$$

5 Kahle, Isoliertechnik

66   3. Isoliervermögen von Isolierungen und deren Einflußgrößen

Mit diesen Bestimmungsgleichungen lassen sich alle interessierenden Feld- und Randwerte bestimmen. Das so berechnete Feld und die zugehörige Elektrodenanordnung sind dadurch ausgezeichnet, daß im Randfeld gegenüber dem Grundfeld keine höhere Feldstärke vorhanden ist. Die Elektroden werden als Rogowski-Elektroden bezeichnet (s. Abschn. 3.2.3).

3.2.2.2. Methode der Diskretisierung des Potentialfeldes

Potentialfelder in der Isoliertechnik können auch durch Widerstände, Kondensatoren oder gemischte Schaltungen repräsentiert werden, je nach Anteil des Strömungsfeldes und der elektrostatischen Felder. Die Darstellung eines elektrostatischen Feldes kann durch Längskapazitäten C und Querkapazitäten K gemäß Bild 3.2.4 vorgenommen werden.

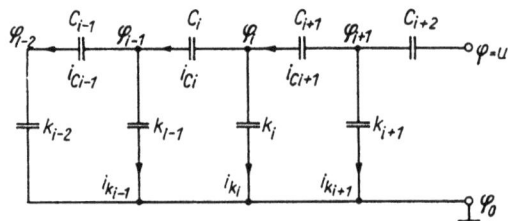

Bild 3.2.4
Diskretisierungsschema
für ein elektrostatisches Feld

Der kapazitive Verschiebungsstrom, der sich entsprechend der Inhomogenität der Felder verzweigt, kann in einer Masche betrachtet werden. So ist der Strom i_{Ki}

$$i_{Ki} = i_{Ci+1} - i_{Ci} \qquad (3.2.47)$$

und damit die Potentialverteilung in diesem Abschnitt des Feldes

$$(\varphi_i - \varphi_0) K_i \omega = (\varphi_{i+1} - \varphi_i) \omega C_{i+1} - (\varphi_i - \varphi_{i-1}) \omega C_i. \qquad (3.2.48)$$

Geht man vereinfachend davon aus, daß ω konstant ist und die Feldrepräsentanz durch gleiche Längs- und gleiche Querkapazitäten vorgenommen werden kann, dann kann (3.2.48) dargestellt werden durch

$$\varphi_i \left(\frac{K}{C}\right) = (\varphi_{i+1} - \varphi_i) - (\varphi_i - \varphi_{i-1}). \qquad (3.2.49)$$

Geht man von den diskreten Kapazitäten K und C zu kontinuierlichen Kapazitätsbelägen $C' = C \Delta x$ und $K' = K/\Delta x$ über, so erhält man beim Grenzübergang $\Delta x \to dx$ anstelle von (3.2.49) die Differentialgleichung

$$\varphi \frac{K'}{C'} = \frac{d^2 \varphi}{dx^2}. \qquad (3.2.50)$$

Die Lösung dieser Differentialgleichung lautet:

$$\varphi = U \frac{\sinh \gamma' x}{\sinh \gamma' l}. \qquad (3.2.51)$$

Dabei kann γ' aus einer Partikulärlösung zu $\gamma' = \sqrt{K'/C'}$ gewonnen werden. Während x den Abstand von der Elektrode mit dem Potential $\varphi_0 = 0$ zu einem beliebig ausgewähl-

3.2. Einfluß des elektromagnetischen Feldes auf das Isoliervermögen

ten Potentialpunkt darstellt, ist l der Abstand zwischen den Elektroden. Durch Gradientenbildung kann die Feldstärke bestimmt werden.

$$E = -\frac{d\varphi}{dx} = -U\gamma' \frac{\cosh \gamma' x}{\sinh \gamma' l}. \tag{3.2.52}$$

Will man in einem inhomogenen Feld die maximale Feldstärke bestimmen, dann ist $x = l$ anzusetzen, d.h., die Argumente im Zähler und Nenner von (3.2.52) haben den gleichen Wert, und man erhält

$$E_{\max} = -U\gamma' \coth \gamma' l. \tag{3.2.53}$$

Für stark inhomogene Felder (K' in der Größenordnung von C' und verhältnismäßig großer Wert von l) geht $\coth \gamma' l$ schnell gegen 1, so daß für diesen Fall $E_{\max} = -U\gamma'$ wird. Bei stark inhomogenen Feldern ist die Höchstfeldstärke nur noch sehr schwach von der Variation der Schlagweite abhängig. Wird die Diskretisierung bewußt beibehalten, etwa zum Zweck der Berechnung der Spannungsverteilung an diskreten Isolatorenanordnungen oder Spulen mit wirksamen Kapazitäten, ist es möglich, die Spannungsverteilung über die n Stufen des Systems zu berechnen und auch die Stufenspannung oder Gliedspannung U_i anzugeben:

$$U_i = \frac{U}{\sinh \gamma n} (\sinh \gamma i - \sinh \gamma (i - 1)). \tag{3.2.54}$$

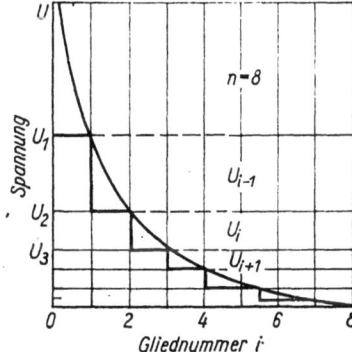

Bild 3.2.5
Gliedspannungsverteilung einer Isolatorenkette mit einfacher kapazitiver Verkettung

$i = 1$ Isolator am Leiterseil
$i = 8$ Isolator an der Masttraverse

In dieser Beziehung ist

$$U_i = \varphi_i - \varphi_{i-1}.$$

Bild 3.2.5 zeigt die Spannungsverteilung einer diskreten inhomogenen Anordnung (etwa eine Isolatorenkette mit Erdkapazitäten).

3.2.2.3. Numerische Lösungen der Potentialgleichung

Wegen der Schwierigkeiten der Berechnung der inhomogenen, aber auch in vielen Fällen der homogenen Potentialgleichung wurden Näherungsverfahren entwickelt, die eine numerische Behandlung der Potentialfelder ermöglichen. Mit der Entwicklung von großen Rechenautomaten und der Verfügbarkeit leistungsfähiger Kleincomputer ist diese numerische Feldberechnung an die Spitze der praktischen Feldberechnungen vorgestoßen. Die geschlossenen Lösungen der Potentialgleichung verlieren deshalb jedoch nicht

68 *3. Isoliervermögen von Isolierungen und deren Einflußgrößen*

an Bedeutung, da sie auch unter Anwendung der maschinellen Rechentechnik die effektivsten Berechnungen gestatten.

Im folgenden sollen drei Verfahren der numerischen Behandlung von Potentialfeldern beschrieben werden, die unterschiedliche Herangehensweisen verdeutlichen und hinsichtlich der technischen Bedingungen, des Aufwands, der Speichergröße und der Rechenzeit unterschiedlich zu bewerten sind, aber ihre praktische Bedeutung unter Beweis gestellt haben.

Differenzverfahren
[62] [63]

Die Methode ist prinzipiell für dreidimensionale Potentialfelder anwendbar. Voraussetzung ist die Endlichkeit des Feldes. Die nachstehende Behandlung soll der Übersichtlichkeit wegen auf zweidimensionale Probleme beschränkt werden.

Das Feld, z.B. das elektrostatische Feld, wird mit einem Rechtecknetz mit der Maschenweite h und l überzogen. Die Gitterpunkte $(x_i y_k)$ seien mit einem beliebigen Anfangspunkt (x_0, y_0) verknüpft durch die Beziehungen

$$x_i = x_0 + ih$$
$$y_k = y_0 + kl \qquad (i, k = 0, \pm 1, 2, \ldots).$$

Bild 3.2.6 zeigt den Zusammenhang. Das Potential in einem Punkt (x_i, y_k) sei mit $\varphi_{i,k}$ bezeichnet. Es ist anzunehmen, daß die Feldbegrenzung, z.B. die Elektrodenanordnung, im allgemeinen nicht mit Gitterlinien zusammenfällt, sondern diese schneidet. Für diesen Fall ist die Begrenzung des Gitters durch den Schnittpunkt gegeben.

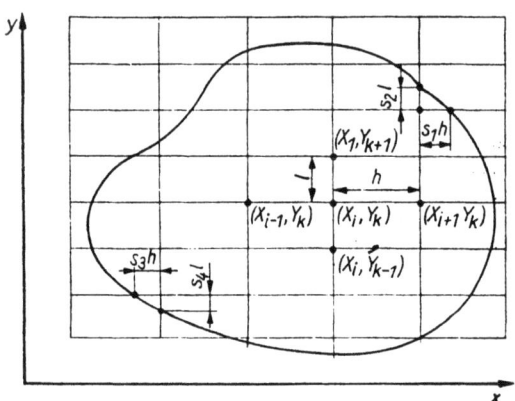

Bild 3.2.6
Darstellung des Rechtecknetzes zur Berechnung eines elektrostatischen Feldes nach dem Differenzverfahren

Nur in den Gitterpunkten ist das Potential definiert. Damit ist es möglich, in der Potentialgleichung $\Delta\varphi = f(x, y)$ die Differentialquotienten durch Differenzenquotienten zu ersetzen:

$$\left(\frac{\partial^2 \varphi}{\partial x^2}\right)_{i,k} \cong \frac{\varphi_{i+1,k} - 2\varphi_{i,k} + \varphi_{i-1,k}}{h^2}. \tag{3.2.55}$$

Die Potentialgleichung wird damit ausdrückbar durch

$$f(x_i, y_k) = \frac{\varphi_{i-1,k}}{h^2} + \frac{\varphi_{i,k-1}}{l^2} + \frac{\varphi_{i+1,k}}{h^2} + \frac{\varphi_{i,k+1}}{l^2} - 2\left(\frac{1}{h^2} + \frac{1}{l^2}\right)\varphi_{i,k}. \tag{3.2.56}$$

3.2. Einfluß des elektromagnetischen Feldes auf das Isoliervermögen

Nimmt man anstelle des rechteckigen Gitters ein Quadratgitter mit $l = h$, so ändert sich (3.2.56) in

$$\varphi_{i-1,k} + \varphi_{i,k-1} + \varphi_{i+1,k} + \varphi_{i,k+1} - 4\varphi_{i,k} = h^2 f(x, y). \tag{3.2.57}$$

Der Übergang zum Quadratgitter stellt keine prinzipielle Einschränkung dar.

Symmetrien des Feldes können auch mit Vorteil bei der Aufstellung der Differenzendarstellung genutzt werden. Ist z.B. das Potential

$$\varphi_{i-1,k} = \varphi_{i,k+1} \quad \text{und} \quad \varphi_{i+1,k} = \varphi_{i,k-1},$$

so liegt der Punkt (x_i, y_k) auf der Symmetrieachse, die eine Diagonale darstellt. Die Differenzengleichung kann dann geschrieben werden

$$\varphi_{i-1,k} + \varphi_{i,k-1} - 2\varphi_{i,k} = \frac{h^2 l^2}{h^2 l^2} f(x_i, y_k). \tag{3.2.58}$$

Wird die Feldberechnung in einem Mehrstoffsystem durchgeführt, so kann die Dielektrizitätskonstante (oder die elektrische Leitfähigkeit $\varkappa$) in beiden Medien unterschiedlich sein. Eine solche Trennlinie soll beispielsweise mit der Gitterlinie $y = y_k$ zusammenfallen. In diesem Fall kann die Differenzengleichung folgendermaßen geschrieben werden:

$$\varphi_{i-1,k} + \varphi_{i+1,k} + \frac{2}{\varepsilon_1 + \varepsilon_2}(\varepsilon_2 \varphi_{i,k+1} + \varepsilon_1 \varphi_{i,k-1}) - 4\varphi_{i,k} = h^2 f(x_i, y_k). \tag{3.2.59}$$

Die Veränderung der Maschenweite durch Schnittpunkte der Gitterlinien mit den Randlinien kann durch Verkürzungsfaktoren S_1, S_2, S_3, S_4 berücksichtigt werden. Die Differenzengleichung (3.2.56) geht dann über in

$$f(x_i, y_k) = \frac{2\varphi_{i+1,k}}{h^2 s_1 (s_1 + s_3)} + \frac{2\varphi_{i-1,k}}{h^2 s_3 (s_1 + s_3)} + \frac{2\varphi_{i,k+1}}{l^2 s_2 (s_2 + s_4)}$$

$$+ \frac{2\varphi_{i,k-1}}{l^2 s_4 (s_2 + s_4)} - 2\left(\frac{1}{h^2 s_1 s_3} + \frac{1}{l^2 s_2 s_4}\right)\varphi_{i,k}. \tag{3.2.60}$$

Die Lösung von Feldproblemen mit der Differenzenmethode ist in ihrer Genauigkeit von der Unterteilung des Feldes, d.h. von der Zahl der Knotenpunkte, abhängig. Im allgemeinen ist diese Zahl sehr hoch. Wie die Differenzengleichungen zeigen, ist die Anzahl der Unbekannten gering, im zweidimensionalen Feld z.B. vier. Die Aufstellung des gesamten Gleichungssystems für ein mittleres Feldproblem mit der Lösungszielstellung im Eliminationsverfahren erfordert einen hohen Zeitaufwand. Besser, insbesondere den Möglichkeiten der maschinellen Rechentechnik angepaßt, sind Iterationsverfahren. Es existieren mehrere handhabbare Verfahren.

Hier soll das Mittelungsverfahren nach *Liebmann* behandelt werden. Zunächst belegt man alle Gitterpunkte mit einem willkürlichen Anfangspotential. Je näher die gesetzten Potentiale den tatsächlichen kommen, um so weniger Iterationsschritte sind notwendig.

Für jeden Punkt wird in jedem Schritt die Näherung aus den Näherungen der Umgebung aus dem vorangegangenen Schritt berechnet. Wird die Kennzeichnung der Nummer des jeweiligen Iterationsschritts durch einen hochgestellten Index vorgenommen, kann das Potential im Punkt $(x_i; y_k)$ wie folgt geschrieben werden:

$$\varphi_{i,k}^{(n+1)} = \tfrac{1}{4} [\varphi_{i-1,k}^{(n)} + \varphi_{i,k-1}^{(n)} + \varphi_{i+1,k}^{(n)} + \varphi_{i,k+1}^{(n)} - h^2 f(x_i, y_k)]. \qquad (3.2.61)$$

Wenn zwei aufeinanderfolgende Näherungen eine Differenz aufweisen, die unter einem Vorgabewert liegt, wird die Iteration beendet.

Die Maschenweite entscheidet über die Genauigkeit der Feldberechnung. Es existiert eine von der Netzgeometrie abhängige optimale Maschenweite.

Eine Verringerung des Aufwands ist möglich durch folgende Maßnahmen:

- Nutzung von Symmetriebeziehungen
- Verfeinerung des Gitters nur in den vorherbestimmten (durch einfache, z.B. zeichnerische Methoden) Feldgebieten mit erhöhtem, technischem Interesse.

Eine Erhöhung der Genauigkeit läßt sich erzielen durch Ersatz der einfachen Differenzen durch solche höherer Ordnung. Das bedeutet, daß zusätzliche Umgebungspotentiale bei der Berechnung berücksichtigt werden. Weitere Möglichkeiten zur Verbesserung des Auflösungsvermögens und damit zur Erhöhung der Genauigkeit liegen darin, anstelle von Quadraten oder Rechtecken Dreiecke oder hexagonale Strukturen als Gitterelemente einzuführen.

Ladungsüberlagerungsverfahren
[63]

Nach *Maxwell* ist es möglich, die feldbildende Wirkung von elektrischen Ladungen auf der Oberfläche eines leitenden Körpers durch auf geeignete Weise im Inneren des Körpers angebrachte Ladungen zu ersetzen. Dieses Prinzip wird beim Ladungsüberlagerungsverfahren zur Feldberechnung benutzt. Ebene und rotationssymmetrische Feldanordnungen sind bevorzugte Berechnungsobjekte. Der Vorteil des Verfahrens besteht gegenüber dem Differenzenverfahren darin, daß auch nichtendliche elektrostatische Felder einbezogen werden können.

Das Prinzip soll an rotationssymmetrischen Elektrodenanordnungen verdeutlicht werden (Bild 3.2.7).

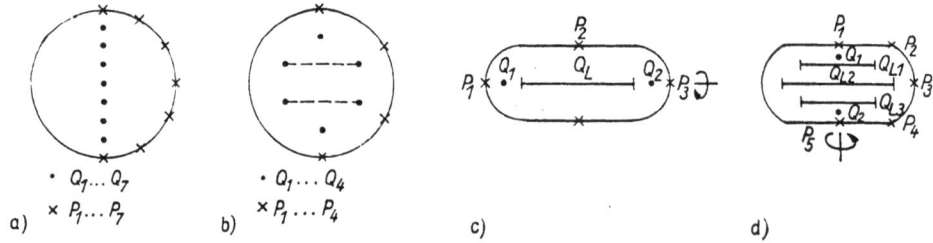

Bild 3.2.7. Beispiele für das Setzen von fiktiven Ladungen Q und Konturpunkten P
a), b) Kugelelektrode; c) Zylinderelektrode; d) Scheibenelektrode mit sphärischer Rundform

Im Inneren einer solchen Elektrode ordnet man eine beliebige Zahl von fiktiven Punktladungen, z.B. auf der Rotationsachse, an. Auf der Oberfläche der Elektrode werden sogenannte Konturpunkte fixiert. Ihre Zahl ist gleich der Zahl der Punktladungen. In den Konturpunkten soll nun das Potential identisch sein mit dem Elektrodenpotential. Nur dadurch ist gewährleistet, daß das von der inneren Ladung erzeugte Feld mit dem

3.2. Einfluß des elektromagnetischen Feldes auf das Isoliervermögen

durch die Elektrode erzeugten angenähert übereinstimmt. Mit der formulierten Forderung kann ein lineares Gleichungssystem zur Verknüpfung von Punktladungen und Konturpunkten gefunden werden. Die Lösung des Gleichungssystems gibt die Ladungsverteilung der Punktladungen an.

Jede Punktladung bildet ein Feld. Die Überlagerung der Felder aller Punktladungen ergibt ein resultierendes Feld, das in den Konturpunkten genau und in der Umgebung angenähert mit dem durch die Elektrode gebildeten übereinstimmt.

Bezeichnet Q_i eine fiktive Ladung und P_k einen Konturpunkt, so kann man einen Potentialkoeffizienten p_{ik} definieren, der die Beziehung zwischen der Ladung Q_i und dem Potentialanteil ϕ_{ki} dieser Ladung im Konturpunkt herstellt:

$$\phi_{ki} = Q_i p_{ik}. \tag{3.2.62}$$

Sind n Ladungen vorhanden, dann setzt sich das Potential ϕ_k im Punkt P_k aus der Wirkung aller n Ladungen zusammen. Es gilt damit

$$\phi_k = \sum_{i=1}^{n} Q_i p_{ik}. \tag{3.2.63}$$

Wenn das Potential der Elektroden, die Orte der Ersatzladungen und die Konturpunkte bekannt sind, lassen sich die Ladungsbeträge nach (3.2.63) berechnen. Dazu können die Spaltenmatrix der bekannten Potentiale, die Spaltenmatrix der fiktiven Ladungen und die Matrix der Potentialkoeffizienten genutzt werden:

$$\begin{pmatrix} p_{11} & \cdots & p_{1n} \\ p_{21} & \cdots & p_{2n} \\ \vdots & & \\ p_{n1} & \cdots & p_{nn} \end{pmatrix} \begin{pmatrix} Q_1 \\ \vdots \\ Q_n \end{pmatrix} = \begin{pmatrix} \phi_1 \\ \vdots \\ \phi_n \end{pmatrix} = \begin{pmatrix} U \\ \vdots \\ U \end{pmatrix}. \tag{3.2.64}$$

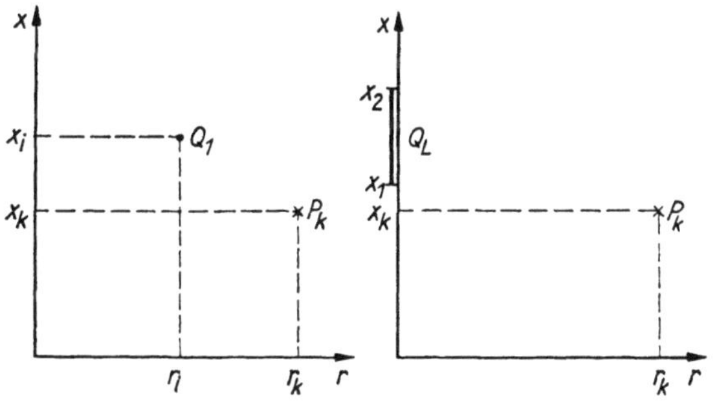

Bild 3.2.8
Schema zur Berechnung
der Potentialkoeffizienten
für fiktive Punkt- und Linienladungen
(Ladungsüberlagerungsverfahren)

Anstelle der Punktladungen können auch Linienladungen oder Ringladungen angewendet werden. Liegen kugelförmige Gebilde der Elektroden vor, dann ist die Unterbringung von fiktiven Ladungen auf der Rotationsachse sinnvoll. Sind z.B. ringförmige Potentialwülste oder andere ähnlich gelagerte Potentialsteuerungen hinsichtlich ihres generierten Feldes zu untersuchen, dann ist die Anbringung von Ringladungen zweckmäßig. Im Fall einer Zylinderelektrode mit kugelförmigen Endstücken bietet sich eine Linienladung und beiderseits das Setzen von Punktladungen an (Bild 3.2.7c). Auch der Einsatz von Flächenladungen ist denkbar. In allen diesen Fällen müssen die Potentialkoeffizienten für die jeweilige Form der fiktiven Ladung berechnet werden (Bild 3.2.8).

72   3. Isoliervermögen von Isolierungen und deren Einflußgrößen

Zwei konkrete Fälle sollen gemäß (3.2.62) angegeben werden (Bild 3.2.8). Die Gleichung (3.2.62) geht bei Punktladung über in

$$\phi_{ki} = \frac{1}{4\pi\varepsilon \sqrt{(r_i - r_k)^2 + (x_i - x_k)^2}} Q_i. \qquad (3.2.65)$$

Liegt eine fiktive Linienladung vor, so wird die Gleichung (3.2.62)

$$\phi_{kL} = \frac{1}{4\pi\varepsilon (x_2 - x_1)} \ln \frac{(x_2 - x_k) + \sqrt{r_k^2 + (x_2 - x_k)^2}}{(x_1 - x_k) + \sqrt{r_k^2 + (x_1 - x_k)^2}} Q_L. \qquad (3.2.66)$$

Die Verteilung von Ladungs- und Konturpunkten hat Einfluß auf die Genauigkeit der Lösung. Die Überprüfung des Grades der Annäherung des berechneten Feldes an das ideale von der Elektrode ausgehende Feld geschieht so, daß man die Randbedingungen, etwa die Übereinstimmung der Potentiale auf der Elektrode, vergleicht. Man vergleicht also die berechnete Äquipotentialfläche $\varphi = U$ mit der Elektrodenberandung. Durch volle Nutzung aller Vereinfachungsmöglichkeiten ist es heute möglich, mit Kleinrechnern bereits gute Ergebnisse mit dem Ladungsüberlagerungsverfahren zu erzielen. Ein besonderer Vorteil des Verfahrens liegt in der direkten Berechnungsmöglichkeit der Feldstärke.

Eine wesentliche Aufgabe der elektrischen Isoliertechnik ist die Optimierung von Elektrodenformen zur Herabsetzung der Maximalfeldstärke. Man arbeitet dabei mit Konturpunkten in Bereichen unkritischer Elektrodenabschnitte und ordnet ihnen fiktive Ladungen zu. Im Optimierungsgebiet werden keine Konturpunkte gesetzt, man benutzt jedoch Optimierungsladungen, die iterativ so verändert werden, bis die Feldstärke an der kritischen Elektrodenoberfläche minimiert ist. Für diesen Prozeß wurden Optimierungsstrategien erarbeitet.

Methode der finiten Elemente
[64]

Die Lösungsmethoden von Differentialgleichungen nach *Ritz* und *Galerkin* sind die Grundlage zur Diskretisierung zwecks numerischer Berechnung im Verfahren der finiten Elemente. Damit wird eine weitere Möglichkeit zur Berechnung endlicher Potentialfelder mit Hilfe von Rechenautomaten gegeben. Das Prinzip der Berechnung nach *Ritz* entspricht der Aufgabe der Minimierung der Feldenergie, da das Potentialfeld stets das energetische Minimum aller möglichen Feldkonfigurationen repräsentiert.

Gegeben sei die Poisson-Gleichung $\Delta\varphi = f(x, y)$. Am Rand sei $\varphi = \varphi_0$. Nun gehört zu dieser Differentialgleichung ein Funktional

$$F_\varphi = \int_\Omega \left[\frac{1}{2} \left(\frac{\partial \varphi}{\partial x}\right)^2 + \frac{1}{2} \left(\frac{\partial \varphi}{\partial y}\right)^2 + f\varphi \right] dx\, dy, \qquad (3.2.67)$$

das bei der genannten Randbedingung eine Lösung der Potentialgleichung darstellt, wenn es seinen Minimalwert einnimmt. F_φ repräsentiert die potentielle Energie des gesamten Feldgebiets Ω.

Ist $(\varphi_i)_{i=0}^{i=\infty}$ eine Folge unabhängiger Funktionen mit den Randbedingungen $R(\varphi_i) = 0$, dann kann das Potential φ ausgedrückt werden durch

$$\varphi = \varphi_0 + \sum_{i=1}^{\infty} a_i \varphi_i; \qquad (3.2.68)$$

Funktional $F_\varphi = F(a_1, \ldots, a_n, \ldots)$.

Wird a_i Null gesetzt für alle $i > N$, dann wird das Funktional $F_\varphi = F(a_1, ..., a_N)$.
F_φ wird ein Minimum, wenn $\partial F/\partial a_i = 0$; $(i = 1 ... N)$.
Mit dem Gleichungssystem lassen sich die a_i bestimmen. Damit ist eine Approximation von φ möglich.

Nach *Galerkin* wird ebenfalls

$$\varphi = \varphi_0 + \sum_{i=1}^{N} a_i \varphi_i$$

gesetzt. Die Potentialgleichung wird geschrieben in der Form

$$\Delta \left(\varphi_0 + \sum_{i=1}^{N} a_i \varphi_i \right) - f = r(a_1, ..., a_N). \qquad (3.2.69)$$

Die a_i ergeben sich aus dem Gleichungssystem

$$\int \varphi_i r(a_1, ..., a_N) \, d\mu = 0 \qquad (3.2.70)$$

als Lösung mit $i = 1, ..., N$. Im folgenden wird das *Ritz*verfahren zugrunde gelegt.

Wie oben bezeichnet, ist Ω das zu untersuchende Feldgebiet. Die Methode der finiten Elemente zerlegt dieses Feldgebiet in eine Anzahl sich nicht überdeckender Flächen- oder Volumenelemente. Diese Flächen sind miteinander durch Knoten verbunden. Die Elemente werden mit E bezeichnet. Man kann dann die Potentialfunktion φ für jedes Element in der Form

$$\varphi = [H] \{\varphi^E\} = [H_i, H_k, ...] \begin{Bmatrix} \varphi_i \\ \varphi_k \end{Bmatrix} \qquad (3.2.71)$$

ausdrücken. $\{\varphi^E\}$ sind die Funktionswerte in den Knotenpunkten des Elements E. Die H_i sind die koordinatenabhängigen Formfunktionen; sie werden durch $H_i = 1$ am Knoten i und $H_i = 0$ an allen anderen Knoten des Elements E bestimmt.

Üblicherweise werden im ebenen Feld Dreiecke oder Rechtecke als Elemente benutzt. Für diese Formen sind die Formfunktionen einfach bestimmbar. Die Elementbegrenzungen müssen Verträglichkeitsbeziehungen erfüllen; sind es Randelemente, so müssen die Näherungsfunktionen die Randbedingungen befriedigen. Wenn das zu minimierende Funktional Ableitungen m-ter Ordnung enthält, müssen die Formfunktionen mindestens Ableitungen $(m-1)$-ter Ordnung haben.

Die Integration über das gesamte Feldgebiet ist über die einzelnen Elemente zu erstrecken:

$$F_\varphi = \int_\Omega F(x, y, \varphi, \varphi_x, \varphi_y) \, dx \, dy = \sum_E F_\varphi^E = \sum_E \int_{\Omega_E} F \, dx \, dy. \qquad (3.2.72)$$

Die Minimierung führt zum Gleichungssystem

$$\frac{\partial F_\varphi}{\partial \varphi_i} = 0, \quad \text{wobei} \quad \frac{\partial F_\varphi}{\partial \varphi_i} = \sum_E \frac{\partial F_\varphi^E}{\partial \varphi_i}, \quad i = 1 ... N \qquad (3.2.73)$$

ist. N ist die Gesamtzahl der Knotenpunkte. Die Lösung von (3.2.73) ergibt die Näherung für das Potential in den Knotenpunkten des Feldbereichs Ω.

3.2.2.4. Graphische Lösungen

Im vorhergehenden Abschnitt wurden numerische Lösungsverfahren angegeben. Es zeigte sich, daß es als sehr nützlich angesehen werden muß, vor Beginn der Programmgestaltung mit Hilfe einer Feldskizze einen Überblick über den Feldverlauf und damit

74   *3. Isoliervermögen von Isolierungen und deren Einflußgrößen*

über kritische Gebiete des Feldes zu gewinnen. In einer Reihe praktischer Fälle reicht es schon aus, wenn sich der Konstrukteur einen grob quantitativen Überblick über das jeweilige Potentialfeld verschafft. Für diese Aufgaben reicht eine graphische Lösung oft aus. Am Beispiel des elektrostatischen Feldes läßt sich zeigen, daß einige aus den vorhergehenden Abschnitten gewonnene Grundkenntnisse zur Feldkonstruktion genügen. Folgende Richtlinien werden für die graphische Lösung zugrunde gelegt:

- Die Feldlinien treten senkrecht aus den Elektroden aus.
- Die Äquipotentiallinien schneiden die Feldlinien immer senkrecht.
- Jede Elektrode repräsentiert eine Äquipotentiallinie.
- Die Äquipotentiallinien werden so angeordnet, daß sie immer gleiche Potentialunterschiede aufweisen.
- Das System von Feldlinien und Äquipotentiallinien bildet in der Ebene quadratähnliche Flächenelemente (a_i/b_k = const). Rotationssymmetrische Gebilde sind durch $(a_i/b_k) = r$ const gekennzeichnet. Dabei ist r der Abstand des betreffenden Flächenelements einer Schnittfläche von der Rotationsachse (Bild 3.2.9).

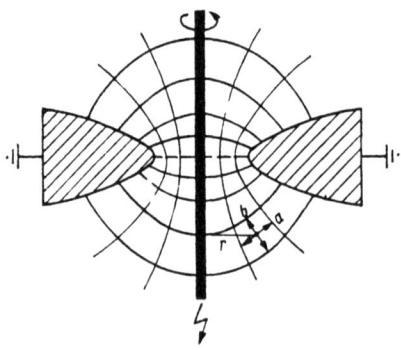

Bild 3.2.9. Darstellung zur graphischen Lösung eines Feldproblems

ebenes Feld a/b = const; rotationssymmetrisches Feld (a_i/b) = r const

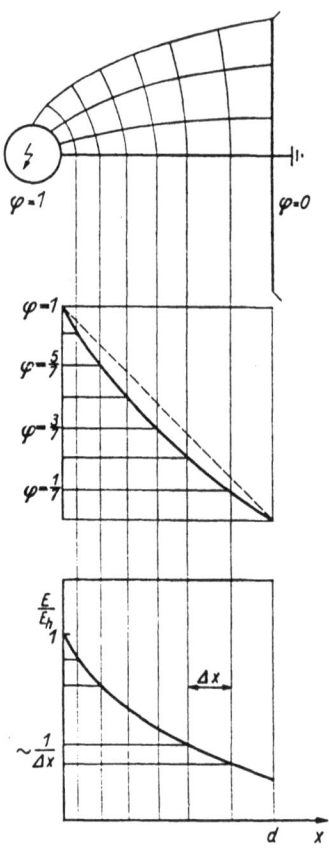

Bild 3.2.10 Graphische Ermittlung der Potential- und Feldstärkeverteilung

Mit einem derartigen Verfahren können Genauigkeiten erreicht werden, die weniger als 5% Abweichungen zum tatsächlichen Feld aufweisen. Bild 3.2.10 zeigt Möglichkeiten der graphischen Ermittlung der Potential- und Feldverteilung.

3.2.2.5. Simulationsmethoden

Feldverläufe können auch experimentell ermittelt werden. Bei Potentialfeldern vom Typ des Strömungsfeldes ist die Ausmessung im allgemeinen kein Problem. Es werden Modelle von der Anordnung aufgebaut und das Strömungsfeld meist in einem flüssigen leitfähigen Medium durch punktförmige Potentialmessung mit Hilfe von Sonden bestimmt.

Elektrostatische Felder sind weit schwieriger meßtechnisch zu erfassen. Deshalb macht man von der Tatsache Gebrauch, daß gleichartige Gesetzmäßigkeiten wegen der einheitlichen Beschreibung durch die Potentialgleichung gelten. Es wird die Analogie zwischen den beiden Gleichungen

$$G = \varkappa E \quad \text{und} \quad D = \varepsilon E$$

genutzt. Damit ist es möglich, ein elektrostatisches Feld in einem elektrolytischen Modell zu bestimmen (s. Abschn. 4). Eine weitere Möglichkeit besteht in der Nutzung eines halbleitenden Papiers. Dieses auf die Ebene beschränkte Modell besteht aus den mit Leitlack aufgestrichenen Elektroden und dem halbleitenden Faserfilz, auf dem die Potentiale mit einer Sonde abgegriffen werden. Genauigkeitsbeschränkungen liegen in der inhomogenen Struktur des Papiers.

Weitere Simulationsmöglichkeiten bestehen in der Anwendung von Widerstands- und Kapazitätsnetzwerken.

3.2.3. Betrachtungen zu Feldeinflüssen im Einstoffsystem
[1] [18]

Im homogenen Isoliermaterial mit einheitlicher Dielektrizitätskonstante und Leitfähigkeit ist sowohl das elektrostatische Feld als auch das elektrische Strömungsfeld nur von der Elektrodengeometrie abhängig. Man spricht von einem Einstoffsystem und setzt Isotropie bezüglich der beiden Konstanten voraus. Potential und Feldstärke sind dann unabhängig von der Art des Isolierstoffs. In der Praxis treten jedoch häufig Anisotropien auf und müssen berücksichtigt werden.

3.2.3.1. Homogenes elektrostatisches Feld

Im homogenen Feld ist an jeder Stelle die Feldstärke gleich groß. Die Maximalfeldstärke ist gleich der mittleren Feldstärke und wird aus Spannung und Elektrodenabstand bestimmt:

$$E_{\max} = E_{\text{mittl}} = \frac{U}{d}. \tag{3.2.74}$$

Bild 3.2.11 zeigt Anordnung, Potential und Feldverteilung.

Es wurden in dieser Darstellung unendlich ausgedehnte Plattenelektroden zugrunde gelegt. In der Praxis sind die Elektroden natürlich begrenzt. Da das homogene Feld die beste Isolierstoffausnutzung gestattet, ist es als Grenzfall und Idealfall von Bedeutung. Will man z. B. Kondensatoren mit hoher Ausnutzung des Volumens schaffen oder Durchschlaguntersuchungen an Isolierstoffen im homogenen Feld durchführen, so dürfen die Elektroden dieser Anordnungen im Randfeld keine höhere Feldstärke als im Grundfeld hervorrufen. Das ist bei endlichen plattenförmigen Elektroden nicht möglich. Ziel ist es deshalb, Elektrodenprofile zu schaffen, die diese Forderung erfüllen.

76   *3. Isoliervermögen von Isolierungen und deren Einflußgrößen*

Das Rogowski-Profil wurde bereits im Abschnitt 3.2.2 mit Hilfe der konformen Abbildung berechnet. Es zeichnet sich dadurch aus, daß die Feldstärke im Randfeld stets unter der des homogenen Grundfeldes liegt (Bild 3.2.12).

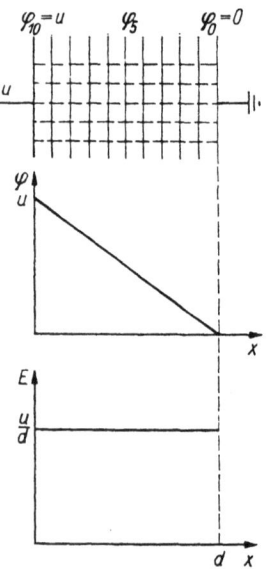

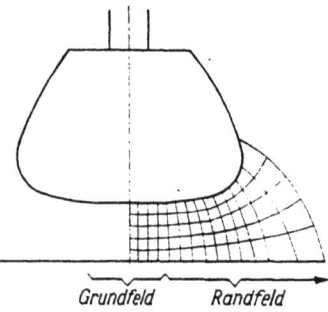

Bild 3.2.12. Rogowski-Profil; $E_R < E_G$

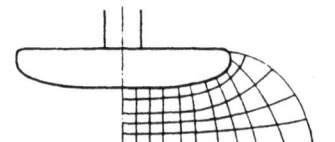

Bild 3.2.11. Homogenes Feld – Anordnung, Potential- und Feldverteilung

Bild 3.2.13. Borda-Profil; $E_R = E_G$ an der Elektrodenoberfläche

Eine andere Forderung könnte darin bestehen, an der Plattenoberfläche überall die gleiche Feldstärke zu haben. Diese Forderung erfüllt das sogenannte Borda-Profil (Bild 3.2.13). Wie zu sehen, erfordert letzteres gegenüber dem Rogowski-Profil einen kleineren Elektrodenraum.

Ein ideal homogenes Feld ist praktisch nicht realisierbar. Man muß die Rauhheiten der Elektrodenoberfläche genauso berücksichtigen wie die Inhomogenitäten der Isoliermedien, die ihrerseits Feldverzerrungen zur Folge haben. Damit ist gesagt, daß die homogene Feldbeanspruchung nur näherungsweise erfüllt werden kann.

Für technische Isolieranordnungen ist es im allgemeinen ökonomischer, nicht die maximale Isolierstoffausnutzung anzustreben, sondern das schwach inhomogene Feld zu nutzen. In einigen Fällen ist es sogar als wirtschaftlich anzusehen, wenn mit stark inhomogenen Feldern gearbeitet wird (s. Abschn. 5.1).

3.2.3.2. Inhomogenes elektrostatisches Feld

Man unterscheidet stark und schwach inhomogene Felder. Eine Quantifizierung ist nur durch das Entladungsverhalten sinnvoll. Als stark inhomogen betrachtet man ein Feld, wenn eine Teilentladung stabil im Dielektrikum bestehen kann (s. Abschn. 3.5.1). Im inhomogenen Feld ist die Höchstfeldstärke E_h größer als die mittlere Feldstärke E_{mittl}.

Modellanordnungen für inhomogene Felder sind Kugel–Kugel, Kugel–Platte, Spitze–Platte, Spitze–Spitze sowie koaxiale und anaxiale Zylinderanordnungen und konzentrische Kugeln u.a.

Mit Spitzen und Schneiden werden insbesondere stark inhomogene Felder modelliert. Zur Schaffung definierter und berechenbarer Spitze–Spitze- oder Spitze–Platte-Elektro-

3.2. Einfluß des elektromagnetischen Feldes auf das Isoliervermögen

densysteme werden Spitzen durch Kugeln, Paraboloide und Hyperboloide ersetzt. Als Plattenelektroden können dann die gleichen geometrischen Gebilde mit sehr großen Radien bzw. Brennstrahlen benutzt werden. Beispielsweise kann eine Spitze-Platte-Anordnung durch konfokale Paraboloide nachgebildet werden. Formeln für die Berechnung der Höchstfeldstärke praktisch anwendbarer Modellelektrodenanordnungen enthält Tafel 3.2.2. Für eine Spitze-Platte-Anordnung und eine koaxiale Zylinderanordnung sind Anordnung, Potential- und Feldverteilung in den Bildern 3.2.14 und 3.2.15 dargestellt. Es ist zu erkennen, daß im stark inhomogenen Spitze-Platte-Feld die Höchstfeldstärke um Größenordnungen über der mittleren Feldstärke liegen kann. Die elektrische Hauptbeanspruchung des Isolierstoffs ist auf wenige Prozent der Durchschlagstrecke konzentriert. Solche Feldkonzentrationen können in praktischen Isolierungen auftreten. Es sind feste oder frei bewegliche Partikel im Isolierstoff oder Inhomogenitäten an den Elektroden, die die Felderhöhung hervorrufen.

Auch im schwach inhomogenen Feld interessiert für die Festigkeitsbemessung die Höchstfeldstärke, da sie für die Einleitung des Durchschlags verantwortlich ist.

Tafel 3.2.2. Formeln für die Berechnung der Höchstfeldstärke von Modellelektrodenanordnungen für den praktischen Einsatz

Feldtyp	Bezeichnung	Höchstfeldstärke	Bemerkungen
	Platte–Platte	$E_{max} = \dfrac{U}{d}$	nur gültig bei Vernachlässigung des Randfeldes
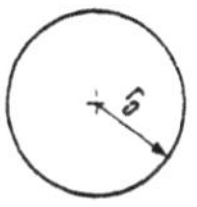	Kugel im Raum	$E_{max} = \dfrac{U}{r_0}$	nur für große Abstände des Bezugspotentials gültig
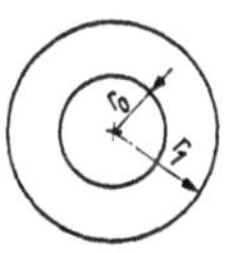	Konzentrische Kugeln	$E_{max} = \dfrac{U}{(r_1 - r_0)} \dfrac{r_1}{r_0}$	
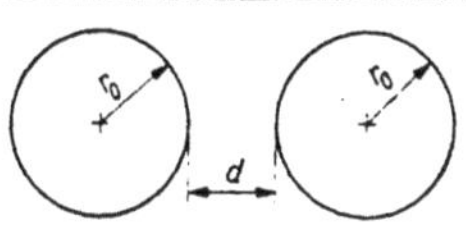	Kugel–Kugel	$E_{max} = \dfrac{U}{d} f$	f Inhomogenitätsfaktor
	Kugel–Platte	$E_{max} = \dfrac{U}{d/2} f$	Halbierung des Feldes Kugel–Kugel
	Koaxiale Zylinder	$E_{max} = \dfrac{U}{r_0 \ln(r_1/r_0)}$	ohne Berücksichtigung des Randfeldes für endlich lange Zylinder

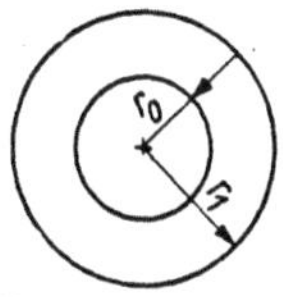

d/r_0	0	0,1	0,2	0,3	0,5	1,0	5,0
f_{sym}	1	1,034	1,068	1,102	1,173	1,355	3,151
f_{asym}	1	1,034	1,068	1,106	1,199	1,517	5,172

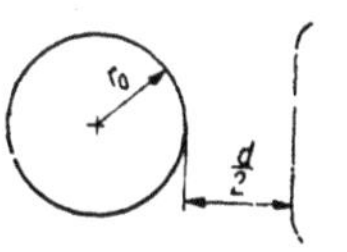

Tafel 3.2.2 (Fortsetzung)

Feldtyp	Bezeichnung	Höchstfeldstärke	Bemerkungen
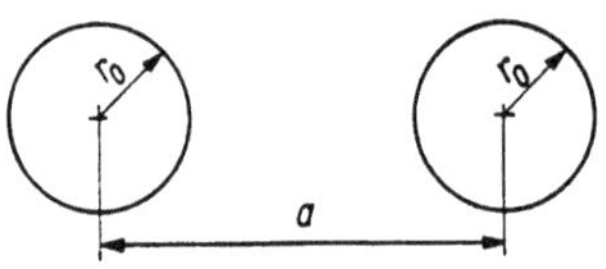	Parallele Zylinder	$E_{max} \approx \dfrac{U}{a - 2r_0} \times \dfrac{a}{2r_0 \ln(a/r_0)}$	für $a/2r_0 \gg 1$ wie koaxiale Zylinder
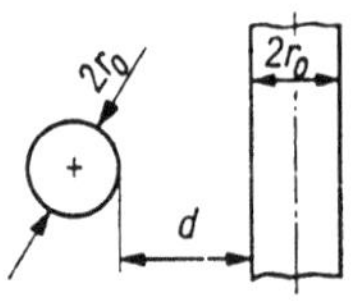	Gekreuzte Zylinder	$E_{max} \approx \dfrac{0,9 U}{2r_0 \ln \dfrac{r_0 + 0,5d}{r_0}}$	
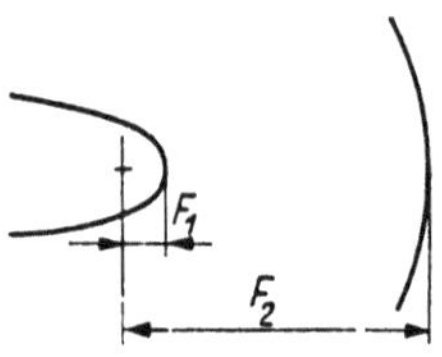	Konfokale Rotationsparaboloide	$E_{max} \approx \dfrac{U}{F_1 \ln(F_2/F_1)}$	Näherung für Spitze – Platte für $F_2 \gg F_1$
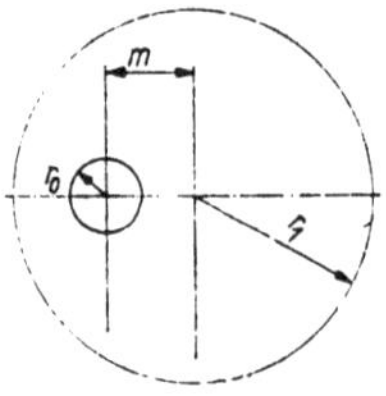	Anaxiale Zylinder	$E_{max} = \dfrac{Uh}{r_0 (H_1 - r_1)}$ $\times \ln \dfrac{(H_2 - h) r_0}{(H_1 - h) r_1}$ $H_1 = \dfrac{r_1^2 - r_0^2 - m^2}{2m}$ $h = \sqrt{H_1^2 - r_0^2}$ $H_2 = m + H_1$	
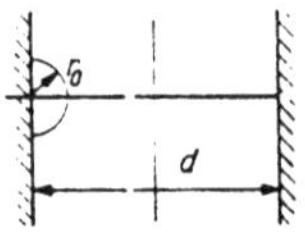	Halbkugel auf Platte gegen Platte	$E_{max} \approx 3 \dfrac{U}{d}$	$r_0 \ll d$
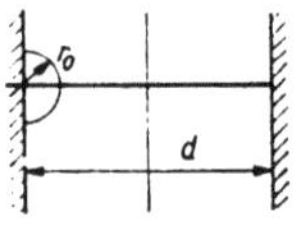	Halbzylinder auf Platte gegen Platte	$E_{max} \approx 2 \dfrac{U}{d}$	$r_0 \ll d$

Die Feldverteilung im schwach inhomogenen Feld wird beeinflußt durch das Verhältnis der Elektrodenradien, soweit es sich um konzentrische oder koaxiale Anordnungen handelt. Am Beispiel des koaxialen Zylinderfeldes kann gezeigt werden, daß zwar immer an der Innenelektrode die Höchstfeldstärke anliegt, diese aber in Abhängigkeit vom Verhältnis der Radien der Elektroden eine Kurve mit Minimum durchläuft. Dieses Verhältnis für das Minimum liegt bei $r_a/r_i = e \approx 2,72$. Die Feldstärke am Innenleiter ist dann

$$E_{h\,min} = 2,72 \frac{U}{r_a}. \tag{3.2.75}$$

3.2. Einfluß des elektromagnetischen Feldes auf das Isoliervermögen

$E_{h\,min}$ ist das Minimum der Höchstfeldstärke bei vorgegebenem r_a. Stellt man $E_h(r_a/U)$ über dem Verhältnis von r_i/r_a dar, so erhält man die Minimierungskurve für die Höchstfeldstärke bei bekanntem r_a und U (Bild 3.2.16).

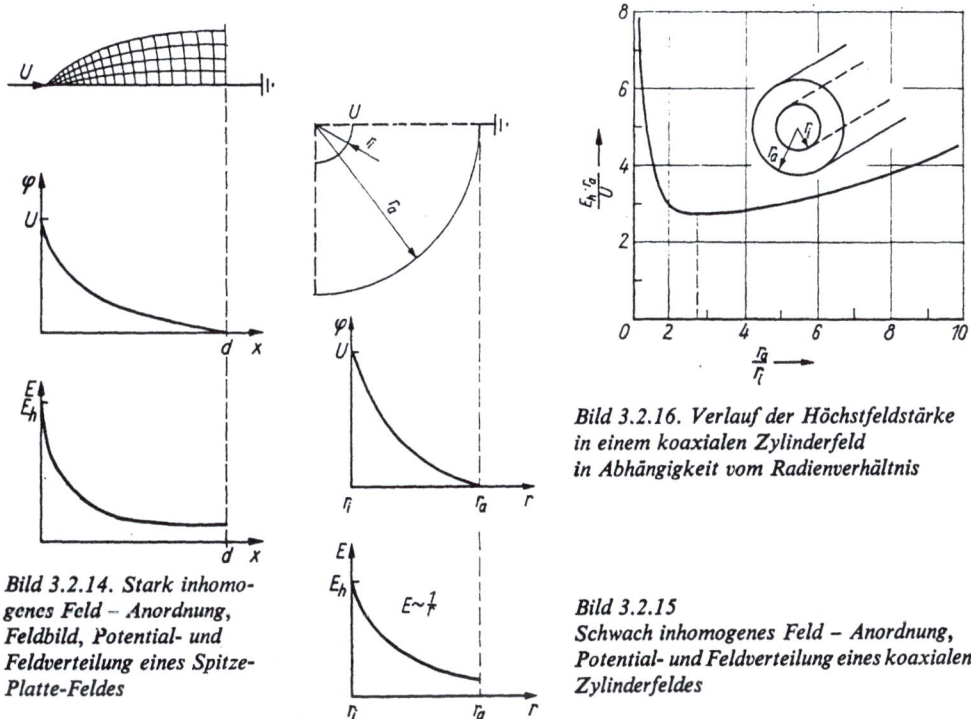

Bild 3.2.16. *Verlauf der Höchstfeldstärke in einem koaxialen Zylinderfeld in Abhängigkeit vom Radienverhältnis*

Bild 3.2.14. *Stark inhomogenes Feld – Anordnung, Feldbild, Potential- und Feldverteilung eines Spitze-Platte-Feldes*

Bild 3.2.15 *Schwach inhomogenes Feld – Anordnung, Potential- und Feldverteilung eines koaxialen Zylinderfeldes*

Konzentrische Kugelanordnungen haben das Optimum der Isolierstoffausnutzung bei einem Radienverhältnis von $r_i/r_a = 0,5$. Aus der Translation ebener Felder gebildete räumliche Felder sind weniger inhomogen als die durch Rotation entstandenen.

Die Beanspruchung des Isolierstoffs ist bei den verschiedenen Elektrodenanordnungen sehr unterschiedlich. Während bei Kugel-Kugel-Elektroden die Höchstfeldstärke nur punktförmig wirkt, ist die Beanspruchung mit der Höchstfeldstärke bei anaxialen Zylindern linienförmig und bei koaxialen Zylindern oder konzentrischen Kugeln flächenförmig. Das hochbelastete Volumen ist daher sehr unterschiedlich, was sich stark auf die Durchschlagspannung auswirkt (s. Abschn. 3.1, 3.5.1, 3.5.2).

Es hat sich in den bisherigen Ausführungen gezeigt, daß es zweckmäßig ist, ein Maß für die Homogenität eines Feldes einzuführen, da damit die Ausnutzung des Isolierstoffs charakterisiert werden kann. Nach *Schwaiger* ist der Homogenitätsgrad (auch Ausnutzungsfaktor genannt) definiert durch das Verhältnis von mittlerer Feldstärke und Höchstfeldstärke:

$$\eta = \frac{E_{mittl}}{E_h} = \frac{U}{dE_h}. \tag{3.2.76}$$

Im Falle des Homogenfeldes ist demnach $\eta = 1$. η ist definiert im Intervall $0 < \eta \leq 1$.

Der Homogenitätsgrad für technisch realisierte schwach inhomogene Felder liegt ge-

3. Isoliervermögen von Isolierungen und deren Einflußgrößen

wöhnlich zwischen 0,2 und <1, für stark inhomogene Felder darunter, wobei häufig 0,01 weit unterschritten wird.

Mit den bereits behandelten Verfahren der Lösung der Potentialgleichung kann auch η bestimmt werden.

Es existieren komplizierte Elektrodengebilde, deren Ort der Höchstfeldstärke oft nicht sofort erkannt werden kann. Man hat deshalb zur Berechnung Feldfaktoren f_F eingeführt, die geeignet sind, die Feldstärke in einem bestimmten Punkt des Feldes aus der mittleren Feldstärke zu berechnen. Die für die verschiedenen kritischen Punkte ermittelten Feldfaktoren f_{Fi} haben unterschiedliche Werte; der Wert $f_{F\,max}$ ist gleich $1/\eta$. Aus dem Produkt der Feldfaktoren kann dann die Höchstfeldstärke zusammengesetzter komplizierter Elektrodensysteme berechnet werden.

Vorteilhaft für eine schnelle Ermittlung der Höchstfeldstärke wäre die tabellarische Erfassung des Homogenitätsgrades für die wichtigsten Feldtypen. Allerdings müßten alle möglichen Parameter aufgelistet werden. Einen eleganten und rationellen Weg fand *Schwaiger* mit der Einführung der geometrischen Charakteristik p:

$$p = \frac{r + d}{r}; \qquad (3.2.77)$$

p ist definiert im Intervall $1 \leq p < \infty$. Mit r wird der Radius der Elektrode mit dem kleinsten Krümmungsradius bezeichnet; d ist der Elektrodenabstand. Der Homogenitätsgrad η wird damit eine Funktion von p. Für einige Grundanordnungen sind damit alle Radienverhältnisse und Elektrodenabstände in *einer* Kurve darstellbar. Das ist dann der Fall, wenn koaxiale und konzentrische Zylinder bzw. Kugeln vorliegen. Dann ist das Verhältnis (mit $R = r + d$) $q = R/r = p$. Für Kugel-Platte und Zylinder-Platte mit $q = \infty$ genügt ebenfalls *eine* Kurve für alle Parametervariationen. Ist für anaxiale Zylinder und nebeneinander angeordnete Kugeln $q = 1$, d.h., sind die Radien beider Elektroden gleich, so gilt ebenfalls *eine* Kurve für die Variation der Radien und Schlagweiten in dem $\eta = f(p)$-Diagramm. Für anaxiale und exzentrische Zylinder ist für jedes q eine eigene Kurve erforderlich. Das gilt auch für Feldtypen, wie Ebene mit abgerundetem Steg gegen Ebene, wo der Kurvenparameter das Verhältnis von Steghöhe und Elektrodenabstand ist.

Für einige Zylinder- und Kugelanordnungen sind die Schwaiger-Kurven im Bild 3.2.17 dargestellt. Zur Berechnung von Spitze-Platte- und Schneide-Platte-Elektrodensystemen können konfokale Paraboloide bzw. konfokale Parabelzylinder verwendet werden. Gibt

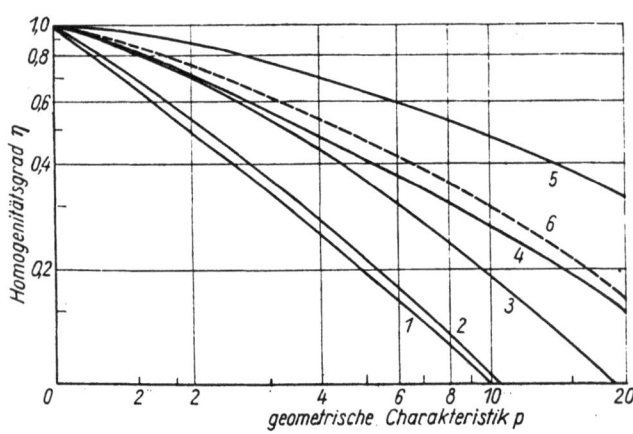

Bild 3.2.17
Schwaiger-Kurven
für Kugel- und
Zylinderanordnungen

1 konzentrische Kugeln, $q = p$
2 Kugel-Ebene, $q = \infty$
3 Kugel-Kugel, $q = 1$
4 koaxiale Zylinder, $q = p$
5 anaxiale Zylinder, $q = 1$
6 exaxiale Zylinder, $q = 20$

man die Bestimmungsgrößen für die geometrische Charakteristik gemäß Bild 3.2.18 vor, so ist der Homogenitätsgrad festgelegt durch

$$\eta = \frac{\ln(2p-1)}{2(p-1)} \quad \text{(für konfokale Paraboloide)} \tag{3.2.78}$$

$$\eta = \frac{2}{1 + \sqrt{2(p-1)}} \quad \text{(für konfokale Parabelzylinder).} \tag{3.2.79}$$

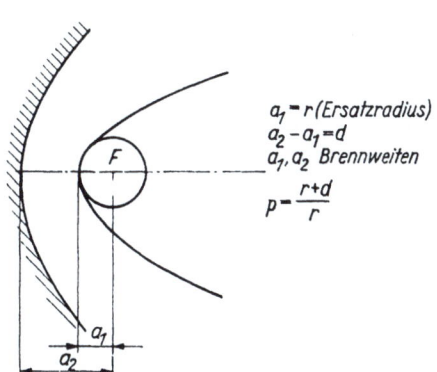

Bild 3.2.18. Bestimmung der geometrischen Charakteristik – Elektrodennachbildungen durch konfokale Parabeln

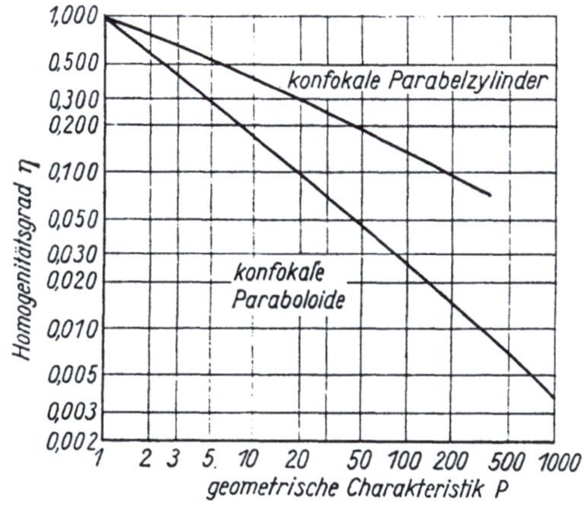

Bild 3.2.19. Darstellung des Homogenitätsgrades von Spitze-Platte- und Spitze-Schneide-Nachbildungen

Im Bild 3.2.19 sind die entsprechenden Homogenitätsgrade für die rotatorische und die translatorische Anordnung dargestellt. Die bereits diskutierten Möglichkeiten der automatischen numerischen Feldberechnung machen die ingenieurmäßige Anwendung der Schwaiger-Kurven nicht überflüssig. In vielen Fällen kann sich der Konstrukteur von Isolieranordnungen einen schnellen und recht genauen Überblick über die Ausnutzung der Isolierstoffe verschaffen. Man hat in den letzten Jahren auch die für typische Isolieranordnungen maschinell berechneten Felder in Form von Schwaiger-Kurven katalogisiert, um einen schnellen Zugriff zur Höchstfeldstärke bei Parametervariationen zu gewährleisten. Diese Kurven können als gut verwertbare Primärdaten für CAD-Prozesse bei der Konstruktion von Isolieranordnungen angesehen werden.

3.2.4. Feldeinflüsse im Mehrstoffsystem
[1] [18]

Viele technische Isolierungen müssen als Mehrstoffsystem ausgeführt werden, um den vielfältigen Anforderungen zu genügen. Die dabei verwendeten Isolierstoffe unterscheiden sich neben anderen Parametern durch die Dielektrizitätskonstante, die spezifische Leitfähigkeit und die Durchschlagfestigkeit bzw. Lebensdauer. Diese Größen sind für die optimale Feldgestaltung von entscheidender Bedeutung. Wegen der in der Praxis vielgestaltigen Grenzschichten zwischen den Isolierstoffkomponenten erscheint es zweckmäßig, typische Fälle herauszugreifen und zu systematisieren. Dabei soll das elektrostatische Feld betrachtet werden. Die Grenzflächen zwischen zwei aneinandergrenzenden

3. Isoliervermögen von Isolierungen und deren Einflußgrößen

Dielektrika haben unterschiedliche Wirkungen, je nachdem, ob sie parallel, senkrecht oder schräg zu den Feldlinien angeordnet sind.

Längsgrenzflächen

Verlaufen die Grenzflächen parallel zu den Feldlinien, so ist in dem Dielektrikum mit der Dielektrizitätskonstante ε_1 die Feldstärke E_1 und diese gleich der Feldstärke E_2 im Gebiet mit ε_2; denn das Linienintegral über der Feldstärke auf einem geschlossenen Weg in beiden Dielektrika ist 0:

$$\oint E \, dx = 0. \tag{3.2.80}$$

Die Gleichheit der Feldstärken gilt im homogenen und inhomogenen Feld und führt auch in beiden Medien zu gleichen Potential- und Feldverteilungen (Bild 3.2.20).

Besondere Berücksichtigung müssen elektrische Strömungsfelder, insbesondere solche, die durch inhomogenen Leitfähigkeitsbelag an der Grenzfläche hervorgerufen werden, finden. Diese Einflußfaktoren haben bei Isolatoren im beregneten und verschmutzten Zustand große Bedeutung (s. Abschn. 5.1.2).

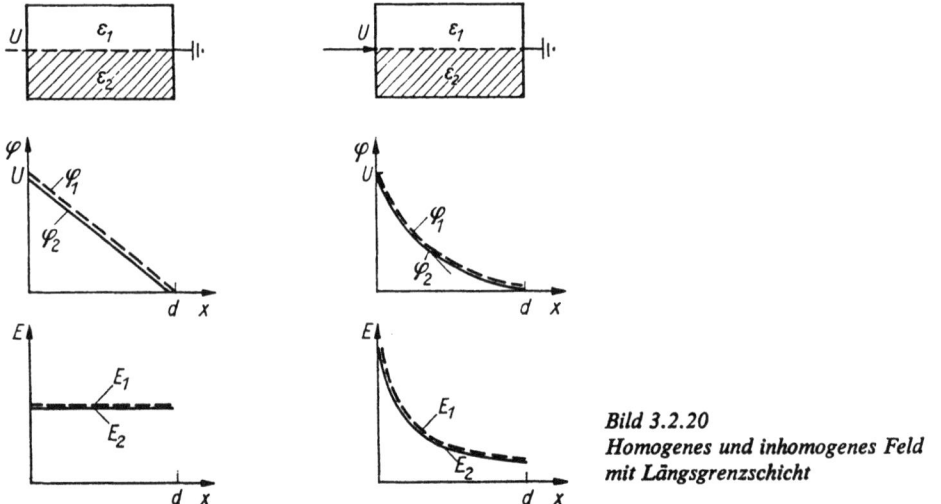

Bild 3.2.20
Homogenes und inhomogenes Feld mit Längsgrenzschicht

Quergrenzflächen

Wenn die Feldlinien die Grenzfläche zwischen zwei Dielektrika senkrecht schneiden, tritt ein Feldstärkesprung auf. Der Nachweis kann leicht dadurch erbracht werden, daß man eine geschlossene Hüllfläche untersucht, die Teile beider Dielektrika einschließt und von der Grenzfläche geschnitten wird. Aus (3.2.9) ergibt sich, wenn man innerhalb der Hüllfläche Raumladungsfreiheit und das Fehlen von Grenzflächenladungen voraussetzt, $D_1 = D_2$ und mit (3.2.6) daraus

$$\frac{\varepsilon_1}{\varepsilon_2} = \frac{E_2}{E_1}. \tag{3.2.81}$$

Bild 3.2.21 zeigt zwei typische Feldanordnungen mit Quergrenzschicht. Bei der Berechnung der Potential- und Feldverteilung ist es zweckmäßig, von den Teilspannungen und Teilkapazitäten der zusammengesetzten Isolieranordnung auszugehen. Besteht das System aus zwei Dielektrika mit ε_1 und ε_2 und der Dicke d_1 und d_2 bzw. den Begrenzungsradien r_0, r_1, r_2, dann ist das Verhältnis der Teilspannungen U_1 und U_2 mit $U = U_1 + U_2$

$$\frac{U_1}{U_2} = \frac{\varepsilon_2 d_1}{\varepsilon_1 d_2} \tag{3.2.82}$$

bzw.

$$\frac{U_1}{U_2} = \frac{\varepsilon_2}{\varepsilon_1} \frac{\ln \dfrac{r_1}{r_0}}{\ln \dfrac{r_2}{r_1}}. \tag{3.2.83}$$

Ist $\varepsilon_1 > \varepsilon_2$, dann ist im Fall des homogenen Feldes $E_h = E_2$, und die Höchstfeldstärke kann wie folgt geschrieben werden:

$$E_h = \frac{U\varepsilon_1}{d_1 \varepsilon_2 + d_2 \varepsilon_1}. \tag{3.2.84}$$

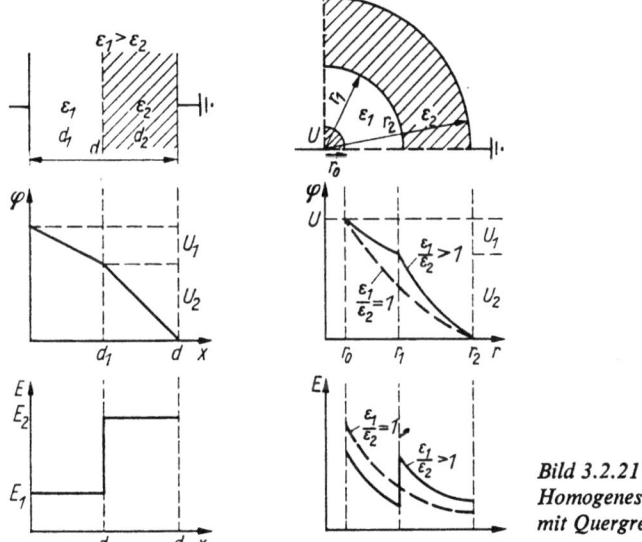

Bild 3.2.21
Homogenes und schwach inhomogenes Feld mit Quergrenzschicht

Unter den gleichen Voraussetzungen wird im schwach inhomogenen Zylinderfeld am Innenleiter und an der Grenzfläche jeweils eine Höchstfeldstärke für das betreffende Dielektrikum auftreten:

$$E_{h1} = \frac{U\varepsilon_2}{r_0 \left(\varepsilon_1 \ln \dfrac{r_2}{r_1} + \varepsilon_2 \ln \dfrac{r_1}{r_0} \right)} \tag{3.2.85}$$

$$E_{h2} = \frac{U\varepsilon_1}{r_1 \left(\varepsilon_1 \ln \dfrac{r_2}{r_1} + \varepsilon_2 \ln \dfrac{r_1}{r_0} \right)}. \tag{3.2.86}$$

3. Isoliervermögen von Isolierungen und deren Einflußgrößen

Es ist ersichtlich, daß durch geeignete Wahl der Abstufung der Dielektrizitätskonstanten der Isolierstoffe im Zylinderfeld und allgemein im inhomogenen Feld eine Feldvergleichmäßigung und ein Abbau der Maximalspannungen erreicht werden kann. Mit Erhöhung der Dielektrizitätskonstanten im Isoliergebiet am Innenleiter ist diese Wirkung nutzbar zu machen. Bei Ölkabeln und Transformatordurchführungen macht man von dieser Steuerung Gebrauch (s. Abschn. 5.3). Liegen in einem homogenen Feld Isolierstoffschichtungen vor, so kann mit (3.2.82) und (3.2.84) die Feldstärkeverteilung bzw. die Höchstfeldstärke berechnet werden. Bei sehr geringer Dicke des Dielektrikums mit dem kleineren ε wird praktisch der Grenzwert $(\varepsilon_2/\varepsilon_1) E_{\mathrm{mittl}}$ erreicht.

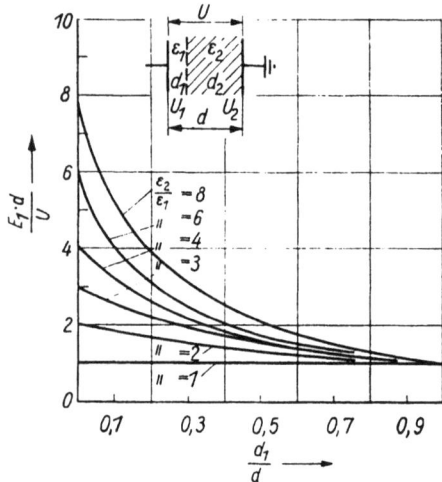

Bild·3.2.22
Höchstfeldstärke eines Schichtdielektrikums, bezogen auf ein Einstoffsystem in Abhängigkeit von der bezogenen Schichtdicke

Bild 3.2.22 gibt eine Darstellung der Höchstfeldstärke, bezogen auf die mittlere Feldstärke in einem Isoliersystem in Abhängigkeit vom Dickenanteil des Isolierstoffs, in dem die Höchstfeldstärke auftritt. Solche Anordnungen bestehen z. B. in Form von Luftspalten in einem festen Isolierstoff, etwa im Nutraum einer Maschinenisolierung (siehe Abschn. 5.4.2.1) oder bei fehlerhaftem Verbund zwischen der halbleitenden Leiterglättungsschicht und der Isolierung eines PE-Kabels (s. Abschn. 5.4.2.2).

Gegenüber dem Einstoffsystem treten im homogenen Mehrstoffsystem stets in einem Teil höhere Feldstärken auf.

Ähnlich wie bei der Anwendung der Schwaiger-Kurven kann eine bezogene Kapazität für verschiedene rotatorische oder translatorische Elektrodenanordnungen über der geometrischen Charakteristik aufgetragen werden. Die Teilkapazität kann dann durch Multiplikation mit dem jeweiligen ε und der Zylinderlänge bzw. dem Kugelradius berechnet werden. Aus den Teilkapazitäten lassen sich leicht die Teilspannungen, die Potential- und Feldverteilungen berechnen.

Einschlüsse im Dielektrikum

Eine Sonderform der Grenzschicht tritt dann auf, wenn sphärische oder elliptische Einschlüsse eines Dielektrikums in einem anderen vorliegen. Bild 3.2.23 charakterisiert das Problem. Die Feldstärke am Gürtel E_G ergibt sich aus der Grundfeldstärke des homogenen Feldes R_0 zu

$$E_G = \frac{3}{\dfrac{\varepsilon_1}{\varepsilon_2} + 2} E_0. \tag{3.2.87}$$

3.2. Einfluß des elektromagnetischen Feldes auf das Isoliervermögen

Wegen der an dieser Stelle vorhandenen Längsgrenzschicht ergibt sich Gleichheit der Feldstärke im Stoff 1 und im Stoff 2. Am Pol ist die Feldstärke

$$E_P = \frac{3\varepsilon_1}{\left(\dfrac{\varepsilon_1}{\varepsilon_2} + 2\right)\varepsilon_2} E_0. \qquad (3.2.88)$$

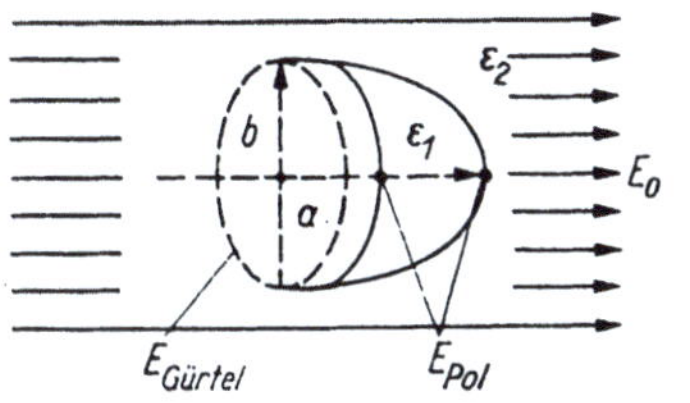

Bild 3.2.23
Kugelförmiger bzw. elliptischer Einschluß aus einem Dielektrikum mit ε_1 in einem Isolierstoff, mit ε_2 in einem homogenen Grundfeld

a große Halbachse; b kleine Halbachse;
(3.2.87) und (3.2.88) gelten nur für a/b = 1

Wegen der Quergrenzfläche am Pol verhält sich $E_{P1}/E_{P2} = \varepsilon_2/\varepsilon_1$. Das bedeutet, daß in der Polregion unterschiedliche Feldstärken im Einschluß und in der Umgebung vorliegen. Für sehr starke Unterschiede der Dielektrizitätskonstante im Einschluß und im Umgebungsdielektrikum kann man Grenzwerte angeben. So ist am Pol und Gürtel die Feldüberhöhung E_G/E_0 bzw. E_P/E_0 für

$$\varepsilon_1 \gg \varepsilon_2 \rightarrow \frac{E_G}{E_0} = 0 \quad \text{und} \quad \frac{E_P}{E_0} = 3$$

$$\varepsilon_1 \ll \varepsilon_2 \rightarrow \frac{E_P}{E_0} = 0 \quad \text{und} \quad \frac{E_G}{E_0} = \frac{3}{2}.$$

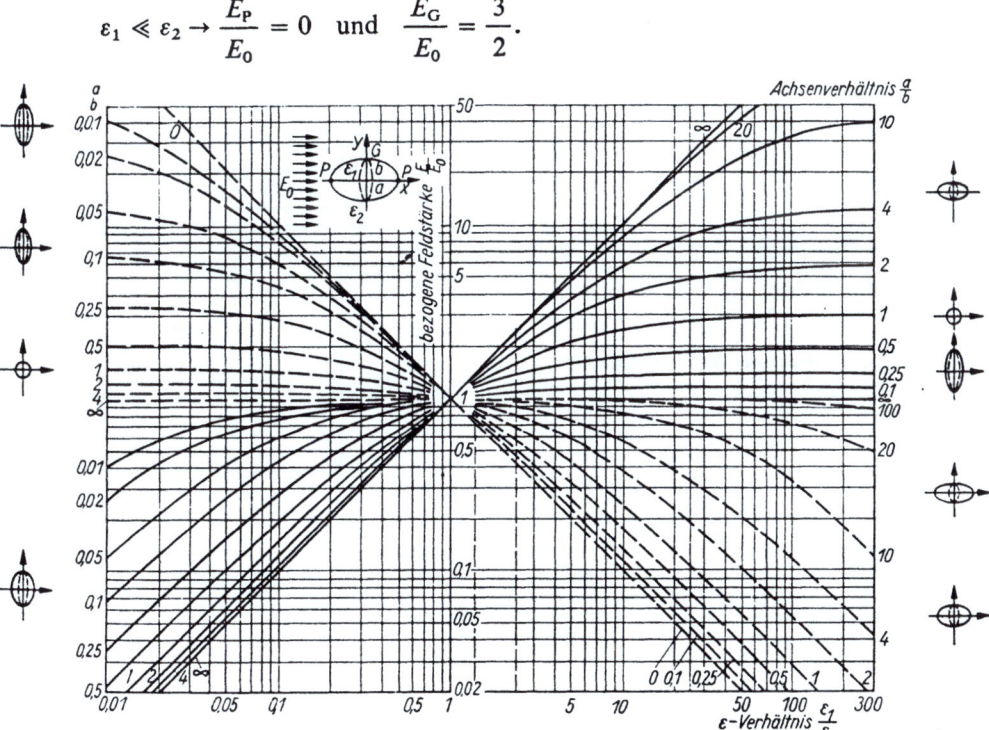

Bild 3.2.24. *Bezogene Feldstärke am Pol und Gürtel eines sphärischen bzw. elliptischen Einschlusses*

86   *3. Isoliervermögen von Isolierungen und deren Einflußgrößen*

Beim Übergang vom kugelförmigen Einschluß zum Ellipsoid werden zwei Grenzen sichtbar: zum einen beim Achsenverhältnis $a/b \to \infty$, wo die Polfeldstärke im Umgebungsmedium mit $(\varepsilon_1/\varepsilon_2) E_0$ einen Grenzwert erreicht (Entartung zu einem faserförmigen Einschluß), und zum anderen bei einem Verhältnis $a/b \to 0$ (scheibenförmiger Einschluß), wo die Gürtelfeldstärke mit $(\varepsilon_2/\varepsilon_1) E_0$ einen Minimalwert im Umgebungsmedium erreicht, wenn $\varepsilon_2 > \varepsilon_1$ ist. Eine Zusammenstellung aller Varianten des Feldstärkeverlaufs ist im Bild 3.2.24 dargestellt. Die verschiedenen Varianten können als Näherung für viele praktische Probleme genutzt werden; z. B. liegen Festkörperpartikel in Gasen, Flüssigkeiten und Festkörpern als Schwebeteilchen oder Einschlüsse vor. In Festkörpern oder Flüssigkeiten bilden sich oft gasförmige Hohlräume aus. Die Feldstärkeveränderung in der Umgebung und im Einschluß selbst ist mit der genannten Darstellung bestimmbar. Für Durchschlagvorgänge kommt der Kenntnis der Feldstärkeänderung gegenüber dem ungestörten Feld eine große Bedeutung zu.

Schräggrenzflächen

Die meisten technischen Isolierungen mit mehreren Isolierstoffen weisen Grenzschichten auf, die im Winkelintervall zwischen 0° und 90° zu den Feldlinien liegen. Das bedeutet, daß der Feldvektor E in eine Tangentialkomponente E_t und eine Normalkomponente E_n zur Grenzfläche zerlegt werden kann. Gemäß Bild 3.2.25 findet bei unterschiedlichen ε in den beiden Stoffgebieten beim Übergang an der Grenzschicht eine Brechung der Feldlinien statt. Für die Tangentialkomponenten gilt (Längsgrenzschicht!) $E_{t1} = E_{t2}$, für die Normalkomponenten $E_{n1}/E_{n2} = \varepsilon_2/\varepsilon_1$. Mit Einführung der Brechungswinkel α_1 und α_2 ergibt sich

$$\tan \alpha_1 = \frac{E_{t1}}{E_{n1}} \quad \text{und} \quad \tan \alpha_2 = \frac{E_{t2}}{E_{n2}}.$$

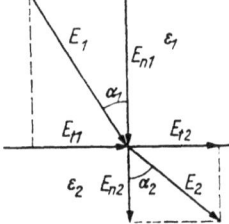

Bild 3.2.25. Ableitung der Brechungsgesetze an Schräggrenzflächen

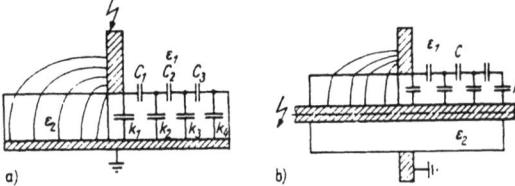

Bild 3.2.26. Schräggrenzschichtanordnungen
a) Spitze-Platte-Gleitanordnung; b) Durchführungsanordnung

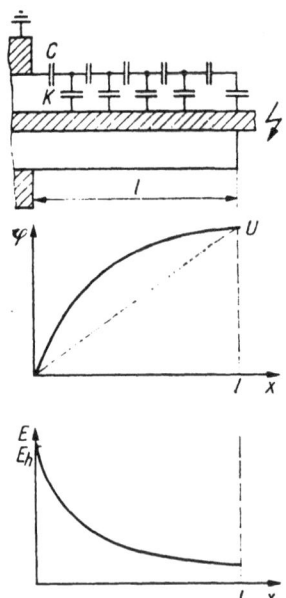

Bild 3.2.27. Potential- und Feldverteilung einer Durchführungsanordnung

Daraus läßt sich ableiten

$$\frac{\tan \alpha_1}{\tan \alpha_2} = \frac{E_{n2}}{E_{n1}} = \frac{\varepsilon_1}{\varepsilon_2}. \qquad (3.2.89)$$

Eine Lösung der Potentialgleichung für ein derartiges System ist geschlossen nicht möglich. Mit der Methode der Diskretisierung (s. Abschn. 3.2.2.2) lassen sich Ersatzschaltungen mit Längs- und Querkapazitäten aufbauen. Die Potentialverteilung entspricht (3.2.51) und die Feldstärke (3.2.52). Bild 3.2.26 zeigt eine Auswahl von typischen Schräggrenzschichtanordnungen. Im Bild 3.2.27 ist die Feldstärke- und Spannungsverteilung einer Durchführung dargestellt. Die Nichtlinearität und damit die Höchstfeldstärke wird durch $\sqrt{K'/C'}$ bestimmt und kann durch Wahl der Querkapazitäten reduziert werden, wenn ein Feststoff-Isoliermedium mit einem kleinen ε eingesetzt oder die Dicke dieses Dielektrikums erhöht wird. Auch Maßnahmen zur Erhöhung der Längskapazität tragen zur Linearisierung bei.

Durchführungen, Kabelendverschlüsse, Nutausleitungen der Wicklung elektrischer Maschinen u. a. sind nach solchen Gesichtspunkten zu dimensionieren (s. Abschn. 5).

3.3. Struktur und Eigenschaften der Isolierstoffe
[21] [22] [24] [30]

Die Isolierfähigkeit der Materie ist von der Art und Quantität der im Stoff vorhandenen Ladungsträger, deren Dichte in Raum und Zeit sowie der Bewegung der Ladungsträger unter dem Einfluß eines elektrischen Feldes abhängig.

Träger elektrischer Ladungen sind im Atomkern die Protonen und in der Hülle die Elektronen. Andere Elementarladungsträger spielen für die Betrachtung der elektrischen Isoliertechnik keine Rolle. Für die Prozesse der Ladungsverschiebung bzw. des Ladungstransports sind außer den genannten Elementarteilchen nur die negativen und positiven Ionen von Bedeutung.

Es wird deutlich, daß Ladungsträgerdichte und Ladungstransport von der Struktur der Materie und deren thermodynamischem Zustand abhängen und die notwendige Energie für die gerichtete Bewegung dem elektrischen Feld entnommen wird.

Mit der Wellengleichung des Elektronenzustands in der Atomhülle können die Energie und die Aufenthaltswahrscheinlichkeit der Elektronen angegeben werden. Insgesamt ist die Energie trotz der Elektronenbewegung auf den festgelegten Quantenbahnen konstant, wenn keine Wechselwirkung mit anderen Atomen oder eine Quantenstrahlung zustande kommt. Die Elektronen befinden sich auf definierten Energieniveaus, die durch die Haupt- und Nebenquantenzahlen festgelegt werden. Die Struktur der Materie ist charakterisiert durch die Verbindung von Atomen. Die Energieniveaus der beteiligten Atome gehen bei der Annäherung in einen Energiezustand über, der bei einem optimalen Kernabstand ein Minimum darstellt.

Die möglichen Bindungen sind

- homöopolare (Atombindung, Valenzbindung)
- heteropolare Bindung (Ionenbindung)
- metallische Bindung
- zwischenmolekulare Bindung.

Die *homöopolare Bindung* zeichnet sich durch die Durchdringung der Elektronenorbitale der sich verbindenden Atome im Molekül aus. Das Molekül ist nach außen neutral, da die Zahl der Ladungen der Protonen und Elektronen gleich ist. Diese Bindungen unterscheiden sich in σ- und π-Bindungen entsprechend der Lage der Vereinigungsorbitale. Die π-Bindung ist durch eine große Elektronendichte der Ladungswolke beiderseits zur Bindungsrichtung gekennzeichnet. Es existieren auch Doppelbindungen, die bei Kohlenstoffverbindungen eine besondere Bedeutung haben.

Bei Atombindungen kann die gemeinsame Elektronenwolke durch die unterschiedliche Kernladungszahl der Partneratome deformiert werden. Hieraus entsteht ein polarisiertes Molekül, dessen Ladungsschwerpunkte räumlich nicht zusammenfallen, d. h. ein Dipolmolekül. Stoffe mit Atombindung bilden im festen Zustand ein Atomgitter. In allen drei Aggregatzuständen zeigen Moleküle mit dieser Bindungsart im allgemeinen nur schwache elektrische Leitfähigkeit.

Heteropolare Bindungen (Ionenbindungen) entstehen durch Aufnahme und Abgabe eines oder mehrerer Elektronen durch die beteiligten Atome. Für die Abgabe eines Elektrons ist die Ionisationsenergie zuzuführen; beim Einbau eines Elektrons wird Energie frei. Metallatome haben eine niedrige Ionisierungsenergie; Nichtmetalle sind elektronegativ. Daraus resultiert für beide zusammen eine bevorzugte Ionenbindung. Viele anorganische Feststoffe haben Ionenbindung und besitzen ein Ionengitter. Die Gitterbindung kann gelöst werden durch hohe Temperaturen und durch ein Umgebungsmedium mit hoher Dielektrizitätskonstante. Es tritt in beiden Fällen eine Dissoziation auf.

Eine für Isolierstoffe ebenfalls bedeutsame Bindung ist die sogenannte *zwischenmolekulare Bindung*. Sie ist gegenüber den beiden vorgenannten wesentlich schwächer und durch Dipolwechselwirkung oder Dispersionskräfte charakterisiert. Eine Reihe organischer Moleküle baut im Festkörperzustand ein Molekülgitter auf.

Ausgehend von den Bindungsarten erscheint es notwendig, die strukturellen Zusammenhänge zu den Aggregatzuständen zu diskutieren.

Der *gasförmige Aggregatzustand* wird durch die Zustandsgleichung

$$pV = vRT \tag{3.3.1}$$

beschrieben, wobei v die Zahl der im Einheitsvolumen vorhandenen Moleküle beschreibt. Die Gase selbst haben eine Edelgaskonfiguration, stellen ein Molekülgas dar oder sind unter bestimmten Bedingungen zeitweilig Atomgase. Realgase haben eine kritische Temperatur und einen kritischen Druck und sind kondensierbar. Die freie Weglänge der Moleküle ist druck- und temperaturabhängig. Die kinetische Energie und die Geschwindigkeit der Moleküle unterliegen der Maxwell-Verteilung.

Flüssige Isolierstoffe werden durch die zwischenmolekulare Wechselwirkung in ihrem Eigenschaftsbild bestimmt. Die mittleren Molekülabstände sind wesentlich kleiner als in Gasen und fast in der Größe der Festkörper. Liegen polare Moleküle vor, so ist die Wechselwirkungsenergie zwischen zwei Dipolen im Abstand r

$$W_D = -\frac{2\mu_D^4}{3kTr^6}. \tag{3.3.2}$$

Dabei ist μ_D das Dipolmoment der Moleküle.

Polare Moleküle induzieren in nichtpolaren ein Dipolmoment. Die daraus resultierende Wechselwirkung ist

$$W_{ID} = -\frac{2\alpha^2\mu^2}{r^6}; \tag{3.3.3}$$

α ist die Polarisierbarkeit des Moleküls.

3.3. Struktur und Eigenschaften der Isolierstoffe

Die Dispersionskraftwechselwirkungen zwischen zwei apolaren Molekülen können beschrieben werden durch

$$W_{dis} = -\frac{3W_i \alpha^2}{4r^6}; \qquad (3.3.4)$$

W_i ist die Ionisationsenergie.

Eine besondere molekulare Wechselwirkung ist die sogenannte Wasserstoffbrückenbindung, die hohe Bindungsenergien aufweist. Diese Art wird durch OH-Gruppen hervorgerufen.

Flüssigkeiten haben eine vom Molekülaufbau ableitbare Viskosität η_V. Diese ist temperaturabhängig; mit der Aktivierungsenergie W_a erhält man

$$\eta_V = \eta_{V0} \exp\frac{W_a}{kT}. \qquad (3.3.5)$$

Die molekulare Wechselwirkung drückt sich auch in der Oberflächenspannung aus. Die Kompressibilität ist bei der hohen Moleküldichte klein und liegt im Bereich von 10^{-4} bis 10^{-6} kPa^{-1}. Mit Ausnahme der Flüssigkristalle sind Flüssigkeiten isotrop. Die Übergänge in den gasförmigen Zustand sind praktisch bei allen Temperaturen möglich; jedoch wächst die Verdampfungsrate mit der Druckdifferenz zwischen dem Sättigungsdruck und dem Dampfdruck über der freien Oberfläche und indirekt proportional zum Atmosphärendruck.

Feste Isolierstoffe sind kristallin oder amorph, gehören in die Gruppe der organischen oder anorganischen Zusammensetzungen. Die *kristallinen Festkörper* haben eine periodische Anordnung der Atome; es existiert also eine Fernordnung. Unterhalb der Kristallisationstemperatur besteht ein stabiler Festkörperzustand. Die meisten Stoffe sind polykristalliner Struktur. Sowohl organische als auch anorganische Monokristalle werden für spezielle Isolieranordnungen gezüchtet.

Kristalle sind durch Symmetrie gekennzeichnet. Sie haben skalare (z. B. Dichte), vektorielle (z. B. thermische, elektrische Leitfähigkeit) und Tensoreigenschaften (z. B. Dielektrizitätskonstante, Kennzeichnung der Größe in drei Richtungen). Hinsichtlich ihrer Bindungen der Atome sind kristalline Isolierstoffe zu unterscheiden in Atomkristalle, Ionenkristalle und Molekülkristalle. Atomkristalle sind typisch für Halbleiter, aber auch für hochisolierende organische Hochpolymere. Die Bindungsenergien betragen 200 bis 600 kJ/mol. Ionenkristalle stehen im Bereich der Isolierstoffe in Form von Mischkeramiken und Metalloxiden zur Verfügung. Bindungsenergien betragen bis zu 1000 kJ/mol. Molekülkristalle haben Bindungsenergien von etwa 20 kJ/mol, im Falle der Wasserstoffbrückenbindung das 3fache.

Die Atome, Ionen und Moleküle führen thermische Schwingungen um die Gitterpunkte durch. Die Wirkung von Anziehungs- und Abstoßungskräften und die Realkristallstruktur haben nichtharmonische Schwingungen zur Folge. Mit dem nichtharmonischen Verhalten kann die Wärmeausdehnung begründet werden, da die Gleichgewichtsdistanz mit der Temperatur wächst.

Amorphe Isolierstoffe sind im Aufbau den Flüssigkeiten ähnlich, besitzen jedoch Formelastizität. Anorganisches Glas und die meisten Hochpolymeren können im amorphen Zustand existieren. Der Übergang von der Flüssigkeit in den amorphen Festkörper durch Temperatur- oder Druckänderung ist im wesentlichen durch Veränderung des Volumens, der Enthalpie, der mechanischen und elektrischen Eigenschaften charakterisiert.

Bild 3.3.1 zeigt den Übergangsprozeß am Beispiel des Volumens. T_o ist die obere Grenze für den sogenannten Glasübergang; unterhalb steigt die Relaxationszeit stark an und geht gegen unendlich, wenn T_u erreicht ist. Bei Temperaturen niedriger als T_u liegt der Festkörperzustand vor, der Glaszustand. Zwischen T_u und T_o findet die Erweichung statt. Der Schnittpunkt der beiden Geraden im Bild 3.3.1 definiert den Glaspunkt. Die Abkühlgeschwindigkeit bestimmt wesentlich die Höhe der Glastemperatur. Beim Wiedererwärmen ist für die Eigenschaften, insbesondere im Bereich des Glaspunktes, die Vorgeschichte (z. B. die Abkühlgeschwindigkeit) von Bedeutung. Bei der Transformation von der Flüssigkeit in den amorphen Festkörperzustand wird der Ordnungszustand im Gegensatz zum Übergang in den kristallinen Stoff nicht erhöht. Die Transformation geschieht von einem Gleichgewichtszustand (Flüssigkeit) in einen Nichtgleichgewichtszustand (glasiger Festkörper). Amorphe Stoffe haben viskoelastische Eigenschaften, d. h., nebeneinander bestehen Scherkräfte und innere Reibungskräfte, deren Verhältnis durch die Maxwell-Gleichung beschrieben wird:

$$\frac{d\sigma_t}{dt} + \frac{G_s}{\eta_V} \sigma_t = G_s \frac{d\theta_s}{dt}; \qquad (3.3.6)$$

σ_t Tangentialbelastung; θ_s Scherbelastung; η_V dynamische Viskosität; G_s Schermodul.

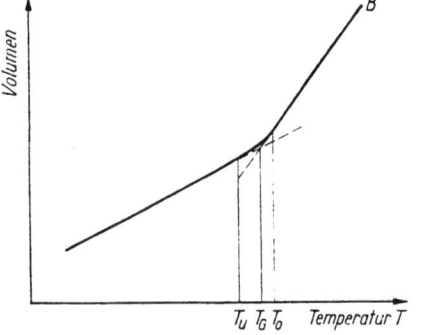

Bild 3.3.1
Prinzipdarstellung der Eigenschaftsänderung
(Beispiel Volumen) eines amorphen Festkörpers
am Glasübergang
T_G Glaspunkt; T_u, T_o Intervallgrenzen für den Übergangsprozeß

Diese Gleichung kann jedoch nicht auf Hochpolymere angewendet werden. Die innere Reibung führt zu einer Wärmeentwicklung im Volumen. Bei periodischer Belastung ist die auf das Einheitsvolumen bezogene Energie je Periode

$$W_s = \frac{\pi \eta_V \theta^2 \omega}{1 + \tau^2 \omega^2}; \qquad (3.3.7)$$

τ Relaxationszeit; ω Anregungsfrequenz.

Die mechanische Relaxation ist formal in prinzipieller Übereinstimmung mit der dielektrischen. Das ist auf strukturelle Zusammenhänge zurückzuführen.

Polymere Materialien werden wegen der günstigen Verarbeitungseigenschaften und ihrer großen Modifikations- und Anwendungsbreite in der elektrischen Isoliertechnik in ständig steigendem Maße eingesetzt. Deshalb wird nachstehend für die wichtigsten Strukturen und deren Einfluß auf die geforderten Eigenschaften eines Isolierstoffs ein Überblick gegeben [22] [23].

Polymere bestehen aus sich wiederholenden Monomereneinheiten und Endgruppen. Die Zahl der Monomeren bestimmt den *Polymerisationsgrad*. Bilden die Monomeren Ketten, spricht man von *Linearpolymeren*; sind sie räumlich miteinander verbunden, liegen *dreidimensional vernetzte Polymere* vor. In der Praxis sind Linearpolymere meist mehr oder weniger mit Seitenketten versehen.

Linearpolymere können als echte Lösungen vorliegen, während dreidimensional aufgebaute Polymere weder schmelzbar noch löslich sind. *Copolymere* bestehen aus unterschiedlichen Monomereneinheiten. Wechseln ganze Abschnitte von Monomeren eines Typs mit solchen eines zweiten Typs, spricht man von *Block-Copolymeren*. Sind längere Seitenketten eines zweiten Typs vorhanden, liegen *Pfropfpolymere* vor. Polymere können eine unterschiedliche Anordnung der Seitengruppen haben. Liegen auf jeder Seite einer gestreckten Kette immer gleichartig angeordnete Gruppen vor, sind die Anordnungen *isotaktisch*; wechseln sie geordnet von Seite zu Seite, spricht man von *ataktischen* und bei ungeordneter Anordnung von *syndiotaktischen* Verbindungen. Die Strukturen bestimmen nicht nur das mechanische Verhalten des polymeren Isoliermaterials, sondern auch in hohem Maße die elektrische Leitfähigkeit und die dielektrischen Verluste sowie alle Temperaturabhängigkeiten. In den einzelnen Abschnitten des Buches muß auf diese Strukturbetrachtungen zurückgegriffen werden, um konstruktive und technologische Probleme sowie Fragen der Auslegung von Isolierungen und deren Veränderung im Betrieb diskutieren zu können.

Im Gegensatz zu niedermolekularen Substanzen haben Hochpolymere kein einheitliches Molekulargewicht.

Einfachbindungen, z.B. die C-C-Bindungen in einer Kette, geben die Möglichkeit einer inneren Rotation um diese Bindungen. Diese Rotationen sind mehr oder weniger stark eingeschränkt. Einfachbindungen bringen eine hohe Flexibilität in die Kette. Anders liegen die Bedingungen bei der Doppelbindung. Hier findet eine starke Einschränkung der Rotation statt. Eine Molekülkette besteht aus starren Elementen, die in einem bestimmten Winkel zueinander (auf Konen) rotieren. Der Winkel bestimmt die Rotationsenergie. Stabile Konformationen liegen vor, wenn eine Minimum-Energielage eintritt. Bei isotaktischen Polymeren liegen dann die Atome der Hauptkette auf einer Helix.

Oberhalb der Glasübergangstemperatur bewegen sich Kettenabschnitte, die weit genug voneinander entfernt liegen, unabhängig voneinander; sie werden Segmente genannt. Seitengruppen und kleine Segmente können sich auch unterhalb der Glasübergangstemperatur bewegen.

Wenn die Kristallisationstemperatur T_{kr} eines Polymeren höher liegt als die Glasübergangstemperatur, kann es stabil in einem kristallisierten Zustand existieren. Für Polymere mit regulärer Struktur liegt T_{kr} hoch. Isotaktische Polymere kristallisieren gut und bei höheren Temperaturen.

Es existieren drei Gruppen von kristallinen Polymeren:

- Polykristalle mit einer Fernordnung der Verbindungselemente; die Größe der Kristalle ist etwa 10 nm
- globulare Kristalle mit einer Fernordnung der Moleküle; sie besitzen die Form von knäuelartigen Gebilden mit statistischer Lage der Verbindung untereinander
- polymere Einkristalle mit einer Fernordnung der Bindungen der Moleküle untereinander.

Sehr häufig sind kristalline und amorphe Abschnitte vorhanden, so daß man einen *Kristallinitätsgrad* α_{kr} einführen kann. Er stellt das Massenverhältnis der beiden Phasen dar.

Ein auf das Polymer ausgeübter Zug fördert die Kristallisation, da eine Orientierung der Ketten eingeleitet wird.

Bei mechanischer Belastung können polymere Festkörper elastisch, hochelastisch und plastisch deformiert werden. Die elastische Deformation ist mit einer reversiblen Veränderung der interatomaren Abstände verbunden; die hochelastische Deformation bezieht sich auf die Verschiebung der Verbindungen und die Auflösung globularer Strukturen, die bei der Entlastung jedoch teilweise zurückgebildet werden können. Im Gegensatz dazu steht die plastische Deformation mit einer Verschiebung der Moleküle untereinander. Die elastische Deformation betrifft wenige Prozent, die hochelastische bis zu einigen hundert Prozent.

Bei Hochpolymeren ist für die Anwendung als Isolierstoff auch die Art der Bildung des Polymers von Interesse, da diese Prozesse hinsichtlich der Eigenschaften und der

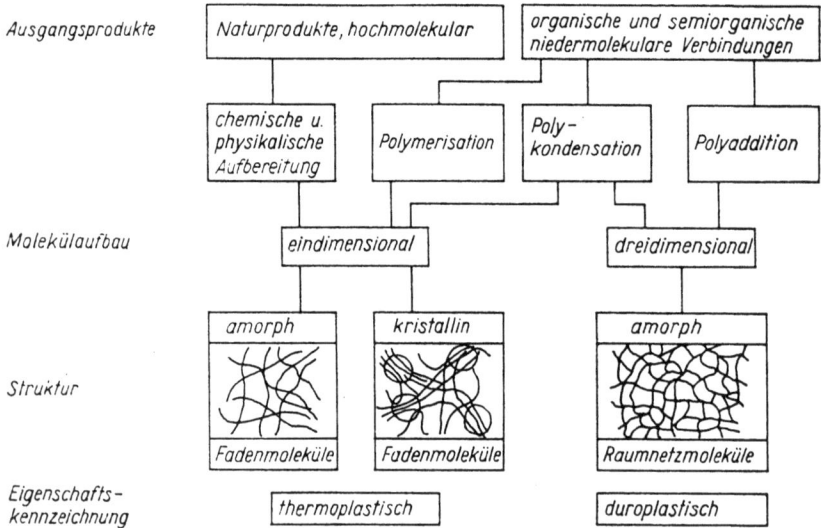

Bild 3.3.2. *Einteilung in Kunststoffgruppen nach dem Polymerenbildungsprozeß*

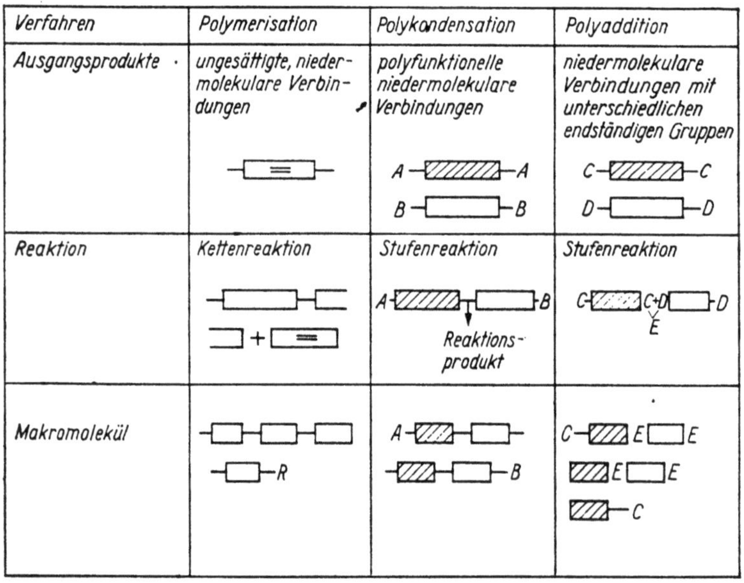

Verfahren	Polymerisation	Polykondensation	Polyaddition
Ausgangsprodukte	ungesättigte, niedermolekulare Verbindungen	polyfunktionelle niedermolekulare Verbindungen	niedermolekulare Verbindungen mit unterschiedlichen endständigen Gruppen
Reaktion	Kettenreaktion	Stufenreaktion	Stufenreaktion
Makromolekül			

Bild 3.3.3. *Darstellung des Bildungsmechanismus von Kunststoffen*

Technologie von Bedeutung sind sowie besonders die Isoliereigenschaften und die Alterung beeinflussen. Man unterscheidet Polymerisation, Polykondensation und Polyaddition. Kennzeichen des Bildungsmechanismus sind im Bild 3.3.2 zusammengestellt. Bild 3.3.3 zeigt die entsprechenden Reaktionsschemata.

Aus der atomaren und molekularen Struktur der Isolierstoffe und aus den technologischen Bildungsbedingungen lassen sich weitgehende Schlußfolgerungen hinsichtlich des Eigenschafts- und Verarbeitungsbildes ableiten. Von dieser Möglichkeit soll sowohl bei der Analyse der Isolierfähigkeit als auch bei der Auslegung von Isolierungen und der Technologie und Stoffauswahl Gebrauch gemacht werden.

3.4. Einfluß der Ladungsträger und ihrer Bewegung auf die Isolierfähigkeit
[21]

3.4.1. Elektrische Ströme im nichtidealen Dielektrikum
[30]

Auch im Dielektrikum sind unter bestimmten Bedingungen freie oder durch ihre Wirkung als quasi frei anzusehende Ladungsträger vorhanden. In einem elektrischen Feld wirken auf Ladungen Kräfte, die eine Bewegung hervorrufen. Die Ladungsträger treten stets in Wechselwirkung mit Atomen und Molekülen des betreffenden Dielektrikums. Sie sind oberhalb des absoluten Nullpunktes der Temperatur in ständiger thermischer Bewegung. Durch die Zusammenstöße verlieren die Ladungsträger an Energie. Dadurch unterscheiden sich die stofflichen Dielektrika vom Vakuum.

Im Vakuum ist die Beschleunigung der Ladung proportional der Feldstärke des äußeren Feldes, da auf die Ladung q im Feld E die Kraft $F = qE$ wirkt. Die Dichte eines solchen Ladungsträgerstroms kann nicht durch die Beziehung $G = \varkappa E$ dargestellt werden. Vielmehr ist $G = \varrho_R v$, wobei ϱ_R die Raumladungsdichte darstellt und v die Geschwindigkeit der Ladungsträger ist. Damit ist die Stromdichte in einem beliebigen nichtidealen Dielektrikum aus dem reinen Leitungsanteil, dem Verschiebungsstromanteil durch Polarisation und ggf. einem Konvektionsstromanteil zusammengesetzt:

$$G = \varkappa E + \frac{\partial D}{\partial t} + \varrho_R v. \qquad (3.4.1)$$

Die Abhängigkeiten der Anteile der Stromdichte sind sehr verschieden. Sie hängen von der Feldstärke, der Stoffzusammensetzung, der Temperatur und von der Dauer der Feldstärkeeinwirkung ab.

Die Ladungsträger sind in Art, Bildung und Bewegung in den Aggregatzuständen unterschiedlich:

Isoliergase
– Elektronen, gebildet durch Ionisation neutraler Atome
– positive Ionen, gebildet durch Ionisation eines neutralen Atoms
– negative Ionen, gebildet durch Elektronenanlagerung an ein neutrales Atom

Isolierflüssigkeiten
– Ionen, gebildet durch Dissoziation, insbesondere der Verunreinigungen (Salze)
– Elektronen, entstanden durch Ionisation und durch Injektion aus der Katode
– geladene Partikel, häufig Kolloide

94 3. Isoliervermögen von Isolierungen und deren Einflußgrößen

Festkörperisolierstoffe

- Übergang von Elektronen ins Leitungsband, angeregt durch elektrische Felder zur Überwindung der verbotenen Zone
- Elektroneninjektion in das Leitungsband aus der Katode oder aus diskreten Energieniveaus (Haftstellen)
- Übergang von Elektronen von Haftstelle zu Haftstelle
- Ionen aus dem Isolierstoff oder Beimengungen sowie aus den Elektroden.

Zum Verständnis der Abhängigkeiten der Leitfähigkeit sind folgende Überlegungen notwendig: Die Stromdichte G ist im Isolierstoff eine Funktion des Ortes $G = G(r)$. Da sich die Stromdichte G aus der Ladungsträgerdichte n_D, der Elementarladung e, der Beweglichkeit μ und der Feldstärke E ergibt, muß über die am betrachteten Ort vorhandenen Ladungsträger der Art i summiert werden:

$$G(r) = \sum_i n_{D,i}(r) e_i \mu_i E(r). \tag{3.4.2}$$

Daraus ergibt sich die spezifische Leitfähigkeit

$$\varkappa(r) = \frac{G(r)}{E(r)}. \tag{3.4.3}$$

Im ladungsneutralen Zustand des Isolierstoffs ist die Summe aller beweglichen und festen Ladungen $=0$.

Während der Beanspruchung des Isolierstoffs im elektrischen Feld ändert sich das Verhältnis der freien und in Haftstellen befindlichen Ladungsträger; es verändert sich die Verteilung im belasteten Volumen, insbesondere entstehen Ladungskonzentrationen an Strukturelementen des Dielektrikums und in den Grenzzonen vor den Elektroden.

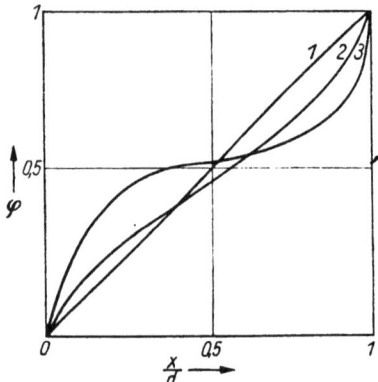

Bild 3.4.1
Potentialverteilung in einer Isolierstoffprobe
(Plattenkondensator)

1 Anfangsverteilung; 2 veränderte Verteilung durch Raumladungen vor den Elektroden; 3 stationäre Endverteilung

Man kann diese Veränderung durch die Raumladungsdichte ϱ_R ausdrücken, durch die Funktion $\varrho_R = \varrho_R(r, t)$. Damit ergibt sich nach Lösung der Poisson-Gleichung die Potential- und Feldstärkeverteilung. Das bedeutet, daß sich die Anfangsdichte der freien und eingefangenen Ladungsträger verändert. Auch die Feldstärke ändert sich mit der Zeit. Bild 3.4.1 zeigt die Veränderung der Potentialverteilung im Volumen, wenn sich vor den Elektroden Raumladungen ausbilden. Die Feldstärke ist im mittleren Teil der Probe nach einiger Zeit abgesunken; dadurch verringert sich der Strom mit der Zeit.

Eine andere Ursache für die Änderung des Gesamtstroms ist die Überlagerung von

Leitungsstrom und Verschiebungsstrom durch unterschiedliche Leitfähigkeitsgebiete im Dielektrikum. Zum Zeitpunkt des Anlegens der Spannung ($t = 0$) gilt

$$G = \varkappa_1 E_1 + \varepsilon_0 \varepsilon_1 \frac{dE_1}{dt} = \varkappa_2 E_2 + \varepsilon_0 \varepsilon_2 \frac{dE_2}{dt}. \tag{3.4.4}$$

Damit ist $\varepsilon_1 E_1 = \varepsilon_2 E_2$ für $t = 0$, und die Ladung an der Grenzschicht ist 0.
Im stationären Zustand, d.h. für $t \to \infty$, ist jedoch $\varkappa_1 E_1 = \varkappa_2 E_2$. An der Grenzschicht befindet sich eine Ladung, und die Stromdichte ist nur noch durch die Leitungsanteile bestimmt.

Betrachtet man bei konstanter Gleichspannung den Verlauf des Stroms im Dielektrikum, nachdem bereits alle Polarisationsanteile abgeklungen sind, so sind die Zeitabhängigkeiten auf folgende mögliche Mechanismen zurückzuführen:
- Ladungsansammlungen an Grenzschichten in nichthomogenen Dielektrika
- Einfangen von Elektronen oder Löchern, die in das Dielektrikum injiziert wurden, in Haftstellen
- Anhäufung von Elektronen oder Löchern an blockierenden Kontakten
- Ansammlung von Ionen in Isolierstoffen mit Ionenleitfähigkeit vor den Elektroden (Elektrodenpolarisation).

Damit stehen Probleme des Leitungstyps und der Ladungsübertragung an den Elektroden zur Diskussion.

Ausgehend von diesen grundsätzlichen Betrachtungen des Stromverlaufs im Isolierstoff sollen nachstehend Details des Leitungsmechanismus und seiner Abhängigkeiten in den verschiedenen Isolierstoffgruppen diskutiert werden.

3.4.2. Elektrischer Leitungsmechanismus in Isoliergasen
[6] bis [8] [37]

Gase isolieren in idealer Weise, wenn keine freien Ladungsträger vorhanden sind. Tatsächlich findet jedoch durch Höhenstrahlung, Kernstrahlung und über Zwischenmechanismen durch Ultraviolettstrahlung sowie durch extrem hohe Temperaturen eine Ionisation der neutralen Atome und Moleküle statt. Damit liegen Ladungsträger in Form von Ionen und Elektronen für den Ladungstransport im Feld vor.

Beispielsweise werden unter Normalbedingungen in Luft 5 bis 10 Ladungsträgerpaare je s und cm^3 gebildet. Aus der Bildungs- und Rekombinationsrate ergibt sich eine Ladungsträgerdichte von 1000 bis 2000 Ladungspaaren je cm^3.

Die Ionisationsprozesse sind wie folgt einzuordnen:

Stoßionisation

Einem Atom muß ein bestimmter Betrag an Energie zugeführt werden, um ein Hüllenelektron auf eine höhere Quantenbahn zu heben (Anregung) oder vom Atom völlig abzulösen (Ionisation). In der Tafel 3.4.1 sind für einige ausgewählte Gase die erste Anregungsstufe und die erste Ionisationsstufe aufgeführt. Bei der Stoßionisation übertragen Partikel die für die Anregung oder Ionisation erforderliche Energie beim elastischen oder unelastischen Stoß. Besondere Bedeutung haben dabei die elektrisch geladenen Teilchen wegen der Beschleunigungsmöglichkeit im elektrischen Feld. Vorwiegend kommt den Elektronen die entscheidende Energieübertragung zu.

Stoßionisation kann direkt oder über die Bildung von metastabilen Anregungszuständen durch Mehrfachstöße erfolgen. Die Ionisationswahrscheinlichkeit ist abhängig von

3. Isoliervermögen von Isolierungen und deren Einflußgrößen

Gasart	1. Anregungsstufe	1. Ionisationsstufe
H	10,2	13,5
H_2	10,8	15,9
N_2	6,0	15,8
O_2	7,9	12,5
H_2O	7,6	12,6

Tafel 3.4.1
Anregungs- und Ionisationspotentiale einer Auswahl von Gasen in eV

der Relativgeschwindigkeit der Stoßpartner. Bild 3.4.2 gibt ein Beispiel für die Ionisationseffektivität in Luft in Abhängigkeit von der Energie der Elektronen. Die Wahrscheinlichkeit hängt vom quantenmechanischen Wirkungsquerschnitt der Teilchen ab.

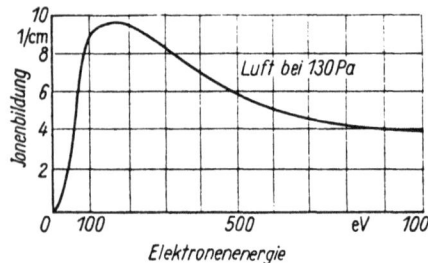

Bild 3.4.2
Effektivität der Stoßionisation in Abhängigkeit von der Elektronenenergie

Photoionisation

Anstelle der Energieübertragung durch Partikelstoß kann der Energieeintrag für Anregung und Ionisation auch durch Einstrahlung von Energiequanten erfolgen. Höhenstrahlung, γ- und Röntgenstrahlung haben genügend hohe Energie für diese Prozesse. Für die Ionisation gilt die Beziehung $W_i \leq h\nu$ der Strahlungsquanten. Die Grenzwellenlänge für die Ionisation ist gegeben durch

$$\lambda_{\text{Grenz}} = \frac{ch}{W_i}. \quad (3.4.5)$$

c ist die Lichtgeschwindigkeit, h das Plancksche Wirkungsquantum, W_i die Ionisationsenergie und λ_{Grenz} die obere Grenze der eingestrahlten Strahlungswellenlänge. Nach (3.4.5) ist im Bereich des ultravioletten Spektrums für die meisten Isoliergase die Energie zu niedrig für eine Ionisation. Trotzdem ist gut bekannt, daß Gasentladungsvorgänge durch UV-Strahlung beeinflußt werden können. Wenn innerhalb einer Zeit von 10^{-8} bis 10^{-3} s Quanten in ein Atom eingestrahlt werden, deren Energiesumme W_i übersteigt, so ist eine Ionisation möglich. Es handelt sich dabei um einen Stufenanregungsprozeß. Eine andere Möglichkeit besteht in der Photoionisation an Festkörperpartikeln (Staub). Die Ablösearbeit von Elektronen am Festkörper ist wesentlich niedriger als die Ionisationsenergie von Gasen. Damit können Quanten, die im Gas nicht oder nur über Stufenprozesse ionisieren, Elektronen aus den Staubpartikeln freisetzen. Diese können dann über die Stoßionisation wirksam ionisieren. Durch Elektronenstöße angeregte Atome können Quanten abstrahlen, die bereits angeregte andere Atome zur Ionisation bringen. Photoionisationsprozesse spielen eine beachtliche Rolle bei den Gasdurchschlagsprozessen.

Thermische Ionisation

Durch hohe Temperaturen ($\geqslant 1000$ K) können Gasmoleküle so hohe Geschwindigkeiten erzielen, daß bei Molekülzusammenstößen die Energie für eine Ionisation ausreicht. Selbst bei niedrigeren Temperaturen ist durch die Geschwindigkeitsverteilung nach *Max-*

well eine geringe Wahrscheinlichkeit für das Antreffen solcher Moleküle vorhanden. Die Wahrscheinlichkeit ist jedoch so niedrig, daß daraus keine praktische Bedeutung erwächst. Einen Einfluß hat die Thermoionisation bei der Wiederzündung von Schaltlichtbögen durch die wiederkehrende Spannung und bei einigen speziellen Hochtemperaturisolierproblemen.

Zur Beschreibung der Leitfähigkeit reicht die Kenntnis der Ionisation noch nicht aus, da Rekombinations- und Anlagerungsprozesse die Wirksamkeit der Ionisation reduzieren. Nachstehend soll eine kurze Übersicht über diese Vorgänge gegeben werden.

Elektronenanlagerung

In bestimmten Gasen können Elektronen durch Anlagerung an neutrale Moleküle negative Ionen bilden. Direkte Elektronenanlagerung ist möglich, aber auch eine Ionenpaarbildung. Die elektronegativen Atome lagern bevorzugt Elektronen an. Solche Gase sind O_2, H_2O, SF_6 u.a. Elektronen lagern sich vor allem im feldschwachen Raum an. In hohen Feldern werden Elektronen durch die negativen Ionen abgegeben und stehen damit für den Stoßionisationsprozeß zur Verfügung.

Die Elektronenanlagerung ist für viele Durchschlagprozesse von Bedeutung, da eine Erhöhung der Durchschlagfestigkeit des betreffenden Gases (z.B. SF_6) oder einer Gasmischung (H_2O in Luft) damit im Zusammenhang steht.

Rekombination

Wenn positive und negative Ladungsträger in einem Gas vorliegen, können bei Zusammenstößen Rekombinationseffekte auftreten. Positive Ionen und Elektronen bzw. negative Ionen können unter Abgabe von Quantenenergie rekombinieren:

$$A^+ + B^- \to AB + h\nu.$$

B^- kann durch Elektronen oder negative Ionen repräsentiert werden. Die Rekombinationsrate ist der Konzentration n der negativen und positiven Partikel proportional:

$$\frac{dn}{dt} = n^2 \eta_R. \qquad (3.4.6)$$

η_R ist der Rekombinationskoeffizient; für Luft steigt er mit dem Druck bis etwa 80 kPa, um dann bei $\eta_R = 2{,}2$ cm³/s nahezu konstant zu bleiben.

Die Rekombination spielt gegenüber der Diffusion bei höheren Drücken eine beachtliche Rolle.

Diffusion

Ein Ion bewegt sich unter Einwirkung eines elektrischen Feldes mit einer bestimmten Driftgeschwindigkeit abhängig von der Feldstärke und vom Gasdruck. Mit der durchschnittlichen Driftgeschwindigkeit v_D und der Feldstärke E ergibt sich eine Beweglichkeit μ:

$$\mu = \frac{v_D}{E}. \qquad (3.4.7)$$

μ ist weitgehend unabhängig von E/p, solange die im Feld erreichte Ionengeschwindigkeit kleiner als die thermische Partikelgeschwindigkeit des Gases bleibt. Bei Normaldruck und in der Nähe der Raumtemperatur liegt μ bei einigen cm²/Vs.

3. Isoliervermögen von Isolierungen und deren Einflußgrößen

Bei Vorgabe einer mittleren freien Weglänge λ_m und einer Durchschnittsgeschwindigkeit der Ionen von $\bar{c}$ ist die Driftgeschwindigkeit v_D:

$$v_D = \frac{Ee\lambda_m}{m\bar{c}}. \tag{3.4.8}$$

Eine exaktere Formulierung berücksichtigt die Molekülmasse des Gases M und die Ionenmasse m. Auf der Basis des thermischen Gleichgewichts zwischen Ladungsträgern und den Molekülen sei die effektive Geschwindigkeit der Ionen $\tilde{c}$. Dann folgt

$$\mu = 0{,}815 \frac{e}{m} \frac{\lambda_m}{\tilde{c}} \sqrt{\frac{m+M}{M}}. \tag{3.4.9}$$

Wird $m = m_e$ die Elektronenmasse mit $M \gg m_e$, ändert sich (3.4.9) in

$$\mu = 0{,}815 \frac{e}{m_e} \frac{\lambda_m}{\tilde{c}}. \tag{3.4.10}$$

Einige Ionenbeweglichkeiten werden in Tafel 3.4.2 angegeben. Wenn in einem Feldraum unterschiedliche Ionenkonzentrationen vorhanden sind, entsteht eine Diffusion. Hieraus entsteht eine Driftgeschwindigkeit. Die Zahl der diffundierenden Partikel N ist proportional dem Konzentrationsgefälle dn/dt, der Zeit t, der Durchtrittsfläche A und dem Diffusionskoeffizienten D:

$$N = -DA \frac{dn}{dt} dt. \tag{3.4.11}$$

Gas	μ^-	μ^+
Luft	2,1	1,36
Cl_2	0,74	0,74
CCl_4	0,31	0,30
CO_2	0,98	0,84
H_2	8,15	5,90
He	6,30	5,09
N_2	1,84	1,27
O_2	1,80	1,31

Tafel 3.4.2
Beweglichkeit von einfach geladenen Ionen in verschiedenen Gasen bei 0°C und 0,1 MPa in $cm^2/V \cdot s$

Der Zusammenhang zwischen Beweglichkeit und Diffusionskoeffizient wird bei thermischem Gleichgewicht zwischen Gas und Ionen hergestellt durch

$$\frac{\mu}{D} = \frac{e}{kT}. \tag{3.4.12}$$

Aus der kinetischen Gastheorie kann D abgeleitet werden zu

$$D = \frac{1}{3} \cdot 0{,}815 \lambda_m \tilde{c} \sqrt{\frac{M+m}{m}}; \tag{3.4.13}$$

$\tilde{c}$ ist der Effektivwert der Geschwindigkeit der Gasmoleküle; λ_m die mittlere freie Weglänge der Ionen.

Ladungsträgerinjektion

Wie bereits früher beschrieben, sind Ladungsträgerinjektionen für den Leitungsvorgang von großer Bedeutung. Nachstehend sollen einige wichtige Elektrodenprozesse untersucht werden.

Elektronenemission an der Katode durch Photoneneinstrahlung. Für ein bestimmtes Elektrodenmaterial kann die Ablösearbeit ϕ angegeben werden. Die Ablösearbeit ϕ_e muß überwunden werden, um ein Elektron zu befreien. Bild 3.4.3 zeigt ein Schema der Energieverhältnisse der Elektronen an der Grenzfläche Metall–Vakuum. Gleichzeitig sind die Möglichkeiten der Absenkung der Potentialbarriere durch äußere elektrische Felder eingezeichnet.

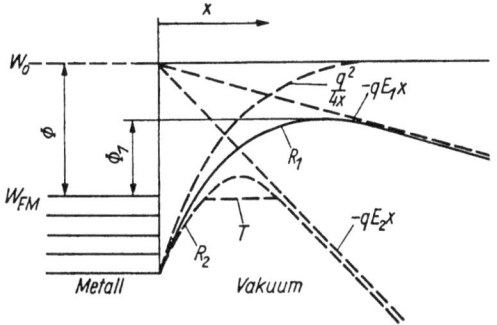

Bild 3.4.3
Schema der Potentialbarrieren
bei der Elektronenemission
an der Grenzfläche Elektrode–Vakuum

ϕ Ablösearbeit
ϕ_1 reduzierte Ablösearbeit durch das Feld E_1
W_{FM} Fermi-Niveau des Metalls
R_1 resultierende Potentialbarriere bei Feld E_1
R_2 resultierende Potentialbarriere bei Feld E_2
$(E_2 \gg E_1)$
T Tunnelung
q Bildladung

Werden Quanten auf die Katode gestrahlt, so wird dann ein Elektron abgelöst, wenn $h\nu > \phi_e$ ist. Aus der Differenz $h\nu - \phi_e = m_e v_e^2/2$ ergibt sich die dem befreiten Elektron erteilte kinetische Energie.

Elektronenemission durch Aufprall positiver Ionen. Treffen positive Ionen mit einer bestimmten Geschwindigkeit auf die Katode auf, so müssen zwei Elektronen emittiert werden: das eine zur Kompensation der Ladung des Ions, das zweite als Sekundärelektron für die Emission als freier Ladungsträger. Bedingung für diesen Prozeß ist

$$W_{pot} + W_{kin} \geqq 2\phi_e.$$

Die Energiewerte des Ions entsprechen der potentiellen und der kinetischen Energie.

Thermoionische Emission. Bei Erhöhung der Temperatur T der Katode erhalten die Elektronen im Potentialtopf eine höhere Energie, so daß mit einer bestimmten Wahrscheinlichkeit die Potentialbarriere überschritten werden kann (Bild 3.4.3). Für einen merklichen Effekt sind jedoch mehr als 1500 K erforderlich. Die Emissionsstromdichte G_R wird nach der Richardson-Gleichung beschrieben:

$$G_R = \frac{4\pi m e k^2}{h^3} T^2 \exp\left(-\frac{e\phi}{kT}\right). \tag{3.4.14}$$

k ist die Boltzmann-Konstante und h das Plancksche Wirkungsquantum. Die Stromdichte des Emissionsstroms steigt also mit dem Quadrat der Temperatur und fällt mit steigendem ϕ. Wird ein elektrisches Feld angelegt, so wird die Barriere für die Elektronen erniedrigt. Man spricht von einer elektrisch stimulierten thermischen Emission. Die Schottky-Gleichung beschreibt diesen Fall (Bild 3.4.3):

$$G_{Sch} = \frac{4\pi m e k^2}{h^3} T^2 \exp\left[-\left(\frac{\phi - q^{3/2} E^{1/2}}{kT}\right)\right]. \tag{3.4.15}$$

Feldemission. Liegen sehr starke elektrostatische Felder an (10^9 bis 10^{10} V/m), so wird die Wahrscheinlichkeit für das Tunneln der Elektronen durch die Barriere erhöht. Solche

100   3. Isoliervermögen von Isolierungen und deren Einflußgrößen

hohen Feldstärken sind durchaus an Oberflächeninhomogenitäten möglich. Nach *Fowler* und *Nordheim* kann die emittierte Stromdichte folgendermaßen angegeben werden:

$$G_{FN} = \frac{e}{2\pi h} \frac{\mu_{FN}^{1/2}}{(\mu + \phi)\phi^{1/2}} E^2 \exp\left(-\frac{K\phi^{3/2}}{3E}\right) \qquad (3.4.16)$$

mit

$$K = \frac{8\pi^2 m}{h^2} \quad \text{und} \quad \mu_{FN} = \left(\frac{3n}{\pi}\right)^{2/3} \frac{h^2}{8m};$$

n ist die Zahl der freien Elektronen je Einheitsvolumen, μ_{FN} ist die maximale kinetische Energie der Elektronen bei $T = 0$.

Ausgehend von den Fremdionisationen existieren stets Ladungsträger im Gasraum. Die Wanderungsgeschwindigkeit steigt mit der Feldstärke, so daß die Stromstärke bei Vergrößerung der Feldstärke an einem Plattenkondensator mit dem betreffenden Gas als Dielektrikum im äußeren Kreis steigt. Das prinzipielle Verhalten wird im Bild 3.4.4 gezeigt. Eine Sättigung wird dann erreicht, wenn alle durch Fremdionisation gebildeten Ladungsträger zu den Elektroden transportiert werden. Ein weiterer Anstieg des Stroms ist erst dann möglich, wenn eine Ladungsträgervermehrung in der Gasstrecke stattfindet. Ladungsträger können aber nur dann vervielfacht werden, wenn eine Stoßionisation erfolgt. Ist W_i die Ionisationsenergie, so ist für ein freies Elektron mit der Ladung e bei einer Feldstärke E_i eine minimale freie Weglänge von λ_i für die Ionisation erforderlich:

$$\lambda_i = \frac{W_i}{eE_i}. \qquad (3.4.17)$$

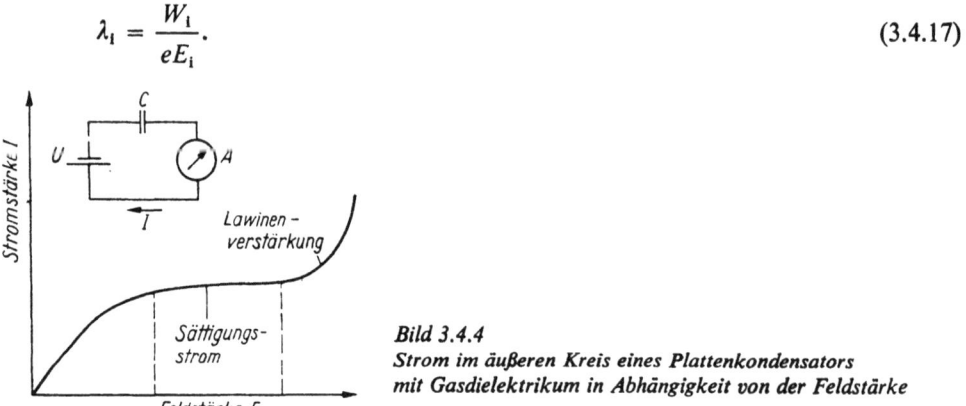

Bild 3.4.4
Strom im äußeren Kreis eines Plattenkondensators mit Gasdielektrikum in Abhängigkeit von der Feldstärke

Eine Stoßionisation kann prinzipiell von allen Ladungsträgern eingeleitet werden; tatsächlich ist jedoch die Wahrscheinlichkeit für die Elektronen am größten. Im folgenden soll deshalb der Prozeß der Lawinenbildung mit der Elektronenstoßionisation beschrieben werden.

Sind N_0 Elektronen im Raum vorhanden, so werden alle im elektrischen Feld beschleunigt, und die zwischen zwei Zusammenstößen gewonnene Energie ist entsprechend der freien Weglänge verteilt. Infolgedessen werden von den N_0 Elektronen nur N_i zur Ionisation befähigt sein. Beide Größen sind durch eine Exponentialfunktion mit dem Verhältnis zwischen der minimalen freien Weglänge für die Ionisation und der mittleren freien Weglänge im Exponenten verbunden:

$$N_i = N_0 \, e^{-\lambda_i/\lambda_m}. \qquad (3.4.18)$$

λ_m ist umgekehrt proportional zum Druck. Auf Normaldruck p_0 (0,1 MPa) bezogen folgt das Verhältnis

$$\lambda_m = \frac{\lambda_{m0} p_0}{p}. \tag{3.4.19}$$

Damit wird (3.4.18) mit (3.4.17) und (3.4.19) in die folgende Form übergeführt:

$$N_i = N_0\, e^{-W_i p/e E_i \lambda_{m0} p_0}. \tag{3.4.20}$$

Die Zahl der vorhandenen Elektronen N_0 ist proportional dem Druck p (wegen der Fremdionisation). Mit Einführung des Proportionalitätsfaktors A folgt $N_0 = Ap$. Wird darüber hinaus die Zahl der Ionisationen N_i auf 1 cm Wegstrecke der Teilchenbahn bezogen und diese normierte Größe mit α bezeichnet, so ergibt sich mit

$$\frac{W_i}{e \lambda_{m0} p_0} = B \quad \text{(Zusammenfassung von Konstanten in eine neue Konstante } B\text{)}$$

Gleichung (3.4.20) in neuer Form:

$$\frac{\alpha}{p} = A\, e^{-B/(E/p)}. \tag{3.4.21}$$

Es existiert also eine Abhängigkeit $\alpha/p = f(E/p)$. Mit α wird der 1. Townsend-Ionisationskoeffizient bezeichnet. Diese Gesetzmäßigkeit ist von großer Bedeutung, da mit den für jede Gasart typischen Konstanten A und B die Ionisationsvorgänge in einem breiten Bereich thermodynamischer Zustandsgrößen in Abhängigkeit von der Feldstärke mit einer einzigen Funktion bzw. Kurve beschrieben werden können. Bild 3.4.5 zeigt den Verlauf der Funktion (3.4.21) für Luft in einem für die Praxis der Isoliertechnik interessanten Wertebereich. Bisher wurde die Rekombination und Anlagerung nicht berücksichtigt. Nimmt man diese Einflußgrößen mit η'_R in Betracht, so ergibt sich der wirksame Ionisationskoeffizient α', wie im Bild 3.4.5 für Luft und SF_6 dargestellt ist.

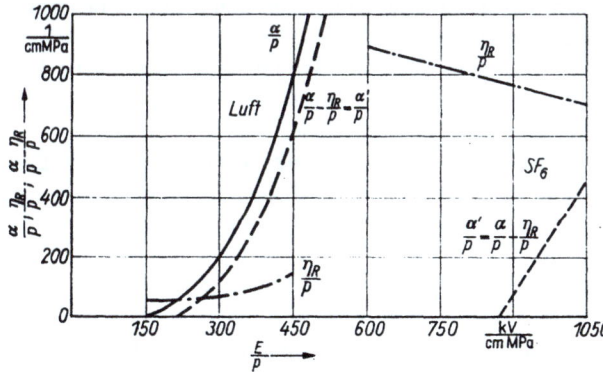

Bild 3.4.5
Auf den Gasdruck bezogener Ionisationskoeffizient α, Rekombinationskoeffizient η'_R und wirksamer Ionisationskoeffizient α' für Luft und SF_6 in Abhängigkeit von E/p

Stehen n Elektronen an der Stelle x zur Verfügung, so werden auf einem Weg von 1 cm $n\alpha$ Ladungsträgerpaare erzeugt. Die Änderung der Zahl der Ladungsträger dn ist proportional n und α auf dem Weg dx:

$$dn = n\alpha\, dx.$$

102   3. Isoliervermögen von Isolierungen und deren Einflußgrößen

Daraus folgt d$n/n = \alpha$ dx und durch Integration

$$n = n_0 \exp \int_{x=0}^{x=d} \alpha \, dx. \tag{3.4.22}$$

Die maximal mögliche Größe für die Strecke x ist der Elektrodenabstand d.

Im homogenen Feld ist die Feldstärke überall konstant und damit α im gesamten Raum gleich. Damit wird $n = n_0 \exp \alpha d$. Geht man von einem bestimmten Leitungsstrom I_0 im Gas im Bereich des Sättigungsstroms nach Bild 3.4.4 aus, so wird bei Erhöhung der Feldstärke gemäß (3.4.23) eine Stromverstärkung eintreten:

$$I = I_0 \exp \alpha d. \tag{3.4.23}$$

Da α/p eine Funktion von E/p ist, ist der exponentielle Lawinenstromanstieg von E und p abhängig. Wird durch geeignete Maßnahmen, etwa gute Strahlungsabschirmung, der Strom $I_0 \to 0$ geführt, so wird auch der Strom $I = 0$. Daraus ist ersichtlich, daß die Lawinenentladung als unselbständig betrachtet werden muß, da sie von der Initial- oder Fremdionisation abhängt. Durchschlagprozesse sind dagegen selbständige Entladungen und führen zu einer sich ständig erhöhenden Leitfähigkeit, bis eine Entladung mit negativer Strom-Spannungs-Charakteristik erreicht ist (s. Abschn. 3.5.1).

3.4.3. Elektrischer Leitungsmechanismus in Isolierflüssigkeiten
[29]

Die elektrische Leitfähigkeit wird in Flüssigkeiten durch Elektronen, Ionen und die Bewegung von aufgeladenen Molekülverbänden oder makroskopischen Teilchen hervorgerufen. Welche Ladungsträger die dominierende Rolle spielen, hängt von der Zusammensetzung der Flüssigkeit ab.

Die bereits bei Gasen untersuchte Fremdionisation wirkt auch in Isolierflüssigkeiten. Die Ionisationsenergie ist, bedingt durch die molekulare Wechselwirkung, kleiner als in Gasen unter Normalbedingungen. Auch die Dissoziationsenergie der Flüssigkeiten ist klein gegenüber Molekülgasen. Das erhöht die Zahl der Ionen, die sich bei einer bestimmten Temperatur gegenüber Isoliergasen ergeben.

Isolierflüssigkeiten sind Wasser mit geringem Fremdstoffgehalt, semiorganische Isolieröle (Silikonöl), flüssige Kohlenwasserstoffe mit paraffinischer, naphtenischer oder aromatischer Molekülzusammensetzung und verflüssigte Gase.

Der Einsatz von Wasser als Isoliermedium ist sehr beschränkt, da eine spontane Dissoziation ständig für ein Gleichgewicht von H^+- und OH^--Ionen sorgt, so daß selbst hochgereinigtes Wasser immer eine Ioneneigenleitfähigkeit in der Größenordnung von 10^{-5} S/m besitzt.

Die in der elektrischen Isoliertechnik angewendeten Isolieröle haben meist schwachpolaren oder völlig apolaren Charakter. Daraus ergibt sich eine schwache Dissoziation. Das gilt sowohl für die Eigenmoleküle als auch für Verunreinigungen. Jedoch hängen Ionisation, Dissoziation und die Aufladung von Partikeln in starkem Maße von den Beimischungen ab. In schwachen elektrischen Feldern ist die elektrische Leitfähigkeit weitgehend eine Ionenleitfähigkeit, d.h. ein Leitungstyp, der prinzipiell mit einem Stofftransport gekoppelt ist. Diese Tatsache ist für die Isoliertechnik von Bedeutung.

Da die Leitfähigkeit durch die Ladungsträgerdichte und die Beweglichkeit bestimmt wird, sind Dissoziation und Ionisation *und* die Bewegung von Ladungsträgern im Potentialfeld der Moleküle der Flüssigkeit entscheidend (Bild 3.4.6). Die gesamte Isolierflüssigkeit ist durch die Potentiale der Atome gekennzeichnet; zwischen ihnen befinden sich Potentialmulden. Die Differenz zwischen dem maximalen und dem minimalen Potential ist die Aktivierungsenergie W_a. Diese Energie muß den Ionen bzw. Elektronen erteilt werden, um die Potentialberge in der Isolierflüssigkeit zu überwinden. Durch das Feld wird die potentielle Energie der Ionen angehoben. Im homogenen Feld bedeutet das $\Delta W = qEx$. Die Aktivierung geht in Richtung des elektrischen Feldes leichter vonstatten. Für das Ion verringert sich die Potentialbarriere um den Betrag $\Delta W = qEd/2$, d.h., das Ion verschiebt sich in Feldrichtung.

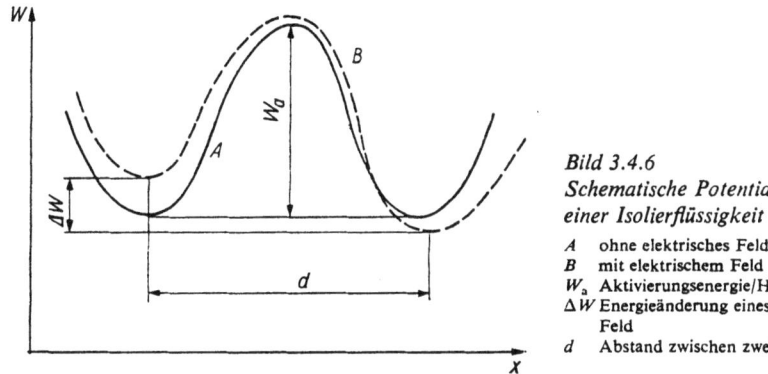

Bild 3.4.6
Schematische Potentialdarstellung einer Isolierflüssigkeit

A ohne elektrisches Feld
B mit elektrischem Feld
W_a Aktivierungsenergie/Höhe der Potentialbarriere
ΔW Energieänderung eines Teilchens im elektrischen Feld
d Abstand zwischen zwei Potentialminima

Die Beweglichkeit μ der Ionen in der Flüssigkeit liegt zwischen 10^{-1} und 10^{-4} cm^2/V·s. Sie bestimmt sich ohne Feldeinfluß aus der thermischen Bewegung zu

$$\mu = \frac{\nu d_p^2}{6kT} \exp\left(-\frac{W_a}{kT}\right); \qquad (3.4.24)$$

d_p ist der Barrierenabstand im periodischen Potentialmodell; ν die Schwingungsfrequenz der Moleküle.

In schwachen Feldern wirken die Elektronen wegen der kleinen freien Weglänge in der Flüssigkeit nur gering auf die Leitfähigkeit. Technische Isolierflüssigkeiten haben eine spezifische Leitfähigkeit von $\geq 10^{-10}$ S/m. Nach Anlegen einer Gleichspannung verringert sich die Leitfähigkeit durch den Transport von geladenen mikroskopischen Partikeln und Ionen und deren Neutralisierung an den Elektroden.

Gute mechanische (Filtrieren, Zentrifugieren) und elektrische Reinigung können die Leitfähigkeit von Isolierölen auf 10^{-18} S/m absenken. In schwachen Feldern können auch Ionen rekombinieren. Die Rekombination ist durch die Änderung der Konzentration der Ionen ausdrückbar. Mit n_D, der Konzentration als Funktion der Zeit, und n_{0D} als Anfangskonzentration erhält man

$$\frac{1}{n_D} = \frac{1}{n_{0D}} + \eta_R t; \qquad (3.4.25)$$

η_R ist der Rekombinationskoeffizient und t die Zeit.

Außerdem findet eine Diffusion statt, die auf die thermische Bewegung zurückzuführen ist.

Die elektrische Leitfähigkeit und die Viskosität stehen in einem engen Zusammenhang. Der Logarithmus des spezifischen Widerstands über der reziproken absoluten Temperatur hat den gleichen Verlauf wie der Logarithmus der Viskosität über der gleichen Abszisse. Derartige Abhängigkeiten zeigen an, daß für die Erhöhung der Leitfähigkeit mit der Temperatur weniger die Vergrößerung der Ladungsträgerkonzentration, sondern die Vergrößerung der Beweglichkeit der Ladungsträger verantwortlich ist, also eine Verbindung zwischen der Beweglichkeit der Ionen und der Viskosität der Flüssigkeit besteht.

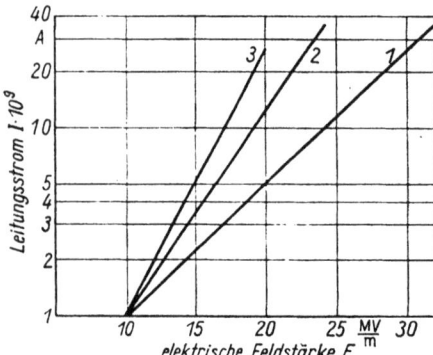

Bild 3.4.7
Abhängigkeit des Stroms von der Feldstärke in Mineralöl; Parameter Elektrodenabstand
1 0,25 mm; *2* 1,00 mm; *3* 2,00 mm

Die elektrische Leitfähigkeit von Isolierflüssigkeiten hat unter praktischen Feldbedingungen sehr oft eine deutliche Abweichung vom Ohmschen Gesetz. Bild 3.4.7 zeigt ein Beispiel für Mineralöl. Offensichtlich besteht bei mehr als 10 MV/m eine exponentielle Abhängigkeit des Isolationsstroms von der Feldstärke. Ein Grund liegt in der erhöhten Dissoziation in Übereinstimmung mit der Onsager-Theorie:

$$\varkappa = \varkappa_0 \exp\left(\frac{\sqrt{e^3 E/\varepsilon_0 \varepsilon_r}}{kT}\right). \qquad (3.4.26)$$

Ein anderer Grund hängt mit der Beweglichkeit der Ionen zusammen, die sich im Potentialmodell mit periodischer Verteilung ergibt:

$$G = ne\mu E = \frac{ned_p v}{3} \exp -\frac{W_a}{kT} \sinh \frac{eEd_p}{2kT}; \qquad (3.4.27)$$

d_p Abstand der Potentialminima.

Für große Feldenergieübertragung auf die Ladungsträger, d.h. $eEd \gg 2kT$, folgt

$$G = G_0 \exp\left(\frac{eEd}{2kT}\right). \qquad (3.4.28)$$

Für extrem gereinigte Flüssigkeiten können die Feldstärken ohne Einleitung des Durchschlags so hoch sein, daß eine Elektroneninjektion über die Katode nach *Fowler* und *Nordheim* entsteht:

$$G = AE^2 \exp(-B/E) \qquad (3.4.29)$$

[vgl. auch (3.4.16)]. A und B sind Konstanten. Diese Elektronen können Stoßionisationen in der Isolierflüssigkeit herbeiführen. Der Stromdichteanstieg ist in völliger Analogie zum Gas und wird durch folgende Gleichung beschrieben:

$$G = G_0 \exp \alpha_F d; \qquad (3.4.30)$$

d ist der Elektrodenabstand im homogenen elektrischen Feld und α_F der Ionisationskoeffizient für eine reine Isolierflüssigkeit. Jede Flüssigkeit hat entsprechend dem molekularen Aufbau und der Ionisationsenergie der Atome ein spezifisches α_F. Bild 3.4.8 zeigt die Feldstärkeabhängigkeit von α_F für zwei isolierende Flüssigkeiten.

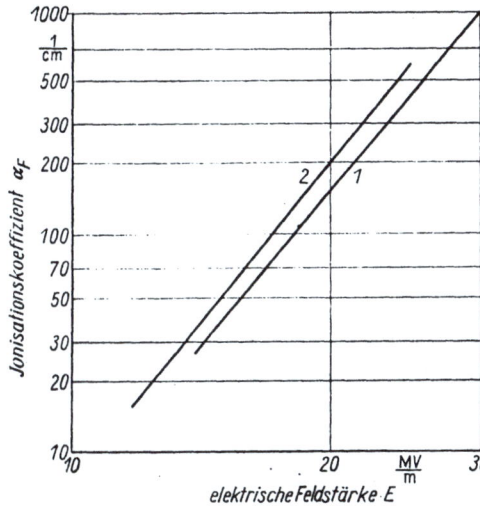

Bild 3.4.8
Abhängigkeit des Ionisationskoeffizienten α_F von der Feldstärke
1 Mineralöl; 2 Toluol

3.4.4. Elektrische Leitung in festen Isolierstoffen
[29] [30]

Die Beschäftigung mit dem Leitungsmechanismus im Festkörperdielektrikum hat mehrere Ziele.

Bei der Realisierung elektrischer Isolierungen ist in Abhängigkeit von der Frequenz des aufgeprägten Feldes immer neben den elektrostatischen Feldern auch das Strömungsfeld mit einem Anteil zu berücksichtigen. Im Falle von Gleichspannungsanwendung oder bei Mischspannungen, aber auch bei sehr niedriger Frequenz und bei hoher Leitfähigkeit des Dielektrikums muß die strömungsfeldbedingte Spannungsverteilung berücksichtigt werden. Die elektrischen Leitungsverluste spielen unter bestimmten Bedingungen für die innere Erwärmung des Isolierstoffs und die Veränderung der Mikrofeldverteilungen eine Rolle. So sind beispielsweise Wärmedurchschlagvorgänge auch mit der thermischen Leitfähigkeitsveränderung gekoppelt. Für hochisolierende Isolierstoffe ist für den elektrischen Durchschlag und die elektrische Alterung die Ausbildung innerer Felder durch Raumladungsbildung bedeutsam. Hierfür sind Kenntnisse des Leitungsmechanismus in Abhängigkeit von Stoffstruktur, chemischer Zusammensetzung sowie von physikalischen Einflußgrößen erforderlich. Neuerdings verstärkt einsetzende gezielte Einflußnahmen auf die Alterung von Isolierstoffen durch Einbau von sogenannten Stabilisatoren sind nur durch Erforschung von Ladungsträgerbildung und -bewegung im Feststoff sinnvoll. Für viele Anwendungen im Bereich der Elektronik, der Niederspannungsgeräte und auch der Betriebsmittel für die Hochspannungsgleichstromübertragung (HGÜ) ist das Leitungsverhalten des Isolierstoffs entscheidend. Hochtemperaturisolierungen mit vorwiegend anorganischen Bestandteilen sind in ihrer Einsatzfähigkeit vom Leitungsmechanismus abhängig.

Für den elektrischen Durchschlag sind Hochfeldleitfähigkeitsprozesse Vorstufen. Gezielte Veränderungen des Durchschlagverhaltens setzen Kenntnisse über den Leitungs-

106   3. Isoliervermögen von Isolierungen und deren Einflußgrößen

mechanismus voraus. Schließlich sind Teilentladungsdegradationen im Festkörperdielektrikum im hohen Maße von der Leitfähigkeit abhängig, wenn eine Gleichspannungsbelastung vorliegt.

Bei Festkörperisolierungen sind Ionenleitfähigkeit und Elektronenleitfähigkeit möglich. Bedeutende Unterschiede bestehen zwischen anorganischen und organischen Materialien. Kristalline und amorphe isolierende Festkörper zeigen unterschiedliches Leitungsverhalten. Die Unterscheidung zwischen dem Ionen- und dem Elektronen- bzw. Löcher-Transportmechanismus ist außerordentlich kompliziert. Während Ionen durch Platzwechselvorgänge oder Bewegung im fluktuierenden freien Volumen unter Einwirkung eines elektrischen Feldes driften, sind Elektronen oder Löcher an die Bewegung im Leitungs- oder Valenzband gebunden. Diese Bewegung hängt aber stark von der Überlappung der Potentialfunktionen der einzelnen Atome im festen Isolierstoff ab.

Zunächst soll die *Ionenleitfähigkeit* behandelt werden. Die Ionen werden entweder durch das Dielektrikum selbst oder durch fremde Zumischungen bereitgestellt. In technischen Dielektrika ist immer eine große Zahl von Verunreinigungsatomen vorhanden.

Anorganische Dielektrika mit vorwiegend Eigenleitung sind die Ionenkristalle, vor allem die Alkalihologenide, und viele glasartige Isolierstoffe. Die Ionenkristalle haben im Gitter stets sogenannte Defekte, d. h., es fehlen entweder Kationen und Anionen *(Schottky)*, oder es befindet sich ein Ion auf einem Zwischengitterplatz, und ein Ionengitterplatz ist vakant *(Frenkel)*. Die Konzentration der Defekte hängt von der Temperatur und von dem Fremdionenanteil ab. Durch die Temperaturbewegung werden die Zwischengitterionen verschoben und überwinden die Potentialbarrieren, während die Fehlstellen durch Ionen von den Nachbargitterplätzen aufgefüllt werden. Auf diese Weise wandern die Ionen ebenfalls. Nach *Schottky* ist die Zahl Z der möglichen Arten der Anordnung bei N Gitterpunkten pro Volumeneinheit sowie der Konzentration der Gitterleerstellen n_f und der Konzentration der Zwischengitterionen n_z:

$$Z = \left[\frac{N!}{(N-n_f)!\, n_z!}\right]. \tag{3.4.31}$$

Unter Berücksichtigung des thermodynamischen Gleichgewichts ergibt sich für das Minimum der freien Energie die Konzentration der Defekte im Kristall ohne Fremdionen:

$$n_f = N \exp\left(-\frac{W_S}{2kT}\right); \tag{3.4.32}$$

W_S Aktivierungsenergie nach dem Schottky-Modell.

Mit der Frenkel-Annahme unter den gleichen Bedingungen ist

$$n_z = \sqrt{NN_z} \exp\left(-\frac{W_F}{2kT}\right).$$

n_z ist die Zwischengitterionenkonzentration, N_z die Zahl der Zwischengitterplätze und W_F die entsprechende Aktivierungsenergie für das Frenkel-Modell.

Die Wärmebewegung der Defekte im Kristall ist chaotisch. Bei Vorhandensein eines elektrischen Feldes entsteht eine gerichtete elektrische Leitung, im Fall eines Temperaturgradienten eine Thermodiffusion der Ionen. Die Bewegung kann in Analogie zum periodischen Potentialbarrierenmodell, das bei Isolierflüssigkeit beschrieben wurde, erklärt werden. Daraus läßt sich die Driftgeschwindigkeit der Ionen im elektrischen Feld ableiten:

$$v = \frac{d_\mathrm{p} \Delta n}{n} = \frac{e d_\mathrm{p}^2 \nu E}{6kT} \exp\left(-\frac{W_\mathrm{a}}{kT}\right); \qquad (3.4.33)$$

d_p ist der Abstand zwischen zwei Potentialmaxima im thermischen Gleichgewicht und W_a die Barrierenenergiehöhe.

Über den Zusammenhang $\mu = v/E$ und $\varkappa = en\mu$ ist die Bestimmung der spezifischen Leitfähigkeit möglich. Weiterhin ist ableitbar, daß die elektrische Leitfähigkeit eine exponentielle Temperaturabhängigkeit aufweist:

$$\varkappa = \varkappa_0 \exp\left(-\frac{W_\mathrm{a}}{kT}\right). \qquad (3.4.34)$$

Oft ist die Darstellung der Funktion $\varkappa = f(1/T)$ in der Praxis nicht durch *eine* Gerade möglich. Zwei Geradenabschnitte als Anpassung zeigen die Änderung der Aktivierungsenergie mit der Temperatur.

Sind anderswertige Fremdionen im Kristallverband, z.B. ionogene Verunreinigungen, und ist deren Konzentration C_K, so ist das Verhältnis der spezifischen Leitfähigkeiten $\varkappa/\varkappa_0$ in Abhängigkeit von der Fremdionenkonzentration und dem Verhältnis der Beweglichkeiten zu beschreiben ($\varkappa_0$ für $C_\mathrm{K} = 0$):

$$\frac{\varkappa}{\varkappa_0} = \sqrt{\left(\frac{C_\mathrm{K}}{2n_\mathrm{f}}\right)^2 + 1} + \frac{C_\mathrm{K}}{2n_\mathrm{f}} \frac{1 - \mu_2/\mu_1}{1 + \mu_2/\mu_1}. \qquad (3.4.35)$$

Daraus sind folgende Schlußfolgerungen möglich:

- Wenn $C_\mathrm{K} \gg n_\mathrm{f}$, wächst die Leitfähigkeit mit dem Anstieg von C_K, unabhängig davon, wie das Verhältnis der Beweglichkeit ist.
- Ist die Fremdionenkonzentration klein gegenüber der Defektkonzentration des Ionenkristalls, dann steigt die Leitfähigkeit mit der Konzentration C_K, wenn $\mu_2 < \mu_1$, und verringert sich, wenn $\mu_2 > \mu_1$.

Bei Gläsern kann die Ionenleitung im Prinzip wie im Falle der Flüssigkeiten beschrieben werden; die Beweglichkeiten der Eigen- und Fremdionen sind jedoch wesentlich niedriger. Die Temperaturabhängigkeit ist ebenfalls exponentiell. Die Art der Ionen, die speziellen Ionenradien und die Wertigkeit bestimmen die elektrische Leitfähigkeit.

Die Ionenleitung in organischen Hochpolymeren ist weitgehend durch die freien Volumina bestimmt. Es kann sowohl Fremd- als auch Eigenionenleitfähigkeit auftreten. Im Laufe der Alterung eines hochpolymeren Isolierstoffs sind es oft Monomerenabspaltungen und Radikalbildungen, die die Eigenionenleitfähigkeit begründen oder verstärken. Für technische Isolierungen ist die Fremdionenleitung sehr häufig anzutreffen. Die Ionenbereitstellung erfolgt in Abhängigkeit von Temperatur, Polarisierbarkeit des Hochpolymeren und der aufgenommenen Feuchtigkeit. Die dafür verantwortliche Dissoziation wird durch die pro Zeiteinheit dissoziierten Ionenpaare bestimmt.

$$g_\mathrm{D} = g_{\mathrm{D}\infty} \exp\left(-\frac{W_\mathrm{D}}{\varepsilon_\mathrm{r} kT}\right); \qquad (3.4.36)$$

g_D ist die Dissoziationskonstante (Ionenpaare/s), $g_{\mathrm{D}\infty}$ die Dissoziationskonstante für hohe Temperaturen, ε_r die relative Dielektrizitätskonstante des hochpolymeren Isolierstoffs und W_D die Dissoziationsenergie.

108   3. Isoliervermögen von Isolierungen und deren Einflußgrößen

Im thermischen Gleichgewicht ist die Zahl der Kationen gleich der Zahl der Anionen. In diesem Gleichgewicht ist die Dissoziation proportional zur Rekombination, die Rekombinationswahrscheinlichkeit aber dem Produkt aus n_+ und n_- proportional, so daß die Zahl der Ionenpaare n_I sich ergibt aus

$$n_I = A \sqrt{g_D n_0} \exp\left(-\frac{W_D}{2\varepsilon_r kT}\right). \tag{3.4.37}$$

Für die Leitfähigkeit folgt mit Z_w als Ionenwertigkeit

$$\varkappa = Z_w e n_I (\mu_+ + \mu_-). \tag{3.4.38}$$

Die Ionenleitfähigkeit ist also exponentiell abhängig von der Dissoziationsenergie und von der Dielektrizitätskonstanten des Isolierstoffs. Da die Beweglichkeit ebenfalls von der Aktivierungsenergie für die Überwindung der Potentialbarrieren exponentiell abhängig ist, wird die Ionenleitfähigkeit in hochpolymeren Isolierstoffen von zwei Exponentialtermen bestimmt – der Bewegungsaktivierung und der Dissoziationsaktivierung, die beide mit der Temperatur verkoppelt sind. Der Einfluß der Feuchtigkeit auf die Isolierung (H_2O: $\varepsilon_r = 81$) wird hier sehr deutlich.

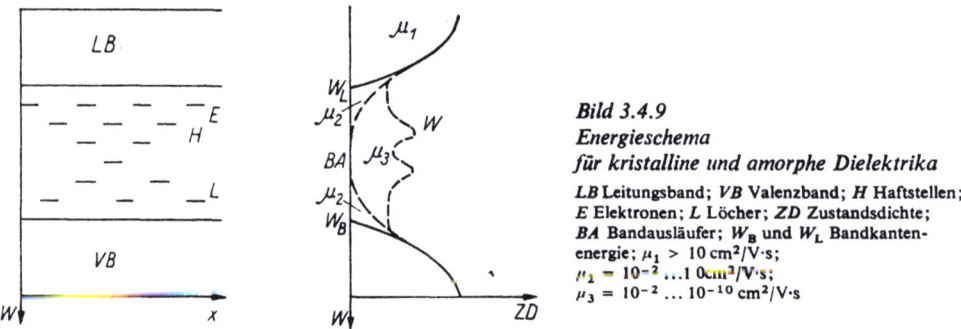

Bild 3.4.9
Energieschema
für kristalline und amorphe Dielektrika

LB Leitungsband; VB Valenzband; H Haftstellen; E Elektronen; L Löcher; ZD Zustandsdichte; BA Bandausläufer; W_B und W_L Bandkantenenergie; $\mu_1 > 10$ cm^2/V·s; $\mu_2 = 10^{-2} \ldots 1$ 0cm^3/V·s; $\mu_3 = 10^{-2} \ldots 10^{-10}$ cm^2/V·s

Für einige anorganische Isolierstoffe, insbesondere für Oxidkeramiken und rekristallisierte Gläser spezieller Zusammensetzung, steht die *Elektronen- und Löcherleitung* im Vordergrund. Auch die meisten hochwertigen hochpolymeren Isolierstoffe zeigen Elektronenleitung. Die Elektronenleitung ist in kristallinen und amorphen Dielektrika anorganischer und organischer Zusammensetzung zu finden. Wegen der atomaren Fernordnung der kristallinen Substanzen oder kristallinen Anteile bei Hochpolymeren kann für diese Struktur das Bändermodell mit einer starken Elektronenfunktionenüberlappung angewendet werden. Die verbotene Zone zwischen Valenzband und Leitungsband beträgt einige eV. Diese Energie muß durch die Elektronen aufgebracht werden, um ins Leitungsband zu gelangen. Dazu sind starke elektrische Felder erforderlich. Meist liegen jedoch energetische Haftstellen mit diskreten Energieniveaus in der verbotenen Zone vor, aus denen elektrisch und zum Teil auch thermisch Elektronen oder Löcher befreit werden können. Der Energieabstand zum Leitungs- oder Valenzband beträgt nur einige 1/100 bis 1/10 eV. Damit wird die für die Leitfähigkeit erforderliche Ladungsträgerdichte durch die Feldstärke und für flache Haftstellen auch thermisch bestimmt. Bild 3.4.9 gibt ein Energieschema an, das die unterschiedlichen energetischen Verhältnisse im Festkörper beschreibt. Befinden sich Elektronen oder Löcher in den Bändern, ist die Beweglichkeit am größten, in den Bandausläufern geringer und in den isolierten Niveaus in der verbotenen Zone je nach energetischer Tiefe stark eingeschränkt.

3.4. Einfluß der Ladungsträger und ihrer Bewegung auf die Isolierfähigkeit

Der exakte Nachweis der Beweglichkeit ist schwierig und häufig stark von der angewendeten Methode abhängig. Die Transitzeitmethoden besitzen eine gute Aussagekraft und Möglichkeiten der Unterscheidung unterschiedlicher Leitungsanteile. Die Tafel 3.4.3 führt Beweglichkeiten auf, die mit der Elektronenimpulsmethode ermittelt wurden.

Tafel 3.4.3. Beweglichkeit von Elektronen für verschiedene Hochpolymere
Methode: Transitzeitbestimmung mit Elektronenimpuls im elektrischen Dauerfeld (nach *Hanspach*)

Material	PET			PA 6	PCO	PVK	EP
	kristallin 0,28	technisch	amorph				
Beweglichkeit μ in cm^2/V·s	$7 \cdot 10^{-4}$	$2 \cdot 10^{-4}$	$8 \cdot 10^{-7}$	$5 \cdot 10^{-4}$	$2 \cdot 10^{-3}$	$3 \cdot 10^{-6}$	$9 \cdot 10^{-5}$

Einen großen Einfluß hat die Struktur. Amorphes PET (Polyethylenterephthalat) weist eine Beweglichkeit von 10^{-7} bis 10^{-8} cm^2/V·s auf, während Material mit einem Kristallinitätsgrad von 30% ungefähr $5 \cdot 10^{-4}$ cm^2/V·s zeigt. Bei PET konnte in einem breiten Kristallinitätsspektrum die Temperaturabhängigkeit der Beweglichkeit als ein thermisch aktivierter Hoppingprozeß nach *Mott* nachgewiesen werden. Dafür gilt

$$\mu = \mu_0 \exp\left(-\frac{W_{AH}}{kT}\right). \tag{3.4.39}$$

W_{AH} ist die Hoppingaktivierungsenergie; sie liegt bei den meisten Polymeren unter 100 meV.

Die Beweglichkeit ist von der Verweilzeit in Haftstellen stark abhängig, d. h. von der Haftstellenzahl und Haftstellentiefe des Isolierstoffs.

Die elektrische Leitfähigkeit ist abhängig von der Elektronendichte und von der Elektronenbeweglichkeit. Mit der Transitzeitmethode konnte gezeigt werden, daß in den meisten Isolierstoffen mit lokalisierten Energieniveaus bis zu Feldstärken von etwa $5 \cdot 10^7$ V/m die Beweglichkeit nahezu konstant bleibt und dann mit höheren Feldstärken absinkt.

Damit muß aus den experimentellen Ergebnissen der steigenden Leitfähigkeit mit sich erhöhender Feldstärke geschlußfolgert werden, daß die Generierung von Ladungsträgern zunimmt, sich also die Ladungsträgerdichte vergrößert. Nun können die Elektronen sowohl aus den lokalisierten Zuständen als auch aus den Elektroden geliefert werden.

Im ersten Fall würde eine Ladungsträgerverarmung mit der Zeit stattfinden, da mit einer Entleerung der Haftstellen zu rechnen ist. Für diesen Vorgang gilt der Pool-Frenkel-Mechanismus

$$\varkappa = \varkappa_0 \exp\left(\frac{c\sqrt{\frac{e^3 E}{4\pi\varepsilon_0 \varepsilon_r}}}{kT}\right). \tag{3.4.40}$$

$\varkappa_0$ ist dabei die elektrische Leitfähigkeit bei niedrigen Feldstärken. Eine Temperaturabhängigkeit ist ebenfalls zu erwarten, da mit steigender Temperatur die Haftstellenentleerung durch thermische Aktivierung, insbesondere für flache Haftstellen, steigt.

Im zweiten Fall werden Elektronen aus den Elektroden emittiert. Die Abhängigkeit des Emissionsstroms von der Feldstärke ist durch die Reduzierung der von den Elektronen zu überwindenden Potentialbarriere begründet. Die Emission ist von der Aktivierungsenergie des Elektrodenmaterials und des Isolierstoffs abhängig. Je nach den Unterschieden oder bestehender Gleichheit spricht man von injizierenden, sperrenden oder ohmschen Elektroden.

Für die Emission ist auch die Temperatur verantwortlich, die die Ablösearbeit festlegt.

Die Elektroneninjektion verläuft nach einer elektrisch aktivierten thermischen Emission nach *Richardson/Schottky*. Bei sehr hohen Feldstärken kann auch der Tunneleffekt eintreten. Die Gleichung für die Pool-Frenkel-Leitung, die eine innere Ladungsträgerbefreiung und einen Hüpfprozeß als Transportvorgang über lokalisierte Zustände einschließt, unterscheidet sich von einer Stromleitungsgleichung, die durch Injektion festgelegt wird, nur durch einen Faktor 2, so daß experimentell eine Entscheidung schwerfällt.

Für die technische Anwendung genügt jedoch der grundsätzliche Mechanismus, um Schlußfolgerungen über die Abhängigkeiten der elektrischen Leitfähigkeit von Struktur- und Zustandsgrößen ziehen zu können.

Die bei der Messung der Leitfähigkeit auftretende Zeitabhängigkeit repräsentiert die überlagerten Polarisationsmechanismen.

Mit höheren Feldstärken und Temperaturen verringert sich diese zeitliche Abhängigkeit wegen des Ansteigens der tatsächlichen Leitfähigkeit.

Bei Hochpolymeren können die Abklingprozesse Tausende von Stunden dauern und mit dem Ausgleich von Raumladungen zusammenhängen.

Die eigentliche Leitfähigkeit steigt mit der Feldstärke zunächst linear (ohmscher Bereich) und dann steiler an, wobei eine Gerade im System $\log \varkappa = f(\sqrt{E})$ entsteht. Die Temperaturabhängigkeit läßt sich am besten in einem System $\log \varkappa = f(1/T)$ darstellen. Mit der reziproken Temperatur ändert sich $\log \varkappa$ linear. Entscheidende Änderungen dieser Abhängigkeit entstehen am Glasübergang oder durch Veränderung der Kristallinität (Knickpunkte).

3.4.5. Polarisationszustand im Isolierstoff
[26] bis [29]

Die dielektrische Polarisation ist die Wechselwirkung äußerer elektrischer Felder mit Ladungsträgern, die an Atome oder Moleküle gebunden sind und den thermischen Bewegungen derselben folgen, und solchen Ladungsträgern, die nur auf Strecken sehr geringer Abmessung frei beweglich sind. Die Wechselwirkung besteht in einer Kraftwirkung auf die Ladungsträger und damit auch auf die Strukturelemente, die mit den Ladungen mechanisch gekoppelt sind. Mithin ist die elektrische Krafteinwirkung Ursache von Bewegungen, die sich den thermischen Bewegungen der Strukturelemente oder der Einzelatome und -moleküle überlagern. Ein elektrisches Gleichspannungsfeld ruft einen Polarisationszustand hervor, der nach Beendigung der Übergangsvorgänge beim Einschalten konstant ist. Wechselspannungen bedingen ein wesentlich komplizierteres Verhalten der Isolierstoffe. Die einzelnen Polarisationsvorgänge haben ihre eigene Dynamik. Vom Infrafrequenzbereich (etwa $>10^{-4}$ Hz) bis in den Bereich des ultravioletten Lichts (10^{15} bis 10^{16} Hz) werden Polarisationsvorgänge durch das elektrische Wechselspannungsfeld hervorgerufen. Die Überlagerung der zeitabhängigen Bewegungen von Ladungsträgern und Strukturelementen der Dielektrika haben eine Umwandlung von elektrischer Energie in thermische Energie zur Folge. Es treten im elektrischen Wechselfeld Polarisationsverluste auf, die frequenz- und temperaturabhängig sind.

Die Wirkung eines elektrischen Feldes E auf eine Ladung q hat im Dielektrikum die Kraftwirkung F zur Folge:

$$F = qE. \tag{3.4.41}$$

Durch diese Krafteinwirkung wird eine Verschiebung der Ladungsschwerpunkte von positiver und negativer Ladung herbeigeführt. Diese Verschiebungen liegen in atomaren Dimensionen oder sind durch partielle Beweglichkeit der Ladungsträger festgelegt. Sind durch die Anordnung positiver und negativer Ladungen im Dielektrikum bereits Dipole festgelegt, so können sich diese je nach dem Bewegungsspielraum im elektrischen Feld ausrichten.

Die Ladung q ruft einen dielektrischen Verschiebungsfluß hervor, dessen Dichte D ist

$$\oint_A D\,\mathrm{d}A = q. \tag{3.4.42}$$

Die Verschiebungsflußdichte im Isolierstoff D_{Iso} ist mit dem elektrischen Feld E durch die Dielektrizitätskonstante ε_0 des Vakuums und die relative Dielektrizitätskonstante ε_r gekoppelt:

$$D_{\mathrm{Iso}} = \varepsilon_0 \varepsilon_r E = \varepsilon E. \tag{3.4.43}$$

Durch das Anlegen eines elektrischen Feldes an ein Dielektrikum wird ein Polarisationszustand hervorgerufen, der sich durch die Bindung zusätzlicher Ladungsträger auf den Elektroden (z.B. eines Plattenkondensators) im elektrischen Stromkreis äußert.

Ist kein Dielektrikum vorhanden (Vakuum), so gilt $D_0 = \varepsilon_0 E$. Wird ein Dielektrikum zwischen die Elektroden gebracht, dann gilt $D_{\mathrm{Iso}} = \varepsilon_0 \varepsilon_r E$. Die zusätzliche Ladungsträgerbindung kann auch als zusätzliche dielektrische Verschiebungsflußdichte D_p (Kennzeichnung für den Polarisationszustand) ausgedrückt werden.

$$D_{\mathrm{Iso}} = D_0 + D_\mathrm{p} \tag{3.4.44}$$

Mit (3.4.43) wird

$$D_\mathrm{p} = \varepsilon_0 (\varepsilon_r - 1) E. \tag{3.4.45}$$

Damit wird eine Verknüpfung der makroskopisch meßbaren Größen und der atomare und molekulare Prozesse beschreibenden Konstanten hergestellt. Zur Aufklärung der Polarisationswirkungen sollen die möglichen Polarisationsarten untersucht werden.

A. Verschiebungspolarisation

Elektronenpolarisation

Jedes Atom wird nach quantenmechanischen Vorstellungen aus dem positiven Kern und der umgebenden Elektronenwolke, die als Energiepaket aufgefaßt werden kann, gebildet. Die Schwerpunkte der negativen und positiven Ladung fallen zusammen. Das gilt auch für Molekülgase, deren Kerne von einer gemeinsamen Elektronenwolke umgeben werden. (Die phänomenologische Erklärung ist genauso mit dem Bohr-Atommodell möglich.) Bild 3.4.10 zeigt die durch das äußere Feld eingeleitete Verschiebung der Ladungsschwerpunkte um den Betrag Δx in Richtung des Feldes. Das mechanische System eines Atoms hat massenbedingt eine kleine Trägheit. Die Einstellbarkeit des Polarisationszustands ist deshalb in Zeiten von etwa 10^{-15} s möglich. Daraus folgt, daß die Elektronenpolarisation Frequenzen des elektrischen Feldes bis in den Bereich des ultravioletten Lichtes folgen kann. In allen Dielektrika liegt deshalb bei der elektrotechnischen Anwendung Elektronenpolarisation vor.

Bild 3.4.10
Schematische Darstellung der Elektronenpolarisation

Ionenpolarisation

In verschiedenen Dielektrika tritt Ionenpolarisation auf. Sind die Ionen frei beweglich, wie in Gasen oder Flüssigkeiten, so bewirkt das elektrische Feld ihre Wanderung zu den Elektroden. Sind jedoch mechanische Begrenzungen im Dielektrikum vorhanden, dann können die Ionen als Grenzflächenladungen zur Grenzflächenpolarisation (s. unten) beitragen. In amorphen und insbesondere kristallinen Festkörpern sind Ionen im thermodynamischen Gleichgewicht vorhanden, wenn man von den möglichen Platzwechselvorgängen absieht. Wird diesen Ionen ein elektrisches Feld aufgezwungen, so rücken die Ladungsschwerpunkte zusammen oder werden um den Betrag Δx voneinander entfernt. Im Bild 3.4.11 wird diese Wirkung am Beispiel des NaCl gezeigt. Der Abstand a zwischen den Ionen stellt das dynamische Gleichgewicht dar. Die Vergrößerung oder Verkleinerung des Abstands Δa ist auf die Kraftwirkung des äußeren Feldes zurückzuführen. Bei Ionenpolarisation sind Relaxationszeiten von 10^{-12} bis 10^{-14} s festzustellen, d.h., diese Polarisationszeit ist bis zum elektrischen Wechselfeld des Infrarotspektrums nachweisbar. Im Fall eines Ionenaufbaus des Isolierstoffs ist also auch bei allen elektrotechnischen Anwendungen die Ionenpolarisation zu berücksichtigen.

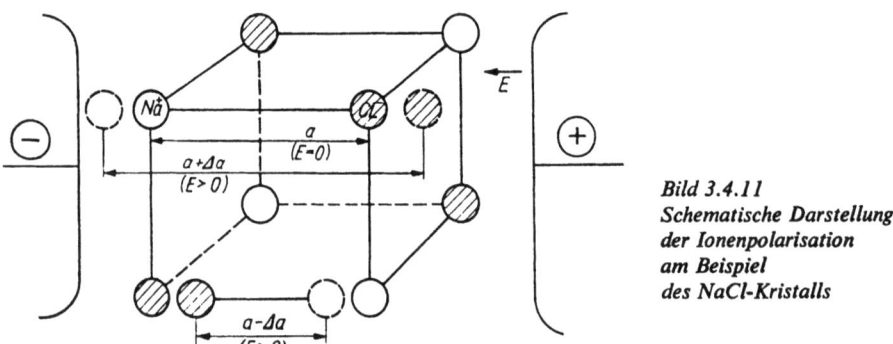

Bild 3.4.11
Schematische Darstellung
der Ionenpolarisation
am Beispiel
des NaCl-Kristalls

Raumladungs- und Grenzflächenpolarisation

Isolierstoffe haben häufig keinen homogenen Aufbau. Daraus resultierend sind auch die Leitfähigkeiten in den einzelnen Bezirken unterschiedlich. Die freien Ladungsträger haben nur einen begrenzten Bewegungsraum. So kommt es an Grenzflächen zur Ladungskonzentration; ebenso können in bestimmten Raumgebieten diese Ladungsansammlungen entstehen. Bei hohen Feldstärken wird feldstärkeabhängig die Ladungsträgerdichte der freien Ladungsträger verändert. Sind durch die äußere Feldkonfiguration oder durch die Inhomogenität des Dielektrikums unterschiedlich hohe Feldstärken im Isolierstoff vorhanden, dann liegt auch eine orts- und zeitabhängige Raumladung vor. Auch im makroskopischen Bereich sind Isolierstoffschichten Ursache von Raum- oder Grenzflächenladungen. Die so entstehenden nicht gleichgewichtigen Ladungsverteilungen stellen einen Polarisationszustand dar. Die Relaxationszeit dieser Art der Verschiebungspolarisation erstreckt sich über viele Größenordnungen. Bei hochpolymeren Isolierstoffen sind noch Relaxationszeiten von einigen 10^6 s beobachtet worden. Diese weit in den Infrafrequenzbereich hineinreichende Polarisation hat beachtliche Bedeutung für die elektrische Isoliertechnik. Es kann zusammenfassend festgestellt werden, daß die verschiedenen Arten der Verschiebungspolarisation ein Relaxationszeitspektrum von mehr als 20 Größenordnungen umfassen.

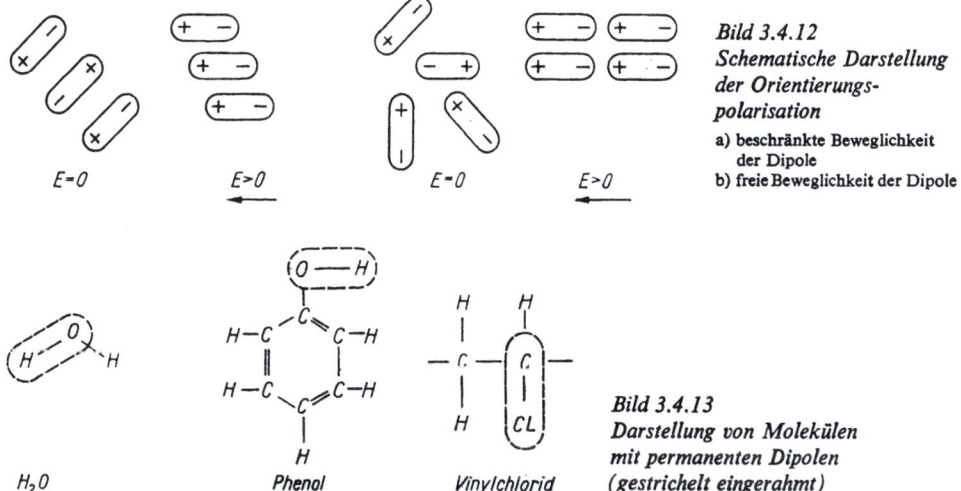

Bild 3.4.12
Schematische Darstellung der Orientierungspolarisation

a) beschränkte Beweglichkeit der Dipole
b) freie Beweglichkeit der Dipole

Bild 3.4.13
Darstellung von Molekülen mit permanenten Dipolen (gestrichelt eingerahmt)

B. Orientierungspolarisation

Hat ein Isolierstoff permanente Dipole, d.h. Elemente der Stoffstruktur, die bereits verteilte positive und negative Ladungen besitzen, so stellen diese einen Polarisationszustand bereits ohne anliegendes elektrisches Feld dar. Wird ein Feld angelegt, so hat die elektrische Kraftwirkung eine Ausrichtung der Dipole in Feldrichtung zur Folge. Bild 3.4.12 zeigt die Ordnung von Dipolen durch das äußere elektrische Feld. Je nach der Bindung der Ladungen an die materiellen Träger handelt es sich um eine Drehung in einem festgelegten Raumelement oder eine kettenmäßige Ausrichtung und Anordnung. Permanente Dipole bilden sich bei bestimmten Bindungsverhältnissen zwischen zwei Atomen aus. Die Wirkung des Dipols wird durch sein Dipolmoment festgelegt. Große Dipolmomente weisen z. B. H-O-, H-Cl-, S-O-Verbindungen auf. Solche Gruppen bestimmen das Polarisationsverhalten des jeweiligen Isolierstoffs. Jedoch ist nicht nur das Dipolmoment der Gruppe entscheidend, sondern auch die Stellung dieser Gruppe im Gesamtmolekül. Bild 3.4.13 gibt einige Beispiele für solche im Molekül bestimmenden Gruppen. Tafel 3.4.4 enthält die Dipolmomente einiger Verbindungsgruppen. Es ist zu erkennen, daß die Dipolmomente von Halogenwasserstoffen unterschiedlich sind, vom Chlor zum Jod abfallend, und die Verbindungen mit Sauerstoff sehr unterschiedliche Werte aufweisen. Interessant ist die Tatsache, daß z. B. das Gesamtdipolmoment eines Moleküls mit einer unterschiedlichen Zahl von C-Cl-Gruppen zwischen 0 und einem hohen Wert (etwa gleich Wasser) variiert. Symmetrie und sterische Behinderung wirken sich auf das resultierende

Damit ergibt sich für diesen Fall

$$\alpha_{pB} = \frac{3\varepsilon_0 M}{\gamma_D L_0} \frac{(\varepsilon_r - 1)}{(\varepsilon_r + 2)}. \tag{3.4.55}$$

c) Gas höherer Dichte, Flüssigkeit und näherungsweise Festkörper
mit polaren Molekülen
Die unter diesen Bedingungen wirksame Polarisierbarkeit α_{pC} setzt sich aus α_{pB} und einem Dipolanteil zusammen:

$$\alpha_{pC} = \alpha_{pB} + \frac{\mu_{pD}^2}{3kT} R_f. \tag{3.4.56}$$

μ_{pD} ist das Dipolmoment der permanenten Dipole, R_f ein Reduktionsfaktor <1, der die höhere Reibung bei Flüssigkeiten gegenüber Gasen berücksichtigt.

Die für die Fälle a bis c angegebenen Beziehungen sind zwar exakt in der Herleitung für das betreffende Modell, können jedoch nur zur Berechnung relativ einfacher Strukturen verwendet werden. Sie haben aber den Vorteil, die Abhängigkeiten des Polarisationsprozesses deutlich zu machen, z.B. ist aus (3.4.56) die Abhängigkeit des α_p und damit des ε_r von der Temperatur zu entnehmen.

Bei der Elektronenpolarisation ist kein Einfluß der Temperatur zu erwarten, da bei Temperaturen im Bereich der Anwendung von Isolierstoffen die diesbezügliche Energie nicht zu einer Veränderung der Elektronenhülle des Atoms ausreicht. Im Falle der Ionenpolarisation ist ein Temperatureinfluß vorhanden, da die Beweglichkeit der Ionen größer wird und die Gitterschwingungen in einem Ionenkristall sich verstärken, also die thermische Störung steigt. In ähnlicher Weise wird eine Wirkung auf die Raumladungs- und Grenzflächenpolarisation ausgeübt, weil sich mit steigender Temperatur die Ladungsträgerdichte durch flache Haftstellenentleerung erhöht und die Ionenbeweglichkeit größer wird.

Die Orientierungspolarisation hat die stärkste Temperaturabhängigkeit, da die Einstellbewegung der Dipole stark von der Dichte und Viskosität des Mediums abhängt.

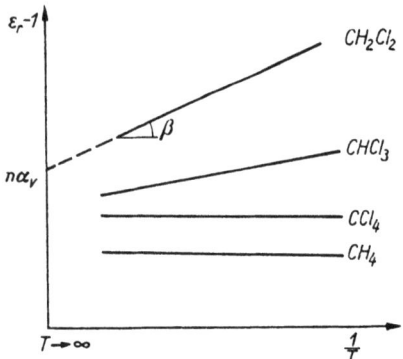

Bild 3.4.14
Prinzipdarstellung der Temperaturabhängigkeit von Methan und Cl-Substitutionsprodukten

An dem bereits in Tafel 3.4.4 aufgeführten Beispiel von Methan mit unterschiedlichem Substitutionsgrad von Wasserstoffatomen durch Chloratome soll der Temperatureinfluß im Bild 3.4.14 demonstriert werden. Die dielektrische Suszeptibilität ($\varepsilon_r - 1$) ist als Funktion von $1/T$ aufgetragen. Trotz der hohen Dipolmomente der Cl-C-Gruppen ist bei symmetrischer Anordnung im Fall des CCl_4 weder ein resultierendes Dipolmoment

3.4. Einfluß der Ladungsträger und ihrer Bewegung auf die Isolierfähigkeit

vorhanden noch gibt es eine Temperaturabhängigkeit des ε_r. Die Abhängigkeit ist die gleiche wie beim Methanmolekül, das praktisch nur apolare C-H-Gruppen enthält. Die Unsymmetrie von angelagerten Cl-Atomen bringt die Dipolmomente zur Wirkung; es entsteht die erwartete Temperaturabhängigkeit. Der Steigungswinkel der Geraden im Bild 3.4.14 repräsentiert den Dipolanteil:

$$\tan \beta = \frac{n}{3\varepsilon_0} \frac{\mu_{pD}^2}{k}; \qquad (3.4.57)$$

k ist dabei die Boltzmann-Konstante. Bildet man den Schnittpunkt der Kurven mit der Ordinate bei dem theoretischen Wert von $T = \infty$, dann wird damit die n-fache Polarisierbarkeit der Verschiebungspolarisation α_{pv}, im gegebenen Fall im wesentlichen Elektronenpolarisation, bestimmt.

Ein wesentlicher Gesichtspunkt ist die unstetige Temperaturfunktion der Dielektrizitätskonstanten. So kommt es häufig bei Isolierflüssigkeiten bei Temperatursteigerung zu einer sprunghaften Erhöhung des ε_r. Dieses Verhalten ist auf den Übergang von der reinen Verschiebungspolarisation auf die zusätzliche Orientierungspolarisation zurückzuführen. Unterhalb einer bestimmten Temperatur sind in diesem Fall die Dipolbewegungsmöglichkeiten eingefroren.

Bild 3.4.15 zeigt schematisch dieses Verhalten. Es kann beim Übergang einer Flüssigkeit in einen Festkörper beobachtet werden, ist jedoch auch im Temperaturspektrum von Festkörpern feststellbar.

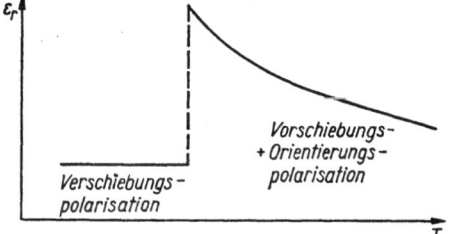

Bild 3.4.15
Schematische Darstellung des Übergangs von der Verschiebungspolarisation zur Orientierungspolarisation mit steigender Temperatur

Zur Beschreibung der Temperaturabhängigkeit auf der Basis der Clausius-Mossotti-Beziehung kann ein Temperaturkoeffizient TK_ε eingeführt werden:

$$TK_\varepsilon = \frac{1}{\varepsilon_r} \frac{d\varepsilon_r}{dT}. \qquad (3.4.58)$$

Mit (3.4.55) folgt

$$\frac{d\varepsilon_r}{dT} \frac{(\varepsilon_r - 1)}{(\varepsilon_r + 2)} = \frac{\alpha_{pB}}{3} \frac{dn}{dT}. \qquad (3.4.59)$$

Durch weitere Umformung erhält man

$$\frac{1}{\varepsilon_r} \frac{d\varepsilon_r}{dT} = \frac{(\varepsilon_r - 1)(\varepsilon_r + 2)}{3\varepsilon_r} \frac{1}{n} \frac{dn}{dT}. \qquad (3.4.60)$$

Der Ausdruck $1/n \, dn/dT$ entspricht dem Volumenausdehnungskoeffizienten β_v:

$$\beta_v = -\frac{1}{n} \frac{dn}{dT}. \qquad (3.4.61)$$

118 3. Isoliervermögen von Isolierungen und deren Einflußgrößen

Damit erhält man für den Temperaturkoeffizienten TK_ε:

$$TK_\varepsilon = \frac{1}{\varepsilon_r} \frac{d\varepsilon_r}{dT} = -\beta_v \frac{(\varepsilon_r - 1)(\varepsilon_r + 2)}{3\varepsilon_r}. \qquad (3.4.62)$$

Das Vorzeichen in (3.4.62) besagt, daß mit steigender Temperatur die Dielektrizitätskonstante ε_r fällt.

Für Gase ist TK_ε von der Größenordnung $10^{-6}\,K^{-1}$. Das steht in Übereinstimmung mit Bild 3.4.14 für CH_4 und CCl_4, die praktisch eine verschwindende Abhängigkeit ausweisen. In apolaren Festkörpern und Flüssigkeiten findet man Werte für TK_ε von etwa $10^{-3}\,K^{-1}$.

Die Veränderungen sind auf die Moleküldichteänderung zurückzuführen. Die Reduzierung der Polarisationswirkung durch die thermische Bewegung der Moleküle ist dabei nicht berücksichtigt.

Andererseits ist die Temperaturabhängigkeit der Dipolpolarisation zu beachten. Sie steigt im Festkörper im allgemeinen mit der Temperatur, durchläuft bei Flüssigkeiten ein Maximum und fällt bei Gasen.

Die Ionenpolarisation im Festkörper bewirkt ebenfalls eine ε_r-Erhöhung mit steigender Temperatur.

Anhand der Tafel 3.4.5 sollen einige Polarisationseigenschaften zusammenfassend diskutiert werden.

Aggregatzustand	polare Gruppen		apolare Gruppen	
Gas	NH_3	$\varepsilon_r = 1,0007$	H_2	$\varepsilon_r = 1,0003$
	HCl	$\varepsilon_r = 1,0030$	CH_4	$\varepsilon_r = 1,0014$
Flüssigkeit	$C_2H_5NO_2$	$\varepsilon_r = 36$	CCl_4	$\varepsilon_r = 2,24$
	H_2O	$\varepsilon_r = 81$	C_6H_6	$\varepsilon_r = 2,28$
Festkörper	EP-Harz	$\varepsilon_r = 3,8$	PE	$\varepsilon_r = 2,2$
	PVC	$\varepsilon_r = 3,5$		

Tafel 3.4.5
Beispiele für die Größe der statischen Dielektrizitätskonstante in verschiedenen Aggregatzuständen und bei unterschiedlichem polarem Verhalten

Im gasförmigen Zustand haben die polaren Gruppen einen verhältnismäßig geringen Einfluß auf die Dielektrizitätskonstante. Die Werte weichen insgesamt nur in der dritten Dezimale von 1 ab. Eine sehr geringe Temperaturabhängigkeit bei den apolaren, eine stärkere bei den polaren Gasen sind zu verzeichnen. Die Druckabhängigkeit ist nahezu linear, solange der Temperaturbereich von der kritischen Temperatur noch genügend weit entfernt ist.

Flüssige Isolierstoffe weisen große Unterschiede bei vorhandenen polaren Gruppen gegenüber apolarer Zusammensetzung auf. Die hohe Moleküldichte läßt sämtliche Polarisationswechselwirkungen voll eintreten. Die gute Beweglichkeit der polaren Gruppen in der Flüssigkeit hat eine hohe Wirkung der Dipole zur Folge. Die Temperaturabhängigkeit ist ausgeprägt. Bei Festkörperisolierungen ist gegenüber Flüssigkeiten kaum ein Unterschied im Fall apolarer Systeme festzustellen. Das resultiert aus der nur wenig unterschiedlichen Dichte. Die polaren Gruppen sind stets in der Ausrichtung eingeschränkt, so daß die Wirkung wesentlich geringer ist als bei Flüssigkeiten und damit ε_r nur um einen Faktor 1 bis 2 von den apolaren abweicht und nicht um eine Größenordnung. Die Einstellfähigkeit wird mit steigender Temperatur erhöht, so daß die bereits diskutierte steigende Dielektrizitätskonstante mit steigender Temperatur die Folge ist.

3.4.6.2. Polarisation im zeitvariablen elektrischen Feld

Wie die Ausführungen im vorangegangenen Abschnitt erkennen lassen, sind die Polarisationsvorgänge zeitabhängig. Jede Polarisationsart hat ihre eigene Relaxationszeit bzw. ihre Eigenfrequenz.

Damit muß auch eine Zeitabhängigkeit des Verschiebungsstroms als Funktion von der Art des Dielektrikums auftreten. Gegenüber dem Vakuum ist ein grundsätzlicher Unterschied der Zeitfunktion bei den Isolierstoffen zu erwarten.

Betrachtet man einen Stromkreis nach Bild 3.4.16, so ist nach Anlegen einer Sprungspannung U die momentane Spannungsverteilung durch

$$U = u + iR \qquad (3.4.63)$$

gegeben. Mit

$$i = C_0 \frac{du}{dt}$$

ergibt sich

$$U = u + C_0 R \frac{du}{dt}. \qquad (3.4.64)$$

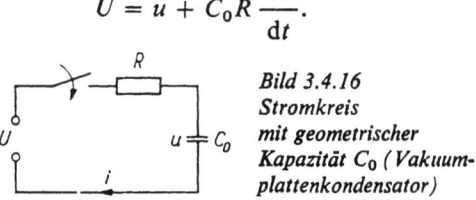

Bild 3.4.16
Stromkreis mit geometrischer Kapazität C_0 (Vakuumplattenkondensator)

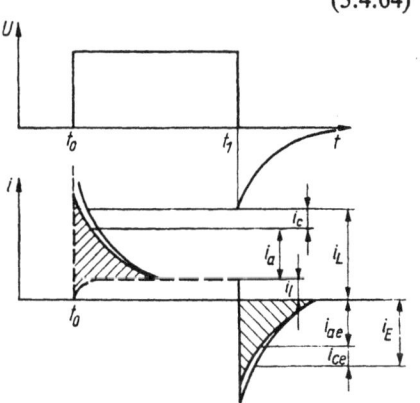

Bild 3.4.17
Lade- und Entladevorgang in einem realen Dielektrikum nach dem Anlegen einer Sprungspannung

t_0 Zeitpunkt des Anlegens der Sprungspannung; t_1 Abschaltzeitpunkt; i_L Ladestrom; i_c Ladestrom der geometrischen Kapazität; i_a Absorptionsstrom; i_l Leitungsstrom; i_E Entladestrom; i_{ce} Entladestrom der geometrischen Kapazität; i_{ae} Absorptionsstrom bei der Entladung

Die Lösung dieser Differentialgleichung ist

$$u = U(1 - e^{-t/\tau_0}) \qquad (3.4.65)$$

und damit der Ladestrom i_c der geometrischen Kapazität

$$i_c = \frac{U}{R} e^{-t/\tau_0}. \qquad (3.4.66)$$

Im Stromkreis mit dem Vakuumkondensator ist die Zeitkonstante $\tau_0 = C_0 R$. Man stellt im Experiment einen schnell abklingenden Strom fest. Wird dagegen in den Kondensator mit der geometrischen Kapazität C_0 ein Isolierstoff eingeführt, so ist der Strom insgesamt größer und klingt wesentlich langsamer ab (Bild 3.4.17). Man spricht von einem Nachladevorgang. Der gesamte Ladestrom setzt sich zusammen aus dem kapazitiven Strom i_c, dem Absorptionsstrom i_a und dem Leitungsstrom i_l, der aus der endlichen Leitfähigkeit des Dielektrikums resultiert:

$$i_L = i_c + i_a + i_l. \qquad (3.4.67)$$

3. Isoliervermögen von Isolierungen und deren Einflußgrößen

Während i_c durch (3.4.66) beschrieben wird und sich die Abklingzeit aus den Daten des äußeren Kreises bestimmt, sind der Absorptionsstrom i_a und der Leitungsstrom i_l durch den Aufbau des Dielektrikums festgelegt.

$$i_a = k_a C U t^{-n} \tag{3.4.68}$$

k_a ist eine Konstante, die durch die Art des Dielektrikums festgelegt wird, und n ist ein Exponent mit dem Wert <1. Die vom Kondensator absorbierte Ladung q_a ergibt sich aus

$$q_a = \int_{t_0}^{t} i_a(t)\, dt. \tag{3.4.69}$$

Der Leitungsstrom ergibt sich aus der Spannung und dem Isolationswiderstand R_{Iso}:

$$i_l = \frac{U}{R_{Iso}}. \tag{3.4.70}$$

Zum Zeitpunkt t_1 wird die Spannung abgeschaltet, und die Elektroden des Kondensators werden über R_E verbunden. Am Kondensator liegt, bedingt durch die absorbierte Ladung, eine Spannung an, die einen Entladestrom i_E hervorruft. Dieser setzt sich aus dem Absorptionsstrom und dem Entladestrom der geometrischen Kapazität zusammen:

$$i_E = i_{aE} + i_{cE}. \tag{3.4.71}$$

Der Absorptionsstrom bei der Entladung zum Zeitpunkt t kann durch den Absorptionsstrom bei der Ladung ausgedrückt werden:

$$i_{aE}(t) = -i_a(t - t_1). \tag{3.4.72}$$

Der Entladestrom der Kapazität ergibt sich

$$i_{cE} = -\frac{U}{R_E} \exp\left(-\frac{t - t_1}{\tau_0}\right) \tag{3.4.73}$$

mit $\tau_0 = R_E C_0$, wobei R_E der Entladewiderstand im äußeren Kreis ist.

Die behandelten Absorptionsprozesse können aus allen Polarisationsmechanismen resultieren. Beispielsweise kann dieser Vorgang in einem Zweischichtkondensator mit unterschiedlicher Dielektrizitätskonstante und verschiedener Leitfähigkeit auftreten. Bild 3.4.18 kennzeichnet diesen Zweischichtkondensator.

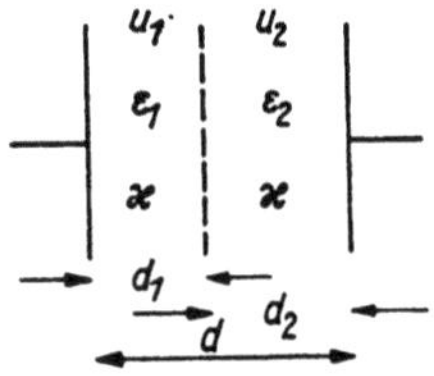

Bild 3.4.18
Zweischichtkondensator als Relaxationsmodell

Beim Anlegen einer Sprungspannung wird die Feldverteilung durch das Verhältnis der Dielektrizitätskonstanten bestimmt. E_1/E_2 verhält sich wie $\varepsilon_2/\varepsilon_1$. Entsprechend den Dickenverhältnissen entstehen die Teilspannungen an den Schichten. Die Gesamtspannung U ergibt sich aus den Teilspannungen $u_1 + u_2$. Letztere sind die Ursache für den Leitungsstromfluß über die Isolationswiderstände der Schichten. Dieser Prozeß hat den Übergang zu einer neuen Spannungsverteilung zur Folge.

Das Modell des Zweischichtkondensators beschreibt Relaxationsprozesse, die mit der Grenzflächenpolarisation völlig in Übereinstimmung stehen. Formal kann jedoch das Ergebnis auf alle Polarisationsvorgänge angewendet werden. Es kann auch als Modell für die Herleitung von Zeit- und Frequenzabhängigkeiten der Polarisation verwendet werden.

Für die Untersuchung der Frequenzabhängigkeit der Polarisation erscheint es zweckmäßig, die Relaxationsprozesse mit elektrischen Ersatzschaltungen zu modellieren. Das reale Dielektrikum muß offensichtlich durch eine Kapazität zur Charakterisierung des verlustfreien Dielektrikums, durch eine RC-Reihenschaltung wegen der Realisierung einer Zeitkonstanten und durch Widerstände zur Charakterisierung der Leitfähigkeit des Dielektrikums nachgebildet werden. Von den verschiedenen Möglichkeiten soll die Parallelschaltung der genannten Elemente gemäß Bild 3.4.19 benutzt werden. Zur Vereinfachung wird die Leitfähigkeit als 0 angesetzt und mit den Widerständen R_4, R_5 im Ersatzschaltbild nicht weiter gerechnet.

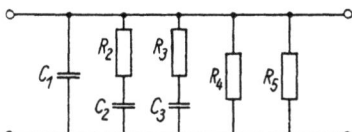

Bild 3.4.19
Ersatzschaltbild für ein verlustbehaftetes Dielektrikum

Der komplexe Leitwert ist für die Parallelschaltung von C_1 und $R_2 C_2$

$$Y = j\omega C_1 + \frac{1}{R_2 + \frac{1}{j\omega C_2}}. \tag{3.4.74}$$

Eine Erweiterung mit $j\omega C_2$ ergibt

$$Y = j\omega C_1 + \frac{j\omega C_2}{1 + j\omega R_2 C_2}.$$

Bildet man mit $R_2 C_2$ die Zeitkonstante τ_E und die Eigenfrequenz ω_E als reziproke Größe

$$R_2 C_2 = \tau_E = \frac{1}{\omega_E}, \tag{3.4.75}$$

so erhält man

$$j\omega C_1 + \frac{j\omega C_2}{1 + j\frac{\omega}{\omega_E}} = Y = j\omega \varepsilon^* C_0. \tag{3.4.76}$$

Die rechte Seite von (3.4.76) ist die Beschreibung eines Dielektrikums in einem Kondensator mit der geometrischen Kapazität C_0 und der komplexen Dielektrizitätskonstante ε^*.
Damit ergibt sich

$$\varepsilon^* = \frac{C_1}{C_2} + \frac{C_2}{C_0} \frac{1}{1 + j\frac{\omega}{\omega_E}}. \tag{3.4.77}$$

Das komplexe ε^* läßt sich also als die Summe eines frequenzunabhängigen und eines frequenzabhängigen Ausdrucks angeben.

3. *Isoliervermögen von Isolierungen und deren Einflußgrößen*

Stellt man zwei Grenzfälle für die Relation der Kreisfrequenz des äußeren Feldes ω und der Eigenschwingungsfrequenz des betreffenden Polarisationsvorgangs ω_E auf, so kann die komplexe Dielektrizitätskonstante in Form zweier zugeordneter ε angegeben werden:

A. $\omega \ll \omega_E$, dann folgt

$$\frac{1}{1 + j\dfrac{\omega}{\omega_E}} \to 1 \left(\varepsilon_A = \frac{C_1}{C_0} + \frac{C_2}{C_0} \right. \tag{3.4.78}$$

B. $\omega \gg \omega_E$, dann folgt

$$\frac{1}{1 + j\dfrac{\omega}{\omega_E}} \to 0 \left(\varepsilon_B = \frac{C_1}{C_0} \right. . \tag{3.4.79}$$

Es kann festgestellt werden, daß die Anteile des ε^*, nämlich ε_A und ε_B, unterschiedlich groß sind. ε_A ist größer als ε_B. Führt man (3.4.78) und (3.4.79) in (3.4.77) ein, so ergibt sich

$$\varepsilon^* = \varepsilon_B + \frac{\Delta \varepsilon}{1 + j\dfrac{\omega}{\omega_E}} \tag{3.4.80}$$

mit $\varepsilon_A - \varepsilon_B = \Delta \varepsilon$.

Durch Erweiterung von (3.4.80) mit $1 - j\omega/\omega_E$ ist eine Aufspaltung in Real- und Imaginärteil möglich:

$$\varepsilon^* = \varepsilon_B + \frac{\Delta \varepsilon}{1 + \left(\dfrac{\omega}{\omega_E}\right)^2} - j \frac{\Delta \varepsilon \dfrac{\omega}{\omega_E}}{1 + \left(\dfrac{\omega}{\omega_E}\right)^2}. \tag{3.4.81}$$

Wird die Festlegung wie folgt getroffen:

$$\operatorname{Re}(\varepsilon^*) = \varepsilon' \quad \text{und} \quad \operatorname{Im}(\varepsilon^*) = \varepsilon'',$$

dann kann (3.4.81) geschrieben werden als

$$\varepsilon^* = \varepsilon' - j\varepsilon''. \tag{3.4.82}$$

Die Dielektrizitätskonstante ε^* ist also als komplexe Größe darstellbar. Die Komponenten ε' und ε'' stehen offensichtlich senkrecht aufeinander. Während ε' einen frequenzabhängigen und einen frequenzunabhängigen Anteil besitzt, ist ε'' von der Frequenz in seinem Betrag abhängig.

Betrachtet man ε' in (3.4.81), so kann man sehen, daß für sehr hohe Frequenzen des elektrischen Feldes ω/ω_E ebenfalls einen sehr hohen Wert annimmt und damit der Summand

$$\frac{\Delta \varepsilon}{\left(1 + \left(\dfrac{\omega}{\omega_E}\right)^2\right)}$$

gegen Null geht. Für Frequenzen des elektrischen Feldes im Bereich des Lichts ist danach $\varepsilon' = \varepsilon_B$, hat also einen Wert, der bei geringeren Frequenzen nicht mehr unterschritten werden kann. Damit ist klar, daß für alle elektrotechnischen Frequenzen eine untere Grenze für ε' existiert: Je niedriger die Frequenz des äußeren Feldes, um so höher das ε'.

Analysiert man ε'', so ist es erforderlich, wieder die beiden Grenzwerte für ω zu untersuchen. Für sehr große Frequenzen geht $\varepsilon'' \to 0$. Für sehr kleine Frequenzen des Feldes, verglichen mit der Eigenfrequenz des Polarisationsvorgangs, ist ε'' ebenfalls $= 0$. Für $\omega/\omega_E = 1$ wird $\varepsilon'' = \Delta\varepsilon/2$ ein Maximum.

Da, wie bei der Behandlung der statischen Polarisation festgestellt, die Eigenfrequenzen der Polarisationsvorgänge über mehr als 20 Größenordnungen variieren, muß die getroffene Aussage stets unter dem Aspekt der jeweils konkreten Eigenfrequenz betrachtet werden.

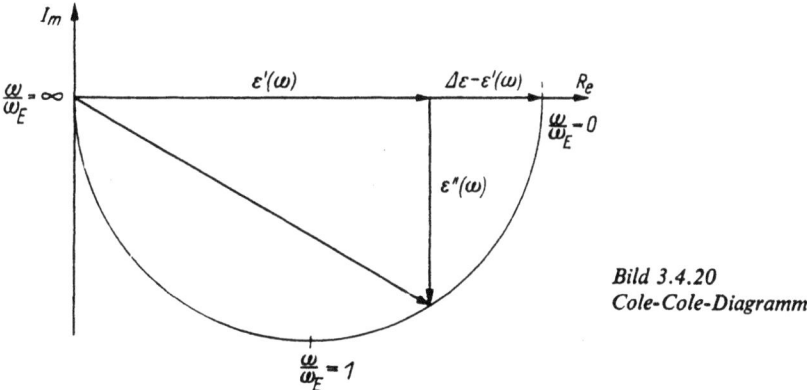

Bild 3.4.20
Cole-Cole-Diagramm

Zwei Beispiele sollen das erhellen. Analysiert man die Elektronenpolarisation hinsichtlich der Frequenzabhängigkeit des ε, so sind praktisch alle elektrotechnischen Frequenzen klein gegen die Eigenfrequenz. ε' hat in diesem Fall immer seinen Höchstwert und ist praktisch frequenzunabhängig: $\varepsilon_B + \Delta\varepsilon$. Die gleiche Polarisationsart, auf ε'' bezogen, zeigt folgendes Resultat: Wegen der Kleinheit von technischen Frequenzen gegenüber der Eigenfrequenz bleibt der Nenner im Imaginärteil kaum von 1 abweichend, und der Zähler wird nahezu 0. Der durch ε'' repräsentierte Verlustanteil ist äußerst gering und wird im Frequenzbereich der Elektrotechnik von der Frequenz kaum beeinflußt. In ähnlicher Weise sind andere Polarisationsarten hinsichtlich ihres Beitrags zur Ausbildung des ε analysierbar.

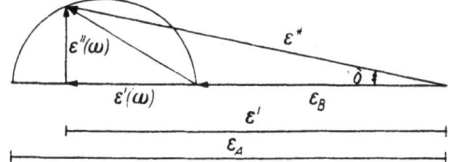

Bild 3.4.21
Darstellung der Komponenten der komplexen Dielektrizitätskonstante

Der Cole-Cole-Kreis ist die Ortskurve für ε im frequenzabhängigen Bereich. Bild 3.4.20 zeigt die vorher diskutierten Zusammenhänge als Ortskurvendarstellung. Das gesamte Diagramm der komplexen Dielektrizitätskonstante wird im Bild 3.4.21 dargestellt. Hier ist deutlich zu erkennen, daß ε' aus zwei Anteilen besteht.

Aus der Definition des komplexen ε^* geht hervor, daß dies die bei der meßtechnischen

124   *3. Isoliervermögen von Isolierungen und deren Einflußgrößen*

Bestimmung des ε_r gemessene Größe ist. Für die meisten Isolierstoffe kann wegen des kleinen Winkels zwischen ε^* und ε' die gemessene Größe mit weniger als 1% Fehler auch als ε' verwendet werden.

Das Diagramm nach Bild 3.4.21 kann auch zur Ableitung wichtiger Kenngrößen für den Isolierstoff genutzt werden. Der Verlustwinkel eines Dielektrikums δ ist der Winkel zwischen ε' und ε^*; denn er repräsentiert die dielektrischen frequenzabhängigen Verluste, die durch den Betrag von ε'' ausgedrückt werden.

Es ist üblich, nicht den Winkel δ, sondern $\tan \delta$ zu benutzen. Dann ist per Definition

$$\tan \delta = \frac{\varepsilon''}{\varepsilon'}; \quad (\varepsilon'' = \varepsilon' \tan \delta \text{ Verlustziffer}). \tag{3.4.83}$$

Mit (3.4.83) unter Verwendung von (3.4.81) und (3.4.82) ist

$$\tan \delta = \frac{\Delta\varepsilon \dfrac{\omega}{\omega_E}}{\varepsilon_B \left[1 + \left(\dfrac{\omega}{\omega_E}\right)^2\right] + \Delta\varepsilon}. \tag{3.4.84}$$

Bildet man $d \tan \delta / d\omega$ und setzt den Differentialquotienten $= 0$, so erhält man das Maximum des dielektrischen Verlustfaktors für $\omega = \omega'$ für eine konstante Temperatur. Die Frequenz für den maximalen Verlustfaktor ist

$$\omega' = \omega_E \sqrt{\frac{\varepsilon_A}{\varepsilon_B}}.$$

Ist $\varepsilon_A - \varepsilon_B \ll 1$, dann ist ω' praktisch gleich ω_E. Für $\omega = \omega_E$ ist dann

$$\tan \delta = \frac{\varepsilon_A - \varepsilon_B}{\varepsilon_A + \varepsilon_B}$$

und

$$\varepsilon' = \tfrac{1}{2}(\varepsilon_A + \varepsilon_B), \quad \varepsilon'' = \tfrac{1}{2}(\varepsilon_A - \varepsilon_B).$$

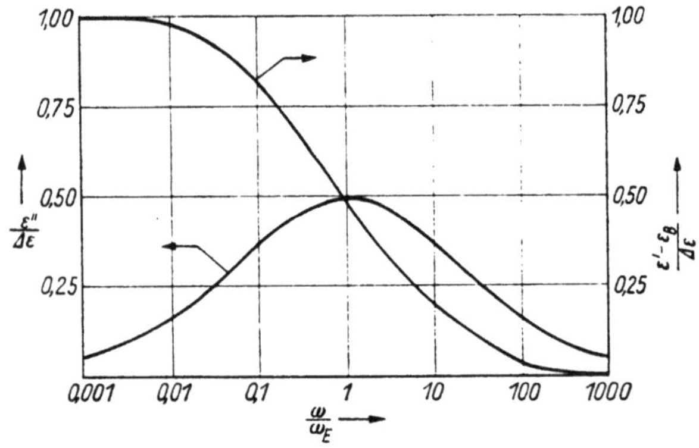

Bild 3.4.22
Bezogene dielektrische Verlustziffer und normierte Dielektrizitätskonstante ε' als Funktion der bezogenen Frequenz

Trägt man in einer normierten Darstellung $\varepsilon''/\Delta\varepsilon$ und $(\varepsilon' - \varepsilon_B/\Delta\varepsilon)$ über $\ln \omega/\omega_E$ auf, so erhält man Bild 3.4.22. Das sind die Debeye-Funktionen für die Polarisation im Wechselfeld. Die Relaxationszeit oder die Eigenfrequenz des Polarisationsvorgangs werden im allgemeinen der dem Maximum zugeordneten Frequenz für ε'' oder der Halbwertfrequenz von ε' entnommen. Da ε'' nicht generell nur von ω, sondern in Fällen der Grenzflächenpolarisation, der Orientierungspolarisation und auch der Dipolpolarisation

3.4. Einfluß der Ladungsträger und ihrer Bewegung auf die Isolierfähigkeit 125

von T abhängt, muß nicht nur schlechthin der Relaxationsvorgang als exponentiell abhängig von der Zeit betrachtet werden, sondern auch nach *Arrhenius* von der Temperatur. Es gilt $\ln \tau_E \sim 1/T$. Diese Abhängigkeit resultiert aus der Tatsache, daß z.B. zur Einstellung der Dipole eine Potentialschwelle überwunden werden muß oder bei der Grenzflächenpolarisation die Ladungsträgerbereitstellung und der Transport von Aktivierungsenergien abhängig sind. Trägt man $2\varepsilon''/\Delta\varepsilon$ für ω_E über dem Exponenten der Exponentialfunktion für die Relaxation auf, dann erhält man Bild 3.4.23. Bei $W_a = 0$ ist $2\varepsilon''/\Delta\varepsilon = 1$ und sinkt mit steigendem W_a/kT. Mit steigender Temperatur verringert sich die Breite des Relaxationsgebiets. Liegt die Relaxationszeit τ im Intervall $\tau_0 \leqq \tau \leqq \tau_1$ und ist $\tau = \tau_0 \, e^{W_a/kT}$, so ist τ_1/τ_0 eine Exponentialfunktion von W_a/kT. Wird τ_1/τ_0 als Parameter gewählt, dann ergibt sich eine normierte Darstellung gemäß Bild 3.4.24.

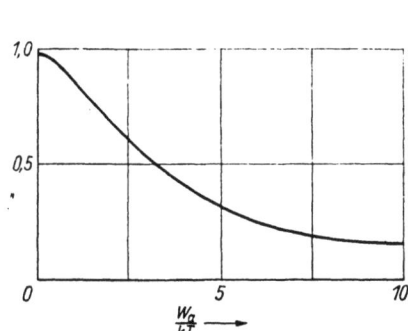
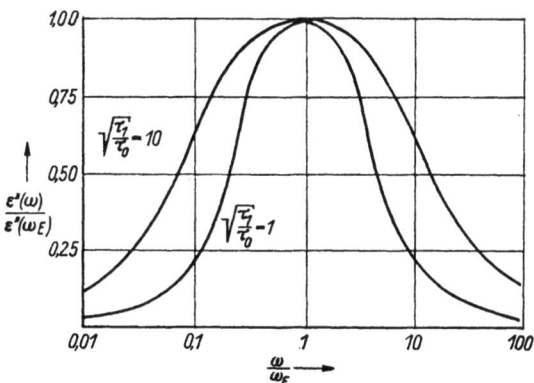

Bild 3.4.23. *Maximale Verlustziffer in Abhängigkeit von der thermischen Aktivierung des Polarisationsprozesses*

Bild 3.4.24. *Abhängigkeit der bezogenen dielektrischen Verlustziffer von der Frequenz des elektrischen Feldes, bezogen auf die Eigenfrequenz des Polarisationsvorgangs*

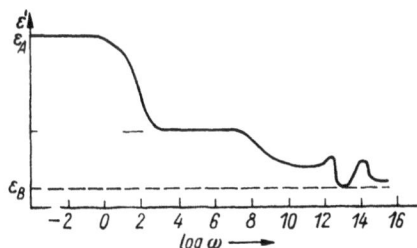
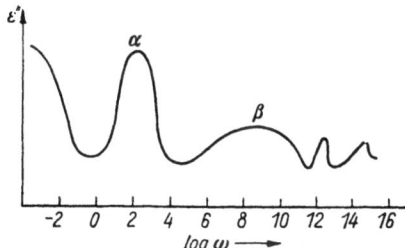

Bild 3.4.25. *Qualitative Darstellung eines Polarisationsspektrums mit verschiedenen Polarisationsarten*

Man kann also unterscheiden zwischen Polarisationsvorgängen, die das Maximum der Verluste in der Nähe der Frequenz der elastischen Schwingungen um eine Gleichgewichtslage haben, wozu die Elektronen- und die Ionenpolarisation zählen (Verschiebungspolarisationsarten, die in diesem Zusammenhang als Resonanzpolarisation bezeichnet werden), und der Dipolpolarisation, der Ionenpolarisation mit schwacher Bindung sowie der Grenzflächen- und der Raumladungspolarisation. Die Verluste sind, wie oben ausgeführt, von Potentialbarrieren abhängig und damit von der Relaxationszeit mit großem Temperatureinfluß. Das Verlustmaximum liegt in der Nähe der Frequenz, die durch die Relaxationszeit bestimmt wird.

Bisher wurde stets von einem einzigen Relaxationsmechanismus ausgegangen. Bei realen Dielektrika ist diese Annahme nicht berechtigt. Meist wirken mehrere Mechanismen gleichzeitig. Es gibt praktisch immer eine Überlagerung von Resonanz- und Relaxationsverlusten.

Anstelle des einen Dispersionsgebiets entsprechend Bild 3.4.22 sind mehrere vorhanden. Bild 3.4.25 gibt einen qualitativen Überblick. Dem starken ε'-Abfall im Dispersionsgebiet entspricht ein Maximum für ε'' im jeweiligen Frequenzbereich. Auf das α- und β-Relaxationsgebiet wird später noch eingegangen.

Bei denjenigen Polarisationsmechanismen, die eine Temperaturabhängigkeit aufweisen, ist der Zusammenhang mit der Frequenz leicht herzustellen. Mit steigender Temperatur verschiebt sich das Verlustziffermaximum zu höheren Frequenzen. Die mit höherer Temperatur reduzierte Einstellzeit vergrößert die Eigenfrequenz des relaxierenden Dielektrikums, so daß ω des Feldes für die maximale Energieabsorption so vergrößert werden muß, daß $\omega/\omega_E = 1$ wird. Damit sind unter den genannten Bedingungen Temperatur- und Frequenzänderungen gegeneinander aufzurechnen. Dieses Verhalten ist für meßtechnische Zwecke wichtig, da die Frequenz in sehr weiten Grenzen variiert werden kann, die Temperatur meist jedoch nur beschränkt.

3.4.7. Einflußfaktoren auf die Dielektrizitätskonstante und den dielektrischen Verlustfaktor
[30] [31]

Zunächst sollen einige Einflußgrößen des chemischen Aufbaus und der Struktur von Dielektrika behandelt werden. Niedermolekulare Stoffe, z.B. Isolieröle, müssen vorwiegend unter dem Aspekt der hohen Beweglichkeit der polaren Gruppen gesehen werden. Sind keine polaren Gruppen vorhanden, ist die Verlustziffer ε'' verhältnismäßig klein (z.B. bei Transformatorenöl in der Größenordnung von 10^{-4}). Durch Ionen- und Elektronenleitfähigkeit kann der gemessene $\tan \delta$ wegen der Leitungsverlustanteile höher liegen, als es den Polarisationsverlusten entspricht. Im Falle von chlorierten Diphenylen dominieren die Dipolrelaxationsverluste.

Hochpolymere amorphe Isolierstoffe sind durch lineare Kettenmoleküle oder durch dreidimensionale Vernetzung charakterisiert. Bei höheren Temperaturen führen die Ketten Segmentschwingungen durch; bei dreidimensionaler Vernetzung oder bei Einbau von Elastomerbrücken, wie auch schon bei Kettenverzweigungen, wird die Beweglichkeit der Segmente wesentlich eingeschränkt. Der thermischen Eigenschwingung, die eine bestimmte Relaxationszeit aufweist, sind die elektrischen periodischen oder aperiodischen Kraftwirkungen überlagert. Besitzen die Kettensegmente Dipole, so wird die Überlagerung von aufgeprägter Schwingungsfrequenz und Eigenschwingung zu einer größeren Energieabsorption aus dem elektrischen Feld führen. Das Verlustmaximum für die Dipol-Segment-Schwingung (α-Prozeß) liegt bei relativ niedrigen Frequenzen. Im Industriefrequenzbereich liegt das Verlustmaximum dann meist bei Temperaturen oberhalb der Raumtemperatur.

Neben den Kettensegmenten können Seitengruppen mit einem Dipolmoment Schwingungen ausführen. Je nach Art und Beweglichkeit der Gruppen werden dabei Frequenzen für die maximale Energieabsorption von 10^3 bis 10^8 Hz im Anwendungstemperaturbereich festgestellt. Diese Prozesse werden β-Relaxationsprozesse genannt. β-Relaxationen liegen bei 50 Hz bereits im Temperaturgebiet von etwa $-30\,°C$. Bestimmte Dipolgruppenschwingungen können einem weiteren Dispersionsgebiet, den γ-Relaxationsprozessen, zugeordnet werden.

3.4. Einfluß der Ladungsträger und ihrer Bewegung auf die Isolierfähigkeit   127

Die meisten amorphen hochpolymeren Isolierstoffe haben zwei Relaxationsgebiete, das eine oberhalb der Glastemperatur T_g im hochelastischen Bereich (α), hervorgerufen durch die Segmentbewegungen, und das andere (β) im glasartigen Bereich unterhalb T_g. Das α-Maximum hat meist höhere Werte als das β-Maximum.

Anorganische amorphe Isolierstoffe, insbesondere Glaswerkstoffe, zeigen sehr komplizierte Zusammenhänge zwischen ε', ε'' und der stofflichen Zusammensetzung bei Temperatur- und Frequenzvariation.

Bei erhöhter Temperatur ist der überdeckende Einfluß der Ionenleitung beachtlich.

Liegen *Hochpolymere mit Kristalliten, Sphäroliten* und anderen Überstrukturen vor, so kann die begriffliche Einordnung der Relaxationsgebiete verschoben sein. Es werden Dipolrelaxationen in Verbindung mit den Kristallitbewegungen als α-Relaxation, die der Segmente als β- und die der Gruppen als γ-Relaxationsgebiet eingeordnet.

Ein Beispiel für einen schwach polaren Isolierstoff (Polyethylen) mit unterschiedlicher Verzweigung und Kristallinität wird im Bild 3.4.26 gezeigt.

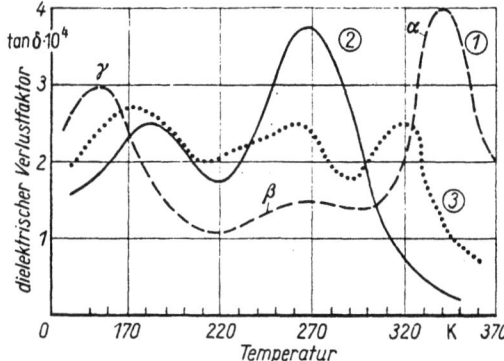

Bild 3.4.26. *Dielektrischer Verlustfaktor* tan δ *von PE;* $f = 1\ kHz$
① linear; ② verzweigt, amorph; ③ verzweigt, stark kristallin

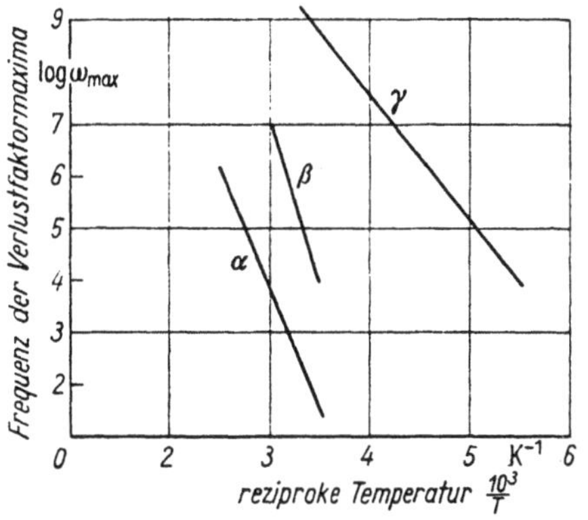

Bild 3.4.27. *Abhängigkeit der maximalen dielektrischen Absorption von der reziproken Temperatur für verschiedene Relaxationsgebiete von PE*

Es ist zu erkennen, daß eine Erhöhung des Verzweigungsgrades das β-Maximum der dielektrischen Verluste stark vergrößert; denn das lineare Niederdruckpolyethylen zeigt das β-Maximum nur angedeutet.

Andererseits fehlt beim Material ② das α-Maximum vollständig. Daß es bei kristallinem Material vorhanden ist, weist auf die Bindung an die Beweglichkeit der Kristallite hin. Das γ-Maximum des tan δ entspricht dem hochfrequenten Relaxationsanteil, ist also auf die Dipolgruppenschwingungen im amorphen Bereich zurückzuführen.

Da die Relaxationszeit exponentiell von der Temperatur und der Aktivierungsenergie abhängig ist, kann man über die Beziehung

$$\tau = \tau_0 \exp\left(\frac{W_a}{kT}\right) \tag{3.4.85}$$

aus der Temperaturlage des jeweiligen Maximums und der zugehörigen Frequenz des angelegten Feldes sowie der Temperaturlagenverschiebung mit Veränderung der Frequenz die Aktivierungsenergie berechnen.

Zur Ermittlung und Kontrolle kann eine graphische Darstellung gemäß Bild 3.4.27 benutzt werden. Die Steilheit der Geraden ist das Maß für die Aktivierungsenergie. Die aufgetragenen Kurven für ein teilkristallines Polyethylen ergeben für die Aktivierungsenergien $W_{a\alpha} = 100$ kW·s/Mol, $W_{a\beta} = 160$ kW·s/Mol und $W_{a\gamma} = 45$ kW·s/Mol. Nicht für alle Polymere sind lineare Abhängigkeiten für niederfrequente Dipolrelaxationen zu finden.

Nichtpolare Isolierstoffe haben kein Dipolmoment, und die Dispersion der Dipolorientierungspolarisation ist 0. Die Elektronenpolarisation hängt wegen der hohen Resonanzfrequenz nicht von elektrotechnischen Frequenzen ab. Grenzflächenpolarisationen mit sehr hohen Relaxationszeiten können bei Tieffrequenzanwendungen eine beachtliche Rolle spielen.

Polare Isolierstoffe unterliegen hinsichtlich ε' und ε'' im starken Maß der Temperaturabhängigkeit.

Die Lage der Relaxationsgebiete ist in einem sehr breiten Temperaturintervall möglich. Der chemische Aufbau und die Polymerstruktur sind entscheidend.

So können die gleichartigen Dispersionsgebiete bei der Dipolgruppenpolarisation bei gleicher Gruppe und verschiedenen Polymerstrukturen um mehr als 100 K auseinander liegen. Im Gebiet des α-Relaxationsprozesses, der im allgemeinen bei höheren Temperaturen liegt, sind die dielektrischen Verluste häufig nicht von den Leitungsverlusten zu trennen, da mit steigender Temperatur der Leitungsanteil in die gleiche Größenordnung wie ε'' kommt. So sind beispielsweise bei Epoxidharzen oft die Absorptionsmaxima nur noch als Schulter der Anstiegskurve der exponentiell mit der Temperatur steigenden Leitfähigkeit (Bild 3.4.28) zu erkennen.

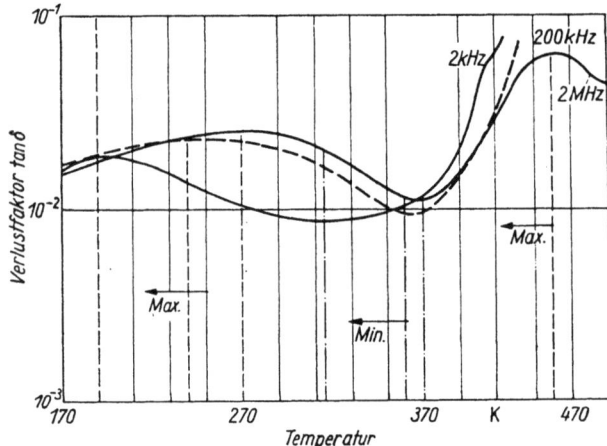

Bild 3.4.28
Verlauf des Verlustfaktors
für Epoxidharz
in Abhängigkeit
von der Temperatur

Zumischungen von polaren Substanzen haben eine ähnliche Wirkung wie die Dipolgruppenpolarisation. So kann sich beispielsweise absorbiertes Wasser in Form eines β- oder γ-Absorptionsgebiets manifestieren.

Der *Druck* wirkt sich besonders stark auf die dielektrischen Eigenschaften von Gasen aus, da die Dichte im hohen Maße verändert wird; aber auch bei Flüssigkeiten und hochpolymeren Isolierstoffen ist ein Druckeinfluß zu verzeichnen. Auch hier ist deutlich zwischen dem Einfluß auf die Segmentbewegung und die Dipolgruppenbewegung zu unterscheiden. Die Änderung der Frequenz-Temperatur-Abhängigkeit für beide Typen wird im Bild 3.4.29 gezeigt. Die Segmentbeweglichkeit wird offensichtlich stärker als die Gruppenbeweglichkeit beeinflußt. Die Frequenzabhängigkeit der Maxima für verschiedene Temperaturen im Bereich der Dipolgruppenpolarisation für PVC ist im Bild 3.4.30 zu erkennen. Wie schon früher festgestellt, sinkt mit der Temperatur der Verlustfaktor, und die Maxima werden flacher. Mit Erhöhung des Drucks steigt die Aktivierungsenergie; das Maximum des Verlustfaktors verschiebt sich zu kleineren Frequenzen, sinkt im Betrag und wird unschärfer. Ein solcher Zusammenhang wird im Bild 3.4.31 für PMMA dargestellt. Der Druck hat also eine gegenläufige Tendenz zur Temperatur.

Da die Struktur des Isolierstoffs auf die dielektrische Polarisation und die dielektrischen Verluste einwirkt, ist auch die *Orientierung* von hochpolymeren Folien wirksam. Dabei sind die Anisotropie und der Kristallinitätsgrad zu berücksichtigen.

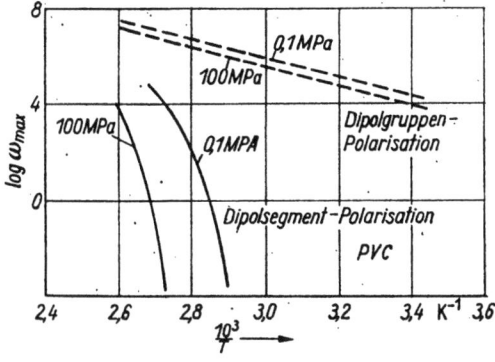

Bild 3.4.29
Einfluß des Drucks auf den Zusammenhang zwischen Temperatur und Frequenz der Verlustfaktormaxima

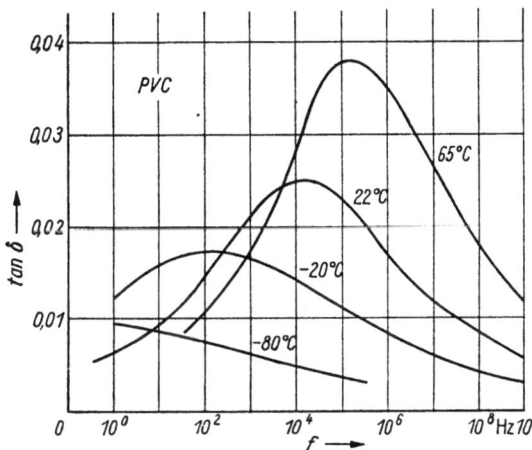

Bild 3.4.30
Einfluß der Temperatur auf die Frequenzabhängigkeit des dielektrischen Verlustfaktors

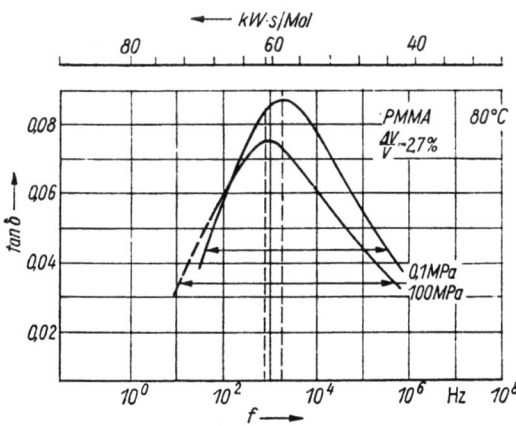

Bild 3.4.31
Frequenzlage des Verlustfaktormaximums in Abhängigkeit vom Druck für Dipolgruppenpolarisation

Die *Molmasse* von hochpolymeren Isolierstoffen nimmt ebenfalls Einfluß auf die Polarisation. Mit der Molmasse steigt die Glastemperatur, um bei etwa 100000 asymptotisch einen konstanten Temperaturwert anzustreben. In gleicher Weise sinken die Maximalwerte von ε'' im Frequenzspektrum, und die Maxima verschieben sich mit der Molmasse zu kleineren Frequenzen hin. Dieses Verhalten ist auf die Änderung der Aktivierungsenergie der Segmentpolarisation zurückzuführen. Für die Dipolgruppenpolarisation ist keine wesentliche Abhängigkeit der Maximalwerte von ε'' zu erwarten.

Auch hat die *Vernetzungsausbildung* bei der Aushärtung dreidimensional vernetzender Harze, z. B. des Epoxidharzes, einen Einfluß auf die Segmentrelaxation. Mit Erhöhung der Vernetzungsdichte verschiebt sich das ε''-Maximum nach höheren Temperaturen, und der Maximalwert verringert sich. Ein entscheidender Einfluß auf die Dipolgruppenbewegung wird nicht genommen. Die Aktivierungsenergie für den α-Polarisationsprozeß liegt zwischen 300 und 500 kW·s/Mol, für den β-Prozeß bei 50 bis 70 kW·s/Mol. Da die Vernetzungsdichte wesentlich vom verwendeten Härter bestimmt wird, beeinflußt der Härtertyp die Temperaturlage des ε''_{max}.

Weichmacher und Lösungsmittelzumischungen beeinflussen die Beweglichkeit der Kettenmoleküle. Außerdem können polare Zumischungen zusätzliche Verluste in einen hochpolymeren Werkstoff bringen. Teilweise muß mit der Ausbildung von zwei oder mehreren überlappten Relaxationsgebieten gerechnet werden.

Die dielektrischen Verluste sind stets im Zusammenhang mit der Beweglichkeitsänderung zu betrachten. Dabei spielt das α-Relaxationsgebiet eine besondere Rolle.

Im Fall der Weichmacherzugaben (z. B. bei PVC) ist eine starke Differenzierung für das α-Gebiet festzustellen; im β-Gebiet wird die Wirkung erst bei sehr niedrigen Temperaturen sichtbar – es sei denn, der Weichmacher hat selbst einen starken Dipolcharakter; dann ist das β-Relaxationsgebiet unterschiedlich ausgeprägt.

In vielen Anwendungsfällen, insbesondere in der Hochspannungsisoliertechnik, aber auch bei Isolierproblemen der Mikroelektronik, entsteht die Frage nach der Abhängigkeit der Dielektrizitätskonstante und der dielektrischen Verluste von der am Isolierstoff anliegenden *Feldstärke*.

Zunächst muß man feststellen, daß durch die Feldstärkeänderung keine Änderung der Zahl der polarisierenden Teilchen entsteht. Da bereits bei kleinen Feldstärken die vollständige Verschiebung oder Orientierung erfolgen kann, ist auch keine weitere Verstärkung mit der Felstärke zu erwarten. Beides gilt für alle Formen der Polarisation mit Ausnahme der Grenzflächen- und Raumladungspolarisation. Im Fall einer wirksamen Grenzflächen- oder Raumladungspolarisation kann mit der Freisetzung von Ladungsträgern aus Haftstellen durch hohe Feldstärken eine Beeinflussung der Dielektrizitätskonstante eintreten. Diese Erscheinungen sind im Anwendungstemperaturbereich von Isolierstoffen bei niedrigen Frequenzen wirksam.

Die Feldstärkeabhängigkeit des Verlustfaktors hingegen wird eindeutig durch die Erhöhung der Leitungsverluste bewirkt. Da $\tan\delta = \varkappa/(\omega\varepsilon_r\varepsilon_0)$ aus der Definition $\tan\delta = i_w/i_c$ abgeleitet werden kann, wird der gemessene totale Verlustwinkel nicht nur die Relaxationsverluste, sondern auch die Leitungsverluste beinhalten. Wie gezeigt wurde, steigt $\varkappa$ mehr als linear bei Feldstärken von einigen Megavolt je Meter mit der Feldstärke. Daraus ist auch ein Ansteigen von $\tan\delta$ abzuleiten. Die Ursachen liegen in der Freisetzung und Beschleunigung von Ladungsträgern. Eine Erhöhung der Transportbeweglichkeit der Ionen und eine Befreiung von Elektronen aus Haftstellen ist dafür verantwortlich. Eine Temperaturerhöhung verstärkt diesen Prozeß, da die Entleerung flacher Haftstellen und die Dissoziation gefördert werden.

Für Kabelöl zeigt Bild 3.4.32 den Effekt beider Faktoren. Auch bei hochpolymeren

Isolierstoffen ist dieser Effekt nachweisbar. Bei einem apolaren Stoff, z. B. PE, wo im Gebiet kleiner Feldstärken die Frequenz- und Temperaturabhängigkeit von tan δ nur auf Struktureinflüsse und Dipolpolarisation von Zumischungs- oder Alterungskomponenten zurückzuführen ist, wird die Feldwirkung besonders deutlich ersichtlich. Bild 3.4.33 zeigt die tan δ-Änderung mit steigender Feldstärke, bezogen auf den jeweiligen Feldstärkewert bei etwa 100 V/mm. Der tan δ-Anstieg erfolgt bei um so kleineren Feldstärken, je höher die Temperatur ist. Außerdem steigt tan δ mit höherer Temperatur steiler an. Dieser Effekt ist eindeutig auf die Erhöhung der Leitfähigkeit zurückzuführen. Der erhöhte dielektrische Verlustfaktor weist eine Zeitabhängigkeit auf. Insbesondere bei höheren Temperaturen wird tan δ im Verlauf von einigen hundert Stunden auf den Niederfeldwert zurückgeführt. Hier zeigt sich die diffusionsbedingte Abwanderung der zusätzlichen Ladungsträger aus dem Isolierstoff.

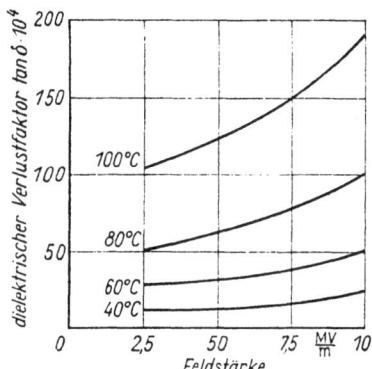

Bild 3.4.32. Abhängigkeit des Verlustfaktors tan δ von der Feldstärke für Kabelöl

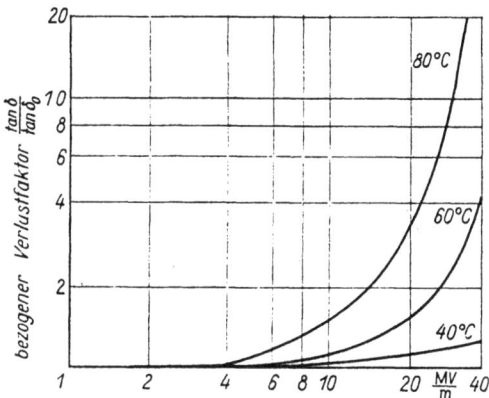

Bild 3.4.33. Abhängigkeit des auf den tan $δ_0$ kleiner Meßfeldstärken bezogenen tan δ für Hochdruckpolyethylen von der Feldstärke (nach Olshausen)

Durch Überlagerung mit einem Gleichfeld kann der Verlustfaktor stark beeinflußt werden. Auch das ist ein Zeichen für die Wirkung auf bewegliche Ladungsträger. Wird der Gleichfeldanteil erhöht, so wird der tan δ-Anstieg mit der Feldstärke der Wechselspannung geringer. Der tan δ sinkt mit steigender Belastungszeit; die Zusatzladungsträger werden aus der Probe abgezogen.

In der Praxis liegen häufig Isolierstoffe vor, die heterogene Strukturen bezüglich der dielektrischen Eigenschaften aufweisen. Es interessiert dann die wirksame Mischeigenschaft. Liegen z. B. Haufwerke oder Faserstrukturen vor, dann können Mischungsregeln angewendet werden. Für eine stochastische Verteilung der Komponenten kann nach *Wiener* die Dielektrizitätskonstante berechnet werden:

$$\frac{\varepsilon}{\varepsilon + u} = \frac{x_1 \varepsilon_1}{\varepsilon_1 + u} + \frac{x_2 \varepsilon_2}{\varepsilon_2 + u};\qquad(3.4.86)$$

u ist dabei ein Formfaktor.

Für eine Gleichverteilung von Dispersionen hat der gleiche Autor angegeben

$$\varepsilon = \varepsilon_1 \left(1 + \frac{x_2}{\frac{x_1}{3} + \frac{x_2}{\varepsilon_2 - \varepsilon_1}}\right).\qquad(3.4.87)$$

132   *3. Isoliervermögen von Isolierungen und deren Einflußgrößen*

Nach *Lichtenecker* kann ein Potenzansatz eingeführt werden:

$$\varepsilon^k = x_1 \varepsilon_1^K + x_2 \varepsilon_2^k. \tag{3.4.88}$$

k hängt dabei von der Wahl der Teilchenanordnung ab. Die Formel bringt das gesamte Feld zwischen Reihen- und Parallelschaltung der Elemente zum Ausdruck.

In allen vorgenannten Fällen sind x_1 und x_2 die jeweiligen Raumanteile.

3.4.8. Analyse der Überlagerung von Leitungs- und Polarisationsprozessen und der dielektrischen Verluste

Das aus den verschiedenen Polarisationsprozessen resultierende Moment pro Volumeneinheit m ist aus Gründen der behandelten Relaxation zeitabhängig. Die Relaxationsprozesse können in guter Annäherung durch Exponentialfunktionen beschrieben werden, wenn die Spannung als Sprungfunktion angelegt wird:

$$m(t) = m \left[1 - \exp\left(-\frac{t}{\tau}\right) \right]. \tag{3.4.89}$$

Dann gilt für den jeweiligen Relaxationsprozeß i ein Relaxationsstrom

$$I_{\text{Rel}\,i} = \frac{dm_i}{dt} A = \frac{m_i}{\tau_i} dA \exp\left(-\frac{t}{\tau_i}\right). \tag{3.4.90}$$

Die sich aus der Überlagerung aller Polarisationsarten ergebende Relaxationsstromdichte ist

$$G_{\text{Rel ges.}} = \sum_{i=1}^{k} \frac{n_i \alpha_i E_p}{\tau_i} \exp\left(-\frac{t}{\tau_i}\right). \tag{3.4.91}$$

Für sinusförmige Wechselspannung ist im stationären Fall

$$G_{\text{Rel ges.}} = \left[\sum_{i=1}^{k} \frac{\omega^2 \tau_i n_i \alpha_i}{1 + \omega^2 \tau_i^2} + j \sum_{j=1}^{k} \frac{\omega n_i \alpha_i}{1 + \omega^2 \tau_i^2} \right] E(t). \tag{3.4.92}$$

Der erste Summand repräsentiert multipliziert mit $E(t)$ die Dichte des Wirkstroms G_{wRel}, der zweite die Dichte des Blindstroms G_{bRel}. Beide sind um 90° phasenverschoben und resultieren aus der Polarisation des Dielektrikums.

Die endliche Leitfähigkeit technischer Isolierstoffe hat ebenfalls einen Wirkstrom zur Folge, dessen Dichte ist

$$G_{\text{wLeit}} = \varkappa E(t). \tag{3.4.93}$$

Die Wirkströme sind die Ursache für die dielektrischen Verluste des Isolierstoffs.

Auf das Volumen bezogen, kann die Verlustleistung beschrieben werden durch

$$\frac{P_w}{V} = (G_{\text{wRel}} + G_{\text{wLeit}}) E. \tag{3.4.94}$$

Im Gleichspannungsfall ist P_w/V im stationären Betrieb gleich $\varkappa E^2$; im Einschaltaugenblick kommt noch der Anteil entsprechend (3.4.91) hinzu.

Bei Wechselspannung ist P_w/V im stationären Fall bestimmt durch den Leitungsanteil $\varkappa E^2(t)$ und durch den ersten Summanden von (3.4.92), multipliziert mit $E^2(t)$.

Bei Übergangsprozessen sind zusätzlich Relaxationsanteile zu berücksichtigen.

Da die Relaxationsverluste frequenz- und temperaturabhängig sind, wird die Verlustleistung in jedem Volumenabschnitt von der örtlichen Feldstärke, der Frequenz des aufgeprägten Feldes und der örtlichen Temperatur bestimmt. Auch die Leitungsverlustanteile sind exponentiell von der Temperatur und im bestimmten Umfang auch von der Frequenz abhängig, wenn z. B. bei höheren Frequenzen die Ionenleitfähigkeit keinen echten Beitrag zum Ladungstransport leisten kann.

Für oberschwingungsbehaftete Spannungen sind die Frequenzanteile und ihre jeweilige Spannungshöhe für den Gesamtverlust zu berücksichtigen.

Im Falle von Teilentladungsprozessen sind die Strom-Spannungs-Beziehungen nicht mehr linear, was zu besonderen Problemen bei der Gesamtverlustberechnung führt.

Im Bild 3.4.34 sind die Stromverhältnisse für ein reales Dielektrikum in Zeigerdarstellung angegeben. Die jeweiligen Leistungsanteile ergeben sich daraus in einfacher Weise:

$$P_{w\,ges} = U(I_{w\,Rel} + I_{w\,Leit}). \tag{3.4.95}$$

Ausgehend von dem Wunsch nach Vergleichbarkeit der spezifischen Verluste P_v unterschiedlicher Isolierstoffe ist es zweckmäßig, die Verlustleistung auf das Volumen und die Feldstärke zu beziehen. Es ergibt sich dann:

$$\frac{P_w}{VE^2} = P_v = \omega \varepsilon_0 \varepsilon' \tan \delta + \varkappa. \tag{3.4.96}$$

Bei einer Brückenmessung mit selektivem Abgleich ergibt sich für die abgeglichene Frequenz der $\tan \delta$ als Verhältnis von $P_{w\,ges}/P_b$. Bei Messung und Berechnung ist stets von dem zugrunde gelegten Ersatzschaltbild auszugehen.

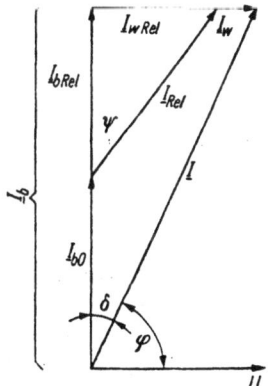
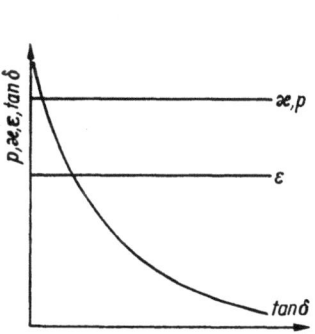
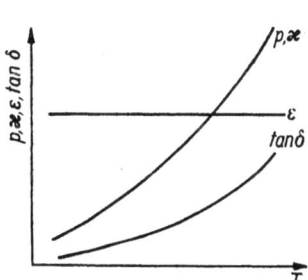

Bild 3.4.34. Zeigerdarstellung der Stromanteile in einem Dielektrikum

Bild 3.4.35. Abhängigkeit dielektrischer Größen von der Frequenz bei vernachlässigbarer Relaxation

Bild 3.4.36. Abhängigkeit dielektrischer Größen von der Temperatur bei vernachlässigbarer Relaxation

Wird die Relaxation im Einfluß auf das Dielektrikum klein im Vergleich zum Leitungsprozeß, dann werden die spezifischen Verluste durch die Leitfähigkeit bestimmt; sie ändern sich nicht mit der Frequenz (Ausnahmen: z. B. reine Ionenleitfähigkeit dominiert) und steigen mit der Temperatur. ε_r ist in diesem Fall temperatur- und frequenzinvariant bzw. gering veränderlich. Der $\tan \delta$ fällt mit ansteigender Frequenz und steigt mit der

134   3. Isoliervermögen von Isolierungen und deren Einflußgrößen

Temperatur. Das ist verständlich, da der Leitungsstrom mit der Temperatur wächst und mit dem Frequenzanstieg das Verhältnis von $\varkappa/\omega\varepsilon$ kleiner wird (Bilder 3.4.35 und 3.4.36). Das geschilderte Verhalten trifft auf nahezu alle Isolierstoffe bei hohen Temperaturen zu. Außerdem ist es charakteristisch für Faserisolierstoffe oder poröse Stoffe unter Einfluß von adsorbiertem Wasser. Die Tendenz wird besonders deutlich, wenn apolare Eigenschaften den Isolierstoff bestimmen.

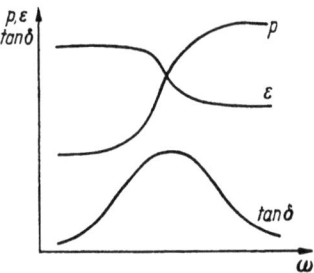

Bild 3.4.37. *Abhängigkeit dielektrischer Größen von der Frequenz für polare Isolierstoffe mit sehr hohem spezifischem Widerstand*

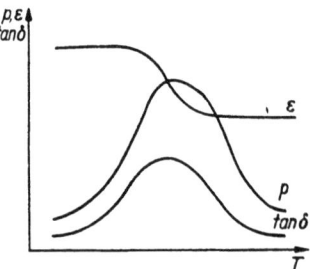

Bild 3.4.38. *Abhängigkeit dielektrischer Größen von der Temperatur für polare Isolierstoffe mit sehr hohem spezifischem Widerstand*

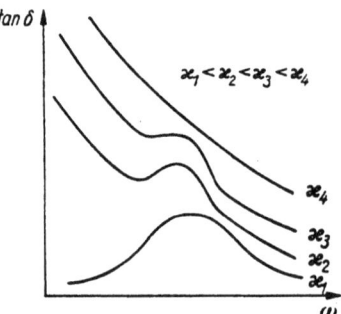

Bild 3.4.39. *Dielektrischer Verlustfaktorverlauf bei Frequenz- und Leitfähigkeitsvariation; $T = const$*

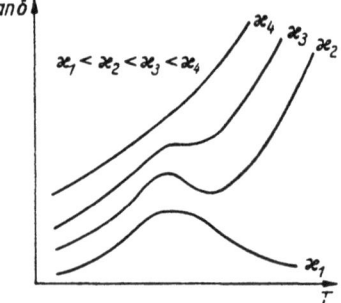

Bild 3.4.40. *Dielektrischer Verlustfaktorverlauf bei Temperatur- und Leitfähigkeitsvariation; $\omega = const$*

Anders sind die Abhängigkeiten bei stark polaren Isolierstoffen, insbesondere Hochpolymeren mit hohem Isolationswiderstand, beispielsweise bei Epoxidharzen, Polyethylenterephthalat u.a. Die Relaxationsprozesse bestimmen die dielektrischen Größen wesentlich. Es sind die bereits diskutierten Mechanismen voll wirksam. ε und $\tan\delta$ und damit auch die spezifischen Verluste haben ein oder mehrere ausgeprägte Dispersionsgebiete. Die Bilder 3.4.37 und 3.4.38 zeigen das charakteristische Verhalten. Liegen die Leitfähigkeit und die dielektrischen Größen in der gleichen Größenordnung, dann bildet sich aus der Überlagerung die reale Abhängigkeit. Für den $\tan\delta$ eines Isolierstoffs sind in den Bildern 3.4.39 und 3.4.40 die Frequenz- und Temperaturabhängigkeiten mit Variation der Leitfähigkeit gezeigt. Man kann dabei recht gut erkennen, wie die Relaxationspeaks mit Erhöhung der Leitfähigkeit verschwinden. Hier ist die Frequenz konstant gewählt. Wird die Frequenz z.B. erhöht, so verschiebt sich das Maximum des $\tan\delta$ zu höheren Temperaturen hin, d.h., der Anteil der Relaxation am $\tan\delta$ gegenüber der Leitfähigkeit wird kleiner, die Peaks sind noch weniger ausgeprägt.

3.5. Elektrische Durchschlagvorgänge

Der elektrische Durchschlag eines Isolierstoffs ist die zeitweilige (bei regenerierenden Isolierungen) oder die endgültige Aufhebung der Isolierfähigkeit. Damit ist die Funktion der Isolierung, nämlich die Potentialtrennung, nicht mehr gewährleistet. Vom Standpunkt der Zuverlässigkeit ist mit dem Durchschlag die Lebensdauer beendet.

In den nachstehenden Abschnitten sollen der Durchschlagvorgang selbst, seine Abhängigkeiten, Einflußfaktoren, Kriterien und Erscheinungsformen sowie die Möglichkeiten einer Quantifizierung dargestellt werden. Es erscheint zweckmäßig, eine Einteilung nach den Aggregatzuständen vorzunehmen und mit der Gasentladung ein Grundmodell des Durchschlags zu schaffen.

3.5.1. Durchschlag von gasförmigen Isolierstoffen
[34] [37]

3.5.1.1. Lawinendurchschlag
[32] [33] [102]

Ausgehend von der bereits behandelten unselbständigen Entladung muß beim Durchschlag die Überführung in eine von äußeren Ionisationsquellen unabhängige Entladung untersucht werden.

Aus den dafür möglichen Prozessen der Ladungsträgervermehrung sollen folgende genannt werden:

a) $+ \quad \rightarrow$ Katode $\rightarrow \quad e_{\text{sek}} + \dfrac{m}{2} v^2$

b) $hv \quad \rightarrow$ Katode $\rightarrow \quad e_{\text{sek}} + \dfrac{m}{2} v^2$

c) $\oplus + A \rightarrow 2 \oplus + e \quad \quad + \dfrac{m}{2} v^2$

d) $hv + A \rightarrow A^*$ oder $\oplus + e \quad + \dfrac{m}{2} v^2$.

Es bedeuten: $\oplus$ positives Ion, A neutrales, A^* angeregtes Atom, hv Energiequant und e_{sek} Sekundärelektron.

Die Wahrscheinlichkeit für die Auslösung eines neuen Anfangselektrons durch ein positives Ion oder durch ein Lichtquant an der Katode soll zusammengefaßt mit γ bezeichnet werden. Prinzipiell sollen auch die anderen, weniger wahrscheinlichen Prozesse darunter verstanden werden.

Die Wahrscheinlichkeit γ ist wegen der Ionen- und Quantabsorption von der Gasdichte abhängig, aber auch von der Emissionswahrscheinlichkeit für Sekundärelektronen. Außerdem besteht eine Feldstärkeabhängigkeit für die Sekundärelektronenausbeute.

Sind durch Fremdionisationen in der Nähe der Katode N_0 Ionenpaare gebildet worden und stellt man eine Elektronenbilanz auf, wobei die Bilanz an der Katode und an der Anode in der ersten (A'), zweiten (K'', A'') bis n-ten $(K^{(n)}, A^{(n)})$ Generation vor-

136 3. Isoliervermögen von Isolierungen und deren Einflußgrößen

genommen wird, so ergibt sich unter Berücksichtigung von (3.4.22) folgendes Ablaufschema für die Elektronenvermehrung im homogenen Feld:

A': $N = N_0 \, e^{\alpha d}$

K'': $N = N_0 \, (e^{\alpha d} - 1) \gamma$

A'': $N = N_0 \, (e^{\alpha d} - 1) \gamma \, e^{\alpha d}$

K''': $N = N_0 \, (e^{\alpha d} - 1) \gamma \, (e^{\alpha d} - 1) \gamma$

A''': $N = N_0 \, (e^{\alpha d} - 1) \gamma \, (e^{\alpha d} - 1) \gamma \, e^{\alpha d}$.

Allgemein formuliert erhält man für die Zahl der Elektronen an der Anode nach der n-ten Generation

$$N^{(n)} = N_0 \, (e^{\alpha d} - 1)^{n-1} \, \gamma^{n-1} \, e^{\alpha d}. \qquad (3.5.1)$$

Aus dem Quotienten $N^{(n+1)}/N^{(n)}$ ergibt sich das *Townsend-Kriterium* für die *selbständige Entladung*:

$$(e^{\alpha d} - 1) \, \gamma \geqq 1. \qquad (3.5.2)$$

Das ist bei der Lawinenentladung die Voraussetzung für das Selbständigwerden, d.h. für den Durchschlag.

Im Fall $(e^{\alpha d} - 1) \gamma < 1$ wird $N < N_0$; die Entladung ist weiterhin von der Fremdionisation abhängig.

Wenn $(e^{\alpha d} - 1) \gamma = 1$ wird, dann erhält sich die Entladung selbst und stellt den theoretischen Grenzfall dar.

Die Entladung im homogenen Feld läuft in einer Zeit von Mikro- bis Millisekunden ab, d.h., die Entladungsdauer ist klein gegenüber der Dauer von Wechselspannungshalbwellen und inneren Überspannungswellen und in vielen Fällen bedeutend niedriger als die der Blitzspannungswellen.

Im allgemeinen ist im Stromkreis die Impedanz so klein, daß nach der Zündung der Stromanstieg zu einer Thermoionisation mit Übergang zum Lichtbogen führt.

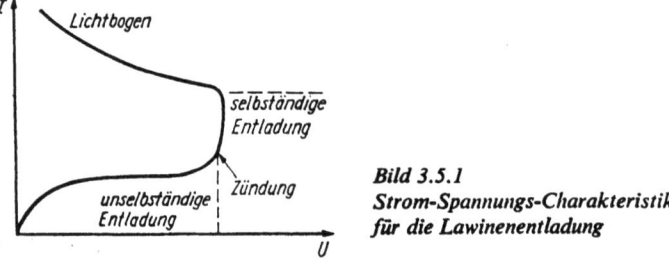

Bild 3.5.1
Strom-Spannungs-Charakteristik für die Lawinenentladung

Bild 3.5.1 zeigt die gesamte Kennlinie der Lawinenentladung bis zum Lichtbogen.

Für ein inhomogenes Feld gelten die Betrachtungen grundsätzlich genauso. Das Zündkriterium muß dann jedoch folgendermaßen formuliert werden:

$$\left(\exp \int_0^{d_{kr}} \alpha \, dx - 1 \right) \gamma \geqq 1. \qquad (3.5.3)$$

Das Integral erstreckt sich auf die Strecke von der Elektrode mit dem kleinsten Krümmungsradius bis zu dem Punkt mit der Koordinate d_{kr}, an dem gerade noch die Feldstärke für eine genügend hohe Ionisationsrate ausreicht.

Aus (3.5.3) entnimmt man, daß im inhomogenen Feld Entladungen in einem Teilbereich des elektrisch belasteten Volumens möglich sind. Man spricht daher von *Teil-*

entladungen (TE). Da die Teilentladungen aus sehr unterschiedlichen Betrachtungsebenen beurteilt werden, differenziert man die Teilentladungen nach Erscheinungsform, zeitlichem Auftreten bei Spannungssteigerung, Zünd- und Löschbedingungen u.a. Einige Begriffe seien hier genannt und erläutert. *TE-Einsetz- und -Aussetzspannung* U_e bzw. U_a oder die jeweils zugehörige Feldstärke bezeichnen die Spannungs- oder Feldstärkehöhe für Zündung und Löschung der Teilentladung. Unter *Anfangspannung* wird die niedrigste Spannung für die Zündung einer Teilentladung verstanden.

Die Teilentladung wird im Gebiet der Höchstfeldstärke E_h gezündet. Je nach Homogenitätsgrad (s. Abschn. 3.2.3) ist die TE stabil oder instabil, d.h., nach der Zündung erfolgt kein Durchschlag im gesamten belasteten Raum zwischen den Elektroden, oder die Teilentladung verändert das Feld so, daß in sehr kurzer Zeit ein Gesamtdurchschlag eingeleitet wird. Der erstgenannte Fall tritt dann ein, wenn der Homogenitätsgrad η ungefähr 10% und kleiner ist; für ein höheres η wird der Durchschlag eingeleitet.

Für die Zündung einer Teilentladung ist eine bestimmte kritische Strecke x_{kr} erforderlich, die von der Feldverteilung abhängig ist. Bild 3.5.2 gibt dazu einen schematischen Überblick.

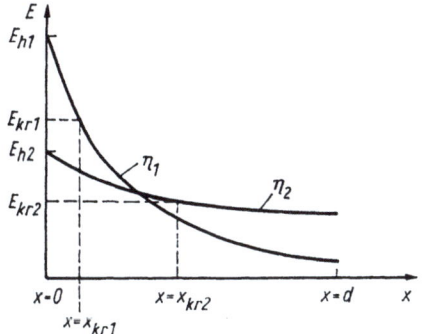

Bild 3.5.2
Schematische Darstellung der kritischen Wege und kritischen Feldstärken für das Zünden einer Teilentladung im inhomogenen Feld; $\eta < 1$

Bei vorhandener Teilentladung werden durch die unterschiedliche Beweglichkeit der Ionen und Elektronen im inhomogenen Feld unterschiedliche Raumladungsansammlungen je nach Polarität der inhomogenen Elektrode beobachtet. Diese Raumladungen führen zum Aufbau eines Gegenfeldes und damit zur Schwächung der Entladungsbedingungen. Der ansteigende Entladungsstrom wird gebremst. Schließlich wird durch das Gegenfeld die Entladung völlig unterbunden. Dadurch haben stabile Teilentladungen auch bei konstanter Spannung an der Funkenstrecke einen impulsförmigen Stromverlauf.

Bild 3.5.3 stellt die Veränderung des Feldverlaufs schematisch dar (*a*) und zeigt den räumlichen Ladungsaufbau am Beispiel einer Spitze-Platte-Anordnung (*b*). Die positi-

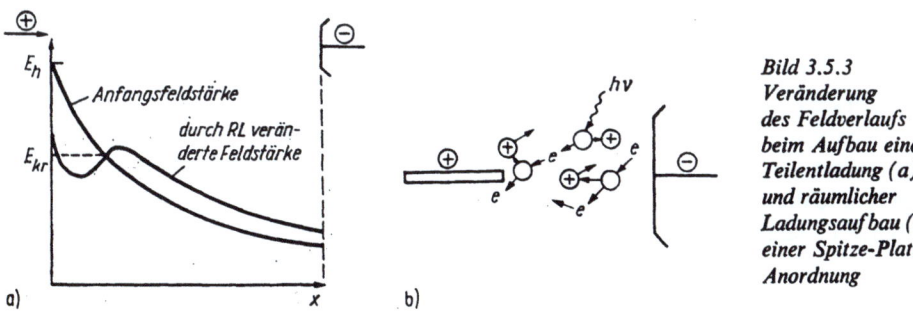

Bild 3.5.3
Veränderung des Feldverlaufs beim Aufbau einer Teilentladung (a) und räumlicher Ladungsaufbau (b) einer Spitze-Platte-Anordnung

ven Ionen bilden wegen ihrer geringen Beweglichkeit und der Laufrichtung im divergierenden Feld vor der Spitze eine positive Raumladung. Teilentladungs- und Raumladungsaufbauprozesse verlaufen in außerordentlich kurzen Zeiten. Die beschriebenen Impulse einer Lawinenentladung haben eine Impulsdauer von etwa 10 ns und eine Impulshöhe von etwa 10μA.

Beim Überschreiten der Einsetzspannung steigt die Zahl der Impulse pro Zeiteinheit, und die Impulsladung wird größer. Bei weiterer Spannungssteigerung können sich Sonderformen stabiler Teilentladungen ausbilden, z.B. die sogenannte *Ultrakorona* an sehr glatten Drähten geringen Durchmessers. Zur Abschätzung der Gültigkeit des Lawinenentladungstyps und zur Problematik der Abhängigkeit der Durchschlagsspannung und Durchschlagfeldstärke von der Gasart, dem thermodynamischen Zustand des Gases und der Elektrodenabstände soll nachstehend das *Paschen-Gesetz* abgeleitet und interpretiert werden.

Ausgehend von den Grenzbedingungen der Zündung des Lawinendurchschlags im homogenen Feld gemäß (3.5.2) folgt

$$(e^{\alpha d} - 1)\gamma = 1$$

$$\alpha d = \ln\left(1 + \frac{1}{\gamma}\right) \quad \text{mit} \quad \frac{\alpha}{p} = f_1\left(\frac{E}{p}\right) \quad \text{und} \quad \frac{\gamma}{p} = f_2\left(\frac{E}{p}\right)$$

$$pd = \frac{\ln\left(1 + \frac{1}{pf_2\left(\frac{U_D}{pd}\right)}\right)}{f_1\left(\frac{U_D}{pd}\right)} . \qquad (3.5.4)$$

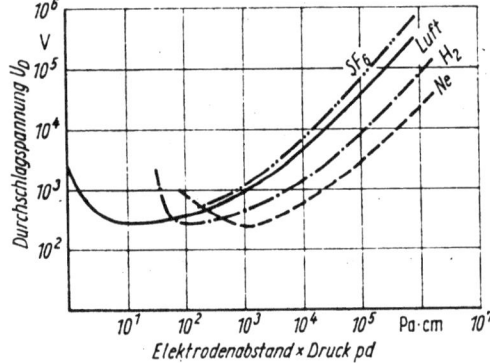

Bild 3.5.4
Abhängigkeit der Durchschlagsspannung
technisch wichtiger Isoliergase
vom Druck-Abstand-Produkt

Es ist zu erkennen, daß die Durchschlagsspannung von dem Produkt aus Gasdruck und Elektrodenabstand pd abhängt. Da die Ableitung allgemeingültig vorgenommen wurde, muß für jedes Gas die Funktion $U_D = f(pd)$ eindeutig sein. Tatsächlich bestimmt eine einzige Kurve die Durchschlagsspannung in einem weiten Bereich der Zustandsdichte des betreffenden Gases und des Elektrodenabstands. Bild 3.5.4 stellt experimentell aufgenommene Kurven für einige technisch wichtige Gasarten dar. Interessant ist, daß für Luft bereits bei 325 V und einem pd-Produkt von 75 Pa·cm im homogenen Feld ein

Durchschlag eingeleitet wird. Bei der Extremwertbildung der Gleichung (3.5.4) ist die Ausbildung eines Minimums offensichtlich. Dieses Minimum hat für jede Gasart ein spezielles Wertepaar. Durch den Extremwert werden zwei Gebiete abgegrenzt: das Nahdurchschlag- und das Weitdurchschlaggebiet. Phänomenologisch ist das Durchschlagverhalten nach Bild 3.5.4 folgendermaßen zu erklären: Bei einem definierten konstanten Elektrodenabstand wird bei höheren Drücken eine bestimmte Durchschlagsspannung nach der Lawinentheorie erreicht. Senkt man den Druck ab, d. h., vergrößert man die freie Weglänge, so steigt die von den Elektronen im Feld aufgenommene Energie und damit die Durchschlagwahrscheinlichkeit, was zu einem Absinken der Durchschlagsspannung führt. Dieser Prozeß verläuft so lange mit gleicher Tendenz, bis die freie Weglänge in die Größenordnung des Elektrodenabstands kommt. Bei weiterer Verringerung des Drucks sinkt die Ionisationswahrscheinlichkeit wegen der immer stärker begrenzten Zahl von Zusammenstößen auf der Strecke von einer Elektrode zur anderen. Es folgt daraus der Wiederanstieg der Durchschlagsspannung.

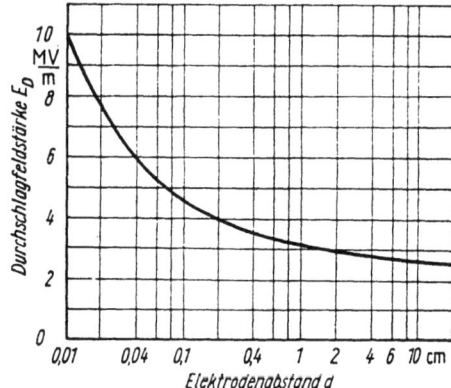

Bild 3.5.5
Abhängigkeit der Durchschlagfeldstärke
von Luft unter Normaldruck
vom Elektrodenabstand im homogenen Feld

Für den technisch interessanten Fall des Normaldrucks für Luftisolierungen ist eine Kurve der Durchschlagfeldstärke in Abhängigkeit vom Elektrodenabstand im Bild 3.5.5 aufgetragen. Mit Verkleinerung der Schlagweite steigt die Durchschlagfeldstärke. In diesem Verhalten sind Möglichkeiten der technischen Nutzung begründet. Nah- und Weitdurchschlaggebiet werden technisch in Unterdruck- und Überdruckisolierungen ausgenutzt.

Im inhomogenen Feld gilt das Paschen-Gesetz ebenfalls; jedoch sind die Bedingungen durch die nicht konstante Feldstärke in der Isolierstrecke wesentlich komplizierter.

Das Paschen-Gesetz wurde für die Lawinenentladung abgeleitet und hat auch nur für die damit in Verbindung stehenden Bedingungen Gültigkeit.

Abweichungen von der Beschreibung durch (3.5.4) treten bereits oberhalb eines pd-Produkts von 0,1 MPa·cm auf. Sie werden mit höherem Druck und höherem Elektrodenabstand größer. Für technische Anwendungen wurden Näherungsformeln entwickelt.

Starke Abweichungen vom Paschen-Gesetz werden auch festgestellt, wenn im stark inhomogenen Feld Schlagweiten von mehr als einigen Zentimetern vorliegen. Zusammenfassend kann man feststellen, daß die Lawinentheorie und das abgeleitete Paschen-Gesetz nur eingeschränkt angewendet werden können. Trotzdem liegt ein wohldefinierter Bereich der technischen Anwendung des Paschen-Gesetzes vor. Darüber hinaus ist das Modell des Lawinendurchschlags eine außerordentlich wirksame Grundlage für Durchschlagbetrachtungen überhaupt.

140 3. *Isoliervermögen von Isolierungen und deren Einflußgrößen*

3.5.1.2. Kanaldurchschlag
[36] [38]

Ausgehend von den experimentell gefundenen Widersprüchen zur Lawinendurchschlagtheorie wurden Experimente zur Aufklärung der Sachverhalte durchgeführt. Durch *Raether* wurden Versuche zur Realisierung von Durchschlagvorgängen in einer Wilson-Nebelkammer durchgeführt. Durch adiabatische Expansion der Luft-Wasserdampf-Atmosphäre in dieser Kammer wird eine Übersättigung der Luft mit Wasserdampf erreicht. Ionisierende Elementarteilchen hinterlassen in einer solchen Atmosphäre Kondensationsspuren. Auf diese Weise können die Lawinenbildungsprozesse beobachtet werden. Es kann ermittelt werden, daß auch im homogenen Feld bei $pd > 0,1$ MPa·cm während des Lawinenaufbaus vor dem Lawinenkopf und an anderen Stellen des Feldes Tochterlawinen gezündet werden. Die Ausbildung solcher Sekundärlawinen kann durch Feldüberhöhung gegenüber dem Ursprungsfeld herbeigeführt werden. Das ist möglich durch sehr hohe Feldstärken, die eine extreme Ionisationswahrscheinlichkeit und eine hohe Wahrscheinlichkeit für die Anregung von Atomen und die Aussendung von Lichtquanten zur Folge haben. Die feldverändernde Wirkung wird durch Raumladungsbildung hervorgerufen. Durch die Photonenionisation kommt vor und hinter der Ursprungslawine eine Kette von Lawinen zustande. Die Geschwindigkeit der Überbrückung isolierender Räume entspricht der Lichtgeschwindigkeit. Die Lawinen vereinigen sich während des Wachstumsprozesses und bilden einen Plasmakanal aus positiven und negativen Ladungsträgern aus. Die Feld- und Potentialveränderungen durch Eigenfelderzeugung der Lawinen sind im Bild 3.5.6 dargestellt. Ausgehend von der Townsend-Entladung gibt es einen Umschlag in einen neuen Entladungstyp, wenn im Lawinenkopf etwa 10^8 Elektronen gebildet werden. Das bedeutet

$$N = N_0 \exp\left(\int_0^d \alpha \, dx\right) \approx 10^8.$$

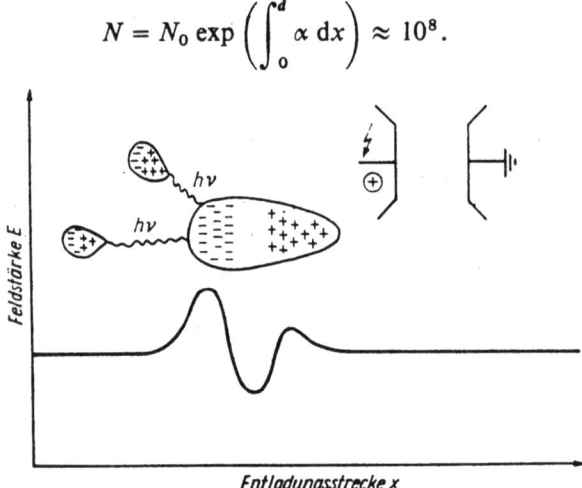

Bild 3.5.6
Potential- und Feldstärkeverteilung bei Eigenfeldverstärkung durch Lawinen

Da mit $N_0 = 1$ und $\int_0^d \alpha \, dx = 20$ die Zahl der Elektronen $N \approx 10^8$ wird, kann geschlußfolgert werden, daß etwa 20 Ionisationsschritte für die Kanalzündungsbedingungen notwendig sind. Die Kanalentladung wird auch als *Streamerentladung* bezeichnet. Die Aufbauzeit liegt im Bereich von wenigen Nanosekunden.

Die *Eigenfeldverstärkung* erhält eine besondere Bedeutung im *stark inhomogenen Feld*. Wird in dem kritischen Feldgebiet die Ladungsträgerdichte der Kanalentladung erreicht, dann tritt eine Felderhöhung im Gebiet $x > x_{krit}$ auf.

Bild 3.5.7 stellt die ursprüngliche Feldverteilung in einer Spitze-Platte-Anordnung mit positiver Spitze und die Stufen einer Feldveränderung durch die Eigenfeldverstärkung dar. Es wird deutlich, daß Möglichkeiten geschaffen werden, den Kanal weit in das ursprünglich feldschwache Gebiet hineinlaufen zu lassen. Damit wird nach der Zündung einer Lawinenentladung eine Streamerentladung aufgebaut, deren Spannungsbedarf, bezogen auf die Entladungslänge, wesentlich niedriger als derjenige für die Townsend-Entladung ist.

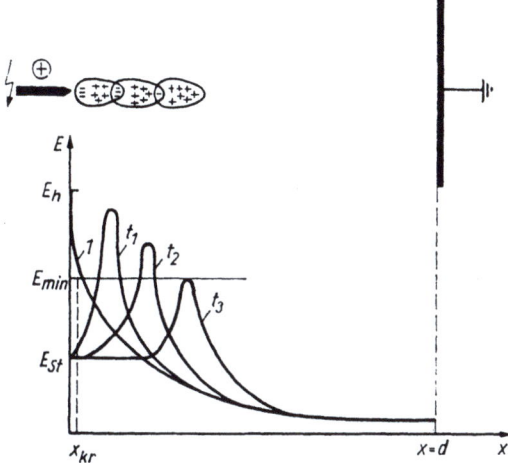

Bild 3.5.7
Kanalentladung im stark inhomogenen Feld
1 Feldverteilung ohne Raumladung
t_1, t_2, t_3 zeitliche Stufen der Feldveränderung durch Raumladungsbildung

Die Streamerentladung im stark inhomogenen Feld stellt einen Teilentladungstyp dar, der ebenfalls Impulscharakter hat. Der Impulsstrom des Streamers liegt, abhängig vom Elektrodenabstand, im Bereich von mA bis A.

Wird die Spannung über die Streamereinsetzspannung hinaus gesteigert, so wachsen die Streamerlänge und die Zahl der Streamer je Zeiteinheit. Im stark inhomogenen Feld ist die Streamerentladung stabil, d.h., die Teilentladung wiederholt sich stochastisch, ohne zum Durchschlag zu führen. Im schwach inhomogenen Feld ist die Streamerentladung nicht stabil; sie geht über andere Vorentladungsstadien in den Durchschlag über. Der Spannungsbedarf für einen Streamer ist unterschiedlich für eine positive oder negative Polarität der Ursprungselektrode der Entladung. Während positive Streamer etwa einen Spannungsbedarf von 0,5 MV/m haben, liegt der Spannungsabfall bei negativer Polarität bei 1,0 bis 1,5 MV/m.

Bei einem negativen Streamer wandern die Elektronen in ein divergierendes Feld und haben damit größere Rekombinationsverluste, was eine höhere Energiezuführung erforderlich macht.

Werden durch Spannungssteigerung über den Teilentladungseinsatzpunkt hinaus die Streamerlänge und die Folgefrequenz erhöht, so ist der Energieumsatz in dem betreffenden Volumenabschnitt so hoch, daß eine Thermoionisation der neutralen Atome ermöglicht wird. Eine derartige Ladungsträgerproduktion schafft einen neuen Teilentladungstyp, die *Leaderentladung*. Eine solche Teilentladung hat eine negative Strom-Spannungs-Charakteristik. Auch diese Entladung hat diskontinuierlichen Charakter. Im stark inhomogenen Feld kann auch die Leaderentladung stabil brennen. Es sind in diesem Falle Funkenentladungen. Der Spannungsbedarf ist sehr niedrig und liegt je nach der Länge der Funkenstrecke zwischen 0,15 und 0,03 MV/m. Letzteres gilt für sehr große Elektrodenentfernungen (einige Meter).

Bei sehr hohen Spannungen geht im stark inhomogenen Feld der stabile Leader in den instabilen, der ein Vorstadium des Durchschlaglichtbogens darstellt, über. Im schwach inhomogenen Feld ist der Leader stets instabil und damit ein Übergangsstadium.

Wenn das inhomogene Feld als Anordnung mit Schräggrenzschicht ausgebildet ist, haben die Leaderentladungen eine besondere Natur. Sie werden *Gleitfunken* (siehe Abschn. 3.5.1.4) genannt.

Die Ausbildung von Kanalentladungen ist für viele technische inhomogene Felder bestimmend.

Teilentladungen haben durch ihren Impulscharakter *Funkstörungen* zur Folge und verursachen außerdem *Energieverluste*.

Andererseits werden Teilentladungen bewußt erzeugt und technisch genutzt. Solche Aufgaben sind *Ladungseliminierungen* auf Folien und Textilbahnen und *Beglimmen* von Oberflächen für die Druck- oder Bedampfungsvorbereitung. Ferner werden sie für das *Abscheiden* von Fremdstoffen aus Gasen und zur Herstellung von Ozon für die *Flüssigkeits- und Gasdesinfektion* eingesetzt. Teilentladungen generieren in Luft Stickoxide, die mit Wasser chemisch aggressiv wirken und zur Zerstörung von Isolierstoffen und zur Korrosion von Metallen führen. An Feststoffoberflächen sind Teilentladungen im Gas für das Bombardement mit hochenergetischen Ladungsträgern verantwortlich. Insbesondere innere Teilentladungen führen zur Zerstörung fester und flüssiger Isolierstoffe.

Im stark inhomogenen Feld entwickelt sich der Durchschlag stets aus den Teilentladungen heraus.

An einer Kugel-Kugel-Funkenstrecke soll im Bild 3.5.8 der Übergang von dem Durchschlag im schwach inhomogenen Feld zum Durchschlag im stark inhomogenen Feld demonstriert werden. Bei einem Homogenitätsgrad von etwa 10 % und niedriger entwickelt sich der Durchschlag aus einer stabilen Teilentladung heraus. Damit wird die Durchschlagfestigkeit weitgehend durch den Charakter der Teilentladung bestimmt. Am Beispiel des Bildes 3.5.9 kann das nachgewiesen werden. Eine Kugel-Kugel-Funkenstrecke wird unter Beibehaltung der Kugeldurchmesser hinsichtlich der Schlagweite verändert. Bei kleinen Schlagweiten hat die Tangente an der Durchschlagkurve einen Anstieg von etwa 3 MV/m, im Bereich höherer Schlagweite jedoch nur noch von 0,5 MV/m.

Nach der getroffenen Voraussage muß ein *Polaritätseffekt* beim Durchschlag im stark inhomogenen Feld auftreten; das bedeutet, die Durchschlagfestigkeit muß höher liegen bei negativer Polarität der inhomogenen Elektrode.

Bild 3.5.10 zeigt: Die Durchschlagspannung verläuft entsprechend der getroffenen Annahme. Es sind bedeutende Unterschiede der Durchschlagspannung zu erkennen. Bei Wechselspannung führen die Polaritätsunterschiede stets zu einem Durchschlag in der positiven Halbwelle.

Aus der Ableitung des Kanalmechanismus geht auch die *Zeitabhängigkeit* der Durchschlagspannung hervor.

Die Durchschlagentwicklung vollzieht sich gegenüber der Periode der industriellen Wechselspannung in kurzen Zeiträumen. Es ergibt sich jedoch die Frage nach der Abhängigkeit der Durchschlagfestigkeit vom zeitlichen Verlauf der Überspannungen. Nimmt man die Impulsbelastung in Form einer Keilwelle an, so steigt die Spannung linear mit der Zeit (Bild 3.5.11). Zum Zeitpunkt t_0 wird die statische Durchschlagspannung – das ist die Spannungshöhe, bei der die Funkenstrecke im Falle von Gleich- oder Wechselspannung durchschlägt – überschritten. Der Keilwellendurchschlag erfolgt jedoch erst viel später, nämlich zu einem Zeitpunkt t_D zwischen t_1 und t_2.

Die Differenz $(t_D - t_0)$ ist offensichtlich die Verzögerungszeit t_v. Die Zeitgrenzen t_1 und t_2 sind nur statistisch durch die Wahl eines niedrigen (z.B. 1 %) und eines hohen Quantils (z.B. 99 %) der Durchschlagzeitverteilung einer großen Anzahl von Meßwerten

3.5. Elektrische Durchschlagvorgänge 143

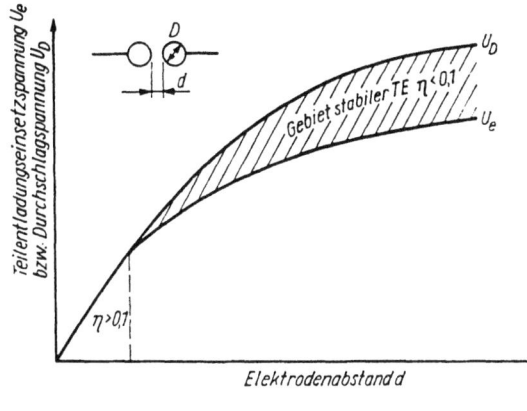

Bild 3.5.8
Qualitative Darstellung
der Durchschlagspannung,
der TE-Einsetzspannung
und des Gebietes stabiler Teilentladung

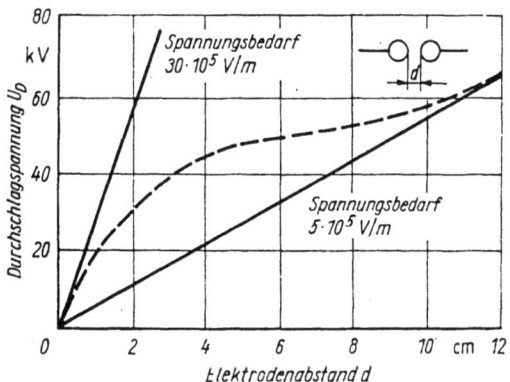

Bild 3.5.9
Durchschlagspannung als Funktion
des Elektrodenabstands; Annäherung
durch Spannungsbedarfscharakteristiken
für unterschiedliche η-Gebiete;
Kugelradius 1 cm

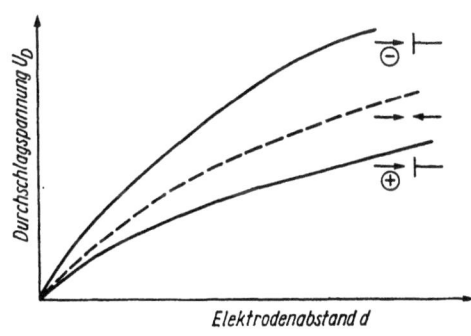

Bild 3.5.10
Durchschlagspannungscharakteristik
einer Spitze-Platte-Funkenstrecke
für Gleichspannung und positive Spitze
auch für Wechselspannung 50 Hz

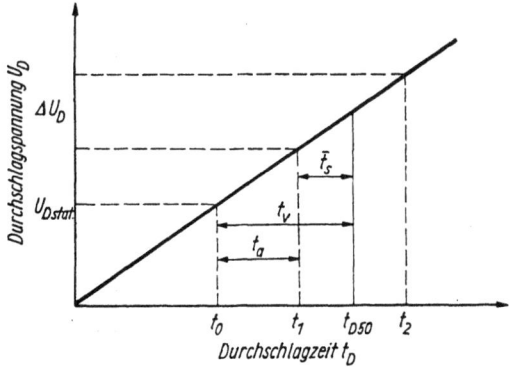

Bild 3.5.11
Durchschlagspannung einer Keilwelle

t_a Aufbauzeit der Entladung
t_v Verzögerungszeit
t_s Streuzeit
$\bar{t}_s$ mittlere Streuzeit
ΔU Streubereich der Durchschlagspannung
U_{Dstat} statische Durchschlagspannung

144   3. Isoliervermögen von Isolierungen und deren Einflußgrößen

festzulegen. t_1 gibt mit einer gewählten Wahrscheinlichkeit das Minimum der Verzögerungszeiten an. Setzt sich nun die Verzögerungszeit t_v aus der Zeit für den Aufbau der Entladung und einer zufälligen Zeit für die Bereitstellung eines Anfangselektrons durch Fremdionisation zusammen, so ist das Minimum der Verzögerungszeit gleich der Aufbauzeit t_a der Entladung. Die Verzögerungszeit ist dann identisch mit der Aufbauzeit, wenn die statistische Streuzeit t_s den Wert 0 hat, das notwendige Anfangselektron der Entladung also zum Zeitpunkt t_0 bereits vorhanden ist. Im Bild 3.5.11 ist der Mittelwert der Streuzeit als Bezug genommen worden.

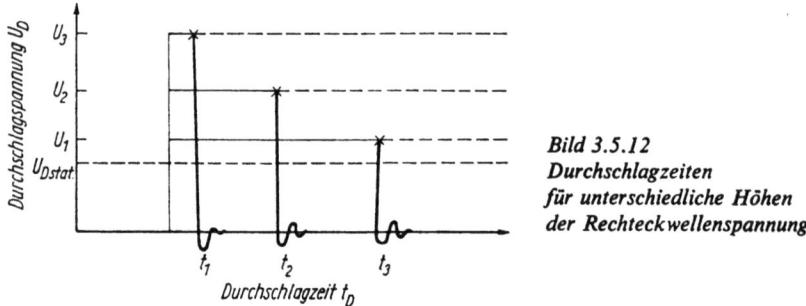

Bild 3.5.12
Durchschlagzeiten
für unterschiedliche Höhen
der Rechteckwellenspannung

Unter Beachtung der statistischen Zusammenhänge kann formuliert werden

$$t_v = t_s + t_a. \tag{3.5.5}$$

Wird anstelle der Keilwelle eine Sprungspannung benutzt, so wird die Zeit zwischen dem Spannungsanstieg und dem Durchschlag von der Überschreitung der statischen Durchschlagsspannung abhängig sein.

Bild 3.5.12 zeigt qualitativ den Zusammenhang.

Bei Impulsspannungen kann mit guter Näherung die Überlebenswahrscheinlichkeit durch folgende Gleichung dargestellt werden:

$$N_n = N_v \exp\left(-\frac{t_v - t_a}{\bar{t}_s}\right). \tag{3.5.6}$$

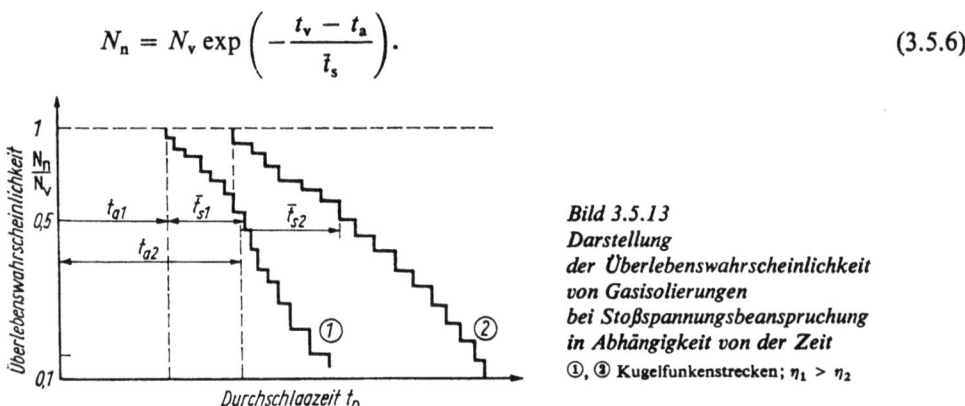

Bild 3.5.13
Darstellung
der Überlebenswahrscheinlichkeit
von Gasisolierungen
bei Stoßspannungsbeanspruchung
in Abhängigkeit von der Zeit
①, ② Kugelfunkenstrecken; $\eta_1 > \eta_2$

Es bedeuten N_v die Zahl der Versuche, N_n die Zahl der Versuche, die noch nicht zum Durchschlag geführt haben, und $\bar{t}_s$ die mittlere Streuzeit. Eine entsprechende Darstellung der Realisierungen eines Versuchs ist im Bild 3.5.13 vorgenommen.

Es ist zu entnehmen, daß sich die Aufbauzeiten und die Streuzeitverteilung für unterschiedliche Elektrodenanordnungen bzw. Homogenitätsgrade einer Anordnung unterscheiden.

3.5. Elektrische Durchschlagvorgänge 145

Für Impulsspannungsmessungen wurde zur Charakterisierung der Durchschlagzeitverzögerung und der Erhöhung der Durchschlagspannung der Impulsfaktor f_{imp} nach folgender Definition eingeführt:

$$f_{imp} = \frac{U_{Dimp}}{U_{Dstat}}. \qquad (3.5.7)$$

Der Faktor ist in den meisten Fällen >1.

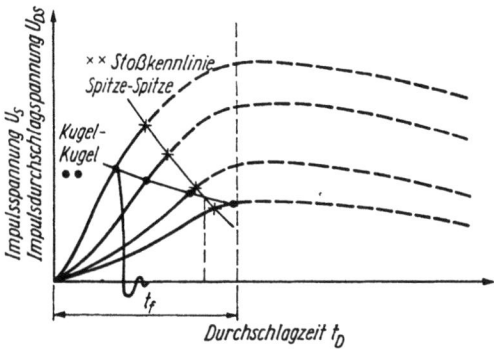

Bild 3.5.14
Aufnahme der Stoßkennlinie
einer Funkenstrecke
im Submikrosekundenbereich
mit Impulsen gleicher Stirnzeit t_f
und unterschiedlicher Amplitude

Um eine Aussage über die Veränderung der Durchschlagspannung in Abhängigkeit von Impulsform und Impulsparametern zu bekommen, kann eine experimentell bestimmbare Stoßkennlinie eingeführt werden.

Die Stoßkennlinien sind für sehr kurze Impulse von besonderer Bedeutung, da ihnen die Veränderung der Durchschlagspannung als Funktion der Durchschlagzeit entnommen werden kann. Da die Kennlinien stark vom Homogenitätsgrad der jeweiligen Funkenstrecke abhängig sind, kommt es beim Vergleich zwischen schwach inhomogenen und stark inhomogenen Anordnungen auch zur Überschneidung der Kennlinien. Das ist aber für die Isolationskoordination von großer Bedeutung. Der Vergleich von Ansprechstoßkennlinien von Überspannungsableitern, Schutzfunkenstrecken und gasisolierten Anordnungen ist für die Isolationsauslegung wichtig.

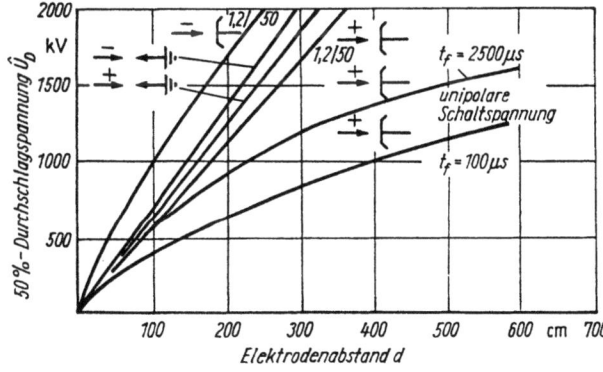

Bild 3.5.15
Durchschlagspannung
für Impulsspannungen
unterschiedlicher Wellenform
für Spitze-Platte- und
Spitze-Spitze-Anordnungen
(Luftnormaldruck)

Bild 3.5.14 kennzeichnet die Aufnahme einer Stoßkennlinie mit Prüfblitzspannungswellen.

Mit Prüfblitzspannungswellen werden im stark inhomogenen Feld Durchschlagspannungen gemessen, die eindeutig auf eine Streamerentladung zurückgeführt werden können. Bild 3.5.15 gibt die Durchschlagspannungswerte für große Schlagweiten (m-Bereich)

3. Isoliervermögen von Isolierungen und deren Einflußgrößen

an. Es ist offensichtlich, daß sich in der verfügbaren Zeit der Impulsbelastung zwar Streamer entwickeln können, ein Übergang aber zur stabilen Leaderentladung nicht möglich ist. Es ist nicht ausreichend Zeit für eine Thermoionisation. Der Durchschlag erfolgt aus dem Streamer heraus, der bis zur Gegenelektrode vorwächst. Der Spannungsbedarf liegt zwischen 0,5 und 1,5 MV/m.

Ganz anders ist das Verhalten bei längeren Stirnzeiten des Impulses, z. B. bei Schaltüberspannungen im stark inhomogenen Feld.

Bei Schlagweiten von etwa $d = 1$ m beginnend, wird eine stabile Leaderentladung möglich. Das hat zur Folge, daß bei diesen Schlagweiten der Durchschlag durch den niedrigen Spannungsbedarf des Leaders bestimmt wird. Mit Verringerung der Stirnzeit sinkt der für den Leadereinsatz notwendige Elektrodenabstand. Eine Umkehr vollzieht sich in der Größenordnung von 10 µs als Stirnzeit. Unter diesen Bedingungen ist eine Leaderausbildung nicht mehr möglich. Die Durchschlagspannung durchläuft mit Variation der Stirnzeit ein Minimum, und dieses Minimum ist schlagweitenabhängig. Für Gasisolierungen mit großen Schlagweiten und stark inhomogenem Feld, z. B. bei Freileitungen und Hochspannungsfreiluftanlagen, ist dieser Verlauf bedeutsam, da bei kurzen Stirnzeiten der Schaltspannung eine Durchschlagspannung erzielt werden kann, die niedriger liegt als die betreffende Wechseldurchschlagspannung 50 Hz.

Schaltspannungen stellen bei Gasisolierungen häufig den kritischen Belastungsfall dar.

Blitzentladungen sind eine besondere Form der Entladung im inhomogenen Feld. Im Laboratorium kann eine solche Entladung durch Vorschalten eines hohen Vorwiderstands im Kreis einer langen Spitzenfunkenstrecke nachgebildet werden. Es muß angenommen werden, daß die vorwachsenden Entladungen Streamercharakter haben, die nachfließende Ladung jedoch den Spannungsbedarf des Kanals durch Thermoionisation herabsetzt. Wenn diese Ruckstufe voll ausgebildet ist, erfolgt das nächste Vorwachsen. Durch diesen Mechanismus können Hunderte von Metern durch die Entladung überbrückt werden.

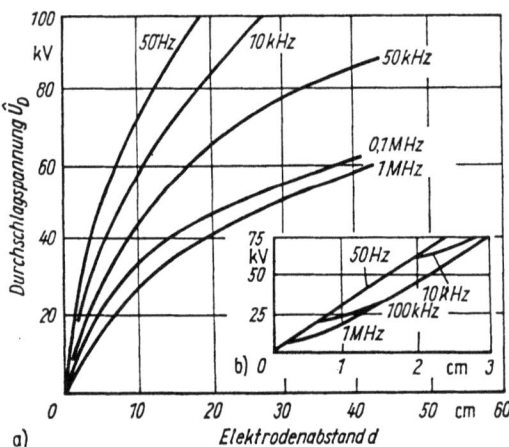

Bild 3.5.16
Durchschlagspannung
für unterschiedliche Frequenzen
der Wechselspannung
einer Spitze-Platte-Anordnung (a)
und im Homogenfeld (b)
in Abhängigkeit vom Elektrodenabstand
(Luftnormaldruck)

Von technischem Interesse ist auch das Verhalten der Entladung bei hochfrequenten elektrischen Belastungen im stark inhomogenen Feld. Es ist festzustellen, daß bei einer Frequenz von einigen Kilohertz der Übergang zur Leaderentladung bereits bei wenigen Zentimetern Elektrodenabstand erfolgt. Die Ursache muß in dem mit steigender Frequenz erhöhten Strom in der Reststrecke gesehen werden, was die Thermoionisation stimuliert. Die Durchschlagspannung ist für solche Hochfrequenzbelastungen, verglichen mit Industriefrequenz, sehr niedrig. Dieser Umstand muß bei der Auslegung von Gasisolierungen für Hochfrequenz-Hochspannungsanlagen Berücksichtigung finden.

Bild 3.5.16 gibt eine quantitative Darstellung für unterschiedliche Frequenzen. Der Leaderübergang ist deutlich zu erkennen. Die Übergangsspannung sinkt mit steigender Frequenz.

3.5.1.3. Durchschlag von elektronegativen Gasen und synthetischen Isoliergasen
[35] [101] [107]

Die Durchschlagfestigkeit von Gasisolierungen wird durch Wasserdampf verändert. Wasserdampfmoleküle haben eine elektronegative Wirkung, d.h., sie lagern Elektronen an. Das bedeutet, daß eine größere Zahl von Wasserdampfmolekülen die Ionisationswahrscheinlichkeit im Gasgemisch herabsetzt. Daraus resultiert eine Erhöhung der Durchschlagfestigkeit. Es handelt sich bei der Durchschlagfestigkeitsbeeinflussung um die absolute Luftfeuchtigkeit, d.h. um die Anzahl der Wassermoleküle in der Volumeneinheit.

Im homogenen Feld ist der Einfluß relativ gering, im inhomogenen Feld jedoch beachtlich. Dieses Verhalten ist dadurch zu erklären, daß der Spannungsbedarf für die Streamerbildung durch die Elektronenanlagerung erhöht wird.

Die Funkenstrecke mit negativer Spitze erhöht ihre Festigkeit beachtlich, während die mit positiver Spitze kaum beeinflußt wird.

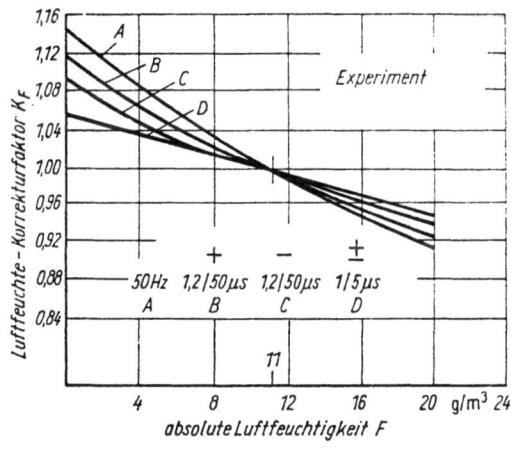

Bild 3.5.17
Darstellung des Korrekturfaktors für die Durchschlagspannung einer Spitze-Spitze-Funkenstrecke (asymmetrisch) als Funktion der absoluten Luftfeuchtigkeit

Außerdem ist zu vermerken, daß wegen der Beeinflussung der Streamerausbildung eine Abhängigkeit von der Polarität und vom zeitlichen Verlauf der kurzzeitigen Spannungsbeanspruchung zu erwarten ist. Bild 3.5.17 zeigt den Korrekturfaktor k_F in Abhängigkeit von der absoluten Luftfeuchtigkeit. Bei der Umrechnung gilt

$$U_D = \frac{1}{k_F} U_{D0}. \tag{3.5.8}$$

Die Durchschlagspannung U_{D0} gilt bei Normalfeuchte; das sind 11 g H_2O/m^3 Luft bei Normalbedingungen des Gases.

148   3. *Isoliervermögen von Isolierungen und deren Einflußgrößen*

Am stärksten ist der Einfluß auf Wechsel- und Gleichspannung; er wird reduziert mit Verkürzung der Belastungszeit. Neben dem Luftdruck muß auch die Luftfeuchtigkeit bei der Bemessung von Gasdurchschlagstrecken berücksichtigt werden.

$$U_D = \frac{\delta_{LD}}{k_F} U_{D0}; \quad (3.5.9)$$

dabei ist

$$\delta_{LD} = \frac{p}{p_0} \frac{273 + 20}{273 + \vartheta},$$

mit p, p_0 in Pa und ϑ in °C. δ_{LD} ist der Luftdichtekorrekturfaktor.

Synthetische Gase werden für abgeschlossene Isoliersysteme eingesetzt. Die Auswahl erfolgt nach Gesichtspunkten der erhöhten Durchschlagfestigkeit gegenüber Luft, Stickstoff oder anderen Molekülgasen.

Neben der Durchschlagfestigkeit müssen jedoch auch der Anwendungstemperaturbereich, der Druckbereich und die übrigen Eigenschaften, wie Wärmeleitfähigkeit, Brennbarkeit, Toxität, den technischen Anforderungen entsprechen.

Tafel 3.5.1 gibt eine Übersicht über andere mögliche Gase im Vergleich zu Stickstoff. Bedeutsam für die Durchschlagfestigkeit sind Wirkungsquerschnitt, Molmasse, mittlere freie Weglänge und die Ionisationsenergie. Aus diesen Größen resultiert die Ionisationswahrscheinlichkeit. Besonders die elektronegativen Eigenschaften der Moleküle, d.h. die Tendenz zur Elektronenanlagerung, spielen eine entscheidende Rolle. Schwefel und Selen sind elektronegativ, Halogene in der Reihenfolge steigender Elektronegativität (Jod, Brom, Chlor, Fluor) ebenso.

Tafel 3.5.1. Übersicht über physikalische Eigenschaften isolierender Gase

Gasart	Molmasse	Kondensationspunkt	Dichte 20°C/0,1 MPa	Freie Weglänge	Ionisationsenergie	Durchschlagfestigkeit relativ	Durchschlagfestigkeit absolut
	M	ϑ_K	ϱ_D	$\lambda_{Elektron}$	W_i	$E_{D\,rel.}$	E_D
	g/Mol	°C	kg/m³	μm	eV	bezogen auf N_2	V/m
Helium (He)	4	−269	0,17	1,10	24,6	0,1	$3,7 \cdot 10^5$
Wasserstoff (H_2)	2	−253	0,09	0,65	15,8	3,5	$15 \cdot 10^5$
Stickstoff (N_2)	28	−196	1,21	0,35	15,7	1,0	$33 \cdot 10^5$
Sauerstoff (O_2)	32	−183	1,38	0,40	12,1	0,8	$27 \cdot 10^5$
Kohlendioxid (CO_2)	45	−29	1,97	0,24	14,4	0,7	$25 \cdot 10^5$
Chlor (Cl_2)	71	−35	3,21	0,16	11,8	1,6	$52 \cdot 10^5$
Tetrachlormethan (CCl_4)	154	76,8	6,65 (76,8 °C)	0,08	11,1	5,5	$180 \cdot 10^5$
Tetrafluormethan (CF_4)	88	−128	3,81	0,1	15,4	1,1	$36 \cdot 10^5$
Hexafluoräthan (C_2F_6)	138	−79					
Dichlordifluormethan (CCl_2F_2)	121	−28	5,33	0,3	17,5	2,4	$80 \cdot 10^5$
Schwefelhexafluorid (SF_6)	146	−63	6,40	0,22	≈18	2,7	$89 \cdot 10^5$

3.5. Elektrische Durchschlagvorgänge

So wurden schon frühzeitig die guten Isoliereigenschaften des Kühlmediums Dichlordifluormethan entdeckt. Mit einer relativen Durchschlagfestigkeit gegenüber Stickstoff von 2,4 und einem Siedepunkt von $-28\,°C$ erfüllt dieses Gas die meisten Forderungen nahezu. Noch günstiger ist *Schwefelhexafluorid* (SF_6), das bei einem Siedepunkt von $-63\,°C$ und einer relativen Durchschlagfestigkeit von 2,7 den technischen Forderungen weitgehend entspricht. Hinzu kommt, daß SF_6 nicht toxisch, nicht brennbar und außerordentlich stabil ist. Toxisch sind allerdings einige Zersetzungsprodukte. Das Zustandsdiagramm des SF_6 weist Bild 3.5.18 aus. Es ist zu entnehmen, daß bei einem Druck von etwa 0,4 MPa und bei einer Temperatur von $-40\,°C$ ein gasförmiger Zustand vorliegt. Bei Atmosphärendruck wird der Sublimationspunkt erst bei $-68\,°C$ erreicht.

Für Geräte, die nur bei Raumtemperatur und darüber hinaus betrieben werden, kann der Druck sogar auf über 2 MPa gesteigert werden, ohne den gasförmigen Bereich zu verlassen. Die thermische Stabilität des SF_6 ist bis etwa 2000 K gewährleistet; darüber hinaus treten als Spaltprodukte SF_4 und SF_2 auf. Ab 4000 K liegen dann nur noch elementares Fluor und atomarer Schwefel vor.

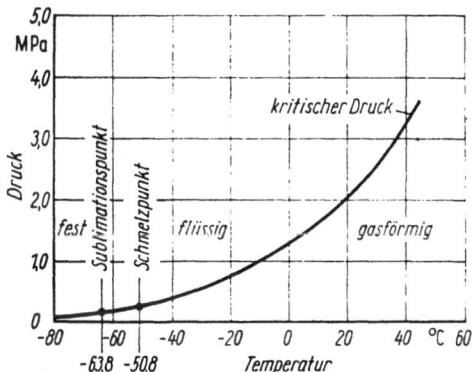

Bild 3.5.18
Thermodynamisches Zustandsdiagramm von SF_6

Das bedeutet, daß durch die hohen Energien bei Teilentladungen und insbesondere im Lichtbogen SF_6-Moleküle zersetzt werden. In Tafel 3.5.2 sind einige Reaktionen angegeben, die durch Lichtbogen oder Teilentladung in einem SF_6-isolierten System auftreten können. Man erkennt die zur Freisetzung von Fluor führenden Reaktionen. Auch sind die Folgereaktionen angeführt, die bei Anwesenheit von Wasserdampf ablaufen. Die in jedem Fall gebildete Flußsäure ist ein gefährliches Agens für Isolieranordnungen. Da eine rasche Reaktion mit SiO_2 eintritt, sind unter diesen Bedingungen Isolierelemente mit Quarzmehlmagerung und Glasfaserverstärkung nicht zulässig. Gleichzeitig muß auch die Forderung nach TE-Freiheit und hoher Dichtheit gegenüber H_2O-Diffusion an die SF_6-isolierten Geräte gestellt werden.

Gegenüber dem α-Prozeß in Luft (s. Abschn. 3.5.1.1), der lediglich in seiner Wirksamkeit durch die Rekombination reduziert wird, steht beim SF_6 der Elektroneneinfang zur Diskussion.

$SF_6 \longrightarrow SF_4 + 2\,F$	$SF_4 + H_2O \rightarrow SOF_2 + 2\,HF$	*Tafel 3.5.2*
$SF_6 \longrightarrow S + 6\,F$		*Reaktionen des SF_6*
$2\,SF_6 + O_2 \rightarrow 2\,SOF_2 + 8\,F$	$SOF_2 + H_2O \rightarrow SO_2 + 2\,HF$	*bei Teilentladung und Lichtbogeneinwirkung und*
$2\,SF_6 + O_2 \rightarrow 2\,SOF_4 + 4\,F$	$SOF_4 + H_2O \rightarrow SO_2F_2 + 2\,HF$	*Folgereaktionen mit H_2O*

150   3. Isoliervermögen von Isolierungen und deren Einflußgrößen

Entsprechend Bild 3.5.19 wird das wirksame α' durch $\alpha' - \eta_a$ (η_a Anlagerungskoeffizient) festgelegt. Erst bei einem bestimmten E/P-Wert wird $\alpha' > 0$. Nur oberhalb einer bestimmten Feldstärke bei vorgegebenem Druck wird eine Lawinenbildung und damit die Einleitung der selbständigen Entladung ermöglicht. Diese Feldstärke wird als die innere Durchschlagfeldstärke E_{Di} bezeichnet. Sie ist die untere Grenze der Durchschlagfeldstärke. Im schwach inhomogenen Feld muß für die Einleitung einer Kanalentladung

$$\int_0^{x_{kr}} \alpha \, dx \geq 18,5$$

sein. Je nach Homogenitätsgrad ist der kritische Abstand von der Elektrode unterschiedlich. Deshalb ist es erforderlich, neben dem Homogenitätsgrad η noch einen Krümmungsfaktor f_K einzuführen, der das Verhältnis E_{Dh}/E_{Di} berücksichtigt. Außerdem ist der Rauheitsfaktor f_R zu berücksichtigen. Damit kann die Durchschlagspannung einer gasisolierten Anordnung wie folgt berechnet werden:

$$U_D = E_{Di} \eta d f_K f_R. \tag{3.5.10}$$

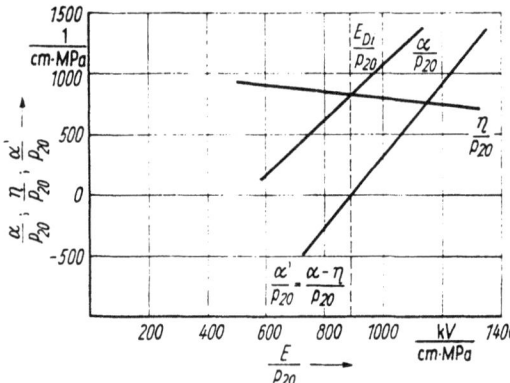

Bild 3.5.19
Darstellung
des bezogenen wirksamen α'/P_{20} als Differenz zwischen dem bezogenen Ionisationskoeffizienten α/P_{20} und dem bezogenen Anlagerungskoeffizienten η_a/P_{20} für SF_6 bei $20\,°C$
(lies im Bild η_a statt η)

Die technische Durchschlagfestigkeit E_{Dt} liegt immer niedriger als die innere Festigkeit und ist von Belastungsart, Wechselspannung, Gleichspannung, Blitz- und Schaltimpulsspannung abhängig. Die technische Festigkeit wird als untere Grenze der experimentell bestimmten Festigkeitswerte angesehen.

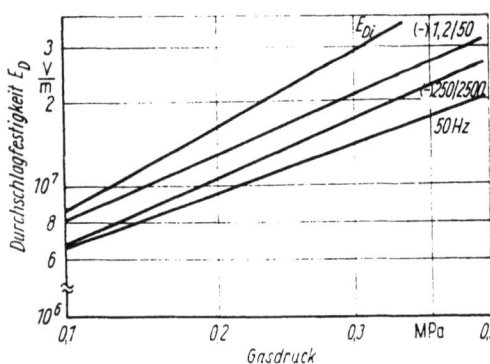

Bild 3.5.20
Innere Durchschlagfestigkeit
und technische Durchschlagfestigkeit
für verschiedene Spannungsformen
in Abhängigkeit vom SF_6-Gasdruck;
Elektrodenfläche $A = 10\,cm^2$

Bild 3.5.20 zeigt die innere elektrische Festigkeit und die technische Festigkeit in Abhängigkeit vom Isoliergasdruck für Schalt-, Blitz- und Wechselspannung.

Für technische Isolieranordnungen ist die Kenntnis der Wirkung von Gaszumischungen bedeutsam.

Bild 3.5.21 zeigt experimentelle Ergebnisse der Durchschlagfestigkeit bei der Mischung mit Stickstoff. Interessant ist der verhältnismäßig geringe Abfall bis zu N_2-Anteilen von 25 %. Anders ausgedrückt: Die elektronegative Wirkung des SF_6 ist auch bei einer Mischung mit nicht elektroneneinfangenden Gasen noch beachtlich groß.

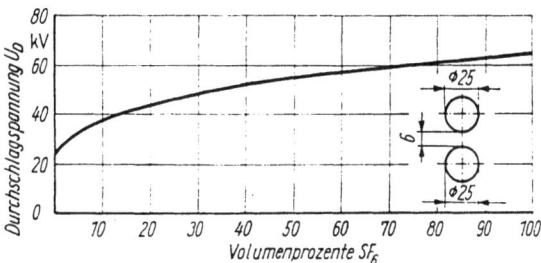

Bild 3.5.21
Durchschlagfestigkeit
von SF_6-Stickstoff-Mischungen
im schwach inhomogenen Feld

Durchschlag und Teilentladungen in technischen SF_6-isolierten Anordnungen sind häufig auf gestörte schwach inhomogene Felder zurückzuführen. Es ist deshalb von Interesse, die Auswirkungen solcher Störungen auf die elektrische Festigkeit zu untersuchen. Die grundsätzlichen Zusammenhänge kann man ermitteln, indem man etwa ein Kugel-Platte-Feld durch eine auf die Kugel aufgesetzte Spitze unterschiedlicher Länge stört (Bild 3.5.22).

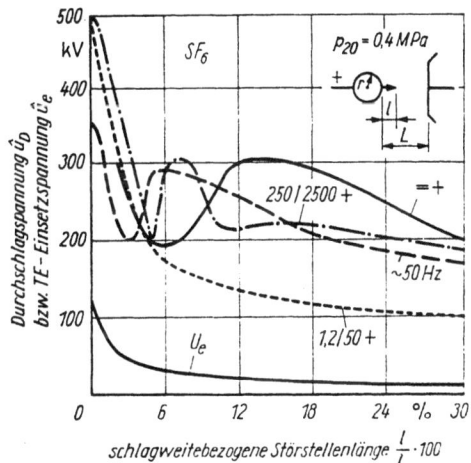

Bild 3.5.22
Durchschlagspannung
eines gestörten schwach inhomogenen Feldes
in SF_6 für verschiedene Spannungsformen
und TE-Einsetzspannung für 50 Hz
$L = 5$ cm; $r = 1$ cm

Bei 2 % Störstellenlänge wird die Einsetzspannung der stabilen Teilentladung bereits auf $1/4$ der Durchschlagspannung des ungestörten Feldes herabgesetzt. Die Einsetzspannung ist eine eindeutige, monoton fallende Funktion der prozentualen Störstellenlänge. Die Durchschlagwechselspannung hingegen durchläuft ein Minimum. Der eindeutige Zusammenhang zwischen den geometrischen Abmessungen und der Durchschlagspannung geht, mit Ausnahme der Blitzspannung, offensichtlich verloren. Die stabilen Teilentladungen haben unterschiedliche Natur. Unmittelbar nach dem Einsatz werden Streamerentladungen festgestellt, die bei Gleich-, Wechsel- und Schaltspannung mit weiterer Spannungssteigerung in eine sehr stabile Lawinenentladung übergehen. Im Falle der Blitzspannung wird nur Streamerentladung beobachtet. Die Lawinenentladung baut sehr starke Raumladungsfelder auf, die die Durchschlagspannung markant beeinflussen.

Im SF_6 sind die Bedingungen für die Thermoionisation besonders günstig, da sich

152   3. Isoliervermögen von Isolierungen und deren Einflußgrößen

durch die hohe Dichte des Gases die Entladung in einem verhältnismäßig geringen Querschnitt abspielt – eine gute Voraussetzung für den Leaderübergang. Das Vorwachsen des Leaders geschieht in Ruckstufen. Der Spannungsbedarf liegt etwa in der Größe von 0,1 MV/m. Das ist ein Wert, der bei Luft erst bei weit höherer Schlagweite erreicht wird. Bei der gestörten Feldanordnung ist nur der Leader in der Lage, den Raum der Lawinen- oder Streamerzone zu verlassen und den Durchschlag einzuleiten.

Für die Anwendung sind die Abhängigkeiten der Durchschlagspannung von der Polarität, der Spannungsform, der Störstellenabmessung und dem Isoliergasdruck von Bedeutung.

Für den höheren, technisch kritischeren Druckbereich $p = 0,4$ MPa und die positive Polarität der Störstelle stellt Bild 3.5.22 die gemessenen Zusammenhänge dar.

Wenn die Störstellen nicht fest, sondern frei beweglich angenommen werden müssen, werden die TE- und Durchschlagprobleme bewegter geladener leitender oder isolierender Teilchen sehr kompliziert. Umladungsprozesse, die Schwingungsdynamik der Teilchen und sich ständig verändernde Teilentladungsbedingungen müssen berücksichtigt werden. Besonders kritisch sind frei bewegliche Partikel bei Gleichspannung, da die Bewegung von einer Elektrode zur anderen und die Reflexion durch die konstante Spannung ungestört verlaufen können. Ein auf der Elektrode befindliches Partikel wird entsprechend der Feldstärke an der Oberfläche unipolar aufgeladen und erhält nach dem Abheben von der Oberfläche, in Abhängigkeit vom Abstand, eine zusätzliche Influenzladungsverteilung.

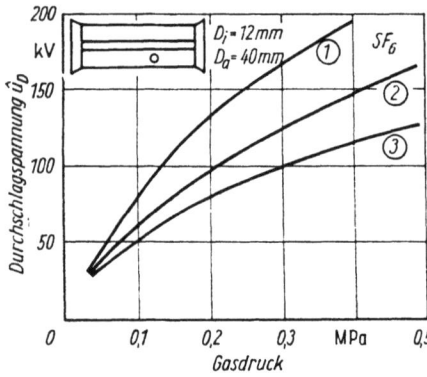

Bild 3.5.23
Durchschlagspannung
eines schwach inhomogenen Feldes
ohne ① und mit freibeweglichen Störstellen;
② 0,2-mm-; ③ 1-mm-Stahlkugel

Bei Wechselspannung überlagern sich die elektrischen Feldkräfte und die Eigenschwingung des Partikelsystems. Je nach Partikelgröße wird eine über viele Halbwellen verlaufende Abstoßung und Annäherung vollzogen, deren Periode und Amplitude auch von der Feldstärke abhängen. Im Falle von Schaltspannungen wird bei beweglichen Partikeln meist ein Erreichen der Gegenelektrode und dann ein stark gedämpftes Ausschwingen beobachtet, während bei Blitzspannung praktisch kein Abheben von der Oberfläche erfolgt und die Partikel wie ortsgebundene Störstellen wirken. Eine Übersicht über die Partikelwirkung auf U_D bietet Bild 3.5.23. Hier ist die Durchschlagspannung für Wechselspannung 50 Hz über dem Isoliergasdruck aufgetragen.

Interessant ist die Erkenntnis, daß der kleinere Kugeldurchmesser zu einer geringeren Absenkung der Durchschlagspannung gegenüber dem größeren führt. Offensichtlich spielt die transportierte Ladung und die daraus resultierende Teilentladung dafür eine entscheidende Rolle. Unterhalb eines bestimmten Produkts von Gasdruck und Störkörperdurchmesser (etwa 10 µm·MPa) ist überhaupt kein Einfluß mehr festzustellen.

3.5.1.4. Durchschlag an Grenzflächen
[1] bis [3] [7] [9] [37]

In den vorangegangenen Abschnitten wurden die Durchschlagvorgänge im freien Gasraum behandelt. Tatsächlich treten jedoch bei der Auslegung von Gasisolierungen häufig Probleme des Grenzschichtdurchschlags auf.

Zur Systematisierung der Durchschlagbeeinflussung durch feste und flüssige isolierende Grenzschichten erscheint es zweckmäßig, die gleiche Einteilung wie bei der Feldbehandlung vorzunehmen. Diese Kategorisierung erweist sich auch deshalb als sinnvoll, weil die Veränderungen des TE- und Durchschlagaufbaus weitgehend durch die Feldveränderung geprägt wird. Natürlich spielen die Grenzschichten darüber hinaus auch als mechanisch oder thermisch wirksame Entladungsraumbegrenzungen eine Rolle. Obwohl ein Schwerpunkt der Betrachtung auf die Veränderungen des elektrostatischen Feldes ausgerichtet sein muß, sind auch die Gesichtspunkte des elektrischen Strömungsfeldes zu berücksichtigen. In einigen Fällen wird die Dominanz des einen oder anderen Einflußfaktors untersucht werden müssen, in anderen wird die Gesamtwirkung beider Potentialfeldtypen zu betrachten sein. Anhand des stark vereinfachten Schemas technisch möglicher Grenzschichtanordnungen im Bild 3.5.24 soll die Problematik diskutiert werden.

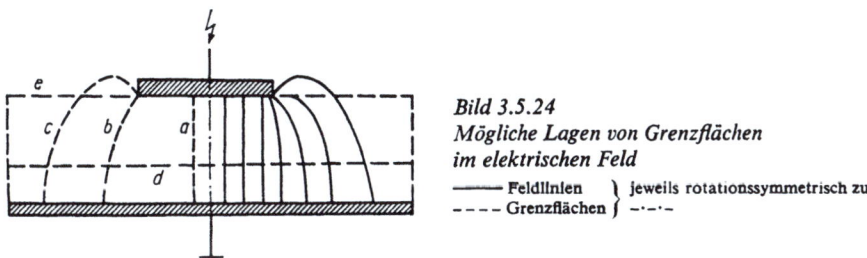

Bild 3.5.24
Mögliche Lagen von Grenzflächen im elektrischen Feld

——— Feldlinien } jeweils rotationssymmetrisch zu
- - - - Grenzflächen } —·—·—

Die Grenzschicht *a* liegt im *Grundfeld* der Elektrodenanordnung; die Feldlinien verlaufen parallel zur Isolierstoffoberfläche. Man spricht in diesem Fall von einer *Längsgrenzschichtanordnung*. In ähnlicher Weise können auch die Grenzschichten *b* und *c* betrachtet werden. Auch in diesen Fällen liegt die Isolatormantelfläche parallel zu den Feldlinien – allerdings im inhomogenen Randfeld der Anordnung. Betrachtet man einen Grenzschichtverlauf nach *d*, so liegt eindeutig eine *Quergrenzschicht* vor. Derartige Anordnungen sind in der Praxis Elektrodenabdeckungen, Barrieren oder spaltartige Hohlräume. Schließlich sei auf die Grenzschicht *e* verwiesen, die eine *Schräggrenzschichtanordnung* repräsentiert. Sie ist geprägt von einem inhomogenen Feldverlauf an der oberen Elektrodenberandung, durch eine Brechung der Feldlinien an der Grenzschicht und damit durch Normal- und Tangentialkomponenten des Feldes an jedem Punkt der Isolatoroberfläche. Nachstehend sollen die Durchschlagvorgänge an den jeweiligen Anordnungen diskutiert werden.

Längsgrenzschicht

Anordnung *a* wird zum Durchschlag im inhomogenen Randfeld ohne wesentliche Beeinflussung durch den Isolator führen. Die Charakteristik des Durchschlags entspricht der der Schneide-Platte-Anordnung im freien Gasraum. Wird jedoch die scharfkantige obere Elektrode durch eine Rogowski-Plattenelektrode (s. Abschn. 3.2.3) ersetzt, so liegt ein typisches Längsgrenzschichtproblem im homogenen Feld vor. Obwohl die Feldlinien theoretisch parallel zur Grenzschicht verlaufen, liegt die Durchschlagspannung für alle

154   3. Isoliervermögen von Isolierungen und deren Einflußgrößen

Spannungsformen unter der Kennlinie für das homogene Feld im gleichen Gasraum. Ursachen sind Inhomogenitäten der Isolatoroberfläche und Gasspaltbildung am Elektroden-Isolierstoff-Übergang. Diese Geometrieabweichungen führen zu Teilentladungen mit potentialverteilungsverändernden Raumladungsbildungen. Eine weitere Ursache ist der ständig vorhandene Feuchtigkeitsbelag der Oberfläche, der häufig durch ungleichmäßige Verteilung zur Feldstörung durch das Strömungsfeld Anlaß gibt. Damit ist es auch verständlich, daß unterschiedliche Materialien verschiedene Überschlagspannungswerte bei sonst gleicher Geometrie aufweisen. Unterschiede der Überschlagspannung werden auch für Impulsspannung, Gleich- und Wechselspannung festgestellt.
Bild 3.5.25 gibt einen Überblick.

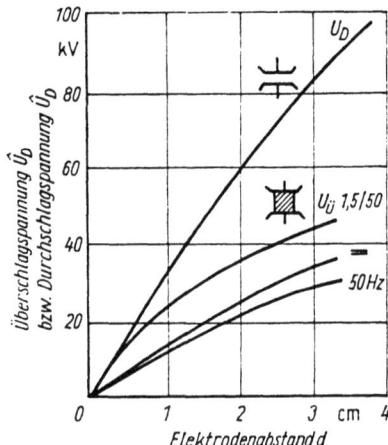

Bild 3.5.25
Durchschlagspannung im Vergleich
zur Überschlagspannung eines Porzellanzylinders
im homogenen Feld; Luft, Normalbedingungen

Wird Fall *b* oder *c* gewählt, so liegt ein inhomogenes Feld an der Längsgrenzschicht vor. Die Unterschiede des Materials der Isolatoren und deren hygroskopische Eigenschaften sowie der Einfluß der Spannungsform werden gegenüber dem homogenen Feld geringer.

Völlig ändert sich das Bild, wenn der Elektrodenabstand erheblich vergrößert wird. Übersteigt der Abstand etwa 30 cm, so wird die Überschlagspannung praktisch nur noch durch den stark inhomogenen Feldanteil in der Nähe der Elektrode mit der größeren Feldstärke bestimmt. Es kommt zum Einsatz von Teilentladungen, die den Überschlagwert festlegen. Die Überschlagspannung weicht nur wenig von einem Spitze-Spitze- oder Spitze-Platte-Feld im grenzschichtfreien Gasvolumen ab. Polaritätseffekte sind vorhanden. Die wesentlichen Gesetzmäßigkeiten des Durchschlags im stark inhomogenen Feld haben ihre Gültigkeit. Nur starke Veränderungen der Potentialverteilung durch das Strömungsfeld an der Oberfläche (s. Abschn. 3.6.5 und 5.1.2.2) führen zur weiteren Reduzierung der Überschlagspannung.

Quergrenzschicht

Betrachtet man Bild 3.5.24, Anordnung *d*, so wird deutlich, daß hier eine Reihenschaltung von flüssigen oder festen und gasförmigen Isolierstoffen vorliegt.

Nach Abschnitt 3.2.4 wird die Grenzschicht senkrecht von den Feldlinien durchsetzt, und die Feldstärken verhalten sich umgekehrt proportional zu den Dielektrizitätskonstanten, wenn das elektrostatische Feld die Potentialverteilung bestimmt, und auch umgekehrt proportional zu den Leitfähigkeiten, wenn diese das Feld bestimmen.

Zunächst soll die Grenzschicht so ausgebildet sein, daß in einem homogenen Platte-

Platte-Feld ein Teil des Dielektrikums mit einem Isolierstoff ausgefüllt ist, dessen ε_{rF} größer ist als ε_{rG} des Gases (Bild 3.5.26a). Dann wird die höhere Feldstärke im Gasraum anliegen. Da im allgemeinen die elektrische Festigkeit des Gases niedriger als die von festen oder flüssigen Isolierstoffen ist, wird nach Überschreiten der Zündspannung eine Entladung im gasförmigen Medium erfolgen. Gegenüber dem gasförmigen Einstoffsystem gleicher Elektrodenanordnung ist die Durchschlagsspannung wegen der Reduzierung der Gasentladungsstrecke und der Erhöhung der Feldstärke im Quergrenzschichtfall niedriger. Ob ein Durchschlag der gesamten Strecke erfolgt, hängt von der Festigkeit des festen Isolierstoffs ab, an dem nun ein inhomogenes Feld (Durchschlagfußpunkt der Gasstrecke) anliegt. Eine solche Anordnung kann technisch nur verwendet werden, wenn die Gasstrecke für die Dimensionierung herangezogen wird und der feste Isolierstoff andere Funktionen erfüllen soll (z. B. Lichtbogenschutz einer Sammelschiene). Bei geringen Schlagweiten und niedrigem Gasdruck, d. h. im Nahdurchschlaggebiet, ist die selbständige Lawinenentladung stark von der Sekundärelektronenausbeute der Katode abhängig. Durch eine sehr dünne Isolierschicht auf der Katode oder auf beiden Elektroden im Wechselspannungsfall kann bei vernachlässigbarer Erhöhung der Feldstärke im Gasraum die Zündspannung erhöht werden (Bild 3.5.26b). Ein anderer Fall liegt vor, wenn die Quergrenzschicht in einem inhomogenen Feld angeordnet ist. Bild 3.5.26c zeigt eine Spitze-Platte-Funkenstrecke, wo durch Verguß der Spitzenelektrode mit einem Harz zwar die Feldstärke im Gasraum erhöht wird, jedoch im Gas nur ein schwach inhomogenes Feld vorliegt. Auf diese Weise kann die Einsetzspannung im Gas gegenüber der reinen Gasstrecke erhöht werden. Es kommt zu keiner stabilen Teilentladung. (Je nach den geometrischen Verhältnissen ist natürlich das Problem der Schräggrenzschicht zu berücksichtigen.)

Wird die Quergrenzschicht so aufgebaut, daß nur eine relativ zur Schlagweite dünne Isolierschicht zwischen die Elektroden gebracht wird, so spricht man von einer *Barrierenanordnung* (Bild 3.5.26d).

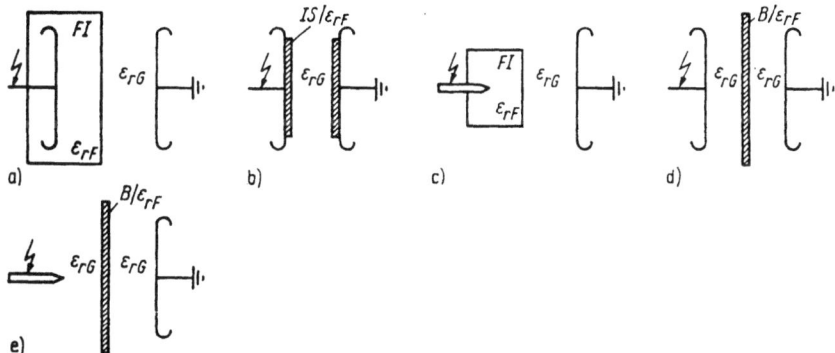

Bild 3.5.26. Quergrenzschichtanordnungen mit unterschiedlicher Wirkung auf den Durchschlag- und Teilentladungsprozeß
FI Feststoffisolierung; *IS* Isolierstoffschicht; *B* Barriere; ε_{rG} DK für Gas; ε_{rF} DK für einen Isolierstoff

In einem homogenen oder schwach inhomogenen Feld bringt eine solche Barrierenanordnung keine Vorteile. Wie bereits erwähnt, wird im Gegenteil die Feldstärke im Gasschlagraum erhöht. Wird die Barriere dagegen in ein stark inhomogenes Feld eingebracht, so tritt eine positive technische Wirkung auf (Bild 3.5.26e). Die Wirkung ist jedoch abhängig von einer Teilentladung. Ist die Einsetzspannung überschritten, dann werden je nach Spitzenpolarität Elektronen oder positive Ionen von der Barriere auf-

3. Isoliervermögen von Isolierungen und deren Einflußgrößen

gefangen und bilden dort eine Oberflächenladung aus. Auf diese Weise wird das Restfeld homogenisiert. Je nach Stellung der Barriere im Schlagraum wird die Durchschlagspannung der Gesamtstrecke verändert. Es gibt eine Abhängigkeit von Polarität und Belastungsdauer der Anordnung. Der Durchschlag wird entweder im inhomogenen oder im homogenen Teil des Feldes eingeleitet; die Umbildung des Feldes ist mit der Barrierenstellung dafür entscheidend.

Eine starke Wirkung der Barriere wird bei positiver Spitzenelektrode im Gleichspannungsfall erreicht. Eine in kurzer Entfernung zur Spitze aufgestellte Barriere (z. B. Preßspan, Isolierfolie usw.) hebt die Durchschlagfestigkeit auf etwa das 2,5fache an. Kurz vor der Plattenelektrode ist die Wirksamkeit nur noch gering. Bei negativer Spitze ergibt eine direkt vor dieser Spitze aufgestellte Barriere eine geringfügige Verbesserung; ansonsten gibt es nur eine von der Stellung abhängige Verschlechterung (Bild 3.5.27).

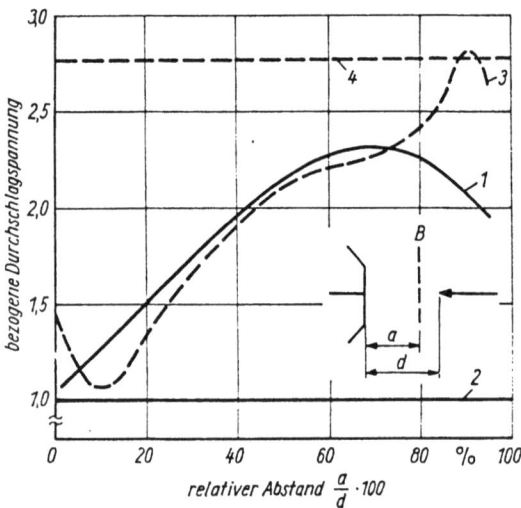

Bild 3.5.27
Wirkung einer Barriere in einem Spitze-Platte-Feld bei Gleichspannung

	Positive Polarität	Negative Polarität
Mit Barriere	1	3
Ohne Barriere	2	4

$d = 10$ cm; B Barriere

Da im Wechselspannungsfall die Oberflächenladungen teilweise kompensiert werden, jedoch ohne Barriere die tiefliegende positive Durchschlaghalbwelle wirksam wird, ist mit Barriere mit einem deutlichen Gewinn an Durchschlagspannungshöhe zu rechnen. Im Spitze-Spitze-Feld mit zwei Barrieren kann sogar bei optimaler Stellung mit einem Gewinn von 300% gerechnet werden. Werden unipolare Impulsspannungen, z. B. Blitzspannungen, an eine solche mit Barrieren versehene inhomogene Funkenstrecke angelegt, so ist bei positiver Spitzenpolarität nahezu der gleiche Effekt wie bei Gleichspannung zu erzielen; die negative Polarität führt jedoch zu weniger als ±10% Abweichung von der barrierenfreien Anordnung je nach Stellung der Barriere. Eine exakte Berechnung ist nicht möglich, da nicht alle Daten bekannt sind. Man kann jedoch davon ausgehen, daß der hauptsächliche Ladungstransport durch Streamerentladungen herbeigeführt wird. Der höhere Spannungsbedarf des negativen Streamers führt deshalb zu einer anderen Qualität der Aufladung der Barriere und damit zu einer anderen Feldverteilung der Gesamtstrecke. Der positive Streamer wird stets oberhalb der Streamerdurchschlagspannung der freien Strecke durch die Barriere am völligen Durchschlag gehindert. Erst bei Überschreitung der Durchschlagfeldstärke des neu gebildeten nahezu homogenen Teilfeldes wird der Gesamtdurchschlag eingeleitet. Bei negativer Spitze wird nur bei einer Barriere unmittelbar vor der Spitze die Durchschlaghöhe des freien Streamers erreicht bzw. die Streamerweiterentwicklung behindert und eine höhere Durchschlagspannung gewährleistet. Im Fall einer weiteren Schirmverschiebung in Richtung Platte wirkt augenscheinlich der gleiche Mechanismus wie bei positiver Spitze; der Durchschlag erfolgt im überhöhten homogenen Feldteil, und die hohe Durchschlagfeldstärke des negativen Streamers wird stark unterschritten. Der negative, nicht bis zur Barriere reichende Streamer dient lediglich als Lieferant für die Oberflächenladung. Wenn eine Impulsspannungsbelastung vorgenommen wird (Bild 3.5.28), gilt grundsätzlich der gleiche Mechanismus; nur muß die Aufladung in der kurzen Belastungszeit berücksichtigt werden.

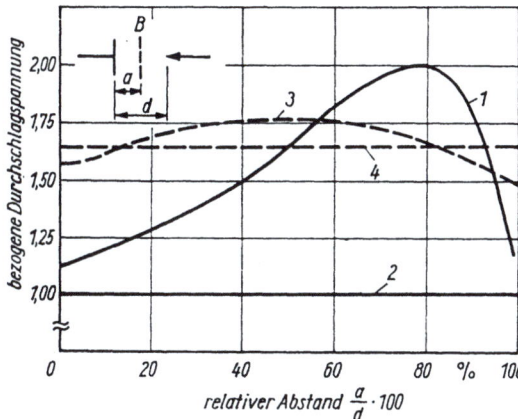

Bild 3.5.28
Barrierenwirkung
in einem Spitze-Platte-Feld
bei Impulsspannungsbelastung

	Positive Polarität	Negative Polarität
Mit Barriere	1	3
Ohne Barriere	2	4

$d = 50$ cm; Impulsfrom 1,2/50 µs

Eine Anwendung dieser Schirmeffekte ist nur bedingt möglich. Erstens muß beachtet werden, daß eine Wirkung nur bei vorhandenen Teilentladungen entsteht, die jedoch wegen der Erzeugung von Funkstörungen bestimmten Einschränkungen bei der Anwendung unterliegen, und zweitens zerstören die Teilentladungen das Schirmmaterial bzw. führen zu Degradationsprodukten, die ebenfalls Schädigungen herbeiführen (siehe Abschn. 3.6.4). Eine Nutzung ist also vorwiegend im Kurzzeitbetrieb und insbesondere in der Verhinderung von Überspannungsüberschlägen zu suchen. Begrenzungen existieren auch durch Potentialverschleppung auf die Barriere bei erhöhter Luftfeuchte. Ein typisches Quergrenzschichtproblem stellt die Entladung in *Gaseinschlüssen* in flüssigen oder festen Dielektrika dar. Betrachtet man z.B. eine Spalteinschlußgeometrie, so wird die Quergrenzschicht offensichtlich. Man kann die Anordnung nach Bild 3.5.29a als eine Reihenschaltung von Kondensatoren bzw. Widerständen auffassen.

Im Gleichspannungsfall (Bild 3.5.29b) wirkt stationär der Luftspalt als ein hoher Widerstand gegenüber dem umgebenden Festkörper. Damit liegt eine vergleichsweise hohe Feldstärke am Luftspalt. Beim Überschreiten der TE-Einsetzfeldstärke wird durch

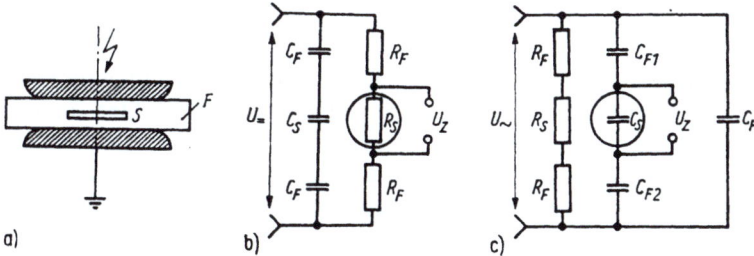

Bild 3.5.29. Anordnung einer elektrisch belasteten Festkörperisolierung mit Quergrenzschicht (Gasspalt) (a) und Ersatzschaltungen für Gleichspannungsentladung (b) und Teilentladung bei Wechsel- und Impulsspannung (c)

158   3. *Isoliervermögen von Isolierungen und deren Einflußgrößen*

die Teilentladung die Luftstrecke partiell leitfähig; es können sich Ladungsträger an den spaltbegrenzenden, isolierenden Oberflächen absetzen und ein Gegenfeld aufbauen, und die Entladung verlöscht. Der Wiederanstieg der Feldstärke im Spalt ist von der Leitfähigkeit des umgebenden Isolierstoffs abhängig, weil über diesen die Gegenfeldladung abtransportiert werden muß. Nach Wiedererreichen der Zündfeldstärke kann die nächste Entladung gezündet werden. Da der Widerstand der festen und flüssigen Isolierstoffe im allgemeinen recht hoch ist, wird die Folgefrequenz der Teilentladungen, gemessen am Wechselspannungsfall, niedrig.

Liegt Wechselspannung am Isolierstoff mit einem gasförmigen Spalt an, so gilt als Ersatzschaltbild 3.5.29c. Die Feldstärkeverteilung ergibt sich im wesentlichen aus dem Verhältnis der Kapazitäten, wenn der kapazitive Strom wesentlich größer als derjenige über die ohmschen Widerstände des Isoliermaterials ist. Beim Überschreiten der Einsetzspannung am Gasspalt wird die erste Teilentladung gezündet. Dadurch ergibt sich eine niederohmige Überbrückung des Spaltes. Der Aufbau des neuen Feldes wird durch die weitere Veränderung der Spannung erzwungen. Nach einer gewissen Zeit stellt sich erneut die Zündfeldstärke ein, und die nächste Teilentladung beginnt. Die Bedingungen für die Zündung werden augenscheinlich durch den Differentialquotienten dU/dt nach Größe und Vorzeichen bestimmt.

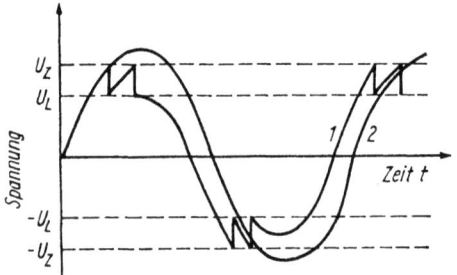

Bild 3.5.30
Spannungsverlauf an einem Gasspalt einer festen Isolierung (1) mit und (2) ohne TE

U_Z Zündspannung; U_L Löschspannung

Bild 3.5.30 gibt einen Überblick über die entstehenden Teilentladungen und ihre Abhängigkeit von der Spannungswelle. Ihm ist zu entnehmen, daß die Zahl der Teilentladungsimpulse pro Zeiteinheit mit der Überschreitungshöhe der Einsetzspannung und mit der Frequenz der anliegenden Wechselspannung wächst. Gleichzeitig wird auch deutlich, daß die Impulszahl wesentlich größer als die bei Gleichspannung ist. Weiterhin kann man ableiten, daß bei Überspannungen ebenfalls Teilentladungen in Hohlräumen mit einer Abhängigkeit von dU/dT des Impulses auftreten können. Bei allen Fragen der elektrischen Alterung durch Teilentladungen müssen diese Zusammenhänge Berücksichtigung finden (s. Abschn. 3.6.4).

Schräggrenzschicht

Die im Abschnitt 3.2.4 behandelte Schräggrenzschicht hat erhebliche Bedeutung für viele elektroisoliertechnische Probleme. Gasentladungen an solchen Grenzschichten ändern ihren Charakter gegenüber Entladungen im freien Gasraum beachtlich. Es ist zu bemerken, daß viele der unter Längs- und Quergrenzschichtdurchschlag behandelten Probleme genaugenommen der Schräggrenzschichtproblematik zugeordnet werden müßten, da in der Praxis die exakte Längs- und Querschicht kaum auftreten. Charakteristische Kennzeichen für die Schräggrenzschichtentladung sind die vorhandenen Tangential- und Normalkomponenten der Feldstärke an der Grenzschicht. Dadurch werden gegenüber der Entladung im freien Gasraum der Ladungsträgertransport und die Ladungsträgervermehrung unmittelbar mit der Festkörper- oder Flüssigkeitsoberfläche in Wechselwirkung gebracht. Daraus leitet sich der Entladungstyp, nämlich die Gleitentladung, ab.

Im Bild 3.5.31 sind verschiedene Gleitentladungsanordnungen dargestellt. Sie unterscheiden sich durch den Inhomogenitätsgrad und die Zahl der sogenannten Gleitpole, Punkte oder Abschnitte mit großer Inhomogenität.

Offensichtlich wird bei den Kanalentladungen die Ladungsträgerkonzentration stark erhöht, so daß schon bei sehr geringen Schlagweiten der Übergang zur Leaderentladung erfolgen kann, die Thermoionisatonsbedingungen also wesentlich verbessert werden.

Wie im freien Gasraum wird die Teilentladung an der inhomogensten Stelle im Feld gezündet. Hier beginnt die Entladung am Gleitpol. Zunächst wird die Entladung nur durch die Reihenschaltung der Isolierstoffe beeinflußt.

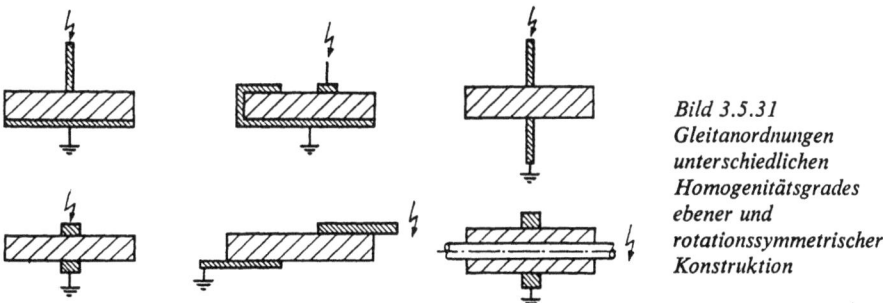

Bild 3.5.31
Gleitanordnungen
unterschiedlichen
Homogenitätsgrades
ebener und
rotationssymmetrischer
Konstruktion

Bei weiterer Spannungssteigerung über den Teilentladungseinsatz hinaus unterscheiden sich Spannungen mit $dU/dt = 0$ (Gleichspannung) und solche mit $dU/dt > 0$ (Wechselspannung, Impulsspannung). Während bei Gleichspannung weitgehend der Entladungstyp der freien Gasstrecke bis zum Durchschlag erhalten bleibt, gibt es qualitativ und quantitativ starke Änderungen der Charakteristik bei Wechsel- und Impulsspannungen.

Mit steigender Spannung ergibt sich in den beiden letztgenannten Fällen am Gleitpol zunächst die Koronaentladung, gefolgt von einer Streifenentladung. Daran schließen sich Gleitbüschel, Gleitstielbüschel und Gleitfunken an.

Die Reihenfolge stellt Lawinenentladung, Streamerentladung, kombinierte Streamer-Leader-Entladung und schließlich instabile Leaderentladungen dar.

Die Einsetzspannung spezieller Gleitentladungstypen ist von der spezifischen Kapazität c_s (auf die Flächeneinheit bezogene Kapazität) der Gleitanordnungsisolierung abhängig. Es gilt bei 50 Hz für die Stielbüschelgleiteinsetzspannung $U_{gl,e}$ in kV:

$$U_{gl,e} = K_1 c_s^{-K_2}. \tag{3.5.11}$$

Dabei ist $c_s = C/A$ in F/cm², $K_1 = 1,4 \cdot 10^{-4}$ und $K_2 = 0,44$. Die Spannung ist als Effektivwert angegeben.

Es ist zu ersehen, daß bei polaren Dielektrika mit großem ε_r und bei dünnen Isolierschichten die jeweilige Einsetzspannung niedrige Werte annimmt. Diese Zusammenhänge sind zu beachten, wenn materialarme Isolierkonstruktionen angestrebt werden.

Das typische Gleitentladungsverhalten ist auf die Anordnung der Kapazitäten zurückzuführen und auf die Tatsache, daß die Kapazitätsverteilungen durch die Teilentladungen selbst geändert werden. Betrachtet man das Ersatzschaltbild einer plattenförmigen Gleitanordnung bzw. einer rotationssymmetrischen Anordnung (Durchführungsnachbildung) gemäß Bild 3.5.32, so zeigt sich (s. Abschn. 3.2.4) eine nichtlineare Potentialverteilung, deren hyperbolische Funktion vom Verhältnis der Längs- und Querkapazitäten bestimmt wird. Außerdem ist zu entnehmen, daß beim Vorwachsen der Teilentladungen (Tangentialfeld) gleichzeitig Oberflächenkapazitäten kurzgeschlossen werden. Es ändern sich also die kapazitiven Verhältnisse. Der kapazitive Strom wird von der Vorwachsgeschwindigkeit der Entladung, d.h. von $u \cdot dc/dt$, und von der Spannungsänderung je Zeiteinheit, d.h. von $c \cdot du/dt$, bestimmt.

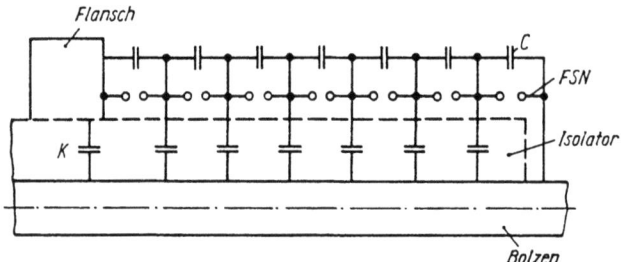

Bild 3.5.32
Schema und Ersatzschaltbild (kombiniert) einer Gleitanordnung (Durchführung)
FSN Funkenstrecken als Nachbildung der Überbrückung der Oberflächenkapazitäten C durch Teilentladungen

Die Untersuchung der Gleitfunkenlänge l_{glf} durch *Töpler* ergab für Impulsspannungen:

$$l_{glf} = K c_s^2 \hat{u}^5 \sqrt[4]{\frac{dU}{dt}}. \tag{3.5.12}$$

Wird c_s in F/cm², $\hat{u}$ in kV und dU/dt in kV/μs angegeben, so wird $K = 0{,}41 \cdot 10^{-7}$ für negative und $K = 0{,}48 \cdot 10^{-7}$ für positive Stoßspannung.

Ist $l_{glf} = d$, d.h., überbrückt der Gleitfunke die Schlagwerte d, so kann die Überschlagspannung aus (3.5.12) berechnet werden zu

$$\hat{u}_{0gl} = \sqrt[5]{\frac{d}{Kc_s^2}} \left(\frac{1}{dU/dt}\right)^{1/20}. \tag{3.5.13}$$

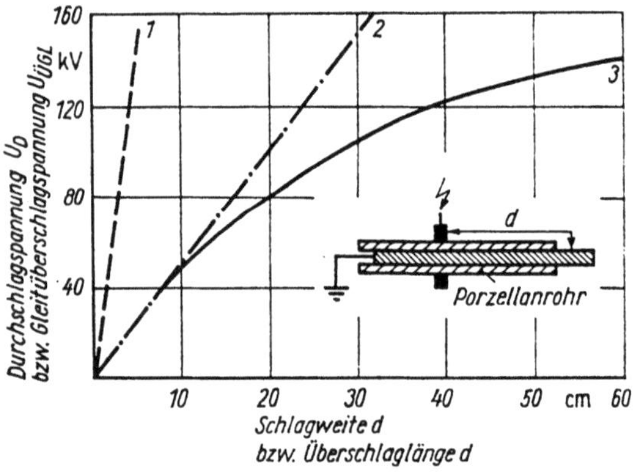

Bild 3.5.33
Vergleich der Durchschlagspannung einer homogenen Funkenstrecke (1), einer Spitze-Platte-Anordnung (2) und der Überschlagspannung eines Gleitrohrs (3)

Gleitanordnungen haben demnach eine Überschlagcharakteristik, die bei einer Verlängerung der Überschlagstrecke ab einer bestimmten Isolierdistanz nur noch einen sehr geringen Gewinn an Überschlagspannung erzielen läßt. Dieses Verhalten muß bei der Auslegung von Gasisolierungen mit Schräggrenzschicht berücksichtigt werden, wenn Wechselspannung oder Stoßspannung in Betracht gezogen werden muß. Einen typischen Kurvenverlauf für die Überschlagwechselspannung an einem Gleitrohr zeigt Bild 3.5.33.

3.5.2. Durchschlag von flüssigen Isolierstoffen
[7] [39]

Flüssige Isolierstoffe können eine sehr unterschiedliche chemische Zusammensetzung haben. Der molekulare Aufbau entscheidet über Leitungsprozesse und Durchschlagbedingungen. Die Durchschlagphänomene selbst werden durch die Zusammensetzung und den physikalischen Zustand bestimmt. Häufig werden jedoch die erreichbaren Durchschlagfestigkeiten bei technischen Isolierflüssigkeiten von Zusätzen und Verunreinigungen so stark beeinflußt, daß andere Durchschlagprozesse als die in reinen Isolierflüssigkeiten wirksam werden. Ziel der folgenden Abschnitte ist es, die Zusammenhänge und Grundgesetze deutlich zu machen und dabei typische Erscheinungsformen zu interpretieren. Schließlich sollen für die praktische Anwendung erforderliche Gesichtspunkte abgeleitet und die von der Forschung noch nicht gelösten Probleme dargestellt werden.

3.5.2.1. Durchschlagmechanismus in Isolierflüssigkeiten

Wenn auch Wasser infolge der großen Dissoziationsneigung eine hohe Eigenleitfähigkeit hat, ist es doch möglich, für die Impulsbelastung H_2O als Isolierstoff einzusetzen. Es werden elektrische Durchschlagfestigkeiten bis zu 50 MV/m gemessen, wenn Impulse im Mikrosekundenbereich angewendet werden. Da Wasser in sehr reiner Form hergestellt werden kann, sind diese Werte Eigenfestigkeiten des Stoffes. Es muß angenommen werden, daß die hohe Ionenleitfähigkeit zur Ausbildung eines aufgeheizten Kanals führt, wobei Wasser in die Dampfphase umgewandelt wird. Es folgt eine Gasphasenentladung.

Ebenfalls als reine Isolierflüssigkeiten können *verflüssigte Gase* angesehen werden. Typische Beispiele für verflüssigte Gase mit sehr unterschiedlichem Siedepunkt sind LHe (4,2 K) und LN_2 (77 K).

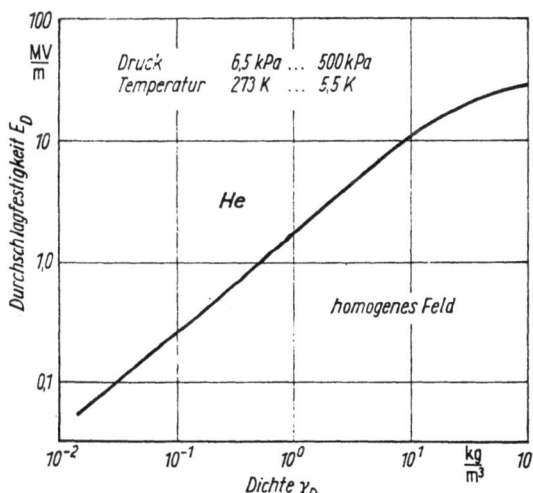

Bild 3.5.34
Durchschlagfestigkeit
von gasförmigem Helium
bei Variation der Dichte

Im Falle des Heliums kann nachgewiesen werden, daß im gasförmigen Zustand in einem sehr großen Dichtebereich (vier Zehnerpotenzen) eine Potenzfunktion die Abhängigkeit zwischen der Dichte und der Durchschlagfestigkeit beschreibt (Linearität in doppeltlogarithmischer Darstellung bis $\gamma_D = 10$ kg/m³). Bei einer Dichte von 100 kg/m³ wird eine Festigkeit von 40 MV/m erzielt (Bild 3.5.34). Im flüssigen Zustand hat Helium am Siedepunkt eine Dichte von 122 kg/m³. In diesem Zustand werden im homogenen Feld Durchschlagfeldstärken zwischen 40 und 100 MV/m gemessen. Obwohl bisher noch kein eindeutiger Beweis dafür vorliegt, kann angenommen werden, daß ein Lawinendurchschlag ähnlich dem Gasdurchschlag abläuft. Dabei ist es durchaus möglich, daß ein Ionisationskanal aufgebaut wird, in dem sich durch die Energiebereitstellung eine Verdampfung der Flüssigkeit ergibt und ein Gasdurchschlag eingeleitet wird.

Auch bei hochgereinigten *organischen oder semiorganischen Isolierflüssigkeiten* ist die Einleitung einer Lawinenentladung durchaus zu erwarten. Tatsächlich wurden nach Vakuumentgasung, Ultrafeinreinigung von Schwebeteilchen und völliger Trocknung Impulsfestigkeiten von mehreren 100 MV/m im homogenen Feld gemessen. Derartige Festigkeiten sind jedoch nur unter Laborbedingungen zu erreichen.

Unter sauberen technischen Voraussetzungen liegen die Durchschlagfestigkeiten im homogenen Feld und im mm-Schlagweiten-Bereich bei 10 bis 25 MV/m. Man muß daraus schlußfolgern, daß störende Verunreinigungen die Durchschlagfestigkeit außerordentlich stark beeinflussen und im elektrischen Feld durch Ausrichtung und Brückenbildung den Durchschlagmechanismus bestimmen.

Es ist daher sinnvoll, den Durchschlag in technisch „reinen" Isolierflüssigkeiten unter bestimmten Bedingungen und Einflußgrößen zu analysieren.

Unter technischen Isolierflüssigkeiten sollen solche verstanden werden, die mit industriellen Technologien aufbereitet und gereinigt werden. Behandelt werden flüssige Kohlenwasserstoffe und insbesondere Isolieröle mit einer Mischung aus Paraffinen, Naphtenen und Aromaten. Soweit möglich und erforderlich, wird auf Besonderheiten von Silikonölen und Chlordiphenylen sowie auf Substitutionsprodukte der chlorierten Kohlenwasserstoffe aufmerksam gemacht.

Zur Untersuchung der Durchschlagvorgänge in Isolierflüssigkeiten ist es zweckmäßig, Kurz- und Langzeiteffekte getrennt nachzuweisen. Auch muß der Einfluß der Feldgeometrie genügend berücksichtigt werden.

Für das Studium der Kurzzeitvorgänge ist die Anwendung von Rechteckimpulsen oder Impulsspannungen im Nano- und Mikrosekundenbereich zweckmäßig. Dadurch kann die Wirkung von Verunreinigungen eliminiert oder reduziert werden; außerdem sind thermische Primäreffekte auszuschließen.

Mit Hilfe der Schlierenfotografie mit extrem kurzen Laserblitzimpulsen lassen sich Stadien des Durchschlagvorgangs als Abbild der auftretenden Dichteveränderungen registrieren. Darüber hinaus ist es möglich, die Lichtemission der Vorprozesse des Durchschlags über Sekundärelektronenvervielfacher aufzunehmen. Schließlich ist der oszillografische Nachweis der Stromänderungen zu führen.

Derartige Untersuchungen lassen folgende Schlußfolgerungen über den Durchschlagvorgang in reinen technischen Isolierflüssigkeiten zu:

Im homogenen Feld werden an der Katode über Mikroinhomogenitäten Elektronen in die Isolierflüssigkeit emittiert und im elektrischen Feld beschleunigt. Die Zusammenstöße mit den Flüssigkeitsmolekülen führen zur Dissoziation und Ionisation. Gleichzeitig wächst die Elektronendichte. Offensichtlich werden Voraussetzungen für die Ausbildung von Streamerentladungen geschaffen. Es können Treestrukturen, ähnlich wie im Festkörper, nachgewiesen werden. Die Streamer wachsen bis zur Anode. Nach dem Kontakt mit dieser bildet sich sehr schnell eine Plasmasäule hoher Leistungsdichte aus. Der Prozeß des Übergangs vollzieht sich in Zeiten von weniger als 100 ns bei einer Schlagweite von einigen Millimetern.

Beim Aufbau der Plasmasäule entstehen gleichzeitig positive Streamer in großer Zahl, die in den Flüssigkeitsraum hineinwachsen.

Bild 3.5.35 zeigt den Konkurrenzprozeß bei der Ausbildung negativer Streamer einschließlich des bereits eingeleiteten Übergangs eines Streamers in die Plasmasäule.

Im Bild 3.5.36 ist die Ausbildung der positiven Streamer deutlich zu erkennen.

Im Fall eines stark inhomogenen Feldes ist der Durchschlagmechanismus für sehr kurze Impulse extrem hoher Feldstärke ähnlich. Durch die Polaritätsfestlegung der inhomogenen Elektrode bilden sich jeweils positive oder negative Streamer aus. Die Vorwachsgeschwindigkeit der negativen Streamer kann für verschiedene Isolierflüssigkeiten innerhalb einer Größenordnung variieren. Die Geschwindigkeit positiver Streamer dagegen variiert um mehrere Größenordnungen und liegt immer um mindestens eine Zehnerpotenz über der der negativen.

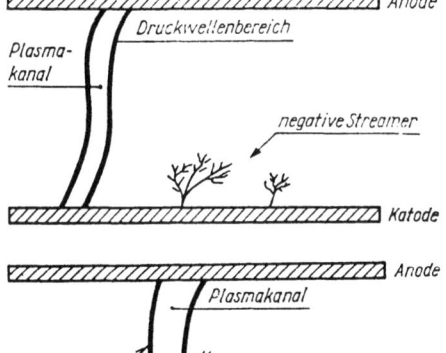

Bild 3.5.35
Prinzipdarstellung der Ausbildung
negativer Streamer in Isolierflüssigkeiten
bei Blitzimpulsspannung im homogenen Feld
(nach Laser-Schlierenaufnahmen
von E.O. Forster in n-Hexan)

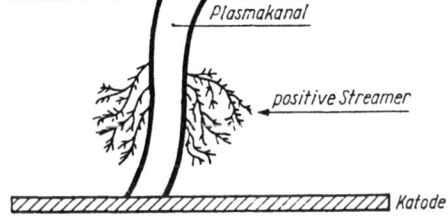

Bild 3.5.36
Prinzipdarstellung der Ausbildung
positiver Streamer

Der Aromatengehalt des Transformatorenöls hat Einfluß auf die Streamerausbreitungsgeschwindigkeit; negative Streamer reagieren dabei empfindlicher als positive. Zusätze mit niedrigem Ionisationspotential, wie Polyaromaten, beschleunigen positive Streamer, dagegen werden negative durch Produkte mit hoher Elektronenanlagerungstendenz in ihrer Wachstumsgeschwindigkeit erhöht. Nicht beeinflußt wird jedoch der Streamereinsatz durch diese Additive.

Zusammenfassend kann festgestellt werden, daß der Kurzzeitdurchschlag von reinen Isolierflüssigkeiten qualitativ mit dem Streamermechanismus des Gasdurchschlags verglichen werden kann. Die Besonderheit besteht in der Ausbildung der Bedingungen für den Streamereinsatz. So ist bei Blitzspannungsbeanspruchung von Durchschlagstrecken in Isolierflüssigkeiten die Durchschlagfestigkeit weitgehend von der Feldgeometrie und von der Impulsbelastungszeit abhängig.

Weiterhin wirken der molekulare Aufbau der Flüssigkeit und die Faktoren, welche Ionisation und Elektroneneinfang beeinflussen; das sind Additive und molekulare Verunreinigungen. Wenn jedoch größere Belastungszeiten mit niedrigeren Feldbeanspruchungen anstehen, kann die Einleitung des Durchschlags durchaus andere Ursachen haben. Die Initiierung muß dann auch nicht zwangsläufig an den Elektroden stattfinden.

Technische Isolierflüssigkeiten besitzen stets genügend Verunreinigungen, so daß bei Gleich- oder Wechselspannung, wahrscheinlich auch bei Schaltimpulsspannungen, eine Brückenbildung von Fremdpartikeln erfolgen kann. Isolieröle auf Kohlenwasserstoff-

164   3. Isoliervermögen von Isolierungen und deren Einflußgrößen

basis haben ein niedriges $\varepsilon_{r,öl}$ (Trafoöl: $\varepsilon_r \sim 2{,}2$). Man kann davon ausgehen, daß die meisten Verunreinigungen ein größeres ε_r besitzen. Wenn ein solches Verhältnis vorliegt, konzentrieren sich die Teilchen an Stellen hoher Feldstärke. Die Bedingung dafür ist

$$\frac{\varepsilon_{rv} - \varepsilon_{r\,öl}}{\varepsilon_{rv} + 2\varepsilon_{r\,öl}} \varepsilon_{r\,öl} r^3 E^2 > \frac{1}{4} kT. \qquad (3.5.14)$$

ε_{rv} sei die Dielektrizitätskonstante der Verunreinigung, r der Radius des Teilchens. Die Minimalgröße muß einige Nanometer betragen, und ein hohes ε_r muß gegenüber dem Öl vorhanden sein. Alle Teilchen müssen als permanente oder induzierte Dipole aufgefaßt werden, die sich in feldstarken Gebieten konzentrieren und entlang der Feldlinien anordnen. Solche Brücken sind Quellen der Leitfähigkeitserhöhung. Besonders kritisch sind Faserteilchen, die Feuchtigkeit aus der Luft oder dem umgebenden Öl adsorbieren können. Solche Teilchen bilden mikroskopische und makroskopische Brücken. In Gleich- oder Wechselfeldern werden in diesen Brücken Anteile der Feldenergie umgesetzt. Es resultiert daraus eine Verdampfung von H_2O oder der Isolierflüssigkeit selbst.

Während Brücken aus größeren Teilchen erst im Feld gebildet werden müssen, können die kleinen Teilchen aus der Suspension bereits Ketten ohne elektrisches Feld ausbilden, die dann lediglich formiert werden.

Der Mechanismus der Einleitung eines Durchschlags über Verunreinigungsbrücken ist sehr unterschiedlich abhängig von der Feldgeometrie und der Spannungsverlaufsform. In schwach inhomogenen Feldern bilden sich bei Wechselspannung sehr starke Brücken, da die Umladungsvorgänge wegen der kurzen Zeit zwischen zwei Halbwellen nur unvollständig verlaufen; bei Gleichspannung kann es zur Umladung und Bewegung der Teilchen kommen. Insgesamt wird jedoch eine Brückenbildung gefördert. Im stark inhomogenen Feld können sich grobe Teilchen, z.B. Fasern, nicht stabil anlagern, da die Umladungen Turbulenzen hervorrufen. Kleine Teilchen hingegen werden im inhomogenen Feld konzentriert und sind durchschlagwirksam. Impulsspannungen sind weder im schwach noch stark inhomogenen Feld brückenbildend. Es muß jedoch beachtet werden, daß in der Praxis durch die Betriebsspannung vorbereitete Leitungsbrücken bei überlagerter Impulsspannung, z.B. Schaltspannung, wirksam werden können.

Zusammenfassend kann festgestellt werden: Im Falle sehr reiner Isolieröle werden Durchschläge durch elektronische Prozesse in Form von Streamerentladungen eingeleitet. Ob die Gaskanalbildung Ursache oder Wirkung von Ionisationsprozessen ist, kann nicht immer eindeutig belegt werden. Mit erhöhtem Grad an Verunreinigungen werden die Durchschlagprozesse sehr stark abhängig von Belastungszeit und Spannungsform. Äußere Einflußfaktoren werden dominierend.

3.5.2.2. Einflußgrößen des Flüssigkeitsdurchschlags

Wenn technische Isolierflüssigkeiten weitgehend durch Fremdpartikel in ihrem Durchschlagverhalten bestimmt werden, muß eine Dicken- und Flächen- bzw. *Volumenabhängigkeit* im homogenen Feld vorhanden sein. Dann werden Elektrodenmaterialeinflüsse (Ablösearbeit) und geringe Oberflächeninhomogenitäten von den Volumeneigenschaften der Isolierflüssigkeit wesentlich stärker überdeckt. Experimente bestätigen dieses Verhalten. Bild 3.5.37 zeigt die Durchschlagfestigkeit im schwach inhomogenen Feld in Abhängigkeit vom belasteten Ölvolumen. Ein deutlicher Abfall mit wachsendem Volumen ist zu verzeichnen. Eine solche Abhängigkeit ist nur dann erklärbar, wenn die Zahl der durchschlageinleitenden Schwachstellen mit dem Volumen steigt. Je nach Art der Ver-

3.5. Elektrische Durchschlagvorgänge

unreinigungen muß dann zwangsläufig auch eine Abhängigkeit der Durchschlagfestigkeit von der Zeit der Feldbelastung entstehen, da die Fremdpartikel im Feld eine Formierung von Brücken vollziehen. Im homogenen Feld ist diese Tendenz bis zu etwa 10^2 s ausgeprägt. Der Zeiteinfluß ist vom Grad der Verunreinigung abhängig: Je sauberer das Öl,

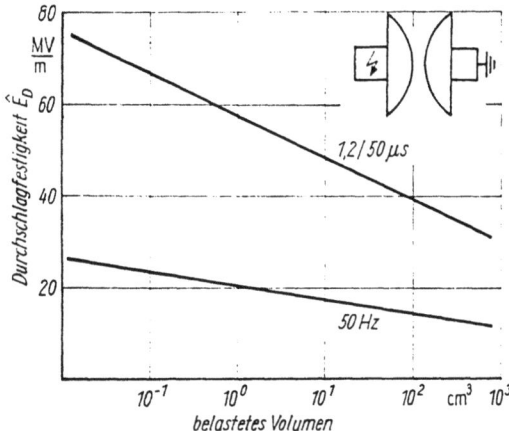

Bild 3.5.37
Durchschlagfestigkeit
von Transformatorenöl in Abhängigkeit
vom elektrisch belasteten Volumen
bei schwach inhomogener Feldbelastung;
Meßtemperatur 90 °C

um so geringer ist der Einfluß. Deutlich wird auch der Zeiteinfluß bei der Betrachtung der Streuung der Meßwerte. Mit steigender Belastungszeit sinkt die Streuung, da dann durch Lageveränderungen der Partikel der kritischere Zustand erreicht wird. Im homogenen Feld ist die Streuung der Durchschlagspannung wesentlich größer (30 bis 40 %) als im stark inhomogenen Feld (<5 %). Im schwach inhomogenen Feld sinkt die Streuung mit steigender Ölqualität und mit steigender Temperatur. Diese Faktoren wirken wesentlich schwächer auf stark inhomogene Felder.

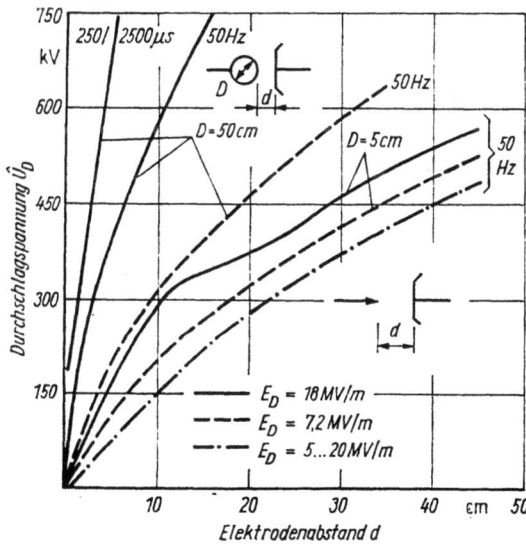

Bild 3.5.38
Durchschlagspannung bei 50 Hz
und Schaltspannungsbelastung
von Transformatorenöl für unterschiedliche
Homogenitäts- und Verunreinigungsgrade;
Qualität bestimmt als Durchschlagfeldstärke
50 Hz mit der Normelektrodenanordnung
($r = 25$ mm; $d = 2{,}5$ mm)

Schwach inhomogene Felder zeigen bei Gleichspannung eine etwas niedrigere Durchschlagfestigkeit als bei 50 Hz Wechselspannung. Gegenüber 50 Hz steigt mit Frequenzerhöhung die elektrische Durchschlagfestigkeit bis zu etwa 1 kHz im Spannungssteigerul\ngsversuch. Bei mehr als 10 kHz sinkt dann die Durchschlagfestigkeit, was auf einen Wärmedurchschlag hinausläuft.

Im stark inhomogenen Feld wird der Durchschlag weitgehend durch die Teilentladungen bestimmt.

Betrachtet man im Bild 3.5.38 den Wechselspannungsdurchschlag, so sieht man deutlich die Unabhängigkeit der Durchschlagsspannung im stark inhomogenen Feld von der Ölqualität, d.h. von der Quantität und Qualität der Verunreinigungen. Demgegenüber sind im schwach inhomogenen Feld starke Differenzierungen vorhanden. Mit sinkendem Homogenitätsgrad werden die Differenzen zwischen den Ölqualitäten hinsichtlich der Durchschlagsspannung kleiner, bis schließlich ein anderer Mechanismus den Durchschlag bestimmt. Bei der üblichen technischen Ölqualität ist gemäß Bild 3.5.39 ein deutlicher Unterschied zwischen stark und schwach inhomogenem Feld und bei verschiedenen Impulsbelastungszeiten feststellbar.

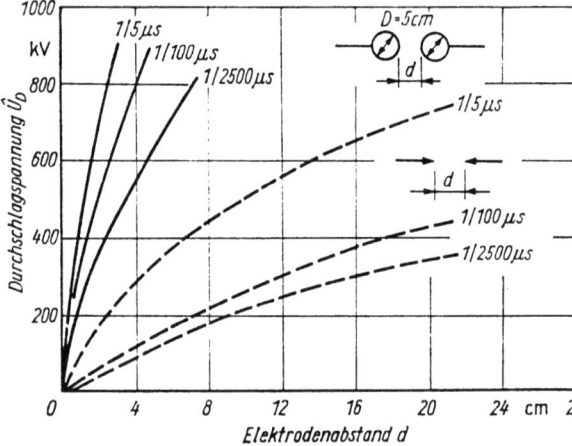

Bild 3.5.39
Durchschlagspannung
für schwach und stark
inhomogene Felder
in Transformatorenöl
bei unterschiedlicher
Rückenhalbwertszeit
der Impulsspannung

Im stark inhomogenen Feld sind stabile Teilentladungen eine Ursache für *Öldegradationen*. Gasförmige niedermolekulare Bestandteile werden erzeugt und bilden örtlich kleine Gasblasen. Isolieröle besitzen jedoch stets eine Möglichkeit der molekularen Lösung von Gasen und Dämpfen. Je nach Zusammensetzung des Öls und der Spaltprodukte besteht eine bestimmte druck- und temperaturabhängige Löslichkeit.

Die durch die stabilen Teilentladungen gebildeten Spaltprodukte können sich im allgemeinen sofort wieder lösen. Wird die Teilentladungsleistungsdichte jedoch so hoch, daß die Lösungsgeschwindigkeit nicht mehr ausreicht, so entstehen örtlich bleibende Gasblasen, die infolge der erhöhten Feldstärke im Inneren bei Überschreiten der Einsetzspannung zur Vergrößerung der Teilentladungszone führen. Damit kann eine Ausbreitung der Teilentladung in den feldschwachen Raum des inhomogenen Feldes hinein erfolgen. Teilentladungen in solchen Gasstrecken sind verschieden von den bisher im gasförmigen Medium behandelten. Die Ölumgebung schafft Bedingungen, die bereits bei geringen Schlagweiten zur Thermoionisation ausreichen und damit den Umschlag der Streamerentladung in eine leaderähnliche Entladung hervorrufen. Derartig aufgebaute Entladungen haben, gemessen an der Ölfestigkeit, einen niedrigen Spannungsbedarf von etwa 1 MV/m. Im Falle stark inhomogener Felder wird ähnlich wie bei Gasstrecken die Durchschlagsspannungscharakteristik von der Teilentladung bestimmt.

Die Ausbildung der Gaseinschlüsse und der Thermoionisationsprozesse erfordert größere Zeiten. Daraus ergibt sich, daß nur Streamerentladungen die Durchschlagvorgänge

Tafel 3.5.3. Löslichkeit von Gasen in Transformatorenöl bei 25°C und 0,1 MPa in Volumenprozent

Schwefelhexafluorid	SF$_6$	43	Wasserstoff	H$_2$	7
Luft		9,4	Methan	CH$_4$	30
Stickstoff	N$_2$	8,6	Ethan	C$_2$H$_6$	280
Sauerstoff	O$_2$	16	Ethylen	C$_2$H$_4$	280
Kohlendioxid	CO$_2$	120	Azethylen	C$_2$H$_2$	400
Kohlenmonoxid	CO	9	Propylen	C$_3$H$_6$	1200
Argon	Ar	15	Propan	C$_3$H$_8$	1900
Perfluorpropan	C$_2$F$_8$	39	Butan	C$_4$H$_{10}$	2000

bei Schaltspannungen und insbesondere bei Blitzspannungen bestimmen. Infolgedessen ist der Spannungsbedarf höher als bei 50 Hz Wechselspannung. Man muß mit 1,5 bis 2,0 MV/m rechnen.

Tafel 3.5.3 gibt einen Überblick über die prozentuale Gaslöslichkeit bei 25 °C und Normaldruck. Es ist zu erkennen, daß die Gasadsorption für die verschiedenen Gase sehr unterschiedlich ist. Die Molekülgase der Umwelt haben einen Bunsen-Koeffizienten (Volumenprozent der Adsorption) im Bereich von etwa 10 bis 20 %. CO$_2$ ist mit 120 % hervorzuheben. Für Kombinationen der Ölisolierung mit SF$_6$-Gasisolierungen ist die Adsorption von 43 % SF$_6$ interessant, da eine gewisse Vergleichbarkeit mit Luft von der Größenordnung her vorliegt. Wesentlich höhere Adsorptionen zeigen Kohlenwasserstoffe. Diese Eigenschaft ist von Bedeutung, da die aufgeführten Kohlenwasserstoffe zu den TE- und thermischen Degradationsprodukten des Isolieröls zählen. Die große Adsorptionsfähigkeit für diese Gase ist für die Vermeidung von Gasblasen (Herabsetzung der Durchschlagfestigkeit) wichtig.

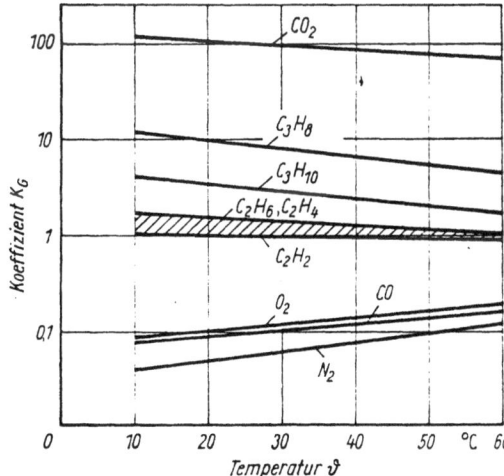

Bild 3.5.40
Abhängigkeit des Koeffizienten K_G in (3.5.15) von der Temperatur (Definition: s. Text)

Die Löslichkeit der Gase im Transformatorenöl ist druck- und temperaturabhängig. Das Henry-Gesetz gibt einen Zusammenhang zwischen der Masse m des Gases, das im Einheitsvolumen gelöst ist, und dem äußeren Gasdruck an:

$$m = k_H p. \tag{3.5.15}$$

Der Koeffizient ist $k_H = (K_G M)/(RT)$, mit K_G als Verhältnis der Gaskonzentration im Öl zur Gleichgewichtskonzentration des betreffenden Gases in der Umgebungsatmosphäre und M als Molmasse. Wie Bild 3.5.40 entnommen werden kann, fällt bei den Kohlenwasserstoffen der Koeffizient K_G mit steigender Temperatur, d. h., die Menge des gelösten Gases sinkt. Berücksichtigt man das Henry-Gesetz nach (3.5.15), so ist zu erkennen, daß die Masse des adsorbierten Gases bei konstantem Druck und steigender Temperatur im Gasvolumen noch stärker sinkt, als es durch K_G ausgedrückt wird, und auch bei konstantem Gesamtvolumen für Gas und Isolierflüssigkeit durch die Druckerhöhung der Abfall nicht kompensiert werden kann.

Im Falle der Luft bzw. der Molekülgase Sauerstoff und Stickstoff ist die Löslichkeitstendenz mit Temperaturerhöhung steigend. Unter Berücksichtigung der Temperaturänderung und der dabei auftretenden Änderung des Koeffizienten K_G bleibt die Tendenz nach dem Henry-Gesetz sowohl für variables als auch für konstantes Volumen für die adsorbierte Masse der genannten Gase steigend.

Ausgehend von diesen Betrachtungen über die Gaslöslichkeit, kann hinsichtlich der Durchschlagprozesse im Isolieröl festgestellt werden:

Bei niedrigen Temperaturen stattfindende TE-Degradationen finden eine größere Gaslöslichkeit für die Kohlenwasserstoffspaltprodukte vor. Wird in einem solchen Temperaturbereich die Sättigungskonzentration erreicht, dann kann bei Temperaturerhöhung Gasblasenbildung und damit eine Verbesserung der Durchschlagbedingungen eintreten. In gleicher Weise geschieht die Gasblasenbildung, wenn bei höheren Temperaturen N_2, O_2 oder CO adsorbiert werden und die Temperatur schnell abgesenkt wird.

Es muß betont werden, daß nicht nur die Temperaturänderung zur Gasblasenbildung führt, sondern auch die Druckänderung. Da der Gasgehalt vom Partialdruck des betreffenden Gases in der Umgebung bestimmt wird, muß eine Druckabsenkung das Lösungsgleichgewicht stören.

Die Vibration von Konstruktions- oder Isolieranordnungen, aber auch turbulente Strömungen führen häufig zum Auftreten von Unterdruckzonen, die die gelösten Gase in Form von Gasblasen freisetzen. Gaseinschlüsse geben Anlaß zur Teilentladung im Ölvolumen; sie verändern die Bedingungen für den Aufbau und die Art der Teilentladung (z. B. Übergang zur Leaderentladung) und bestimmen die Durchschlagfeldstärke.

Auf die Gasblasen wirken mehrere Kräfte: die nach innen gerichtete Oberflächenspannung; die Auftriebskraft; die Feldkräfte, die sich aus den Feldveränderungen gemäß Abschnitt 3.2.4 ergeben; die im inhomogenen Feld auf die sich bildende Doppelschicht wirkenden Maxwell-Kräfte. Die Folge ist Deformation und Bewegung im Öl. Die resultierenden Kraftkomponenten bestimmen die jeweilige Größe und Form.

Da die *chemische Zusammensetzung* der Isolierflüssigkeit für die Gaslöslichkeit von Bedeutung ist, muß diese in technischen Anwendungen Berücksichtigung finden. Konstruktiv müssen bei Flüssigisolierungen die Druck- und Temperaturbedingungen und deren Änderung festgelegt werden. Schließlich muß die Aufbereitung der Isolierflüssigkeit im Hinblick auf Entgasung berücksichtigt werden. Der mögliche Austausch von Gas und Öl ist konstruktiv zu beachten. Auch müssen Vorkehrungen getroffen werden, die Bewegung von Gasblasen in feldstarke Räume zu verhindern.

Ein weiterer wichtiger Einflußfaktor auf das Durchschlagverhalten von Isolierflüssigkeiten ist der *Wassergehalt*. Wasser liegt in der Atmosphäre dampfförmig vor. Der Partialdruck des Wasserdampfes ist exponentiell abhängig von der Temperatur. Tafel 3.5.4 gibt eine Auswahl von Sättigungspartialdampfdrücken über einer freien Wasserfläche der Temperatur ϑ an. Ähnlich wie Gas wird auch Wasserdampf durch die Isolierflüssigkeit adsorbiert. Es stellt sich beim Kontakt des flüssigen Isoliermediums mit dem Wasserdampf der Umgebung eine Adsorption an der Flüssigkeitsoberfläche mit anschließender Diffusion und molekularen Verteilung der Moleküle im Volumen ein. Nach einer von

3.5. Elektrische Durchschlagvorgänge 169

Tafel 3.5.4. Auswahl von Partialdrücken von H_2O über einer freien Wasseroberfläche
in Abhängigkeit von der Temperatur

Temperatur ϑ	°C	0	10	20	30	40	50	60	70	80	90	100
Sättigungspartialdampfdruck P_s	kPa			2,3			11,8					100

den Partialdruckunterschieden, dem Austauschoberflächen-Volumen-Verhältnis und der Temperatur abhängigen Zeit stehen Wasserdampf der Atmosphäre und des Isoliermediums im Gleichgewicht. Abhängig von der Temperatur kann eine bestimmte Menge Wasser im Isolieröl molekular gelöst werden. Die Menge hängt vom Verhältnis des tatsächlichen Partialdampfdrucks zum Sättigungsdampfdruck bei der betreffenden Temperatur und in einem gewissen Umfang von der Zusammensetzung und der Verunreinigung der Isolierflüssigkeit ab. Bild 3.5.41 zeigt diesen Zusammenhang für ein Transformatorenöl üblicher Zusammensetzung und technischer Reinheit. Mit steigender relativer Luftfeuchtigkeit steigt die Gleichgewichtsfeuchtigkeit nahezu linear. Die für jede Temperatur maximal mögliche Wassermenge im gelösten Zustand wird bei einem relativen Dampfdruck von 100% erreicht; sie steigt exponentiell mit der absoluten Temperatur. Ein stärkerer Aromatengehalt erhöht die Wasserlöslichkeit des Isieröls.

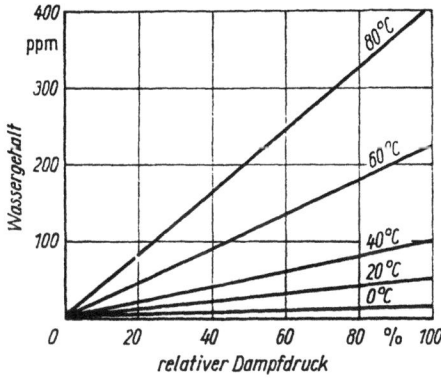

Bild 3.5.41
Wassergehalt in Teilen je eine Million
Teile Transformatorenöl (ppm)
in Abhängigkeit vom relativen Dampfdruck
in der Umgebungsatmosphäre

Das molekular verteilte Wasser erhöht sowohl die Dielektrizitätskonstante als auch den dielektrischen Verlustfaktor. Die erhöhte Dielektrizitätskonstante ist dissoziationsfördernd, d.h., Fremdbestandteile, Verschmutzungen, Alterungsprodukte u. dgl. werden dadurch stärker in Ionenform übergeführt. Die Leitfähigkeit steigt an. Hygroskopische Festkörperpartikel werden bei Wasseradsorption zu Dipolen. Hierdurch wird die Ausbildung von Brücken begünstigt. Geht man von technischen Reinigungsverfahren, wie Zentrifugierung und Feinfilterung, aus, so können 40 bis 50 MV/m als Durchschlagfestigkeit bei völliger Trockenheit erreicht werden. Eine Wasserzugabe in molekularer Verteilung senkt die Durchschlagfestigkeit ab. Erst wenn der Wassergehalt an den für die jeweilige Temperatur maximalen Grenzwert herankommt – das ist z.B. für 20°C 40 bis 50 ppm –, wird ein neuer steiler Abfall eingeleitet. Den Verlauf einer solchen wasserdampfbeeinflußten Festigkeitskurve zeigt Bild 3.5.42 für Raumtemperatur. Wenn der Sättigungszustand überschritten wird, kommt es zur Ansammlung von Wassermolekülen in bestimmten Konzentrationspunkten.

Es bilden sich feinste Tröpfchen. Man spricht von einer Emulsion. Derartig aufgebaute Konzentrationszonen der Wassermoleküle im inhomogenen Feld führen zur Erhöhung der Feldstärke zwischen den Wassermolekülen und damit zur verbesserten Zündbedingung.

170   3. Isoliervermögen von Isolierungen und deren Einflußgrößen

Da viele Verschmutzungsbestandteile des Isolieröls selbst hygroskopisch sind, vollzieht sich zwischen ihnen und dem Öl sowie anderen Isolierkomponenten ein Wasseraustausch. Für die Durchschlagfestigkeit von Öl-Papier-Isolierungen spielt diese Wechselwirkung eine große Rolle.

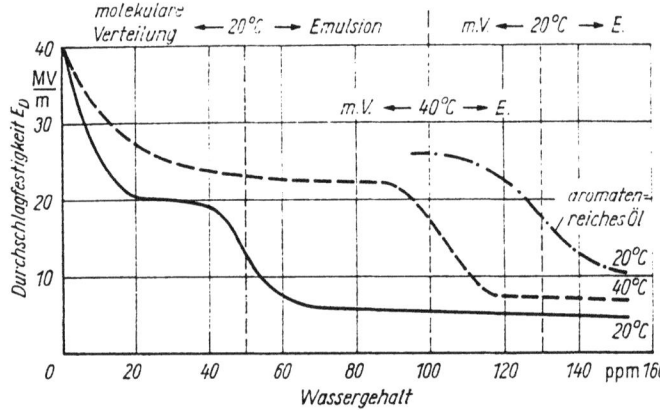

Bild 3.5.42
Durchschlagfestigkeit
von technisch aufbereitetem
Transformatorenöl
in Abhängigkeit
vom Wassergehalt
(aromatenreiches Öl
als Vergleich);
schwach inhomogenes Feld

Der *Temperatureinfluß* auf die Durchschlagfestigkeit von Transformatorenöl hat zwei Komponenten.
Die eine Komponente ist die Veränderung der dynamischen Zähigkeit mit der Temperatur und damit die Einflußnahme auf die elektrische Leitfähigkeit und die dielektrischen Verluste. Diese Eigenschaftsänderung führt bei Temperaturerhöhung zur Vergrößerung der freien Weglänge der Ladungsträger und damit zur Erhöhung der Ionisationswahrscheinlichkeit. Bei reinen Isolierflüssigkeiten muß deshalb entsprechend dem bereits beschriebenen Mechanismus die Durchschlagfestigkeit mit steigender Temperatur monoton sinken. Solange es sich um trockene Öle handelt, wird die Gaskanalbildung durch gasförmige Degradationsprodukte der Isolierflüssigkeit begünstigt. Deren Löslichkeit sinkt mit steigender Temperatur, so daß der Durchschlagprozeß unterstützt wird, die Durchschlagfestigkeit sinkt.

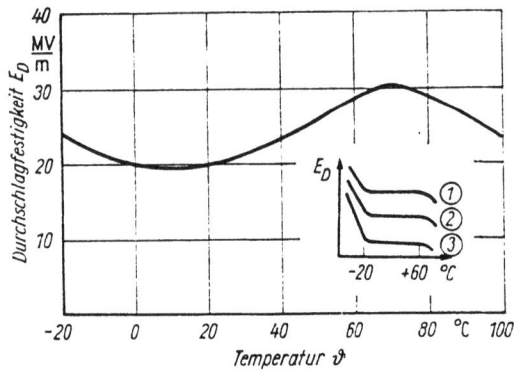

Bild 3.5.43
Durchschlagfestigkeit
von Transformatorenöl in Abhängigkeit
von der Temperatur
im schwach inhomogenen Feld
Vergleich mit *n*-Paraffinen unterschiedlicher Molmasse
① $C_{10}H_{22}$; ② C_7H_{16}; ③ C_5H_{12}

Die andere Komponente bezieht sich auf die Wasserbindung in Ölen, insbesondere wenn Faserverunreinigungen vorliegen. Mit steigender Temperatur wird die molekulare Aufnahmefähigkeit des Öls größer. Es wird ein neues Feuchtigkeitsgleichgewicht zwischen Öl und Festkörperverschmutzung, z.B. Faser, hergestellt. Daraus resultiert eine geringere Brückenbildungswirkung, also eine Heraufsetzung der elektrischen Festigkeit.

Liegt ein Öl vor, das zwar geringe Fremdkörperbelastung (geringe Suspensionskonzentration) aufweist, jedoch größere Wassermengen in Form der Emulsion bindet, so kann durch Temperaturerhöhung die Wirksamkeit des Wassers entsprechend Bild 3.5.43 dadurch reduziert werden, daß ein größerer Anteil in den molekularen Verteilungszustand übergeht. Das bedeutet aber eine zur Temperaturwirkung des reinen, trockenen Öls entgegengerichtete Tendenz. Bild 3.5.43 zeigt diese Wirkung auf den Festigkeitsverlauf. Zum Vergleich sind die Temperaturabhängigkeiten von n-Paraffinen dargestellt.

Zusammengefaßt kann man feststellen:

- Isolieröle mit hoher Festigkeit ($E_D > 20$ MV/m) bei Raumtemperatur reduzieren die Durchschlagfestigkeit mit steigender Temperatur.
- Isolieröle mit dispergierten Festkörperverunreinigungen und mit molekular verteiltem oder emulgiertem Wasser haben eine niedrigere Grundfestigkeit und zeigen bei Temperaturerhöhung einen geringeren Abfall oder sogar ein Zwischenmaximum der Festigkeit, je nach Konzentration und Zusammensetzung der dispergierten Bestandteile.
- Neben der Konzentration und Zusammensetzung ist der Festigkeitsverlauf vom Homogenitätsgrad der Durchschlagstrecke abhängig. Im stark inhomogenen Feld ist der Zwischenmaximumeffekt gering.

Die *Druckabhängigkeit* von E_D ist nicht nur aus der praktischen Sicht von Interesse, sondern auch im Zusammenhang mit dem Durchschlagmechanismus. Hochgereinigtes Öl ist im Durchschlagverhalten weitgehend unabhängig vom Druck. Eine starke Abhängigkeit der Durchschlagfestigkeit von der Druckerhöhung ist bei technisch gereinigten Transformatorenölen nur bei Gleich- und Wechselspannung zu beobachten. Der Gehalt an gelösten Gasen spielt dabei eine Rolle. Offensichtlich wird die Gasblasenbildung durch Ionisations- bzw. Degradationsprozesse bei steigendem Druck reduziert und damit die Festigkeit erhöht. Im Unterdruckbereich wird die Gasextraktion erhöht, eine Blasenbildung gefördert und eine Wasserverdampfung bereits bei niedrigeren Temperaturen ermöglicht. Ebenso ist die Verdampfung von niedrig siedenden Kohlenwasserstoffen möglich.

Die Blitzimpulsfestigkeit wird praktisch nicht durch den Druck beeinflußt, da unter 10^{-4} s die Gasblasenentwicklung nicht erfolgen und den Durchschlagprozeß beeinflussen kann.

Neben den bisher behandelten Einflußfaktoren müssen auch diejenigen berücksichtigt werden, die sich im Laufe des Betriebs des betreffenden Isoliersystems bilden. Es handelt sich dabei vorwiegend um *Alterungsprodukte*. Polare niedrig- und hochsiedende Bestandteile, die molekular verteilt vorliegen, beeinflussen die Durchschlagfestigkeit wenig; in kolloider Verteilung oder als Emulsion mit sehr geringen Tropfenabmessungen mit niedrigem Siedepunkt wird die Durchschlagfestigkeit abgesenkt. Ein Einfluß kann praktisch nicht nachgewiesen werden, wenn hochsiedende Bestandteile vorliegen. Während des Betriebs kann es lokalisiert zu Teilentladungen oder hohen Temperaturen kommen, ohne daß ein Durchschlag eingeleitet wird. Die Folge ist die Generierung von Rußpartikeln. Die Abmessungen der Elementarteilchen des Rußes liegen im Bereich von einigen zehn Nanometern. Sie verteilen sich sehr gleichmäßig und sind Anlaß zur Bildung von Brücken aus kleinsten influenzierten Dipolen. Je nach Konzentration wird die Durchschlagfestigkeit herabgesetzt. Besondere Bedeutung erlangt dieser Faktor in Ölschaltern.

Die bisherigen Ausführungen bezogen sich vorwiegend auf das Transformatorenöl als Modellsubstanz und als wichtigen praktischen Isolierstoff. Es sollen deshalb nachstehend zusätzliche Betrachtungen über Besonderheiten anderer flüssiger Isolierstoffe mit technischer Bedeutung im Zusammenhang mit dem Durchschlagprozeß angestellt werden.

Bis vor wenigen Jahren wurden *Polychlordiphenyle* als Tränkmittel für Kondensatoren und Transformatoren eingesetzt. Diese Isolierflüssigkeiten sind chemisch hochstabile Verbindungen mit dem Vorteil der hohen Dielektrizitätskonstanten von etwa 5,6 bis 5,8 für die Tränkung von Isolierpapier. Bei guter Reinigung, Entgasung und Entfeuchtung sorgen die elektronegativen Eigenschaften für eine hohe Durchschlagfestigkeit. Leider können Teilentladungs- und Durchschlagprozesse die sehr toxischen Gase Chlor und Dioxin freisetzen. Außerdem gehören chlorierte aromatische Kohlenwasserstoffe zu den kaum abbaubaren Umweltgiften, so daß trotz der enormen technischen Vorteile ein striktes Anwendungsverbot für diese Isolierflüssigkeiten weltweit besteht.

Als weiteres Beispiel soll das thermostabile *Silikonöl* erwähnt werden. Auch hier ist das qualitative Durchschlagverhalten dem Transformatorenöl ähnlich. Günstig wirkt sich die hohe thermische Stabilität aus, die den Einfluß von Degradationsprodukten stark reduziert. Darüber hinaus ist die Wasseradsorption deutlich niedriger als bei Transformatorenölen. Das wiederum wirkt sich günstig auf den Brückenbildungseinfluß im Sinne der Erhöhung der Durchschlagfestigkeit technischer Silikonprodukte gegenüber den üblichen Ölzusammensetzungen aus. Die physikalischen Eigenschaften sind bei Methyl-, Ethyl-, Methylphenyl- und Chlor- bzw. Fluorsilikonölen unterschiedlich. Das betrifft Stabilität und Durchschlagfestigkeit. Ein Methylsilikonöl hat beispielsweise bei 30 ppm H_2O eine Durchschlagfestigkeit von 17 MV/m und bei 160 ppm von 9 MV/m (technisch rein, gemessen nach TGL). Durchschläge und nachfolgende Lichtbögen haben Degradationsprodukte zur Folge; das sind SiO_2, SiC und Kohlenwasserstoffe. Die Schwebeteilchen und die Erhöhung des Gasgehalts führen zum Abfall der elektrischen Festigkeit bereits nach wenigen Durchschlägen.

Weitere technisch einsetzbare flüssige Dielektrika sind *Halogenkohlenwasserstoffe*. Eine Gruppe bilden die Fluor-Chlor-Kohlenwasserstoffe (Freone). Die elektrische Durchschlagfestigkeit ist in der flüssigen Phase 4- bis 7mal höher als in Luft, im gasförmigen Zustand 4- bis 5fach.

Je nach Zusammensetzung und Molmasse ist die Verdampfungstemperatur bei 0,1 MPa 3,6 bis 152 °C.

Im Lichtbogen werden niedermolekulare Fluorkohlenwasserstoffe, CO, CO_2 und Fluoranhydrit gebildet. Diese Produkte haben nur geringen Einfluß auf die nachfolgenden Durchschläge. Nur ein langer Kontakt mit einer hohen Luftfeuchtigkeit der Umgebung führt zum Abfall der Festigkeit durch H_2O-Aufnahme.

Für Impulskondensatoren wird häufig *Rizinusöl* eingesetzt. Es hat ein stark ausgeprägtes Gasaufnahmevermögen bei Teilentladungen. Die Durchschlagfestigkeit beträgt 14 bis 16 MV/m (TGL-Messung). Wegen starker Oxydationsgefährdung ist Luftabschluß erforderlich.

Flüssige Isolierstoffe werden praktisch immer in Verbindung mit festen Isolierstoffen eingesetzt. Außerdem sind Grenzschichten zu gasförmigen Isolierstoffen (Umgebung, Einschluß) und gegebenenfalls auch zu anderen Flüssigkeitseinschlüssen (H_2O-Tropfen) beim Durchschlagprozeß zu beachten. Die nach unten oder oben abweichende Dielektrizitätskonstante der anderen Isolierstoffe spielt beim Wechselspannungs- und Impulsdurchschlag eine bedeutende Rolle.

Die spezifische Leitfähigkeit der meisten Isolierflüssigkeiten ist größer als die der Isoliergase und hochwertigen festen Isolierstoffe. Das ist insbesondere im Gleichspannungsbelastungsfall von Bedeutung. Die elektrische Festigkeit liegt für Isolierflüssigkeiten zwischen den Werten der Isoliergase und denen der festen Dielektrika. Das ist bei Mischisolierungen zu beachten.

Für die technische Anwendung sind Oberflächenentladungen unter Isolieröl besonders

3.5. Elektrische Durchschlagvorgänge   173

gefährlich, da nicht nur Öldegradationen auftreten, sondern auch Zerstörungen des festen Dielektrikums. Das hat jedoch eine Kriechspurbildung mit Absenkung des Oberflächenwiderstands zur Folge und damit eine überschlagbegünstigende Feldverteilung. Dünne Festkörperschichten als Schräggrenzschichtanordnungen sind besonders gefährdet, da durch die hohe Flächenkapazität die Entladung bei relativ niedrigen Spannungen in eine Gleitfunkenentladung übergeht und schon bei geringen Elektrodenabständen leaderförmige Entladungen mit geringem Spannungsbedarf entstehen. Bei solchen Isolierungen ist im inhomogenen Feld die Leadereinsatzspannung durch nachstehende Beziehung gegeben, wenn $E_{D\"ol}$ die Durchschlagfestigkeit im Öl angibt:

$$U_{Gl,e} \approx E_{D\"ol}\sqrt{\frac{d}{\varrho\omega\varepsilon}}\,;\qquad(3.5.16)$$

d und ε beziehen sich auf den Feststoff; ϱ ist der Widerstand der vorausgehenden Entladungen. Bild 3.5.44 zeigt das experimentelle Ergebnis für eine Oberflächenentladung zwischen Schneiden in der Ebene (Längsgrenzfläche) und für eine Spitze-Platte-Funkenstrecke im freien Ölraum. Deutlich ist die stärkere Kurvenkrümmung für die Oberflächenentladung zu sehen. Eine gleichartige Anordnung im gasförmigen Isoliermedium hat eine wesentlich geringere Abweichung gegenüber der freien Gasstrecke. Im Falle typischer Schräggrenzschichtanordnungen beginnt der Übergang in eine Ölgleitentladung bei noch geringeren Abständen.

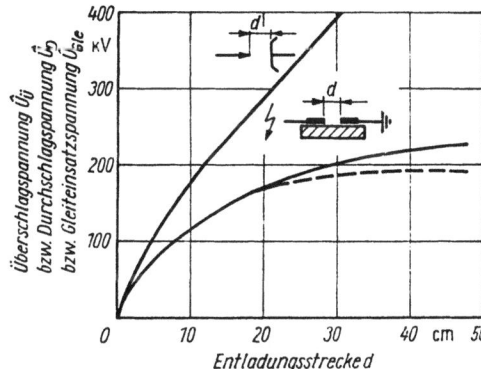

Bild 3.5.44
Gegenüberstellung von Durch- und Überschlag in Transformatorenöl
— — — Funkeneinsetzspannung

Von technischem Interesse ist die Wirkung von Barrieren in Isolierflüssigkeiten auf die Durchschlagfestigkeit. Stärker als in der Gasisolierstrecke kann eine *Elektrodenabdeckung* in Form einer Papieraufpolsterung oder eines Lackfilms die Durchschlagspannung der Ölstrecke heraufsetzen. Die Ursache ist in der Verhinderung eines leitfähigen Anschlusses von Brückenelementen an die Elektroden zu sehen. Mithin muß sich die Wirksamkeit mit steigendem Verschmutzungsgrad des Öls erhöhen. Die Verbesserung ist um so größer, je geringer die Inhomogenität ist.

Neben der Elektrodenabdeckung sind auch *Barrieren* wirksam. Während in Gasisolierungen Schirme nur bei vorhandenen Teilentladungen wirken, muß beim Öldurchschlag sowohl die Teilentladung als auch die Verhinderung von Fremdteilchenbrücken betrachtet werden. Im stark inhomogenen Feld können im Falle von 50 Hz und Gleichspannung Durchschlagspannungssteigerungen von 200 bis 250% erreicht werden. Die Aufladung der Barriere durch die Teilentladungen ist Voraussetzung. Im schwach inhomogenen

174 3. *Isoliervermögen von Isolierungen und deren Einflußgrößen*

Feld ist die Durchschlagspannungssteigerung wesentlich geringer. Sie ist auf die Blockierung durchgehender Brückenbildung zurückzuführen. Während die zweite Art der Barrierenwirkung auch als Langzeiteffekt genutzt werden kann, ist die Wirkung der Teilentladungen nur zeitlich sehr begrenzt nutzbar. Im Isolieröl sind die notwendigen Teilentladungen stromstark und setzen sich auf der Barriere als Gleitentladungen fort. Das hat jedoch eine thermische Zerstörung und die Ausbildung von Kriechspuren zur Folge. Selbst anorganische Barrieren werden oberflächlich in Form von Rißbildungen angegriffen. Es setzen sich Degradationsprodukte des Isolieröls ab, und es werden dadurch ebenfalls leitfähige Spuren gebildet. Impulsdurchschlagspannungen im Blitzspannungsbereich werden durch Barrieren im stark inhomogenen Feld heraufgesetzt. Dabei muß die Barriere unmittelbar vor der Elektrode mit der höchsten Feldstärke angeordnet werden. Der Durchschlagspannungsgewinn ist beachtlich. Im schwach inhomogenen Feld ist die Wirkung sehr gering. Bild 3.5.45 zeigt einige der genannten Zusammenhänge für Wechselspannung. Eine Mehrfachunterteilung fördert die Wirksamkeit.

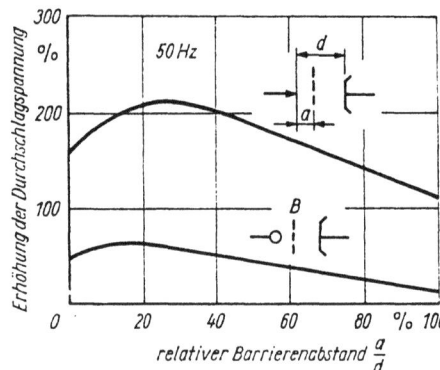

Bild 3.5.45
Erhöhung der Durchschlagspannung durch Barrieren in Isolierölstrecken für stark und schwach inhomogene Felder
$d = 10$ cm; Ölqualität 7 MV/m

3.5.3. Festkörperdurchschlag
[29] [30] [40]

Wie bei allen Dielektrika, so wird auch beim Festkörper der Durchschlag durch eine extrem starke Ladungsträgervermehrung sowie eine Wechselwirkung zwischen den Ladungsträgern und den Atomen bzw. Molekülen des Isolierstoffs eingeleitet. Diese energetische Wechselwirkung hebt die Bindungen zwischen den Atomen auf, verändert also die Struktur des Festkörpers, und führt bei höheren Energien zur Ionisation der Atome. Die Wechselwirkungen sind außerordentlich kompliziert und verändern innerhalb kürzester Zeit Zahl und energetischen Zustand der Ladungsträger und die Struktur des Isolierstoffs. Der Endzustand eines Durchschlagvorgangs ist die Bildung eines Plasmakanals.

Die Veränderung des isolierenden Festkörpers in Form der Wechselwirkung zwischen Ladungsträger und Isolierstoff ist nur möglich, wenn die aus dem elektrischen Feld entnommene Energie für den Bindungsabbruch oder die Ionisation ausreicht. Davon ausgehend, muß angenommen werden, daß für jede Isolierstoffstruktur, d. h. für eine bestimmte Zusammensetzung von Atomen zu Molekülen und deren Überstruktur, mit der zugehörigen freien Weglänge eine elektrische Feldstärke existiert, die mit einer bestimmten Wahrscheinlichkeit über die genannten Wechselwirkungsprozesse zu Stoffveränderungen führt. Da die Zahl der freien Ladungsträger, deren Art und prozentuale Verteilung von

3.5. Elektrische Durchschlagvorgänge

dem Stoff, der Temperatur und der Feldstärke abhängig sind und die Wechselwirkung selbst von der Temperatur (Schwingungsverhalten der Moleküle) und der Feldstärke (Geschwindigkeit der Ladungsträger) abhängt, ist die Destrukturierungsgeschwindigkeit über viele Größenordnungen mit der Höhe der Feldstärke funktionell verkoppelt.

Man darf also annehmen, daß beim Anlegen einer bestimmten elektrischen Feldstärke eine fortschreitende Destrukturierung des festen Isolierstoffs erfolgt. Diesen Vorgang nennt man elektrische Alterung. Wenn auch durch gleichartige Prozesse hervorgerufen, so muß doch der elektrische Durchschlag qualitativ von diesem Alterungsprozeß abgegrenzt werden. Es zeigt sich im Experiment, daß unabhängig von der Zeit der Spannungsbeanspruchung und der damit verbundenen Alterung der Durchschlag (Leitfähigkeitsanstieg um mehr als 10 Größenordnungen) innerhalb weniger Nanosekunden erfolgt.

Man muß deshalb von einer elektrischen Feldstärke ausgehen, die als kritischer Wert für einen ganz bestimmten Strukturzustand, Eigenschaftskomplex und Einflußkomplex des jeweiligen isolierenden Festkörpers den Durchschlag einleitet. In ähnlicher Weise wie beim Isoliergas wird beim Erreichen der kritischen Feldstärke die Ladungsträgervermehrung überexponentiell innerhalb sehr kurzer Zeit vonstatten gehen. Zweifelsohne wird die Bereitstellung der Anfangsladungsträger sehr unterschiedlich sein. Sie können als Eigen- oder Fremdionen vorliegen, oder sie können als Elektronen durch die Elektroden injiziert werden bzw. durch innere Befreiung aus dem Dielektrikum selbst zur Verfügung gestellt werden. In vielen Fällen sind die einzelnen Vorgänge nicht unterscheidbar.

Die entwickelten Theorien des Festkörperdurchschlags berücksichtigen meist nur einen Aspekt der vielfältigen Möglichkeiten. Wenn sie auch häufig durch die experimentellen Ergebnisse nur teilweise gestützt werden, haben sie doch beträchtliche Bedeutung für das Verständnis der qualitativen Prozesse. Man kann zwei große Gruppen von Theorien zur Beschreibung der Durchschlagvorgänge zusammenfassen:

- den elektrischen Durchschlag
- den Wärmedurchschlag.

Wenn man in dem beschriebenen Sinn an die Analyse von Durchschlagvorgängen herangeht, muß man beachten, daß der reale Isolierstoff kein homogener Strukturkomplex ist, sondern daß selbst bei Einkristallen Störungen des Gitters vorhanden sind. Auch ist damit aus dielektrischen Gründen eine inhomogene Feldverteilung verbunden, d.h., die kritische Feldstärke ist von Ort zu Ort aus Strukturgründen verschieden, und die tatsächliche Feldstärke ist unterschiedlich verteilt. Betrachtet man die gegenwärtig am meisten eingesetzten Isolierstoffe, nämlich die hochpolymeren Festkörper, so ist bereits durch die sehr variablen Molekülgrößen die Inhomogenität begründet.

In technischen Isolierungen kommt noch der meist inhomogene Feldaufbau hinzu. Damit ist der Einleitungsprozeß des Durchschlags im allgemeinen nur auf ein kleines Volumenelement beschränkt. Die aus dem Teildurchschlag resultierende neue Feldverteilung führt dann zur Durchschlagausbreitung. Je geringer die Feldstärkeunterschiede, um so kürzer ist der Aufbau des gesamten Durchschlagvorgangs. Da die dem Durchschlag vorgeordnete Alterung ebenfalls feldstärkeabhängig ist, geht ein Differenzierungsprozeß voran.

Eine Analyse des Festkörperdurchschlags muß folgende Gesichtspunkte berücksichtigen:

- Bereitstellung der Ladungsträger nach Art und Weise
- Wechselwirkung der Ladungsträger mit dem Isolierstoff
- Einflußfaktoren auf den Durchschlagprozeß.

176   3. Isoliervermögen von Isolierungen und deren Einflußgrößen

Die nachstehenden Abschnitte sollen den Festkörperdurchschlag nach diesen Aspekten untersuchen und theoretische und praktische Erkenntnisse und Erfahrungen darlegen. Es werden auch Zusammenhänge zu den Alterungsvorgängen, insbesondere zur elektrischen Alterung, hergestellt.

3.5.3.1. Elektrischer Durchschlag
[40]

Beim elektrischen Durchschlag geht man von der entscheidenden Wirkung der Elektronen aus. Elektronen werden aus dem Valenzband durch das elektrische Feld in das Leitungsband gebracht. Das gilt für kristalline Isolierstoffe. Amorphe Dielektrika haben diskrete Energieniveaus in der verbotenen Zone. Elektronen können je nach energetischer Tiefe der Elektronenfallen thermisch oder durch das elektrische Feld in einen frei beweglichen Zustand übergeführt bzw. ihre Aufenthaltswahrscheinlichkeit kann in den Fallen reduziert werden. Die Elektronen führen unter der Wirkung des elektrischen Feldes Zusammenstöße mit Atomen des Isolierstoffs aus. Die Atome des Isolierstoffs (z.B. in Form eines Kristallgitters) weisen thermische Schwingungen auf. Die Wechselwirkung kann quantenmechanisch beschrieben werden. Die an das Gitter übertragene Schwingungsenergie W_s ist proportional dem Moment des Elektrons $\hbar^2 k_w^2$ ($\hbar$ bezogenes Planck-Wirkungsquantum und k Wellenvektor des als Welle aufgefaßten Elektrons) und indirekt proportional der effektiven Masse m^* des Elektrons:

$$W = \frac{\hbar^2 k_w^2}{2m^*}. \tag{3.5.17}$$

Ist die durch den Zusammenstoß (quantenmechanische Wechselwirkung = Durchdringung der Wellenfunktionen der Stoßpartner) übertragene Energie größer als die Ionisationsenergie, so wird eine Ionisation herbeigeführt; ist sie kleiner, so kann eine Wechselwirkung mit einem Polaron (Quasiteilchen, eigentlich dipolares Feld der Gitterschwingung) stattfinden, wenn ein polarer Kristall vorliegt. Durch Berechnung der Hamilton-Funktionen der elektrischen und mechanischen Schwingungen kann die Wechselwirkungswahrscheinlichkeit gefunden werden.

Für hohe Elektronendichten im Leitungsband muß die Elektronen-Elektronen-Wechselwirkung berücksichtigt werden; für niedrige Dichten wird die gesamte Energie an das Gitter abgegeben. In analoger Weise muß man die Energieübertragung von Elektronen zu Atomen in amorphen Substanzen sehen.

Bis zu einer bestimmten Feldstärke herrscht ein Gleichgewicht zwischen der von den Elektronen aufgenommenen Energie und der an das Gitter (bzw. Strukturelemente) abgegebenen Energie. Der Stoff befindet sich im thermischen Gleichgewicht. Die von den Elektronen aus dem Feld aufgenommene Energie W_A ist eine Funktion der Feldstärke E, der Temperatur des Gitters (freie Weglänge) T_0 und der mittleren Elektronenenergie W_e. Die an das Gitter abgegebene Energie W_B ist eine Funktion der Gittertemperatur T_0 und der mittleren Energie der Elektronen W_e. Es gilt für das Energiegleichgewicht der Zusammenhang

$$W'_A (E, T_0, W_e) = W'_B (T_0, W_e); \tag{3.5.18}$$

W'_A und W'_B sind die auf die Zeiteinheit bezogenen Energien.

Ein Durchschlag erfolgt, wenn das Energiegleichgewicht gestört wird. Für diesen Fall, der in dem Überschreiten einer kritischen Feldstärke gesehen wird, sind verschiedene

3.5. Elektrische Durchschlagvorgänge   177

Berechnungskonzepte und Bedingungen ausgearbeitet worden. Als Beispiel soll das *Hochenergiekriterium* von *Fröhlich* dienen. Bild 3.5.46 stellt die Zusammenhänge gemäß Gl. (3.5.18) dar. Bei einer Feldstärke E_1 muß ein Elektron die Energie W_1 besitzen, um beschleunigt zu werden, analog E_2, E_3 usw. Die kritische Feldstärke E_{kr} ist dann erreicht, wenn die Stoßionisation der Leitungselektronen nicht mehr von der Stoßrekombination im energetischen Gleichgewicht gehalten werden kann. Der Zusammenstoß zwischen einem Elektron und dem Gitter erhöht die Schwingungsenergie. Diese wird einem anderen Leitungselektron mitgeteilt. So kann dessen Energie so stark erhöht werden, daß bei einer Feldstärke $E \geq E_{kr}$ die Energie nicht mehr an das Gitter abgegeben werden kann und eine Ionisation stattfindet. Damit wird das Gleichgewicht gestört. Die Leitungselektronendichte steigt, was schließlich zum Durchschlag führt. Oberhalb einer Feldstärke von E_{kr} ist offensichtlich keine Stabilität mehr möglich. Die Ionisationsenergie muß bei diesem Kriterium rechts vom Maximum der Wechselwirkungskurve liegen.

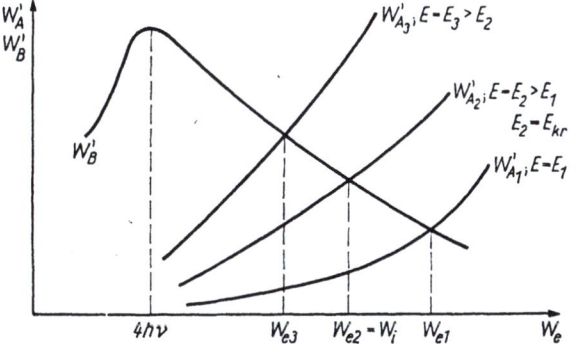

Bild 3.5.46
Schematische Darstellung zur Erklärung des Festkörperdurchschlags nach dem Hochenergiekriterium von Fröhlich

W_e Elektronenenergie
W_A' im Feld aufgenommene Energie pro Zeiteinheit
W_B' an den Stoff abgegebene Energie pro Zeiteinheit
E_{kr} kritische Feldstärke
W_i Ionisationsenergie

Verschiedene Modifikationen der Theorie des inneren Durchschlags ermöglichen eine Anpassung an experimentelle Ergebnisse, z. B. bezüglich der Temperaturabhängigkeit.

Da die tatsächlichen Prozesse des Festkörperdurchschlags wesentlich komplizierter sind als es durch die Theorie beschrieben werden kann, ist selbst bei einfachen anorganischen Kristallen nur die Berechnung der Größenordnung der Durchschlagfestigkeit zu erwarten.

Eine weitere Theorie des elektrischen Durchschlags ist die *Lawinentheorie*. Sie entspricht in den Grundzügen der Townsend-Theorie des Gasdurchschlags. Entscheidend ist die Unabhängigkeit des Durchschlagvorgangs von der Art der Bereitstellung der Anfangselektronen. Der Durchschlag wird durch die unmittelbare Steigerung der Leitungselektronendichte und deren Wechselwirkung mit dem Isolierstoff gekennzeichnet. Die Anfangselektronen können aus dem Material selbst oder durch Ladungsträgerinjektion der Elektroden zur Verfügung gestellt werden. Man kann davon ausgehen, daß für den Stoßionisationsprozeß stets genügend Elektronen vorhanden sind. Geht man von Anfangselektronen in der Nähe der Katode aus, so werden diese durch das elektrische Feld beschleunigt und können beim Überschreiten einer kritischen Feldstärke Stoßionisation durchführen. Damit bildet sich eine Lawine von 2^i Elektronen, wenn i aufeinanderfolgende Stoßionisationen stattfinden. Eine Abhängigkeit von der Fremdionisation, wie sie bei Gasen auftritt, ist nicht zu erwarten, da die hohe Feldstärke eine genügende Elektronenbereitstellung sichert. Bei der Stoßionisationsfolge wird sich durch die Drift der Elektronen in Feldrichtung und durch die Diffusion ein kegelförmiger Kanal ausbilden. Die für die Zerstörung der Struktur des Festkörpers notwendige Energie liegt bei >200 kW·s/Mol. Eine Berechnung ergibt, daß diese Energie bei etwa 40 nacheinanderfolgenden Ionisationsprozessen erreicht wird, wenn die Feldstärke in der Größenordnung von 100 MV/m liegt. Die Zerstörung der Bindungen bzw. der Kristallstruktur führt die Materie in einen anderen Zustand über, der eine höhere freie Weglänge und damit eine höhere Ionisationswahrscheinlichkeit der Atome durch die freien Elektronen zur Folge hat. Der Destrukturierung folgt ein Ionisationsprozeß in einem sehr dichten Gas und der Übergang in den Plasmazustand.

Eine weitere grundsätzliche Möglichkeit der Einleitung des Durchschlags ist die *Lawinenbildung durch innere Feldemission*. Durch die Überschreitung einer kritischen Feldstärke werden Elektronen in großer Zahl aus dem Valenzband in das Leitungsband befördert. Das sprunghafte Wachsen der Elektronendichte stellt einen steilen Anstieg der Elektronenleitfähigkeit dar. Wenn die Elektronen unter Wirkung der Feldstärke die Bindungsenergiedichte überschreiten, sind die Voraussetzungen für die Ausbildung eines Zerstörungskanals mit Plasmabildung gegeben. Die Wahrscheinlichkeit wächst, wenn nicht die verbotene Zone überbrückt werden muß, sondern die Elektronen aus Haftstellen befreit werden. Es besteht auch die Möglichkeit der *Tunnelung* bei großer Haftstellendichte, d. h., durch das Feld wird nicht ein massenhafter Hoppingprozeß, sondern ein Tunnelprozeß hervorgerufen. Im Fall extrem dünner Isolierstoffschichten mit Sandwichelektrodenform ist auch ein Tunnelprozeß durch den gesamten Isolierstoff möglich; das bedeutet, daß injizierte Elektronen durch das Dielektrikum tunnln.

Eine Entscheidung über den tatsächlichen Mechanismus ist bei technischen Isolierungen experimentell schwer zu erfassen, da die aus der Theorie ableitbaren Kriterien, wie Volumenunabhängigkeit bei den inneren Durchschlagprozessen, Dickenabhängigkeit bei dem Lawinendurchschlag mit Stoßionisation und Temperaturabhängigkeit, bei allen genannten Theorien in der praktischen Isolierung entweder nur vorgetäuscht werden oder eine andere Ursache haben. So ist eine Reduzierung der Durchschlagfestigkeit bei Volumenvergrößerung, die bei allen Isolieranordnungen festgestellt wird, kein Widerspruch zur geforderten Unabhängigkeit für den inneren Durchschlagmechanismus. Die Inhomogenität eines technischen Isolierstoffs ist selbst bei guter Präparation so groß, daß man von einem einheitlichen Isolierstoff mit einer Gleichverteilung der Feldstärke nicht sprechen kann. Mithin wächst mit der Zahl der Teilvolumina mit unterschiedlichen Eigenschaften, auch beim Zutreffen der Theorie für jedes Teilvolumen, die Wahrscheinlichkeit für den Durchschlag. Ebenfalls läßt sich nachweisen, daß die experimentell immer bestätigte Dickenabhängigkeit für Isolierstoffdicken >1 μm nicht mit der notwendigen Laufstrecke der Elektronen zum Aufbau einer Lawine zusammenhängt, sondern mit den vorgenannten differenzierten Teilstrukturen des Festkörpers, d. h. mit dem Volumeneffekt.

Wichtig ist nur, zu erkennen, daß ein elektrischer Durchschlag in einem kleinen Isolierstoffvolumen beim Überschreiten einer kritischen örtlichen Feldstärke innerhalb einer Zeit von wenigen Nanosekunden mit einem Elektronenvermehrungsmechanismus und der Störung des Gleichgewichts des Energieaustausches zwischen den Elektronen und den Molekülen der Materie vonstatten gehen kann. Die jeweilige kritische Feldstärke ist von Zustand und Struktur eines Volumenelements abhängig; durch die Feldveränderungen werden auch andere Volumenelemente in der Folge stärker belastet und führen ebenfalls zum Durchschlag. Damit leitet ein elementarer Durchschlagvorgang im homogenen Feld innerhalb kürzester Zeit den Gesamtdurchschlag ein. Im stark inhomogenen Feld ist die Feldstärke unterschiedlich, so daß Teildurchschläge auftreten, ohne mit der Feldumbildung ein schnelles Fortschreiten des Durchschlags zu ermöglichen.

Neben den Durchschlagtheorien, die auf elektronischem Mechanismus beruhen, kann der elektrostatisch eingeleitete, sogenannte *mechanische Durchschlag* genannt werden.

Elektrische Kraftwirkung, mechanische Deformation und daraus folgend der Durchschlag sind eine Variante des elektrischen Durchschlagmechanismus.

Die experimentell ermittelte Streuung ist eine Widerspiegelung der Streuung der Eigenschaften der Isolierstoffprobe, und die Durchschlagfeldstärke ist die kritische Minimalfeldstärke der jeweiligen Volumenelemente.

Im Falle des elektrischen Durchschlags ist der zeitliche Verlauf der Spannung unerheblich, wenn die Einwirkzeit länger ist als zum Aufbau der Entladung notwendig. Bei sehr kurzen, aber hohen Impulsbeanspruchungen kann man neben dem Durchschlagkanal eine größere Zahl unvollendeter Kanäle beobachten – ein Zeichen für geringfügige Unterschiede von Struktur und Feldstärke in der betreffenden örtlichen Verteilung.

Die im Abschnitt 3.4.4 behandelten Leitungsmechanismen lassen die Möglichkeit der ungleichmäßigen Ladungsträgerverteilung, d.h. der Raumladungsbildung, erkennen. Solche Raumladungen rufen eine Feldänderung gegenüber dem von außen aufgeprägten elektrischen Feld hervor. Es kann also auch zu inneren Feldüberhöhungen kommen, die gegenüber anderen Bereichen der Probe die Durchschlagbedingungen verbessern. Innere Felder unterliegen je nach dem Ladungsträgereinfang in energetisch mehr oder weniger tiefe Haftstellen einer entsprechenden Dynamik. Dadurch ist bei verschiedenen Spannungs-Zeit-Verläufen die Durchschlagsspannung gleichartiger Proben oder Isolierungen unterschiedlich. Während für den momentanen, z.B. durch elektrische Alterung bestimmten Festkörperzustand örtlich die Durchschlagfeldstärke feststeht, kann sich diese durch die inneren Felder wesentlich von der äußeren oder berechneten Feldstärke unterscheiden.

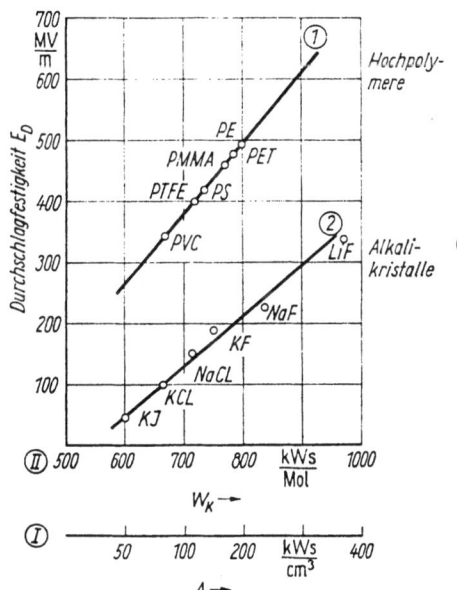

Bild 3.5.47
Durchschlagfestigkeit in Abhängigkeit
von der Kristallisationsenergie W_K
und der Energiekonstante A
von Hochpolymeren
(berechnet nach Veršinin)

Kreise: Meßpunkte
Gerade ①: approximierte Messungen
Gerade ②: berechnet

Im stark inhomogenen Feld ist die Teildurchschlagfestigkeit im Gebiet der höchsten Feldstärke gleich der des entsprechenden homogenen Feldes. Für die Gesamtdurchschlagstrecke kann das so nicht festgelegt werden, da sich nach der Teilzündung eine Feldstärkeveränderung ergibt, die wiederum zur Ausbreitung des Durchschlags führt. Demgegenüber kann bei Vorhandensein der Durchschlagfeldstärke im inhomogenen Bereich der daraus resultierende elektrische Teildurchschlag einen Gasentladungskanal aufbauen, in dem Gasentladungen zur langsamen Erosion des Feststoffs bis zum Gesamtdurchschlag der Strecke führen (treeing).

Man kann also feststellen, daß der elektrische Durchschlag in kleinen Ort- und Zeitintervallen entsprechend der momentanen Struktur des betreffenden Isoliergebiets durch eine bestimmte Feldstärke charakterisiert wird. Nur die äußeren Bedingungen, die Vorbelastung und die Spannungsform lassen makroskopisch ein differenziertes Bild entstehen.

Bei elektrischer Alterung erfolgt der Durchschlag immer dann, wenn in einem Gebiet die Struktur so verändert wurde, daß gerade die anliegende örtliche Feldstärke der Durchschlagfeldstärke gleich ist.

Werden unterschiedliche Isolierstoffe verglichen, wird eine Alterung ausgeschlossen und werden Spannungsformen gewählt, die keine inneren Feldänderungen herbeiführen (kurze Impulse), so zeigt sich, daß eine Proportionalität zwischen der Durchschlagfestigkeit und der Kristallisationsenergie bzw. der Bindungsenergie des Isolierstoffs besteht (Bild 3.5.47).

3.5.3.2. Wärmedurchschlag
[59]

Während der elektrische Durchschlag ein rein elektronisches Phänomen ist und nachweislich bei niedrigen Temperaturen, bei einem günstigen Verhältnis von Oberfläche zu Isolierstoffvolumen sowie bei hochwertigen Isolierstoffen (geringe Leitfähigkeit) wirkt, ist der Wärmedurchschlag mit der Generierung von Verlustenergie im Dielektrikum und einer daraus resultierenden Temperaturerhöhung verbunden. Man kann – abgeleitet aus Experimenten – sagen, daß die Wahrscheinlichkeit für den Wärmedurchschlag dann steigt, wenn folgende Bedingungen erfüllt sind:

– höhere Temperaturen (nahe der Gebrauchsgrenze)
– großes Volumen bei geringer Oberfläche
– niedrige Wärmeleitfähigkeit des Isolierstoffs
– hohe Leitungs- und dielektrische Verluste.

Das Grundkonzept der Wärmedurchschlagtheorie geht von der Tatsache aus, daß jedem Isolierstoff Energie zugeführt wird und infolge des Temperaturgradienten zur Umgebung Energie abgeführt wird. Die Energiezufuhr erfolgt aus dem elektrischen Feld und durch die Leiterverlustenergie bei elektrotechnischen Einrichtungen. Außerdem kann Wärmeenergie, z.B. durch die Sonne oder durch Quanten- und Korpuskularstrahlung, eingebracht werden. Die durch das elektrische Feld generierte Leistung je Volumeneinheit im Isolierstoff kann beschrieben werden durch

$$\frac{P_E}{V} = \varkappa(T) E^2(t) + \omega \varepsilon_0 \varepsilon_r(T) \tan \delta(T) E^2(t). \tag{3.5.19}$$

Bei Gleichspannungsbeanspruchung würde nur der erste Summand, bei Wechselspannung der gesamte Ausdruck wirksam sein. Die je Zeit- und Volumeneinheit in den Isolierstoff eingebrachte Energie wird zu einem Teil an die Umgebung abgegeben und dient zum anderen zur Aufheizung des Isolierstoffs.

Die Temperaturänderung wird beschrieben durch den Leistungsumsatz je Volumen, wenn mit c_V die spezifische Wärme bei konstantem Volumen bezeichnet wird:

$$\frac{P_T}{V} = c_V \frac{dT}{dt}. \tag{3.5.20}$$

Die durch Wärmeleitung abgeleitete Wärmemenge je Zeit und Volumen ist

$$\frac{P_L}{V} = \text{div}\,(\lambda_w(T)\,\text{grad}\,T). \qquad (3.5.21)$$

Aufgenommene, abgegebene und gespeicherte Energie je Zeiteinheit und Volumen sind im Gleichgewicht, wenn gilt

$$c_V \frac{dT}{dt} - \text{div}\,(\lambda_w\,\text{grad}\,T) = \varkappa E^2 + \omega \varepsilon_r \varepsilon_0 \tan \delta\, E^2. \qquad (3.5.22)$$

Für jede Feldstärke existiert bei vorgegebenen Materialeigenschaften, wie $\varkappa$, ε_r, $\tan \delta$, λ_w und c_V, eine Gleichgewichtstemperatur T. Diese Temperatur wird natürlich erst nach Erreichen des stationären Zustands der Wärmeerzeugung und Wärmeabgabe erreicht. Es muß im Zusammenhang mit (3.5.22) betont werden, daß $\varkappa$, ε_r und $\tan \delta$ keine Konstanten sind (s. Abschn. 3.3) und auch λ_w eine Temperaturabhängigkeit besitzt. Während $\varkappa$ im allgemeinen exponentiell mit der Temperatur wächst, ist die Verlustziffer $\varepsilon_r \tan \delta$ eine nicht monotone Funktion der Temperatur. Darüber hinaus sind $\varkappa$ und in gewissem Maße auch ε_r sowie $\tan \delta$ feldstärkeabhängig.

Der Wärmedurchschlag tritt ein, wenn das Gleichgewicht zwischen den drei Ausdrücken in (3.5.22) nicht mehr gewährleistet ist. Wird weniger Energie abgeführt als generiert wird, wächst die Temperatur; das hat das Wachstum der Verluste (ständig $\varkappa E^2$ und im Bereich der Dispersion auch $\varepsilon_0 \varepsilon_r \tan \delta \omega E^2$) zur Folge, was wiederum die Temperatur steigen läßt.

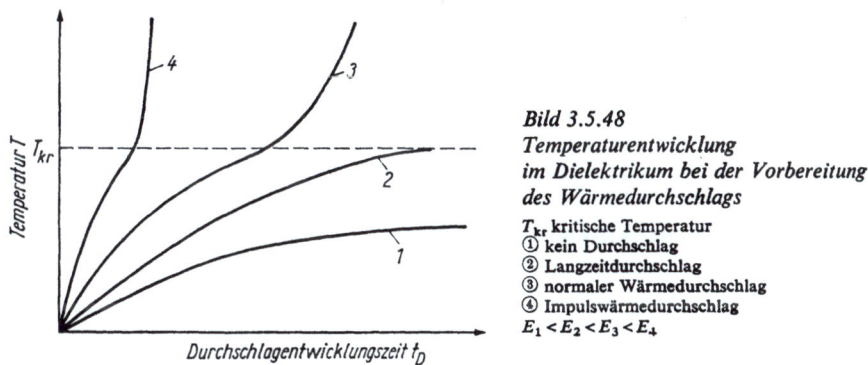

Bild 3.5.48
Temperaturentwicklung im Dielektrikum bei der Vorbereitung des Wärmedurchschlags

T_{kr} kritische Temperatur
① kein Durchschlag
② Langzeitdurchschlag
③ normaler Wärmedurchschlag
④ Impulswärmedurchschlag
$E_1 < E_2 < E_3 < E_4$

Bild 3.5.48 zeigt den Zusammenhang für unterschiedliche Feldstärken im Dielektrikum. Man erkennt den zeitlichen Verlauf des Temperaturanstiegs. Wenn eine kritische Temperatur T_{kr} erreicht ist, steigt die Temperatur bis zur Zerstörung. Man kann drei Fälle unterscheiden:

- $T < T_{kr}$ beim Erreichen eines stationären Zustands → kein Durchschlag.
  Es folgt $\text{div}\,(\lambda_w\,\text{grad}\,T) = \varkappa E^2 + \varepsilon_0 \varepsilon_r \tan \delta \omega E^2$ für die Temperatur $T < T_{kr}$.
- $T = T_{kr}$ beim Erreichen des stationären Zustands → Durchschlag nach längerer Belastungszeit.
- $T > T_{kr}$ nach kurzer Belastungszeit, es folgt

$$c_V \frac{dT}{dt} \cong \varkappa E^2 + \varepsilon_0 \varepsilon_r \tan \delta \omega E^2,$$

da in der kurzen Zeit aus dem kritischen Feldgebiet die Wärme nicht abgeführt werden kann → Impulswärmedurchschlag.

182   3. Isoliervermögen von Isolierungen und deren Einflußgrößen

Die drei Fälle können zur Lösung der Differentialgleichung (3.5.22) genutzt werden, um Vereinfachungen bei der Berechnung zu erzielen. Für den einfachen Fall eines plattenförmigen Dielektrikums gemäß Bild 3.5.49 sollen nachstehend Lösungen der Differentialgleichung angegeben und diskutiert werden. Für die Durchschlagspannung ergibt sich für den Gleichspannungsfall

$$U_{D=} = 5{,}78 \sqrt{\frac{\lambda_w \sigma_w h}{a \varkappa_0 (\sigma_w h + 2\lambda_w)\left(1 + \frac{\sigma_w h}{2\lambda_w}\right)^{\frac{2\lambda_w}{\sigma_w h}}}}. \qquad (3.5.23)$$

Für Wechselspannung lautet die Lösung

$$U_{D\sim} = 7{,}78 \cdot 10^6 \sqrt{\frac{\lambda_w \sigma_w h}{b\varepsilon_r f \tan \delta_0 (\sigma_w h + 2\lambda_w)\left(1 + \frac{\sigma_w h}{2\lambda_w}\right)^{\frac{2\lambda_w}{\sigma_w h}}}}. \qquad (3.5.24)$$

Dabei ist σ_w der Wärmeübergangskoeffizient, λ_w die Wärmeleitfähigkeit und f die Frequenz; a ist der Temperaturkoeffizient der Leitfähigkeit und b des $\tan \delta$. Index 0 bedeutet für die Umgebungstemperatur festgelegt, U_D ergibt sich in V, wenn λ_w und σ_w in Wärmeeinheiten angegeben werden.

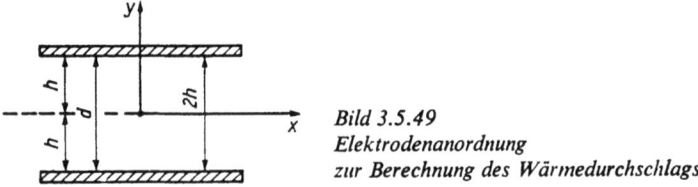

Bild 3.5.49
Elektrodenanordnung
zur Berechnung des Wärmedurchschlags

Für geringe Dicken des Dielektrikums, wenn $h\sigma_w \ll 2\lambda_w$, vereinfacht sich (3.5.23) zu

$$U_{D=} = 4{,}08 \sqrt{\frac{\sigma_w h}{a \varkappa_0}} \qquad (3.5.25)$$

und die Durchschlagwechselspannung zu

$$U_{D\sim} = 5{,}5 \cdot 10^6 \sqrt{\frac{h \sigma_w}{b \varepsilon_1 f \tan \delta_0}}. \qquad (3.5.26)$$

Ist eine große Dielektrikumsdicke vorhanden, etwa $\sigma_w h \gg 2\lambda_w$, dann gilt für die beiden Fälle

$$U_{D=} = 5{,}78 \sqrt{\frac{\lambda_w}{a \varkappa_0}} \qquad (3.5.27)$$

und

$$U_{D\sim} = 7{,}78 \cdot 10^6 \sqrt{\frac{\lambda_w}{b\varepsilon_r f \tan \delta_0}}. \qquad (3.5.28)$$

Mit Vergrößerung der Dicke des Dielektrikums strebt die Durchschlagspannung einem Grenzwert zu (wegen Verschlechterung der Wärmeabführbedingungen). Bezieht man die

Durchschlagspannung für eine bestimmte Dicke $d = 2h$ des Dielektrikums auf den Grenzwert für eine große Dicke, so ergibt sich eine Funktion

$$\Phi(h) = \sqrt{\frac{\sigma_w h}{(\sigma_w h + 2\lambda_w)\left(1 + \frac{\sigma_w h}{2\lambda_w}\right)^{\frac{2\lambda_w}{\sigma_w h}}}}. \tag{3.5.29}$$

Diese Funktion ist im Bild 3.5.50 wiedergegeben. Zusammenfassend kann festgestellt werden, daß bei einem Wärmedurchschlag die Durchschlagspannung mit der Wurzel der Dielektrikumsdicke wächst:

$$U_D = K_w \sqrt{d}. \tag{3.5.30}$$

Die Konstante K_w beinhaltet nur Konstanten des Dielektrikums.

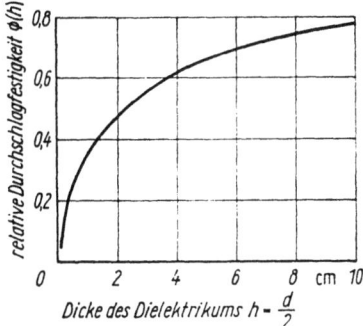

Bild 3.5.50
Koeffizient der relativen Durchschlagfestigkeit in Abhängigkeit von der Dicke des Dielektrikums

Zur Erklärung der Störung des Gleichgewichts zwischen Wärmeaufnahme und Wärmeabgabe als Kriterium für den Wärmedurchschlag sei das Diagramm im Bild 3.5.51 interpretiert.

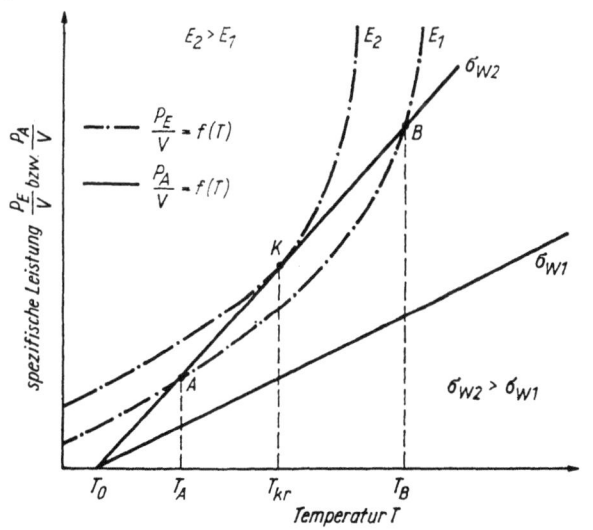

Bild 3.5.51
Leistungsbilanz
im Festkörperdielektrikum
in Abhängigkeit
von der Temperatur

T_0 Umgebungstemperatur
T_{kr} kritische Temperatur
T_A, T_B Gleichgewichtstemperatur
σ_w Koeffizient des Wärmeübergangs
P_E aus dem Feld entnommene Leistung
P_A abgegebene Leistung

In Abhängigkeit von der Temperatur ist die erzeugte spezifische Leistung P_E/V und die abgegebene spezifische Leistung P_A/V aufgetragen. Als Parameter ist die Feldstärke angegeben. Die vom Feld auf das Dielektrikum übertragene spezifische Leistung ist

184   3. *Isoliervermögen von Isolierungen und deren Einflußgrößen*

wegen der Temperaturabhängigkeit von $\varkappa$ und tan δ ebenfalls nichtlinear von der Temperatur abhängig. Der Abstand dieser Kurven für P_E/V steigt bei konstanter Temperatur quadratisch mit der Feldstärke. $E_2 > E_1$ gilt also für die angegebenen Parameter. Dagegen hängt die abgegebene spezifische Leistung linear von der Temperatur ab. Die Steigung der Kurven für $P_A/V = f(T)$ ist proportional dem Wärmeübergangskoeffizienten σ_w. Für Gleichheit der inneren und Umgebungstemperatur ist $P_A/V = 0$. Die Gerade schneidet also die Abszisse im Punkt der Umgebungstemperatur T_0. Für jede Umgebungstemperatur gibt es also Geraden mit der Steigung σ_{w1}. Schneidet die Gerade eine Kurve $P_A/V = F(T)$ mit dem Parameter E_i in den Punkten A und B, so stellt der Punkt A ein stabiles Gleichgewicht dar. Eine Temperaturerhöhung würde nämlich die Wärmeabgabe vergrößern und damit das ursprüngliche Gleichgewicht wiederherstellen. Eine Temperaturerniedrigung in der Probe würde notwendigerweise die Energieaufnahme größer als die Energieabgabe gestalten, so daß ein Anstieg der Temperatur bis zum Schnittpunkt A erfolgen würde. Solche kurzzeitigen Temperaturerhöhungen oder Temperaturabsenkungen können durch Laständerungen und Spannungsüberhöhungen erfolgen. Eine Veränderung der Kühlung z. B. würde eine Verschiebung der Geraden bedeuten. Damit sind neue Bedingungen geschaffen, da die Schnittpunkte bei anderen Temperaturen liegen.

Wird eine Gerade der Leistungsabgabe so gewählt, daß sie eine Aufnahmekurve in einem Punkt tangiert, so ist dieses der kritische Punkt K, da eine kurzzeitige Temperatur- oder Spannungsüberschreitung die Wärmeaufnahme gegenüber der Abgabe für jede höhere Temperatur oder Spannung begünstigt. Das bedeutet jedoch Temperaturanstieg bis zum Durchschlag. Dieser kritische Punkt wird auch Kippspannungspunkt oder Kipptemperaturpunkt genannt. Für jede wärmedurchschlaggefährdete Isolierung ist dieser Punkt der Grenzpunkt der Anwendungsfähigkeit.

In einer realen Isolieranordnung ist die Temperaturverteilung von den Elektroden, deren Material und von der geometrischen Anordnung von Dielektrikum und Elektroden abhängig. Bedingt durch die Einspeisung von Energie über das Feld, wird sich die Zone mit der höchsten Temperatur in Feldrichtung ausweiten, da die höhere elektrische Leitfähigkeit dieses Heißpunktes eine Felderhöhung in der Umgebung bewirkt. So bildet sich der Durchschlagkanal gerichtet aus.

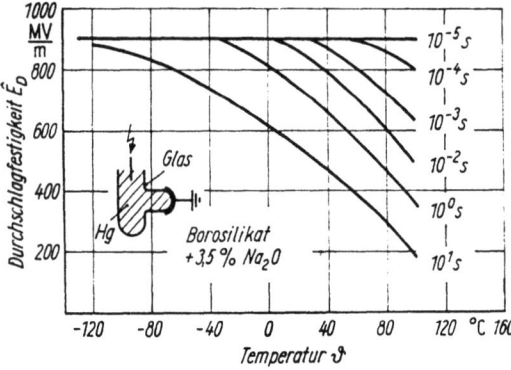

Bild 3.5.52
Impulsdurchschlagfestigkeit von Glas bei Variation von Temperatur und Impulsdauer (nach Schwarz)

Im Gegensatz zum elektrischen Durchschlag ist der Wärmedurchschlag nicht nur an Elektronen oder Löcher gebunden. Vielmehr kann die Wechselwirkung beliebiger Ladungsträger, also auch Ionen mit dem Isolierstoff, zur Energieaufnahme führen. Im Falle der Wechselspannung wird der Energieeintrag zusätzlich über die innere Reibung schwingender permanenter oder induzenter Dipole, also Strukturelementen der Isolierstoffe, vorgenommen. Obwohl ein formal ähnlicher Mechanismus wie beim elektrischen Durchschlag vorliegt, muß mit einer wesentlich größeren Trägheit des Durchschlagentwicklungsvorgangs gerechnet werden. Daß dennoch auch ein Impulswärmedurchschlag mit relativ kurzer Entwicklungszeit möglich ist, wird durch Experimente mit Glas relativ hoher Ionenleitfähigkeit gezeigt.

Bild 3.5.52 stellt die Impulsdurchschlagfestigkeit von Glas in Abhängigkeit von Temperatur und Impulsdauer dar. Mit sehr kurzer Einwirkzeit wird bis zu einer Temperatur von 100°C keine Temperaturabhängigkeit der elektrischen Durchschlagfestigkeit beobachtet, während bereits mit einer Impulsdauer von 10^{-4} s bei etwa 60°C eine deutliche Absenkung der Festigkeit erfolgt. Es muß angenommen werden, daß bei anorganischen Gläsern das Produkt aus Leitfähigkeit (abhängig von der Temperatur) und Belastungszeit den Übergang vom elektrischen Durchschlag zum Wärmedurchschlag bestimmt. Aus diesem Verhalten kann geschlußfolgert werden, daß für Gleich- oder Wechselspannungsbelastung bei diesem Material im Bereich der Anwendungstemperaturen stets der Wärmedurchschlag die Spannungshöhe begrenzt.

Die Theorie des Wärmedurchschlags ist nicht nur eine mögliche Durchschlaghypothese, sondern ein in der Technik anwendbares Berechnungsverfahren. Es existieren typische Isoliersysteme, die weitgehend in ihrer feldmäßigen Ausnutzung durch den Wärmedurchschlag festgelegt werden. Hierzu gehören insbesondere Weichpapierisolierungen (s. Abschn. 5.3) und großvolumige Festkörperisolierungen, die, durch die Eigenschaften des Materials und durch die Technologie bedingt, hohe dielektrische Verluste und Leitfähigkeiten aufweisen. So werden Leistungskondensatoren und Weich- oder Hartpapierdurchführungen für 110 kV und darüber in ihren Grenzparametern nach Kipptemperatur und Kippspannung festgelegt. Die Prüfung erfolgt ebenfalls zur Ermittlung dieser Größen.

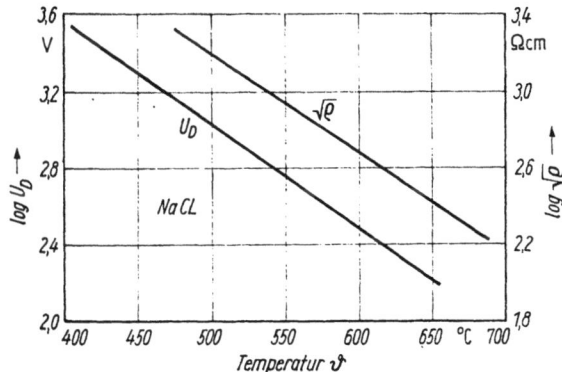

Bild 3.5.53
Durchschlagspannung einer NaCl-Probe und der Wurzel aus dem spezifischen Widerstand in Abhängigkeit von der Temperatur (nach Walter)

Eine Unterscheidung von elektrischen und Wärmedurchschlagprozessen ist aus den Ergebnissen experimenteller Untersuchungen nicht ohne weiteres möglich. Es müssen typische Zusammenhänge ermittelt werden. Beispielsweise ist es sinnvoll, die Dickenabhängigkeit unter gleichen technologischen und Materialvoraussetzungen zu erfassen. Während die elektrische Durchschlagfestigkeit nur von der Fehlstellenkonzentration und der dickenabhängigen Fehlstellenanzahl bestimmt wird (logarithmische Abhängigkeit der Durchschlagfestigkeit), ist im Falle des Wärmedurchschlags eine Quadratwurzelabhängigkeit gültig. Eine andere Möglichkeit ist die Bestimmung der Temperaturabhängigkeit der Durchschlagfestigkeit. Der Verlauf der Durchschlagspannung ist gleichartig dem Verlauf der Wurzel des spezifischen Widerstands mit der Temperatur. Bild 3.5.53 stellt diesen Zusammenhang für NaCl-Kristalle dar (Hinweis auf Wärmedurchschlag).

Bild 3.5.54 zeigt, daß für jede angelegte Spannung eine zugeordnete Entwicklungszeit bei konstanter Probengeometrie existiert. Die Berechnung der Durchschlagsspannung nach dem Wärmedurchschlagmodell stimmt bei höheren Temperaturen selbst für hochwertige Isolierstoffe, wie PET, PE und PP in Folienform, mit dem Experiment überein – ein Zeichen für die Gültigkeit des Modells in bestimmten Zustandsbereichen des Isolierstoffs.

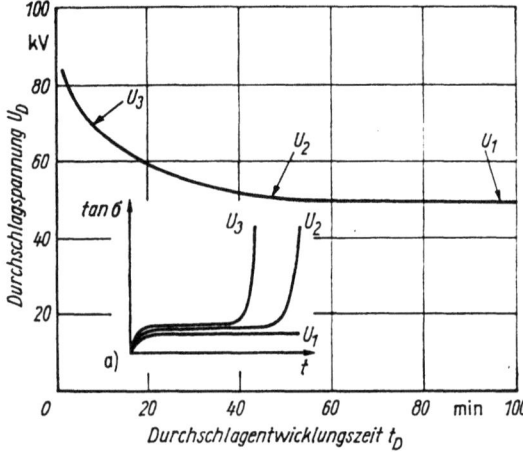

Bild 3.5.54
Durchschlagspannung als Funktion der Durchschlagentwicklungszeit für eine Hartpapierprobe; 50 Hz, d = 1 mm
a) tan δ-Anstieg für ausgewählte Spannungen

Neben dem Modell des elektrischen Durchschlags und dem des Wärmedurchschlags sind viele Durchschlaghypothesen entwickelt worden. Sie gehen aus von der mechanischen Wirkung, der Erosionswirkung und der elektrochemischen Wirkung. Alle diese Hypothesen sind genau betrachtet jedoch nicht dem eigentlichen Durchschlag zuordenbar, sondern stellen elektrische Alterungsmodelle dar. Der Durchschlag selbst ist das Endstadium. Die Alterung verändert lediglich Struktur und Eigenschaftsbilder des Isolierstoffs, so daß zu einem gewissen Zeitpunkt die anliegende Feldstärke gleich der kritischen Feldstärke für die Einleitung des Durchschlags ist.

Es erscheint deshalb konsequenter, die elektrische Alterung vom Durchschlagvorgang zu trennen, da ja auch andere Alterungsabläufe, die durch Temperatur, mechanische Schwingungen, statische mechanische Belastungen, Feuchtigkeitseinfluß, Strahlung und viele andere Faktoren verursacht werden, zur Veränderung der Durchschlagfestigkeit führen.

3.5.3.3. Struktureinfluß auf die Durchschlagfestigkeit
[29] [30]

Die molekulare Zusammensetzung, die Struktur sowie mikroskopische und makroskopische Strukturierungen haben einen beachtlichen Einfluß auf die Durchschlagfestigkeit. Da die Art des Durchschlagvorgangs, wie bereits gezeigt, auch von den Eigenschaftsänderungen durch die Temperatur und andere Einflußgrößen bestimmt wird, müssen diese Gesichtspunkte stets integriert betrachtet werden.

Hinsichtlich des Durchschlags ist eine getrennte Behandlung von organischen und anorganischen Isolierstoffen durchaus sinnvoll, da die Bedingungen für amorphe oder kristalline Materialien wesentlich schärfer abgegrenzt werden können, als das bei organischen Hochpolymeren der Fall ist.

Wie im Zusammenhang mit den Durchschlagmodellen erwähnt, ist die Bindungsenergie der Moleküle für die Durchschlagfestigkeit verantwortlich. Bei anorganischen Kristallen kann die Bindung durch die Gitterenergie ausgedrückt werden. Systematische Untersuchungen haben gezeigt, daß eine Abhängigkeit zwischen der Durchschlagfestigkeit und bestimmten mechanischen Eigenschaften, z.B. der Härte des Kristalls, besteht.

Untersucht man die Entwicklung der Durchschlagkanäle für amorphe anorganische Strukturen, z.B. Gläser, so stellt man krummlinige verzweigte Kanäle fest. Demgegenüber ist ein Durchschlagkanal in einem Kristall geradlinig unverzweigt. Wird ein stark inhomogenes Feld durch die Elektrodenkonfiguration im Kristall aufgebaut, dann findet man deutliche Vorzugsrichtungen der Durchschlagkanäle. Im NaCl-Kristall folgen sie fast ausschließlich der 111-Achse bei positiver Spitze und der 100-Achse bei negativer.

Anorganische Gläser werden stark von der Ionenleitfähigkeit im Durchschlagverhalten beeinflußt, wenn Temperaturen für die Einleitung eines Wärmedurchschlags vorhanden sind. Während im Gebiet des elektrischen Durchschlags ($< -150\,°C$) die verschiedenen Gläser, ausgewiesen durch den unterschiedlichen Alkaligehalt, nur Festigkeitsunterschiede von maximal $\pm 10\%$ aufweisen, ist bei höheren Temperaturen (Wärmedurchschlag) eine starke Differenzierung festzustellen.

Ein Vergleich von Kristallen und amorphen Materialien zeigt eine höhere Festigkeit bei den Kristallen, wenn ein Gebiet des elektrischen Durchschlags vorliegt. Im Gebiet des Wärmedurchschlags entscheidet die atomare Zusammensetzung, die auf die Leitfähigkeit einwirkt.

Beispielsweise haben Metalloxide, wie Al_2O_3, BeO, MgO, als Monokristall oder als Oxidkeramik hohe spezifische Widerstände zwischen 10^{12} und 10^{15} $\Omega\cdot$cm bei Raumtemperatur, die auch bei 1000 K nicht unter 10^8 $\Omega\cdot$cm absinken. Die Durchschlagfestigkeit eines Al_2O_3-Einkristalls liegt im μm-Dickenbereich noch bei 200 bis 400 MV/m und steigt mit Verringerung der Dicke auf 1000 MV/m an. Bei 100 MV/m wird der spezifische Widerstand noch mit 10^{15} $\Omega\cdot$cm gemessen. Die Durchschlagfestigkeit von polykristallinem Material hängt von der Sinterdichte ab. Offensichtlich zeigen diese Metalloxide bis zu hohen Temperaturen vorwiegend Elektronenleitfähigkeit, und der Durchschlag entspricht dem elektrischen Durchschlagmodell.

Ein in der Technik häufig angewandter anorganischer Isolierstoff ist das *Porzellan*. Es liegt als Sinterkörper aus amorphen und kristallinen Phasen vor. Die amorphe Phase bestimmt vorwiegend den Durchschlagweg und die Durchschlagfeldstärke, soweit nicht technologische Faktoren Einfluß gewinnen. Die Grenzschichten zwischen den Phasen spielen eine entscheidende Rolle, wenn mechanische Spannungen besonders wirksam sind; das ist bei niedrigen Temperaturen der Fall.

Besondere Bedeutung hat die molekulare und makroskopische Struktur für die Durchschlagfestigkeit von *Hochpolymeren*. Da, wie im Abschnitt 3.3 dargestellt, eine außerordentliche Vielfalt an Eigenschaftsvariationen möglich ist, können auch die Durchschlagfestigkeit und deren Abhängigkeiten stark beeinflußt werden.

Zunächst erscheint die Frage berechtigt, welche Molekularstruktur die höchsten Festigkeiten bringt. Ein Vergleich der Durchschlagfestigkeitsverteilungen zeigt, daß gereinigte kleinvolumige EP-Proben Werte zwischen 400 und 700 MV/m erreichen, technische Produkte solche zwischen 100 und 700 MV/m und PET/teilkristallin zwischen 300 und 600 MV/m. Bild 3.5.55 zeigt eine Gegenüberstellung von Weibull-Verteilungen. Es ist deutlich zu erkennen, daß eine Differenzierung nur durch Berücksichtigung der technologischen Einflußgrößen sinnvoll ist.

Man kann feststellen: In bezug auf die strukturbedingte Durchschlagfestigkeit hochpolymerer Isolierstoffe kann nicht wesentlich zwischen linearen und vernetzten Polymeren im Gebiet des elektrischen Durchschlags unterschieden werden. Nur bei einwand-

188   3. Isoliervermögen von Isolierungen und deren Einflußgrößen

freier Vergleichsuntersuchung im Hinblick auf die tatsächliche Materialfestigkeit (Vergleich der hohen Quantile der Verteilung) kann man Unterschiede bemerken, die im Zusammenhang mit den Bindungsenergien der schwächsten Bindungen der Moleküle stehen.

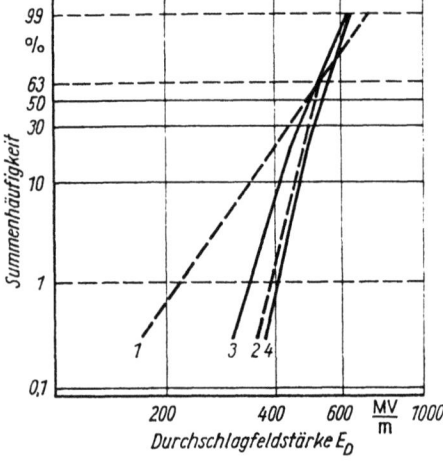

Bild 3.5.55
Weibull-Verteilungen
der Durchschlagfeldstärke
von EP- und PET-Proben;
20 °C, 50 Hz, D = 10 mm

1 technisches EP } Schicht d = 25 μm
2 gereinigtes EP }

3 PET-Folie
4 PET-Folie   } teilkristallin
  ohne mikroskopisch   d = 23 μm
  erkennbare Fehlstellen

Stoffe, die amorph oder teilkristallin hergestellt werden können, z. B. PET, weisen im teilkristallinen Zustand stets eine höhere Durchschlagfestigkeit auf (Tafel 3.5.5).

Hochpolymere mit Überstrukturen, z. B. Polyethylen und Polypropylen, die Sphärolite ausbilden, haben unterschiedliche Durchschlagfestigkeitszonen. Bild 3.5.56 zeigt Durchschlagfestigkeitsverteilungen, die mit Spitzenelektroden unter dem Mikroskop aufgenommen wurden. Ein PP-Sphärolit hat im Zentrum und an der Peripherie eine unterschiedliche Festigkeit. Der Zwischenraum zwischen den Überstrukturelementen hat die

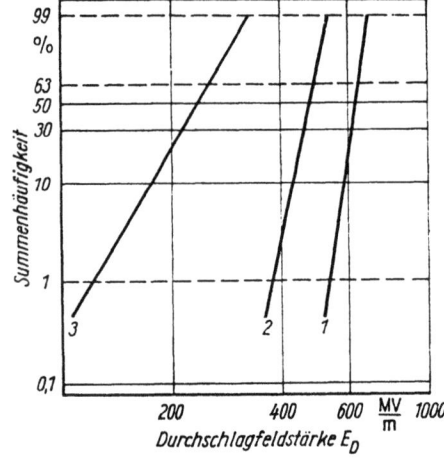

Bild 3.5.56
Weibull-Verteilung
der Durchschlagfestigkeit
von Überstrukturen
einer Polypropylenfolie

1 Zentrum eines Sphärolits
2 Randgebiet eines Sphärolits
3 Gebiet zwischen Sphäroliten

Tafel 3.5.5. Einfluß des Kristallinitätsgrades auf die Durchschlagfestigkeit von PET (nach Artbauer)

Kristallinitätsgrad	%	3	3	52	52
Temperatur	°C	+80	−80	+80	−80
Durchschlagfestigkeit	MV/m	150	410	480	910

3.5. Elektrische Durchschlagvorgänge

niedrigste Festigkeit. Durchschläge bilden sich bei größeren Proben vorwiegend an den Grenzschichten aus.

In der Praxis ist es üblich, hochpolymere Isolierstoffe durch *Verstreckung* zu orientieren. Das ist z.B. bei Kondensatorfolien aus PP und PET der Fall.

Eine einachsige Verstreckung führt, je nach dem Verstreckungsgrad, zu einer Erhöhung der Durchschlagfestigkeit senkrecht zur Verstreckungsrichtung bis zu 50%. Die Streckung bewirkt im wesentlichen die Ausrichtung der Makromoleküle in Streckrichtung.

Auch die Molmasse hat Einfluß auf die elektrische Festigkeit. Für Hochdruckpolyethylen gibt Tafel 3.5.6 den Einfluß der Molmasse und des Schmelzindex auf die Durchschlagfestigkeit bei verschiedenen Temperaturen an. Im Bereich der Raumtemperatur und darunter ist die Wirkung gering, oberhalb der Anwendungstemperaturgrenze schon bedeutend. Auch bei Polystyrol wurde bei systematischer Vergrößerung der Molmasse bis 10^6 eine Erhöhung der Durchschlagfestigkeit auf das Doppelte festgestellt.

Tafel 3.5.6 Einfluß der Molmasse M und des Schmelzindex I auf die Durchschlagfestigkeit von Hochdruckpolyethylen

	Durchschlagfestigkeit MV/m			
Molmasse 19000 Schmelzindex 200	7,3	5,7	6,9	2,3
Molmasse 28000 Schmelzindex 7	6,7	6,3	7,2	2,8
Molmasse 46000 Schmelzindex 0,3	7,5	7,2	7,2	4,3
Temperatur in K	73	193	293	353

Die bereits erwähnten Überstrukturen sind nicht nur von der Art des Polymers und den physikalischen Einflußgrößen, sondern auch von Zusätzen anderer Stoffe abhängig. Kann man z.B. mit solchen Additiven feinsphärolitische Strukturen schaffen, so wird die Durchschlagfestigkeit erhöht. Bei fast allen elektrotechnischen Anwendungen werden die Plaste nicht rein benutzt, sondern mit *Füllstoffen* versetzt. Das geschieht zur Erhöhung der mechanischen Festigkeit, zur Verbesserung der Wärmeleitfähigkeit, zur Veränderung der Dielektrizitätskonstante, der elektrischen Leitfähigkeit u.a. und nicht zuletzt auch aus ökonomischen Gründen. Füllstoffe sind vorwiegend anorganische Dielektrika, in speziellen Fällen auch Halbleiter oder Leiter; sie liegen in Form von feinkörnigem Material oder als Fasern vor.

Füllstoffe verändern die innere Feldstärke des hochpolymeren Isolierstoffs. Nimmt man die Füllstoffpartikel als sphärische Körper mit dem Radius r mit äquidistanter Verteilung (kubisch) an und ist der minimale Abstand d, so ist der resultierende Feldausnutzungsfaktor

$$\eta = \frac{\frac{\varepsilon_1}{\varepsilon_2}\left(1 - \frac{4\pi r^3}{3d^3}\right) + \frac{4\pi r^3}{3d^3} + 2}{\frac{3\varepsilon_1}{\varepsilon_2}} - \frac{0{,}05 \left(\frac{4\pi r^3}{3d^3}\right)^{3,3} \left(1 - \frac{\varepsilon_1}{\varepsilon_2}\right)^2}{4\frac{\varepsilon_1}{\varepsilon_2} + 3\left(\frac{\varepsilon_1}{\varepsilon_2}\right)^2}. \quad (3.5.31)$$

Gleichung (3.5.31) gilt für Wechselspannung mit Dominanz des kapazitiven Stroms. Im Gleichspannungsfall wäre $\varepsilon_1/\varepsilon_2$ durch $\varkappa_1/\varkappa_2$ zu ersetzen. ε_1 und $\varkappa_1$ sind Größen der Einschlüsse, ε_2 und $\varkappa_2$ Größen des Polymers. Je größer der Unterschied der Dielektrizitäts-

190   3. *Isoliervermögen von Isolierungen und deren Einflußgrößen*

konstanten oder der spezifischen Leitfähigkeiten von Füllstoff und Polymer, desto größer die Absenkung der Festigkeit.

Ein Beispiel für TiO_2 mit $\varepsilon_r \approx 100$ gibt Bild 3.5.57, für PE mit einem $\varepsilon_r \approx 2,2$. Aber auch Einlagerungen von Stoffen mit fast gleicher Dielektrizitätskonstante wie die Polymermatrix führen zu deutlichen Reduzierungen der Durchschlagfeldstärke. Der Grund liegt nicht in der Feldstärkeerhöhung in der Umgebung der Einlagerungspartikel, sondern in den ungleichen mechanischen und thermomechanischen Eigenschaften, die mechanische Spannungen und Feinrißbildungen zur Folge haben.

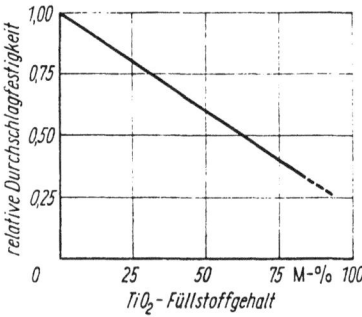

Bild 3.5.57
Absenkung der Durchschlagfestigkeit von PE mit feindisperser TiO_2-Magerung

Die *Einbettung von leitfähigen oder halbleitenden Partikeln* setzt die Durchschlagfestigkeit bedeutend herab. Bereits kleinste Mengen Ruß, die noch nicht zu einer Leitungsbrückenwirkung führen, senken die Festigkeit ab. Bild 3.5.58 zeigt eine Zusammenstellung von Weinbull-Verteilungen von E_D von Epoxidharzschichten hoher Reinheit, die mit geringen Mengen unterschiedlicher dielektrischer und halbleitender Partikel dodiert sind. Die Abweichungen der Verteilungen von der Geraden des reinen EP-Harzes sind in den unteren Quantilen besonders hoch. Man sieht auch, daß die Schichtzahl und die Schichtart Einfluß auf die Verteilung haben.

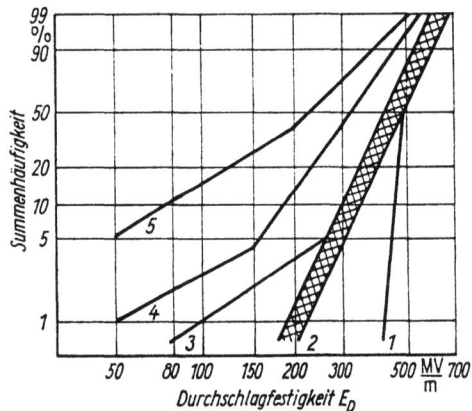

Bild 3.5.58
Weibull-Verteilung der Durchschlagfestigkeit von Epoxidharzproben unterschiedlicher Reinheit; 50 Hz, D = 10 mm $\emptyset$, d = 12 µm pro Schicht
1 Mehrfachfilterung der Flüssigkomponenten, Aushärtung im Clean room, vier Schichten
2 Bereich technisch reiner EP-Harze, vier Schichten
3 2‰ $CaCO_3$-Dotierung, zwei Schichten
4 0,1‰ Rußdotierung, drei Schichten
5 0,1‰ Rußdotierung, zwei Schichten

Andererseits muß man feststellen, daß leitfähige oder dielektrisch wirksame Feinstpartikel oder molekulare Dotierungen im elektrischen Feld bei genügend langer Expositionszeit in der hochpolymeren Matrix diffundieren können und sich an Stoffinhomogenitäten wegen der Maxwell-Kräfte des gestörten Feldes anlagern und den leitfähigen oder dielektrischen Radius der Störungen vergrößern. Dadurch fällt die Feldstärke in der Nähe der Störstellen ab, und die Kurzzeitdurchschlagfestigkeit steigt an. Jedoch müssen bei der Betrachtung der Wirkung von Additiven auch die Diffusionsmöglichkeiten der Additivs, deren zeitlicher und temperaturabhängiger Verlauf und die Wirkung des molekularen Aufbaus der Polymermatrix beachtet werden.

Als Beispiel sei Acetophenon genannt. Dieses Additiv, das PE-Mischungen zugegeben wird oder bei der chemischen Vernetzung des PE als Spaltprodukt vorhanden ist, hat eine starke Wirkung zur Erhöhung der Durchschlagfestigkeit nach dem Mechanismus des Wirkungsabbaus von Fehlstellen im Dielektrikum. Im Falle von EP-Harz ist der Effekt sehr niedrig. Es muß angenommen werden, daß die dreidimensionale Vernetzung und das daraus entstandene Netzwerk die Diffusion sehr behindert und daher die Wirkung nicht eintritt. Direkt und unmittelbar wirksam sind Additive mit elektronegativen Eigenschaften.

Strukturmodifikationen haben häufig nur im Zusammenhang mit dem jeweils gültigen Durchschlagmechanismus einen markanten Einfluß auf die Durchschlagfestigkeit. Als Beispiel sei ataktisches im Vergleich zu isotaktischem Polypropylen genannt. Im Gebiet des Wärmedurchschlags sind beachtliche Differenzen der Durchschlagfestigkeit vorhanden, im Gebiet des elektrischen Durchschlags geringfügige.

Die Wirkung von polaren Eigenschaften wird meist durch andere Einflußgrößen überdeckt, solange die dielektrischen Verluste eine untergeordnete Rolle spielen.

Makroskopische und mikroskopische Strukturen sind für die Durchschlagfestigkeit bedeutsam. So können Schichtstrukturen zur Verbesserung der Durchschlagfestigkeit durch natürliche Begrenzung der Einschlußgrößen und damit der Feldstörung führen. Schichtungen haben aber auch Bedeutung im Zusammenhang mit der Ausbildung von Raumladungen. Eine heterogene Zusammensetzung des Isolierstoffs führt andererseits zu durchschlagfestigkeitsmindernden Grenzschichten.

3.5.3.4. Einfluß der Temperatur

Die Temperatur beeinflußt die molekulare Beweglichkeit, die Dissoziationsfähigkeit und die Elektronendichte im Leitungsband und in den Haftstellen; außerdem ist die dielektrische Verlustziffer stark temperaturabhängig, ebenso die elektrische Leitfähigkeit. Diese Hauptgesichtspunkte bestimmen in sehr komplizierter Art und Weise die Temperaturabhängigkeit der Durchschlagfestigkeit.

Da der Durchschlag mit Sicherheit bei niedrigen Temperaturen elektronischer Natur ist und mit hoher Wahrscheinlichkeit auf der Basis der Stoßionisation abläuft, nimmt die Temperatur nur über die Ladungsträgerbereitstellung aus den flachen Haftstellen und über die äußere Ladungsträgerinjektion Einfluß. Dieser Temperatureinfluß ist gering. Stärker dürfte sich die Molekülbeweglichkeit bemerkbar machen, die mit der Größe des freien Volumens in Hochpolymeren und mit dem mittleren Atomabstand generell verkoppelt ist. Diese Einflußgrößen erhöhen die Stoßionisationswahrscheinlichkeit mit steigender Temperatur und führen zu einer Absenkung der Durchschlagfestigkeit.

Anorganische Isolierstoffe zeigen im kristallinen Strukturzustand sowohl als Atom- wie auch als Ionenkristalle bei niedrigen Temperaturen nahezu eine temperaturunabhängige Durchschlagfestigkeit. Bei den meisten Kristallen gilt das bis weit über den Raumtemperaturbereich hinaus. Ionenkristalle zeigen jedoch bei einigen 100 °C eine starke Erhöhung der elektrischen Leitfähigkeit auf der Basis der Ionenleitung. Der Durchschlagmechanismus erhält rein thermischen Charakter. Im Bild 3.5.53 wird die Reduzierung der Durchschlagspannung mit steigender Temperatur für NaCl deutlich. Atomkristalle hingegen weisen bis zu sehr hohen Temperaturen den charakteristischen geringen Festigkeitsabfall des elektrischen Durchschlags auf.

192 3. Isoliervermögen von Isolierungen und deren Einflußgrößen

Anorganische Gläser werden in der Temperaturabhängigkeit der Durchschlagfestigkeit außerordentlich stark von dem Gehalt an gut beweglichen Ionen beeinflußt. Solche Zuschlagstoffe (auch als Flußmittel bezeichnet) sind z. B. Alkalioxide. Sie verändern den Viskositätsverlauf des Glases und gleichzeitig die Durchschlagfestigkeit.

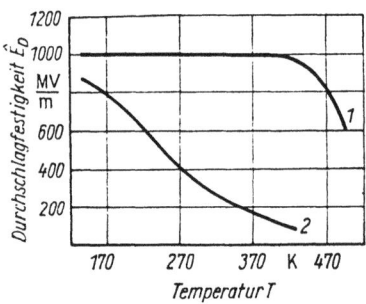

Bild 3.5.59
Temperaturabhängigkeit der Durchschlagfestigkeit von Glas; $d = 25$ μm, $f = 50$ Hz
1 Al-Borosilikat-Glas
2 Apparateglas, 12% Na_2O

Der Temperaturverlauf der Durchschlagfestigkeit für ein Al-Borosilikat-Glas ist im Bild 3.5.59 einem Na_2O-haltigen Apparateglas gegenübergestellt. Offensichtlich wirkt sich die 1,5fach höhere Aktivierungsenergie des Glases *1* in einer Verschiebung des Überganges des Durchschlagmechanismus vom elektrischen zum Wärmedurchschlag um etwa 200 K aus.

Im Falle rekristallisierter Gläser, der sogenannten *Vitrokeramik*, ist die Temperaturabhängigkeit von Leitfähigkeit und Durchschlagfestigkeit sehr stark von der Zusammensetzung und Struktur der Mikrokristalle und der Restglasphase abhängig.

Häufig besteht noch eine starke Abhängigkeit vom Abkühl- oder Temperregime und damit auch ein zusätzlicher funktioneller Zusammenhang mit der Mikrostruktur des Werkstoffs.

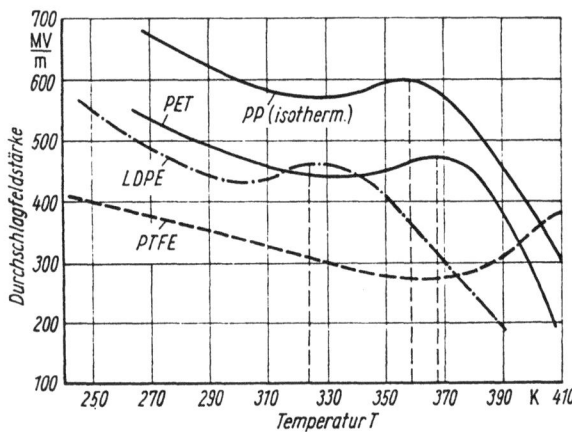

Bild 3.5.60
Abhängigkeit
der Durchschlagfestigkeit
einiger hochpolymerer Isolierstoffe
von der Temperatur
Foliendicke 15 bis 20 μm
Elektrodendurchmesser 10 mm
Ag aufgedampft; 50 Hz

Hochpolymere Isolierstoffe haben im Bereich tiefer Temperaturen, etwa unterhalb von 150 K, praktisch keine Temperaturabhängigkeit der Durchschlagfestigkeit, wenn bei der Messung und Abkühlung Mikrorisse und mechanische Belastungsinhomogenitäten vermieden werden. Oberhalb dieser Temperatur wirkt, abhängig vom Typ des Isolierstoffs, die molekulare Beweglichkeit auch auf die Durchschlagfestigkeit. Dadurch wird der Grad des Absinkens der Festigkeit mit der Temperaturerhöhung festgelegt. Die Struktur der makromolekularen Verbindung hat dabei einen großen Einfluß.

Linearpolymere haben ab etwa 150 K einen schwachen elektrischen Festigkeitsabfall mit steigender Temperatur bis etwa in den Bereich der Glastemperatur. Bild 3.5.60 gibt einen Überblick. Typisch ist, daß kurz vor dem Glastemperaturintervall ein leichter Anstieg der Festigkeit eintritt. Eine eindeutige Erklärung ist nicht möglich. Der Verlauf ist jedoch für Gleich- und Wechselspannung 50 Hz typisch. Oberhalb der Temperatur des Glaszustands, beim Übergang in den hochelastischen Bereich, ist ein deutlicher Abfall der elektrischen Festigkeit zu bemerken. Dieses Verhalten stimmt mit der Leitfähigkeitscharakteristik in diesem Gebiet überein.

3.5.3.5. Einfluß der Geometrie der Isolierstoffe und des elektrischen Feldes

In der Praxis gibt es starke Abhängigkeiten der Durchschlagfestigkeit von der Isolierstoffdicke und der Belastungsfläche (Bild 3.5.61). Die Abbildung läßt auch erkennen, daß das Volumen ausschlaggebend ist. Offensichtlich spielen im homogenen und schwach inhomogenen Feld mit Elektroden geringer Oberflächenrauhigkeit die im Volumen verteilten Schwachstellen die entscheidende Rolle. Die gemessenen Durchschlagfeldstärken an einem größeren Probenkollektiv sind durch eine Weibull-Verteilung approximierbar (s. Abschn. 3.1.2 und Bild 3.5.55).

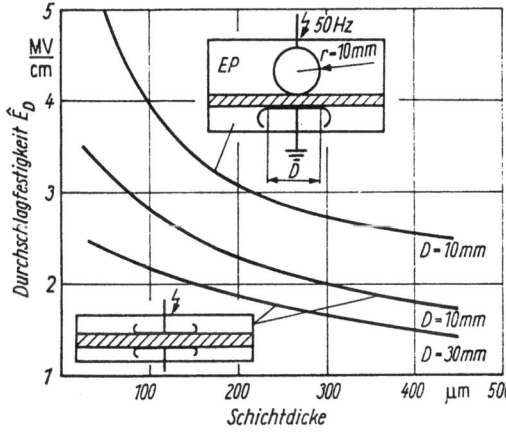

Bild 3.5.61
Abhängigkeit der Durchschlagfestigkeit vom belasteten Volumen bei Dicken- und Flächenvariation
Kohlenwasserstoffharz, Einbettung der Elektroden: EP-Harz

Sind die Störstellen so verteilt, daß bei jeder beliebigen Größe des Volumens die Durchschlagfestigkeiten mit der Weibull-Verteilung approximiert werden können, dann ist auch das Vergrößerungsgesetz nach Abschnitt 3.1.2 anwendbar. Im allgemeinen ist jedoch diese Voraussetzung in der Praxis nicht streng erfüllt, da die technologischen Bedingungen hinsichtlich Reinheit, Störstellencharakter und chemischer Reaktion bei der Isolierkörperherstellung volumenabhängig sind. Beispielsweise sind bei der Herstellung von Folien und Kabelisolierungen aus dem gleichen Material die technologischen Unterschiede beachtlich. Meist kann die statistische Darstellung nur in Form von multiplikativen Mischverteilungen vorgenommen werden.

Für größere Schichtdicken von Epoxidharzformstoffen gibt Bild 3.5.62 einen Überblick über die Volumenabhängigkeit der Durchschlagspannung und -festigkeit bei Dickenvariation. Deutlich ist der Einfluß des SiO_2-Füllstoffs zu sehen. Die damit eingebrachten Fehlstellen bestimmen die Durchschlagfestigkeit und reduzieren die Volumenabhängigkeit wegen des eingeschränkten Wirkungsspektrums unterschiedlicher Störstellen.

Wird ein stark inhomogenes Feld wirksam, so kann von einem Durchschlag nur im Zusammenhang mit einem sehr kleinen Volumen im Feldbereich mit der Höchstfeldstärke gesprochen werden.

194 3. Isoliervermögen von Isolierungen und deren Einflußgrößen

Ist nicht der elektrische Durchschlagprozeß für die Einleitung der Zerstörung des Dielektrikums verantwortlich, sondern der Wärmedurchschlag, so wirken die bei der Ableitung des Wärmedurchschlags formulierten Gesetzmäßigkeiten hinsichtlich des Geometrieeinflusses. Auch in diesem Fall ist mit der Wirkung von initiierenden Störstellen zu rechnen, die Feldstärkeerhöhungen und Verlustkonzentrationspunkte darstellen. Meist sind jedoch die integralen Verhältnisse des thermischen Gleichgewichts entscheidend.

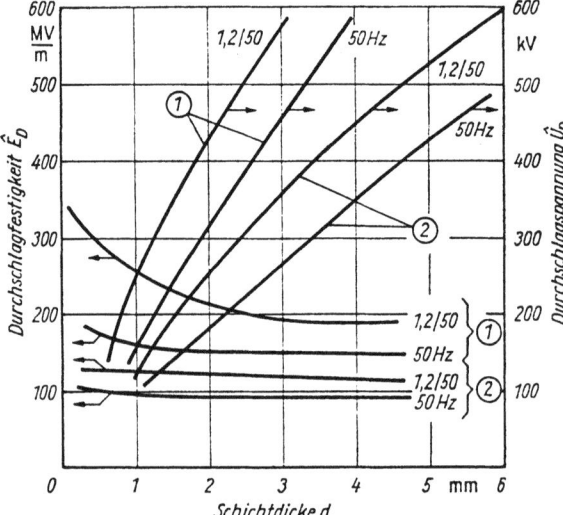

Bild 3.5.62
Schichtdickenabhängigkeit
der Durchschlagspannung
und der Durchschlagfestigkeit
von Epoxidharzproben
① technisch reines EP-Harz, warmhärtend
② gefüllt mit 150 Masse-% SiO_2
Anordnung Platte–Platte, $D = 20$ mm
Spannungssteigerung: 1 kV/s bzw. 5 kV
je Impuls

3.5.3.6. Einfluß der Belastungszeit und des zeitlichen Spannungsverlaufs

Der eigentliche elektrische Durchschlag eines Dielektrikums verläuft im Nanosekundenbereich. Ist die anliegende Spannung kürzer als die notwendige Aufbauzeit der Entladung, so ist die Durchschlagfestigkeit des Stoffes scheinbar höher. Wird dagegen die Belastungszeit wesentlich länger als für den Durchschlag notwendig, so tritt eine elektrische Voralterung ein, die die ursprüngliche Festigkeit herabsetzt. Man mißt also eine niedrigere Festigkeit. Im homogenen Feld ist schon bei Impulsen im Mikrosekundenbereich eine gewisse Voralterung möglich. Im Fall von Gleich- und Wechselspannungen ist die Voralterung größer und damit die gemessene Durchschlagfestigkeit niedriger. Diese Prozesse werden im Abschnitt 3.6.4 behandelt. Der zeitliche Spannungsverlauf hat in diesem Zusammenhang eine große Bedeutung, da von ihm die Raumladungsbildung und die Raumladungsdynamik abhängen. Raumladungen bestimmen die inneren Felder, die für den Alterungsprozeß und in diesem Sinne für die Voralterung bei der Durchschlagspannungsbestimmung verantwortlich sind. Die wahre elektrische Durchschlagfestigkeit kann nur mit kurzen Impulsen bestimmt werden, die in der Größenordnung der Aufbauzeit der Entladung liegen.

Unter den Bedingungen des Wärmedurchschlags ist die Bestimmung der Durchschlagfestigkeit im hohen Maß mit dem zeitlichen Spannungsverlauf und den geometrischen Abmessungen der Probe verbunden. Jedoch sind diese Abhängigkeiten anders als beim elektrischen Durchschlag. Die Kopplung der Durchschlagfestigkeit mit den Stoffeigenschaften ist vorwiegend mit der thermischen Elektronenbefreiung und der Ionenleitung verbunden. Dieser Mechanismus ist völlig anders als die Lawinengenerierung. Zusätzlich kommen die dielektrischen Wechselfeldverluste hinzu. Die Abhängigkeit vom Volumen ist an Randbedingungen gebunden, die die Oberfläche einbeziehen. Es gibt eine starke

Zeitabhängigkeit der Durchschlagfestigkeit. Nur bei großen Zeiten kann die minimale Durchschlagfestigkeit bestimmt werden, die einen konstanten Wert darstellt und eine Eigenfestigkeit des Stoffes unter den spezifischen Bedingungen angibt. Dieser Festigkeitswert ist nicht mit der Festigkeit des elektrischen Durchschlags vergleichbar.

Während der Ausbildung des Durchschlags finden auch thermische Alterungsvorgänge statt. Auch elektrische Alterungen sind nicht auszuschließen. Sie haben beim Wärmedurchschlag jedoch nicht die gleiche Bedeutung wie die elektrische Voralterung beim elektrischen Durchschlag. Für die Auswahl von Stoffen, die zum Wärmedurchschlag tendieren, ist der Langzeitdurchschlagwert eine sinnvolle Charakteristik.

3.6. Alterung von Isolierstoffen

3.6.1. Alterung als zeit- und belastungsabhängige Veränderung des Isoliermaterials

Isolierstoffe entstehen aus unterschiedlichen Grundstoffen in einem speziellen Bildungsprozeß und werden durch eine Weiterbearbeitung in Isolierungen umgewandelt (z. B. Schichtpreßstoffe) oder schon im Isolierstoffbildungsprozeß in die endgültige Form der Isolierung gebracht (z. B. Glas- oder Porzellanisolatoren, Gießharzformkörper, Kunststoffkabel).

In den meisten Fällen ist der Werkstoffbildungsprozeß noch nicht voll abgeschlossen, wenn die Nutzung der Isolierung beginnt. Eine Eigenschaftsveränderung in Richtung des dynamischen Gleichgewichts ist deshalb zu erwarten. Häufig werden die für die Herstellung notwendigen physikalischen und chemischen Reaktionen von Größen beeinflußt, die auch im Alterungsprozeß eine entscheidende Rolle spielen. Das betrifft in erster Linie die Temperatur. Aber auch die Umgebungsbedingungen können Einfluß auf Aufbau und Degradation nehmen; hierbei sind Sauerstoff und Wasser von besonderer Bedeutung. Auch der Energieeintrag durch Strahlung ist für beide Prozesse wesentlich.

Die Alterung anorganischer Isolierstoffe (monokristalline Stoffe, Gläser und Keramiken) ist mit thermischen Fehlstellenfluktuationen, mechanischen Mikrorißbildungen durch partielle Überbelastung im inhomogenen Material und mit Materialveränderungen durch Ionendiffusion im elektrischen Feld verbunden. Darüber hinaus sind insbesondere chemische Reaktionen an den Festkörperoberflächen für Alterungsabläufe verantwortlich.

Unter dem Begriff Alterung sollen im folgenden die *irreversiblen Prozesse* verstanden werden, die durch Belastungen unterschiedlicher Art zu Eigenschaftsveränderungen führen. Dabei soll der einheitlichen Betrachtungsweise wegen die Veränderung von bestimmten Eigenschaften nicht unter dem Nützlichkeitsgesichtspunkt gesehen werden, da sich bei der Alterung durchaus einzelne Materialdaten vom isoliert betrachteten Anwendungsstandpunkt aus anfangs oder auch während der gesamten Alterungsdauer günstig verändern können. Insgesamt ist jedoch mit dem Alterungsvorgang ein Lebensdauerverbrauch verbunden, der zu einem Ausfall einer Isolierung etwa durch elektrischen Durch- und Überschlag oder durch mechanischen Bruch führt.

Wie im Abschnitt 3.1 ausgeführt wurde, gibt es jedoch durchaus auch Isolierungsausfälle, die nicht durch Alterung herbeigeführt werden, sondern die stochastisch durch Überbelastung von Isolierkomponenten, durch zeitweiliges Zusammenwirken von Schwachstellen und Belastung oberhalb des statistischen Toleranzbandes hervorgerufen werden.

196   3. Isoliervermögen von Isolierungen und deren Einflußgrößen

Ein wichtiger Gesichtspunkt betrifft die *reversiblen Veränderungen*. So können z.B. elektrische Raumladungen durchaus bei spannungslosen Phasen oder umgekehrter Polarität abgebaut werden, so daß die Veränderung der Leitfähigkeit rückgängig gemacht werden kann. Betrachtet man jedoch die inneren elektrischen Felder, entstanden durch die Raumladungsbildung im Stoff, so können sie eine zusätzliche Alterung in Teilen des Isoliergebietes hervorrufen, die ggf. zum Durchschlag führt, obwohl die Ursache reversibel ist. In ähnlicher Weise können andere Belastungen wirken. Es ist zweckmäßig, die Alterung durch die Veränderung eines Bündels wichtiger Eigenschaften des Isolierstoffs zu charakterisieren. Dabei können für die Praxis Belastungsgrößen oder Belastungskomplexe definiert werden, die eine bestimmte Zeit wirken. Am Ende dieser Belastungszeit wird das Verhältnis von Anfangs- und Endeigenschaftswert als Bewertungskriterium benutzt. Dabei kann eine Entscheidung über den Stoff hinsichtlich vorgegebener Grenzalterungswerte getroffen werden. Sinnvoll ist auch die Bestimmung der *Alterungsgeschwindigkeit*.

Probleme bieten bei der Alterungsbewertung Fragen der Korrelation zwischen Isolierstoffalterung und Isolierstoffverhalten und der Alterung der gesamten Isolierung. Hierfür sind Untersuchungsverfahren entwickelt worden, die einerseits die Stoffbewertung im Sinne des Vergleiches und der Stoffauswahl und andererseits die Mitbewertung der Isolierkonstruktion und Isoliertechnologie gewährleisten.

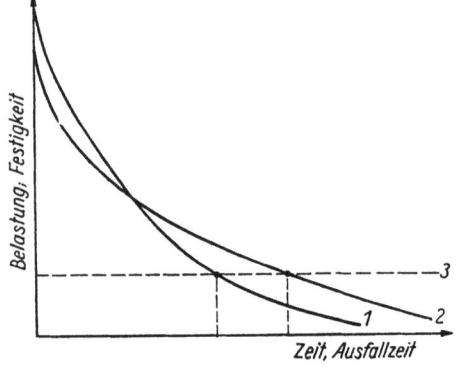

Bild 3.6.1
Schematische Darstellung der Eigenschaftsänderung durch Alterung

1 Isolierstoff 1 ⎫ Änderung der Festigkeit mit der Zeit
2 Isolierstoff 2 ⎬ bzw. Korrelation zwischen Belastung
            ⎭ und Ausfallzeit (Lebensdauer)
3 Betriebsbelastung

Die Alterung kann stets durch eine Beziehung zwischen Belastung und Zeit der Belastung beschrieben werden. Eine solche Funktion ist im Bild 3.6.1 schematisch dargestellt. In vielen Experimenten hat sich gezeigt, daß diese Abhängigkeiten entweder durch eine Exponentialfunktion oder durch eine Potenzfunktion, zumindest in einem für die Praxis ausreichend großen Intervall, repräsentiert werden können. Die Alterungsgeschwindigkeit wird dann durch den Exponenten der betreffenden Funktion charakterisiert (d.h. durch die Kurvenneigung). Art der Belastung und Isolierstoffstruktur beeinflussen die Lage der Kurve. Die Überlagerung von mehreren Belastungsarten kann zu synergetischen Effekten führen; das sind verkoppelte Wirkungen mit einer deutlichen Veränderung der Alterungsgeschwindigkeit gegenüber einer additiven Verknüpfung aller getrennten Alterungswirkungen.

Da die Alterungsabläufe unterschiedliche, stoffbedingte und mechanismusbedingte Alterungsgeschwindigkeiten haben, wird aus den beiden Kurven des Bildes 3.6.1 deutlich, daß die Lebensdauer bei höheren Belastungswerten ohne die Kenntnis des Alterungsverlaufs (Exponent und ggf. Exponent als Funktion der Zeit) keine Extrapolation auf die Lebensdauer bei Betriebsbelastung (s. Schnittpunkte mit der gestrichelten Kurve) zuläßt.

Da die Alterung sehr häufig durch chemische Reaktionsabläufe bestimmt wird, ergeben sich Möglichkeiten, durch geeignete Stoffe diese Abläufe zu beeinflussen. Man spricht hierbei von *Stabilisatoren* und *Inhibitoren*. So können z.B. Oxydationsreaktionen durch Sauerstoffabsorber oder Strahlungsreaktionen durch Strahlungsabsorber gebremst werden. Eine autokatalytische Reaktion ist oft durch Umsetzung von Alterungsprodukten mit entsprechenden Inhibitoren zu vermeiden.

Die Alterung muß für die technische Anwendung in ihren vielfältigen physikalischen Bedingtheiten bekannt sein. Hierin liegt die große Bedeutung der Alterungsforschung. Zudem sind die Alterungskenntnisse für die Lebensdauerprognose und die Zuverlässigkeitsbestimmung von entscheidendem praktischem Wert.

3.6.2. Thermische Alterung

Die Detailbehandlung der Alterungsprobleme soll mit der thermischen Alterung begonnen werden, da sie eine Schlüsselrolle beim Verständnis der Degradationsprozesse spielt. Da die Isolierungen im allgemeinen weit oberhalb des absoluten Nullpunktes der Temperatur betrieben werden – hierzu gehören selbst noch Kryoisolierungen –, muß jede Eigenschaft und damit auch jede relevante Festigkeit unter dem Aspekt der Temperaturabhängigkeit gesehen werden. Die Reaktionsgeschwindigkeit von Bildungs- und Abbaureaktionen ist ebenfalls temperaturabhängig. Alle Atome und Moleküle und Molekülgruppen befinden sich im permanenten Schwingungszustand.

Ein *Bindungsabbruch* bzw. eine Reduzierung der Bindungskräfte auf ein Maß, das die Eigenschaften der Struktur im jeweiligen atomaren Bereich verändert, ist dann möglich, wenn die thermische Energie entsprechend der Maxwell-Verteilung im betrachteten Gebiet die Bindungsenergie überschreitet. Ein Bindungsabbruch kann unter Umständen durch Rekombination aufgehoben werden. Bei jeder Temperatur wird sich ein neues Gleichgewicht einstellen. Das Experiment zeigt, daß eine Veränderung der Eigenschaften mit der Zeit vonstatten geht, wobei die Temperatur die Geschwindigkeit bestimmt. Offensichtlich sind entweder Kräfte wirksam, die die Trennung begünstigen, oder nach einer Spaltung ändert sich durch Diffusion die Konzentration der Reaktionspartner, so daß der Abbau dominiert. Solange keine äußeren oder inneren mechanischen oder elektrischen Kräfte wirksam sind, muß der Mechanismus der Konzentrationsveränderung als wirksam angesehen werden. Die Wechselwirkung zweier Atome kann durch die Wechselwirkungsenergie $W(r)$ beschrieben werden:

$$W(r) = W_{\text{Diss}} (e^{-2(r-r_G)/a} - 2e^{-(r-r_G)/a}); \tag{3.6.1}$$

W_{Diss} ist die Dissoziationsenergie, r der Atomabstand und r_G der dynamische Gleichgewichtsabstand; a ist eine Konstante, die spezifische Schwingungen der Atome berücksichtigt.

Wenn Kräfte auf die Atome wirken, die die Trennung begünstigen, dann wird die Wechselwirkungsenergie beschreibbar durch die Differenz aus der Energie nach (3.6.1) und der notwendigen Energie zur Auslenkung aus der jeweiligen Schwingungslage:

$$W_F(r) = W(r) - (r - r_G) F; \tag{3.6.2}$$

F ist die äußere Kraft, die auf die Atome wirkt.

Durch die äußere Kraft wird die Potentialbarriere, die zur Ablösung der Bindung überwunden werden muß, gegenüber der Dissoziationsenergie gesenkt (Bild 3.6.2). Die Höhe der Barriere beträgt

$$\Delta W_F(r) = W_{\text{Diss}} f(B). \tag{3.6.3}$$

$f(B)$ ist eine Funktion der Belastung, die ausgedrückt werden kann durch

$$f(B) = \sqrt{1 - \frac{2aF}{W_{\text{Diss}}}} - \frac{aF}{W_{\text{Diss}}} \ln\left(\frac{W_{\text{Diss}}}{aF} + \frac{W_{\text{Diss}}}{aF}\sqrt{1 - \frac{2aF}{W_{\text{Diss}}}} - 1\right).$$

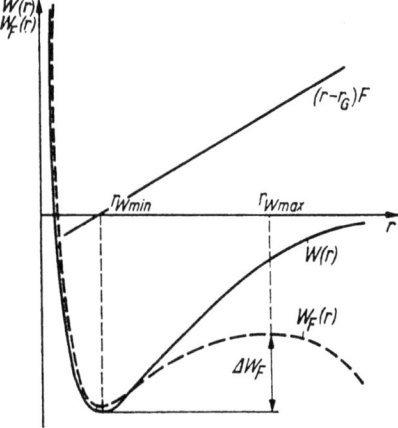

Bild 3.6.2
Qualitative Darstellung
der Wechselwirkungsenergie
zwischen Atomen und deren Veränderung
durch äußere Kräfte

r Abstand; $W(r)$ Wechselwirkungsenergie ohne F;
F Kraft (Zug); $W_F(r)$ Wechselwirkungsenergie mit F;
ΔW_F wirksame Barriere mit Wirkung von F

Die Wahrscheinlichkeit für die Zahl der Bindungsabbrüche je Zeiteinheit, bedingt durch die Energiefluktuation der Atomschwingungen, kann dargestellt werden durch

$$P_{\text{Abbr}} = \frac{1}{\tau_0} e^{-\Delta W_F/(2kT)} = \frac{1}{\tau_0} e^{-W_{\text{Diss}} f(B)/(2kT)}; \tag{3.6.4}$$

$e^{-\Delta W_F/(2kT)}$ ist die Wahrscheinlichkeit des Bindungsabbruchs je Atomschwingung, $1/\tau_0$ die Frequenz der Atomschwingungen.

Bei einer äußeren Zugbelastung gleich null ist die Abbruchwahrscheinlichkeit

$$P_{\text{Abbr}} = \frac{1}{\tau_0} e^{-W_{\text{Diss}}/(2kT)}. \tag{3.6.5}$$

Die Tatsache, daß sich nach einem Abbruch durch eine Komponentendiffusion eine Konzentrationsänderung vollzieht, erniedrigt die Wahrscheinlichkeit für die Rekombination, die ansonsten gleich dem Ausdruck (3.6.4) wäre.

Mit dieser Aussage stimmt die seit langem gemachte Feststellung überein, daß sich die Ausfallrate erhöht und Lebensdauer und Zuverlässigkeit sinken, wenn die Betriebstemperatur der Isolierung erhöht wird.

Die erste Formulierung der empirisch ermittelten Gesetzmäßigkeiten der thermischen Alterung stammt von *Montsinger*. Er formulierte für Öl-Papier-Isolierungen von Transformatoren die sogenannte 8-Grad-Regel, wonach eine Halbierung der Lebensdauer eintritt, wenn die Temperatur um 8 K erhöht wird. Als Formulierung ergibt sich

$$t_L = t_0 \, e^{-K\vartheta}; \tag{3.6.6}$$

t_L Lebensdauer in a; t_0 bekannter Lebensdauerwert in a für Grenztemperatur in °C; ϑ Betriebstemperatur in °C; K Temperaturkonstante.

3.6. Alterung von Isolierstoffen

Diese Regel ist gültig bis 120 °C. Die praktische Anwendung setzt jedoch die Bestimmung der Größen t_0, K an einem repräsentativen Modell oder am Prototyp voraus.

Büssing und *Dakin* u. a. haben eine wissenschaftliche Begründung für diese Abhängigkeit gegeben. Sie setzen für die Degradation die Gültigkeit der Reaktionskinetik voraus. Das ist zumindest für Hochpolymere weitgehend bestätigt; allerdings muß wegen der notwendigen Vereinfachung der Beschreibung eine Reaktion vorausgesetzt werden, die nur einen Reaktionstyp einbezieht. Für große Temperaturintervalle und insbesondere bei Temperaturen weit über der Grenzdauertemperatur wird die Abweichung stärker.

Geht man davon aus, daß sich die Molekülverbindung AB in A und B aufspaltet bzw. aus A und B rekombiniert, kann man schreiben:

$$AB \rightleftarrows A + B. \tag{3.6.7}$$

Die Änderung von AB ist der Konzentration C_{AB} proportional.

$$-\frac{dC_{AB}}{dt} = k_A C_{AB} \tag{3.6.8}$$

k_A ist die Konstante der Reaktionsgeschwindigkeit.

Für die Reaktionsgeschwindigkeit gilt die Arrhenius-Gleichung:

$$k_A = s e^{-W_a/(RT)} \tag{3.6.9}$$

s ist eine Konstante, die die sterische Behinderung repräsentiert.

Integriert man (3.6.8) von $t = 0$ bis $t = t_\tau$ und von C_{AB0} bis $C_{AB\tau}$, so erhält man

$$\int_{C_{AB0}}^{C_{AB\tau}} \frac{dC_{AB}}{C_{AB}} = -\int_{t=0}^{t=t_\tau} k_A \, dt$$

und damit

$$\ln \frac{C_{AB\tau}}{C_{AB0}} = -k_A t_\tau. \tag{3.6.10}$$

Unter Verwendung von (3.6.9) erhält man

$$\ln \frac{C_{AB\tau}}{C_{AB0}} = -s t_\tau e^{-W_a/(RT)} \tag{3.6.11}$$

und durch Umformung

$$t_\tau = \frac{1}{s} \ln \left(\frac{C_{AB0}}{C_{AB\tau}} \right) e^{W_a/(RT)}. \tag{3.6.12}$$

Man kann davon ausgehen, daß sich mit der Konzentration von AB auch relevante Eigenschaften σ_E ändern, d. h. $C_{AB} = f(\sigma_E)$. Damit folgt aus (3.6.12)

$$t_\tau = \frac{1}{s} \ln \left(\frac{f(\sigma_{E0})}{f(\sigma_{E\tau})} \right) e^{W_a/(RT)}. \tag{3.6.13}$$

Mit σ_{E0} beschreibt man offensichtlich den Anfangswert der betreffenden Eigenschaft bei $t = t_0$ und mit $\sigma_{E\tau}$ den Wert zu einem beliebigen Zeitpunkt $t = t_\tau$. Die Eigenschaftsrestwerte können direkt aus den Anfangswerten berechnet werden. Legt man einen unteren Grenzwert fest, der beim Unterschreiten zu einer kritischen Situation führt, d.h. direkt oder indirekt einen mechanischen Bruch, einen Durchschlag oder andere Ausfallkriterien herbeiführt bzw. erfüllt, so kann dieser Eigenschaftswert mit σ_L bezeichnet werden; er wird zum Zeitpunkt $t = t_L$ erreicht, was Ablauf der Lebensdauer bedeutet. t_τ wird dann in (3.6.13) durch t_L und $\sigma_{E\tau}$ durch σ_{EL} ersetzt.

W_a und $f(\sigma_E)$ müssen aus Experimenten bestimmt werden. Bezeichnet man den präexponentiellen Ausdruck in (3.6.13) mit A und W_a/R mit B, so ergibt sich die einfache Alterungsformel

$$t_\tau = A\, e^{B/T} \qquad (3.6.14)$$

bzw. analog dazu t_L. Es zeigt sich Übereinstimmung mit der Montsinger-Regel.

Logarithmiert man (3.6.14) und setzt $\ln A = a$, so folgt

$$\ln t_\tau = a + \frac{B}{T} \qquad (3.6.15)$$

mit der Möglichkeit, $t_\tau = t_L$ zu setzen. In einem halblogarithmischen Koordinatensystem müssen bei Befriedigung der Voraussetzungen die Meßwerte durch eine Gerade approximiert werden können. Bild 3.6.3 zeigt eine solche Darstellung. Es ist zu erkennen, daß die Steigung der Geraden die Aktivierungsenergie repräsentiert. Die Lage der Geraden ist von der Eigenschaftsänderung abhängig.

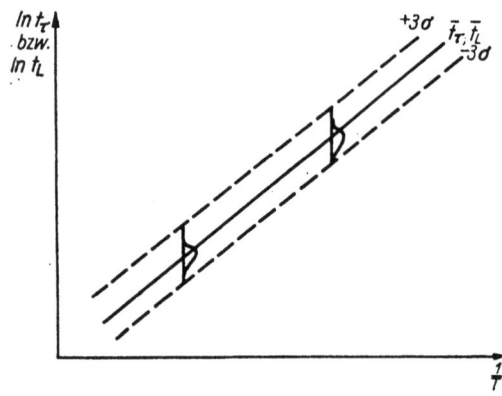

Bild 3.6.3
Zusammenhang zwischen Temperatur und dem Zeitpunkt des Erreichens eines bestimmten Eigenschaftswerts bzw. der Lebensdauer
$\bar{t}_\tau$ Medianwert; σ Standardabweichung

Wird t_τ bzw. t_L experimentell bestimmt, so ist ein statistischer Nachweis erforderlich. Die Summenhäufigkeit der Lebensdauer entspricht einer logarithmischen Normalverteilung. Das bedeutet, daß die log-Standardabweichung bei Gültigkeit des Arrhenius-Modells für alle Temperaturen gleich sein muß und der log-Medianwert eine lineare Funktion der reziproken absoluten Temperatur ist (Bild 3.6.3).

Die Konsequenz wird im Bild 3.6.4 gezeigt. Es ist möglich, in einem Temperaturbereich von etwa $\pm 20\%$ die gemessenen Lebensdauerverteilungen zu extrapolieren (T_3 als Extrapolation von T_1 und T_2).

Die bei der höchsten Temperatur T_1 gezeigte Verteilung deutet durch die Abweichung im unteren Quantilbereich bereits die Grenzen der Gültigkeit der Voraussetzung einer einheitlichen Reaktion an. Das bei der Extrapolation auf die Temperatur T_3 gewonnene Streuband kann durch wenige Messungen bestätigt werden.

Zur Beschreibung der tatsächlichen Lebensdauerkurven kann eine Reihenentwicklung benutzt werden:

$$\ln t_L = a + \frac{B}{T} - \frac{Bt}{T} + \frac{Bt^2}{T} - \ldots \quad (3.6.16)$$

Die Lebensdauer von Isolierstoffen wird vorwiegend durch die mechanische Festigkeit und die elektrische Festigkeit bestimmt, da durch beide der Totalausfall des Isoliervermögens und ggf. der Ausfall mechanischer Stütz- und Lagefixierungsfunktionen eingeleitet wird.

Darüber hinaus können andere Eigenschaften als Indikatoren der Lebensdauer von Bedeutung sein.

Für den Einsatz von Isolierstoffen ist die Kenntnis einer lebensdauerbezogenen Temperaturzuordnung zweckmäßig. Man geht dabei von der Wahl wichtiger Kriterien

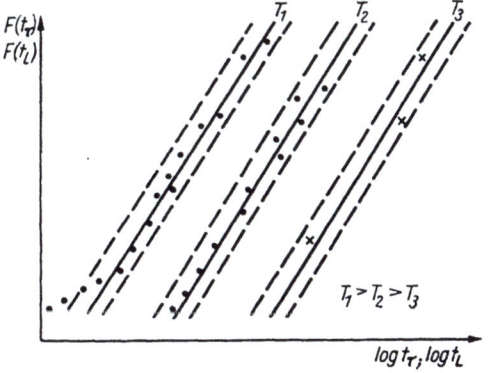

Bild 3.6.4
Darstellung der Summenhäufigkeit der Verteilung der Lebensdauer bzw. des Zeitpunktes des Erreichens eines bestimmten Eigenschaftswertes; Ordinate geteilt nach Normalverteilung

Tafel 3.6.1. Wärmebeständigkeitsklassen für Isolierungen nach IEC 85

Klasse	Grenztemperatur	Materialbeispiele
Y	90 °C	Zelluloseprodukte ohne Tränkung (Gewebe, Papier, Preßspan, Azetatseide), Polyethylen, Polystyrol, Polyvinylchlorid, Transformatorenöl
A	105 °C	Mischdielektrika, insbesondere getränkte Papiere aus Zellulose, getränkte Fasermaterialien aus Polyamid, Tränklacke für Zelluloseprodukte, Kunststoffe auf Chloropren- und Acrylnitrilbasis
E	120 °C	Zellulosetriacetat, Polyethylenterephthalat, Phenolformaldehyd, Melaminharz, Polyesterharz, Polyvinylacetat, Polyurethane
B	130 °C	schellackgebundene anorganische Isolierstoffe (Glimmer, Asbest), ebensolche mit Bitumenbindung, ungesättigte Polyesterharze, Epoxidharze, phenolharzgebundene anorganische Trägermaterialien, Preßmassen mit anorganischer Füllung; Isolierlacke auf Alkyd- und Phenolbasis unter Luftabschluß
F	155 °C	anorganische Materialien, wie Glas, Glimmer, Asbest mit Epoxidharz-, Polyesterharz- und Polyurethanharztränkung
H	180 °C	anorganische Träger mit Silikonharzbindung, Silikonharze
C	> 180 °C	anorganische Materialien, Polytetrafluorethylen

202 3. Isoliervermögen von Isolierungen und deren Einflußgrößen

aus, die innerhalb einer bestimmten Zeit bei einer festgelegten Klassentemperatur nicht unterschritten werden dürfen. Diese Temperaturen werden als Grenzdauertemperaturen betrachtet. Nach IEC 85 werden Wärmebeständigkeitsklassen für Isolierungen festgelegt, die hinsichtlich ihrer Grenztemperaturen und der zugeordneten Isolierstoffe in Tafel 3.6.1 aufgelistet sind.

Als Kriterien werden mindestens ein mechanischer und ein elektrischer Festigkeitswert vorgegeben, der nach 20000 h nicht unterschritten werden darf. Die Bilder 3.6.5 und 3.6.6 geben einen schematischen Überblick über die Vorgehensweise zur Bestimmung der Klassentemperatur. Da es sich bei den Eigenschaftskurven nur um ein bestimmtes Quantil der tatsächlichen Verteilung der Werte handelt, müssen Festlegungen über das Quantil getroffen werden, bei dem die jeweils vorgegebene Grenze gerade erreicht wird. Die zulässige Grenztemperatur ist dann diejenige, bei der die extrapolierte 20000-h-Lebensdauer erreicht wurde.

In praktisch gleicher Weise wird nach IEC 216 der Temperaturindex (TI) bestimmt. Es werden Endpunktkriterien (Fehlerkriterien) auf eine Dauer von 20000 h bezogen. Eine bessere Aussage bringt das thermische Lebensdauerprofil (TEP thermal endurance profil), da hierbei Angaben über den Verlauf der Alterung gemacht werden. Im Abschnitt 4.3.4 werden einige Untersuchungsmethoden vorgestellt.

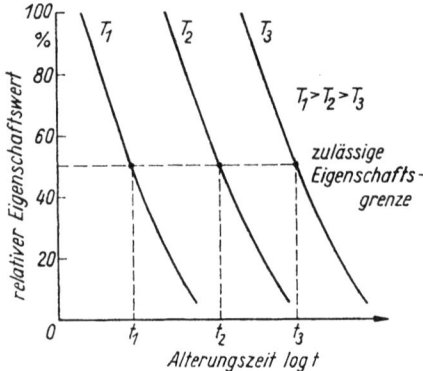
Bild 3.6.5. Relative Änderung einer ausgewählten Eigenschaft in Abhängigkeit von der Belastungszeit bei Vorgabe der Belastungstemperatur und der Eigenschaftsgrenze

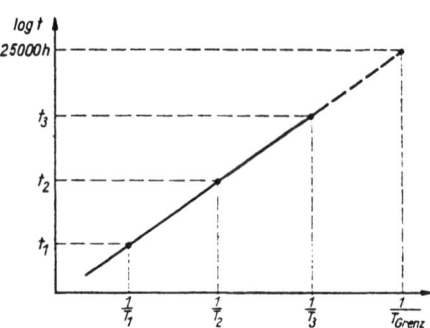
Bild 3.6.6. Graphische Ermittlung der Grenztemperatur T_{Grenz} für die Wärmebeständigkeitsklasse

Nachfolgend sollen einige typische thermische Alterungsabläufe von organischen Isolierstoffen untersucht werden. Das für Transformatoren-, Kabel- und Kondensatorenisolierungen wichtige Zelluloseisolierpapier unterliegt oberhalb von 70°C einer merklichen thermischen Degradation. Entscheidend für die mechanische Festigkeit ist der Polymerisationsgrad DP; das ist die Zahl der Pyranringe je Makromolekül. – Zellulosen haben einen Polymerisationsgrad von maximal 1500; er sinkt mit der Alterungszeit bei entsprechender Temperatur durch Ringaufbruch oder Bruch der Kette. Eine Alterung ist ebenfalls durch Umbildung von Seitengruppen festzustellen. Während Ring- und Kettenbrüche vorwiegend mechanische Wirkungen zeigen und eine elektrische Festigkeitsminderung erst bei sehr geringem Polymerisationsgrad auftritt, richten sich die Seitengruppenumbildungen sehr stark auf Änderung der dielektrischen Eigenschaften, der Wasseraufnahme, des Adsorptionsvermögens und anderer Eigenschaften aus. Neben den Molekülschwingungen bewirken auch Oxydation und Hydrolyse eine Alterung.

3.6. Alterung von Isolierstoffen

Bild 3.6.7 zeigt zwei Oxydationsvorgänge am Grundmolekül der Zellulose. Zum einen wird aus der CH_2-OHGruppe eine Aldehydgruppe, zum anderen werden nach der Ringaufspaltung zwei endständige Aldehydgruppen gebildet. Die erste Variante verändert die Frequenz- und Temperaturabhängigkeit der dielektrischen Verluste, die zweite neben den Größen ε_r und $\tan \delta$ auch die mechanische Reißfestigkeit der Zellulosepapiere. Eine direkte Hydrolyse der Zellulose ist nur durch Katalysatoreinwirkung möglich. Im Zusammenwirken mit Abbauprodukten von Isolieröl sind solche Möglichkeiten gegeben.

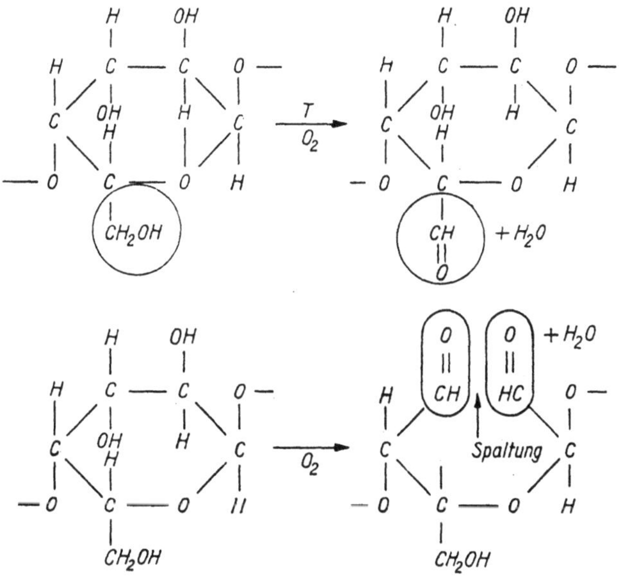

Bild 3.6.7
Varianten der thermisch oxydativen Alterung des Zellulosemoleküls

Unter Luftabschluß (Sauerstoffausschluß) ist die Alterungsgeschwindigkeit etwa proportional dem Feuchtigkeitsgehalt; tritt Sauerstoff zum Wassergehalt hinzu, so ist eine Beschleunigung der Abbaugeschwindigkeit auf das 2- bis 3fache festzustellen.

Bei der Zersetzung von Isolierpapier werden CO, CO_2 und H_2O gebildet; außerdem werden Aldehyde, Ketone und organische Säuren beobachtet.

Die thermische Alterung von Isolierpapier wird bei Anwesenheit von Feuchtigkeit und eines elektrischen Feldes hinsichtlich der Abspaltung gasförmiger Alterungsprodukte geändert. Offensichtlich treten noch Elektrolyseerscheinungen hinzu (Tafel 3.6.2). Teilentladungen und Lichtbogeneinwirkungen verändern die Zusammensetzung der Alterungsprodukte ebenfalls.

Die durch thermische Alterung hervorgerufene Änderung der dielektrischen Eigen-

Tafel 3.6.2. *Gasförmige Alterungsprodukte bei gleichzeitiger Einwirkung eines elektrischen Gleichfelds und erhöhter Temperatur auf Kondensatorenpapier*

Alterungs-temperatur T	elektrische Feldstärke E	abgespaltenes Gas				
		H_2O	H_2	O_2	CO	CO_2
°C	MV/m	%	%	%	%	%
150	0	75	0	0	13	13
150	30	5	35	0	35	24

schaften von Isolierpapieren wird im Bild 3.6.8 gezeigt. Die aus dem Spektrum berechnete Aktivierungsenergie liegt bei etwa 40 kW·s/Mol; tan δ ändert sich erst bei extremer Erniedrigung des Polymerisationsgrades, während die Zugfestigkeit bedeutend stärker mit dem Polymerisationsgrad abfällt (Bild 3.6.9). Hier sind deutlich die unterschiedlichen Alterungsabläufe, wie Gruppenumwandlungen, Änderung der Beweglichkeit der Seiten-

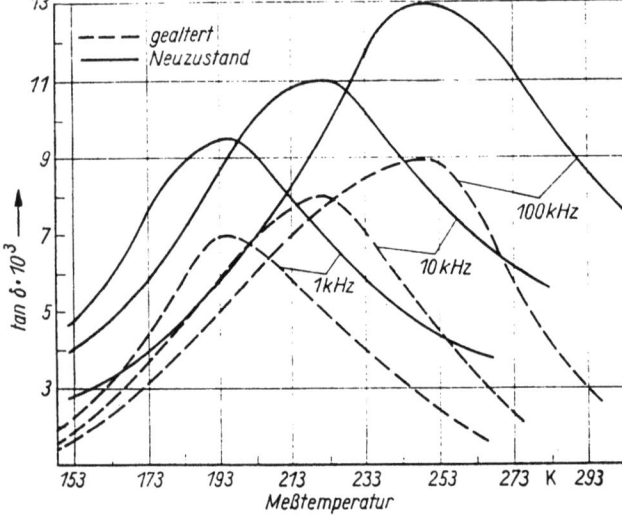

Bild 3.6.8
Dielektrischer Verlustfaktor
für Kabelpapier
im Neuzustand
und thermisch gealtert
bei 160°C

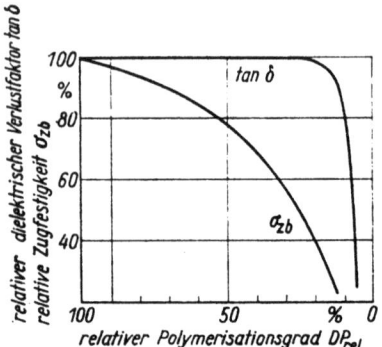

Bild 3.6.9. Veränderung des dielektrischen Verlustfaktors und der Zugfestigkeit von Kabelpapier in Abhängigkeit vom Polymerisationsgrad (thermische Alterung)

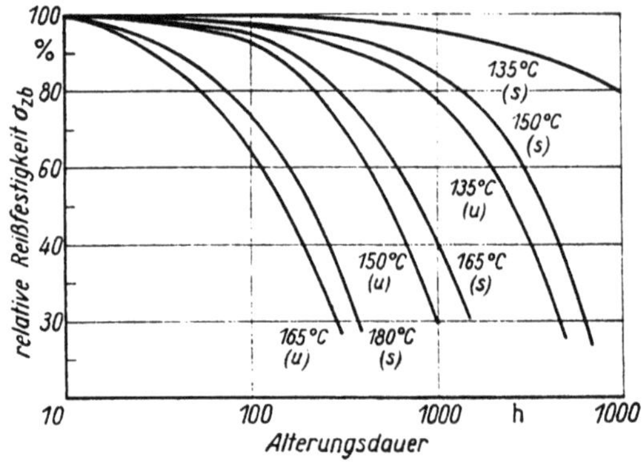

Bild 3.6.10. Abfall der Reißfestigkeit von Kabelpapier bei thermischer Alterung für unstabilisierte (u) und stabilisierte Zellulose (s)

gruppen und Ketten sowie die Ring- und Kettenaufbrüche und ihre Auswirkungen, festzustellen. Die Alterungsneigung kann außer über die Veränderung der Umgebungsbedingungen (H_2O und Sauerstoffgehalt) durch chemische Behandlung der Zellulose verringert werden. So trägt z. B. die Veresterung der OH-Gruppen zur Reduzierung der Wasseraufnahme und zur Erhöhung der Thermostabilität bei. Auch der Einbau von Stickstoff- und Phosphorverbindungen erhöht die thermische Alterungsbeständigkeit. Bild 3.6.10 gibt einen Überblick über die Stabilisierungswirkung anhand der Reißfestigkeitsveränderung.

3.6. Alterung von Isolierstoffen

Als Beispiel für die thermische Alterung flüssiger organischer Isolierstoffe soll das Transformatorenöl behandelt werden. Ausgehend von der Struktur der Ölbestandteile, sind durch erhöhte Temperatur Ringaufbrüche und Kettenabbrüche sowie das Abspalten von Seitengruppen zu erwarten. Neben dem chemischen Aufbau haben katalytische Einflüsse von anderen Isolier- und Leiterwerkstoffen und Degradationsprodukten sowie der Raffinationsgrad des Öls bestimmenden Charakter auf die thermische Alterung. Alterungsprodukte sind H_2, CH_4, Ethan, Ethen, Ethin, freie und gebundene Säuren sowie Syntheseprodukte wie Wachs und andere feste Ablagerungen.

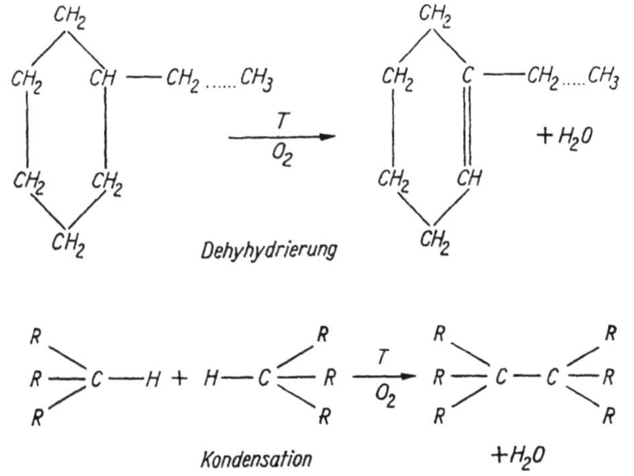

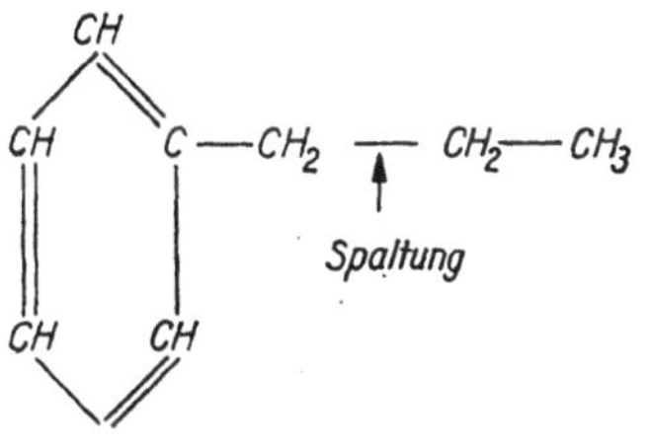

Bild 3.6.11
Beispiele für thermische und thermooxydative Alterung von Transformatorenölkomponenten

Die Isolierölzusammensetzung und der Einfluß von H_2O und O_2 verändern die Relationen der Degradationsprodukte zueinander. Für die thermooxydative Alterung sind die Stellung des Kohlenwasserstoffatoms und der Sättigungszustand der Bindungen bedeutsam. Für die Oxydation ist der tertiäre Kohlenstoff besonders günstig (drei Restgruppen).

Aromatische Kohlenwasserstoffe ohne Seitenketten haben geringere Oxydationsneigung gegenüber naphtenischen. Mit der Länge der Seitenketten sinkt die Oxydationsbeständigkeit. Bild 3.6.11 zeigt einige thermische und thermooxydative Alterungsreaktionen von Transformatorenöl.

Metalle, insbesondere Kupfer, wirken als Degradationskatalysatoren. Tafel 3.6.3 gibt Versuchsergebnisse an, die mit Transformatorenöl in Kontakt mit einer Kupferoberfläche bei 90 °C und entsprechender Alterungszeit gewonnen wurden. Als Kriterium ist der dielektrische Verlustfaktor gewählt worden. Kupferoberfläche und Ölmenge entsprechen einem Verhältnis durchschnittlicher Leistungstransformatoren.

Inhibitoren können zur Stabilisierung in geringen Mengen zugesetzt werden. Wie Tafel 3.6.3 zeigt, haben sie eine Bremswirkung auf die Alterung.

Die nachgewiesene Verschlechterung des dielektrischen Verlustfaktors durch die

3. Isoliervermögen von Isolierungen und deren Einflußgrößen

Tafel 3.6.3. Beschleunigung der thermischen Alterung von Transformatorenöl durch Kontakt mit Kupfer bei 90°C

Alterungsdauer/h Alterungssystem	0	48	96	192
	dielektrischer Verlustfaktor tan $\delta \cdot 10^3$			
Öl	5	17	36	48
Öl + Cu	5	32	132	200
Öl + Cu + Isolierpapier	5	28	32	42
Öl + Cu + Isolierpapier + Inhibitor	5	5	10	19

Alterung ist auf ionogene Degradationsprodukte und damit auf Ionenleitung und hohe Dipolmomente zurückzuführen.

Die gebildeten Polymere erhöhen die Viskosität des Isolieröls und verschlechtern die Kühleigenschaften in dem betreffenden Gerät.

Die Zusammensetzung des Öls und die Einflußfaktoren der thermischen Alterung bestimmen das Eigenschaftsbild nach thermischer Beanspruchung.

Hochpolymere Kunststoffe unterliegen einer ähnlichen Degradation, wie sie am Zellulosepapier beschrieben wurden. Da neben dem rein thermischen Abbau auch die Oxydation und Hydrolyse wesentlich sind, hängt die Alterungsgeschwindigkeit bei kompakten Isolierstoffen oft von den Möglichkeiten der Sauerstoff- und Wasserdampfdiffusion ab.

Da in der praktischen Anwendung die Plastisolierstoffe aus technischen und ökonomischen Gründen häufig mit Füllstoffen versetzt werden, ist die dadurch bedingte Grenzflächendiffusion zu beachten.

Es ist zu ersehen, daß auch die thermische Alterung von vielen zusätzlichen Faktoren abhängt, die eine einfache Extrapolation von einer Stoffalterung auf die Alterung von Konstruktionen nicht ohne weiteres ermöglichen. Deshalb werden gerade für thermische Alterungsuntersuchungen neben *Stofftests* sogenannte *funktionelle Tests* mit Isolierungsmodellen durchgeführt, um technologische und konstruktive Einflüsse genügend genau erfassen zu können (s. Abschn. 4).

3.6.3. Mechanische Alterung

Eine mechanische Alterung kann praktisch nur bei festen Isolierstoffen auftreten, die durch das Vorhandensein von Scherkräften gekennzeichnet sind. Jeder Festkörper ist durch mechanische Festigkeitswerte charakterisiert, bei deren Überschreitung ein Bruch ausgelöst wird. Sprödbruchmaterialien, z. B. Glas und Keramik, unterscheiden sich durch einen außerordentlich schmalen Plastizitätsbereich (nach Überschreiten des Proportionalitätsbereichs) von den Gruppen der Hochpolymeren, die ein mehr oder weniger ausgeprägtes Fließverhalten zeigen. Von diesem Verhalten hängt es schließlich ab, wie stark die Einzelbindungen bei äußerer statischer oder dynamischer Belastung beansprucht werden.

Ausgehend von (3.6.4) wird die Wahrscheinlichkeit des Bindungsabbruchs im Zusammenwirken mit der Temperaturbewegung durch die jeweilige mechanische Belastung der Bindung bestimmt. Daraus folgt, daß bereits bei äußeren mechanischen Belastungen, die unterhalb der Bruchgrenze liegen, Bindungsabbrüche und damit irreversible Alterungsvorgänge eintreten. Die Belastungen können dabei kontinuierlich, periodisch oder stochastisch vorliegen.

3.6. *Alterung von Isolierstoffen* 207

Durch die sich mit der Zeit erhöhende Zahl der Bindungsabbrüche wird die chemische und physikalische Struktur des Isolierstoffs geändert. Die mechanischen Belastungen haben Eigenschaftsveränderungen zur Folge, die zum mechanischen Bruch, zur Herabsetzung der Durchschlagspannung oder zur Ausbildung von Hohlräumen, Delaminierungen u. a. führen.

Empirisch wurde ermittelt, daß die Eigenschaftsänderung bzw. die Lebensdauer bei mechanischer Belastung durch eine Extremwertverteilung approximiert werden kann. So läßt sich die Verteilungsfunktion der Lebensdauer bei mechanischer Belastung (t_{Lm}) wie folgt darstellen.

$$F(t_{Lm}) = 1 - \exp\left[-\left(\frac{t_{Lm} - t_{Lm0}}{t_{Lm63} - t_{Lm0}}\right)^{a_m}\right]. \qquad (3.6.17)$$

t_{Lm0} ist die Lebensdauer bei der Unterschreitung einer mechanischen Belastung, die als die untere Wirksamkeitsgrenze angesehen wird, und t_{Lm63} das 63%-Quantil der Lebensdauer; a_m ist der Weibull-Exponent der Lebensdauerverteilung bei mechanischer Belastung.

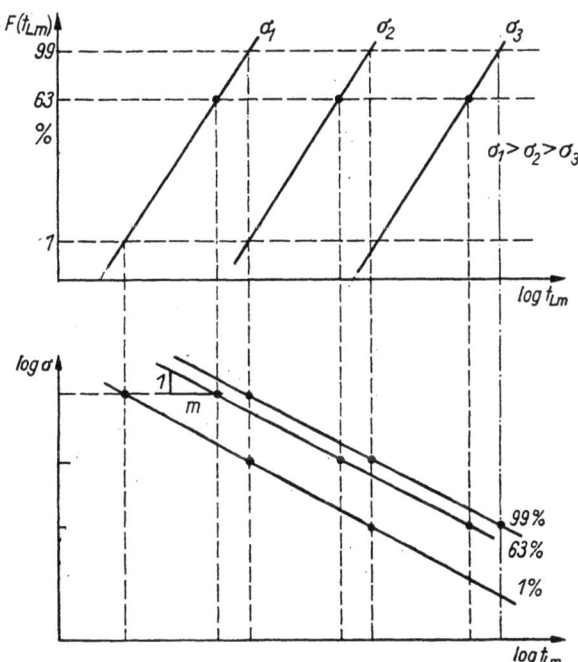

Bild 3.6.12
Lebensdauerverteilung und Lebensdauerkurven für mechanisch belastete Isolierungen

Den Zusammenhang zwischen mechanischer Belastung und Lebensdauer kann man durch ein Potenzgesetz darstellen:

$$t_L = k_m \sigma_m^{-m}; \qquad (3.6.18)$$

t_L ist die statistisch anzugebende Lebensdauer, k_m eine Konstante, σ_m die mechanische Belastungsspannung und m der Lebensdauerexponent. Die schematische Darstellung für (3.6.17) und (3.6.18) wird im Bild 3.6.12 gezeigt. Dabei kann (3.6.18) in doppeltlogarithmischer Form $\log t_L = \log k_m - m \log \sigma_m$ dargestellt werden. In der Literatur ist auch die umgekehrte Darstellung $\log \sigma_m = \log C_m - 1/m \log t_L$ gebräuchlich. Für die Dar-

208   3. *Isoliervermögen von Isolierungen und deren Einflußgrößen*

stellung im Bild 3.6.12 wird die letztgenannte Form verwendet. Die Ordinate für (3.6.17) ist nach der Weibull-Verteilung geteilt (s. Abschn. 3.1.2). Die Darstellung ist idealisiert; tatsächlich treten oft Lebensdauerverteilungen auf, die nicht streng der Weibull-Verteilung entsprechen, und die Neigung der Verteilungskurven ist nicht für alle Belastungen gleich (Änderung des Weibull-Exponenten a_m mit der Belastung).

Die Lebensdauerkurven für Isolierstoffe und Isolierungen müssen an Modellen ermittelt werden. Besondere Bedeutung haben dynamische oder statische Zug-, Druck-, Biege-, Schlag- und Spaltkräfte, die von außen aufgebracht werden. Darüber hinaus können aber auch eingefrorene mechanische Spannungen Anlaß zur mechanischen Alterung geben.

Die Ursachen für die mechanische Alterung sind vielfältig; meist treten sie durch äußere Belastungen, die aus der mechanischen Distanzierungsfunktion der Isolierung resultieren, oder durch elektromagnetische Anregungen auf. Auch thermomechanische Spannungen und Quellungsspannungen durch H_2O-Adsorption müssen berücksichtigt werden.

3.6.4. Elektrische Alterung
[59]

Bei der elektrischen Alterung muß man die reine Feldalterung von der Teilentladungsalterung, der elektrochemischen Alterung und der elektrothermischen Alterung abgrenzen.

Eine *Feldalterung* ist nur dann denkbar, wenn die im Isoliermedium vorhandenen Ladungsträger durch das anliegende Feld Energie aufnehmen und diese Energie durch Stoßprozesse an die Atome oder Moleküle des Isolierstoffs abgeben, so daß Bindungsabbrüche durch starke Energiezufuhr oder Anregungen und Ionisationen der Atome stattfinden. Eine andere Möglichkeit wird in der Wirkung elektromechanischer Kräfte auf die thermisch schwingenden Atome gesehen. Hiernach werden Bindungsabbrüche nach (3.6.4) wahrscheinlich.

Die elektrische Feldstärke tritt damit als Belastungsgröße auf. In einem homogenen elektrischen Feld werden im Laufe der Belastungszeit räumlich stochastisch solche elementaren Zerstörungsakte stattfinden und die Eigenschaft des Isolierstoffs ändern.

Im Fall elektrischer Feldbelastung würde sich $f(B)$ in (3.6.4) zusammensetzen aus der Feldkraft und der vorhandenen mechanischen Zugkraft, die beide auf die belasteten Bindungen wirken. Für diese Bindung wird die Potentialbarriere um ΔW herabgesetzt. Nimmt man an, daß die Kraft überwiegend auf das elektrische Feld zurückgeführt werden kann, so ergibt sich

$$\Delta W = \frac{\varepsilon E_1^2}{2}; \qquad (3.6.19)$$

E_1 ist dabei die lokale Feldstärke, die von der Dielektrizitätskonstanten ε der Umgebung abhängt. Sie ist im Bereich der besagten Bindung wirksam. Auch in einem homogenen Feld ist eine ungleichmäßige Feldverteilung durch Stoff- und Strukturinhomogenitäten vorhanden. Insofern werden die Bindungszerstörungen Stellen lokaler Felderhöhung zugeordnet sein. Außerdem muß im Falle des inhomogenen Feldes noch der Homogenitätsgrad berücksichtigt werden. Raumladungsfelder sind ebenfalls zu berücksichtigen. Damit ist das Lokalfeld E_1 eine Funktion der angelegten Spannung U, des Elektrodenabstands d, des Homogenitätsgrades η, des lokalen Inhomogenitätsfaktors f_l und des Feldverstärkungsfaktors β_F:

$$E_l = \frac{U}{d\eta} f_l \beta_F. \tag{3.6.20}$$

Mit steigender Temperatur muß die Wahrscheinlichkeit des Bindungsabbruchs im elektrischen Lokalfeld erhöht werden.

Im Gegensatz zu den Sprödbruchmaterialien ohne wesentliche Möglichkeit der Kraftumlagerung über größere Strukturbereiche sind hochpolymere Dielektrika im allgemeinen zur weiträumigen Verlagerung der Mehrbelastung durch einen Bindungsabbruch in der Lage. Daraus resultiert, daß das Elementarereignis des einzelnen Bindungsabbruchs noch nicht die Zerstörung des gesamten Dielektrikums durch elektrischen Durchschlag oder Bruch einleitet.

Man muß vielmehr davon ausgehen, daß aus Gründen der stofflichen Inhomogenität und der inneren Feldüberhöhung durch Raumladungsfelder an verschiedenen Stellen des Isolierstoffs die äußere homogene Feldbelastung zu einer Folge von Bindungsabbrüchen führt, die so lange die Struktur verändern, bis die anliegende elektrische Feldstärke gleich der Durchschlagfeldstärke des veränderten Dielektrikums ist. Die durch den Teildurchschlag hervorgerufene starke Feldänderung bringt in homogenen Feldern den Gesamtdurchschlag hervor. Im äußeren inhomogenem Feld findet der Destrukturierungsprozeß stets im Gebiet der Höchstfeldstärke bevorzugt statt. Der Teildurchschlag führt hier nicht unmittelbar zum Gesamtdurchschlag, sondern es wird der Kanalvortrieb als Teilentladungsalterung weitergeführt.

Mit dem geschilderten Mechanismus wird eine echte Feldalterung beschrieben, wobei der einzelne Zerstörungsprozeß einer Bindung zeitlich einer exponentiellen Abhängigkeit von der Feldstärke und Temperatur entspricht, die einzelnen Schäden jedoch erst akkumuliert durch Eigenschaftsänderung für den Durchschlag wirksam werden. Je nach der Einflußnahme der nacheinander folgenden Bindungsabbrüche aufeinander ergibt sich ein beschleunigter oder abgebremster Vorgang. Eine Beschleunigung ist möglich durch Kraftumlagerung und Erhöhung der freien Weglänge, eine Abbremsung durch Bildung von tiefen Elektronenfallen.

Die Durchschlagzeit ist dann indirekt proportional der Alterungsgeschwindigkeit, und die Durchschlagzeitverteilung ist eine Extremwertverteilung mit einem Exponenten $a \gtreqless 1$. Man kann den Alterungsprozeß als eine Veränderung bestimmter Eigenschaften auffassen. Nach einer Belastungszeit durch das elektrische Feld ergibt sich ein Alterungsbetrag A. Dieser kann als Differenz aus dem Eigenschaftswert nach der betreffenden Belastungszeit und der Anfangseigenschaft ausgedrückt werden. Auf die elektrische Feldbelastung bezogen, erscheint es zweckmäßig, die Eigenschaftsänderung durch Änderung der elektrischen Durchschlagfestigkeit zu beschreiben, da diese Eigenschaft differentielle Alterungsvorgänge zu erfassen gestattet. Das ist deshalb wichtig, weil durch die stets vorhandenen Inhomogenitäten die Alterung in Teilbereichen des Dielektrikums bevorzugt erfolgt. Damit ist der Alterungsbetrag A definiert durch die Durchschlagfestigkeit $E_D(t)$ nach einer Zeit t der Feldbelastung und durch die Anfangsdurchschlagfestigkeit E_{D0} zum Zeitpunkt $t = 0$:

$$A = (E_D - E_{D0}). \tag{3.6.21}$$

3. *Isoliervermögen von Isolierungen und deren Einflußgrößen*

Will man die Alterungsgeschwindigkeit oder Alterungsrate r_A bestimmen, so definiert man:

$$r_A(E) = \frac{dE_D}{dt}. \tag{3.6.22}$$

Damit ergibt sich

$$A = \int_0^t r_A(E)\, dt; \tag{3.6.23}$$

E ist die Belastungsfeldstärke.

Ist der Alterungsbetrag durch die Belastung E so groß geworden, daß die Durchschlagfestigkeit E_D auf den Wert der Feldstärke E abgesunken ist, so erfolgt der Durchschlag; die Lebensdauer $t_L = t_D$ (t_D Zeit bis zum Durchschlag bei konstanter Belastung E) ist abgelaufen. Damit ist

$$A(t_D) = \int_0^{t_D} r_A(E)\, dt. \tag{3.6.24}$$

Untersucht man experimentell die Alterungsrate in Abhängigkeit von der Belastungsfeldstärke, so findet man für praktisch alle hochpolymeren festen Isolierstoffe die Alterungsrate $r_A(E)$ als Potenzfunktion der Belastungsfeldstärke. Es gilt

$$r_A(E) = r_{A0} \left(\frac{E}{E_0}\right)^n. \tag{3.6.25}$$

r_{A0} gilt als normierte Alterungsrate für eine normierte Feldstärke E_0 (z. B. $E_0 = 1$ MV/m).

Der Exponent n liegt für hochpolymere Isolierstoffe zwischen 8 und 15, wenn Teilentladungen ausgeschlossen werden. Mischisolierungen auf Öl-Papier-Basis haben wesentlich höhere Werte von 20 bis 40.

Die Durchschlagfestigkeit $E_D(t)$, auch Restfestigkeit genannt, nimmt mit steigender Belastungszeit im Konstantspannungsversuch mit der Feldstärke E offensichtlich ab. Die prozentuale Abnahme je Zeiteinheit ist von der Höhe der Feldstärke und vom Exponenten n abhängig. Es existiert damit auch eine Verbindung zwischen der Lebensdauer einer Isolierung und der Durchschlagfestigkeit der gealterten Probe. Bild 3.6.13 zeigt schematisch diese Zusammenhänge. Es sind zwei unterschiedliche Isolierstoffe angegeben, die sich durch die Alterungsrate unterscheiden, also unterschiedliche Exponenten n verkörpern. Die einzelnen Kurven der Eigenschaftsänderung (Durchschlagfestigkeitsänderung) sind durch die Belastungsparameter E bestimmt. Die Schnittpunkte dieser Kurven mit den jeweiligen Belastungsfeldstärkelinien stellen den Zeitpunkt des Durchschlags (Lebensdauer) dar und geben an, daß $E_\nu = E_{D\nu}$ ist. ν ist ein Zählindex. Verbindet man diese Schnittpunkte, so erhält man eine Lebensdauergerade, die den Zusammenhang zwischen der Feldbelastung und der Lebensdauer darstellt.

Diese Gerade kann ausgedrückt werden durch die Gleichung

$$E = c_L t_D^{-1/n} \tag{3.6.26}$$

oder allgemein

$$E^n t_D = k_L. \tag{3.6.27}$$

3.6. Alterung von Isolierstoffen

Offensichtlich drückt hier der Exponent n die Neigung der Lebensdauergeraden aus, und c_L fixiert ihre Lage in der Ebene. Ausgehend von (3.6.24) und (3.6.25) und unter Nutzung von (3.6.27) ergibt sich

$$A(t_D) = r_{A0} \left(\frac{E}{E_0}\right)^n t_D = \frac{r_{A0}}{E_0^n} k_L = r_0 k_L. \tag{3.6.28}$$

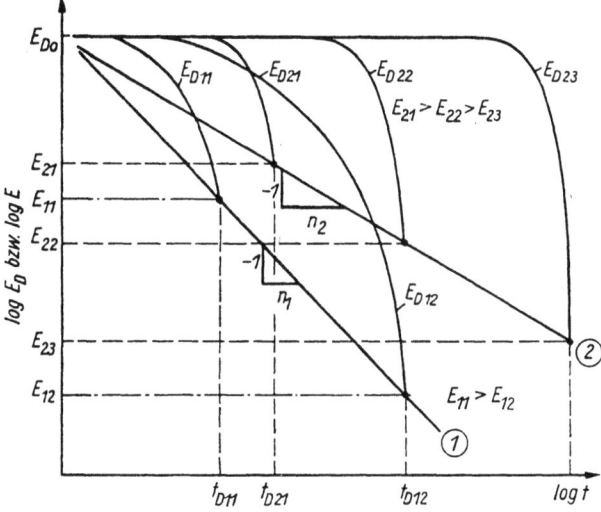

Bild 3.6.13
Diagramm der elektrischen Alterung

E_{ij} Belastungsfeldstärke
E_{Dij} Durchschlagfestigkeit nach der Alterungszeit $t_{Dij} = t_{ij}$ bei der Belastungsfeldstärke E_{ij}
Schnittpunkte: $E_{Dij} = E_{ij}$
t_{Dij} Durchschlagzeitpunkt bei konstanter Belastung mit E_{ij}
① Lebensdauerkurve Stoff 1
② Lebensdauerkurve Stoff 2
E_{D0} Anfangsdurchschlagfestigkeit für die Isolierstoffe 1 und 2
n_1, n_2 Lebensdauerexponenten

Der Alterungsbetrag im Durchschlagaugenblick ist also das Produkt aus der normierten Durchschlagrate und der Lebensdauerkonstante – zwei elementare Größen für das Endergebnis der elektrischen Alterung, nämlich den Durchschlag. Der Verlauf der Alterung wird durch den Exponenten n materialabhängig charakterisiert.

Der beschriebene Alterungsablauf unterliegt einer Zuordnung zu einem Teil des Isolierstoffs. Bisher wurde die äußere Feldstärke als Belastungsmaß verwendet. Tatsächlich ist aber bei einer Isolieranordnung die Alterungsgeschwindigkeit an jedem Ort verschieden, da die Mikrofelder in Abhängigkeit von dem elektrischen Belastungsverlauf (Spannungsart) und von der stofflichen örtlichen Inhomogenität unterschiedliche Werte annehmen. Auch die Eigenschaft „Durchschlagfestigkeit" ist zu Beginn der Alterung örtlich verschieden. Man hat deshalb die Eigenschaft vor und während der Alterung statistisch zu betrachten, wie auch die Durchschlagzeit (Lebensdauer) bei konstanter elektrischer Belastungsfeldstärke.

Die im Spannungssteigerungsversuch bestimmte Festigkeit unterliegt einer Weibull-Verteilung, wie auch die Durchschlagzeit im Konstantspannungsversuch.
Damit wird

$$F(E_D) = 1 - \exp\left[-\left(\frac{E_D - E_{D0}}{E_{D63} - E_{D0}}\right)^b\right] \tag{3.6.29}$$

und

$$F(t_D) = 1 - \exp\left[-\left(\frac{t_D - t_{D0}}{t_{D63} - t_{D0}}\right)^a\right]. \tag{3.6.30}$$

a und b sind die entsprechenden Weibull-Exponenten, E_{D0} und t_{D0} die unteren Grenzen der möglichen Werte und E_{D63} und t_{D63} das 63-%-Quantil.

212 3. *Isoliervermögen von Isolierungen und deren Einflußgrößen*

Durch Umrechnung der Durchschlagfestigkeit E_D im Spannungssteigerungsversuch (SSV) auf die Lebensdauer t_D im Konstantspannungsversuch (KSV) läßt sich nachweisen, daß zwischen a und b eine durch den Lebensdauerexponenten gegebene Beziehung existiert:

$$\frac{b}{a} = n. \qquad (3.6.31)$$

Auf der Basis der Alterungsgleichung (3.6.23) ergibt sich für die Umrechnung

$$E_{KSV}^n t_{D\,KSV} = \frac{E_{D\,SSV}^{n+1}}{\dfrac{dE_{SSV}}{dt}(n+1)}. \qquad (3.6.32)$$

Für die allgemein übliche konstante Spannungssteigerungsgeschwindigkeit wird der Nenner in (3.6.32) $(n+1)\,E_{D\,SSV}/t_{D\,SSV}$. Da die Anfangsverteilungen der elektrisch alterungsrelevanten Eigenschaften für den KSV und SSV gleich sein müssen, der Alterungsablauf aber durch den Lebensdauerexponenten n geprägt wird, muß auch ein Zusammenhang zwischen den Verteilungsparametern a und b über n existieren.

Dieser Typ der Extremwertverteilung wird befriedigt, wenn in einer Darstellung

$$\ln\ln\frac{1}{1-F(x)} \quad \text{gegen} \quad \log x$$

die gemessenen Werte durch eine Gerade approximiert werden können.

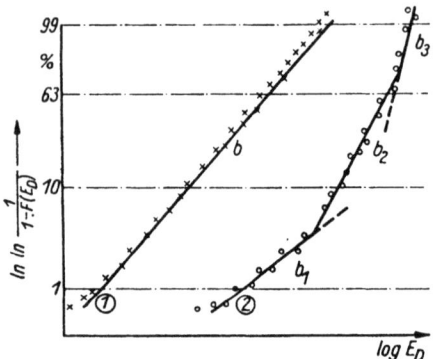

Bild 3.6.14. Extremwertverteilungen der elektrischen Durchschlagfestigkeit von Feststoffisolierungen

① Approximation der Realisierungen durch eine Weibull-Verteilung; ② Approximation durch drei Weibull-Geraden; belastetes Volumen $V_①$, $V_②$; $V_① \gg V_②$; Weibull-Exponenten $b_3 > b_2 > b_1$; $b_2 > b$

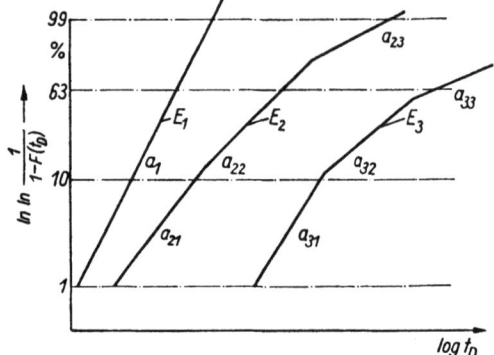

Bild 3.6.15. Extremwertverteilungen der Durchschlagzeiten (Lebensdauer) von Feststoffisolierungen; Mischverteilungen (Weibull-Typ)

Belastungsfeldstärke der Proben $E_1 > E_2 > E_3$
Weibull-Exponent $a_1 > a_{22}$

Im Fall der Durchschlagfestigkeitsbestimmung kommt es häufig vor, daß die Realisierungen nicht durch eine einzige Gerade dargestellt werden können; vielmehr ist die Anpassung durch mehrere Geradenzüge zweckmäßig (Bild 3.6.14). Man spricht dann von einer multiplikativen Mischverteilung. Sie ist immer angezeigt, wenn die initiierenden Fehlstellen sehr unterschiedliche Wirkungen zeigen und die Probenvolumina verhältnismäßig klein sind.

3.6. Alterung von Isolierstoffen

Dagegen werden bei den Lebensdaueruntersuchungen oft additive Mischverteilungen gefunden (Bild 3.6.15). Solche Mischverteilungen treten dann auf, wenn in den jeweiligen Proben die Alterung einem qualitativ unterschiedlichen Mechanismus unterliegt, oder, gemessen an der Störstellenwirkungsbreite, kleine Probenvolumina betrachtet werden.

Die Formulierung der Alterungserscheinungen wurde bisher unabhängig von der Spannungsart behandelt.

Durch Betrachtung des Alterungsintegrals in (3.6.23) in Verbindung mit (3.6.25) sieht man, daß eine Gleichspannungsbelastung in der Zeit von $t_0 = 0$ bis t einen Alterungsbetrag von

$$A_= = r_{A0} \left(\frac{E}{E_0}\right)^n t \qquad (3.6.33)$$

ergibt. Im Falle sinusoidaler Wechselspannung der Kreisfrequenz ω und der Amplitude $\hat{E}$ geht (3.6.23) über in

$$A_\sim = \frac{r_{A0}}{E_0^n} \int_0^t (\hat{E} \sin \omega t)^n \, dt. \qquad (3.6.34)$$

Zur Lösung des Integrals kann das gesamte Zeitintervall in Halbwellenfolgen eingeteilt werden.

Transformiert man die Belastungszeit in einen Winkel $\xi = \omega t$ bzw. $d\xi = \omega \, dt$, so geht das Integral der variablen Größen aus (3.6.34) über in

$$\int_0^t (\sin \omega t)^n \, dt = \frac{k_{HW}}{\omega} \int_0^\pi \sin^n \xi \, d\xi; \qquad (3.6.35)$$

k_{HW} ist dabei die Zahl der Halbwellen. Zunächst wird angenommen, daß alle Halbwellen unabhängig von der Polarität den gleichen Alterungsbeitrag leisten.

Die Lösung des Integrals $\int_0^\pi \sin^n \xi \, d\xi$ in (3.6.35) ergibt eine Funktion von n. Im Bereich des technisch üblichen Lebensdauerexponenten (ohne TE-Alterung) von $n = 6 \ldots 15$ liegt der Integralwert zwischen $0{,}3\pi$ und $0{,}2\pi$ für eine Halbwelle.

Vergleicht man nun die Alterungsbeträge für Gleichspannung für die Zeit t (3.6.33) und Wechselspannung für die Zeit $t = k_{HW} \pi/\omega$ (3.6.34), so findet man

$$\frac{A_\sim}{A_=} = 0{,}3 \ldots 0{,}2 \quad \text{für} \quad n = 6 \ldots 15,$$

wenn $\hat{E}_\sim = E_=$ vorausgesetzt wird. Das bedeutet $t_{D\sim} > t_{D=}$ und, im Spannungssteigerungsversuch, $E_{D\sim} > E_{D=}$.

Außerdem kann durch Berechnung des Alterungsbetrags nachgewiesen werden, daß der Lebensdauerverbrauch in gleichen Zeiten und bei gleicher Belastungsfeldstärke unabhängig von der Frequenz der Wechselspannung ist und bipolare Halbwellenfolgen (Wechselspannung) die gleiche Durchschlagzeit aufweisen wie unipolare Folgen sonst gleicher Parameter.

Bild 3.6.16 zeigt anhand der Lebensdauerkurven von Polyethylenterephthalat- (PET-) Folien: Die Lebensdauer ist nahezu indirekt proportional der Frequenz; unipolare Halbwellenfolgen haben eine größere Lebensdauer als Wechselspannung gleicher Fre-

214   3. Isoliervermögen von Isolierungen und deren Einflußgrößen

quenz, und Gleichspannungsbelastung hat eine höhere Lebensdauer zur Folge als Wechselspannung. Das ist ein Widerspruch zu den oben durchgeführten Berechnungen.

Da die Alterungsgesetze jedoch physikalisch widerspruchsfrei abgeleitet wurden, muß bei gleicher Belastungsamplitude – aus der anliegenden Spannung berechnet – bei den verschiedenen Belastungsspannungsverläufen eine unterschiedliche Feldstärke in Teilen

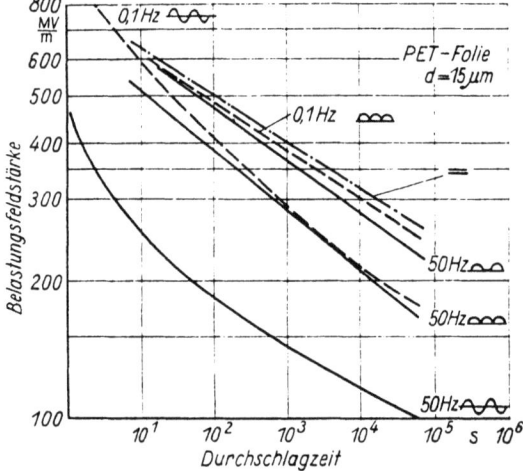

Bild 3.6.16
Lebensdauerkurven für PET-Folie
Belastung: homogen; $A = 1\ cm^2$; verschiedene Spannungsformen; Temperatur: 20 °C

des Dielektrikums angenommen werden. Auf diese Möglichkeit wurde bereits in Verbindung mit (3.6.20) unter Bezug auf Raumladungsfelder hingewiesen. Es muß angenommen werden, daß im Gleichspannungsfall Inhomogenitäten der Elektroden und des Dielektrikums durch Ladungsträgerkonzentration und durch Erhöhung der Leitfähigkeit in der Umgebung im Laufe der Belastung ihre Lokalfeldstärke reduzieren, während Belastungen unipolarer Art mit einem $dU/dt > 0$ eine Lokalfelderhöhung zur Folge haben.

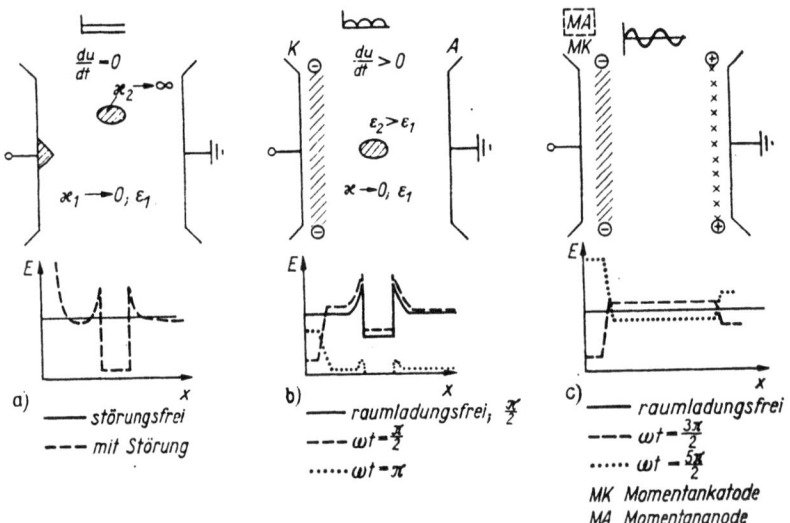

Bild 3.6.17. Schematische Darstellung der Feldverhältnisse bei Gleichspannung (a), unipolaren Halbwellenfolgen (b) und Wechselspannung (c) mit leitfähigen (bei a) und dielektrischen (bei b) Störungen

3.6. Alterung von Isolierstoffen

Im Falle bipolarer Halbwellenfolgen muß nicht nur mit der Feldstärkeerhöhung an Fehlstellen mit einem von der Matrix verschiedenen ε_r gerechnet werden, sondern durch Raumladungsbildungen vor den Elektroden (insbesondere vor der Momentankatode) bilden sich nach dem Polarisationswechsel hohe örtliche Felder in Randschichten des Dielektrikums aus. Diese Feldschichten erhöhen die Feldstärke an Inhomogenitäten wiederum. Bild 3.6.17 zeigt schematisch diese Vorgänge. Die möglichen Mechanismen werden im Abschnitt 3.4 behandelt.

Damit ist eine Erklärung für die Widersprüche bei der Berechnung des Alterungsbetrags für die verschiedenen Spannungsformen qualitativ gegeben. Die quantitativen Zusammenhänge sind komplizert, da die Raumladungsfelder nicht nur der Dynamik des aufgeprägten Feldes unterliegen, sondern auch durch die unterschiedlichen Haftstellentiefen für andere Relaxationszeiten sorgen. Es ist deshalb gegenwärtig nur möglich, die qualitativen Relationen zwischen den Belastungsarten anzugeben und mit den Kenntnissen des quantitativ formulierbaren Alterungsablaufs am Ort der lokalisierten Höchstfeldstärke (die z.Z. in ihrem zeitlichen Verlauf und ihrer örtlichen Lage nicht genügend genau berechnet werden kann) auf der Basis experimentell ermittelter Wertepaare eine Berechnung vorzunehmen.

Wegen der sehr komplizierten Lokalfelddynamik ist auch eine Extrapolation über mehrere Größenordnungen der Belastungsfeldstärke hinsichtlich der Lebensdauer nur beschränkt möglich.

Zusammenfassend kann festgestellt werden:

- Das Alterungsgesetz für die elektrische Feldalterung ist physikalisch begründet und technisch anwendbar, wenn die tatsächliche mikroskopische Höchstfeldstärke in jedem Augenblick angegeben werden kann.
- Eine Anwendung des Alterungsgesetzes ist möglich, wenn für den jeweiligen Belastungsfall die Alterungsrate oder die Konstante k_L im Konstantspannungsversuch experimentell ermittelt wurden.
- Die Extrapolationsfähigkeit ist dann gegeben, wenn sich die Probekörper für die Konstantenermittlung im Raumladungsgleichgewicht für die jeweilige Belastungsart befinden und das Fehlstellenspektrum der technischen Anordnung genügend repräsentiert wird.
- Die Abhängigkeit der elektrischen Alterung von der Temperatur ist nicht nur im Zusammenhang mit den Gleichungen (3.6.4) und (3.6.19) zu sehen, sondern auch mit der Veränderung der Raumladungsdynamik durch die Temperatur.

Eine der häufigsten Alterungsursachen in flüssigen und festen Isolierungen ist die *Teilentladung* [41]. Von einer Alterung durch Teilentladung muß jedoch auch in reinen Gasisolierungen gesprochen werden. Die Teilentladung im gasförmigen Dielektrikum wurde bereits im Abschnitt 3.5.1 behandelt. Die Veränderung der Gaszusammensetzung ist eine Alterungsreaktion. Eine Teilentladung im freien Gasraum (Luft) ist aus der Sicht der Erneuerung des Isoliermediums unkritisch, bedeutsamer sind die Reaktionsprodukte, wie Ozon, Stickoxide, Verbindungen der Stickoxide mit Wasser, für die umgebenden Installationsmaterialien. In einem abgeschlossenen Gasraum, etwa in Schaltanlagen, Druckgaskabeln und anderen Geräten, wird die Teilentladungsalterung auch unmittelbar von der Änderung des Isoliermediums her kritisch. Besonders aber sind die Spaltprodukte der synthetischen Gase und deren Reaktionsprodukte im Hinblick auf die chemische Korrosion und die Veränderung der Oberflächenleitfähigkeit fester Isolierungen zu beachten.

Teilentladungen in flüssigen Dielektrika entstehen in vorhandenen Gasblasen oder werden in gasförmigen Hohlräumen möglich, die durch thermische oder durch elektrische Überbelastung des flüssigen Isoliermediums gebildet werden (s. Abschn. 3.5.2). Durch die Wirkung der im Gas oder Dampf beschleunigten Elektronen und Ionen werden im flüssigen Isolierstoff Molekülbindungen aufgespalten oder die energetischen Voraussetzungen für Syntheseschritte geschaffen. Ähnlich wie bei thermischer Alterung sind die Alterungsprodukte bei der TE-Alterung. Allerdings ist die Zusammensetzung bei gleichartigen Ausgangsstoffen unterschiedlich, vor allem hinsichtlich der Proportionen der Degradationsprodukte untereinander. Gegenüber festen Isolierstoffen besteht der Unterschied weitgehend in der teilweisen Regenerierungsfähigkeit durch die Molekülbewegung und Durchmischung. Die Prinzipien des Teilentladungsmechanismus sind jedoch ähnlich wie beim Festkörper, so daß die Behandlung an Feststoffisolierungen im folgenden durchgeführt werden soll.

Bild 3.6.18 deutet eine Isolierung mit einem spaltförmigen Einschluß an. Durch die gewählten Quergrenzflächen ist eine einfache Feldberechnung möglich (s. Abschn. 3.2.4). Geht man von der Wirksamkeit eines elektrostatischen Feldes aus, können die verschiedenen Dielektrikumsanteile durch drei Kapazitäten zusammengefaßt werden.

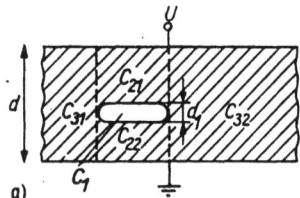

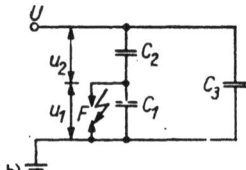

Bild 3.6.18
Darstellung eines Dielektrikums mit spaltförmigem Einschluß (a) und Ersatzschaltbild (b) für die Erklärung von Teilentladungsvorgängen
C Kapazitäten; F Funkenstrecke zur Simulation des Teildurchschlags

Die Spannung am Gaseinschluß ist dann

$$U_1 = \frac{U C_2}{C_1 + C_2}. \tag{3.6.36}$$

Die Dielektrizitätskonstante des Einschlusses ist ε_1, die des festen Isolierstoffs ε_2. Damit ergibt sich mit der an der Isolierung anliegenden Spannung U

$$U_1 = U \frac{\varepsilon_2 \frac{d_1}{d}}{\varepsilon_1 + (\varepsilon_2 - \varepsilon_1) \frac{d_1}{d}}. \tag{3.6.37}$$

und

$$E_1 = E \frac{\varepsilon_2}{\varepsilon_1 + (\varepsilon_2 - \varepsilon_1) \frac{d_1}{d}}. \tag{3.6.38}$$

Wird E_1 größer als die Zündfeldstärke des betreffenden Gases bei einem bestimmten d_1 (entspricht etwa dem Elektrodenabstand im Paschen-Gesetz) und einem bestimmten Druck, so entsteht eine Teilentladung im Gaseinschluß. Die Zündfeldstärke E_z in Luft ist nach einer Näherungsformel für das Paschen-Gesetz (im Gebiet kleiner Einschlüsse $d < 100$ μm)

$$E_z|_{V/m} = 10^5 \exp \frac{46{,}8}{\ln \dfrac{d_1/m}{4 \cdot 10^{-9}}}. \tag{3.6.39}$$

Damit wird die Zündspannung U_z im Luftspalt gemäß Bild 3.6.18

$$U_z = E_z d_1. \tag{3.6.40}$$

Die Teilentladung hat eine Absetzung von Ladungsträgern auf den Hohlraumbegrenzungsflächen zur Folge, die ein inneres Gegenfeld aufbauen und die Entladung zum Erlöschen bringen. Die Spannung am Einschluß fällt bis zur Löschspannung U_1.

Aufgrund des Teilerverhältnisses der Kapazitäten C_1 und C_2 besteht zwischen Zündspannung des Einschlusses und der Einsetzspannung der Teilentladung U_e an den Elektroden die Relation

$$U_e = U_z \frac{C_2 + C_1}{C_2}. \tag{3.6.41}$$

Der Teildurchschlagprozeß umfaßt einen Zeitraum von durchschnittlich 10^{-9} bis 10^{-8} s. Gleitentladungen oder Entladungen in großen Einschlüssen oder Spalten haben Teilentladungsimpulse mit um etwa zwei Größenordnungen höherer Dauer.

Während einer Entladung wird eine Ladungsmenge q im Gaseinschluß transportiert. Wenn $C_3 \gg C_1$ und $C_3 \gg C_2$ sind, so ist die Ladung q auszudrücken durch

$$q = (C_1 + C_2)(U_z - U_1) = (C_1 + C_2)\Delta U_1. \tag{3.6.42}$$

Die Ladung kann wegen der großen Zeitkonstanten des angeschlossenen Netzes in den kurzen Zeiträumen nicht nachgeliefert werden; sie muß also der im Dielektrikum gespeicherten Ladung entnommen werden. Dadurch ändert sich die Spannung an den Elektroden des gesamten Isoliersystems mit der Kapazität $C_g = C_3 + [C_1 C_2/(C_1 + C_2)]$ um ΔU_g, wobei $\Delta U_g = q_s/C_g$ ist. Die Ladung q_s wird als scheinbare Ladung bezeichnet. Zwischen der im Einschluß transportierten Ladung q und q_s kann ein Zusammenhang über die Kapazitäten C_1 und C_2 hergestellt werden. Es findet eine Umladung zwischen C_3 und C_1 in Reihe mit C_2 statt.

$$q_s = \Delta U_g C_g = q \frac{C_2}{C_1 + C_2}. \tag{3.6.43}$$

Die scheinbare Ladung q_s kann durch ΔU_g gemessen werden. Bei schwachen Teilentladungen sind meist nur scheinbare Ladungen von einigen Pikocoulomb oder weniger vorhanden. Das bedeutet, daß die Signale von ΔU_g im Millivoltbereich und darunter liegen, wenn Kapazitäten von wenigen Nanofarad untersucht werden sollen. Jede Kapazitätserhöhung hat eine Absenkung der Signalspannung zur Folge. Hierin liegt die kapazitätsmäßige Meßobjektbegrenzung begründet.

218   3. Isoliervermögen von Isolierungen und deren Einflußgrößen

Wird ein spaltförmiger Einschluß entsprechend Bild 3.6.18 angenommen, so ergibt sich der Zusammenhang (3.6.43) wie folgt:

$$q_s = \frac{q}{1 + \frac{\varepsilon_1}{\varepsilon_2}\left(\frac{d}{d_1} - 1\right)}. \qquad (3.6.44)$$

Bei gleicher Entladungsmenge q sinkt mit steigender Dicke des Dielektrikums die scheinbare Ladung.

Durch die Spannungsänderung am Isoliersystem infolge Teilentladung wird das elektrische System zu hochfrequenten Schwingungen angeregt. Die Messung dieser Schwingungen erlaubt Rückschlüsse auf die Vorgänge im Hohlraum.

Für die Beurteilung der Alterungsvorgänge sind Kenngrößen erforderlich, die die Ladungsmenge, die auf ein Oberflächenelement eines Hohlraums auftrifft, beschreiben, ebenso die Art der Ladungsquantelung (Impulsladungen), die Zahl der Impulse je Zeiteinheit, die Impulsamplitude, der gesamte Teilentladungsstrom zu beliebigen Zeitpunkten und nicht zuletzt die Leistung, die im Einschluß umgesetzt wird.

Nachstehend sollen einige Kenngrößen analysiert werden.

Die spezifische Flächenladung q_A ergibt sich zu

$$q_A = \frac{q}{A_1} = \left(\frac{\varepsilon_1}{d_1} + \frac{\varepsilon_2}{d - d_1}\right)\Delta U_1. \qquad (3.6.45)$$

Wenn $U_z \gg U_1$ und $d_1 \ll d$, wird die flächenbezogene Ladung

$$q_A = \frac{q}{A_1} = \varepsilon_2 \frac{U_e}{d}. \qquad (3.6.46)$$

Die an den Elektroden in die Isolierung eingespeiste Energie einer einzelnen Teilentladung W_{TE} ist durch die Differenz der in C_1 und C_2 gespeicherten Energie W_A und W_E zwischen Entladungsbeginn und Entladungsende bestimmt:

$$W_{TE} = W_A - W_E = \frac{C_2 + C_1}{2}(U_z^2 - U_1^2). \qquad (3.6.47)$$

Sind Zündspannung und Löschspannung nicht wesentlich voneinander verschieden, so folgt unter Berücksichtigung von $U_z^2 - U_1^2 = (U_z - U_1)(U_z + U_1)$ und (3.6.42)

$$W_{TE} = \frac{C_2 + C_1}{2}(U_z + U_1)\Delta U_1 \approx qU_z. \qquad (3.6.48)$$

Damit kann die Energie einer Einzelentladung an den Klemmen ausgedrückt werden durch

$$W_{TE} = q_s U_e. \qquad (3.6.49)$$

Ist dagegen die Löschspannung sehr viel kleiner als die Zündspannung, geht (3.6.47) über in

$$W_{TE} = \frac{qU_z}{2} = \frac{q_s U_e}{2}. \qquad (3.6.50)$$

Außer der quantitativen Darstellung der einzelnen Teilentladung ist es üblich, integrale Angaben in einem bestimmten Zeitintervall Δt zu machen. Hierzu gehören der mittlere

Teilentladungsstrom I_{TE}, die mittlere Teilentladungsleistung $\bar{P}_{TE}$, die Impulsfolgefrequenz n_{TE} und die Ladung Q_{TE} als Summe der Ladungsquadrate der Einzelimpulse in einem festgelegten Zeitraum.

Die Bestimmungsgleichung für die genannten Größen lauten:

$$I_{TE} = \frac{1}{\Delta t}(|q_{s1}| + |q_{s2}| + \ldots + |q_{sn}|) \tag{3.6.51}$$

$$\bar{P}_{TE} = \frac{1}{\Delta t}(q_{s1}u_{e1} + q_{s2}u_{e2} + \ldots + q_{sn}u_{en}) \tag{3.6.52}$$

$$Q_{TE} = \frac{1}{\Delta t}(q_{s1}^2 + q_{s2}^2 + \ldots + q_{sn}^2). \tag{3.6.53}$$

Es muß betont werden, daß die Entladungen je nach Einschlußgröße, Gasdruck und dielektrischer Begrenzung des Hohlraums aus mehreren Mikroentladungen bestehen können.

Ausgehend von dem allgemeinen Verständnis der Teilentladungsvorgänge, sollen spezielle Bedingungen der Gleichspannungs- und Wechselspannungsteilentladung betrachtet werden.

Im *Gleichspannungsfall* wird die Spannung am Einschluß u_1 ausgedrückt durch das Ersatzschaltbild gemäß Bild 3.6.19:

$$u_1 = U\left[1 - \frac{C_2}{C_2 + C_1}\exp\left(-\frac{t}{\tau_1}\right) - \frac{C_1}{C_2 + C_1}\exp\left(-\frac{t}{\tau_2}\right)\right]. \tag{3.6.54}$$

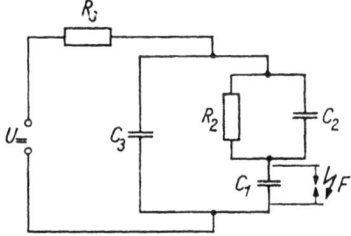

Bild 3.6.19. Ersatzschaltbild
für einen Teilentladungsprozeß einer Isolierung
mit Gleichspannungsbelastung

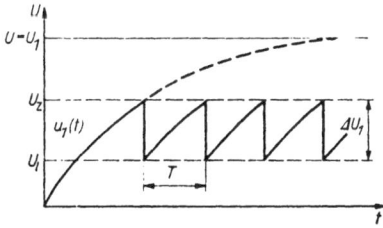

Bild 3.6.20. Spannungsverlauf bei Teilentladungen
in einem Gaseinschluß einer Isolierung
im Gleichspannungsfall

Dabei sind

$$\tau_1 = R_2\frac{C_2C_1}{C_2 + C_1}, \quad \tau_2 = R_2(C_2 + C_1), \quad R_s \ll R_2.$$

Im Fall eines sehr dünnen Luftspalts wird $C_2 \ll C_1$ und $\tau_2 \approx R_2C_1 = \tau$.

Daraus folgt

$$u_1 = U\left[1 - \exp\left(-\frac{t}{\tau}\right)\right]. \tag{3.6.55}$$

Die Zeitkonstante τ für aufeinanderfolgende Entladungen hängt von der Leitfähigkeit des Dielektrikums und von der Geometrie des Einschlusses ab:

$$\tau = \tau_2 = R_2C_2\frac{C_1}{C_2} = \frac{\varepsilon_0\varepsilon_{r2}}{\varkappa_2}\frac{C_1}{C_2}. \tag{3.6.56}$$

Bei den üblichen Isolierungen liegt τ in der Größenordnung von Sekunden bis Stunden.

220   3. Isoliervermögen von Isolierungen und deren Einflußgrößen

Im Bild 3.6.20 sind der Verlauf der Aufladung der Einschlußkapazität, die Zündung und die Löschung der inneren Teilentladungen schematisch dargestellt. Die Periodendauer der Folge von Teilentladungen T ist bei anliegender Gleichspannung

$$T_{TE} = \tau \ln \frac{U_z - U_l}{U_1 - U_l}. \tag{3.6.57}$$

Wenn an einer Isolierung mit Gaseinschlüssen *Wechselspannung* anliegt, muß das Ersatzschaltbild 3.6.18b zugrunde gelegt werden. Der Spannungsverlauf $u_1(t)$ am Einschluß ist

$$u_1(t) = \frac{C_2}{C_1 + C_2} u(t). \tag{3.6.58}$$

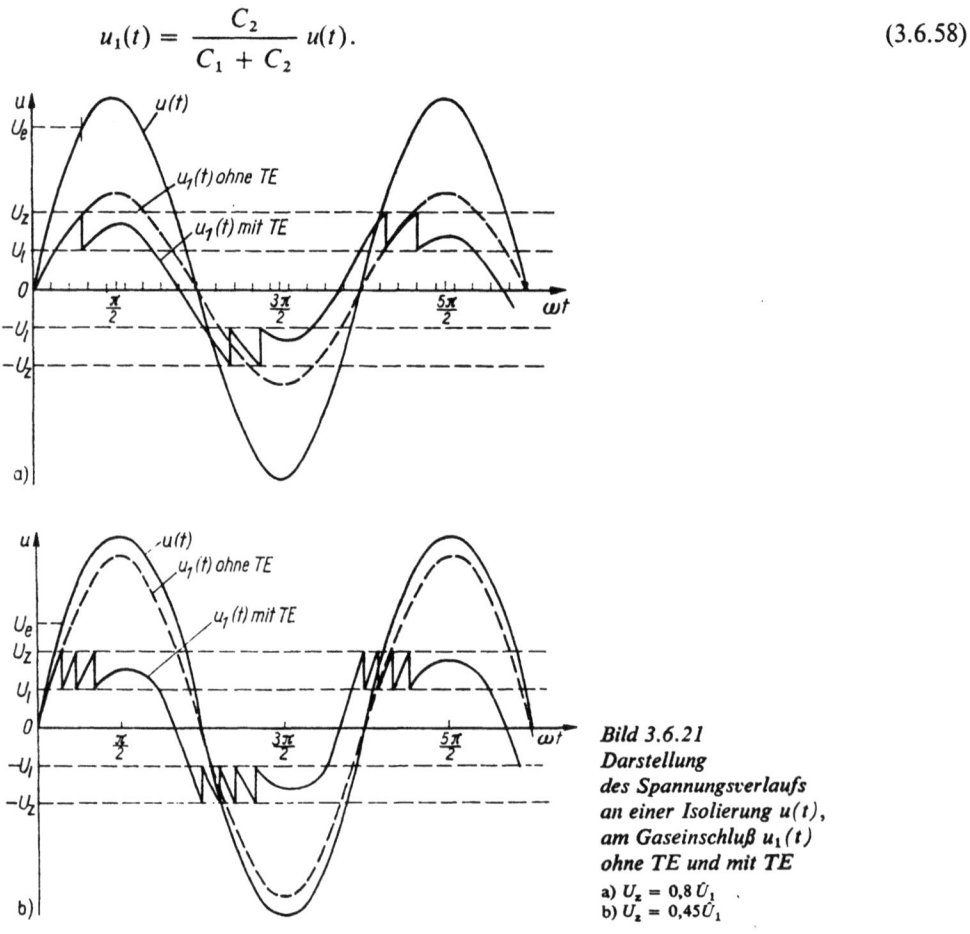

Bild 3.6.21
Darstellung
des Spannungsverlaufs
an einer Isolierung $u(t)$,
am Gaseinschluß $u_1(t)$
ohne TE und mit TE
a) $U_z = 0{,}8\,\hat{U}_1$
b) $U_z = 0{,}45\,\hat{U}_1$

Bild 3.6.21 zeigt den Spannungsverlauf $u(t)$, $u_1(t)$, letzteren ohne Teilentladung gestrichelt und mit Teilentladung ausgezogen. In den Teilen *a* und *b* sind die Verhältnisse zwischen $u_{1\,max}$, U_z, U_1, $-U_z$ und $-U_1$ unterschiedlich. Erreicht u_1 den Wert U_z, so wird im Einschluß eine Gasentladung gezündet; sie verlischt bei U_1, und danach steigt die Spannung von diesem Wert gemäß $u_1(t)$ an bzw. fällt ab bis die positive Zündspannung U_z (b) oder die negative Zündspannung $-U_z$ (a) erreicht wird. Die Zahl der Teilentladungen je Periode im Fall eines periodischen Spannungsverlaufs hängt also von den oben angegebenen Verhältnissen ab. Das Minimum der Zahl der Entladungen je Periode ist 4 bei sinusoidaler Wechselspannung, wenn stabile Entladungen vorliegen. Angenähert erhält man die Zahl der Teilentladungen pro Sekunde n_{TE} durch die Formel

$$n_{TE} = 4f \left(\frac{\hat{U}_1}{U_z} - 1 \right); \qquad (3.6.59)$$

f ist die Frequenz der angelegten Spannung.

Im Zusammenhang mit der Teilentladung im Hohlraum ist eine weitere Betrachtung erforderlich. Im Kreis, gebildet aus der Hohlraumkapazität C_1 und der Funkenstrecke F nach Bild 3.6.18, sind der Widerstand des Entladungskanals und der Oberflächenwiderstand wie auch der Widerstand im Teil C_2 und die darin auftretenden dielektrischen Verluste zu berücksichtigen. Setzt man den Gesamtwiderstand gleich R, so ist der Strom durch diesen angenähert gleich

$$i_R = \frac{U_z}{R} \exp\left(-\frac{t}{\tau_R}\right); \qquad (3.6.60)$$

dabei ist $0 \leq t \leq t_E$ und t_E die Entladungsdauer. Die Zeitkonstante τ_R ist

$$\tau_R = \frac{R(C_3 C_2 + C_3 C_1 + C_2 C_1)}{C_3 + C_2} \cong R(C_2 + C_1) \cong RC_1. \qquad (3.6.61)$$

Für die Alterungsvorgänge sind die umgesetzten Leistungen von Interesse.

Die meßbare Leistung bei einer Teilentladung an einem einzigen Einschluß ist

$$P_{TE} = W_{TE} n_{TE} = 2f(C_2 + C_1)(U_z + U_1)(U_1 - U_1). \qquad (3.6.62)$$

Unter der Bedingung, daß $U_z \cong U_1$, folgt

$$P_{TE} = 4fC_2 U_z (\hat{U} - U_e). \qquad (3.6.63)$$

Ist die Löschspannung $U_1 = 0$, ergibt sich

$$P_{TE} = 2fC_2 U_z \hat{U}. \qquad (3.6.64)$$

Offensichtlich wächst unter den genannten Bedingungen die Teilentladungsleistung linear mit der angelegten Spannung U.

Bei $U_1 \ll U_z$ folgt

$$P_{TE} = q_s U_e N_{TE}/2 = I_{TE} U_e/2. \qquad (3.6.65)$$

In vielen Isolierungen wächst jedoch mit steigender Spannung die Zahl der Einschlüsse, in denen eine Teilentladung gezündet wird (vgl. Paschen-Gesetz), da eine Anzahl von Hohlräumen unterschiedlicher Größe vorhanden ist. Damit wird die Gültigkeit von (3.6.62) eingeschränkt. Die TE-Leistung wächst in diesen Fällen stärker als linear mit der angelegten Spannung.

Bei der Bildung von Elektronenlawinen in Gebieten hoher Feldstärke sind die scheinbaren Ladungen meist gegenwärtig noch unmeßbar klein ($q_s \ll 10^{-12}$ C). Hier ist die Einordnung der Alterungsvorgänge in TE- oder Feldeffekte noch nicht möglich.

Wird der Bereich von 10^{-12} C überschritten, ist eine Langzeitzerstörung nachweisbar. Bei weiterer Spannungssteigerung wächst die scheinbare Ladung stark an. Meist sind diese Prozesse mit einer qualitativen Veränderung des Entladungstyps verbunden. Auch können sich die Bedingungen des Dielektrikums ändern, z.B. kann die Teilentladung die Struktur und die Gasatmosphäre ändern.

Gegenüber den Anfangsentladungen sind solche Entladungen im Gebiet von 10^{-10} bis 10^{-8} C als kritisch einzuschätzen.

222   3. Isoliervermögen von Isolierungen und deren Einflußgrößen

Bei *impulsförmigen Spannungsbelastungen* können in Hohlräumen auch Teilentladungen gezündet werden. Der Vorgang ist völlig analog zu dem beschriebenen Mechanismus bei Wechselspannung. Bild 3.6.22 zeigt einen durchschwingenden Schaltspannungsimpuls mit einer bestimmten Dämpfung. Der Verlauf der Spannung am Einschluß bei Vorhandensein von Teilentladungen ist eingezeichnet. In gleicher Weise entstehen Teilentladungen bei aperiodischen Impulsbelastungen (Bild 3.6.23). Es muß jedoch beachtet werden, daß bei sehr kurzzeitigen Überspannungen nach dem Überschreiten der statischen Zündspannung U_{zs} eine Zeitverzögerung (t_v) bis zur tatsächlichen Zündung eintreten kann.

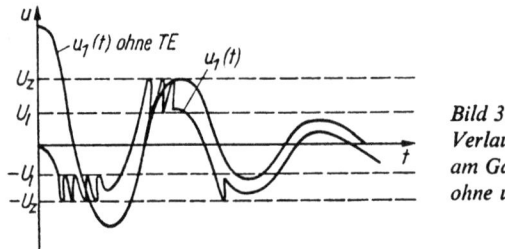

Bild 3.6.22
Verlauf einer schwingenden Schaltspannung
am Gaseinschluß einer Isolierung
ohne und mit Teilentladung

Werden Impulsspannungen, wie in der Praxis üblich, einer Wechselspannung überlagert, so kann die infolge der Überspannung gezündete Teilentladung stabil weiter bestehen, wenn die Wechselspannung am Einschluß oberhalb der Löschspannung liegt.

Ausgehend von der Beschreibung des Teilentladungsmechanismus und der funktionellen Zusammenhänge, sollen die Alterungsabläufe behandelt werden.

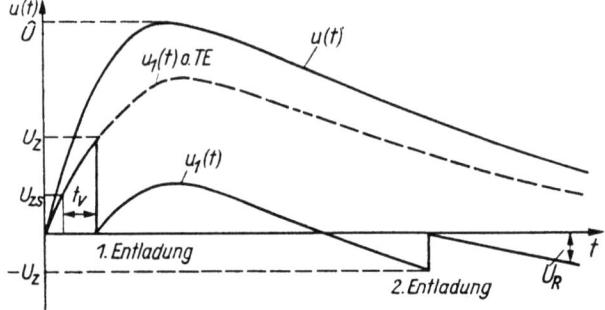

Bild 3.6.23
Verlauf einer aperiodischen
Überspannungswelle
an einer Isolierung
und an einem Gaseinschluß
in der Isolierung
mit und ohne Teilentladung

Die im Gaseinschluß durch das elektrische Feld beschleunigten Elektronen und Ionen treffen auf den Isolierstoff. Die Energie wird innerhalb von 10^{-8} s im atomaren Bereich umgesetzt. Dadurch unterscheidet sich, momentan und örtlich sehr stark begrenzt, die Temperatur dieser Gebiete erheblich von der mittleren Temperatur des Dielektrikums. Die Zündung der Entladung hat außerdem die Herabsetzung der Feldstärke im Gasraum und die Erhöhung im festen Dielektrikum zur Folge. Bei sphärischen oder elliptischen Einschlüssen ist eine hohe Feldkonzentration am Pol im festen Dielektrikum zu erwarten (s. Abschn. 3.2.4).

Zerstörend auf den Isolierstoff der Hohlraumbegrenzung wirken damit mehrere Faktoren der Energieumsetzung:

– die hohe lokale Temperatur durch Ladungsträgerenergieabsorption
– die hohe örtliche Feldstärke im festen Isolierstoff
– die Energieabsorption der bei Gasentladungsprozessen gebildeten Strahlung
– chemische Reaktionen durch Degradationsprodukte des Gases und des Festkörpers.

Weniger als 10% der Gesamtenergie der Teilentladung wird im allgemeinen für die Festkörperdegradation direkt wirksam.

Die Dissoziationsenergie für hochpolymere Verbindungen liegt in der Größenordnung von 10^{-16} W·s. Ein Elektron überträgt unter der Voraussetzung eines zentralen Stoßes an ein Atom nur den m_e/m_a-ten Teil seiner Energie, wobei m_e die Masse des Elektrons und m_a die Masse des Atoms darstellen. Wegen der um fünf Größenordnungen unterschiedlichen Masse ist die übertragbare Energie, verglichen mit der kinetischen Energie des Elektrons, gering. Die in einer Gasentladung erreichbare Energie der Elektronen ist etwa 10^{-17} W·s; die mittlere Energie liegt jedoch um Größenordnungen darunter.

Damit wird die übertragene Energie vorwiegend zur Erhöhung der Temperatur des Atoms und damit der Wärmeschwingungen verwendet. Entsprechend der Theorie der thermischen Alterung werden so Zerstörungsvorgänge eingeleitet. Außerdem wirkt das elektrische Feld auf die aufgeheizten Moleküle in der Randzone des Einschlusses.

Auf der Basis der Überlagerung der Kräfte des elektrischen Feldes und der Molekularschwingungen sind Bindungsabbrüche gemäß (3.6.4) zu erwarten. Eine solche Zerstörung bewirkt die Abgabe flüchtiger Bestandteile des Feststoffs oder des Mischdielektrikums in den Gasraum des Einschlusses. Auch wird die Struktur der Hohlraumoberfläche verändert. Die gasförmigen Produkte verändern die Zusammensetzung der Gasatmosphäre und den Gasdruck. Der Druckanstieg im Hohlraum führt entsprechend dem Paschen-Gesetz unter bestimmten Bedingungen zum Aussetzen der Teilentladung. Durch Diffusionsprozesse wird im allgemeinen ein Druckabbau erfolgen und ein Wiederzünden ermöglicht. Die Schwankung der TE-Intensität ist stark von den Abbauprozessen und von der Hohlraumabmessung abhängig. Neben der Änderung der Entladungsbedingungen durch Gaszusammensetzung und -druck kann sich die TE-Aktivität auch durch die Ausbildung leitfähiger Oberflächen der Hohlraumbegrenzung durch Degradationsprodukte ändern (einschließlich völliger Löschung).

Bei der Teilentladung im Gaseinschluß entstehen Ozon, Stickoxide, atomarer Sauerstoff, bei Cl- oder F-haltigen Polymeren auch Cl- und F-Verbindungen. Organische Säuren und Salze sind als Ablagerungen ebenfalls zu finden. Polymere bilden H_2, CH_4, CO und CO_2.

Die Strukturänderungen des Festkörpers sind durch verschiedene Methoden nachweisbar (s. Abschn. 4). In geringen Schichtdicken unterhalb der Oberfläche entstehen häufig neue Hydroxylgruppen, Nitrogruppen und Doppelbindungen durch unmittelbare Wechselwirkung mit der Teilentladung. In tieferen Schichten (> 5 μm) ist die Umbildung durch Diffusion von gasförmigen oder flüssigen Degradationsprodukten gekennzeichnet. Eine große Rolle spielt dabei die Sauerstoff- und Ozondiffusion. Die simultane Wirkung von Teilentladung und O_2 hat wegen der Bildung von atomarem Sauerstoff und ionisierten bzw. angeregten Sauerstoffatomen einen hohen Degradationseffekt.

Bei der TE-Degradation haben die verschiedenen Polymere bei vergleichbaren Teilentladungsbedingungen eine unterschiedliche Widerstandsfähigkeit, die weitgehend mit der Bindungsenergie und den strukturellen Größen im Zusammenhang zu sehen ist.

Die TE-Festigkeit kann durch verschiedene Methoden bestimmt werden. Gute Charakteristika sind Masseverlust, Degradationsproduktanteile, Erosionsvolumen, Erosionstiefe und schließlich die mechanische und elektrische Festigkeit. Die unterschiedlichen Kriterien sind durchaus sehr differenziert zu betrachten, da keine gleichwertigen Korrelationen zu entsprechenden TE-Größen bestehen. So sind beispielsweise bedeutende Unterschiede zwischen Oberflächenerosion und Tiefenerosion hinsichtlich der Leistungskorrelationen zu verzeichnen.

Stoffcharakteristiken können unter gleichen Bedingungen, teilweise jedoch mit großen

Material	mm³/W·s
Polyethylen (PE)	$1,3 \cdot 10^{-3}$
Polyethylenterephthalat (PET)	$1,4 \cdot 10^{-3}$
Polytetrafluorethylen (PTFE)	$5,7 \cdot 10^{-3}$
Epoxidharz (EP)	$2,0 \cdot 10^{-3}$

Tafel 3.6.4
Zusammenhang zwischen Erosionsvolumen und Teilentladungsenergie für hochpolymere Folien und Schichten

Streuungen, gewonnen werden, z. B. Gasfestigkeit, Erosionsgeschwindigkeit, Bildungsgeschwindigkeit von Säuren, X-Wachs usw.

Die TE-Alterung kann grundsätzlich nicht mit *einer* Kenngröße beurteilt werden, da sich oft gegenläufige Prozesse abspielen. Vergleiche einzelner Größen zwischen verschiedenen Stoffen geben jedoch Hinweise auf den Mechanismus. Tafel 3.6.4 zeigt das unter gleichen TE-Bedingungen erodierte Volumen von hochpolymeren Folien. Bemerkenswert ist die vergleichsweise niedrige spezifische Erosionsenergie von PTFE – einem Stoff, der eine sehr hohe thermische Stabilität im Gegensatz zu PE aufweist. Das ist ein deutlicher Hinweis auf die unterschiedlichen Mechanismen bei der thermischen und der TE-Alterung.

Der Einfluß der Temperatur auf die TE-Alterung ist nach zwei Gesichtspunkten zu berücksichtigen. Zum einen ändern sich die Entladungsbedingungen durch die Temperaturabhängigkeit der Leitfähigkeit des Isolierstoffs (s. Abschn. 3.4). Dadurch ändert sich die TE-Alterungsgeschwindigkeit bei Gleichspannungsbelastung erheblich, da die Zahl der Impulse je Zeiteinheit ansteigt und damit auch die TE-Leistung. Dieser Gesichtspunkt spielt bei Wechselspannungsteilentladungen eine geringere Rolle. Zum anderen überlagern sich die thermischen Molekülschwingungen mit den Teilentladungsenergien. Hierbei steigt die Wahrscheinlichkeit der Bindungsabbrüche. Das ist für alle Spannungsarten wirksam.

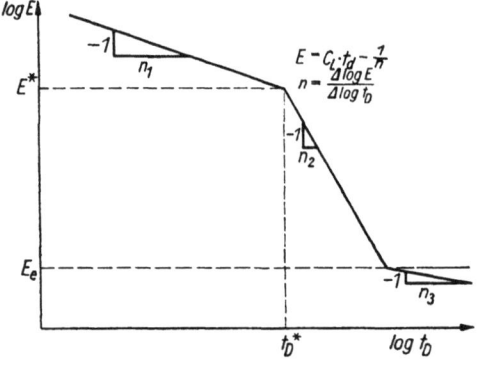

Bild 3.6.24
Schematische Darstellung der Lebensdauerkurve eines TE-belasteten Isolierstoffs
für $E < E_2$ ↗ n_3
für $E_2 \leq E \leq E^*$ ↗ $n_2 < n_3; n_2 < n_1$
für $E > E^*$ ↗ $n_1 > n_2$

Die elektrische Festigkeitsänderung durch TE-Alterung erfolgt in Analogie zur bereits beschriebenen Feldalterung. Die Lebensdauer kann durch (3.6.26) ausgedrückt werden. Es treten aber typische Knickpunkte in den Lebensdauerkurvenzügen auf (Bild 3.6.24). Unterhalb der TE-Einsetzfeldstärke E_e wird der Lebensdauerexponent durch die Feldalterung bestimmt; er ist bei hochpolymeren Werkstoffen im allgemeinen $n = 10$. Oberhalb E_e ist mit der Zerstörung durch Teilentladungen zu rechnen ($n = 3 \ldots 5$). Oberhalb von E^* sind kritische Teilentladungen maßgebend an der Alterung beteiligt; n steigt an (hochpolymere Isolierstoffe $n = 10 \ldots 15$). Die TE-Intensität ist offensichtlich stärker als unterhalb E^* von der Feldstärke abhängig. Der Verlauf der Kennlinie nach Bild 3.6.24 ist bei vielen Kunststoffisolierungen zu finden. Man muß die unterschiedlichen

Alterungsgeschwindigkeiten bei der Extrapolation von Versuchsergebnissen berücksichtigen. Ein bedeutender Unterschied besteht zur teilentladungsfreien elektrischen Feldalterung. Bild 3.6.25 zeigt den Vergleich. Auch die Lebensdauerverteilungen für bestimmte Belastungsfeldstärken sind bei Feld- und TE-Alterung unterschiedlich in ihrer Tendenz der Streuung. Während sich im ersten Fall mit Reduzierung der Belastungsfeldstärke ein sinkender Weibull-Exponent ergibt, ist bei TE-Beanspruchung die Tendenz umgekehrt.

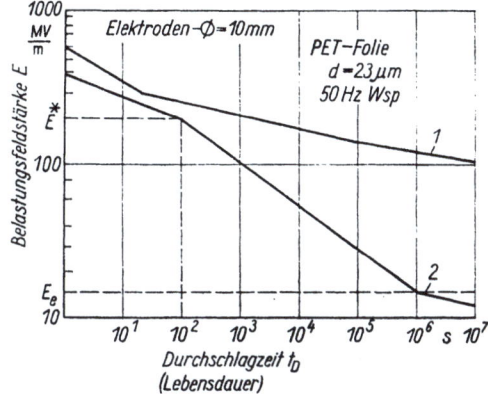

Bild 3.6.25
Lebensdauerkennlinien für Kunststoffolien
1 teilentladungsfreie Belastung (homogen)
2 Randfeldentladungen der Elektroden

Bisher wurde die TE-Alterung unter dem Aspekt der Gasentladung in Hohlräumen oder an der Oberfläche eines Isolierstoffs betrachtet. In stark inhomogenen Feldern kann jedoch der Fall eintreten, daß sich im Gebiet der höchsten Feldstärke spontan oder durch Schadensakkumulation im Sinne der Feldalterung ein Teildurchschlag im Festkörper ereignet. Wegen der Feldbedingungen ist der entstehende Durchschlagkanal räumlich stark begrenzt. Dieser Durchschlagkanal kann als ein Hohlraum im obengenannten Sinne mit speziellen Zündbedingungen für die Gasentladung aufgefaßt werden. Nach dem Entstehen dieses Durchschlagkanals werden Teilentladungen gezündet, die wegen der hohen Flächenleistung die Isolierstoffalterung an der Spitze des Kanals konzentrieren und einen Kanalvortrieb und eine Kanalverzweigung hervorrufen. Die gesamte Isolierstoffalterung setzt sich aus einem Feldalterungsanteil und einem Teilentladungsalterungsanteil zusammen. Sie kann beschrieben werden durch die Alterungsanteile in der *Anlaufphase* und in der *Kanalaufbauphase*.

Ausgedrückt durch die meßbare Größe des Lebensdauerabbaus, d.h. durch die momentane Durchschlagfestigkeit, folgt

$$E_D(t) = E_{D0}(t_0) - \left[\int_0^{t_{ke}} r_{A0} \left(\frac{E}{E_0} \right)^n dt + B \int_{t_{ke}}^{t_D} P_{TE} \, dt \right]; \qquad (3.6.66)$$

t_{ke} ist die Zeit von t_0 bis zum Zeitpunkt des Kanaleinsatzes, B eine analoge Größe zur Alterungsrate r_{A0} – stellt die Änderung der Durchschlagfestigkeit je TE-Ladungseinheit und Kanallänge in Feldrichtung dar. Die TE-Leistung ist, wie bereits gezeigt wurde, entweder der lokalen Feldstärke proportional, oder sie wächst mehr als linear mit der Feldstärke. B ist neben den Feldverhältnissen von der Struktur des Isolierstoffs abhängig.

Ein typisches Diagramm des Gesamtvorgangs wird im Bild 3.6.26 gezeigt. Zwischen dem Belastungsbeginn und dem Kurvenanfang liegt die Feldalterung vor der Spitze; die Kurven selbst repräsentieren die Teilentladungskanalentwicklung. Beide Entwicklungszeiten sind stark feldstärkeabhängig. Je niedriger die Belastungsfeldstärke, um so

226 3. *Isoliervermögen von Isolierungen und deren Einflußgrößen*

höher der Anteil der Kanalentwicklungsphase. Dieses Verhältnis entsteht durch die unterschiedlichen Exponenten n bei den sehr hohen Feldstärken vor der Spitze für die Feldalterung und für die TE-Alterung. Im Teilentladungskanal ändert sich die wirksame Feldstärke mit dem Vorwachsen des Kanals und durchläuft ein Minimum. Im gleichen Maß ändert sich die Vorwachsgeschwindigkeit, wie durch Differentiation der Kurven im Bild 3.6.26 nachgewiesen werden kann. Demgegenüber ist die Abhängigkeit der Einsatzzeit von der Feldstärke durch Veränderung des Exponenten n gekennzeichnet. Dadurch entstehen teilweise nichtmonotone Lebensdauerkurven und insbesondere solche mit unterschiedlicher Steigerung in einem größeren Feldstärkeintervall.

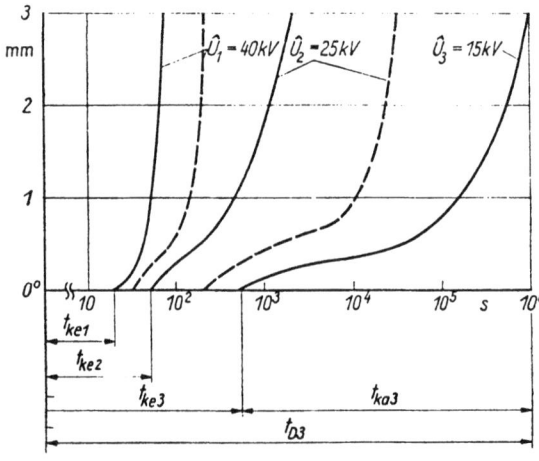

Bild 3.6.26
Entwicklung des Durchschlags durch Feld- und TE-Alterung in Abhängigkeit von der Belastungszeit im stark inhomogenen Feld;
Wechselspannung 50 Hz, Epoxidharz,
Isolierstrecke $d = 3$ mm,
Spitze-Platte-Anordnung
(Spitze eingegossen, Platte aufgedampft)
——— Spitzenradius 4 µm
- - - - Spitzenradius 20 µm

Die Teilentladungsalterung hochpolymerer Festkörper ist von mechanischen Belastungen abhängig. Hohlraum- und Oberflächenentladungen zerstören Bindungen zwischen den Molekülen. In Gebieten mit mechanischen Zugspannungen wird dieser Prozeß verstärkt. So kann es zu Spaltenbildung und Konzentration der Teilentladung an solchen Stellen kommen. Teilentladungskanäle werden bei vorhandenen Zug- und Druckspannungen im stark inhomogenen Feld nach kürzeren elektrischen Belastungen bzw. bei niedrigeren Feldstärken ausgebildet. Die Vorwachsgeschwindigkeit und die Vorwachsrichtung der TE-Kanäle sind abhängig von der Größe und Richtung der mechanischen Kräfte.

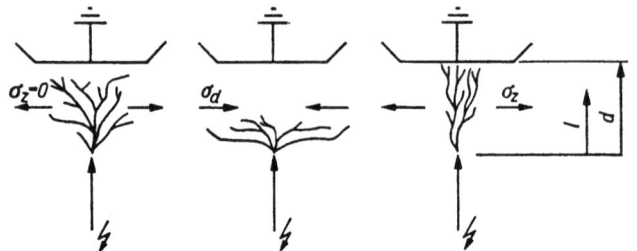

Bild 3.6.27
Schematische Darstellung der TE-Kanalfigur bei unterschiedlichen mechanischen Spannungen

Die Bilder 3.6.27 und 3.6.28 zeigen diese Zusammenhänge. Neben der Überlagerung der äußeren mechanischen Kräfte und der elektrischen Feldkräfte muß auch mit der Ausbildung von vergrößerten freien Volumina in Vorzugsrichtungen gerechnet werden.

Eine besondere Art der Teilentladungsalterung ist die Ausbildung von sogenannten „water trees", d. h. wassergefüllten Kanälen, vorwiegend in Thermoplasten und vernetzten Thermoplasten unpolarer Natur (besonders PE). Es existieren zwei Formen, die frei im Isolierstoffvolumen befindlichen mit Schmetterlingsgestalt und die streifenförmigen, an den Elektroden ansetzend. Die „water trees" sind Wasserkonzentrationen, die durch Kondensation von Wasserdampf aus der Umgebungsatmosphäre oder durch Wasserlagerung auf dem Wege der Diffusion in das molekulare Gefüge eindringen. Freie Volumina werden bevorzugt für die Wassereinlagerung genutzt. Das Wachstum der „water trees" erfolgt im elektrischen Feld durch Kraftwirkungen auf Dipolmoleküle

$$F = \mu \nabla E_l; \qquad (3.6.67)$$

F ist die Kraftwirkung; μ das Dipolmoment und E_l die örtliche Feldstärke.

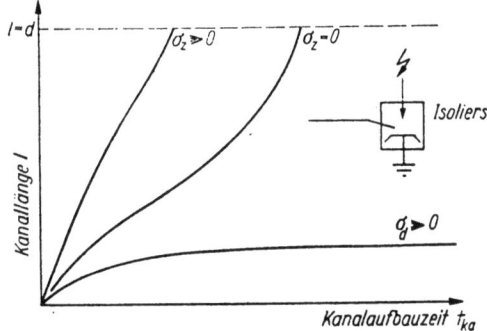

Bild 3.6.28
Schematische Darstellung
der Abhängigkeit
des TE-Kanalwachstums
von der Belastungszeit
bei Zug- und Druckspannung
gemäß Bild 3.6.27

Berücksichtigt man die Wechselwirkung zwischen dem Isolierstoff, dem Wasser und dem elektrischen Feld, so ergibt sich durch Addition eines induzierten und des permanenten Dipolmoments die Kraft auf das Wassermolekül im inhomogenen Feld

$$F = 4\pi a^3 \frac{\varepsilon_w - \varepsilon_l}{\varepsilon_w - 2\varepsilon_l} \varepsilon_l \varepsilon_0 E_l \nabla E_l + \frac{3\varepsilon_l}{\varepsilon_w + 2\varepsilon_l} \mu \nabla E_l. \qquad (3.6.68)$$

Ist ε_w, die Dielektrizitätskonstante des Wassers, größer als die des Isolierstoffs – das ist für alle linearen Dielektrika zutreffend –, dann tritt eine Kraft auf die induzierten Dipolmomente in Richtung der größten Feldstärkeerhöhung auf:

$$F \sim (\varepsilon_w - \varepsilon_l) \operatorname{grad} E_l^2. \qquad (3.6.69)$$

Weiterhin wirkt der zweite Term von (3.6.68) infolge der permanenten Momente

$$F \sim \nabla E_l. \qquad (3.6.70)$$

Es gibt damit ebenfalls eine Bewegung in Richtung der größten Feldstärke. Die Gradientenwirkung hat auch im Wechselfeld eine Bewegung der Dipole zur Folge. Inhomogenitäten im Dielektrikum bewirken Feldstärkeerhöhungen, die ihrerseits zur Konzentration von Wasser Anlaß sind. Schwach inhomogene Felder, wie z.B. im PE-Kabel, lassen eine feldunterstützte Diffusion erwarten.

Die „water trees" entstehen schon bei weit niedrigeren Feldstärken als elektrische Teilentladungen. Ihre Wahrscheinlichkeit ist auch bei Betriebsfeldstärken recht hoch. Obwohl nach dem Austrocknen keine sichtbaren Schädigungen festgestellt wurden, können „water trees" als Ursache für mechanische Zerstörungen angesehen werden. Außerdem ist oft die veränderte Potentialverteilung für das Zünden von elektrischen Teilentladungen in der Folge von „water trees" verantwortlich.

228   3. Isoliervermögen von Isolierungen und deren Einflußgrößen

Die *Diffusion aggressiver Medien*, z. B. der bei der Teilentladung gebildeten salpetrigen Säuren, führt zur Reduzierung der Durchschlagfestigkeit. Wird dagegen die Diffusion unter Wirkung eines elektrischen Feldes ermöglicht, so wird die Festigkeit nur wenig herabgesetzt, und die Lebensdauer steigt wegen der Reduzierung der Feldstärkeauswirkung an. Bild 3.6.29 demonstriert den ersten Fall; Bild 3.6.30 zeigt die Lebensdauerverlängerung durch Herabsetzung der elektrischen Alterungsgeschwindigkeit in störstellenbehafteten Epoxidharzschichten.
Im Prinzip erfolgt hier eine Diffusion von „Stabilisatoren".

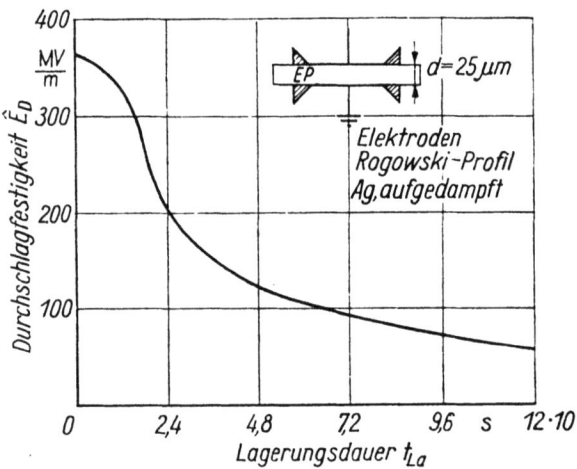

Bild 3.6.29
Durchschlagfestigkeit
von Epoxidharzschichten
im SSV nach Lagerung
in HCl-Luft-H_2O-Atmosphäre

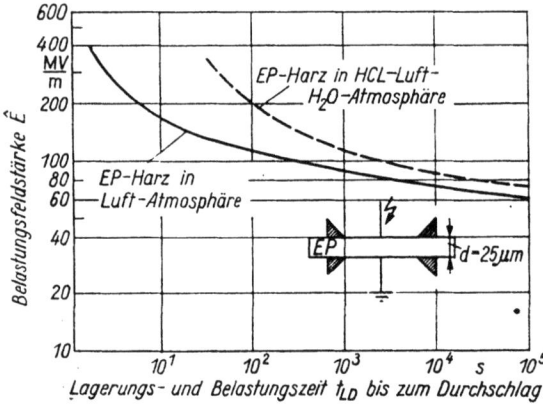

Bild 3.6.30
Lebensdauer von EP-Schichten
in Abhängigkeit
von der Belastungsfeldstärke
bei gleichzeitiger Belastung
durch HCl-H_2O-Dampfgemisch

3.6.5. Kriechstromalterung

An der Oberfläche von festen Isolierungen ist der spezifische Widerstand im allgemeinen kleiner als im Isoliervolumen. Das ist auf die Adsorption von Wasserdampf aus der Umgebungsatmosphäre, im Extremfall auf Kondensation, zurückzuführen. Stoffeigene niedermolekulare Bestandteile, insbesondere infolge von Strahlung, thermischer oder elektrischer Belastung gebildete Degradationsprodukte, aber auch äußere Verschmutzungen, wie chemische Ablagerungen, Salze und andere dissoziierbare Stoffe, bilden mit der Feuchtigkeit leitfähige Oberflächenbeläge. Die Oberfläche muß unterschiedlich in

Abhängigkeit von der Isolierstoffstruktur mit mehr oder weniger Eindringtiefe gesehen werden. Die Oberflächen- oder oberflächennahen Ströme sind im allgemeinen nicht gleichmäßig verteilt. Es gibt eigenschafts- und geometriebedingte unterschiedliche Stromdichteverteilungen. Die Adsorption des Wasserdampfes kann durch sogenannte Sorptionsisothermen ausgedrückt werden. Bild 3.6.31 gibt die drei Grundtypen an.

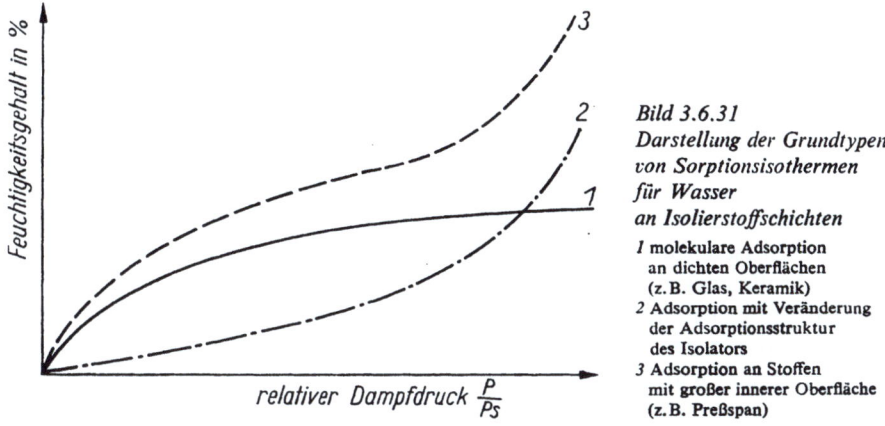

Bild 3.6.31
Darstellung der Grundtypen
von Sorptionsisothermen
für Wasser
an Isolierstoffschichten

1 molekulare Adsorption
  an dichten Oberflächen
  (z.B. Glas, Keramik)
2 Adsorption mit Veränderung
  der Adsorptionsstruktur
  des Isolators
3 Adsorption an Stoffen
  mit großer innerer Oberfläche
  (z.B. Preßspan)

An dichten Isolierstoffoberflächen ist der Typ 1 wirksam. Typ 2 zeigt eine Adsorptionsveränderung durch Strukturdeformation an, während der Typ 3 die Adsorption von Wasser an großen inneren Oberflächen des Isolierstoffs beschreibt. Temperatur und relativer Dampfdruck sind für die Adsorptionsmenge je Flächeneinheit oder, genauer, Oberflächenschichtvolumen verantwortlich.

Die Benetzung der Oberfläche ist von der Oberflächenspannung des Feststoffs und des Wassers abhängig. Je nach Isolierstoff und Zustand der Oberfläche bildet sich eine Tropfenkondensation oder eine flächenhafte Benetzung aus. Bei vorhandenen Fremdschichten baut sich eine feuchte Schicht auf.

Die Form der Kondensation, der Grad der Adsorption, die Verschmutzungsmenge, die Dissoziierbarkeit und die Temperatur bestimmen die Oberflächenleitfähigkeit.

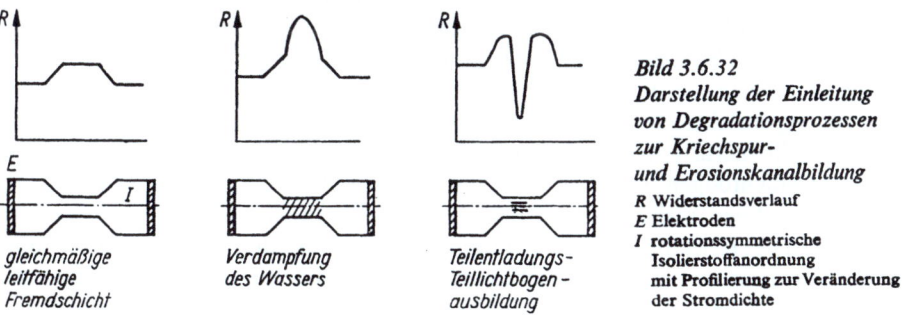

Bild 3.6.32
Darstellung der Einleitung
von Degradationsprozessen
zur Kriechspur-
und Erosionskanalbildung

R Widerstandsverlauf
E Elektroden
I rotationssymmetrische
  Isolierstoffanordnung
  mit Profilierung zur Veränderung
  der Stromdichte

gleichmäßige
leitfähige
Fremdschicht

Verdampfung
des Wassers

Teilentladungs-
Teillichtbogen-
ausbildung

Durch inhomogene Leitfähigkeitsverteilung ist auch die Stromdichte unterschiedlich. Bei einer bestimmten anliegenden Spannung gibt es Strompfade an der Oberfläche mit Abschnitten verschiedenen Leistungsumsatzes. In Gebieten mit der höchsten Leistungsdichte wird die Erwärmung des Elektrolyten zur Verdampfung des Wassers und damit zur Erhöhung des Widerstands führen. Bild 3.6.32 zeigt schematisch die Schritte einer solchen Entwicklung.

Fremdschichtwiderstand der nassen und trockenen Abschnitte sind in Reihe geschaltet. Es kommt an der hochohmigen Strecke zum höchsten Spannungsabfall und damit zur Zündung einer Teilentladung, die in einen Teillichtbogen übergeht. Die Feldverhältnisse in der Elektrolytschicht und in der Abtrockenzone entscheiden über das Wachstum oder die Stabilität bzw. bei Fußpunktwanderung über die Löschung der Teillichtbögen. Die Teilentladungen werden begleitet von Zersetzung der gasförmigen Atmosphäre. Damit kommen chemische Verbindungen zustande, die im Abschnitt 3.5.1 beschrieben wurden. Diese Vorgänge stellen hohe thermische Belastungen in Teilbereichen der Isolierung dar und rufen intensive UV-Strahlung und chemisch aggressive Einflüsse hervor.

Bei anorganischen Isolierungen ist der Oberflächenstrom nur im Zusammenhang mit der Einleitung eines Fremdschichtüberschlags von Bedeutung. Hierzu sind im allgemeinen beachtliche Fremdschichtströme notwendig (Schichtleitfähigkeit von einigen wenigen bis zu einigen hundert Mikrosiemens – Definition der Schichtleitfähigkeit siehe (5.1.21)). Eine Schädigung der Isolierung vor dem Fremdschichtüberschlag ist im Fall keramischer oder glasartiger Stoffe praktisch nicht zu befürchten.

Anders verhält es sich bei organischen Isolierungen. Die thermische Degradation durch die hohen Temperaturen der Teilentladungen (insbesondere Teillichtbögen) in Verbindung mit UV-Strahlung und chemischem Angriff zerstört oberflächennahe Zonen. Der Grad der Zerstörung wird durch vielfältige konstruktive und stoffliche Faktoren sowie durch die Art der Oberflächenverschmutzung, die Befeuchtung und die anliegende Spannung bestimmt. Da die bei Kriechstrombeanspruchung entstehenden Temperaturen der Teillichtbögen bei mehreren tausend Kelvin liegen, ist die übertragbare Wärmeleistung durch Strahlung und Wärmeleitung von Plasma zur Isolierstoffoberfläche sehr hoch, die lokale Oberflächentemperatur ebenso. Es muß angenommen werden, daß praktisch alle molekularen Bindungen unabhängig vom Strukturtyp des Isolierstoffs zerstört werden können. Damit haben für die Kriechstrombeständigkeit nicht die für die normale im Betrieb auftretende thermische Degradation abgeleiteten Regeln hinsichtlich der thermostabilen Strukturen Gültigkeit. Während die Degradationsrate innerhalb der Wärmebeständigkeitsklassen für aromatische und heterozyklische Verbindungen niedriger ist als für aliphatische Verbindungen, haben aromatische Strukturen im allgemeinen eine niedrige Kriechstrombeständigkeit (Methoden und Bewertungen im Abschn. 4.3.3). Dagegen sind Ethylen-Propylen- und Silikonelastomere mit aliphatischen Strukturen und Cycloaliphaten, etwa des Epoxidharzes, recht kriechstromresistent. Es gibt sehr flache Erosionen und tiefgrabende *Kriechspurbildungen*. Letztere werden ausgehend von der Teillichtbogendegradation durch eine sehr hellleuchtende Heißstelle eingeleitet, die sich in Richtung der Feldlinien zur Gegenelektrode verschiebt. Offensichtlich entstehen nicht nur Degradationsprodukte durch die thermische Zersetzung infolge der durch den Fremdschichtwiderstand stabilisierten Teillichtbögen, sondern es kommt zu einer Energieeinspeisung durch das elektrische Feld mit der Wirkung einer Aufheizung des Degradationsgebiets und der Ausweitung des Kanals (Kriechspur). Ähnlich wie bei der Teilentladungsalterung ist es möglich, in Abhängigkeit von der elektrischen Belastung (Spannung je Längeneinheit der isolierenden Oberfläche) die Zeit bis zur Ausbildung des Heißpunktes (Initiierungsphase) und die Zeit für das Vorwachsen der Kriechspur bis zum Erreichen der Überschlagspannung der Reststrecke oder Summe der Reststrecken (Kriechspuraufbauphase) zu bestimmen. Damit sind unter Berücksichtigung vieler Stoff- und Anordnungsparameter statistische Zeitverteilungen für die beiden Phasen zusammen oder getrennt aufzunehmen und zu bewerten. Die jeweiligen Quantile können dann für eine Reihe von Belastungswerten zu Lebensdauerkurven der kriechstrombelasteten Isolierungen benutzt werden (Bild 3.6.33).

Entscheidend für die beiden Phasen sind neben den Spannungs- und Fremdschichtbedingungen die Stoffzusammensetzungen. Die Hochtemperaturdegradationsprodukte bestimmen durch ihre elektrische Leitfähigkeit die Ausbreitung der Kriechspur. Werden durch die hohen Lichtbogentemperaturen die hochpolymeren Isolierstoffe pyrolysiert, so entsteht elementarer Kohlenstoff unterschiedlicher Struktur. Steht während des Prozesses der Bindungsabbrüche genügend Sauerstoff zur Verfügung, dann kann der Kohlenstoff zu CO und CO_2 oxydiert werden und entweicht gasförmig. Oft reicht der Luftsauerstoff aus der Umgebung für einen solchen Vorgang für die Prozeßdynamik nicht aus. Hinsichtlich des Kohlenstoff-Sauerstoff-Umsatzes sind die statistische Reihenfolge der Molekülspaltung, der zeitliche Verlauf, der Grad der synchronen stoffeigenen Sauerstoffabspaltung und die Wärmetönung des Vorgangs von Bedeutung.

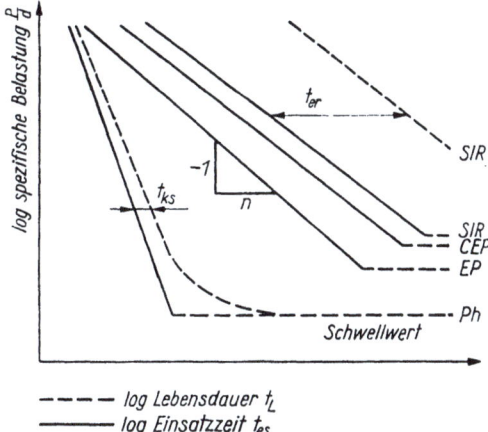
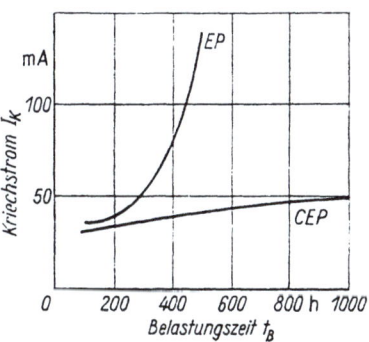

Bild 3.6.33. Schematische Darstellung der Einsatzzeit einer selbständigen Pyrolyse und der Lebensdauer von Isolatoren in Abhängigkeit von der spezifischen Teilentladungsleistung

SIR Silikonelastomer; EP Epoxidharz (A); CEP cycloaliphatisches EP; Ph Phenolharz; t_L Lebensdauer; t_{es} Einsatzzeit der selbständigen Pyrolyse; t_{er} Zeit für die Erosionsausbildung bis zum Endkriterium; t_{ks} Zeit der leitfähigen Kriechspurbildung; n Exponent der Lebensdauergleichung

Bild 3.6.34. Entwicklung des Kriechstroms in Abhängigkeit von der Belastungszeit; Isolierkörper im Zyklustest mit einer spezifischen elektrischen Belastung von 80 V/mm bei einer Elektrolytleitfähigkeit von 1400 µS/cm

EP Epoxidharz (Bisphenol A); CEP cycloaliphatisches EP (MGR-Test)

So ist für jeden Stoff ein charakteristischer Leistungsumsatz als Schwellwert für die Schaffung einer Kriechspur vorhanden. Ob die Kriechspur als leitfähige Bahn verbleibt oder das Isoliermaterial in der Kriechspur rückstandfrei verdampft wird, hängt von den genannten Bedingungen und der Materialzusammensetzung ab.

Cycloaliphatische Epoxidharze, Silikon- und Ethylen-Propylen-Elastomere sind in einer großen Belastungs- und Anwendungsbreite gegen leitfähige Kriechspurbildung resistent. Die Kriechspur wird als Materialabbau, d.h. als Erosionsspur sichtbar. Bild 3.6.34 zeigt eine Gegenüberstellung von leitfähiger Kriechspur bei Bisphenol-Epoxidharz und Erosionsspur bei cycloaliphatischem Epoxidharz unter gleichen Belastungsbedingungen.

Während leitfähige Kriechspuren das Elektrodenpotential zur Gegenelektrode vorschieben und damit den Überschlagweg verkürzen, geschieht diese Überschlagfestigkeitsreduzierung bei Erosionsspurbildung zunächst nicht. Der Erosionskanal ist jedoch ein bevorzugtes Gebiet für Schmutzablagerung und damit unter bestimmten Bedingungen

232   *3. Isoliervermögen von Isolierungen und deren Einflußgrößen*

zum Aufbau von leitfähigen Kanälen. Außerdem ist die Erosion eine Ursache für die Reduzierung der mechanischen Festigkeit und ggf. auch der Durchschlagfestigkeit (Abschn. 5.1.1).

Wenn auch der Hochtemperaturprozeß der Teillichtbögen die entscheidende Größe für die Degradationseinleitung ist, spielen andere Faktoren, wie Wasseraufnahme, Art des leitfähigen Belags, mechanische Belastung u. a., eine beachtliche Rolle. Leitfähige Kriechspuren können auch bei den Stoffen, die zur Ausbildung von Kohlenstoffbahnen neigen, be- oder verhindert werden, wenn die Wärmeleitfähigkeit durch Einlagerung von anorganischen Füllstoffen verbessert wird oder aktive Füllstoffe, wie hydratisiertes Aluminiumoxid, zur Wasserabspaltung bei den hohen Temperaturen der Kriechspurbildung angeregt werden. Aus der weiteren thermischen Spaltung des Wassers wird der notwendige Sauerstoff für die Kohlenstoffoxydation bereitgestellt.

Die Auswahl von Stoffen für Isolierkonstruktionen, die Kriechstrombelastungen ausgesetzt sind, kann nur durch geeignete Prüfverfahren erfolgen, die weitgehend den komplizierten Prozeß repräsentieren (s. Abschn. 4.3.3). Eine Lebensdauerprognose muß darüber hinaus funktionelle Tests einbeziehen.

3.6.6. Strahlungsalterung

Isolierstoffe sind bei äußeren Isolierungen der UV-Strahlung der Sonne, bei inneren Isolierungen teilweise der UV-Strahlung des Leistungslichtbogens oder von Teilentladungen ausgesetzt. In speziellen Fällen der Isolierung von physikalischen und medizinischen Geräten kommen Röntgen- und Korpuskularstrahlungen hinzu. Ein besonders wichtiges Gebiet ist die Bestrahlung von Isolierungen elektrischer Geräte und Anlagen im Reaktorbereich von Kernkraftwerken.

Hochenergetische Quanten- und Korpuskularstrahlung wird im Isolierstoff absorbiert. Dabei werden Prozesse der Ionisation, Zerstrahlung, Rekombination, Paarbildung usw. wirksam. Durch diese Vorgänge wird die Energie der Teilchen reduziert, und sie durchlaufen Gebiete mit günstigem Einfangquerschnitt der isolierenden Materie.

Die absorbierte Energie führt zu Abbau- und Aufbauprozessen insbesondere in organischen Isolierstoffen. Es entstehen außerdem Ionen und Radikale. Bestimmte Vorgänge der Abspaltung von H-Atomen werden zur Aktivierung und Vernetzung von linearen Kettenmolekülen untereinander genutzt (s. Abschn. 5.4.2.2), z.B. für die Herstellung von vernetzten Polyethylenkabelisolierungen.

Allgemein tritt mit der Energieabsorption eine Alterung ein.

Die Alterung ist abhängig von der Strahlendosis und der Dosisleistung. Als Grenzwert zur Beschreibung von Havariefällen in Kernkraftwerken wird eine Dosisleistung von 10 J/kg·s ($3,6 \cdot 10^6$ rad/h) angenommen. Als Grenzdosis bei 30jährigem Normalbetrieb in der aktiven Zone $2 \cdot 10^6$ J/kg ($2 \cdot 10^8$ rad).

Die Alterung der hochpolymeren Isolierstoffe vollzieht sich als Vernetzung, Molekülabbau, Veränderung des Grades der Kristallinität und der gesättigten Bindungen sowie durch Sekundärreaktionen.

Die Vernetzung führt zu räumlichen Netzwerken. Es entstehen weiterhin Kettenspaltungen; Seitengruppen werden freigesetzt, Wasserstoff bevorzugt abgespalten. Die Oxydation durch Luftsauerstoff spielt für die Alterungsvorgänge eine besondere Rolle.

Als Folge der Reaktionen werden die mechanischen, thermischen und elektrischen Eigenschaften verändert. Bei den meisten organischen Isolierstoffen liegt eine deutliche Abhängigkeit der Alterungseffekte von der Dosisleistung vor. Das ist vorwiegend auf die Sekundärreaktionen mit dem diffundierenden Luftsauerstoff zurückzuführen. Bei geringen Dosisleistungen ist dieser Effekt (bei vergleichbarer Dosis als Bezugsgröße) wegen der zeitlichen Ausdehnung des Prozesses größer. Polymere mit intramolekular gebundenem Sauerstoff haben keine so starke Abhängigkeit von der Dosisleistung.

Die während der Bestrahlung gebildeten Radikale können noch nach einer relativ langen Zeit nach Beendigung der Bestrahlung durch Reaktionen mit Sauerstoff oder durch erhöhte thermische Beweglichkeit nachwirken.

Bei Hochpolymeren mit Wasserstoffatomen als Nebengruppen überwiegt bei Bestrahlung die Vernetzung; sind diese H-Atome durch andere Gruppen substituiert, dominiert der Abbauprozeß.

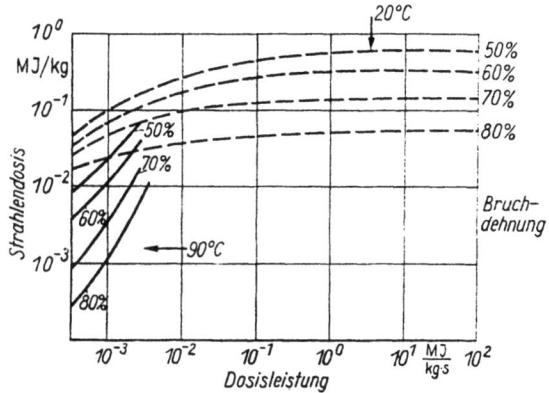

Bild 3.6.35
Schadensdiagramm von APT-Elastomer; Bruchdehnung, bezogen auf den ungealterten Zustand in %, abhängig von der Strahlendosis und Dosisleistung von γ-Strahlung; Alterungstemperatur 20 und 90 °C (Abszisse: lies J/kg · s)

Die Strahlenalterung wird durch die thermische Alterung überlagert. Es entsteht ein echter *Synergismus* (s. Abschn. 3.6.7). Wegen dieser zweifachen Degradationsbelastung ist auch das Ergebnis zwischen Kurz- und Langzeitbestrahlung bei erhöhter Temperatur unterschiedlich. Bei geringen Dosisleistungen ist der thermische Effekt bei vergleichbaren Dosen sehr groß und überdeckt häufig die strahlenchemische Schädigung.

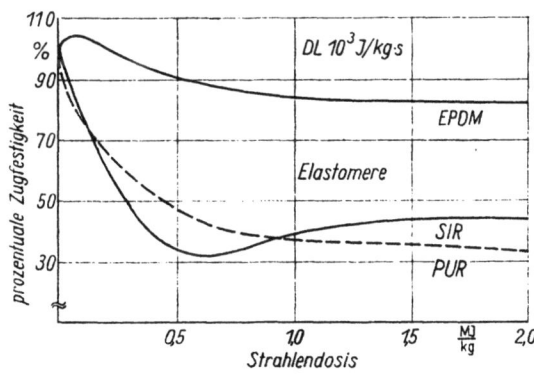

Bild 3.6.36
Änderung der Zugfestigkeit von hochpolymeren Isolierstoffen bei β-Bestrahlung hoher Dosisleistung (DL), bezogen auf den Ausgangszustand
EPDM Ethylen-Propylen-Elastomer
SIR   Silikonelastomer
PUR   Polyurethanelastomer

Es können Schadensdiagramme für den jeweiligen Werkstoff zur Beurteilung aufgenommen werden (Bild 3.6.35). Durch die Bestrahlung treten bei vielen Hochpolymeren Versprödungserscheinungen, Abbau der Bruchdehnung und der Zugfestigkeit auf. Das gilt insbesondere für Thermoplaste und Elaste (Bild 3.6.36).

Die dielektrischen Eigenschaften sind durch Änderung der Relaxationsgebiete gekennzeichnet (Bild 3.6.37). Das α-Maximum des tan δ wird durch Vernetzung zu höheren Temperaturen verschoben. Der Volumenwiderstand ändert sich nicht nur während der

234   3. *Isoliervermögen von Isolierungen und deren Einflußgrößen*

Bestrahlung durch die strahlungsinduzierte Leitfähigkeit, sondern auch durch ionogene Abbauprodukte.

Die Durchschlagfestigkeit im Spannungssteigerungsversuch mit Wechsel und Gleichspannung sowie die Impulsfestigkeit ändern sich nicht signifikant während der Bestrahlung auch mit hoher Dosisleistung bis 10 J/kg·s. Man kann berechnen, daß bei diesen Dosisleistungen etwa 10^5 Elektronen/cm³·s gebildet werden. Diese Menge reicht nicht aus, um in den Gebieten der höchsten Feldstärke eine wesentliche Veränderung der Elektronendichte während der wenigen Nanosekunden des Aufbaus der Entladung herbeizuführen.

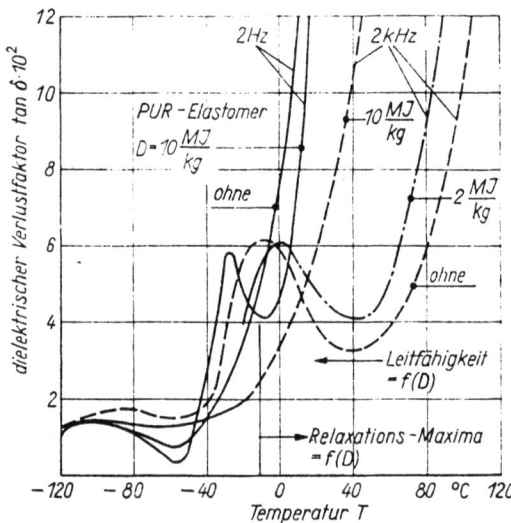

Bild 3.6.37
Darstellung des Einflusses der Strahlungsalterung auf die Lage der Verlustfaktormaxima und auf die Leitfähigkeitsänderung
D Dosis; PUR Polyurethan

Die Durchschlagfestigkeit im SSV steigt bei den meisten Hochpolymeren nach längerer Strahlungsalterung wegen der Nachvernetzung etwas an. Kritischer erscheint jedoch die Bestrahlung während der elektrischen Konstantspannungsbelastung. Die Überlagerung von Strahlungsbelastung und elektrischer Belastung führt zu einer höheren Gesamtalterungsrate. Die Lebensdauerkurven sind nicht nur parallel verschoben, sondern es ergibt sich auch eine Änderung des Lebensdauerexponenten bei Bestrahlung zu kleineren Werten (s. Abschn. 3.6.7) durch synergetische Wirkungen.

Die Strahlungsdegradation von Isolierstoffen ist außerordentlich vielschichtig, so daß theoretisch nur Tendenzen abgeleitet werden können. Den Nachweis der Eigenschaftsänderungen müssen Strukturmessungen (Infrarotspektroskopie, Elektronen-Spinresonanzmessungen, Kernresonanzmessung) und die qualitative und quantitative Bestimmung der Abbauprodukte (Gaschromatographie, Gelchromatographie, Massenspektrometrie usw.) erbringen.

3.6.7. Multistressalterung

Die in den vorausgegangenen Abschnitten beschriebenen Alterungsvorgänge treten in der Praxis meist nicht einzeln auf. Oft kommt es zur sequentiellen oder simultanen Wirkung verschiedener Belastungen und Einflußfaktoren. Hauptbelastungsfaktoren sind Temperatur, elektrische Feldstärke, mechanische Spannung und Strahlungsbelastung.

Als Einflußfaktoren müssen Feuchtigkeit und andere Umweltfaktoren angesehen werden.

Die Lebensdauer t_L muß deshalb von den Belastungs- und Einflußgrößen S abhängen:

$$t_L = f(S_1, S_2, S_3, \ldots, S_n). \tag{3.6.71}$$

Der funktionelle Zusammenhang ist auch bei Kenntnis der einzelnen Alterungsarten wegen der möglichen Wechselwirkungen kompliziert. Experimente beweisen die gegenseitige Beeinflussung. Beispielsweise wird die elektrische Alterung von der Temperatur und von mechanischen Spannungen beeinflußt. Die Temperatur spielt dabei eine Rolle sowohl als Belastungsgröße im Sinne der thermischen Alterung wie auch als eine den jeweiligen thermodynamischen Zustand charakterisierende Größe.

Unter den Bedingungen der Multistressalterung muß die Lebensdauer durch geeignete Kriterien definiert werden. Die Lebensdauer gilt als abgelaufen, wenn bestimmte Eigenschaftswerte über- oder unterschritten werden. Insbesondere sind als Kriterien Eigenschaftswerte geeignet, die bestimmte Festigkeitsgrenzen darstellen. Um praxisrelevante Kriterien einzuführen, eignen sich für Isolierungen besonders mechanische oder elektrische Festigkeitswerte. Diese sind von differentiellen Belastungs- und Zustandsgrößen des Isolierstoffs abhängig. Mit der elektrischen Durchschlagfestigkeit läßt sich der Alterungszustand und die damit gekoppelte Lebensdauer bzw. Zuverlässigkeit festlegen. Es handelt sich dabei um eine statistische Größe. Unabhängig von der speziellen Art der Alterung läßt sich so der jeweilige Zustand charakterisieren. Aber es ist auch möglich, mit der Änderung der elektrischen Festigkeit die Alterungsrate r_A zu beschreiben (s. Abschnitt 3.6.4).

Am besten geeignet erscheint die Feststellung der Durchschlagfestigkeit mit sehr kurzen Impulsen, da der Aufbau von Raumladungen gering bleibt. Neben dem Durchschlagfestigkeitsmittelwert oder dem 63-%-Quantil kann der Formparameter der Weibull-Verteilung als Kriterium für den Alterungszustand hinzugezogen werden.

Eine Prognose über den Alterungsablauf einer Isolierung ist nur dann bei Vorliegen von Multistress möglich, wenn die gemeinsame Alterungsrate bekannt ist oder aus den physikalischen Zusammenhängen abgeleitet werden kann. Gegenwärtig ist eine exakte physikalische Modellierung dieses Destrukturierungsprozesses noch nicht möglich.

Es erscheint deshalb sinnvoll, aus dem Experiment Alterungsraten bei Variation der Belastungsgrößen zu bestimmen. Am Beispiel einer 2-Faktoren-Belastung A und B mit dem jeweiligen Belastungsniveau a und b soll das demonstriert werden:

$$r(A_a \wedge B_b) = r_1(A_a) + r_2(B_b) + r_w(A_a \wedge B_b); \tag{3.6.72}$$

r ist die Bistressalterungsrate, r_1 die Alterungsrate für die Belastung A_a; r_2 ist die für die Belastung B_b und r_w diejenige, die aus der Wechselwirkung erwächst. Das Zeichen $\wedge$ beschreibt die logische Verknüpfung „und ".

Ist das Niveau a von A so hoch, daß r_1 dominiert, so werden r_2 und r_w klein gegen r_1 und sind zu vernachlässigen. Analog gilt dies auch für die zweite Belastung.

Sind $r_1(A_a)$ und $r_2(B_b)$ in der gleichen Größenordnung und $r_w = 0$, so ist die Lebensdauerkurve deutlich verschieden gegenüber jeder der für beide Einzelbelastungen aufzunehmenden, und die beiden Lebensdauerbeziehungen können additiv verbunden werden. Ist $r_w \neq 0$, so liegen synergistische Alterungsprozesse vor, die eine andere Verknüpfung der Lebensdauergleichungen erfordern. So ist bei elektrischer, mechanischer und thermischer Belastung bei einigen Isolierstoffen mit Erfolg ein multiplikativer An-

236   *3. Isoliervermögen von Isolierungen und deren Einflußgrößen*

satz für die Berechnung der Gesamtalterungsrate aus den Einzelalterungsraten angewendet worden:

$$r = r_{el,0}\left(\frac{E}{E_0}\right)^n r_{mech,0}\left(\frac{\sigma}{\sigma_0}\right)^m r_{therm,0}\exp-\left(\frac{w_a}{kT}\right);\qquad(3.6.73)$$

r_0 bedeutet Bezug auf eine Rate, die bei E_0, σ_0 und einer bestimmten Temperatur, z. B. 20 °C, festgestellt werden kann.

Die einzelnen Faktoren stellen, über die Belastungszeit integriert, die Alterungsbeträge der jeweiligen Belastung dar:

$$\int_0^{t_L} r\,dt = \int_0^{t_L} r_{el,0}\left(\frac{E}{E_0}\right)^n dt \int_0^{t_L} r_{mech,0}\left(\frac{\sigma}{\sigma_0}\right)^m dt \int_0^{t_L} r_{therm,0}\exp-\left(\frac{w_a}{kT}\right) dt.$$
(3.6.74)

Diese Alterungsbeträge können als Äquivalente einer elektrischen Alterung ausgedrückt werden. Die Möglichkeit der multiplikativen Verknüpfung zeigt, daß in diesem Fall r_w in (3.672) größer als null ist.

Die Zusammenhänge nach (3.6.72) sind für die experimentelle Bestimmung des Bereichs synergistischer Wirkungen von Bedeutung. Es können Kennlinienfelder ermittelt werden, aus denen erkennbar ist, von welchem Niveau der Einzelbelastung an eine Wechselwirkung zwischen den Belastungen entsteht. Das ist für die Wahl der Isolierstoffe und die Belastungsfestlegung und ggf. Belastungsbegrenzung wichtig.

4. Schutz der Isolierung und Diagnose des Isoliervermögens

Den umfangreichen Belastungen der Isolierung muß ein Komplex von Festigkeitseigenschaften so gegenübergestellt werden, daß unter Berücksichtigung der Alterung innerhalb der projektierten Lebensdauer alle Anforderungen an die Isolierung des elektrotechnischen Betriebsmittels mit einem bestimmten Zuverlässigkeitsniveau erfüllt werden. Damit müssen wegen der Stochastik von Beanspruchungs- und Festigkeitswerten und wegen des Auftretens zeitlicher Überbelastungen beachtliche Reserven in die Auslegung der Isolierung einbezogen werden. Das aber erhöht die Kosten. Es erscheint überall dort zweckmäßig, von einem passiven oder aktiven Schutz Gebrauch zu machen, wo keine Betriebsunterbrechung oder keine wesentliche Absenkung unter das Nennleistungsniveau des Betriebsmittels damit verbunden ist. Günstige Voraussetzungen bestehen in der Überspannungsbegrenzung, aber auch künftig in immer stärkerem Maße in Überstrombegrenzungsmaßnahmen, die eine Herabsetzung der thermischen und mechanischen Belastungen im Kurzschlußfall zur Folge haben.

Im gewissen Umfang sind auch Diagnosemaßnahmen in dieses Konzept einzubeziehen, da mit ihnen Zustandserfassungen verbunden sind, die eine Belastungskorrektur oder eine zeitliche Umverteilung des Lebensdauervorrats kalkulier- und entscheidbar machen.

4.1. Aktiver und passiver Schutz der Isolierung gegen Überspannungen
[2] [3] [5] [6] [60]

Elektrische Netze und Anlagen können so aufgebaut werden, daß die Höhe der Schaltüberspannungen klein gehalten werden kann. Hierzu gehören u.a. Maßnahmen des Netzaufbaus, der Belastungsspezifik, der Art der Durchführung von Schalthandlungen, der Wahl des Schaltprinzips und der gezielten Nutzung von Reflexionen und Refraktionen von Wanderwellen durch die Netzabgangsgestaltung. Der *passive Schutz* gegenüber äußeren Überspannungen berücksichtigt ebenfalls Elemente der Netzkonfiguration, insbesondere aber Möglichkeiten der Verminderung der Wahrscheinlichkeit des Blitzeinschlags in Freileitungen durch Schutzseilanordnungen. Die Nutzung von Inhomogenitäten in der Leitungsführung, etwa Kabeleinschleifungen zur Reflexion und Dämpfung von Wanderwellen, gehört ebenfalls dazu. Ein wirksamer Überspannungsschutz kann durch Kondensatorbeschaltung realisiert werden. Am Punkt der Kondensatoranlenkung ändert sich der Wellenwiderstand. Eine Abflachung der Stirn der Wanderwelle ist zu erreichen. Der Vorteil ist ein verzögerungsfreies Absenken der Welle.

Mit diesen Maßnahmen kann das Überspannungsniveau begrenzt bzw. in seiner Auftretenswahrscheinlichkeit reduziert werden. Wirksamer und definierter ist der Schutz der Isolierung von Anlagen und Geräten durch *Überspannungsschutzgeräte*.

Die einfachste Lösung ist die Pegelfunkenstrecke.

Diese ist mit einer großen Streuung der Ansprechspannung behaftet. Es treten lange Löschzeiten auf.

4. Schutz der Isolierung und Diagnose des Isoliervermögens

Eine verbesserte Variante stellen die Löschrohrableiter dar, die im Prinzip eine Zwangslöschung durch die Zersetzungsgasströmung des Kunststofflöschrohrs, das die Funkenstrecke umgibt, erreichen.

Durch den technologischen Fortschritt im Ventilableiterbau werden jedoch heute vorzugshalber auch im Nieder- und Mittelspannungsbereich kostengünstig Ableiter mit spannungsabhängigem Widerstand eingesetzt.

Der Ventilableiteraufbau ist im Bild 4.1.1 skizziert. Die Funktionselemente sind die Ansprechfunkenstrecke, die Löschfunkenstrecken mit oder ohne magnetische Beblasung und die Widerstandskombination mit nichtlinearer Strom-Spannungs-Charakteristik. Die Vorteile eines solchen Ableitertyps sind hohe Ansprechgenauigkeit, definierte Löschbedingungen und hohe Energieableitung.

Beim Einlaufen der Wanderwelle in den Anschlußpunkt des Ableiters schlägt bei entsprechender Spannungshöhe die Funkenstrecke durch, und es fließt ein Strom über den spannungsabhängigen Widerstand zur Erde. Die Widerstandscharakteristik ist

$$I = kU^n. \tag{4.1.1}$$

Der Exponent n liegt etwa bei 7. Dadurch kommt es bei ansteigender Spannung der einlaufenden Wanderwelle zum steilen Anstieg des Stroms. Das führt zu einer raschen Energieabsenkung der Welle. Die Auslegung der Funkenstrecken ist so, daß der wegen der Spannungsabsenkung stark reduzierte Strom unterbrochen wird.

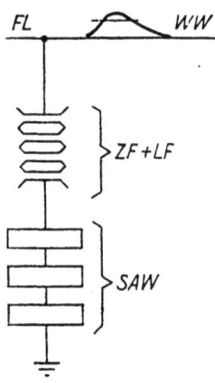

Bild 4.1.1. Prinzipieller Aufbau eines Überspannungsableiters
ZF Zündfunkenstrecken
LF Löschfunkenstrecken
SAW spannungsabhängige Widerstände
(WW Wanderwelle
FL Freileitung)

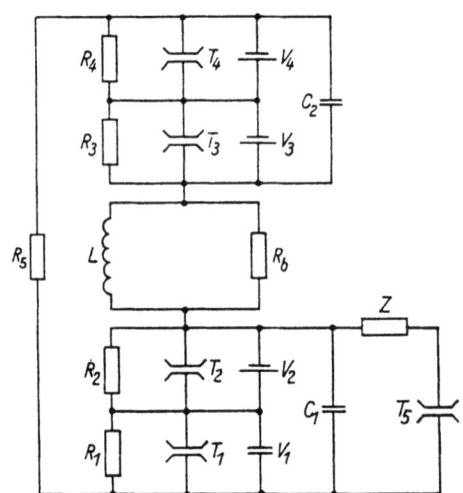

Bild 4.1.2. Schaltung einer modernen Löschfunkenstreckeneinheit
T_1 bis T_4 Löschfunkenstrecken; V_1 bis V_4 Varistoren (SAW-Scheiben); C_1, C_2 Steuerkondensatoren; T_5 Auslösefunkenstrecke; R_b Bypass-Widerstand; Z Impedanz der Auslöseeinrichtung

Spannungsabhängige Widerstände bestehen aus gesinterten SiC-Kristallen. Die Spannungsabhängigkeit entsteht durch Grenzschichteffekte am Übergang zwischen den p-leitenden Kristallen. Die Dimensionierung der Widerstandsscheiben erfolgt nach Gesichtspunkten der Energieaufnahme während des Ableitvorgangs.

Eine Forderung an die Funkenstrecken ist das schnelle Ansprechen, auch bei steilen Impulsspannungen. Die besten Voraussetzungen bieten dafür Plattenfunkenstrecken (homogenes Feld). Eine weitere Möglichkeit ist der Einsatz von Vorionisierstrecken auf der Basis von inhomogenen Anordnungen niedriger Einsetzspannung in der Nähe der

Plattenfunkenstrecken. Zur Vermeidung von Fremdeinflüssen werden die Funkenstrecken, in einem Porzellangehäuse luftdicht abgeschlossen, in Stickstoff angeordnet. Für hohe Leistungen wird eine Magnetfeldsteuerung mit Permanentmagneten oder Spulen im Nebenstromkreis eingesetzt.

Die Potentialverteilung wird durch eine gemischt ohmisch-kapazitive Steuerung erzwungen. Die Schaltung einer modernen Löschfunkenstreckeneinheit zeigt Bild 4.1.2.

Überspannungsableiter sind mit einem Überdruckschutz und einer Abbildfunkenstrecke zur Funktionsüberwachung ausgerüstet.

Wesentlich für die Schutzfunktion sind folgende Größen:

- Nennspannung   Zuordnung zum Netz
- Ansprechwechselspannung $(2 \dots 2{,}5)\, U_n$, ungesteuerte Ableiter
  $(1{,}7 \dots 2{,}3)\, U_n$, gesteuerte Ableiter
- Ansprechstoßspannung   Impulsfaktor soll $\leq 1{,}2$ für ungesteuerte und ≤ 1 für gesteuerte Ableiter betragen
- Restspannung   der durch den Ableitstoßstrom $8/20\,\mu s$ am spannungsabhängigen Widerstand verursachte Spannungsabfall
- Löschspannung   höchster Effektivwert einer betriebsfrequenten Spannung, bei der der Folgestrom mit Sicherheit unterbrochen wird
- Ableitstoßstrom   Strom, der nach dem Ansprechen des Ableiters ohne Schädigung fließen kann; Bezugsstoßwelle $8/20\,\mu s$
- Hochstoßstromfestigkeit   Grenzableitvermögen
- Langwellenstoßstrom   Nachweis der Langwellenfestigkeit, Vermögen zur Ableitung innerer Überspannungen.

Neben den konventionellen Ableitern werden gegenwärtig Metalloxidableiter (MOA) eingesetzt. Sie haben einen spannungsabhängigen Widerstand mit einem Exponenten nach (4.1.1) von $n = 20 \dots 30$, also extrem starker Nichtlinearität. Vorwiegend wird ZnO als Metalloxid benutzt. Die Widerstände sind ebenfalls gesintert. Durch die hohe Nichtlinearität wird ein Verzicht auf eine Ansprech- und Löschfunkenstrecke möglich, da bei Betriebsspannung der Dauerstrom nur wenige Milliampere beträgt. Der Aufbau der MOA ist sehr einfach, die notwendige Homogenität der Widerstandsscheiben jedoch extrem hoch, also auch technologisch aufwendig. Im Vergleich zum SiC-Ableiter ist der MOA für sehr steile Wellen wegen der kontinuierlichen Wirkung und bei Langwellen wegen der höheren Energieabsorption vorteilhaft. Im Falle des Fremdschichtbelags sind kaum Abhängigkeiten vorhanden, weil eine kapazitive Beeinflussung praktisch nicht erfolgt. Nachteilig ist die fehlende Trennung der Widerstände nach dem Ableitvorgang, da der warme Ableiter weiter am Netz bleibt. Hier werden hohe Anforderungen an die Dauerspannungsfestigkeit gestellt.

Besonders wichtig ist die Beherrschung der Alterung der MO-Widerstände, da sie das Schutzniveau bestimmt.

4.2. Isolationskoordination
[60]

Aufgabe der Isolationskoordinaten ist, die optimale Übereinstimmung zwischen der elektrischen Belastung, dem Isoliervermögen der Isolierung und dem Schutzniveau herzustellen. Es werden daher *Isolationspegel* und *Schutzpegel* auf die jeweilige Nennspannung bezogen koordiniert. Unter Isolationspegel versteht man eine Gruppe von *Nenn-*

stehspannungen zur Charakterisierung des Isoliervermögens. Hierzu gehören der Wechsel-, Blitz- und Schaltspannungspegel. Der Schutzpegel wird durch eine Gruppe von *Nennbegrenzungsspannungen*, die am Einbauort von Überspannungsschutzgeräten durch Überspannungen nicht überschritten werden dürfen, gebildet. Es sind Blitzspannungsschutzpegel und Schaltspannungsschutzpegel festzulegen.

Ziel der Koordination ist die Vermeidung von Schädigungen der Isolierung mit einer bestimmten Wahrscheinlichkeit. Da die Gefährdung von Isolierungen stark von der Netzkonfiguration abhängt, ist die Isolationskoordination je nach der Sternpunktbehandlung unterschiedlich auszuführen. Es wurden deshalb *Isolationsklassen* geschaffen. Die Charakterisierung ist der Tafel 4.2.1 zu entnehmen. Aus Gründen des Zugriffs, der Regenerierbarkeit, der Reparaturfähigkeit, der Ökonomie und des Schutzes von Menschenleben sind unterschiedliche Anforderungen an den Schutz der Isolierung und das Isoliervermögen verschiedener Betriebsmittel zu stellen. Aus diesem Grund wurden *Isolationsgruppen* eingeführt. Tafel 4.2.2 gibt einen Überblick über die Aufteilung in

Tafel 4.2.1. Charakterisierung von Isolationsklassen [60]

Klasse	Charakteristik	Sternpunktbehandlung
N	Betriebsmittel, durch Blitz und/oder Schaltspannung gefährdet, geschützt oder ungeschützt	nicht wirksam geerdet 1,2 bis 36 kV (123 und 245 kV)
NE		wirksam geerdet 245 und 420 kV
SE	keine Gefährdung durch Blitz und/oder Schaltspannung, ungeschützt	wirksam geerdet
	wenig Gefährdung durch Blitz und/oder Schaltspannung, geschützt	≥ 245 kV

Tafel 4.2.2. Charakterisierung von Isolationsgruppen [60]

Isolationsgruppe	Charakterisierung
1	Trennstrecken (Schaltgeräte): Trenner Leistungstrennschalter Lasttrennschalter Hochspannungsschaltschütze Trennlaschen
2	Außen- und/oder Innenisolierungen zwischen spannungführenden und geerdeten Konstruktionsteilen von Betriebsmitteln z. B. Isolator, Durchführung, Isoliergehäuse, Transformatoren, Wandler, Schalter (soweit nicht zu Isolationsgruppe 1)
3	Außen- und Innenisolierungen von gegen Blitzspannungen unmittelbar geschützten Betriebsmitteln z. B. fabrikfertige Schaltzellen, Kompaktstationen
4	Sternpunkt- und Sternpunktleiterisolierungen
5	Außen- und Innenisolierungen von rotierenden Maschinen mit zugeordneter Nennstehwechselspannung

Koordinations-form	Kombination der Schutz- und Isolationspegel	*Tafel 4.2.3 Charakterisierung der Koordinationsformen* [60]
1	Wechselspannungspegel	
2	Wechselspannungspegel, Blitzspannungspegel, Blitzspannungsschutzpegel	
3	wie Koordinationsform 2, zusätzlich Schalt-spannungspegel, Schaltspannungsschutzpegel	

Isolationsgruppen. Die unterschiedlichen Schutzbedürfnisse und Beanspruchungen erfordern die Zusammenfassung von Schutzpegeln in bestimmten *Koordinationsformen*, die in Tafel 4.2.3 zusammengestellt sind. Ausgehend von diesen Koordinationsprinzipien, werden in den nationalen Standards (z. B. TGL 20445) für die einzelnen Nennspannungen die konkreten Werte nach den genannten Kategorien festgelegt.

Damit sind die Anforderungen an die Isolierung und an die Schutzgeräte definiert und festgelegt. Die Prüfung der Isolierfähigkeit und der Charakteristiken der Überspannungsbegrenzer erfolgt mit standardisierten Prüfspannungen (s. Abschn. 4.5). Isolierungen für Wechselspannungen kleiner als 1000 V, sogenannte Niederspannungsisolierungen, werden nach ähnlichen Gesichtspunkten koordiniert. Die Isolationsgruppen werden nach den Einsatzbedingungen festgelegt. Die Trennstrecken werden klassifiziert und Schutzprinzipien nach dem Grad der Spannungsabsenkung differenziert. Auch die Koordinationsform wird nach Gesichtspunkten der auftretenden betriebsfrequenten und der Überspannungsbeanspruchung ausgewählt. Dabei unterscheidet man die Bestimmung des Isoliervermögens für alle Beanspruchungsformen durch Wechselspannungs- oder Wechselspannungs- und Blitzspannungspegel.

4.3. Isolierstoffdiagnose

4.3.1. Bestimmung der elektrischen Festigkeit von Isolierstoffen
[58] [66] [97]

Für die Auslegung einer Isolierung sind Kenntnisse über Eigenschaften der möglichen Isolierstoffe notwendig. Insbesondere werden die Festigkeitswerte entsprechend den Hauptbeanspruchungen benötigt. Wenn auch an Prüfkörpern ermittelte Werte nicht unmittelbar in die Berechnung der Festigkeit der Isolieranordnung eingehen können, so sind sie doch geeignet, unterschiedliche Isolierstoffe zu vergleichen und auf der Basis von Erfahrungen und Extrapolationsgesetzmäßigkeiten zweckentsprechende auszusuchen.

Die dominierende Eigenschaft für Isolierstoffe ist die elektrische Festigkeit.

Für *gasförmige Isolierstoffe* werden im schwach inhomogenen Feld die Festigkeitswerte bestimmt. Vorwiegend werden Kugel-Kugel-Anordnungen benutzt. Gleich- und Wechselspannungsfestigkeit werden im Spannungssteigerungsversuch gemessen. Für die meisten praktischen Fälle reicht die Normalverteilung als statistische Approximation aus. Mittelwert und Standardabweichung charakterisieren die Durchschlagfestigkeit. Bei Impulsspannungen wird die 50-%-Durchschlagfestigkeit bestimmt. Die vollständige Charakteristik wird durch die Paschen-Kurve (s. Abschn. 3.5.1) gegeben. Als Basis für die Auslegung von Gasisolierungen sind ferner die Kennlinien für stark inhomogene, raumladungsbehaftete Felder bedeutsam. Die Charakteristiken werden mit entsprechenden Elektrodenanordnungen gewonnen. Gasdichte und Gasfeuchtigkeit sind zu berücksichtigen (s. auch Abschn. 4.5.2 und 3.5.1).

Flüssige Isolierstoffe [67] sind in ihrer Durchschlagfestigkeit stark vom molekularen Aufbau, von der Temperatur (Viskosität), von Verunreinigungen und vom Wassergehalt abhängig. Über die Verunreinigungswirkung ist eine zeitliche Abhängigkeit vorhanden. Langzeitabhängigkeit besteht auch von den dielektrischen Eigenschaften (Verluste) und Raumladungsbildungen. Die einzelnen Spannungsverlaufsformen unterscheiden sich erheblich im Durchschlagfestigkeitswert.

Die Durchschlagfestigkeit wird vorwiegend im Kugel-Kugel-Feld ermittelt. Verschiedene Normen orientieren auf Kugelkalotten mit 25 mm Kugeldurchmesser. Die Schlagweite beträgt 2,5 mm. Für praktische Auswertungen genügt im allgemeinen die Gauß-Verteilung. Wegen der Verunreinigungsabhängigkeit der Durchschlagfestigkeit ist für die Anwendung des Vergrößerungsgesetzes eine Weibull-Verteilungsapproximation angezeigt. Gleich- und Wechselspannungen werden im Spannungssteigerungsversuch ermittelt. Die Konstanz der Steigerungsgeschwindigkeit und deren Kenntnis ist für die Übertragung von Ergebnissen für praktische Auslegungen der Isolierung und für den Isolierstoffvergleich von Bedeutung.

Angaben über Impulsfestigkeiten müssen von genormten Wellen ausgehen. Es wird die 50-%-Durchschlagfestigkeit angegeben. Für weiterführende Aussagen sind die statistischen Verteilungen erforderlich. Besonderheiten des stark inhomogenen Feldes werden mit Spitze-Platte-Anordnungen ermittelt.

Für *feste Isolierstoffe* wird die elektrische Festigkeit im homogenen oder schwach inhomogenen Feld bestimmt. Die gebräuchlichsten Anordnungen sind Kugel-Platte oder Platte-Platte. Bei letzteren werden Rogowski- oder Borda-Profile der Elektroden verwendet (s. Abschn. 3.2.3). Wenn Isolierstoffproben mit größeren Dicken vorliegen, wird eine Kugelkalotte eingearbeitet, so daß im Scheitel eine Restdicke des Materials von 1 mm verbleibt. Die Kugel- und Plattenelektroden werden aufgesetzt. Um Quergrenzschichten und damit Teilentladungen zu vermeiden, wird die Isolierstoffoberfläche an den Aufsatzstellen metallisiert oder mit einem leitfähigen Lack bestrichen. Folien werden mit aufgedampften oder aufgesetzten Plattenelektroden versehen. Die Prüfung von Schichtpreßstoffen geschieht im allgemeinen in Schichtrichtung durch eingesenkte, anaxial angeordnete Zylinderelektroden. Zur Vermeidung von Oberflächenentladungen werden Einbettungsmedien mit höherer Durchschlagfestigkeit als Luft und mit einer möglichst hohen Dielektrizitätszahl verwendet. Im Fall von Impulsdurchschlagmessungen sind auch Flüssigkeiten mit hohem ε_r und erhöhter Leitfähigkeit möglich. Die Elektroden bestehen aus Messing, rostfreiem Stahl oder Kupfer. Als Aufdampfelektroden werden Ag-, Al- und Cu-Schichten verwendet. Auch sind Leitlacke mit Edelmetall- oder Graphitpigmentierung im Einsatz.

Die Durchschlagspannung wird im Spannungssteigerungsversuch oder als 50-%-Impulsdurchschlagspannung bestimmt; dabei ist die Festlegung der Spannungssteigerungsgeschwindigkeit wichtig.

Eine statistische Auswertung auf der Basis der Normalverteilung ist üblich. Für eine genauere Kennwertermittlung ist die Anwendung der Weibull-Verteilung zweckmäßig.

Alle Meßverfahren und Konditionierungsbedingungen sind genormt [72] [73].

Auf die Einhaltung von Temperatur- und Feuchtigkeitsfestlegungen ist besonderer Wert zu legen, da sie großen Einfluß auf die Durchschlagfestigkeit haben.

4.3.2. Bestimmung der dielektrischen Kenngrößen
[81] [83] [99] [100]

Wichtige Kenngrößen zur Bewertung der Einsatzfähigkeit der Isolierstoffe sind der dielektrische Verlustfaktor tan δ, die Dielektrizitätszahl ε_r und der spezifische Widerstand ϱ. tan δ und ε_r sind im allgemeinen temperatur- und frequenzabhängig. Die Kennwerte sind daher für bestimmte Parameter zu bestimmen. Üblich sind typische Anwendungsfrequenzen und neben der Raumtemperatur eine obere Anwendungstemperatur. Zur besseren Kennzeichnung des Stoffes ist die Angabe der *Temperatur- und Frequenzspektren* sinnvoll. Eine Konditionierung der Proben ist wegen der starken Feuchtigkeitsabhängigkeit für alle dielektrischen Größen notwendig. Die Dielektrizitätszahl und tan δ werden

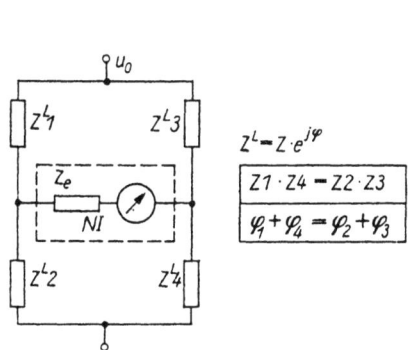

Bild 4.3.1. Schema und Abgleichbedingung von Wechselstrombrücken
NI Nullindikator
Z_e Indikatorimpedanz

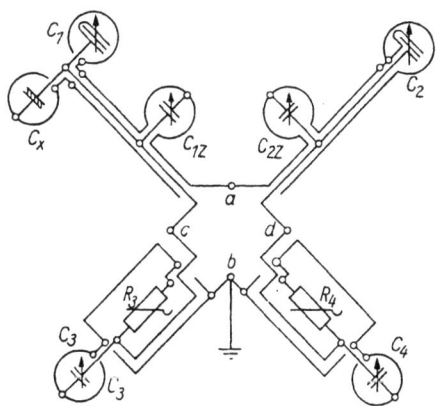

Bild 4.3.2. Schaltung der Brücke nach Giebe und Zickner (Substitutionsverfahren) – räumlich symmetrischer Aufbau
C_x Prüfling; a–b Spannungszuführung; c–d Nullindikator

im Frequenzbereich von 0,1 Hz bis zu einigen Megahertz mit Brückenmethoden gemessen. Die untere Begrenzung liegt in der Abgleichsdauer, die obere in dem räumlichen Aufbau und den parasitären Kapazitäten begründet. Brücken sind nach dem im Bild 4.3.1 abgebildeten Schema aufgebaut. Im abgeglichenen Zustand gilt für die Impedanzen

$$Z_1 Z_4 = Z_2 Z_3. \tag{4.3.1}$$

Die einzelnen Typen der Brücken unterscheiden sich durch die Auswahl und Anordnung der Impedanzen.

Der Abgleich wird durch einen hochempfindlichen Nulldetektor für die Spannung zwischen den beiden Brückenzweigen vorgenommen. Für Messungen im Niederspannungsbereich wird die Substitutionsmethode nach *Giebe* und *Zickner* verwendet (Bild 4.3.2).

Die vier Eckpunkte der Brücke sind räumlich weitgehend zusammengefaßt. Der störungsarme, symmetrische Leitungsaufbau gewährleistet hohe Abgleichgenauigkeit. Als Normalkondensatoren werden solche mit Gasdielektrikum gewählt. Der Abgleich erfolgt mit einem Vibrationsgalvanometer mit Resonanzfrequenzabgleich oder mit einem elektronischen Detektor. Die Probe selbst kann nach dem Abgleich durch hochgenaue Kondensatoren substituiert werden. Auf diese Weise sind Präzisionsmessungen möglich. Für

Industriefrequenz und bis zu einigen Kilohertz kann die Schering-Brücke eingesetzt werden. Dabei sind

$$Z_1 = R_x + \frac{1}{j\omega C_x}, \quad Z_2 = \frac{1}{j\omega C_N}, \quad Z_3 = R_3, \quad Z_4 = \frac{R_4}{1 + j\omega R_4 C_4}.$$
(4.3.2)

Abgeglichen ergibt sich für

$$\tan \delta_x = \omega R_4 C_4 \tag{4.3.3}$$

$$C_x = C_N \frac{R_4}{R_3 (1 + \tan^2 \delta_x)} \approx C_N \frac{R_4}{R_3}. \tag{4.3.4}$$

Da $\omega = 2\pi f$, kann R_4 mit Vorteil $R = 1000/\pi \, \Omega$ gewählt werden. Dann ist $\tan \delta_x = 0{,}1 C_4$ mit C_4 in µF für 50 Hz.

Sollen oder müssen für die Isolierstoffprüfung hohe Spannungen gewählt werden, um bei praxisrelevanten Geometrien genügend hohe Feldstärken zu erhalten, so ist eine Schering-Brücke mit Abschirm- und Schutzmaßnahmen erforderlich. Bild 4.3.3 zeigt die Schaltung. Damit wird in einen Hoch- und einen Niederspannungszweig aufgeteilt und die Bedienperson durch eine Abschirmung geschützt. Bei einem Durchschlag der Probe entsteht ein Schutz durch das Ansprechen der Überspannungsableiter. Als Hochspannungsmeßkondensatoren (Normalkondensatoren) werden vorwiegend Preßgaskondensatoren benutzt (s. Abschn. 3.5.1 und 5.2.2). Bei hohen Frequenzen im Bereich von 10^5 bis 10^8 Hz werden mit Erfolg Resonanzmethoden, sogenannte Q-Meter, eingesetzt. Die Prinzipschaltung wird im Bild 4.3.4 gezeigt.

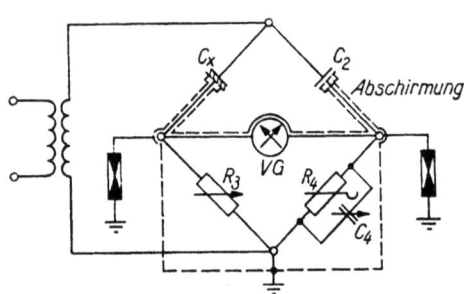 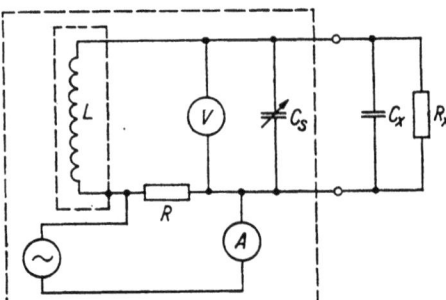

Bild 4.3.3. Hochspannungsmeßbrücke nach Schering

$R_4 = \frac{1000}{\pi} \Omega = 318{,}3 \, \Omega$

$C_2 = C_N$ Normal- (Preßglas-) Kondensator
VG Vibrationsgalvanometer

Bild 4.3.4. Prinzipschaltung zur Bestimmung der dielektrischen Größen mit Hilfe des Resonanzabgleichs (Q-Meter)

$C_x = \Delta C_s; \quad Q_x = \frac{\Delta C_s}{C_{s1}} \frac{Q_1 Q_2}{\Delta Q}$

Index 1 und 2 Resonanz ohne und mit C_x

Für Frequenzen wesentlich unter 1 Hz bieten sich bis zu einer begrenzten Genauigkeit Zeitmessungen zwischen Nulldurchgängen von Strom und Spannung an. In hohem Maße wird auch von der Absorptionsstrommessung Gebrauch gemacht. Mit der Hammon-Approximation lassen sich aus einer elektrischen Sprungspannungsbelastung und der dielektrischen Sprungantwort der $\tan \delta$ und ε'' berechnen.

Zur Messung der dielektrischen Größen werden Platten und Zylinderkondensatoren als Elektrodensysteme benutzt. Damit können Isolierstoffe aller Aggregatzustände gemessen werden.

4.3. Isolierstoffdiagnose   245

Zur Vermeidung von Randfeldeffekten und Streukapazitätseinfluß werden Meßelektroden mit Schutzringelektroden gemäß Bild 4.3.5 verwendet. Analog sind Schutzringzylinderanordnungen für Flüssigisolierstoffe zu charakterisieren.

Die Messung des spezifischen Widerstands von Isolierstoffen wird mit gleichartigen Meßanordnungen vorgenommen. Die Meßspannung ist Gleichspannung sehr geringer Welligkeit. Gemessen wird der Strom über ein empfindliches Galvanometer oder ein elektronisches Pikoamperemeter. Die Messung des Spannungsabfalls über den gegen Erde gelegten hochohmigen Widerstand kann über ein Schwingkondensatorelektrometer vorgenommen werden. Der Oberflächenwiderstand wird in ähnlicher Weise über Schneidenelektroden ermittelt. Die Konditionierung der Proben ist von größter Bedeutung.

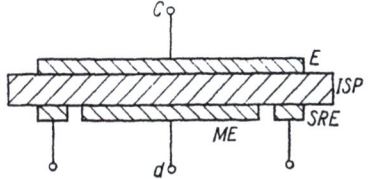
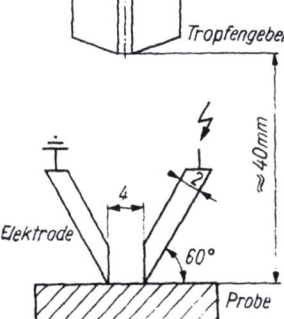

Bild 4.3.5. Schutzringelektrodenanordnung
E   Elektrode
ISP Isolierstoffprobe
SRE Schutzringelektrode
ME Meßelektrode
c-d Brückenverbindung

Bild 4.3.6
Anordnung zur Bestimmung der Kriechstromfestigkeit von Isolierstoffen nach IEC 112

4.3.3. Bestimmung der Kriechstromfestigkeit
[85] [86] [88]

Kriechströme sind Oberflächen- oder oberflächennahe Ströme, die durch Feuchtigkeit und Fremdschichten hervorgerufen werden (s. Abschn. 3.6.5). Bei entsprechendem Energieumsatz je Flächen- und Zeiteinheit entstehen leitfähige Kriechspuren oder Erosionsgebiete. Eine Simulation dieser Vorgänge kann durch Kriechstrombeständigkeitstests durchgeführt werden. Damit ist ein Kennwertvergleich von verschiedenen Isolierstoffen möglich. Eine Abschätzung des Verhaltens der Isolierung kann vorgenommen werden. Die verschiedenen Methoden unterscheiden sich durch die Art der Belastung und die Belastungshöhe. Die Belastung wird als Teilentladung (Lichtbogen) trocken aufgebracht. Im allgemeinen wird jedoch über die Ausbildung einer Elektrolytschicht auf der Oberfläche zwischen Elektroden und durch Abdampfung des Elektrolyten infolge der Stromwärme die Entstehung von Teillichtbögen hervorgerufen. Die mittlere elektrische Belastung liegt bei einigen bis zu etwa 150 V/mm. Der Elektrolyt zeigt Ionenleitfähigkeit. Ein Netzmittel sorgt für die Oberflächenbenetzung.

Eine sehr gebräuchliche Methode ist der *Test nach IEC 112* [85] (TGL 200-0018 [98]), die sogenannte Tropfenmethode. Die Anordnung wird im Bild 4.3.6 dargestellt. Die Spannung wird von 100 V bis auf 600 V in Stufen gesteigert. In jeder Spannungsebene wird im Abstand von 30 s der Elektrolyt in einem Volumen von 23 mm^3 zwischen die Elektroden getropft. Die Ausbildung der Teillichtbögen und der Einfluß des heißen Elektrolyten führt zur Degradation. Ein Stromfluß durch die Degradationsprodukte bewirkt eine selbständige Pyrolyse mit nachfolgendem Überschlag. Stoffe mit leitfähiger Kriechspurbildung werden durch die Überschreitung eines Stromlimits, durch die Spannungsebene und die erforderliche Zahl der Tropfen charakterisiert. Stoffe ohne Ausbildung leitfähiger Kriechspuren können durch die Spannungsstufe und die Erosionstiefe oder das Erosionsvolumen gekennzeichnet werden.

Eine andere Methode ist der *Schiefe-Ebene-Test*. Hierbei werden ein Elektrolytfluß auf einer Isolierstoffschicht zwischen einer punktförmigen und einer Linienelektrode erzeugt und eine Hochspannung angelegt. Die Zeit bis zum Kriechüberschlag bzw. bis zu einer bestimmten Erosion wird als Kriterium der Kriechstrombeständigkeit angesetzt.

Speziell für Materialuntersuchungen für den Freilufteinsatz wurden Methoden entwickelt, die eine Langzeitprüfung zulassen. Es sind dies *Nebelkammertests* und *zyklische Tauchtests* (Merry-go-round [114]). Die elektrische Belastung liegt bei etwa 50 V/mm; der Elektrolyt hat eine spezifische Leitfähigkeit von etwa 1500 µS/cm. Die Kriterien sind Überschlagfestigkeit, Oberflächenleitfähigkeit, Masseverlust u. a.

4.3.4. Bestimmung von betriebsrelevanten Isolierstoffeigenschaften

Da für die Abschätzung des Betriebsverhaltens von Isolierstoffen nicht nur elektrische Eigenschaften von Bedeutung sind, müssen praktisch alle Werkstoffprüfmethoden angewendet werden. Als *mechanische Kennwerte* sind die Zug-, Biege- und Druckfestigkeit sowie die Schlagbiegefestigkeit und Kerbschlagzähigkeit zu bestimmen. Darüber hinaus sind Delaminierungsfestigkeit, Fließen unter mechanischer Beanspruchung, Einreißfestigkeit, Beständigkeit gegen Mikrorißbildung u. a. für die Erfüllung von Isolieraufgaben bedeutsam.

Thermische Kennwerte, wie spezifische Wärme, Wärmeleitfähigkeit, Strahlungsabsorption, Reflexionsvermögen, Viskosität u. a., müssen gemessen werden. Die *chemische Beständigkeit* ist in vielen Fällen als Kriterium für den Einsatz wichtig.

Die angeführten Kennwerte stellen nur eine kleine Auswahl dar, um die Werkstoffprüfproblematik auf dem Isolierstoffsektor zu unterstreichen.

Besondere Bedeutung kommt in zunehmendem Maße der *Strukturaufklärung* und insbesondere der Erfassung der Veränderungen bei der komplexen Alterung zu. Viele dieser Methoden der Kennwerterfassung werden künftig in spezieller Anpassung auch als Diagnoseverfahren für die Produktionsüberprüfung und die Kontrolle der Einsatzfähigkeit der Isolierstoffe im Betrieb genutzt.

Auch hier können nur einige wenige beschrieben werden; sie sollen aber die Zusammenhänge verdeutlichen.

Thermische Analysenmethoden
[115]

Der bei thermischer Belastung auftretende Abbau von makromolekularen Verbindungen führt auch zur Abspaltung von niedermolekularen Degradationsprodukten. Die Folge ist eine Massereduzierung Δm. Die Masseänderung kann so als Maß der Alterung aufgefaßt werden und ist häufig korrelierbar zu anderen Eigenschaftsänderungen, wie mechanische Festigkeit, Durchschlagfestigkeit u. a. Werden Proben mit einem definierten Verhältnis von Oberfläche zu Volumen mit konstanter, jedoch wählbarer Geschwindigkeit aufgeheizt, wobei die Temperaturerhöhung bei beliebiger Gasatmosphäre oder im Vakuum erfolgt, so kann mit einer empfindlichen Waage gleichzeitig Δm bestimmt werden.

Die Masseänderung wird im allgemeinen automatisch registriert. Eine Verbesserung der Aussage ist möglich, wenn gleichzeitig die Masseänderungsgeschwindigkeit jeder Temperatur zugeordnet werden kann. Damit wird die Alterungsrate bestimmt *(Differentialthermogravimetrie)*.

Zusätzliche Informationen gewinnt man durch einen Temperaturvergleich des Prüfkörpers mit einem Inertprüfkörper. Die Temperaturdifferenz zeigt exotherme oder endotherme Reaktionen an, die häufig auf die Art der Alterungsreaktion bei bestimmten Temperaturen schließen lassen *(Differentialthermoanalyse)*. Bild 4.3.7 zeigt ein Derivatogramm eines duroplastischen Isolierstoffs.

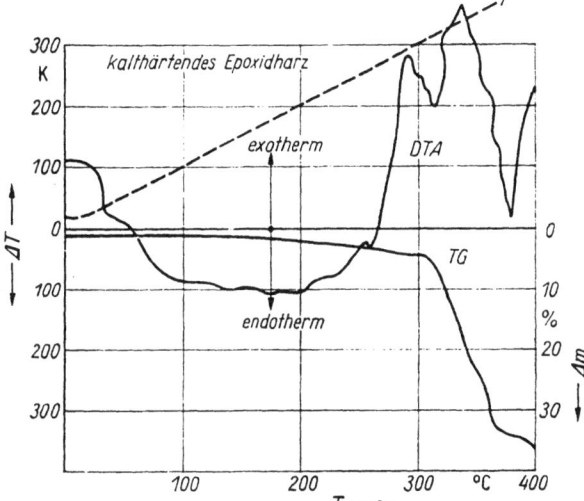

Bild 4.3.7
Derivatogramm
eines duroplastischen
Isoliermaterials
TG Thermogravimetrie
DTA Differentialthermoanalyse
T Temperatur

Mit dieser Methode lassen sich nicht nur Alterungsreaktionen registrieren, es ist vielmehr auch möglich, Reaktionsabläufe wie Härtung oder Vernetzung zu bestimmen.

Diese Reaktionen können auch mit einem ähnlichen Prinzip verfolgt werden. Probe und Referenzprobe werden auf einer konstanten Temperatur gehalten. Tritt eine endotherme oder exotherme Reaktion auf, so wird durch eine Energiezuführung oder -abgabe die festgelegte Temperatur wiederhergestellt. Die notwendige Energie je Zeiteinheit wird registriert. Die Reaktionszeit läßt sich ebenfalls festhalten. Man nennt diese Methode *Differential-Scanning-Kalorimetrie* (DSC). Es lassen sich Reaktivitäten von Harzsystemen messen, Glastemperaturen bestimmen und andere Transformationsintervalle, z.B. Kristallinitätsänderungen, auffinden.

Bei anorganischen Isolierstoffen oder Füllstoffen lassen sich Kristallwasserabspaltungen feststellen.

Eine weitere Methode ist die *thermomechanische Analyse* (TMA). Sie kann neben der Feststellung von thermischen Ausdehnungskoeffizienten auch Aussagen über den Einfluß innerer mechanischer Spannungen oder Strukturänderungen bringen.

Chromatographische Untersuchungsmethoden
[116] [117]

Eine sehr effektive Methode zur Feststellung der Molekülgrößenverteilung von Hochpolymeren ist die *Gel-Permeations-Chromatographie*. Prinzip ist die Separation unterschiedlicher Molekülgrößen in Lösung bei der Permeation durch mikroporöses Material. Ein Nachweis der Alterung in Form von Bindungsabbrüchen ist möglich.

Die *Flüssigchromatographie* ist als Säulen-, Papier- und Hochleistungschromatographie anwendbar. Auf diese Weise lassen sich Additive, Stabilisatoren und andere niedermolekulare Bestandteile trennen.

248   4. Schutz der Isolierung und Diagnose des Isoliervermögens

Die *Gaschromatographie* hat eine große Bedeutung für den Nachweis thermisch oder durch Teilentladungen aus den Isolierstoffen abgespaltener Gase erlangt. Das aus dem Transformatorenöl oder aus dem Mischdielektrikum extrahierte Gasgemisch wird über Adsorbersäulen geleitet, so daß eine Adsorption-Desorptions-Verzögerung entsteht. Die zeitliche Verzögerung ist für die einzelnen Gase unterschiedlich, so daß Konzentrationsunterschiede entstehen. Mit einem Wärmeleitfähigkeits- oder Ionisationsdetektor kann das jeweilige Gas bestimmt und seine relative Menge gemessen werden.

Spektroskopische Analysemethoden
[118]

Für den Nachweis von Degradationsgasen, Feuchtigkeit und Reaktionsgasen eignet sich die *Massenspektroskopie*. Für die Belange der elektrischen Isoliertechnik hat sich das Quadrupolspektrometer bewährt.

Elektronenspinresonanzmethoden (ESR) basieren auf der Resonanzabsorption der Energie von unpaarigen Elektronen in einem elektrischen Hochfrequenzfeld unter Anwendung eines überlagerten hohen Magnetfeldes. Ein sehr empfindlicher Nachweis von freien Radikalkonzentrationen ist möglich; 10^{12} Radikale/cm^3 sind nachweisbar.

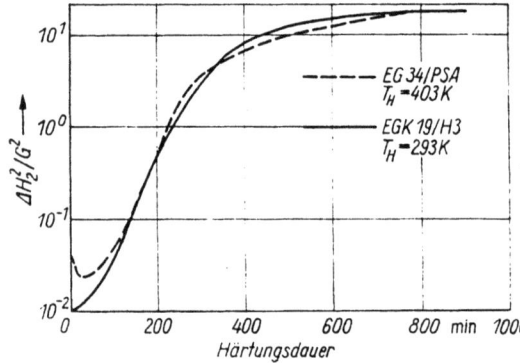

Bild 4.3.8
Aushärtevorgang von zwei Epoxidharztypen, charakterisiert durch die Veränderung des zweiten Moments der Protonenresonanz (NMR)

Neben der Elektronenspinresonanz kann auch eine Resonanz der Protonen der Atomkerne hergestellt werden (NMR). Damit sind Studien der Abbauwechselwirkungen im Isolierstoff möglich. Beweglichkeiten von Molekülsegmenten können untersucht werden. So ist es möglich, Härtungsreaktionen zeitlich und vom Einfluß der Temperatur her zu verfolgen (Bild 4.3.8).

Mikroskopie

Oberflächenbeschaffenheit, Einlagerungen, Fehlstellen, Hohlräume, mechanische Spannungszustände von Isolierstoffen können mit der Lichtmikroskopie nachgewiesen werden. Verbesserungen der Aussage werden durch Anwendung von Dunkelfeld-, Phasenkontrast- und Polarisationsverfahren ermöglicht. Wesentliche Vorteile hinsichtlich Vergrößerung und Auflösung bringen elektronenmikroskopische Verfahren. Neben der auf dünne Schichten beschränkten Durchstrahlungsmethode spielt die Rasterelektronenmikroskopie die entscheidende Rolle. Sie läßt sehr gute Strukturaufnahmen zu.

Eine wesentliche Erweiterung stellt die Elektronenstrahlmikrosonde dar. Aus dem angeregten Röntgenspektrum des jeweiligen Untersuchungsobjekts können Informationen über die Zusammensetzung von Einlagerungen und Fehlstellen gewonnen werden.

Infrarotspektroskopie
[119]

Die Struktur der Isolierstoffe ist durch den molekularen Aufbau charakterisiert (s. Abschnitt 3.3). Oberhalb des absoluten Nullpunktes der Temperatur führen die Moleküle unterschiedliche thermische Schwingungen aus. Die Hauptschwingungstypen sind im Bild 4.3.9 zusammengestellt. Die Molekülschwingungen liegen im infraroten Frequenzbereich. Damit kann eine infrarote Strahlung im Bereich von etwa 2,5 bis 40 µm Wellenlänge mit der molekularen Eigenschwingung in Resonanz fallen. Wird eine Isolierstoffprobe in diesem Frequenzbereich durchstrahlt, so treten an den Resonanzstellen Energieabsorptionen ein.

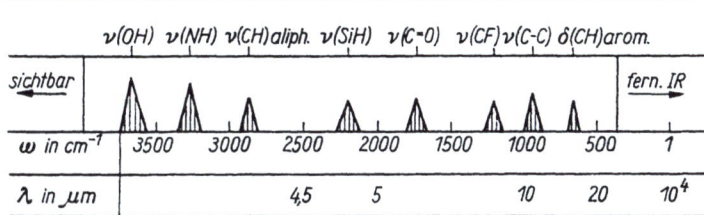

Bild 4.3.9. *Schematische Darstellung der Frequenzlage von Molekülschwingungen im infraroten Spektralbereich (IR)*

ν Valenzschwingungen (zwei Atome gegeneinander); δ Deformationsschwingungen (drei Atome in einer Ebene)

Die Infrarotspektroskopie besteht nun darin, durch einen Monochromator eine bestimmte Frequenz der Strahlung auszuwählen und durch die Probe zu schicken. Durch Messung der Intensität der Strahlung bei der ausgewählten Frequenz mit und ohne Probe kann die Durchlässigkeit des zu untersuchenden Materials bestimmt werden. Die Intensitätsmessung kann durch eine Fotozelle, durch Thermoelemente oder andere geeignete Wärmestrahlungsmesser vorgenommen werden.

Die interessierende Absorption A_{IR} und die Durchlässigkeit D_{IR} ergänzen sich zu eins:

$$D_{IR} = 1 - A_{IR}. \tag{4.3.5}$$

Zur Analyse verwendet man meist die logarithmische Funktion der reziproken Durchlässigkeit:

$$E_{IR\tilde{\nu}} = \ln\left(\frac{1}{D_{IR\tilde{\nu}}}\right) = \ln\left(\frac{1}{|1 - A_{IR\tilde{\nu}}|}\right). \tag{4.3.6}$$

Der Index $\tilde{\nu}$ gibt die Wellenzahl an, d. h. die reziproke Wellenlänge in cm^{-1}; E_{IR} ist die Extinktion bei der ausgewählten Wellenlänge.

Wird das gesamte infrarote Gebiet nacheinander abgetastet, so ergeben sich wellenlängenabhängig für jeden Stoff bzw. für jede Struktur charakteristische Banden.

Ultrarotspektrographen sind gemäß Bild 4.3.10 aufgebaut.

Neben der Untersuchung des gesamten Volumens mit Hilfe der *Durchstrahlungsmethode* ist auch die Analyse der Oberfläche mit der Methode der abgeschwächten Totalreflexion (ATR) möglich. Ein typisches Spektrum eines ausgehärteten Bisphenol-Epoxidharzes mit den charakteristischen Banden und den zugeordneten Molekülgruppen und -bindungen zeigt Bild 4.3.11.

Mit der IR-Analyse lassen sich Veränderungen durch thermooxydative Reaktionen gut nachweisen. Auch ist es möglich, durch Teilentladungen hervorgerufene Degradationen festzustellen. Die Feuchtigkeitsaufnahme von Isolierstoffen ist mit der ATR-Technik gut zu verfolgen.

Bei der Herstellung von Isolierungen ist oft der Grad der Polymerisation oder Aushärtung von entscheidender Bedeutung. Solche Reaktionen können größtenteils mit der Infrarotspektroskopie genügend genau verfolgt werden.

Die Infrarotanalyse ist vorwiegend ein Forschungsmittel für die Isoliertechnik, kann unter bestimmten Bedingungen jedoch auch für die Betriebsanalyse eingesetzt werden.

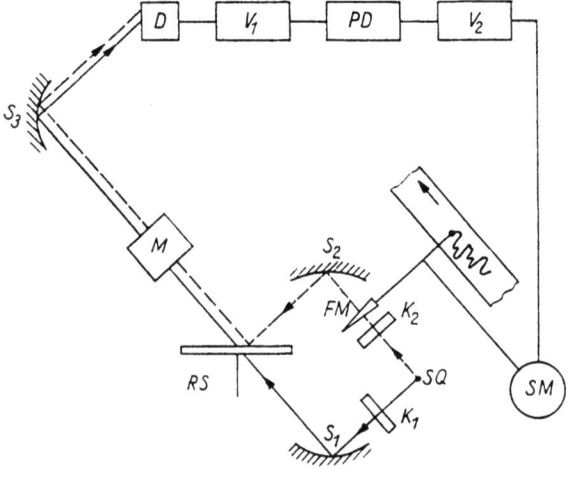

Bild 4.3.10
Prinzip
eines 2-Strahl-Infrarotspektrometers

SQ Strahlungsquelle; K_1 Meßküvette;
K_2 Vergleichsküvette; FM Fotometer;
S_1, S_2 Spiegel; S_3 Kondensor;
M Monochromator; D Strahlungsdetektor;
V_1, V_2 Verstärker; PD Phasendetektor;
SM Servomotor; RS rotierende Spiegel

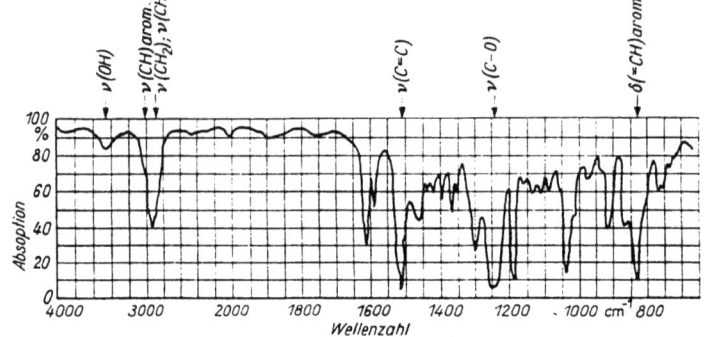

Bild 4.3.11
IR-Spektrum
eines ausgehärteten
Bisphenol-A-Epoxidharzes
mit einer Auswahl
von Bindungszuordnungen

4.4. Diagnose zur Zustandserfassung von Isolierungen

Die Diagnose von Isolierstoffen dient im wesentlichen zur Gewinnung von Grundlagen für die Auslegung, Konstruktion und eine angemessene Verfahrenstechnik. Die Diagnose von Isolierungen soll Aufschluß über die auslegungsgerechte und fehlerfreie Produktion und über den jeweiligen Zustand während des Betriebs geben. Damit werden von der Diagnose der Isolierung einfache Meß- und Prüfaufgaben wie auch die Ermittlung komplizierter Funktionen zum Alterungsprozeß umfaßt.

Zur Diagnose ist im allgemeinen der empirisch oder theoretisch begründete Zusammenhang zwischen der Prüfaussage und der Zustandsbeschreibung bzw. der Zustandsentwicklung erforderlich. Mit einem solchen Modell kann dann aus den ermittelten Kennwerten auf die Zuverlässigkeit, Restlebensdauer und den Alterungsablauf geschlossen werden.

Es muß betont werden, daß gegenwärtig solche Modelle noch häufig über beachtliche Unschärfen verfügen.

Einige Diagnoseverfahren für Isolierungen sollen nachstehend als typische Beispiele beschrieben werden.

4.4.1. Teilentladungsdiagnose
[70]

Ursachen und Wirkungen von Teilentladungen wurden in den Abschnitten 3.5, 3.6.4 und 3.6.5 behandelt. Beim Betrieb von elektrischen Geräten und Anlagen sind Teilentladungen im Zusammenhang mit festen und Mischisolierungen sowie bei bestimmten Druckgasisolierungen möglichst auszuschließen oder zumindest in ihrer Intensität extrem niedrig zu halten. Im Rahmen der elektrischen Alterung sind Teilentladungen als die kritischste Beanspruchung anzusehen.

Betriebsmittel müssen daher in vielen Fällen aus Gründen der Auslegung und Beschaffenheit der Isolierung auf Teilentladungsfreiheit bei der Fertigungsendkontrolle oder vor Inbetriebnahme geprüft werden.

Wie im Abschnitt 3.6.4 gezeigt wurde, können jedoch auch durch Alterungsvorgänge Voraussetzungen für den Teilentladungseinsatz geschaffen werden.

Deshalb ist auch während des Betriebs die gelegentliche oder bei wichtigen Betriebsmitteln auch die kontinuierliche Teilentladungsdiagnose angezeigt.

Teilentladungen äußern sich durch impulsförmige Ströme im elektrischen Kreis, durch das Emittieren von Schallimpulsen und durch das Aussenden von Lichtquanten. Darüber hinaus können sie durch die Veränderung des Verhältnisses von Wirk- und Blindstrom in der Isolierung nachgewiesen werden ($\tan\delta$-Messung).

Man kann deshalb die Teilentladungsmeßmethoden in *elektrische, akustische* und *optische* einteilen.

Die konventionelle elektrische Teilentladungsdiagnose wird selektiv, schmal- oder breitbandig durchgeführt [120].

Die selektive Methode nimmt über eine Antenne oder durch direkte Ankopplung an eine Impedanz im Stromkreis der Meßobjekte aus dem Frequenzspektrum der TE-Impulse eine Frequenz heraus und bewertet sie als Störspannung. Der Nachteil besteht darin, daß mit der Störspannung keine unmittelbare Aussage über den physikalischen Vorgang und dessen Bestimmungsgrößen gemacht werden kann.

Wesentlich günstiger ist die breitbandige Verstärkung der TE-Impulse und die Registrierung ihrer Parameter. Bei einer Verstärkung mit mehreren Megahertz Bandbreite ist die Deformation des ursprünglichen Signals gering. Zur Charakterisierung der Teilentladungen sind folgende Größen meßtechnisch zu erfassen:
- an der Isolierung anliegende Spannung (Wellenform, Scheitelwert) $u(t)$
- TE-Einsetzspannung U_e, TE-Aussetzspannung U_a
- Impulsamplitude $\hat{\imath}_i$, maximale Impulsamplitude in einem Bewertungszeitraum (z. B. in einer Halbwelle) $i_{i\,\text{max}}$
- scheinbare Ladung (Impulsladung q_i, maximale Impulsladung Q_i)
- Summenimpulsladung q_s, d. h. Integral der Impulsladungen in einem Meßintervall Δt und maximale Summenimpulsladung Q_s
- mittlerer Teilentladungsstrom $Q_s/t = I_{\text{TE}}$
- Teilentladungsenergie W_{TE} über n Teilentladungsimpulse

$$W_{\text{TE}} = \sum_{k=1}^{n} q_{ik} u_{ik}.$$

252   4. Schutz der Isolierung und Diagnose des Isoliervermögens

Die elektrischen Teilentladungsmessungen werden nach drei Grundschaltungen vorgenommen, die im Bild 4.4.1 dargestellt sind:

a) Ankopplung des Teilentladungsmeßgerätes über einen Koppelkondensator und eine Meßimpedanz an einen geerdeten Prüfling
b) Ankopplung an eine mit dem Prüfling in Reihe liegende Meßimpedanz (Prüfling nicht direkt geerdet)
c) Prüfling und bekannte Referenzkapazität liegen in einer Brückenschaltung (hohe Meßempfindlichkeit).

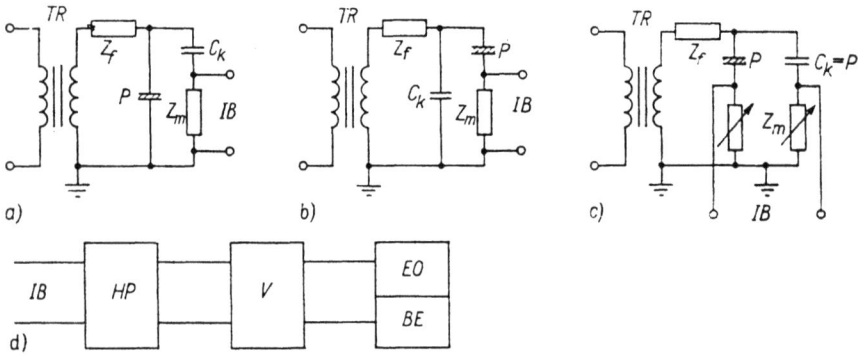

Bild 4.4.1. Grundschaltungen zur Ankopplung des Prüflings (a, b, c)
d) Teilentladungsbewertungseinrichtung
TR Transformator; Z_f Filterimpedanz; C_k Kopplungskapazität; P Prüfling; Z_m Meßimpedanz; IB Impulsbewertung; HP Hochpaß; V Verstärker; EO Elektronenstrahloszillograph; BE Bewertungseinheit

Die an der Meßimpedanz anstehende TE-Impulsspannung und der Wechselspannungsabfall werden über ein Filter geleitet, das nur die hochfrequenten Impulse passieren läßt. Anschließend werden die Signale breitbandig (mehrere Megahertz) verstärkt. Die Impulse können mit einem Oszillographen dargestellt und ausgewertet werden (d).

Zur Bewertung können sie auch einem Integrator zugeführt werden. Hier entstehen der scheinbaren Impulsladung proportionale Spannungsimpulse, die hinsichtlich Maximalwert und Mittelwert zur Anzeige gebracht werden können.

Über eine Summierstufe werden in einem wählbaren Zeitintervall die Spannungsimpulse addiert und proportional zur Summenladung ausgewertet.

In modernen Teilentladungsmeßgeräten werden Maßnahmen realisiert, die die TE-Impulse aus einem Störspektrum herausfiltern lassen. Möglichkeiten dazu sind Vergleich von Impulsen über getrennte, unterschiedlich vom Störpegel beeinflußte Eingänge oder logische Sortierung nach bestimmten Wahrscheinlichkeitskriterien oder auch die Ausfilterung von bestimmten Frequenzbereichen, in denen Rundfunksenderstörspannungen zu erwarten sind.

Je nach Ausführung des TE-Meßgerätes und der Ankopplung sowie dem Störpegel liegt die Empfindlichkeit bei 10^{-14} bis 10^{-12} C, wobei die Prüflingskapazität einen entscheidenden Einflußfaktor darstellt.

Der Prüfling kann zeitweilig durch Kalibriergeräte ersetzt werden, die bestimmte Impulse zu Eichzwecken aufgeben.

Elektrische TE-Meßgeräte erfordern einen hohen Aufwand zur Störsignalunterdrückung oder für die elektromagnetische Abschirmung. Da Teilentladungen auch Phononen- und Photonenemission zur Folge haben, wird immer stärker versucht, solche Meßgrößen

4.4. Diagnose zur Zustandserfassung von Isolierungen

zu verarbeiten und als Substitution oder Ergänzung zur elektrischen TE-Meßtechnik zu benutzen.

Optische Signale können mit Sekundärelektronenverstärkern empfangen und verstärkt werden. In einem gewissen Maße sind auch räumlich auflösende Vidikonschaltungen einsetzbar. Die Probleme entstehen im allgemeinen hinsichtlich der optischen Zugänglichkeit zur Teilentladungsquelle. In einigen Fällen (SF_6-Anlagen, Oberflächenentladungen) können Lichtleiter das Problem lösen.

Die optische Intensität steht in einem meist nichtlinearen Zusammenhang zu der scheinbaren Impulsladung oder anderen elektrischen TE-Größen.

Eine steigende Bedeutung hat die *Schallemissionsanalyse* (SEA) [113]. Die von der Teilentladungsquelle ausgehenden Schallimpulse werden im Isoliersystem gedämpft und ggf. auch reflektiert und gebrochen. Es entstehen unterschiedliche Arten der Schallausbreitungswellen. An der Oberfläche der Isolierung oder am Gehäuse werden die Schallimpulse mit einem Beschleunigungsaufnehmer als PZT-Keramikschwinger (Piezokeramik) oder als organische Piezofolie (Polyvinylidenfluorid) aufgenommen und in elektrische Signale umgeformt. Die Schwinger haben meist eine oder mehrere Resonanzfrequenzen; sie können jedoch auch durch besondere mechanische Konstruktionen breitbandig empfindlich gestaltet werden. Das übertragene Signal wird über Vor- und Hauptverstärker mit geringem Rauschpegel verstärkt und einer Bewertung zugeführt.

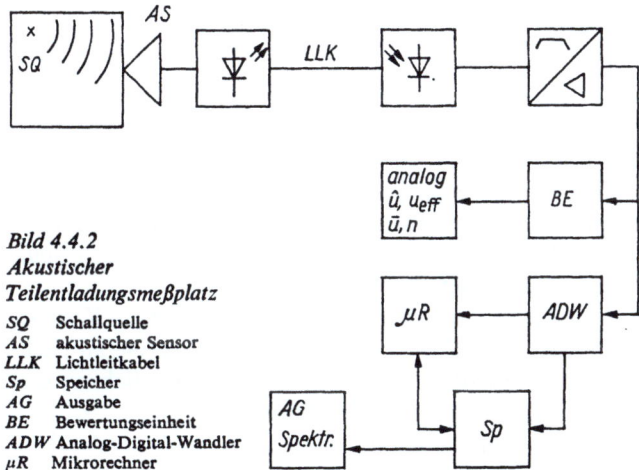

Bild 4.4.2
Akustischer Teilentladungsmeßplatz

SQ Schallquelle
AS akustischer Sensor
LLK Lichtleitkabel
Sp Speicher
AG Ausgabe
BE Bewertungseinheit
ADW Analog-Digital-Wandler
μR Mikrorechner

Die Bewertung kann als Amplitudenfrequenzspektrum erfolgen. Aus dem Spektrum können Schlußfolgerungen über die TE-Quelle und ihre Eigenschaften gezogen werden. Weitere Meßgrößen sind Scheitelwert, arithmetischer Mittelwert der Impulse und die Impulsrate. Bedeutende Vorteile der SEA liegen in der Erfassung und Ortung von Teilentladungen auch bei hohen Kapazitäten des Prüflings.

Das Blockschaltbild eines akustischen TE-Meßplatzes ist im Bild 4.4.2 dargestellt. Mechanische und thermische Störungen müssen beachtet werden. Besonders günstig ist eine Kombination mit elektrischen TE-Meßgeräten.

Durch eine Analyse der akustischen Signale im Zeit- und Frequenzbereich ist es möglich, bestimmte Teilentladungsquellen voneinander zu unterscheiden und gegenüber anderen Schallsignalen abzugrenzen. Hierbei kann von der automatischen Bildmustererkennung Gebrauch gemacht werden.

254   4. Schutz der Isolierung und Diagnose des Isoliervermögens

4.4.2. Dielektrische Diagnoseverfahren
[58]

Wie bereits bei der Isolierstoffmessung ausgeführt, sind dielektrische Meßverfahren geeignet, Stoffstrukturen und Strukturänderungen zu erfassen. Mit der Temperatur- und Frequenzabhängigkeit der dielektrischen Größen ist auch eine Veränderung des Isolierzustands zu erfassen. Für bestimmte strukturelle Veränderungen des jeweiligen Isoliersystems lassen sich sogenannte Frequenz-Temperatur-Fenster benutzen, die durch Relaxationsmaxima gekennzeichnet sind und dadurch besonders empfindlich auf Änderungen reagieren (s. Abschn. 3.4.6). Auch Teilentladungen lassen sich durch die Veränderung von tan δ nachweisen. Bei kontinuierlicher Spannungssteigerung zeigt sich beim Einsatz von Teilentladungen ein Knick in der tanδ-Kurve, der sogenannte Ionisationsknick.

Speziell bei der Prognose des Isolierzustands elektrischer Maschinen wird von dielektrischen Diagnoseverfahren Gebrauch gemacht. Durch Messung der tanδ-Änderung in Abhängigkeit von Temperatur und Feldstärke lassen sich Schlußfolgerungen auf Alterungsabläufe durch Strukturänderung und Delamination ziehen. Die Nutzung von Absorptionsstrommessungen führt überall dort zu vernünftigen Diagnoseaussagen, wo Störungen durch Feuchte- und Oberflächenwiderstandsänderungen ausgeschlossen werden können oder eine Konditionierung für die jeweilige Messung möglich ist.

4.4.3. Gaschromatographische Diagnoseverfahren
[121] [122] [123]

Wie bereits im Abschnitt 4.3.4 gezeigt wurde, ist es möglich, die bei thermischen und anderen Belastungen entstehenden Abbauprodukte, soweit sie gasförmig vorliegen, gaschromatographisch zu erfassen. Daraus wurde für Transformatoren und Wandler ein Betriebsüberwachungssystem entwickelt. Periodisch oder nach Ansprechen von Gasrelais werden Ölproben entnommen, deren gelöste Gase im Vakuum oder durch Spülgase extrahiert und der Trennsäule und dem Detektor zugeführt werden.

Aus der Gasart und Menge. insbesondere aus dem Verhältnis bestimmter Komponenten, können Schlußfolgerungen über die Art der Entstehung, z. B. Pyrolyse an Heißpunkten, Teilentladungsdegradation usw., gezogen werden. Auch ist es möglich, zu entscheiden, ob vorwiegend das Öl oder das Isolierpapier zersetzt wird.

Für festkörperisolierte Geräte, etwa Hochspannungsgeneratoren, kann dieses Analyseverfahren ebenfalls angewendet werden. Wegen der Problematik der Gassammlung, der geringen Konzentration und der im wesentlichen auf CO, CO_2 und H_2O beschränkten Komponenten ist die Analyse weit schwieriger.

4.5. Hochspannungsprüf- und -meßtechnik
[2] [8] [9] [42] [44] [45] [48]

Obwohl bei der Konstruktion und Auslegung von Isolierungen die beherrschbare Feldstärke das Grundproblem darstellt und sich darauf auch die gesamte Meß-, Prüf- und Diagnosetechnik konzentriert, muß bei vielen Geräten der Energietechnik wegen der hohen Betriebsspannungen und der transienten Überspannungen auf eine angepaßte Hochspannungsmeß- und -prüftechnik zurückgegriffen werden. Es werden zwar gleichartige Grundprinzipien benutzt, aber die notwendigen hohen Spannungen erzwingen bestimmte Bedingungen und Techniken. Nachstehend soll deshalb auf die Besonderheiten der Bereitstellung hoher Spannungen für Prüfzwecke und die Spezifika der diesbezüglichen Meßverfahren und -geräte eingegangen werden.

4.5.1. Hochspannungsprüfverfahren

4.5.1.1. Wechselspannungsprüfung
[68] [69]

Eine wichtige Aufgabe ist die Überprüfung des Verhaltens der Geräte bei Industriefrequenz. Diese Aufgabe besteht bei der Prüfung von Prototypen und bei der Stückprüfung. Die Wechselspannung muß für Kurzzeitprüfungen zur Ermittlung der Stehspannung, im allgemeinen als 1-min-Prüfung, und für Dauerprüfungen über viele Stunden verfügbar sein.

Obwohl die kapazitive, induktive und resistive Belastung durch die Prüflinge (Transformator, Kabel, Isolator) außerordentlich unterschiedlich sein kann, müssen Spannungsform, Amplitude und Frequenz den Normforderungen für die jeweilige Prüfung entsprechen. Bei vielen Prüfaufgaben hängt die Prüfaussage in starkem Maße von der Leistung und der Impedanz der Prüfanlage ab (z.B. Fremdschichtprüfung). Prüfwechselspannungen für Hochspannungsgeräte werden gegenwärtig im Bereich von 1 kV bis etwa 2500 kV benötigt.

Die Spannungen werden über Transformatoren zur Verfügung gestellt. Die Forderung nach Spannungsstellung wird über Synchrongeneratoren, Stelltransformatoren mit Kohlerollenabgriff oder Schubtransformatoren realisiert. Während die Leistung durch die Auslegung des Prüftransformators im Prinzip beliebig gewählt werden kann, ist der große Bereich der Spannungsforderungen nicht mit einer Transformatoreinheit zu gewährleisten.

Spannungen bis 1000 kV (evtl. 1200 kV) können in einer Transformatoreinheit erzeugt werden. Die Begrenzung liegt im wesentlichen neben der Kostenfrage in der technischen Realisierung der Durchführung (Gleitentladungsprobleme; s. Abschn. 3.2.4, 3.5.1.4 und 5.3.5.2).

Die Durchführungsproblematik kann bis zu einem gewissen Grad durch den Aufbau als Isoliermanteltransformator umgangen werden. Bei dieser Form wird eine Grundplatte mit potentialmäßig verbundenem Kern von dem Ausgang der Oberspannungswicklung, der mit der Kopfarmatur verbunden ist, durch einen Hartpapierzylinder mit Ölfüllung distanziert. Solche Transformatoren können auch ohne separate Durchführung übereinandergestellt werden und sind damit für die Erzeugung der doppelten Einheitsspannung einsetzbar. Dieser Typ wird für Innenraum bis 2 × 350 kV hergestellt.

Prüftransformatoren mit üblichem Stahlblechgehäuse können so ausgeführt werden, daß die Aufstellung isoliert gegen die halbe Trafospannung erfolgt und der Kern auf der Hälfte des Ausgangspotentials liegt. Damit sind zwei Durchführungen erforderlich, jedoch nur für die halbe Trafospannung (Bild 4.5.1).

Die übliche Technik für Wechselspannungsprüfanlagen über 750 kV ist die Anwendung des *Kaskadenprinzips*.

Bild 4.5.2 stellt das Schaltschema einer dreistufigen Wechselspannungskaskade dar. Das Prinzip besteht darin, die Oberspannungswicklungen der drei Transformatoren in Reihe zu schalten und das Gehäuse jeweils für 1/2, 3/2, 5/2 des Potentials des betreffenden Trafoausgangs zu isolieren. Die Isolierung erfolgt über Isoliergerüste mit Potentialschirmen zur Potentialvergleichmäßigung. Die Aufteilung der Hochspannungswicklung erweist sich aus isoliertechnischen Gründen als günstig. Die Wirkung des Kaskadenprinzips zeigt sich u.a. daran, daß für eine 2250-kV-Anlage nur Durchführungen für 375 kV benötigt werden. Die spannungsmäßige Auslegung der drei Transformatoren ist gleich, leistungsmäßig jedoch unterschiedlich.

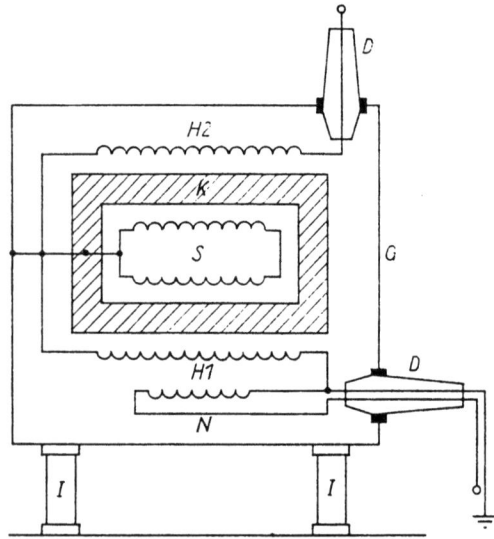

Bild 4.5.1
Prinzipschaltbild
eines Hochspannungsprüftransformators

G Gefäß; D Durchführung; I Isolatoren; K Kern;
S Schubwicklung; H1, H2 Hochspannungswicklung;
N Niederspannungswicklung

Bei größeren Anlagen werden Öltransformatoren eingesetzt. Höchstspannungsanlagen bis 5 A Dauerprüfstrom sind im Angebot.

Der bei der Prüfung hoher Kapazitäten oft unerwünschte Effekt einer zufälligen Serienresonanz zwischen der Gesamtimpedanz des Prüftransformators und der Impedanz des Prüflings ($\omega L_{Tr} = 1/\omega C_{Pr}$), die zu einer enormen Spannungserhöhung führt, kann für Wechselspannungsprüfungen, z.B. von Kabeln, verwendet werden. Derartige Reihenresonanzkreise mit abstimmbaren Induktivitäten sind für große Prüfleistungen entwickelt worden. Die Abstimmung erfolgt dabei automatisch. Bild 4.5.3 zeigt das Schaltschema eines solchen Prüfkreises.

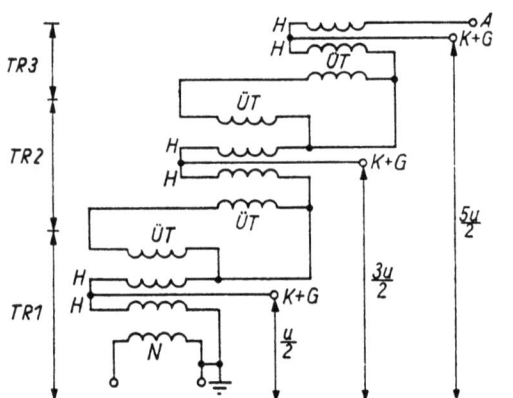

Bild 4.5.2. Schaltschema einer dreistufigen Wechselspannungskaskade für Prüfzwecke

N Niederspannungswicklung; H Hochspannungswicklung;
ÜT Übertragerwicklung; TR Transformator; K+G Kern- und Gehäuseanschluß

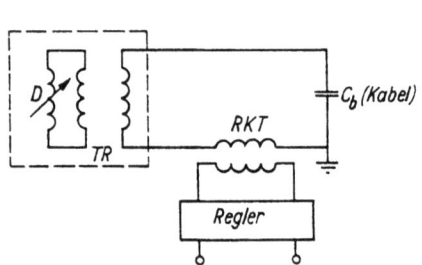

Bild 4.5.3. Schaltbild eines Resonanztransformators

TR Transformator; RKT Rückkopplungstransformator; D Drossel

4.5.1.2. Impulsspannungsprüfung
[47] [68]

Im Abschnitt 2.2.3 wurde gezeigt, daß Betriebsmittel Überspannungen ausgesetzt sind. Zur Prüfung müssen charakteristische, genormte Spannungen bereitgestellt werden. Die Normwelle für Prüfblitzspannungen wird nach dem Verhältnis von Stirnzeit t_s und Rückenhalbwertzeit t_r bezeichnet, z. B. 1,2/50 µs. Die Definition der Kenngrößen ist dem Bild 4.5.4 zu entnehmen. Tafel 4.5.1 zeigt die verschiedenen Normwellen und die Tole-

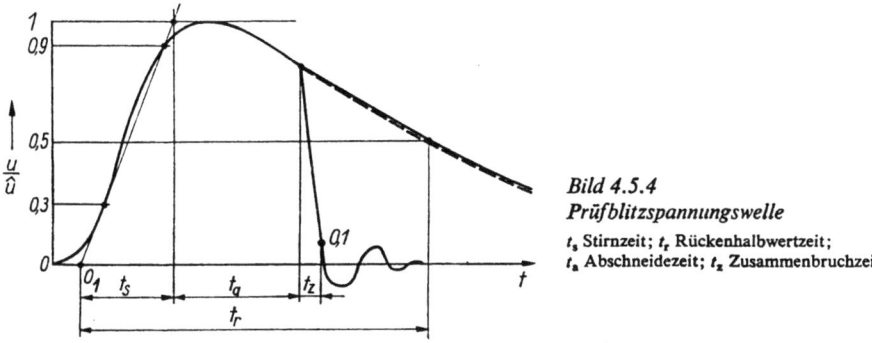

Bild 4.5.4
Prüfblitzspannungswelle
t_s Stirnzeit; t_r Rückenhalbwertzeit;
t_a Abschneidezeit; t_z Zusammenbruchzeit

Tafel 4.5.1. Parameter für Prüfblitz- und Prüfschaltspannungen

Bezeichnung	Parameter	Kurzbezeichnung
Prüfblitzspannung		
Vollwelle	$t_s = (1{,}2 \pm 0{,}36)$ µs $t_r = (50 \pm 10)$ µs	1,2/50
Vollwelle	$t_s = (1{,}2 \pm 0{,}36)$ µs $t_r = (5 \pm 1)$ µs	1,2/5
Abgeschnittene Welle	$t_s = (1{,}2 \pm 0{,}36)$ µs $t_r = (50 \pm 10)$ µs $t_a = (3 \pm 0{,}9)$ µs	1,2/50/3
Prüfschaltspannung		
Aperiodische Schaltspannungswelle	$t_s = (250 \pm 50)$ µs $t_r = (2500 \pm 1500)$ µs	250/2500
Aperiodische Schaltspannungswelle, durchschwingend	$\dfrac{U_2}{U_1} \leq 0{,}3$	
Schwingende Schaltspannungswelle	$f_e = \dfrac{1}{T_e} = (200 \pm 100)$ Hz $\dfrac{U_2}{U_1} \leq 0{,}8$	200 Hz (auch durchschwingend möglich)

ranzen der Kennwerte. Dabei ist auch die abgeschnittene Welle mit der Abschneidezeit t_a eingetragen. Abgeschnittene Wellen simulieren einen Vorgang, der eintritt, wenn eine einlaufende Wanderwelle durch einen Pegelfunkenstreckendurchschlag oder durch einen Isolatorüberschlag zu einem bestimmten Zeitpunkt schwingend gegen Null geht und der erste Teil der Welle als Belastung an dem nachfolgenden Betriebsmittel ansteht.

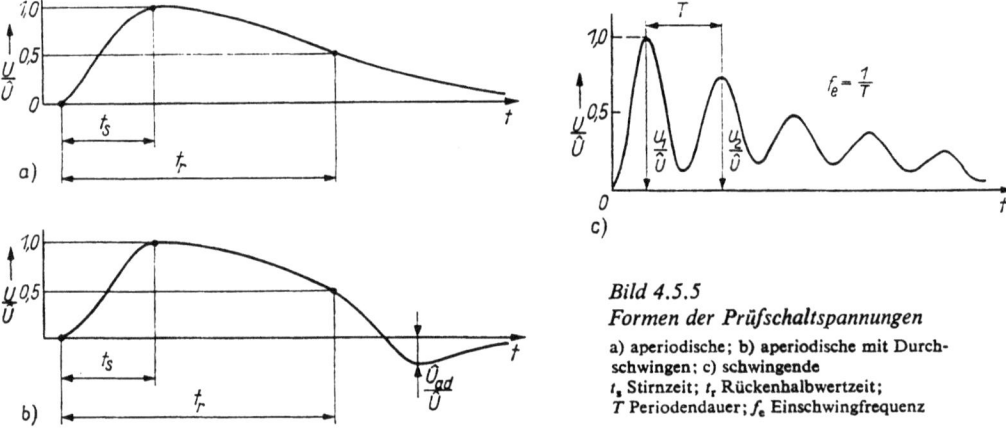

Bild 4.5.5
Formen der Prüfschaltspannungen
a) aperiodische; b) aperiodische mit Durchschwingen; c) schwingende
t_s Stirnzeit; t_r Rückenhalbwertzeit;
T Periodendauer; f_e Einschwingfrequenz

Zur Nachbildung innerer Überspannungen werden drei Formen der Prüfschaltspannung angewendet – die aperiodische, die durchschwingende und die schwingende. Die zugehörigen Definitionen sind im Bild 4.5.5 angegeben. Tafel 4.5.1 stellt die genormten Kenngrößen dar.

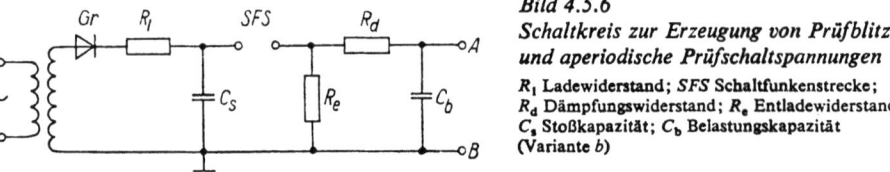

Bild 4.5.6
Schaltkreis zur Erzeugung von Prüfblitz und aperiodische Prüfschaltspannungen
R_l Ladewiderstand; SFS Schaltfunkenstrecke;
R_d Dämpfungswiderstand; R_e Entladewiderstand;
C_s Stoßkapazität; C_b Belastungskapazität
(Variante b)

Die Erzeugung von Prüfblitzspannungen und aperiodischen Prüfschaltspannungen ist nach folgendem Prinzip (Bild 4.5.6) möglich:

– Aufladung eines Stoßkondensators durch einen Gleichspannungskreis
– Entladen des Stoßkondensators über einen Kreis, bestehend aus der Belastungskapazität, Prüflingskapazität und Widerständen
– Der Beginn der Entladung wird durch einen bewußt eingeleiteten Gasdurchschlag festgelegt (SFS).

Die Dimensionierung der Bauelemente des Gesamtkreises ist so vorzunehmen, daß nach Zünden der Funkenstrecke (SFS) die Aufladung der Belastungskapazität C_b über den Dämpfungswiderstand R_d erfolgt. Dieses RC-Glied hat einen exponentiellen Spannungsanstieg an C_b zur Folge. Im Bild 4.5.7 ist das die Funktion $u_s(t)$. Mit diesem Aufladevorgang beginnt gleichzeitig ein Entladevorgang von C_s und C_b über R_e. Die Überlagerung beider Vorgänge führt zur Ausbildung einer Welle mit aperiodischem Charakter entsprechend Bild 4.5.4. Es wird deutlich, daß mit R_d ein starker Einfluß auf die Stirnzeit und mit R_e ein solcher auf die Rückenhalbwertzeit gewonnen wird. Die Parallelschaltung

4.5. Hochspannungsprüf- und -meßtechnik

von $R_e \parallel C_b \wedge R_d$ (b) ist ersetzbar durch $R_d \wedge R_e \parallel C_b$ (a). Der Verlauf der Spannung an C_b des Schaltkreises ist

$$u(t) = U\left[\exp\left(-\frac{t}{R_e C_s}\right) - \exp\left(-\frac{t}{R_d C_b}\right)\right], \qquad (4.5.1)$$

vorausgesetzt, R_e ist wesentlich größer als R_d und C_s sehr viel größer als C_b. Formel (4.5.1) stellt eine Näherung dar. Die exakte Wellenform wird durch die Induktivität des Kreises und die Streukapazitäten beeinflußt. Der unterschiedliche Lade- und Entladeverlauf im Fall der beiden Schaltungsvarianten hat auch verschiedene Ausnutzungsfaktoren des Generators zur Folge. Unter dem Ausnutzungsfaktor η_{imp} versteht man das Verhältnis zwischen dem maximalen Spannungswert $\hat{u}$ der erzeugten Impulsspannungswelle und der Ladespannung U_1 an der Stoßkapazität C_s:

$$\eta_{\text{imp}} = \frac{U_{\max}}{U_1}. \qquad (4.5.2)$$

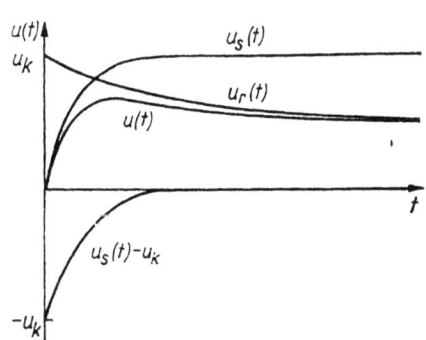
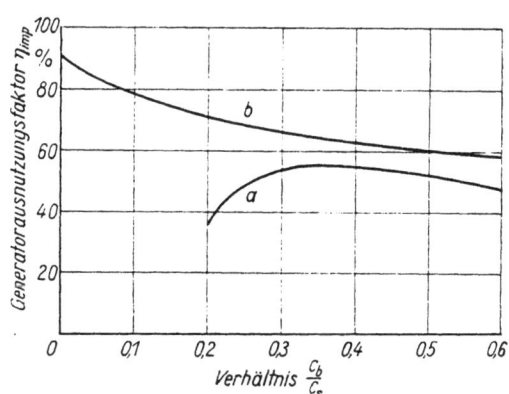

Bild 4.5.7. Erzeugung aperiodischer Impulsspannungen nach Bild 4.5.6 durch Überlagerung zweier exponentieller Spannungsverläufe $u_s(t)$ und $u_r(t)$

Bild 4.5.8. Ausnutzungsfaktor des Impulsgenerators in Abhängigkeit vom Verhältnis der Belastungs- und Stoßkapazität für die Schaltungsvarianten a und b

Der prozentuale Ausnutzungsfaktor ist für beide Schaltungsvarianten im Bild 4.5.8 in Abhängigkeit vom Verhältnis C_b/C_s dargestellt. Man sieht, daß die Variante b vorzuziehen ist, weil der Strom über R_e keine Spannungsabsenkung an C_b verursacht. Natürlich sinkt mit steigender kapazitiver Belastung des Generators der Ausnutzungsfaktor; er bleibt aber stets über dem der Variante a.

In guter Näherung können Stirnzeit und Rückenhalbwertzeit mit den nachstehenden Formeln berechnet werden:

Schaltungsvariante a

$$t_s = 2{,}5\,[R_d R_e/(R_d + R_e)]\,[C_b C_s/(C_b + C_s)] \qquad (4.5.3\text{a})$$

$$t_r = 0{,}72\,(R_d + R_e)(C_b + C_s) \qquad (4.5.4\text{a})$$

Schaltungsvariante b

$$t_s = 2{,}5 R_d C_b C_s/(C_b + C_s) \qquad (4.5.3\text{b})$$

$$t_r = 0{,}72 R_e (C_b + C_s). \qquad (4.5.4\text{b})$$

Dabei sind t_s, t_r in µs, C_s, C_b in µF und R_e, R_d in Ω einzusetzen.

4. Schutz der Isolierung und Diagnose des Isoliervermögens

Bei Prüfungen dürfen hochfrequente überlagerte Schwingungen 5% der Amplitude der Prüfspannungswelle nicht überschreiten. Wird der Schaltkreis, bestehend aus C_s, C_b, R_d und L, betrachtet, so ist die Bedingung für die Unterdrückung der Oszillation gegeben durch

$$R_d \geqq 2 \sqrt{\frac{L(C_b + C_s)}{C_b C_s}}. \qquad (4.5.5)$$

Man erkennt insgesamt die starke Abhängigkeit der Wellenform von der Kapazität des Prüflings, der ja die Kapazität C_b verändert.

Um günstige Voraussetzungen für die Prüfung unterschiedlicher Objekte (z. B. Isolatoren, Transformatoren, Kabel) zu haben, empfiehlt es sich, im Generator eine feste Belastungskapazität vorzusehen, deren Kapazitätswert wesentlich höher als der der höchsten Prüflingskapazität sein sollte. Dementsprechend ist eine Stoßkapazität zweckmäßig, die etwa eine Größenordnung über der Prüflingskapazität liegt.

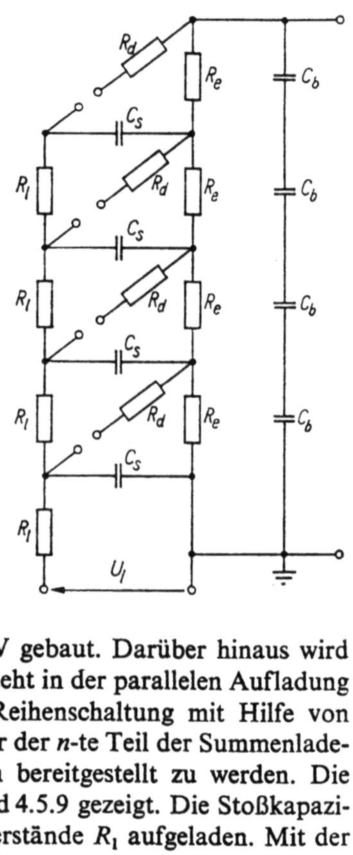

Bild 4.5.9
Impulsspannungsanlage – Vervielfacherschaltung nach Marx
R_l Ladewiderstände; R_d Dämpfungswiderstände;
C_s Stoßkapazität; C_b Belastungskapazität

Einstufige Impulsprüfanlagen werden bis etwa 300 kV gebaut. Darüber hinaus wird eine Schaltung nach *Marx* angewendet. Das Prinzip besteht in der parallelen Aufladung von isoliert aufgestellten Kondensatoren und deren Reihenschaltung mit Hilfe von Funkenstrecken bei der Entladung. Dadurch braucht nur der n-te Teil der Summenladespannung der Impulsanlage durch Gleichstromanlagen bereitgestellt zu werden. Die Schaltung einer solchen vierstufigen Anlage wird im Bild 4.5.9 gezeigt. Die Stoßkapazitäten C_s jeder Stufe werden über hochohmige Ladewiderstände R_l aufgeladen. Mit der Zündfunkenstrecke wird durch Abstandsveränderung die gewünschte Stufenspannung eingestellt. Wird diese beim Aufladevorgang erreicht, so wird eine Gasentladung gezündet, die den Stoßkondensator der nächsten Stufe in Reihe schaltet und die Potentialdifferenz der Funkenstrecke so weit erhöht, daß ein Durchschlag erfolgt. In gleicher Weise werden die folgenden Stufen geschaltet. Die Photonenstrahlung der ersten Strecke reduziert die Ansprechverzögerung der nachgeordneten. Um eine definierte zeitliche und spannungsmäßige Zündung der ersten Strecke zu erreichen, wird häufig von Triggerfunkenstrecken mit Hilfsentladung Gebrauch gemacht. Die mit der Stufenzahl multiplizierte Ladespannung der Grundstufe ergibt die theoretische Summenladespannung

$$U_{s1} = n U_1. \qquad (4.5.6)$$

Tatsächlich ist auch bei Mehrstufenanlagen der Ausnutzungsfaktor

$$\eta_{\text{imp}} = \frac{\hat{u}}{nU_1} < 1. \tag{4.5.7}$$

Gründe für die Spannungsreduzierung sind Spannungsabfälle im Strompfad und Rückströme über die Ladewiderstände; auch sind die Streukapazitäten zu berücksichtigen. Die Ladeenergie der Anlage ist

$$W = \frac{n}{2} C_s U_1^2. \tag{4.5.8}$$

Die Ausführung solcher Impulsprüfanlagen ist sehr unterschiedlich bei gleichem Grundprinzip. Anlagen bis 7500 kV Summenladespannung werden bereits eingesetzt. Die Belastungskapazität kann gleichzeitig als Meßteiler benutzt werden.

Die Anpassung an genormte Prüfblitzspannungswellen geschieht durch Umrüstung der Widerstände.

Prüfschaltimpulsspannungen können mit Stoßgeneratoren des obengenannten Typs durch geeignete Wahl der Widerstände hergestellt werden. Das ist für aperiodische Schwingungen üblich. Weiterhin ist eine Möglichkeit für eine größere Variation der Wellenform durch Einbau von Serienreaktoren in den Stoßkreis gegeben. Hierbei ist es auch möglich, unipolare, gedämpft schwingende Prüfspannungen herzustellen.

Eine weitere sinnvolle Generierung von Prüfschaltspannungen ist die Erregung eines Prüftransformators mit Hilfe eines Impulsgenerators.

4.5.1.3. Gleichspannungsprüfung

Hohe Gleichspannungen werden für Prüfzwecke (z. B. Isolationswiderstandsmessung von Isolierstoffen, Prüfung von Betriebsmitteln der HGÜ), für technologische Aufgaben und für kernphysikalische Beschleuniger benötigt.

Der einfachste Fall ist die Gleichrichtung von hohen Wechselspannungen im stark inhomogenen Feld durch Nutzung des Polaritätseffekts beim Durchschlag. Als Verbesserung der Anordnung können mit der Wechselspannungsfrequenz synchron rotierende Nadeln gegenüber feststehenden Plattenelektroden als Entladungsstrecken verwendet werden (s. Abschn. 3.5.1). Ebenfalls ist die Reihenschaltung von Halbleiterdioden als Gleichrichter möglich. Die Unterschiede der Leitfähigkeit der einzelnen Bauelemente in Durchlaßrichtung und der Kapazitäten in Sperrichtung wie auch die Streukapazitäten, bilden Probleme bezüglich der zulässigen Spannung an einem Element der Kette.

Eine andere Art der Erzeugung hoher Gleichspannungen ist die Verwendung von Vervielfacherschaltungen. Dabei wird die Wechselspannung auf einem niedrigeren Spannungsniveau gleichgerichtet. Eine Gleichspannung mit doppeltem Wechselspannungsscheitelwert symmetrisch zur Erde kann mit der Liebenow-Greinacher-Schaltung gemäß Bild 4.5.10 erreicht werden. Über das Ventil Gr_1 werden in einer Halbwelle und über Gr_2 in der darauffolgenden jeweils die Kondensatoren C_1 und C_2 auf die Transformatorscheitelspannung aufgeladen. Zwischen den Punkten 1 und 2 steht dann ohne äußere Belastung die Spannung $2\hat{u}_{Tr}$ an. Bei Belastung steigt die Welligkeit entsprechend der Schaltungsdimensionierung.

Bild 4.5.11 zeigt eine Greinacher-Vervielfachungsschaltung mit Villard-Grundstufe. Theoretisch kann mit einer solchen Schaltung mit entsprechender Stufenzahl jede beliebige Spannung erreicht werden. Praktisch wird die Spannung durch Ableitströme be-

262   4. Schutz der Isolierung und Diagnose des Isoliervermögens

grenzt. Mit der im Bild 4.5.11 gezeigten dreistufigen Anlage kann am Punkt *4* eine Gleichspannung mit 6fachem Scheitelwert der speisenden Wechselspannung erreicht werden. Nach der geforderten Welligkeit und dem Belastungsstrom müssen die Kondensatoren und die Ventile dimensioniert werden. Kondensatoren und Ventile werden mit der doppelten Scheitelspannung beansprucht. Zur Reduzierung der notwendigen Kapazitätswerte werden oft höherfrequente Wechselspannungen verwendet, um die geforderte Welligkeit zu erzielen.

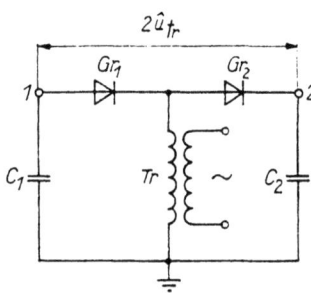

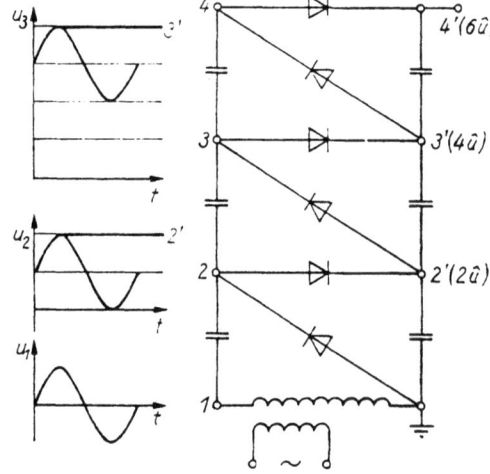

Bild 4.5.10. Liebenow-Greinacher-Verdopplerschaltung
Gr Gleichrichterventile
Tr Transformator
C Kapazitäten

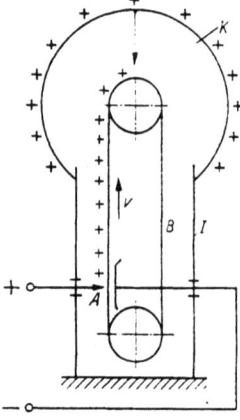

Bild 4.5.11. Greinacher-Vervielfachungsschaltung mit Villard-Grundstufe

Bild 4.5.12
Prinzip
des Van-de-Graaff-Bandgenerators
B isolierendes Band; I Isolierrohr;
K Metallkugel als Kondensator;
v Bandgeschwindigkeit;
A Aufsprüheinrichtung (Koronastrecke)

Gleichspannungsgeneratoren dieses Typs wurden achtstufig bis 2000 kV und zehnstufig bis 3000 kV gebaut, letztere im Drucktank mit Stickstoffüllung zur Vermeidung hoher Koronaverluste. Die Höhe des Belastungsstroms liegt im allgemeinen zwischen 1 und 100 mA.

Anlagen mit extrem hohen Spannungen werden als Bandgeneratoren ausgeführt. Bild 4.5.12 zeigt das Prinzip eines Van-de-Graaff-Generators. Auf ein isolierendes Transportband werden in einer Gasentladungsstrecke Ladungsträger aufgebracht und mechanisch gegenüber einem sich aufbauenden elektrostatischen Feld in das Innere eines Kugelkondensators transportiert. Ebenfalls über eine Gasentladungsstrecke wird die Ladung auf den Kondensator übertragen. Dadurch erhöht sich sein Potential gegen Erde. Die erzeugbare Spannungshöhe wird weitgehend durch die Ableitströme des Bandes und der Isolierkonstruktion sowie durch die Koronaentladung des Kugelkondensators und anderer Konstruktionsteile bestimmt. Eine Verbesserung erhält man durch Verlagerung des gesamten Systems in einen Drucktank (Paschen-Gesetz). Meist wird eine Stickstoff- oder SF_6-Gasfüllung verwendet. Ausgeführte Anlagen erreichten 4 MV gegen Erde bei 200 μA Belastungsstrom. Als Tandemanlage wurden 8 MV symmetrisch gegen Erde erzielt.

4.5.2. Hochspannungsmeßmethoden
[42] [44] [45] [47] [69]

Im Prinzip können zur Messung hoher Spannungen alle in der elektrischen Meßtechnik verwendeten Methoden benutzt werden. Die Probleme bestehen jedoch in der geeigneten Auslegung der Geräte, dem Schutz von Geräten und Bedienungspersonal und den durch die erforderlichen großen räumlichen Ausdehnungen gebildeten kapazitiven und induktiven Störgrößen.

4.5.2.1. Elektrostatische Spannungsmessung

Die elektrostatische Spannungsmessung beruht auf einer Kraftmessung bei der elektrostatischen Anziehung zweier entgegengesetzt geladener Elektroden. Wenn durch konstruktive Maßnahmen ein homogenes Feld garantiert wird, kann aus der gemessenen Kraft und den Elektrodenabmessungen die Spannung berechnet werden. Man spricht dann von einer absoluten Spannungsmessung.

$$F = \frac{\varepsilon_0 \varepsilon_r A}{2d^2} U^2. \qquad (4.5.9)$$

Die zu messenden Kräfte sind dem Quadrat der Spannung proportional. Der Meßfehler kann unter 0,1 % gehalten werden. Die Vorteile der elektrostatischen Messung liegen in der außerordentlich niedrigen Energieentnahme aus dem Meßkreis. Elektrostatische Spannungsmessungen werden für Eichzwecke und im Falle sehr leistungsarmer Spannungsquellen benutzt.

Ferner ist es möglich, im Feld zwischen einer Hochspannungselektrode und Erde mit einer Hilfselektrode, die schwingt oder periodisch ihre wirksame Fläche ändert, eine Kapazitätsänderung zu erzwingen. Dadurch kann ein Wechselstrom gemessen werden, der der Spannung der Hochspannungselektrode proportional ist. Solche Geräte werden als Rotations- oder Schwingvoltmeter bezeichnet. Ihr Vorteil liegt in der berührungslosen und extrem leistungsarmen Messung.

4.5.2.2. Messung mit Kugelfunkenstrecken
[69]

Die Messung von Spannungen mit Kugelfunkenstrecken beruht auf der Nutzung des Zusammenhangs zwischen Spannung und Elektrodenabstand bei einer Gasentladung (s. Abschn. 3.5.1).

Kugelfunkenstrecken gestatten die Messung von Gleichspannungen und von Scheitelwerten von Wechsel- und Impulsspannungen. Entsprechend der zu messenden Spannungshöhe werden die Kugeldurchmesser ausgewählt. Es muß die Messung im schwach inhomogenen Feld, d. h. ohne stabile Teilentladung, gewährleistet sein. Danach ist der maximale Abstand zwischen den Elektroden kleiner als der Kugelradius zu wählen. Da die Durchschlagfeldstärke vom Druck des Isoliergases (im allgemeinen Anwendungs-

264 4. Schutz der Isolierung und Diagnose des Isoliervermögens

fall der Luft) und von Temperatur und absoluter Luftfeuchtigkeit abhängig ist, müssen diese Werte im konkreten Meßfall bestimmt und auf Normalbedingungen umgerechnet werden, um für die Spannungsmessung Tabellenwerte heranziehen zu können (s. Abschnitte 3.5.1.2 und 3.5.1.3).

Zum Schutz der Kugeln bei der Entladung wird ein hochohmiger Widerstand in den Meßkreis geschaltet. Die Oberflächenbedingungen und das Kugelmaterial werden in den nationalen Normen festgelegt. Meist wird Kupfer, Messing oder rostfreier Stahl benutzt. Die Anordnung ist für Kugeln bis etwa 25 cm Durchmesser symmetrisch zur Erde, d. h., die Durchschlagstrecke ist horizontal angeordnet. Sie werden durch Isolatoren abgestützt und sind im Abstand variabel. Diese Einrichtungen sind meist ortsveränderlich. Größere Kugeln sind ortsfest, vertikal übereinander und höhenverstellbar angeordnet.

Die Messung wird durch die kapazitiven Verhältnisse zur Umgebung beeinflußt. Ein Nachteil der Messung mit Kugelfunkenstrecken ist die Belastung der Prüfanlage beim Durchschlag, die dabei eintretende Spannungsabsenkung und notwendige Abschaltung, so daß keine kontinuierlichen Messungen durchgeführt werden können. Außerdem muß der statistische Charakter der Messung berücksichtigt werden. Das gilt besonders für sehr kurze Blitzspannungsimpulse, da die statistische Streuzeit in die Messung eingeht. Eine Verbesserung kann durch Bestrahlung der Funkenstrecke mit ionisierender Strahlung, z.B. UV- oder besser noch γ-Strahlung, erreicht werden. Die Messung wird so durchgeführt, daß die Funkenstrecke im Abstand so weit verringert wird, bis der Durchschlag erfolgt oder die Spannung so lange gesteigert wird, bis eine fest eingestellte Strecke durchschlägt.

4.5.2.3. Messung hoher Spannungen mit Vorwiderständen

Über sehr hochohmige Vorwiderstände gemäß Bild 4.5.13 kann mit Hilfe eines hochempfindlichen Amperemeters der Strom gemessen und daraus der Spannungsabfall am Widerstand, d.h. die zu messende Spannung, bestimmt werden. Berücksichtigt werden muß die Spannungs- und Temperaturabhängigkeit des Widerstands. Durch Drahtwiderstände kann bei entsprechendem Materialeinsatz dieses Problem gelöst werden. Der Energieentzug führt bei leistungsarmen Prüfspannungsquellen zu Fehlmessungen. Beim Messen von zeitveränderlichen Spannungen treten durch die Erdkapazitäten der Widerstände merkliche Fehler auf. Eine kapazitive Steuerung ist dann notwendig.

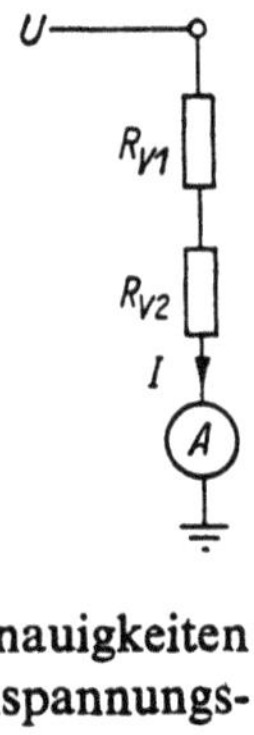

Bild 4.5.13
Hochspannungsmessung mit Vorwiderstand
I Strom; *U* Spannung; R_v Vorwiderstände

Unter allen Umständen müssen Teilentladungen vermieden werden. Genauigkeiten von $\leq 2\%$ sind zu erreichen. Diese Methode wird vorwiegend für Gleichspannungsmessungen verwendet.

4.5.2.4. Messung über Wandler und Teiler
[9] [103]

Um mit üblichen elektrotechnischen Meßgeräten hohe Spannungen messen zu können, ist eine proportionale Reduzierung der Spannung notwendig.

4.5. Hochspannungsprüf- und -meßtechnik   265

Eine Möglichkeit besteht in der Nutzung eines induktiven Spannungswandlers für Wechselspannung. Davon wird bei Spannungsmessungen in der Energieversorgung Gebrauch gemacht. Die unterschiedlichen Anforderungen an Genauigkeit und Phasenwinkelfehler sind konstruktiv zu lösen.

Kapazitive Spannungswandler stellen eine Kombination aus einem kapazitiven Teiler und einem induktiven Spannungswandler dar. Der induktive Wandler wird für eine niedrigere Spannung ausgelegt und über eine Drossel an einen Spannungsteiler angeschlossen. Das Teilerverhältnis liegt im Bereich 1:10. Der sich ausbildende Schwingkreis wird auf 50 Hz abgestimmt und durch eine Bürde bedämpft. Vorteile bestehen für hohe Reihenspannungen, da der induktive Wandler nur für Mittelspannung isoliert werden muß.

Für Meßaufgaben im Hochspannungsprüffeld werden vorwiegend ohmsche, kapazitive oder gemischte Spannungsteiler eingesetzt.

Von einem Teiler wird gefordert, daß zu jedem Zeitpunkt die abgegriffene Teilspannung der zu messenden Spannung verhältnisgleich ist.

Probleme ergeben sich besonders bei der Messung rasch veränderlicher Spannungen, etwa bei Prüfblitzspannungen, da der Teiler zu Schwingungen angeregt werden kann.

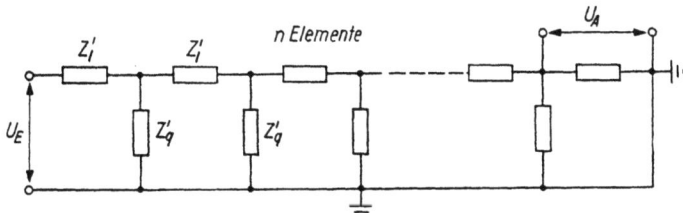

Bild 4.5.14. Ersatzschaltbild eines Spannungsteilers, bestehend aus n Längs- und Querimpedanzen
U_E Teilereingangsspannung; U_A Teilerausgangsspannung

Die Ersatzschaltung eines Hochspannungsmeßteilers wird im Bild 4.5.14 gezeigt. Die Schaltung besteht aus Längs- und Querimpedanzen Z'_l und Z'_q. Die Ausgangsspannung U_A wird durch den Strom durch die letzte Längsimpedanz gegen Erde aufgebaut. Das Teilerverhältnis $N = U_E/U_A$ ist der Zahl der Elemente n des Teilers gleich.

Bedeutsam für die meßtechnische Erfassung des Hochspannungsverlaufs ist die Frequenzabhängigkeit der Teilerschaltung. Ein Maß dafür ist der Frequenzgang oder die Sprungantwort des Teilers (Bild 4.5.15).

Bei einem *Widerstandsteiler* sind die Längsimpedanzen Widerstände R' mit Induktivitäten L' und parallelen Kapazitäten C'_p, die sich aus dem Aufbau der Teilerkonstruktion ergeben. Die Querimpedanzen sind die Streukapazitäten C'_e jedes Elements gegen geerdete Teile der Umgebung. Der Gesamtwiderstand und die Gesamtkapazitäten parallel und in Serie sind in einfacher Form aus der Zahl der Stufen zu ermitteln. Sie werden als R, C_P und C_e beschrieben, wobei $R = nR'$, $L = nL'$, $C_e = nC'_e$ und $C_P = C'_P/n$ (Bild 4.5.16).

Die Übertragungsfunktion ergibt sich dann in normierter Darstellung mit s als Laplace-Operator zu

$$h_t(s) = n \frac{\sinh \dfrac{1}{n}\sqrt{\dfrac{(R+sL)sC_e}{1+(R+sL)sC_P}}}{\sinh \sqrt{\dfrac{(R+sL)sC_e}{1+(R+sL)sC_P}}} = \frac{nU_A}{U_E} \qquad (4.5.10)$$

und die normierte Sprungantwort zu

$$g_t(t) = 1 + 2 e^{-\alpha t} \sum_{k=1}^{\infty} (-1)^k \frac{\cos(b_k t) + \frac{a}{b_k} \sinh(b_k t)}{1 + \frac{C_P}{C_e} k^2 \pi^2}; \qquad (4.5.11)$$

dabei sind

$$\alpha = R/2L$$

$$b_k = \sqrt{\alpha^2 - \frac{k^2 \pi^2}{LC_e \left(1 + \frac{C_P}{C_e} k^2 \pi^2\right)}}$$

mit

$$k = 1, 2, 3, \ldots, \infty.$$

Für Gleichspannungs- oder Niedrigfrequenzmessungen sind Widerstandsteiler besonders geeignet, da der Operator $s \to 0$ geht und die Übertragungsfunktion 1 wird.

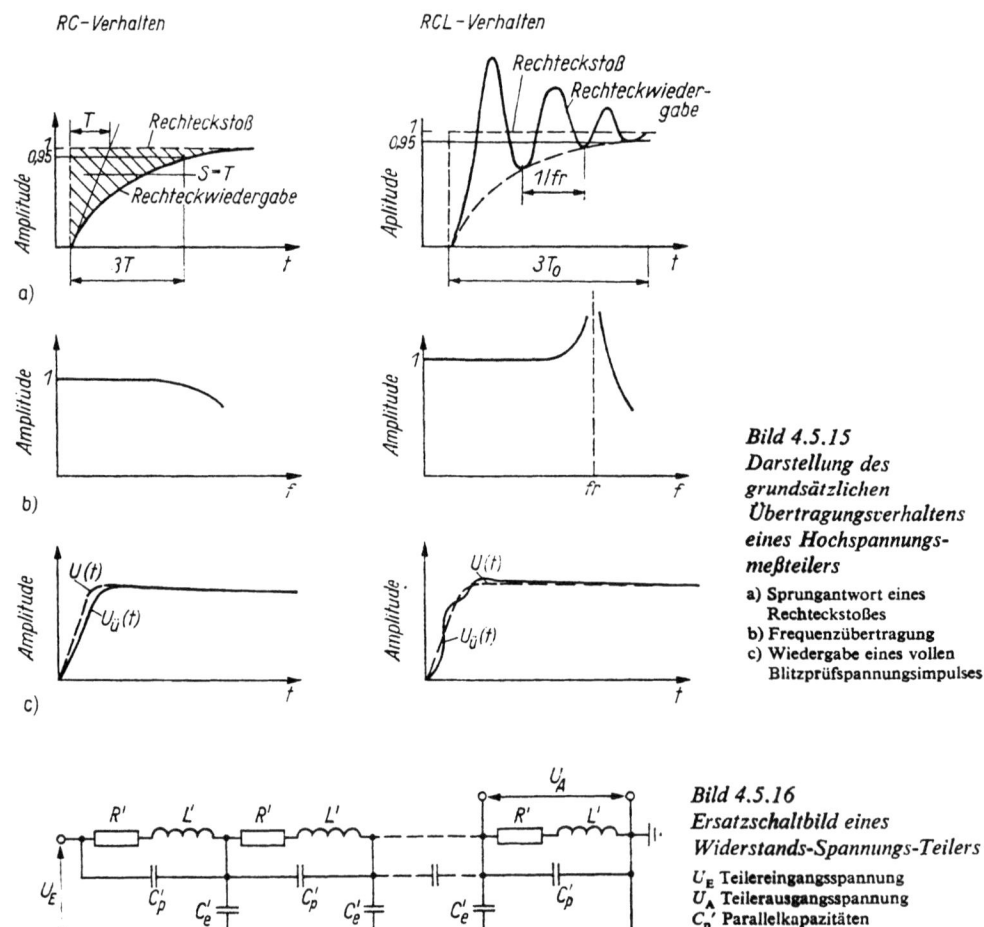

Bild 4.5.15
Darstellung des grundsätzlichen Übertragungsverhaltens eines Hochspannungsmeßteilers

a) Sprungantwort eines Rechteckstoßes
b) Frequenzübertragung
c) Wiedergabe eines vollen Blitzprüfspannungsimpulses

Bild 4.5.16
Ersatzschaltbild eines Widerstands-Spannungs-Teilers

U_E Teilereingangsspannung
U_A Teilerausgangsspannung
C_p' Parallelkapazitäten
C_e' Erdkapazitäten

Daraus resultiert bei gleich großen Teilerelementen

$$U_A = U_E \frac{R'}{(n-1)R' + R'}. \tag{4.5.12}$$

Bei höherer Welligkeit der zu messenden Gleichspannung können Abweichungen von den genannten Bedingungen auftreten. Wenn $\omega L \ll R$ und $C_P < C_e$, wird die normierte Übertragungsfunktion angenähert durch

$$h_t(s) = n \frac{\sinh \frac{1}{n} \sqrt{sRC_e}}{\sinh \sqrt{sRC_e}} \tag{4.5.13}$$

und die Einheitssprungantwort durch

$$g_t(t) = 1 + 2 \sum_{k=1}^{\infty} (-1)^k \exp\left(-\frac{k^2\pi^2}{RC_e}\right) \tag{4.5.14}$$

mit $k = 1, 2, \ldots, \infty$.

Die Übertragungsfunktion ist für kleine Frequenzen konstant und fällt mit steigender Frequenz ab. Aus (4.5.13) kann die Bandbreite f_B berechnet werden:

$$f_B = \frac{1{,}46}{RC_e}. \tag{4.5.15}$$

Die Antwortzeit T kann ausgedrückt werden durch (4.5.14)

$$T = \frac{RC_e}{6}. \tag{4.5.16}$$

Für die üblichen Widerstandsteiler entspricht die Erdkapazität in pF etwa dem 10fachen Wert der Teilerhöhe H in m.

Eine Abschätzung zeigt die Begrenzung von reinen Widerstandsteilern für die Wechselspannungsanwendung bei hohen Spannungen (wegen der erforderlichen Höhe). Teiler bis 150 kV, 50-Hz-Wechselspannung können jedoch mit genügend hoher Genauigkeit angewendet werden.

Für die Messung von Prüfblitzspannungen mit auf der Stirn abgeschnittener Welle wird eine Bandbreite von einigen Megahertz benötigt. Aus einer Abschätzung nach (4.5.15) ergibt sich schon die Spannungsbegrenzung, wenn nicht der Widerstandswert zu stark herabgesetzt werden soll.

Verbesserungen sind durch Reduzierung von C_e möglich. Das geschieht z.B. durch große Kopf- und Fußelektroden des Teilers. Allerdings sind diese Maßnahmen begrenzt wegen der gleichzeitigen Erhöhung der Parallelkapazität. Auch das Verhältnis L/R muß berücksichtigt werden, um Oszillationen der Sprungantwort zu vermeiden.

Gemischte Teiler mit Parallelkapazitäten zum Widerstandsteiler werden für sehr steile Impulsspannungsanstiege genutzt. Allerdings müssen die starken Oszillationen der Sprungantwort berücksichtigt werden.

Bei einem *kapazitiven Teiler* sind die Längsimpedanzen gemäß Bild 4.5.14 in jedem Element durch eine Reihenschaltung von Widerständen, Induktivitäten und Kapazitäten zu ersetzen. Parallel dazu liegen die Kapazitäten C_P, die aus dem Aufbau des Teilers resultieren. Als Querimpedanzen liegen die Querkapazitäten gegenüber geerdeten

268   4. Schutz der Isolierung und Diagnose des Isoliervermögens

Teilen der Umgebung (Bild 4.5.17). Der Vorteil eines solchen Teilers liegt in der geringen Belastung der Wechselspannungs- und Impulsprüfanlagen. Der einfachste Aufbau besteht aus einem Preßgaskondensator (s. Abschn. 3.5.1.1 und 3.5.1.3) mit Niederspannungskondensator in Reihe. Diese Ausführung ist bis 1 MV (50 Hz) einsetzbar. Daneben werden auch Teiler aus einzelnen Stufen zusammengesetzt. Diese sind für höhere Spannungen geeignet. Die Berechnung der Übertragungseigenschaften erfolgt nach dem gleichen Prinzip wie für den Widerstandsteiler, nur daß die Serienkapazitäten $C = n C'$ berücksichtigt werden müssen. Durch genügend hohe Serienwiderstände können die Oszillationen gedämpft werden. R sollte dabei ungefähr $4 \sqrt{L/C}$ sein. Die Kondensatoren können mit impulsfestem Öl-Papier- oder Keramik-Dielektrikum ausgelegt werden. Sie sind dann für transiente und Wechselspannungen einsetzbar.

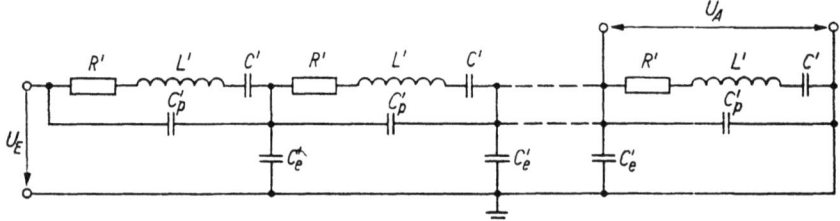

Bild 4.5.17. Ersatzschaltbild eines kapazitiven Spannungsteilers
Bezeichnungen wie Bild 4.5.16; C' Reihenkapazitäten des Teilers

4.5.2.5. Scheitelspannungsmeßeinrichtungen

Diese Geräte gestatten die Messung des Scheitelwertes einer zeitlich veränderlichen Spannung. Sie werden an kapazitive Spannungsteiler angeschlossen. Die Scheitelwertmeßeinrichtungen beruhen zum größten Teil auf dem Prinzip des Messens der Ladespannung eines über ein Ventil auf den Scheitelwert aufgeladenen Kondensators.

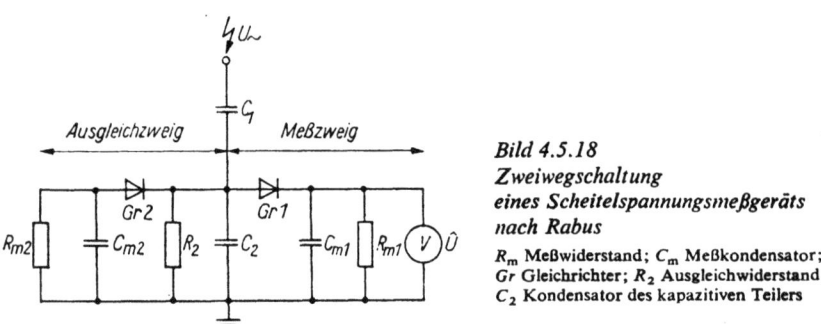

Bild 4.5.18
Zweiwegschaltung
eines Scheitelspannungsmeßgeräts
nach Rabus

R_m Meßwiderstand; C_m Meßkondensator;
Gr Gleichrichter; R_2 Ausgleichwiderstand;
C_2 Kondensator des kapazitiven Teilers

Ein Beispiel ist im Bild 4.5.18 dargestellt. Es handelt sich dabei um eine symmetrische Schaltung für Wechselspannung. Über $Gr1$ und $Gr2$ werden die Kondensatoren C_{m1} und C_{m2} auf den positiven bzw. negativen Scheitelwert der an der Teilerkapazität C_2 anliegenden Wechselspannung aufgeladen. Die Messung geschieht mit einem leistungsarmen Spannungsmesser, z.B. einem elektrostatischen Instrument oder einem elektronischen Voltmeter mit hohem Eingangswiderstand.

Mit dieser Schaltung können im Gegensatz zu der asymmetrischen Schaltung des gleichen Typs bei Gleichheit von R_{m1} und R_{m2}, C_{m1} und C_{m2} sowie $Gr1$ und $Gr2$ der Teilerfehler und der Ausgleichstromfehler eliminiert werden. Der erstgenannte Fehler resultiert aus der notwendigen Parallelschaltung eines Widerstands R_2 zu C_2, der die Aufladung von C_2 mit Gleichstrom über R_{m1} ausgleichen soll, selbst aber einen Nebenschluß zur Teilerkapazität C_2 und damit eine Veränderung des Teilerverhältnisses darstellt. Notwendige Bedingungen sind $R_2 \ll R_m$, $R_2 \gg 1/\omega C_2$.

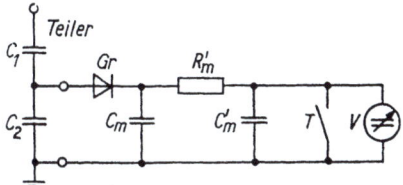

Bild 4.5.19
Schaltbild eines Scheitelwertmeßgeräts für Impulsspannungen

Gr Gleichrichter; C_m Meßkapazität; $R_m{}'$ Umladewiderstand; $C_m{}'$ Umladekapazität; T Taster; V elektrostatisches Voltmeter oder elektronischer Spannungsmesser

Es bleibt der Entladefehler, der durch R_m hervorgerufen wird. R_m ist notwendig, um in jeder Halbwelle eine Spannungsabsenkung zu bekommen, die die dynamische Verfolgung der Veränderung des Scheitelwertes mit einer Zeitkonstanten von $R_m C_m \approx 1$ s zuläßt.

Scheitelwertmessungen für Impulsspannungen gehen ebenfalls von der Aufladung eines Meßkondensators über ein mit dem Teiler verbundenes Ventil aus (Bild 4.5.19). Die aus Ventildurchlaßwiderstand und C_m gebildete Zeitkonstante muß sehr viel kleiner als die Stirnzeit des Impulses sein. Zum Zweck der Meßwertregistrierung ist eine Umladung auf $C_m{}'$ erforderlich: $C_m{}' \gg C_m$. Die Umladezeitkonstante soll dabei groß sein.

4.5.2.6. Abbildung und Messung von Spannungsverläufen

In vielen Fällen ist es erforderlich, Spannungs- und Stromverläufe auf hohem Potential oder mit hohen Spannungswerten zu analysieren. Man verwendet dazu Oszillographen. Bei einer Messung über Spannungsteiler sind niederfrequente Spannungsverläufe ohne wesentliche Verzerrungen zu registrieren. Besondere Sorgfalt muß bei transienten Vorgängen aufgewendet werden. Gegenwärtig wird für Impulse im Mikrosekundenbereich vorwiegend ein Niederspannungsoszillograph mit Triggereinrichtung und hoher Strahlablenkgeschwindigkeit sowie hoher Strahlempfindlichkeit und -schärfe eingesetzt. Die einmaligen Vorgänge werden entweder fotografisch registriert oder bei niedrigeren Schreibgeschwindigkeiten auf dem Schirm gespeichert. In der Anwendung sind *Transientenrecorder* für Frequenzen bis zu 100 MHz. Hierbei wird der elektrische Vorgang mit einem extrem schnellen Analog-Digital-Wandler digitalisiert und gespeichert, so daß zu jedem beliebigen Zeitpunkt der Vorgang in der gewünschten Auflösung auf einem Display dargestellt und ggf. über einen Computer weiterverarbeitet werden kann.

Voraussetzung für die gesamte Oszillographenmeßtechnik in der Hochspannung ist die Beherrschung der Spannungsteilerproblematik.

4.5.3. Feldmessungen
[42]

Der teilweise erhebliche mathematische und rechentechnische Aufwand für die genügend genaue Ermittlung der Feldverteilung und speziell der Höchstfeldstärke in einem elektrischen Potentialfeld (s. Abschn. 3.2) macht es gelegentlich sinnvoll, experimentelle Methoden anzuwenden. Besondere Bedeutung behält die Ausmessung von Feldern an einer realisierten Isolieranordnung oder an einem Modell. Die sehr geringe Energiedichte im elektrostatischen Feld erfordert eine hohe Empfindlichkeit der Meßmethode und

4. Schutz der Isolierung und Diagnose des Isoliervermögens

die Vermeidung von Rückwirkungen auf das Feld. Häufig ist es deshalb zweckmäßig oder unumgänglich, von der Analogie zwischen elektrostatischem Feld und elektrischem Strömungsfeld Gebrauch zu machen. Tafel 4.5.2 gibt einen Überblick über die verschiedenen Meßmethoden, das physikalische Prinzip und die Anwendungsmöglichkeiten. Zwei in der Praxis häufig angewandte Methoden werden nachstehend beschrieben.

Tafel 4.5.2. Meßverfahren zur Bestimmung von Feldgrößen

Methode	Physikalisches Prinzip	Anwendung
Drehbarer Probekörper nach *Toepler*	Kraftwirkung im elektrostatischen Feld	Bestimmung der Feldrichtung in gasförmigen Dielektrika
Sondenmethoden	Annahme des Potentials eines Feldpunktes durch die Sonde mittels Ladungsaustausches	
– Langmuir-Sonde	Ladungsträger des Feldes	Potentialbestimmung in Gasentladungsstrecken
– Glühsonde	Ladungsträgeraustausch durch Glühemission	Potentialbestimmung in Gleichspannungsfeldern im gasförmigen Dielektrikum
– Kapazitätssonde	Ladungsaustausch durch kapazitive Verschiebungsströme	Potentialmessung im stationären Wechselfeld, vorwiegend gasförmige und flüssige Dielektrika
Analogieverfahren	Nutzung der Analogie zwischen elektrischem Strömungsfeld und elektrostatischem Feld	Potentialbestimmung in beliebigen stationären elektrischen Feldern
– Elektrolytischer Trog	Potentialsonde zur Bestimmung des Potentials im Strömungsfeld des Elektrolyten	Modellierung von elektrischen Feldern
– Messung auf halbleitendem Papier	Potentialsonde zur Bestimmung des Potentials in einem extrem flachen Strömungsfeld	Modellierung von ebenen Feldern
Direkte Felddarstellung	Kerr-Effekt, Doppelbrechung von sichtbarem Licht in optisch aktiven Dielektrika im elektrischen Feld	Nachweis von Feldgeometrien im Modell

Die *Kapazitätssonde* wird vorwiegend für Messungen in der Umgebung von Isolieranordnungen, z. B. Freileitungs- und Apparateisolatoren, eingesetzt. Das Potential der Sonde läßt sich durch eine Brückenschaltung oder durch die Kompensation des Sondenpotentials ermitteln. Bild 4.5.20 zeigt die Möglichkeit einer Kompensationsmessung mit zwei gleichen Hochspannungstransformatoren. Da das Feld des Stützers rotationssymmetrisch ist, kann anstelle der Punktsonde eine Ringsonde mit Durchmesservariation benutzt werden. Die Kompensationsindikation geschieht auf Hochspannungspotential, im einfachsten Fall mit einer Glimmlampe.

Modellmessungen im *elektrolytischen Trog* lassen sich für praktisch alle Feldprobleme der elektrischen Isoliertechnik durchführen. Es ist jedoch zu beachten, daß das Strömungsfeld des Trogs willkürlich begrenzt ist. Entweder werden Stromlinien (Oberfläche oder hochohmige Wände) oder Äquipotentialflächen (leitende Wände) erzwungen.

Eine Verbesserung der dadurch bedingten Feldverzerrung kann durch Nutzung von

Symmetrieebenen des Originalfeldes erreicht werden, indem die Wände mit Äquipotentialflächen oder angenähert mit Potential bzw. Verschiebungslinien zusammenfallen. Alternativ können große Trogabmessungen verwendet werden, so daß das Feldproblem weit von den Begrenzungen entfernt gemessen wird (isolierte Sondenzuleitung). Im sogenannten Keiltrog können rotationssymmetrische Anordnungen ausgemessen werden. Eine Schnittebene, in der die Rotationsachse liegt, ist die Symmetrieebene.

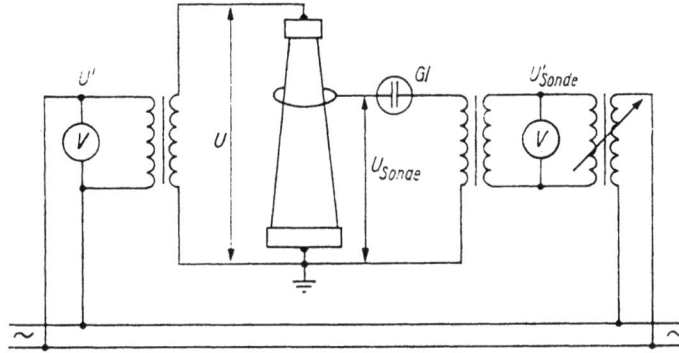

Bild 4.5.20
Kompensationsschaltung zur Ausmessung der Potentialverteilung in einem stationären Wechselspannungsfeld mit der Kapazitätssonde

Gl Glimmlampe (oder elektronischer Indikator)

Elektrostatische Felder im Mehrstoffsystem können durch unterschiedliche Leitfähigkeiten des Elektrolyten in Gebieten, die durch anisotrop stromleitende Wände abgegrenzt sind, oder durch unterschiedliche Elektrolytschichtdicken, bei einheitlicher spezifischer Leitfähigkeit, im Trog nachgebildet werden. Bild 4.5.21 gibt eine Übersicht.

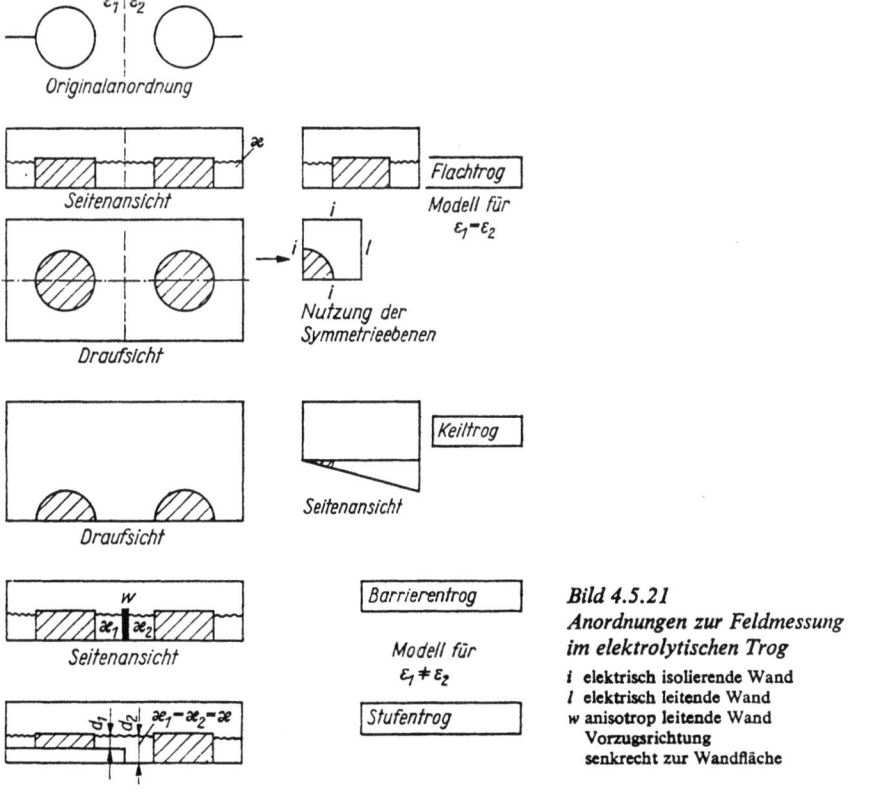

Bild 4.5.21
Anordnungen zur Feldmessung im elektrolytischen Trog

i elektrisch isolierende Wand
l elektrisch leitende Wand
w anisotrop leitende Wand
  Vorzugsrichtung senkrecht zur Wandfläche

Die Messung des Sondenpotentials geschieht in einer Brückenschaltung mit Wechselspannung bis 1 kHz. Die höhere Frequenz der Wechselspannung wird zwecks Unterdrückung der Elektrolyse und der Elektrodenpolarisation verwendet. Der Elektrolyt ist Leitungswasser oder eine schwache $CuSO_4$-Lösung. Als Nullindikator wird ein Kopfhörer oder ein Oszilloskop benutzt.

5. Auslegung, Konstruktion und Technologie von elektrischen Isolierungen

Es wird der Versuch unternommen, Komplexe zu diskutieren, die nach einem Höchstmaß an isoliertechnischen Gemeinsamkeiten zusammengestellt sind. Bewußt wird dabei die Kenntnis der Grundaufgaben und -funktionen von elektrotechnischen Geräten und Anlagen vorausgesetzt, so daß innerhalb der genannten Komplexe nur Beispiele der jeweiligen Geräte behandelt werden.

Es wird zwischen Luftisolierungen, Druckgasisolierungen, Flüssigkeits- und Mischisolierungen sowie Festkörperisolierungen unterschieden. Damit sind z.B. Isolierprobleme an Transformatoren praktisch in allen Kategorien angesiedelt. Trotz dieser scheinbaren Zersplitterung wird unter dem isoliertechnischen Anliegen eine höhere Konzentration und gleichzeitig eine breitere Verallgemeinerungsfähigkeit erreicht.

Der Konstrukteur und Technologe sollen auf diese Weise auf die grundsätzlichen Probleme und Lösungen hingewiesen werden. Es wird davon ausgegangen, daß die speziellen, dem Funktionsprinzip des Gerätes zugeordneten Erkenntnisse in einem anderen Rahmen erworben werden.

5.1. Luftisolierungen

Unter Luftisolierungen sollen solche verstanden werden, die zumindest in einem Teil der Anlage grenzflächenfrei nur mit Luft als Isoliergas die Potentialtrennung gewährleisten, und solche, die Luft als durchschlagentscheidendes Isoliermedium haben, aber wegen der mechanischen Trägerfunktionen über eine Luft-Festkörper-Grenzschicht verfügen.

5.1.1. Grenzflächenfreie Luftisolierungen
[1] [3] [5] [7]

Die Auslegung reiner Luftstrecken ist weitgehend von der Geometrie der Mehrelektrodensysteme bestimmt. Ausgehend von den sich ausbildenden Feldstärken ist im allgemeinen nur bei Hochspannungsanwendungen eine Berechnung der Isolierabstände erforderlich.

Großflächige Elektroden auf Hochspannungspotential, wie sie z.B. als Potentialsteuerungen an Prüfanlagen verwendet werden, sind zweckmäßigerweise als zylindrische oder sphärische Anordnungen auszubilden. Die Berechnung der Durchschlagspannung der Luftstrecke erfolgt nach den Grundsätzen des *schwach inhomogenen* Feldes. Für die meisten technisch sinnvollen Anordnungen liegen die Schwaiger-Kurven vor, so daß die Durchschlagspannung sich aus

$$U_\mathrm{D} = \eta E_\mathrm{D} d \tag{5.1.1}$$

ergibt (s. Abschn. 3.2.3). Liegen die Kurven für den Homogenitätsgrad der Anordnung nicht vor, ist die Berechnung des betreffenden Feldes vorzunehmen (s. Abschn. 3.2.2.1; 3.2.2.3). Die anzuwendende Durchschlagfestigkeit ist wegen der Polaritätsunabhängigkeit nur hinsichtlich der Umgebungsfeldeinflüsse korrigiert zu wählen. Die Durchschlagfestigkeit für Gleichspannung, industriefrequente Wechselspannung und Schaltspannung ist etwa gleich und mit 1 ... 2,5 MV/m anzusetzen, wenn die Elektrodenabstände einige zehn Zentimeter übersteigen und ein Streamermechanismus vorliegt. Extrem steile Blitzspannungen mit Anstiegszeiten von $< 10^{-6}$ s zeigen Zündverzögerungserscheinungen; diese können durch den für die Anordnung ermittelten Stoßfaktor berücksichtigt werden.

Bei einem schwach inhomogenen Feld fallen Zündung im Bereich der Höchstfeldstärke und Durchschlag zusammen, so daß die Einsetzspannung gleichzeitig die Durchschlagspannung ist.

Anstelle der großflächigen Elektroden werden neuerdings sogenannte Polygonelektroden verwendet. Die Berechnung erfolgt nach Gesichtspunkten der für den Durchschlag wirksamen Höchstfeldstärke.

Alle Durchschlagsspannungen müssen für den jeweiligen Luftdruck und die Lufttemperatur nach den Formeln (5.1.1) und (3.5.9) berechnet werden.

Weit häufiger sind grenzflächenfreie Luftisolierungen anzutreffen, deren Feld aus gesamtökonomischen Gründen bewußt *stark inhomogen* gewählt wird. Hierzu gehören Freileitungsseile gegen Erde und gegen Leiter. Ebenso sind offene Sammelschienen untereinander und gegen Erde nach diesem Prinzip ausgelegt. Zwei grundsätzliche Probleme müssen gelöst werden: die Festlegung des Isolationsabstands auf der Basis der Durchschlagfestigkeit bei Betriebs- und Überspannungsbeanspruchung sowie die Berechnung des erforderlichen Abstands und der Leiteranordnung auf der Grundlage der Vorgabe der Koronaintensität bzw. der Koronaverluste bei der zu erwartenden Belastung.

Bei den meisten technischen Anwendungen im Freileitungs- und Anlagenbau sind die Abstände so groß, daß der Streamer- und bei hohen Spannungsebenen auch der Leadermechanismus berücksichtigt werden müssen. Daraus ergibt sich eine starke Polaritätswirkung und eine große Zeitabhängigkeit. Außerdem kann für die Berechnung der Durchschlagspannung keine konstante spezifische Durchschlagspannung vorgegeben werden, da sie abstandsabhängig ist. Es ist deshalb zweckmäßig, die Dimensionierung nach Kennlinienfeldern der Durchschlagspannung für vergleichbare Homogenitätsgrade vorzunehmen. Bild 5.1.1 zeigt eine Zusammenstellung von Werten für verschiedene Spannungsformen für Spitze-Spitze- und Spitze-Platte-Anordnungen.

Eingetragen ist ebenfalls die Schaltspannungscharakteristik für eine Leiter-Erde- und Leiter-Leiter-Anordnung. Man kann feststellen, daß Leiter-Leiter- durch Spitze-Spitze- und Leiter-Erde- durch Spitze-Platte-Anordnungen genügend genau nachgebildet werden können.

Gleichspannung mit positiver Polarität ist bis etwa 1 m Schlagweite ungefähr der 50-Hz-Wechselspannung gleich. Das gilt auch weitgehend für die Blitzstoßspannung. Bei größeren Elektrodenabständen ist die Blitzspannungsfestigkeit größer als die Wechselspannungsfestigkeit. Hier ist die Herabsetzung des Spannungsbedarfs für den Leaderübergang bei Wechselspannung deutlich zu erkennen.

Für den Bereich der Hochspannungsanlagen ist, wie Bild 5.1.1 entnommen werden kann, das Verhältnis von Durchschlagblitzspannung und Durchschlagwechselspannung für vergleichbare Homogenitätsgrade und Schlagweiten $\leq 1,2$. Die auftretenden Blitzüberspannungen betragen, bezogen auf die Isolationsspannung U_m, jedoch das Mehrfache.

Daraus folgt, daß die Dimensionierung auf der Basis der Nennstehblitzspannung U_{nsts} gemäß Isolationskoordination erfolgen muß.

Für *Höchstspannungsanlagen* ist ggf. die Schaltüberspannung am kritischsten. Hierbei ist die Dimensionierung analog für die Schaltspannung vorzunehmen.

Bei Freileitungsseilen muß der Mindestabstand selbstverständlich ausgehend von den gegenphasigen Seilschwingungen bestimmt werden.

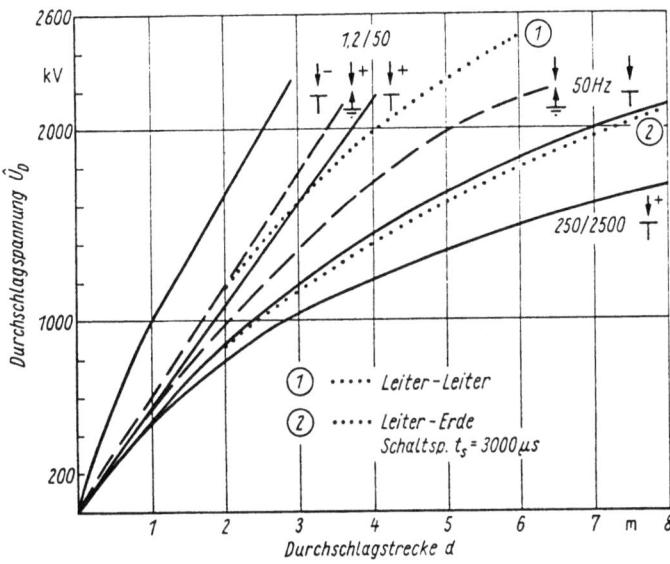

Bild 5.1.1
Durchschlagkennlinien
technischer Modell-
Durchschlagstrecken
für unterschiedliche
Spannungsformen

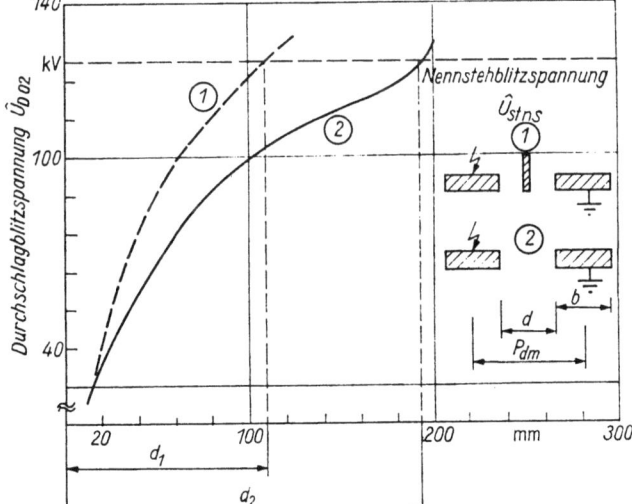

Bild 5.1.2
Mindestschlagweite
für Rechtecksammelschienen-
anordnungen für $U_m = 24\,kV$
① mit Feststoffbarriere
② ohne Barriere

P_{dm} Polmittenabstand
b Strombahnbreite

Im *Mittelspannungsanlagenbau* müssen Sammelschienen in luftisolierten Schaltfeldern dimensioniert werden. Bemessungsgrundlage sind ebenfalls die Isolationsspannung und die Nennstehblitzspannung. Allerdings kommen andere Bestimmungsgrößen hinzu. Da die Sammelschienen auch nach Nenn- und Kurzzeitstrom dimensioniert werden, ist der Polmittenabstand festgelegt. Auf der Basis der gewählten Feldanordnung – Rechteckschienen, Rundleiter – wird die Mindestschlagweite durch den Schnittpunkt der 2-%-Kennlinie der Durchschlagblitzspannung mit der Nennstehblitzspannungslinie bestimmt

(Bild 5.1.2). Aus der Differenz zwischen Polmittenabstand und Mindestschlagweite ergibt sich die mögliche Strombahnbreite.

Im stark inhomogenen Feld liegt die Teilentladungseinsetzspannung unter der Durchschlagspannung; an Leiterseilen und Sammelschienen oder auch Kanten spannungführender Elemente können deshalb stabile Koronaerscheinungen beobachtet werden.

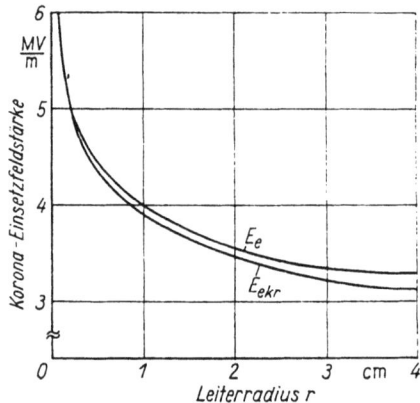

Bild 5.1.3. Einsetzfeldstärke E_e und kritische Einsetzfeldstärke $E_{e\,kr}$ der Korona an glatten Leitern in Abhängigkeit vom Leiterradius

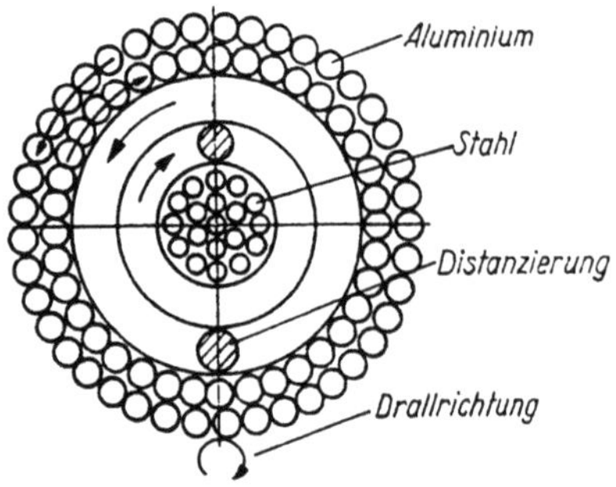

Bild 5.1.4. Prinzipieller Aufbau eines Stahl-Aluminium-Leiters für Freileitungen

Aufgrund der im Abschnitt 3.5.1 behandelten Teilentladungsmechanismen ist die Einsetzspannung der Korona für positive und negative Polarität unterschiedlich. Ist der Leiterradius in der Größenordnung einiger Zentimeter, so ist $E_{e+} > E_{e-}$. Bei unipolarem Betrieb sind E_{e+} und E_{e-} wegen der Ionenkonzentration am Leiter unabhängig vom Koronastrom.

Gegenüber der normalen Anfangsfeldstärke wird bei großen Elektrodenabständen, insbesondere bei Wechselspannung, wegen des Verbleibs von Ionen in der Koronastrecke die Einsetzfeldstärke herabgesetzt (Bild 5.1.3). Man nennt diese herabgesetzte Einsetzfeldstärke kritische Koronaeinsetzfeldstärke $E_{e\,kr}$.

Bei 50 Hz-Wechselspannung kann die kritische Koronaeinsetzfeldstärke bestimmt werden durch

$$E_{e\,kr} = 23{,}3\delta \left(1 + \frac{0{,}62}{\delta^{0,3} r^{0,38}}\right); \tag{5.1.2}$$

$E_{e\,kr}$ in kV/cm; r in cm; δ rel. Luftdichte.
Bei Erhöhung der Spannung geht die Korona schnell in die Streamerform über.
Für die Leiter von Freileitungen werden Stahl-Aluminium-Seile verwendet.
Bild 5.1.4 zeigt den prinzipiellen Aufbau. Bei gleichem nominalem Radius beträgt die Anfangsspannung des Seils gegenüber dem glatten Leiter etwa nur 85%.

Ausgehend von der Stromtragfähigkeit eines Leiterseils ist für die gewählte Spannung aus der Sicht des inhomogenen Feldes und der daraus resultierenden Koronaeinsetzspannung der Leiterdurchmesser zu gering. Als Ausweg bietet sich der sogenannte *Bündelleiter* an, bestehend aus mehreren Leitern je Phase, durch Distanzelemente fixiert. Auf diese Weise kann bei gleichem Gesamtquerschnitt der elektrische Ersatzradius beachtlich vergrößert werden.

Für ein solches Bündelleitersystem mit n Einzelleitern ergibt sich die Oberflächenfeldstärke angenähert zu

$$E = \frac{q}{2\pi\varepsilon_0 r_1 n}\left[1 + (n-1)\frac{r_1}{r_2}\cos\varphi_{BL}\right]. \tag{5.1.3}$$

q ist die Gesamtladung pro Längeneinheit der Phase; $q = nq_1$; r_1, r_2 und φ_{BL} sind Bild 5.1.5 zu entnehmen. Die maximale Feldstärke ist

$$E_{max} = \frac{CU_{LE}}{2\pi\varepsilon_0 r_1 n}\left[1 + (n-1)\frac{r_1}{r_2}\right]; \tag{5.1.4}$$

C ist die Kapazität der Phase, U_{LE} die Spannung der Phase gegen Erde.

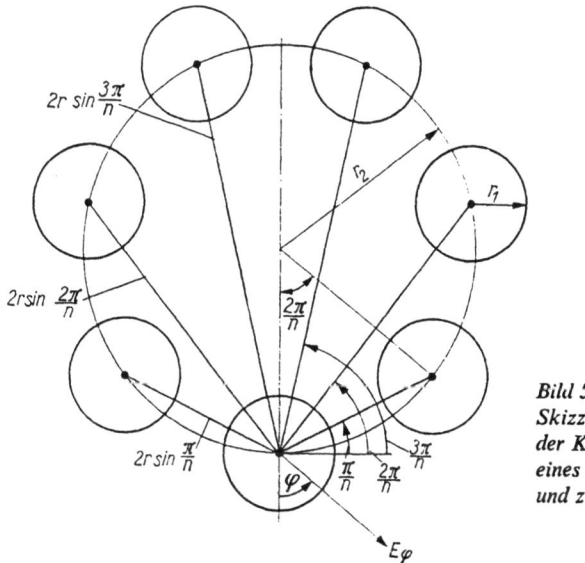

Bild 5.1.5
Skizze zur Berechnung
der Koronaeinsetzfeldstärke
eines Bündelleiters mit n Teilleitern
und zur Berechnung des Ersatzradius

Für die Koronaeinsetzspannung U_e ergibt sich

$$U_e = \frac{2\pi\varepsilon_0 n r_1 E_e}{1 + (n-1)\dfrac{r_1}{r_2}}\frac{1}{C}m_L; \tag{5.1.5}$$

m_L repräsentiert den Grad der Herabsetzung der Einsetzspannung eines Leiterseils gegenüber einem glatten Leiter ($m_L = 0,8 \ldots 0,85$);
E_e kann praktisch durch Formel (5.1.2) berechnet werden.
Die Feldbilder von Bündelleitern mit unterschiedlichem n zeigt Bild 5.1.6. Ihm können auch die Möglichkeiten zur Herabsetzung der Oberflächenfeldstärke bei gleichem Gesamtleiterquerschnitt entnommen werden.
Der äquivalente Radius eines Bündelleiters gegenüber dem Einzelleiter kann berechnet werden mit

$$r_{\text{äqu}} = r_2 \sqrt[n]{nr_1/r_2}. \tag{5.1.6}$$

Neben der berechneten Korona am idealen Leiter existieren Koronapunkte, deren Einsetzspannung niedriger liegt. Das sind Oberflächenrauhigkeiten der Einzeldrähte, Wassertropfen und Armaturenteile der Isolatoren.

278   5. Auslegung, Konstruktion und Technologie von elektrischen Isolierungen

Die obere Betriebsspannung muß unterhalb der normalen Koronaeinsetzspannung liegen. Trotzdem ist durch die örtliche Korona mit beachtlichen Koronaverlustleistungen zu rechnen, die abhängig vom Leiterzustand und vom Wetter in der Höhe variieren.

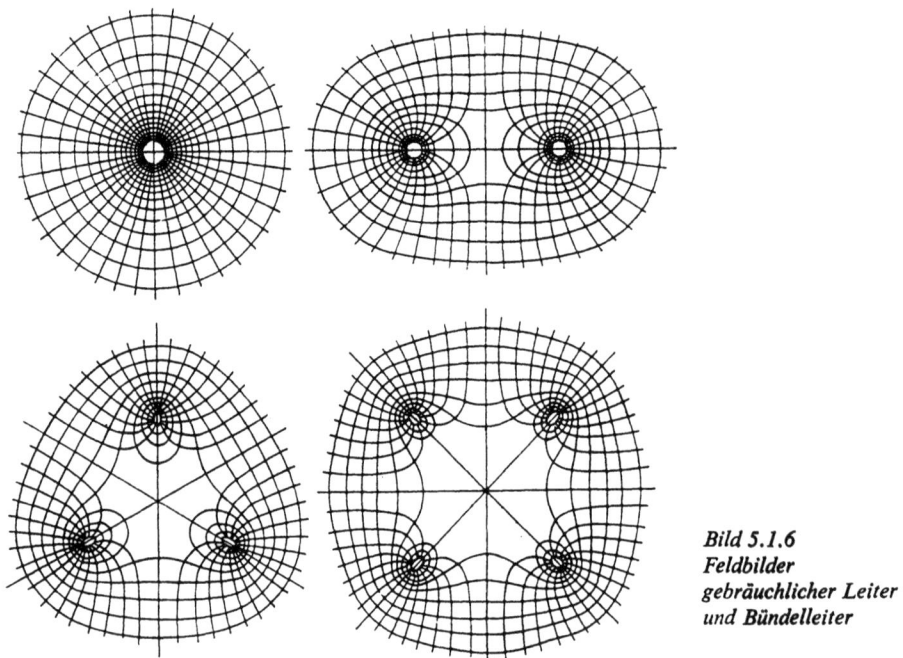

Bild 5.1.6
Feldbilder
gebräuchlicher Leiter
und Bündelleiter

Nach *Tichodejew* kann man annähernd die mittleren Verluste je km im Jahresdurchschnitt für eine dreiphasige Leitung, die unterhalb der berechneten Einsetzspannung U_{kr} gefahren wird, bestimmen nach

$$\bar{P}/\text{kW} \cdot \text{km}^{-1} = 2{,}5 \cdot 10^{-4} \, \bar{U}_{LL}^2/\text{kV} \left(\frac{\bar{U}_{LL}}{\bar{U}_{kr}}\right)^5. \tag{5.1.7}$$

Durch die Korona am Leiter werden die wirksame Kapazität und der Widerstand verändert. Das eine geschieht durch die Vergrößerung des wirksamen Radius, das andere durch den Koronawirkstrom.

Angenähert können diese Veränderungen berechnet werden, wenn zeitweilige Spannungsüberhöhungen $U_{üz}$ anliegen:

$$\frac{1}{R} \approx 1 \cdot 10^{-3} \left(\frac{f}{50}\right)^{0{,}62} \left[1 - \exp\left(-3{,}05 \, \frac{U_{üz} - U_e}{U_e}\right)\right]; \tag{5.1.8}$$

R in MΩ·m

und

$$C \approx 2{,}4 \left(\frac{50}{f}\right)^{0{,}42} \left(\frac{U_{üz}}{U_e} - 1\right); \tag{5.1.9}$$

C in pF·m^{-1}

Die Koronaverluste bewirken eine beachtliche Dämpfung der Blitzüberspannung.

5.1.2. Luftisolierungen mit Grenzflächen
[49] [51] [52] [105] [106]

Praktisch alle luftisolierten elektrotechnischen Systeme haben wegen der mechanischen Distanzierung der Leiter Teilisolierungen, die als Kombination zwischen Luft und Festkörperdielektrikum ausgeführt sind. Damit entstehen Grenzflächen, deren feldtechnische Besonderheiten im Abschnitt 3.2.4 behandelt wurden. Sind die Grenzflächen hochisolierend, so wird die Durchschlagfestigkeit der Isolieranordnung praktisch nur durch das aus der Kombination entstandene Feld bestimmt. Ist die Grenzschicht leitfähig, dann bilden sich spezielle Bedingungen heraus, die das Überschlagverhalten der Isolieranordnung weitgehend bestimmen.

Hierzu gehören beregnete oder verschmutzte Grenzschichten oder solche, die durch Kriechströme in ihrem Leitungsverhalten zusätzlich modifiziert werden.

5.1.2.1. Luftisolierungen mit isolierenden Grenzflächen

Luftisolierungen mit isolierenden Grenzschichten sind alle Isolatoren für Innenraum- und Freilufteinsatz im trockenen und unverschmutzten Zustand.

Bild 5.1.7 gibt einen systematisierenden Überblick.

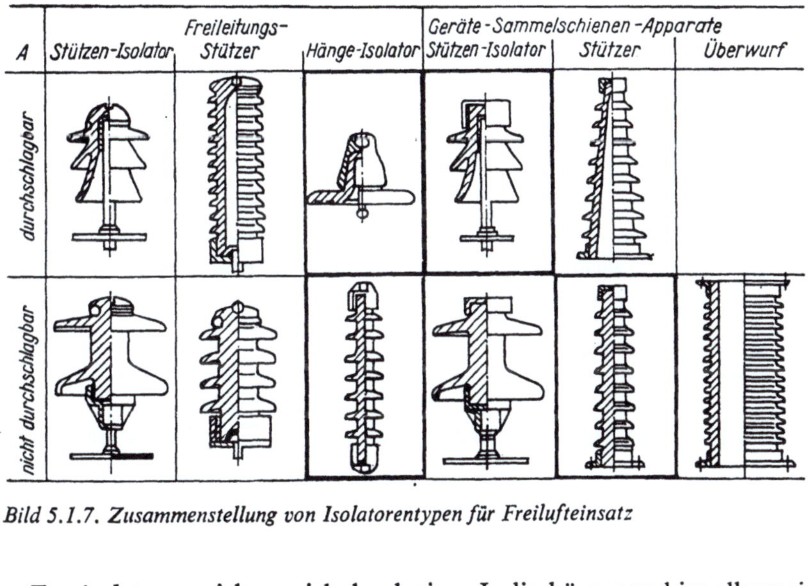

Bild 5.1.7. Zusammenstellung von Isolatorentypen für Freilufteinsatz

Tragisolatoren zeichnen sich durch einen Isolierkörper und im allgemeinen metallische Armaturen aus. Diese sind mit den spannungführenden Leitern oder auf Erdpotential liegenden Teilen mechanisch verbunden. Der Isolierkörper übernimmt die mechanische Distanzierung, d.h., er wird wahlweise auf Zug, Biegung, Druck statisch und dynamisch belastet.

Hüllisolatoren, auch *Überwürfe* genannt, sollen Innenisolierungen (s. Abschn. 2) vor Umwelteinflussungen schützen; ihre mechanische Belastung ist meist gering. Elektrisch ist die Beanspruchung ähnlich wie bei Tragisolatoren vom Stützertyp, soweit nicht die Überwürfe gleichzeitig Durchführungsfunktionen übernehmen. *Durchführungen* zeichnen sich dadurch aus, daß sich zwei auf unterschiedlichem Potential liegende Leiter umfassen. Hieraus resultieren Schräggrenzflächen mit der Tendenz zur Gleitentladung. Durchführungen sind meist auf Biegung belastet. Es existieren im Mittelspannungsbereich Glas- oder Prozellandurchführungen oder Kunststofftypen, auf der Hochspannungsebene Porzellan-Mehrrohrdurchführungen und feldgesteuerte Öl-/Papier- bzw. Hartpapierdurchführungen.

Tafel 5.1.1 gibt eine Auswahl von Isolierstoffen an, die für die Herstellung von Isolierkörpern verwendet werden. Die für den jeweiligen Einsatzfall relevanten Eigenschaften sind aufgelistet.

Tafel 5.1.1. Auswahl von Isolierstoffen für die Herstellung von Isolatoren

Werkstoff	Isolatortyp	Einsatzbedingungen
Glas	Kappenisolator Stützer aus Konuskappen Leitungsstützer	Freileitungsisolierung Gerätestützer Freilufteinsatz
Vitrokeramik	kleine Stützer	für hohe mechanische Beanspruchung, auch für Freiluft
Porzellan	alle Isolatorentypen	für alle Einsatzbedingungen
Epoxidharz (Bisphenol A)	Stützer Durchführungen	für Innenraumanwendung
Cycloaliphatisches EP-Harz	Stützer Durchführungen Langstabisolatoren (glasfaserverstärkter Trägerstab aus EP)	für Freiluftanwendung
Polypropylenethylen- Elastomer Silikonelastomer	Langstabisolatoren (glasfaserverstärkter Trägerstab aus EP) Kabelendverschlüsse	für Freiluftanwendung

Keramik und *Glas* als typische Sprödbruchmaterialien sind für Druckbelastung prädestiniert, jedoch auch auf Biegung und Zug belastbar. Hochfeste Porzellane, reine Oxidkeramiken und rekristallisierte Gläser *(Vitrokeramik)* werden als Zugstäbe, als Langstabilisatoren und biegebeansprucht als Stützer eingesetzt. Zug- und Biegelasten lassen sich durch geeignete Konstruktionen in Kräfte umwandeln, die den Isolierstoff nur auf Druck belasten. Typische Beispiele sind Kappenisolatoren, Schlingenisolatoren und Stützenisolatoren (Bild 5.1.8).

Duroplastische Kunststoffe, insbesondere Epoxidharze und ungesättigte Polyesterharze, aber auch Phenol- und Melaminpreßmassen, lassen sich für beachtliche Druckbelastungen einsetzen, wenn eine starke Magerung mit anorganischen Füllstoffen, z.B. SiO_2, erfolgt.

Ihr Vorteil liegt in der vergleichsweise niedrigen Verarbeitungstemperatur. Besser als SiO_2-Porzellan und Glas sind die Zug- und Biegefestigkeiten der genannten Harzformstoffe. Eine entscheidende Verbesserung kann erzielt werden, wenn Glasfasern mit einem Durchmesser <10 µm als *Roving-, Stapelfaser-* oder *Gewebeverstärkung* in das Gießharz oder in Form von Kurzglasfasern in die Preßmasse eingebaut werden. Entscheidend für die Zug- und Biegefestigkeit ist die Krafteinleitung über die Armaturen in die Harzmatrix und über diese gleichmäßig auf die Glasfaser. Eine gute Adhäsion der Harze am Glas ist eine Grundvoraussetzung für die Nutzung der hohen Zugfestigkeit der Glasfasern.

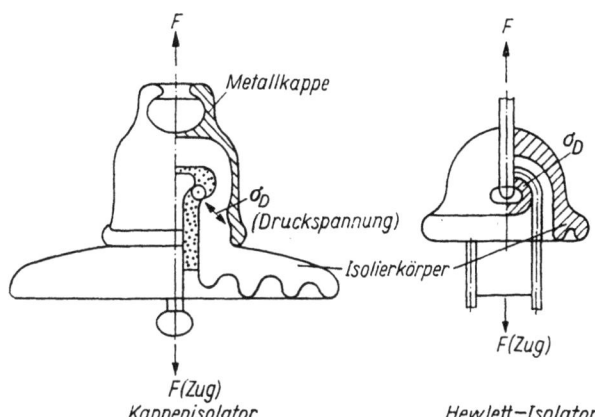

Bild 5.1.8
Beispiele für vorwiegend auf Druck beanspruchte Isolatoren

Wichtig ist, daß die an Prüfkörpern gemessenen mechanischen Festigkeiten nicht direkt auf die Konstruktion eines Isolierkörpers übertragen werden können. Das gilt sowohl für anorganisches als auch für organisches Material. Man kann mit der Reduzierung der Querschnitte der auf Zug und Biegung belasteten Körper mit einer Erhöhung der Festigkeit rechnen. Bild 5.1.9 zeigt eine solche Abhängigkeit für Porzellan.

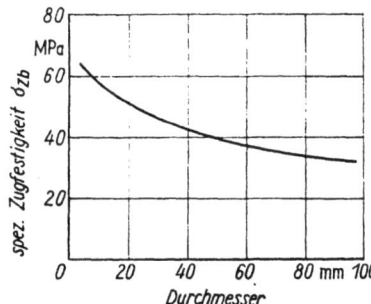

Bild 5.1.9
Abhängigkeit der Zug- und Biegefestigkeit von Porzellan vom Belastungsquerschnitt

Bei fast allen Isolatoren wird die mechanische Krafteinleitung über die Armaturen vorgenommen. Man nutzt sowohl *kraftschlüssige Verbindungen*, insbesondere im Zusammenhang mit dem Einsatz von Kunststoffen, als auch *formschlüssige Verbindungen*, oder beide Arten kombiniert. Bei Anwendung des Formschlusses ist es oft notwendig, die großen Unterschiede der Wärmeausdehnungskoeffizienten zu berücksichtigen. Auch ist es häufig wegen der unterschiedlichen Technologien bei der Formgebung von Isolierkörper und Armatur erforderlich, die Formschlüssigkeit durch eine dritte Materialkomponente herzustellen. Man setzt dann Kitte mit angepaßten, ausgleichenden Wärmeausdehnungskoeffizienten ein. Bei Porzellanisolatoren sind das Portlandzement, Schwefelzement oder Bleilegierungen.

Kraftschlüssige Verbindungen müssen nicht nur im Formgebungsprozeß des Isolierkörpers angelegt werden (Einguß von Leitern und Armaturen in Harzformstoffe), sondern können bei den verschiedensten Materialkombinationen auch nachträglich durch Klebung hergestellt werden.

282 5. Auslegung, Konstruktion und Technologie von elektrischen Isolierungen

Im Bild 5.1.10 sind einige Armierungsvarianten dargestellt.

Sowohl für die Konstruktion als auch für Anwendungsgesichtspunkte sind Kenntnisse der Technologie der Isolatorenfertigung erforderlich.

Glasisolatoren werden aus der schmelzflüssigen Phase gebildet und erstarren in Formen. Die für elektrotechnische Zwecke gewünschte niedrige Ionenleitfähigkeit und chemische Korrosionsfestigkeit erfordert alkaliarme Gläser mit hohem Schmelzpunkt (>1500°C). Eine gleichzeitige Verbindung mit Armaturen ist deshalb nicht möglich. Der Abkühlungsprozeß bringt beachtliche innere mechanische Spannungen mit sich. Nachträgliche Temperung verbessert die mechanischen Eigenschaften. Man kann sogar zonenweise beschleunigte Abkühlung für das gezielte Einfrieren von Spannungen nutzen, um gegenüber den konstruktiv zu erwartenden äußeren Kräften zur teilweisen Kompensation innere mit umgekehrtem Vorzeichen zu haben. Diese Technologie des Vergütens wird bei Glaskappenisolatoren angewendet.

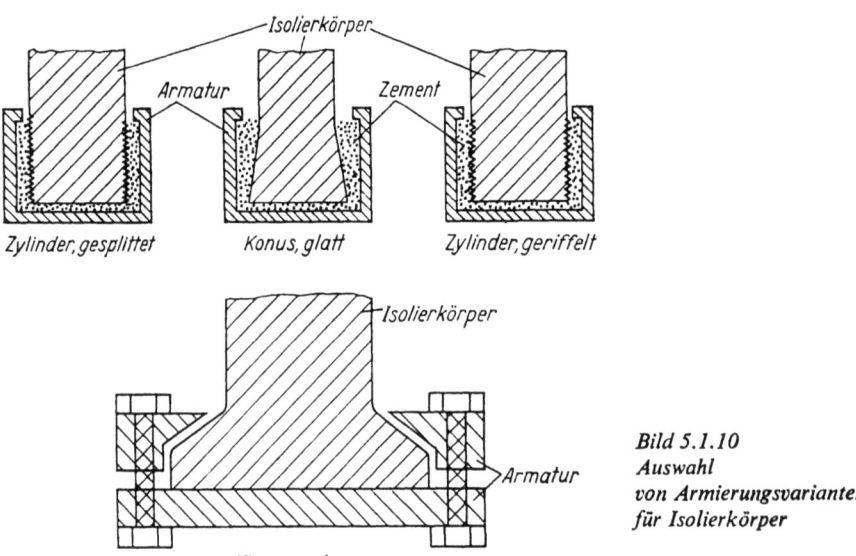

Bild 5.1.10
Auswahl
von Armierungsvarianten
für Isolierkörper

Rekristallisierte Gläser, sogenannte *Vitrokeramik*, werden dadurch gewonnen, daß sich durch eine bestimmte Glaszusammensetzung beim Abkühl- oder Temperprozeß in der geformten Glasmasse sehr feine Kristalle ausbilden. Es gibt Zusammensetzungen, die feine Glimmerkristalle ausscheiden, so daß sich eine gute mechanische Bearbeitungsfähigkeit einstellt.

Vitrokeramik hat wesentlich höhere mechanische Festigkeitswerte als Glas, insbesondere größere dynamische Werte, wie Schlagbiegefestigkeit, Kerbschlagzähigkeit u. dgl. Wegen der möglichen hohen WAK lassen sich Stahlarmaturen bei bestimmten Arten gleich mit im Formungsverfahren einbringen.

Keramische Werkstoffe werden im Sinterverfahren, d. h. durch Hochtemperaturfestkörperreaktionen, aus reinen kristallinen Metalloxiden gebildet. Eine Sonderstellung nimmt das Porzellan ein, bei dem Kristalle in eine Glasphase eingebettet werden.

Einen Überblick über die wichtigsten keramischen Fertigungsverfahren gibt Bild 5.1.11.

Aus den Werkstoffparametern und den technologischen Linien ergeben sich für die anorganischen Isolierungen bestimmte konstruktive Richtlinien und Einsatzcharakteristiken, die in Tafel 5.1.2 zusammengestellt sind.

Organische *Hochpolymere* erfordern völlig andere Herstellungstechnologien. Isolierformkörper werden meist mit Teilchen- oder Kurzglasfasermagerung aus reaktiven, additiv vernetzenden Harzen hergestellt. Im Vordergrund steht das *Gießverfahren*, das bei Raumtemperatur oder einer erhöhten Temperatur angewendet wird. Da bei vielen Einsatzbedingungen hohe Feldstärken vorliegen, müssen Hohlräume wegen der Teilentladungsbildung unter allen Umständen vermieden werden. Hohlraumfreie Körper sind nur im *Vakuum* oder *Vakuum-Druckgußverfahren* herstellbar.

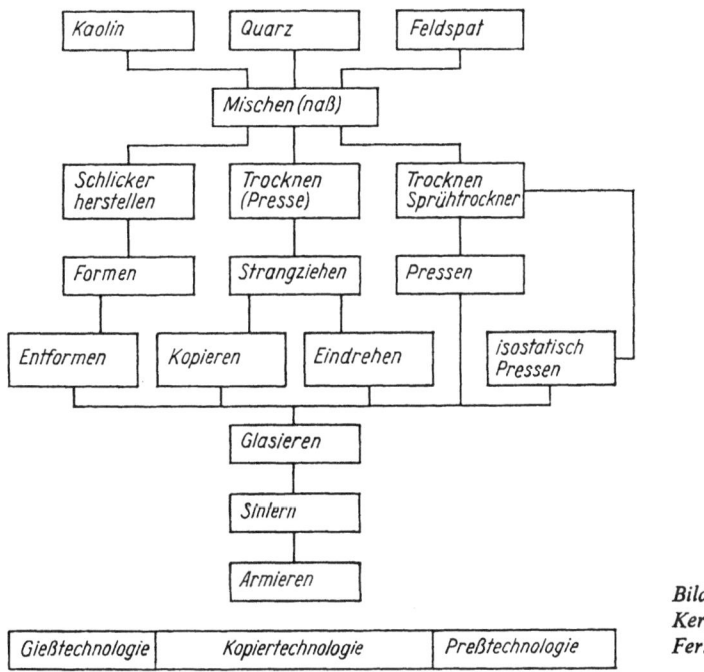

Bild 5.1.11
Keramische
Fertigungsverfahren

Die in einem Stück herstellbaren Volumina sind beschränkt, da beim Gießen exotherme Reaktionen stattfinden, die zu starken Schrumpfungserscheinungen und inneren mechanischen Spannungen führen.

Tafel 5.1.2. Richtlinien für Konstruktion und Einsatz von anorganischen Isolierkörpern

Werkstoff	Konstruktion	Einsatzbedingungen
Glas und Porzellan	– keine punktförmige Belastung – Druckbelastung bevorzugt – Querschnittabhängigkeit der Festigkeit beachten – keine Innenarmierung mit Metallen zulassen – Vermeidung von Kerblast – keine engen Toleranzen vorsehen – Nacharbeit absolut vermeiden – gleiche Wandquerschnitte vorsehen – bei formschlüssiger Armierung Ausdehnungsunterschiede der Kittung berücksichtigen	– Temperaturwechselempfindlichkeit beachten – keine Stoßbelastung zulassen – Lichtbogenbelastung vermeiden (Armaturen)

Für kleinvolumige Teile können auch *Preß-* und *Fließpreßverfahren* eingesetzt werden, die gegenüber den Gießverfahren rationeller sind, aber auch kompliziertere Anlagen und Werkzeuge voraussetzen.

Strangprofile mit *Glasrovingverstärkung* werden kontinuierlich hergestellt. Hierfür stehen UP- und EP-Harze zur Verfügung.

Aus harzgetränkten Glasseiden, Glasmatten und anderen textilen Trägern lassen sich *Prepregs* herstellen, die unter Temperatur und Druck zu Schichtpreßstoffen in Tafel- oder Profilform verpreßt werden. Durch nachträgliche Bearbeitung lassen sich Isolierformkörper herstellen.

Für mechanisch geringere Belastungen werden auch *Thermoplaste* mit Verstärkungsmaterialien genutzt. Sie lassen sich sintertechnisch oder durch Extrusion formen. Für Verbundisolatoren ist auch die Fertigung von aufsteckbaren Schirmen aus Elastomeren, wie Polyethylen-Propylen- oder Silikonkautschuk, durch Fließpressen möglich.

Die Verfahren zur Kunststofformung sind vielfältig und ermöglichen eine gute Anpassung an Materialforderungen und Konstruktion. Tafel 5.1.3 gibt einen Überblick über Material, Verfahren und Bedingungen für Konstruktion und Anwendung.

Tafel 5.1.3. Auswahl von Kunststoffen, angepaßten Verfahren und Konstruktionen zur Herstellung von Isolierkörpern

Kunststoff	Verfahren	Konstruktion	Verwendung
• Phenolharz • Kresolharz • Melaminharz • Ungesättigtes Polyesterharz • Epoxidharz • Silikonharz • Polyurethanharz	• Tränkung von Trägerstoffen • Anhärten • Verpressen + Aushärten • Strangziehen	• plattenförmige Laminate • Wickelkörper • Formstäbe	• isolierende Trennwände, Formstücken • Abstandhalter • Trägerzylinder zur Aufnahme von Wicklungen • Nutverschlußelemente
	• Verpressen von Preßmassen mit Teilchenverstärkung, Kurzfaserverstärkung • Extrusion von Transfermassen	• Formkörper • Isolatoren	• Isolatoren • Durchführungen • Isolierelemente
• Ungesättigtes Polyesterharz • Epoxidharz	• Formgießen	• Formkörper • Isolatoren • Umguß-isolierungen	• Isolierkörper • Geräteisolatoren • Durchführungen • umgegossene Geräte mit erhöhter mechanischer Festigkeit und Klimabeständigkeit
• Polyethylen • Polyvenylchlorid	• Extrusion (auch mit faser- und Teilchenverstärkung)	• Formkörper • Isolatoren	• Gerätestützer niedriger mechanischer Belastung • hochisolierende Formkörper

Elektrische Auslegung und Konstruktion von Luftisolierungen mit isolierenden Grenzschichten

Bereits im Abschnitt 3.2.4 wurden die Feldbesonderheiten von Grenzschichtanordnungen behandelt.

Auf die hier zur Diskussion stehenden Isolieranordnungen übertragen, bedeutet das folgendes:

A. Die Leiter oder Armaturen, die durch feste Isolierstoffe distanziert werden, durchdringen sich nicht. Das betrifft Stützer, Langstabisolatoren und daraus gebildete Ketten und ähnliche Anordnungen.

A1. Die Armaturen sind so angeordnet, daß die Grenzschicht zwischen Luft und Feststoffisolierung weitgehend im Grundfeld zwischen den Elektroden liegt (s.Bild 3.5.24). Das sind, von Details abgesehen, Stützer, Langstabisolatoren und Isolatorenketten. In diesem Sinne liegt eine Längsgrenzschicht vor. Da der Durchschlagweg in Luft und im Feststoff unter den angenommenen Bedingungen nahezu gleich ist, wird das schwächere Dielektrikum durchschlagen; das ist die Luftstrecke. Es kommt also stets zum Überschlag. Ist der Abstand zwischen den Armaturen groß im Vergleich zum Isolierkörperdurchmesser und sind die Durchmesser von Armaturen und Isolierkörper etwa gleich, was weitgehend mit den meisten praktischen Fällen übereinstimmt, dann entspricht die Luftdruckschlagstrecke einer Spitze-Spitze-Anordnung. Eine Grobdimensionierung kann auch nach dieser Anordnung vorgenommen werden (s. Abschn. 3.5.1). Man spricht von *nichtdurchschlagbaren* Isolatoren.

A2. Die Armaturen oder die gesamte Isolierkonstruktion ist so angeordnet, daß die Grenzfläche im Randfeld liegt. Stimmt sie mit den Feldlinien überein, so liegt eine Längsgrenzschicht wie bei A1 vor. Jedoch ist der Überschlagweg wesentlich größer als der mögliche Durchschlagweg im Festkörperdielektrikum. Die Wahrscheinlichkeit eines Festkörperdurchschlags wird größer; deshalb sind auch Alterungsgesichtspunkte des festen Dielektrikums in die Dimensionierung einzubeziehen. Als Näherung kann meist die Durchschlagfestigkeit einer Spitze-Platte-Funkenstrecke für den Überschlag zugrunde gelegt werden.

A3. Schneiden die Feldlinien die Grenzschicht ($0 < \alpha < 90°$), so geht diese in eine Schräggrenzschicht über. Derartige Anordnungen rufen Gleitentladungen hervor, deren Überschlag durch einen Sättigungscharakter der $U_\mathrm{ü}$-d-Kennlinie und durch eine niedrige spezifische Überschlagsspannung gekennzeichnet ist. Außerdem ist der Überschlagweg wesentlich größer als der mögliche Durchschlagweg, so daß bei der Dimensionierung beide Gesichtspunkte beachtet werden müssen.

Das Isoliervermögen von Isolatoren der Gruppe A ist gekennzeichnet durch die Trockenüberschlagwechselspannung $U_\mathrm{üT}$ und die Überschlagimpulsspannung $U_\mathrm{üs}$. Soweit durchschlagbare Isolatoren vorliegen, müssen auch die Durchschlagspannungswerte und ihre Streuung bekannt sein. Gegebenenfalls muß die Lebensdauerkennlinie ermittelt werden.

Die spezifische Trockenüberschlagwechselspannung $U_\mathrm{üT}$ liegt zwischen 350 und 600 kV/m. Je stärker die Abweichung von der Längsgrenzschicht, um so niedriger sind die spezifischen Werte. Bei größeren Schlagweiten sinken die Werte wegen der nichtlinearen Spannungsverteilung ab. Die Trockenüberschlagwechselspannung ist von der Form und den Abmessungen abhängig.

Bild 5.1.12 zeigt die mittlere Trockenüberschlagwechselspannung von Stützern in Abhängigkeit vom *Fadenmaß* (kürzeste Verbindung zwischen den Armaturen in Luft). Wie zu sehen ist, wird die Krümmung der Überschlagkurve ab etwa 2 m Elektrodenabstand

286 5. Auslegung, Konstruktion und Technologie von elektrischen Isolierungen

größer. Durch entsprechend gestaltete Schutzarmaturen kann eine Potentialsteuerung realisiert werden, deren Wirkung in dem gestrichelten Kurvenabschnitt dargestellt wird. Bei kleinen Elektrodenabständen, insbesondere bei Nieder- und Mittelspannungsanwendungen, werden homogenere Anordnungen möglich. Die spezifische Überschlagspannung ist dann erheblich höher und erreicht Werte von $U_{üT\sim} = 1,5 \ldots 2,5$ MV/m. Die exakte Höhe ist weitgehend vom Übergang Armatur–Isolierkörper abhängig.

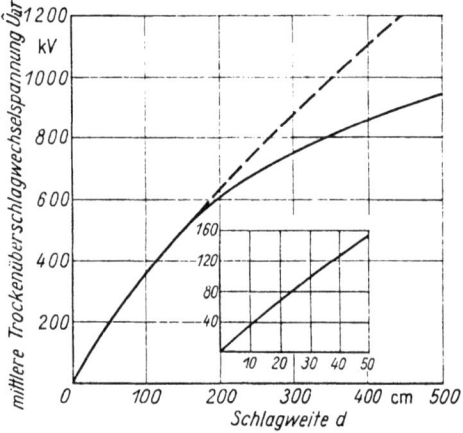

Bild 5.1.12. Trockenüberschlagwechselspannung von Stützern in Abhängigkeit vom Fadenmaß
——— armierte Stützer
– – – – Stützer mit Potentialsteuerungsarmatur (Toroid)

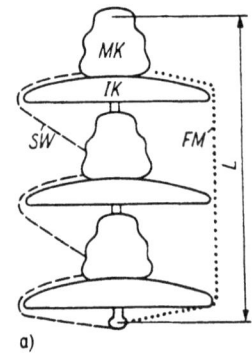

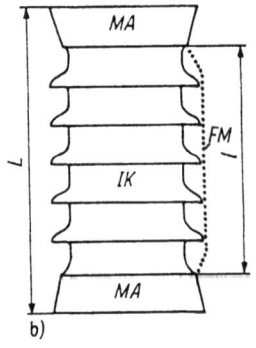

Bild 5.1.13. Kennzeichnung von Isolatoren und Isolieranordnungen und deren Überschlagwege

a) Kappenisolatorenkette; L Baulänge; l Isolationslänge; IK Isolierkörper; SW Staffelweg;
b) Stützer; MK Metallkappe; MA Metallarmatur; FM Fadenmaß

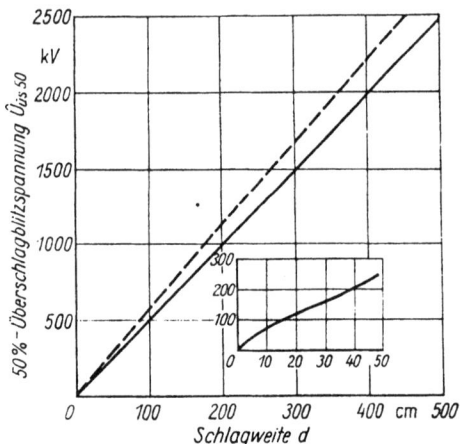

Bild 5.1.14
50-%-Überschlagblitzspannung von Stützern in Abhängigkeit vom Überschlagweg
——— untere Grenze der $\hat{U}_{üs50}$; – – – – mittlere $\hat{U}_{üs50}$
$d > 200$ cm → Potentialsteuerungsarmaturen

Bei Isolatorenanordnungen mit Zwischenarmaturen, z. B. bei Kappenisolatorenketten, muß anstelle des Fadenmaßes der sogenannte *Staffelweg* benutzt werden, da sich der Überschlag häufig stufenweise über die jeweiligen kürzesten Luftverbindungen zwischen Klöppel und Kappe entwickelt. Bild 5.1.13 demonstriert die möglichen Überschlagwege bei verschiedenen Isolatortypen.

5.1. Luftisolierungen

Für Grenzschichtisolierungen ohne leitfähige Oberflächen ist für die Dimensionierung der Isolatoren aus Gründen der Isolationskoordination die Überschlagimpulsspannung von Bedeutung. Man kennzeichnet das Isoliervermögen durch die Stehblitzspannung.

Die Blitzüberschlagspannung ist höher als die Trockenüberschlagwechselspannung sowie abhängig von Impulsform und Amplitude. Der *Stoßfaktor* – das ist das Verhältnis von Impulsüberschlagspannung zu Trockenüberschlagwechselspannung – liegt bei Blitzspannung 1,2/50 µs für Vollwelle bei 1,15 bis 1,25 und für abgeschnittene Welle bei > 1,6. Im Falle negativer Blitzspannung ist der Impulsfaktor höher als bei positiven Blitzspannungswellen. Üblicherweise wird als Überschlagblitzspannung die 50-%-Überschlagspannung angegeben. Analog zur Trockenüberschlagwechselspannung, die praktisch identisch ist mit dem Gleichspannungsüberschlag, wird die 50-%-Überschlagblitzspannung für Stützer für die Impulsform 1,2/50 µs im Bild 5.1.14 dargestellt. Die spezifische Überschlagspannung beträgt sehr genau 500 kV/m. Übersteigt der Überschlagweg 2 m, so ist die Linearität nur mit Hilfe von Potentialsteuerungsarmaturen zu erreichen; anderenfalls wird die spezifische Überschlagspannung beachtlich abgesenkt.

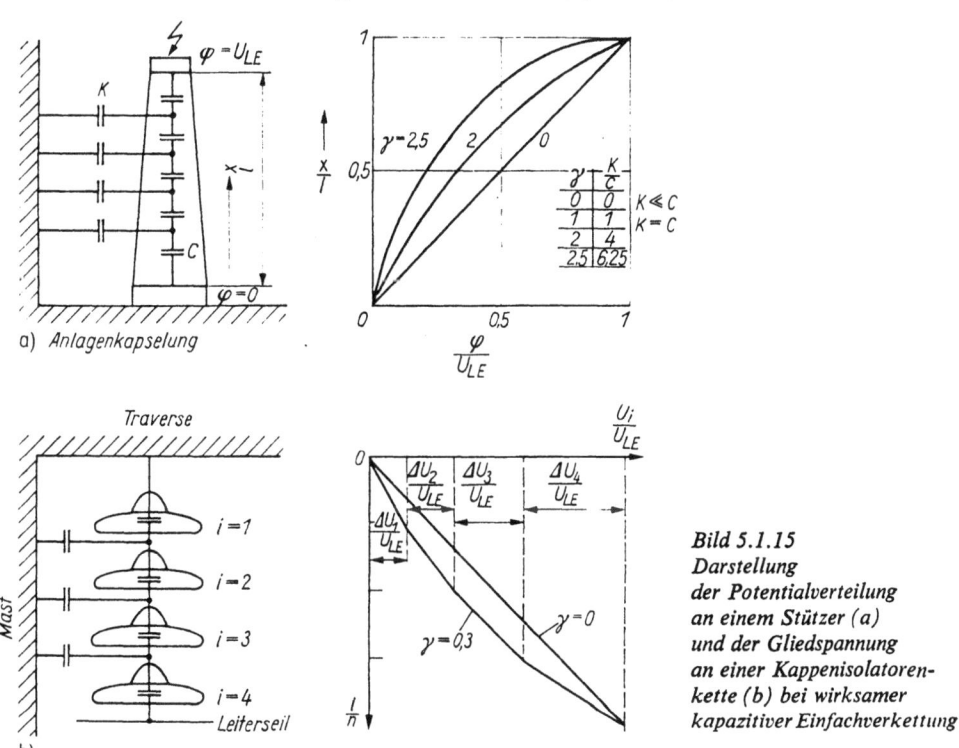

Bild 5.1.15
Darstellung der Potentialverteilung an einem Stützer (a) und der Gliedspannung an einer Kappenisolatorenkette (b) bei wirksamer kapazitiver Einfachverkettung

Hinsichtlich der Spannungsverteilung gilt Abschnitt 3.2.2 mit (3.2.51) und (3.2.54) für die einfache Verkettung. Die Potentialverteilung eines Stützers und die Gliedspannungsverteilung einer Kappenisolatorenkette zeigt Bild 5.1.15 für unterschiedliche Verhältnisse von Isolator- und Erdkapazitäten.

Der Kappenisolator mit der höchsten Spannungsbelastung $i = z$ ist hinsichtlich seiner Gliedspannung zu berechnen mit

$$U_z = U_{LE} \left(1 - \frac{\sinh \gamma (z-1)}{\sinh \gamma z}\right). \tag{5.1.10}$$

5. Auslegung, Konstruktion und Technologie von elektrischen Isolierungen

Zwei Möglichkeiten der Linearisierung der Spannungsverteilung existieren: zum einen die Abstufung der Kapazitäten der Isolatoren entsprechend der Einbauposition, zum anderen die Erhöhung der Kapazität der Isolatoren durch Werkstoffe mit höherem ε_r oder durch Senkung der Dicke des Isolierstoffs zwischen Klöppel und Kappe – beides ist aus Verlust- und Durchschlaggründen nur beschränkt realisierbar. Eine konstruktive Beeinflussung kann auch aus technologischer Sicht nur begrenzt vorgenommen werden.

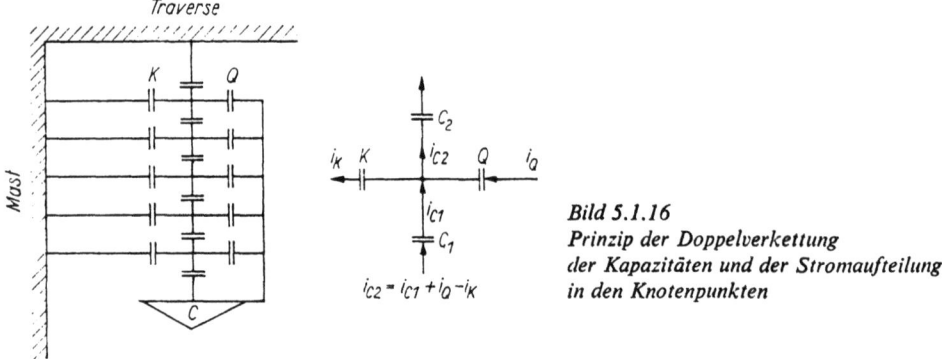

Bild 5.1.16
Prinzip der Doppelverkettung der Kapazitäten und der Stromaufteilung in den Knotenpunkten

Weitere Möglichkeiten ergeben sich durch die Nutzung einer Doppelverkettung. Werden die Erdkapazitäten ganz oder teilweise durch Erhöhung der kapazitiven Kopplung zum Leiterseil oder zur Sammelschiene kompensiert, so entsteht eine Linearisierung der Spannungsverteilung an der Isolieranordnung. Die Vergrößerung kann durch räumliche Ausdehnung der spannungführenden Armatur oder durch Verwendung eines Potentialrings, -korbs u. dgl. erreicht werden. Bezeichnet man diese Querkapazität mit Q, so ergibt sich für die Annahme gleicher C, K und Q die Größe γ zu

$$\gamma = \sqrt{\frac{Q+K}{C}}. \qquad (5.1.11)$$

Bild 5.1.16 stellt das Prinzip der Doppelverkettung an einer Isolatorenketten dar. Die Gliedspannung beträgt in diesem Fall

$$U_i = U_{LE} \frac{Q \sinh \gamma i + K \sinh \gamma i - Q \sinh \gamma (n-1)}{(K+Q) \sinh \gamma n}. \qquad (5.1.12)$$

Besonders wirksam ist bei langen Ketten die Einbeziehung des letzten Kappenisolators in den Raum der Potentialsteuerungsarmatur, die im allgemeinen gleichzeitig als Blitzschutzarmatur ausgebildet ist, weil damit die kapazitive Verkopplung und die Feldentlastungswirkung vergrößert werden.

Für Anordnungen in der Praxis gelten für Kappenisolatoren folgende Werte: $C = 30$ bis 70 pF, $K = 3 \ldots 5$ pF, $Q = 0{,}5 \ldots 2$ pF.

Glaskappenisolatoren haben eine bis 1,5fache höhere Kapazität.

Langstabisolatoren kann man für einen 110-kV-Typ mit 1 bis 2 pF ansetzen.

Das Verhältnis von K/C ist für Kappenisolatoren in Freileitungsanordnungen in der Größenordnung 0,1, für Langstabisolatoren etwa 1 und für Stützer in Schaltanlagen >1.

Bei starker nichtlinearer Spannungsverteilung kann die Teilentladungseinsetzspannung an ein oder mehreren Kappenisolatoren überschritten werden, ohne daß ein Überschlag erfolgt. Von der Länge der Kette und von dem Kapazitätsverhältnis hängt der Teilentladungsmechanismus ab, der letztlich die spezifische Überschlagspannung festlegt.

5.1. Luftisolierungen

Die Gliedspannung des Kappenisolators einer 110-kV-Kette (leiterseilseitig) mit acht Isolatoren muß im ungünstigsten Fall bereits 25 % der Gesamtspannung übernehmen. Bei linearisierter Spannungsverteilung ist die Überschlagspannung etwa gleich der Summe der Überschlagspannungen der Einzelisolatoren. Stützer mit einer typischen Spitze-Platte-Überschlagcharakteristik werden im Überschlagverhalten durch die Feldinhomogenität am Stützerkopf bestimmt. Eine Erhöhung der Überschlagspannung ist bei Wechselspannung und vor allem bei Impulsspannung durch Veränderung des Feldes durch innere vorgeschobene Elektroden möglich (Bild 5.1.17).

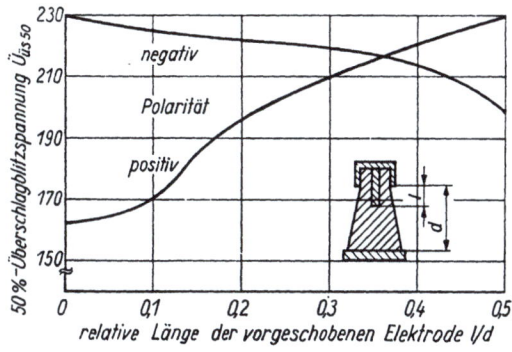

Bild 5.1.17
Einfluß der vorgeschobenen Elektrode auf die 50-%-Überschlagblitzspannung 1,2/50 μs in kV, gemessen bei $d = 300$ mm

Es wird deutlich, daß nur bis zu einem bestimmten Verhältnis von äußerem Elektrodenabstand und Länge der vorgeschobenen Elektrode ein nutzbarer Gewinn für die Praxis erzielt werden kann.

Bei Innenarmierung kann die Einflußnahme auf die Überschlagcharakteristik zur Senkung der Bauhöhe und der Masse genutzt werden.

B. Ein Leiter durchdringt einen zweiten mit unterschiedlichem Potential, beide werden voneinander durch ein festes Dielektrikum isoliert und mechanisch distanziert. Es existieren zwei Grundformen dieses *Durchführungsprinzips*: die Scheibendurchführung und die Rohrdurchführung. Zwischenlösungen sind für Spezialfälle möglich. Der Scheibentyp ist überschlagbetont; der Rohrtyp läßt je nach Ausführung und Dimensionierung Durch- und Überschlagmöglichkeiten erkennen. Durchführungen werden als Wand- und Gerätedurchführungen eingesetzt.

Zwischen geerdetem Flansch und spannungführendem Bolzen liegt eine Schräggrenzschicht an der Oberfläche des festen Isolierstoffs.
Bild 5.1.18 zeigt das Ersatzschaltbild für die Potentialverteilung.
Von Interesse ist die radiale Feldbelastung

$$E_r = \frac{U_{LE}}{\ln \frac{r_i}{r_a}} \frac{1}{r}. \tag{5.1.13}$$

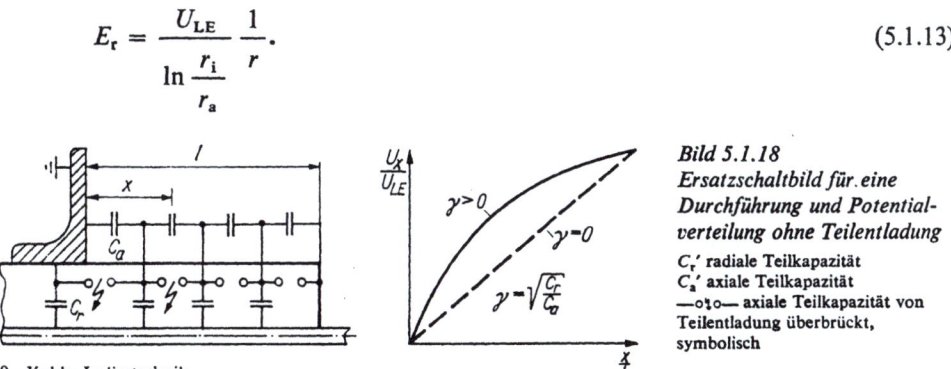

Bild 5.1.18
Ersatzschaltbild für eine Durchführung und Potentialverteilung ohne Teilentladung
C_r' radiale Teilkapazität
C_a' axiale Teilkapazität
—o↓o— axiale Teilkapazität von Teilentladung überbrückt, symbolisch

5. Auslegung, Konstruktion und Technologie von elektrischen Isolierungen

Damit ist die maximale Feldstärke am Bolzen

$$E_{r\,max} = \frac{U_{LE}}{r_i \ln \frac{r_i}{r_a}}. \tag{5.1.14}$$

Für die Grenzschichtbelastung ergibt sich aus der Verknüpfung von radialem C'_r und axialen Kapazitäten C'_a die Potentialverteilung an der Grenzschicht, dargestellt als relative Spannung U_x/U_{LE} gegenüber dem Flansch

$$\frac{U_x}{U_{LE}} = \frac{\sinh \sqrt{\frac{C'_r}{C'_a}}\, x}{\sinh \sqrt{\frac{C'_r}{C'_a}}\, l}. \tag{5.1.15}$$

Wie im Abschnitt 3.2 prinzipiell gezeigt, kann die maximale Feldstärke unter der Bedingung $\sqrt{C'_r/C'_a}\, l > 2$, d.h. für schlanke Durchführungen, berechnet werden durch

$$E_{a\,max} \approx U_{LE} \sqrt{\frac{C'_r}{C'_a}}. \tag{5.1.16}$$

Die maximale Feldstärke befindet sich am Flansch. In einem derartig inhomogenen Feld an der Grenzschicht entsteht beim Überschreiten der Einsetzspannung eine Teilentladung, die zunächst eine Korona am Flansch und bei weiterer Spannungserhöhung die Stadien Gleitbüschel, Gleitstielbüschel und Gleitfunkenentladung bis zum Überschlag durchläuft (s. Abschn. 3.5.1.4). Die Einsetzspannung für alle Formen ist von der Isolierstoffdicke, der Dielektrizitätskonstante des Stoffes und dem Homogenitätsgrad abhängig. Für glatte zylindrische Gleitrohre hat *Strigel* eine Beziehung aufgestellt, die die spezifische Überschlagspannung angibt:

$$\ln \frac{U_{\ddot{u}}}{l} = \ln f(\varepsilon_r) - 0{,}4 \ln \frac{l^2}{r_a \ln \frac{r_a}{r_i}}. \tag{5.1.17}$$

Werden durch die geometrischen und dielektrischen Bedingungen $U_{\ddot{u}}/l$-Werte von 500 kV/m unterschritten, so entwickelt sich der Wechselspannungsüberschlag aus dem Gleitfunken heraus; oberhalb dieses Wertes bildet er sich aus der Büschelentladung heraus. Offensichtlich ist dieser Umschlagpunkt durch den Übergang von der Streamer- in die Leaderentladung festgelegt. Unterhalb dieser Grenze entspricht die Überschlagcharakteristik der des Stützers; oberhalb ist die spezifische Überschlagspannung stark absinkend. Es ergibt sich eine Überschlagkennlinie mit dem prinzipiellen Verlauf nach Bild 5.1.19. Unter gegebenen Materialbedingungen und Radien ist also der Zuwachs an Überschlagspannung von einer bestimmten Länge ab weniger als proportional und nimmt mit der Länge ab.

Die Ursache ist in der Gleitfunkenbildung einer oberflächennahen Leaderentladung mit niedrigem Spannungsbedarf zu suchen. Gemäß Bild 5.1.18 überbrücken die Teilentladungen die Längskapazitäten an der Oberfläche und schieben das Erdpotential in Richtung Bolzen vor.

Eine Durchführung mit Luft-Feststoff-Schräggrenzschicht ist wie folgt zu konzipieren:
- Eine Scheibenisolierung ist günstig wegen der Stützerüberschlagcharakteristik; jedoch ist die radiale Ausdehnung zum Leiter sehr groß. Sie ist nicht durchschlagbar, aber ungünstig bei leitendem Oberflächenbelag (Längsgrenzschicht).
- Eine Rohrdurchführung tendiert zum Radialdurchschlag und zur Gleitfunkenbildung an der Grenzfläche.
- Verbesserungen der Rohrdurchführung lassen sich erreichen durch Anbringung einer Flanschwulst (Bild 5.1.20) zur Unterdrückung der Gleitentladung, die vom Gleitpol ausgeht. Weitere Maßnahmen sind Erhöhung der Axialkapazität durch Wulstrandschirm (Bild 5.1.20), Herabsetzung der Radialkapazität durch Material mit kleinem ε_r und Erhöhung des Radius im Flanschbereich.

Diese Maßnahmen verbessern die Überschlagcharakteristik. Sie werden im Bereich bis 30 kV angewendet. Entscheidende Verbesserungen bringt erst die Potentialsteuerung durch innere kapazitive Beläge oder eine ohmsche Oberflächensteuerung (siehe Abschnitt 5.3.5.2).

Grundsätzlich sollten ungesteuerte Durchführungen so ausgewählt werden, daß sie im gleitfunkenfreien Spannungsbereich angewendet werden können.

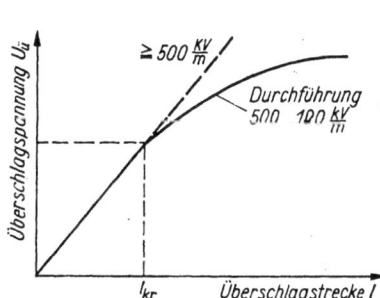

Bild 5.1.19. Charakteristische Überschlagkennlinie unterhalb und oberhalb der kritischen Überschlagstrecke l_{kr}

$l > l_{kr}$ Überschlag durch Gleitfunken bestimmt

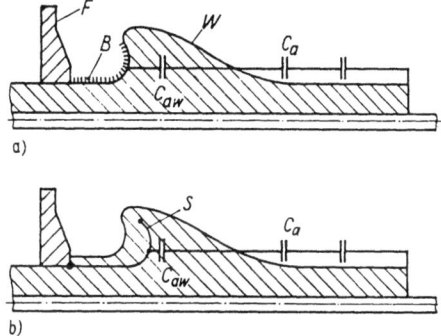

Bild 5.1.20. Rohrdurchführung mit Flanschwulst
a) Porzellanausführung; b) Gießharzausführung
F Flansch; W Wulst; C_a axiale Kapazitäten; C_{aw} axiale Wulstkapazität; B Belag, Metall flammgespritzt oder halbleitende Glasur; S metallischer eingegossener Schirm

5.1.2.2. Luftisolierungen mit fremdschichtbehafteten Grenzflächen
[88] bis [91] [105] bis [108]

Bei *Innenraumisolierungen* ist zunehmend mit leichten Verschmutzungen der Oberflächen durch verschiedene Stäube und kondensierende Dämpfe zu rechnen. Besondere Bedeutung hat jedoch die Kondensation von Wasserdampf bei schneller Abkühlung der Anlagen. In homogenen Feldanordnungen mit Längsgrenzschichten fällt die Überschlagspannung beim Überschreiten von etwa 70% relativer Luftfeuchtigkeit. Bei den meisten Innenraumisolierungen mit inhomogenem Feld ist eine Beeinflussung erst knapp unter 100% r. F. festzustellen. Echte Innenraumanlagen erreichen praktisch diese Luftfeuchtigkeit nicht.

Adsorbierte Wasserschichten können jedoch auf organischen Isolierkörpern zu Kriechspurbildung oder Erosion führen (s. Abschn. 3.6.5). Eine solche Kriechstromalterung senkt die Überschlagspannung. Die Ausbildung einer feuchten Oberfläche ist von der

292 5. Auslegung, Konstruktion und Technologie von elektrischen Isolierungen

herrschenden relativen Luftfeuchtigkeit und von der Änderungsgeschwindigkeit der Temperatur abhängig. Bild 5.1.21 zeigt den Zusammenhang zwischen den beiden Größen und der Betauung, aufgenommen mit einer Innenraumsimulation am Epoxidharzstützer. Messungen von *Schwarzer* haben gezeigt, daß nur in 0,2 % aller untersuchten Fälle eine Abkühlungsgeschwindigkeit von 3 K/h überschritten wurde.

Freiluftisolierungen werden im sauberen Oberflächenzustand beregnet und ändern dadurch ihr Überschlagverhalten. Die Ursache ist in der Ausbildung einer leitfähigen Grenzschicht zu suchen.

Auf diese Weise wird die Spannungsverteilung an der Oberfläche des Isolators weitgehend durch die flüssige Schicht bestimmt. Gegenüber der einfachen kapazitiven Verkettung muß mit einer Parallelschaltung von Widerständen zu den Längskapazitäten gerechnet werden. Ungleichmäßige Beregnung oder Stromunterbrechung durch Austrocknung führen zur Teillichtbogenbildung, deren Verlängerung den Überschlag einleitet. Um den leitfähigen Belag nicht durchgängig entstehen zu lassen, werden Freiluftisolierungen mit Schirmen versehen, die entsprechend der Geometrie und dem Regeneinfallswinkel zu unterschiedlichen Trockenstrecken führen (Bild 5.1.22).

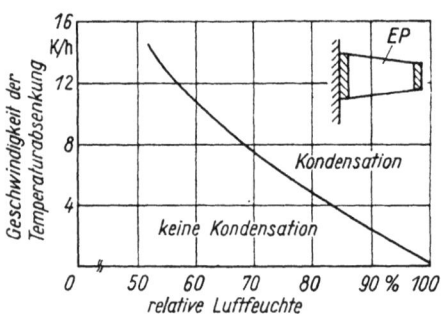

Bild 5.1.21. *Bedingungen für das Auftreten von leitfähigen Kondenswasserschichten auf Innenraumisolierungen (nach Schwarzer)*

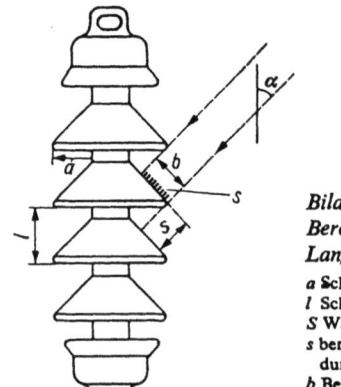

Bild 5.1.22
Beregneter Langstabisolator
a Schirmausladung
l Schirmabstand
S Wasserbelag
s beregnete Luftdurchschlagstrecke
b Belagbreite
α Regeneinfallswinkel

Für die Wirksamkeit der nassen Oberfläche sind die Intensität des Regens, die Leitfähigkeit des Regenwassers und die Schirmgeometrie sowie die Lage des Isolators gegenüber der Senkrechten maßgebend. In Abspannlage, d.h. 90° zur Senkrechten, und in vertikaler Position sind die Überschlagspannungen wenig voneinander verschieden; größere negative Differenzen treten auf, wenn geringe Abweichung aus der Senkrechten eine einseitige Regenfadenbrücke über die Kanten der Schirme bildet. Annähernd wird Trockenüberschlagspannung bei Identität von Regeneinfallswinkel und Schirmachsenneigung erzielt.

Optimierungsuntersuchungen von Schirmausladung und Schirmabstand haben ein günstiges Verhältnis von $a/l = 0{,}5$ ergeben.

Während die Überschlagwechselspannung in hohem Maße von den genannten Bedingungen abhängt und schon durch die Isolatorenposition $\pm 30\%$ Abweichung erzielt werden kann, sind die Unterschiede bei Impulsspannung mit 2 bis 3 % gering.

Die relative Überschlagspannung als Funktion der Regenwasserleitfähigkeit, bezogen auf die genormte Prüfleitfähigkeit von $\varkappa = 100\ \mu\mathrm{S}\cdot\mathrm{cm}^{-1}$ bei einem Einfallswinkel von 45° und einer Intensität von 5 mm/min, wird im Bild 5.1.23 dargestellt.

Die Regenüberschlagmechanismen sind eigentlich nur eine Sonderform des Fremdschichtüberschlags.

Durch natürliche und künstliche Verschmutzung bilden sich auf den Isolatoroberflächen *Fremdschichten* aus. Ursache und Art der Fremdschichten werden in Tafel 5.1.4 aufgelistet.

Fremdschichten im trockenen Zustand setzen die Überschlagspannung nur geringfügig herab. Nahezu alle Fremdschichten werden jedoch ionenleitend, wenn Feuchtigkeit hinzutritt (s. Abschn. 3.4.4). Wie im Abschnitt 2.1 gezeigt wurde, stehen Regen, Dunst, Nebel zur Befeuchtung der Fremdschichten zur Verfügung. Es existieren bestimmte jahreszeitliche und tageszeitliche Häufungen, die mit atmosphärischen Bedingungen zusammenhängen. Da starker Regen häufig Fremdschichten abwäscht oder entsalzt, muß Nebelbildung mit allseitiger Kondensation von Wasser an den Fremdschichten als kritischster Zustand angesehen werden. Isolatoren mit Fremdschichtvollbelag bilden unter diesen Bedingungen eine meist inhomogene durchgängige, elektrisch leitende Oberfläche aus. Die Spannungsverteilung wird praktisch durch die Parallelschaltung von Widerständen zu den Längskapazitäten eines Isolators bestimmt.

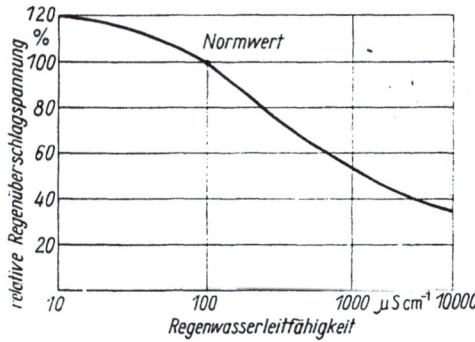

Bild 5.1.23
Relative Regenüberschlagspannung in Abhängigkeit von der spezifischen Leitfähigkeit des Regenwassers

Bezugspunkt 100 µS/cm
Einfallswinkel 45°
Regenmenge 5 mm/min (Normwerte)

Durch die inhomogene Widerstandsverteilung, insbesondere aber durch die geometriebedingte unterschiedliche Stromdichte auf der Grenzschicht bilden sich Zonen erhöhten elektrischen Leistungsumsatzes aus. Diese Zonen erwärmen sich, trocknen aus und erhöhen den Widerstand der Fremdschicht. Damit entsteht eine Parallel- und Reihenschaltung von unterschiedlichen Leitfähigkeiten. Bei Isolatoren sind die Abtrockenzonen

Tafel 5.1.4. Ursache und Art der Fremdschichtbildung auf Freiluftisolierungen

Art	Ursache	Bemerkungen
Sand, Erde, organische Bestandteile	Wind, Agrartechnik	natürlich künstlich
Salzablagerungen	Meer, Wüste, Düngung	natürlich Aero-Agrartechnik
Flugasche, Ruß	Verbrennung von fossilen Brennstoffen	Industrie, Kraftwerke, Haushalt
Kondensierte oder sedimentierte Chemieabprodukte	chemische Prozesse und Applikation von Chemikalien	Industrie, Landwirtschaft
Zement	Zementfabrikation	zementierende Schichten
Schneeablagerung, Eisbelag	Klima	kritisch bei Einlagerung von ionogenen Stoffen im Bereich der Schmelztemperatur

praktisch immer durch die Taillierung am Strunkabschnitt zwischen den Schirmen gegeben.

Durch den entstehenden hohen Widerstand in den Trockenzonen gegenüber den feuchten Schichten liegt ein großer Anteil der Spannung hier an. Die Folge ist das Entstehen einer Teilentladung, die meist in den Teillichtbogen mit negativer Strom-Spannungs-Charakteristik übergeht. Der Teillichtbogen überbrückt die Trockenzone und wird durch den vorgelagerten Widerstand der Fremdschicht stabilisiert.

Eine Verlängerung des Teillichtbogens durch Fußpunktwanderung in Richtung der Feldlinien ist dann möglich, wenn die Feldstärke in der Fremdschicht größer als die des Teillichtbogens ist. Wird in einer Schirmeinheit ein energetisches Gleichgewicht erreicht, dann entsteht ein stabil brennender Lichtbogen; anderenfalls schließt der sich verlängernde Lichtbogen zwei benachbarte Schirme kurz. Mit Teilüberschlägen kann sich dann der Vollüberschlag entwickeln. Bild 5.1.24 gibt schematisch die Entwicklung des Fremdschichtüberschlags an.

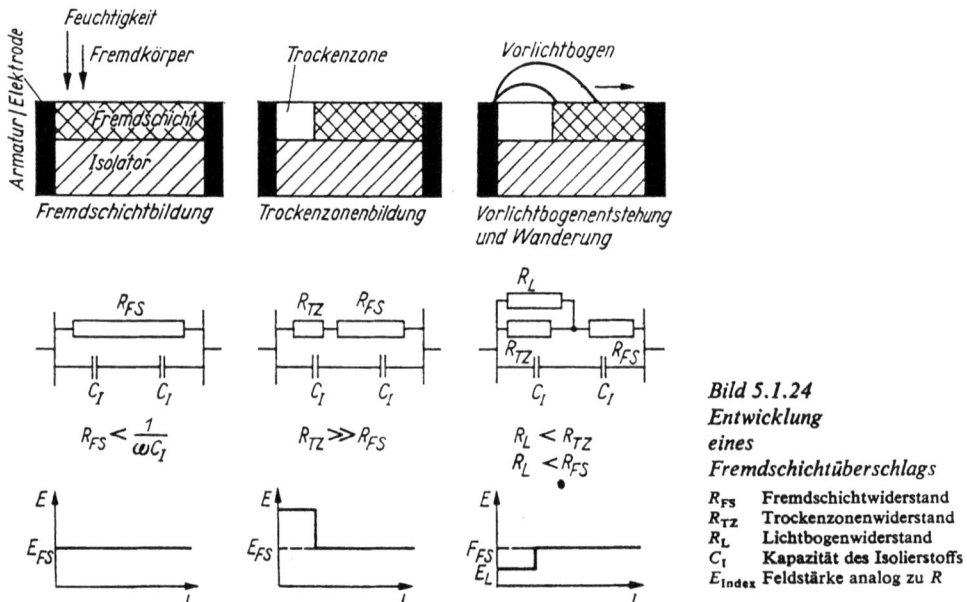

Bild 5.1.24
Entwicklung
eines
Fremdschichtüberschlags

R_{FS} Fremdschichtwiderstand
R_{TZ} Trockenzonenwiderstand
R_L Lichtbogenwiderstand
C_I Kapazität des Isolierstoffs
E_{Index} Feldstärke analog zu R

Aus dem Fremdschichtüberschlagmechanismus können Konstruktionsregeln für Isolatoren abgeleitet werden:

- Die Fremdschichtüberschlagsspannung wächst mit Verringerung des Fremdschichtstroms, d.h. mit Erniedrigung des Oberflächenleitwerts.
- Der Gesamtwiderstand wird durch die Zahl der in Reihe geschalteten Lichtbogenfußpunkte erhöht (Katodenfall und Stromlinienkonzentration).
- Der Fremdschichtwiderstand R_{FS} bei Isolatoren entspricht dem Verhältnis aus Formfaktor f und Schichtleitfähigkeit $\varkappa_s$:

$$R_{FS} = \frac{f}{\varkappa_s} = \frac{1}{\varkappa d_{FS}} \int_0^K \frac{dl}{\pi D(l)}. \tag{5.1.18}$$

Entsprechend Bild 5.1.25 ergibt sich der Fremdschichtwiderstand aus dem spezifischen Widerstand der Fremdschicht $\varrho_{FS} = 1/\varkappa$, dividiert durch die Schichtdicke d_{FS}, multipliziert mit dem Formfaktor. Geht man davon aus, daß $\varkappa$ und d_{FS} über der gesamten Oberfläche konstant sind, dann erstreckt sich das Integral über dl entlang dem Kriechweg von einer Elektrode (0) bis zur Gegenelektrode. Die Gesamtlänge ist die Kriechweglänge K. Jeder Längenabschnitt dl wird auf den von l abhängigen Umfang $\pi D(l)$ bezogen. Damit wird Abhängigkeit von der Isolatorform dokumentiert. Man kann anstelle des beliebig geformten Isolators einen äquivalent wirkenden zylindrischen Isolator mit dem Durchmesseräquivalent $D_{äqu}$ definieren:

$$D_{äqu} = \frac{K}{\int_0^K \frac{dl}{D(l)}}. \qquad (5.1.19)$$

Damit wird

$$R_{FS} = \frac{\varrho_{FS} K}{\pi d_{FS} D_{äqu}}. \qquad (5.1.20)$$

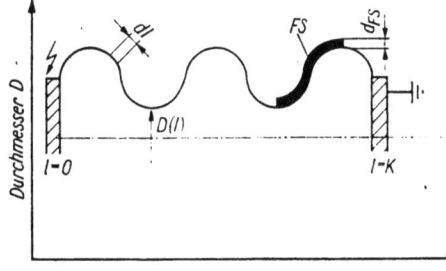

Bild 5.1.25
Schematische Darstellung einer Isolatoroberfläche mit Fremdschicht zur Ableitung des Formfaktors

FS Fremdschicht; $l = K$ Kriechweglänge; d_{FS} Dicke der Fremdschicht

• Bei durch Verschmutzungsart und -grad sowie Befeuchtung gegebener Fremdschichtleitfähigkeit ist die Kriechüberschlagspannung durch die Kriechweglänge des Isolators zu beeinflussen. Mit Verlängerung des Kriechwegs steigt die Kriechüberschlagspannung. Der Kriechweg kann durch Ausbildung von Schirmen vergrößert werden. Die *Schirmform* ist für die Kriechwegverlängerung entscheidend. Bild 5.1.26 gibt verschiedene Möglichkeiten an. Der Schirm mit weiter Ausladung ist wirksam, jedoch technologisch kritisch und mit hoher mechanischer Empfindlichkeit bei Keramik- oder Glasisolatoren verbunden (A). Die Schirmform nach (B) hat sich für Keramiklangstabisolatoren sehr gut bewährt; im Falle starken Schmutzanfalls besteht bei sehr großem Kriechweg (C) die Gefahr einer Schirmüberbrückung. Bei Kappenisolatoren, aber auch bei Stützern und Langstäben wird häufig von Unterschirmen (D) Gebrauch gemacht.

Bis zu einem Verhältnis von Kriechweglänge K zu Isolationslänge l

$$\frac{K}{l} = 3$$

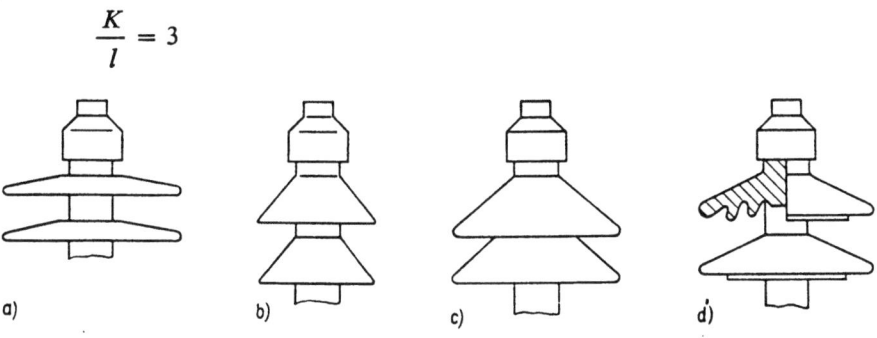

Bild 5.1.26. Schirmformen zur Beherrschung unterschiedlicher Fremdschichtbelastung

296 5. Auslegung, Konstruktion und Technologie von elektrischen Isolierungen

wirkt sich die Kriechwegverlängerung proportional auf die Erhöhung der Kriechüberschlagspannung aus. Wird dieses Verhältnis wesentlich überschritten, dann ist der Gewinn an Überschlagspannung nur noch gering.

Neben der Form der Schirme kann der Kriechweg auch durch deren Zahl beeinflußt werden. Auch hier sind technologische und Wirksamkeitsgrenzen durch die Fremdschichtüberbrückung der Schirme bei geringem Abstand gesetzt.

Schlußfolgerungen:

- In manchen Betriebs- und Belastungsfällen muß von der Kriechwegverlängerung durch Vergrößerung der Bauhöhe des Isolators Gebrauch gemacht werden, da die spezifische Möglichkeit der Isolatorkonstruktion ausgeschöpft ist.

  Da solche Isolatoren oder Isolatorenketten im unverschmutzten Zustand bei Wechselspannung und Impulsspannung und im verschmutzten Zustand bei Impulsspannung den Isolationspegel der Reihenspannung überschreiten, muß die Störung der Isolationskoordination berücksichtigt werden.

- Die Kriechüberschlagspannung wird durch die Größe des Strunkdurchmessers beeinflußt. Je kleiner der Strunkdurchmesser, um so günstiger. Kunststoffisolatoren mit glasfaserverstärktem Träger mit vergleichsweise sehr geringem Strunkdurchmesser profitieren von dieser Tatsache.

  Wegen der seitlich begrenzten Inhomogenität des Strömungsfeldes am Fußpunkt des Vorlichtbogens über einer Trockenzone können parallele Lichtbögen im Fall größerer Isolatordurchmesser entstehen. Damit wirkt der hohe Leitwert der Fremdschicht eines Isolators mit großem Durchmesser (große Fremdschichtbreite) nur partiell auf die Lichtbogenverlängerung. Deshalb ist auch für Überwürfe oder andere Isolatoren mit großem Durchmesser die Überschlagspannungsabsenkung nicht so groß, wie es durch das Modell mit *einem* Überbrückungslichtbogen ausgewiesen wird.

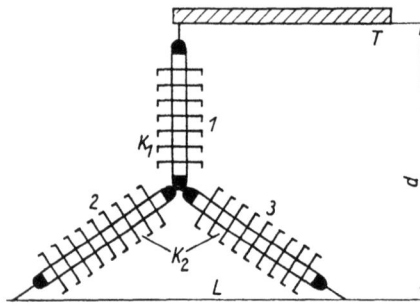

Bild 5.1.27
Isolatorenkette mit Kriechstromverzweigung
für Fremdschichtgebiete
mit extrem hoher Verschmutzung
(Zone IIIb)
T Traverse; L Leiterseil;
K_1, K_2 Kriechweglänge der betreffenden Isolatoren

- Isolatorenketten mit Kriechstromverzweigungen (T-Ketten, V-Ketten, X-Ketten) oder Isolierungen von Schaltern mit Mehrfachschaltstrecken (Bild 5.1.27) müssen nach ihrer tatsächlichen Spannungsverteilung, durch den Fremdschichtstrom hervorgerufen, beurteilt werden. Die Kriechwegverlängerung $K_1 + K_2$ nach Bild 5.1.27 mit vergleichsweise geringer Verlängerung des Abstands d zwischen Leiterseil und Traverse ist deshalb kritisch, weil der Isolator *1* wegen der Fremdschichtparallelschaltung von *2* und *3* eine höhere Feldstärkebelastung als die beiden anderen zu tragen hat. Die Vorteile einer solchen Verlängerung mit geringer Störung der Isolationskoordination gegenüber einer Reihenschaltung von zwei einzelnen Isolatoren müssen genau untersucht werden. Die Verschmutzungs- und Reinigungstendenz der geneigten Isolatoren ist dabei entscheidend.

5.1. Luftisolierungen

Die im allgemeinen nicht gegebene unmittelbare Beeinflussung der Umweltfaktoren muß in voller Breite berücksichtigt werden, d. h., neben der konstruktiven Erhöhung der Überschlagspannung müssen auch die Beeinflussung des Verschmutzungsvorgangs selbst und die Möglichkeiten der Selbstreinigung und der Fremdreinigung Beachtung finden:

- Isolatorenformen sollen keine Ansatzpunkte für Fremdschichtkonzentrationen bieten (Strömungsverhältnisse für den Wind als Fremdstoffträgerstrom).
- Die Selbstreinigung durch Regen und die Fremdreinigung durch Abspritzen muß durch Form, Oberflächenqualität und Einbaulage des Isolators für die jeweiligen Hauptverschmutzungskomponente begünstigt werden.
- Prophylaktische Maßnahmen, z.B. die Silikonisierung, sollen die Ausbildung durchgängiger Fremdschichtleitung durch Einbetten der Fremdpartikel in Silikonfett oder Wachs erschweren und im Falle zementierender Schichten die Verbindung mit der Glasur verhindern sowie das Abwaschen erleichtern.

Eine andere Möglichkeit der Einflußnahme auf den Fremdschichtüberschlag ist die Steuerung der Spannungsverteilung durch halbleitende Oberflächen. Porzellanisolatoren werden mit halbleitenden Glasuren versehen. Problematisch sind die Langzeitstabilität, der Durchschlag der Glasur bei größeren Potentialdifferenzen zwischen kapazitiver Verteilung und ohmscher Verteilung und der leitende Übergang zwischen Armatur und Isolatoroberfläche.

In der bisherigen Betrachtung wird die Wechselwirkung mit dem Isolatorwerkstoff vernachlässigt. Das ist richtig für Glas- und Keramikisolatoren. Kunststoffisolatoren werden von den Fremdschichtströmen, insbesondere von den Teillichtbögen, beeinflußt. Es finden thermische und chemische Degradationsprozesse statt, die bereits im Abschnitt 3.6.5 behandelt wurden.

Die Zerstörungen verlaufen an der Oberfläche und in oberflächennahen Gebieten. Ein Fremdschichtüberschlag kann bei hohem Fremdschichtanfall und hoher Kriechstromfestigkeit des Materials analog zum Porzellan eintreten oder über die Kriechspurbildung und Erosion zu einem Überschlag auf der Basis einer leitfähigen Spur mit Potentialverlagerung entstehen. Als Hinweise für Konstruktion, Technologie und Einsatz von Kunststoffisolatoren gelten:

- Als hochpolymere Werkstoffe eignen sich Silikonkautschuk, Polyethylen-Propylen-Kautschuk und cycloaliphatisches Epoxidharz; unter den meisten Fremdschichtbedingungen bilden sie keine Kohlenstoffkriechspur aus, sondern erodieren
- Ausnutzung der hohen Zugbruchlast der faserverstärkten Stäbe zur Reduzierung der Strunkdurchmesser
- konstruktive Lösungen mit glatten Schirmen geringer Neigung zur Isolatorachse
- Behinderung der Wasserdiffusion und Vermeidung von leitfähigen inneren Grenzschichten
- Vermeidung von Längsnähten bei der Herstellung.

Insgesamt werden Isolatoren und Isolieranordnungen mit leitfähigen Grenzschichten für unterschiedliche Verschmutzungszonen ausgelegt. Die Verschmutzungszonen richten sich nach der entstehenden Schichtleitfähigkeit $\varkappa_s$:

Zone I   Fremdschichtbildung durch Beregnung und geringe Verschmutzung; $\varkappa_s < 10\,\mu S$; Dimensionierung nach Regenüberschlag

Zone II $\varkappa_s \leq 15\,\mu S$; Erhöhung des Kriechwegs notwendig; keine Störung der Isolationskoordination

Zone IIIa starke, wirksame Fremdschichtbildung; $15\,\mu S < \varkappa_s < 50\,\mu S$; maximale Kriechwegausnutzung erforderlich; keine Verletzung der Isolationskoordination

Zone IIIb extreme Fremdschichtbelastung; $\varkappa_s \geqq 50\,\mu S$; konstruktive Maßnahmen am Einzelisolator nicht mehr ausreichend; Verlängerung des Kriechwegs unter Verletzung der Isolationskoordination.

Der Fremdschichtüberschlag ist von der Leistung der speisenden Anlage und von der zeitlichen Spannungsänderung abhängig. Blitzimpulsspannungen und kurze innere Überspannungen können wegen der thermischen Trägheit der Bildung von Abtrockenzonen im Fall des Vollbelags den Fremdschichtüberschlag nicht einleiten. Teilbeläge und durch die Betriebsspannung bereits vorhandene Trockenzonen können jedoch durch Impulsspannung überschlagen bzw. die Lichtbogenverlängerung durch diese herbeigeführt und als Ursache für eine Erniedrigung der Fremdschichtüberschlagspannung angesehen werden.

Eisbelag mit eingebetteter Fremdschicht führt insbesondere dann zum Fremdschichtüberschlag, wenn bei Tragisolatoren im Tautemperaturbereich überbrückende Eiszapfenbildungen mit erhöhter Leitfähigkeit entstehen. Für diese Art der Fremdschicht sind die Isolatoreneinbaulagen neben konstruktiven Voraussetzungen von Bedeutung.

Die Prüfung von Isolatoren mit Fremdschichtbelastung wird im Abschnitt 4.4 behandelt.

5.2. Druckgasisolierungen
[35] [79] [104]

Wie im Abschnitt 3.4 gezeigt wurde, haben Isoliergase niedrige dielektrische Verluste und einen hohen Widerstand unterhalb der Teilentladungseinsetzspannung. Sie eignen sich deshalb für verlustarme Isolierungen. Die Ausführungen des Abschnitts 3.5.1 ergeben die Sinnfälligkeit, das Paschen-Gesetz auszunutzen und die Durchschlagfestigkeit einer Gasisolierung durch Druckerhöhung zu vergrößern. Da Druckgasisolierungen stets im Zusammenhang mit konstruktiv notwendigen Festkörperisolierungen angewendet werden, kommt der Grenzschichtproblematik ähnlich wie bei den Luftisolierungen eine beachtliche Bedeutung zu. Der erforderliche hermetische Abschluß des Druckgefäßes gibt von vornherein die Möglichkeit, den Sauerstoff als Bestandteil der Isolierungen auszuschließen, da alle organischen Isoliermedien unter Sauerstoffeinfluß eine thermischoxydative Alterung erfahren. Daher wird Luft als Isoliergas unter erhöhtem Druck praktisch wenig verwendet; Stickstoff und synthetische Isoliergase, insbesondere SF_6, werden vorwiegend eingesetzt.

Klassische Druckgasisolierungen sind Kabel mit Papierisolierungsaufbau und Stickstofftränkung, eine typische Mikrobarrierenanwendung. Seit langer Zeit werden Druckgasschalter gebaut, wobei neben der Löschung des Lichtbogens Luft oder synthetische Gase für die Isolierung der geöffneten Schaltstrecke verwendet werden. Hinzugekommen sind Schaltanlagen, bei denen Schalter, Trenner, Kurzschließer, Wandler, Überspannungsableiter und Sammelschienen in Druckgefäßen mit gasförmigen Dielektrika isoliert werden. Neuere Entwicklungen auf dem Elektroenergiesektor sind Rohrkabel, vorwiegend für extrem hohe Übertragungsspannungen. Darüber hinaus werden Hochspannungsmeßgeräte und Hochspannungsgeneratoren, wie Spannungsteiler und Van-de-Graaff-Generatoren, mit Druckgasisolierungen versehen. Im folgenden sollen einige Auslegungsprinzipien behandelt werden.

5.2.1. Auslegung von Druckgasisolierungen

Konstruktiv wird der Gefäß- und Elektrodenaufbau so vorgenommen, daß homogene oder schwach inhomogene Felder genutzt werden. Meist liegen koaxiale Zylindersysteme vor. Stark inhomogene Felder werden konstruktiv vermieden, können jedoch als technologisch bedingte Feldstörungen auftreten. Die Dimensionierung der Gefäße erfolgt so, daß aus Gründen der Material- und Raumeinsparung, besonders aber aus Gründen der im Druckgas gespeicherten Energie (Druckgefäße) eine Minimierung der Abmessungen angestrebt wird.

Nach dem Paschen-Gesetz (s. Bild 3.5.4) ist die Erhöhung der Durchschlagfestigkeit durch Vergrößerung des Drucks physikalisch, technisch und ökonomisch begrenzt:

- Der Gewinn der elektrischen Festigkeit wird mit steigendem Druck geringer.
- Die Anwendbarkeit des Paschen-Gesetzes ist auf kleine Überdruckbereiche beschränkt; darüber hinaus treten starke Abweichungen auf.
- Größere Abweichungen sind bei Blitzimpulsspannungen und bei Schlagweiten über 10 cm zu erwarten.
- Mit steigendem Druck wächst der Materialaufwand für das Gefäßsystem.

Daraus resultierend wird der Druck für Stickstoffanwendung auf 1 bis 1,5 MPa sinnvoll begrenzt. Im Falle des SF_6-Einsatzes ist der thermodynamische Zustand zu berücksichtigen (s. Bild 3.5.18). Um ohne Heizung im Gaszustand zu verbleiben, ist ein Druck von 0,4 MPa nicht zu überschreiten, wenn Betriebsfähigkeit bei $-40\,°C$ gewährleistet sein muß. Bei höheren unteren Grenztemperaturen erweitert sich der Druckbereich.

Ausgangspunkt für die elektrische Auslegung der Druckgasisolierung sind die grobe konstruktive Festlegung und die daraus abgeleiteten Feldberechnungen (s. Abschn. 3.2). Davon ausgehend ist η bestimmbar. Es ist zweckmäßig, vom 63-%-Wert der technischen elektrischen Festigkeit E_{Dt63}, auf eine Einheitselektrodenfläche bezogen, und dessen Streuung für die interessierenden Spannungsformen auszugehen (Beispiel für SF_6 - Bild 3.5.20). Dann ist nur noch mit dem Homogenitätsgrad und dem Elektrodenabstand zu multiplizieren und bei Flächenvergrößerungen eine statistische Extrapolation vorzunehmen. Mit steigendem Druck erhöht sich die Streuung der Meßwerte für Wechsel- und Schaltspannung beachtlich.

$$U_{D63} = E_{Dt63}\eta d. \tag{5.2.1}$$

Der Übergang von der Anordnung ohne stabile Teilentladung zu einer Anordnung mit stabiler Teilentladung ist vom Homogenitätsgrad abhängig. Jedoch fällt der Übergangshomogenitätsgrad mit steigendem Druck. Für SF_6 ist bei 0,1 MPa unterhalb von $\eta = 0,3$ mit dem stark inhomogenen Feldverhalten zu rechnen, während bei 0,5 MPa diese Bedingung für $\eta = 0,1$ zutrifft.

Die Überschlagspannung wird auf ähnliche Art und Weise bestimmt. Bild 5.2.1 gibt die Kurven für eine technische Überschlagfestigkeit $E_{Üt}$ an. Die Bemessung der Grenzflächenanordnung wird dann wie folgt vorgenommen:

$$U_{Ü63} = E_{Üt63}\eta l_Ü; \tag{5.2.2}$$

$l_Ü$ ist die Überschlagstrecke. Das Streumaß beträgt bei 0,1 MPa etwa 0,2 MV/m und bei 0,4 MPa etwa 2 MV/m für Schalt- und Wechselspannung, für Blitzspannung in diesem Druckbereich konstant $\approx 0,4$ bis 0,6 MV/m.

Grundsätzlich muß man von der statistischen Verteilung der Durch- oder Überschlag-

300 5. Auslegung, Konstruktion und Technologie von elektrischen Isolierungen

festigkeit, die auf eine bestimmte Elektrodenfläche bzw. auf eine bestimmte Grenzflächenlänge bezogen ist, ausgehen. Die Doppelexponentialverteilung ist als am besten angepaßt anzusehen und durch das 63-%-Quantil $E_{D,Ü63}$ und das Streumaß γ_s beschrieben.

$$F(E_{D,Ü}) = 1 - \exp\left(-\exp\frac{E_{D,Ü} - E_{D,Ü,63}}{\gamma_s}\right) \qquad (5.2.3)$$

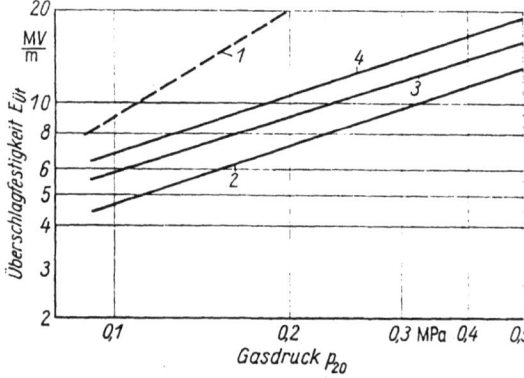

Bild 5.2.1
Technische Überschlagfestigkeit
an Grenzflächenanordnungen für SF_6
in Abhängigkeit vom Druck
(63-%-Quantil einer Doppelexponentialverteilung)

1 zum Vergleich innere Durchschlagfestigkeit E_{DI} von SF_6
2 Überschlag bei 50 Hz
3 Überschlag bei negativer Schaltspannung 250/2500 μs
4 Überschlag bei negativer Blitzspannung 1,2/50 μs

Durch das Vergrößerungsgesetz (s. Abschn. 3.1) mit dem Vergrößerungsfaktor n

$$F_n(E_{D,Ü}) = 1 - [1 - F_0(E_{D,Ü})]^n$$

für die Doppelexponentialverteilung in der Form

$$E_{D,Ü,n63} = E_{D,Ü,063} - \gamma \ln n \qquad (5.2.4)$$

kann der Flächen- bzw. Längeneffekt und ggf. der Zeiteffekt berücksichtigt werden.

Für die Auslegung von SF_6-Druckgasisolierungen können einige wesentliche Regeln aufgestellt werden:

- Verwendung eines schwach inhomogenen Feldes und Vermeidung von stark inhomogenen Feldanteilen oder Feldstörungen.
- Die Langzeitstehspannung der Feststoffisolierung (Abstandhalter) soll höher sein als die Stehspannung der Überschlagstrecke und diese höher als die Stehspannung der Gasdurchschlagstrecke.
- Bei der Prüfung dürfen keine Entladungen entstehen, die irreversible Veränderungen der Isolierfähigkeit zur Folge haben.
- Es ist im schwach inhomogenen Feld eine optimale Feldgestaltung anzustreben; die Radienverhältnisse r_a/r_i sollten für koaxiale Zylindergeometrien bei 2,7, für konzentrische Kugelgeometrien bei 2 liegen. Mit steigendem Gasdruck sollte das Verhältnis etwas erhöht werden (bei 0,5 MPa etwa 10%), um die Veränderung der Entladung zu berücksichtigen (s. Abschn. 3.2.3 und 3.5.1.3).
- In koaxialen Zylindersystemen sollten radiale Abstandhalter einen Neigungswinkel zur Achse verschieden von 90° haben, um die Überschlagstrecke zu vergrößern.
- Die Verbindung zwischen Elektrode und Abstandhalter ist spaltenfrei zu gestalten, um Teilentladungen zwischen Quergrenzschichten zu vermeiden (s. Abschn. 3.2.4 und 3.5.1.4).
- Da die Streuung mit steigendem Druck wächst, die Mikrogeometrie der Elektroden bei höheren Drücken eine starke Absenkung der Durchschlagfestigkeit gegenüber der

theoretischen im gasförmigen SF_6 bewirkt und die untere Betriebstemperaturgrenze heraufgesetzt wird, sollte der Betriebsdruck von SF_6-isolierten Anlagen nicht über 0,5 MPa gewählt werden.
- Wegen der entstehenden aggressiven Reaktionsprodukte sind Teilentladungen und Lichtbögen zu vermeiden oder, wo funktionell bedingt, räumlich zu begrenzen (Leitungsschalter) und unter allen Umständen Wasserdampf auszuschließen oder auf einem sehr niedrigen Partialdampfdruck zu halten (s. Abschn. 3.5.1.4).
- Die höchste äquivalente elektrische Beanspruchung ist für die Gasdurchschlag- und für die Überschlagstrecke die Prüfblitzspannung; sie kann in der Isolationsklasse NE etwa das 5fache und in SE etwas das 3fache der Wechselspannung betragen, d. h., die Auslegung sollte zunächst nach Prüfblitzspannung erfolgen. Der Einsatz von Überspannungsableitern ist zweckmäßig.
- Für die Feststoffisolierung ist die Lebensdauerkennlinie zugrunde zu legen. Sie muß ggf. auch die innere Fremdschichtablagerung berücksichtigen.

5.2.2. Technologie von Druckgasisolierungen

Die Technologie bei der Herstellung von Elektroden und Gefäßen entscheidet über die Mikroinhomogenitäten und beeinflußt die elektrische Festigkeit. Die Auswahl des Materials und das Verfahren zur Herstellung der Druckgefäße entscheiden neben der Montagetechnologie über die Höhe des Gasverlustes, des Gasaustausches und damit über den Feuchtigkeitsgehalt, der bei SF_6 große Bedeutung hat (s. Abschn. 3.5.1.4). Material und Technologie sind ebenfalls für die Feststoffisolierungen aus Gründen der Oberfläche, der Widerstandsfähigkeit gegenüber Degradationsprodukten, der Spalt- und Lunkerfreiheit und der mechanischen und thermischen Festigkeit von großer Bedeutung.

Da die Technologie über die Zuverlässigkeit einer druckgasisolierten Anlage weitgehend entscheidet, müssen die Verfahrenstechnik und die Konstruktion eine Einheit hinsichtlich der Auslegung bilden. Die erforderliche wesentlich höhere Präzision gegenüber normalen luftisolierten Geräten und Anlagen ist durch die Kleinräumigkeit und die dadurch an die Feldgeometrie gestellten Forderungen bedingt und erhöht die Produktionskosten.

Hohe Anforderungen werden an die Montagetechnologie gestellt, da hiervon in hohem Maße die festen und beweglichen Störstellen beeinflußt werden.

Die Prüfung von Druckgasisolierungen spielt eine erhebliche Rolle in der Gesamttechnologie, da Stückprüfungen während und nach der Produktion und insbesondere nach der Montage die Zuverlässigkeit wesentlich erhöhen können.

Ausgehend von den genannten Bedingungen und Zusammenhängen und aufbauend auf Erkenntnissen aus den Grundlagenabschnitten sowie der Auslegung sind nachstehend einige Regeln zur Technologie zusammengestellt:

- Eine Feinbearbeitung von Kupfer- und Aluminiumelektroden und Aluminium- oder Stahlgefäßen ist erforderlich.
- Als Feststoffisolierung in Form von Abstandshaltern werden vorwiegend gemagerte Epoxidharze verwendet. Die Magerung darf keine Siliziumverbindungen (z. B. das üblicherweise verwendete Quarzmehl und Glasfasern) enthalten, um Reaktionen mit Flußsäure auszuschließen. Die Herstellung der Isolierkörper muß schrumpf- und spannungsarm durch ein Vakuum-Druck-Verfahren mit ausgleichender Temperatursteuerung im Präzisionsguß erfolgen. Lunker und Spalten zu Elektroden und Steuerelektroden sind auszuschließen.

302   5. Auslegung, Konstruktion und Technologie von elektrischen Isolierungen

- Während der Montage dürfen keine scharfen Übergänge, Spitzen u. dgl. entstehen; mechanische Verspannungen sind auszuschließen; Staub und Metallabrieb dürfen nicht im Druckgefäß verbleiben, um Teilentladungen zu vermeiden.
- Eine hohe Dichtheit des Gefäßsystems muß wegen der Leckverluste und des Gasaustausches, insbesondere der Feuchtigkeitsaufnahme, garantiert werden. Nach der Montage ist eine extrem niedrige Restfeuchtigkeit herzustellen. Die Füllung ist durch eine längere Vakuumbehandlung vorzubereiten.
- Die Prüfung auf technologisch bedingte Fehler und Störursachen umfaßt die Dichtheit, den Gasdruck und die Durchschlagspannung sowie die Teilentladungseinsetzspannung. Als Durchschlagprüfung ist die Anwendung der Blitzspannung am besten geeignet, da sie auf feste Fehlstellen genügend selektiv reagiert und im allgemeinen keine negativen Folgen hat. Gleichspannungsprüfungen sollten wegen der Oberflächenladungsbildung auf den Festkörperisolierungen nicht verwendet werden, obwohl sie für bewegliche Fehlstellen sehr empfindlich sind. Ein Teilentladungsnachweis von Störstellen ist möglich durch elektrische und akustische Messungen. Unterscheidung der Störstellenart, -größe und -zahl ist schwierig.
- Bei Demontagen und Inspektionen ist das Personal vor möglichen toxischen Degradationsprodukten zu schützen.

5.2.3. Beispiele für konstruktive Lösungen von druckgasisolierten Geräten und Anlagen
[112] [124]

Die bedeutendste Anwendung von SF_6-Druckgasisolierungen ist die vollisolierte Schaltanlage. Sie umfaßt alle Anordnungen und Geräte einer Innenraum- oder Freiluftanlage in einer aus mehreren Sektionen bestehenden Metallkapselung (Bild 5.2.2). Aus Sicherheits-, Zuverlässigkeits- und Wartungsgründen sind die einzelnen Sektionen gegeneinander geschottet. Die Schottung wird durch konusförmige Abstandhalter aus Epoxidharzformstoff realisiert. Bild 5.2.3 zeigt das Prinzip der Sektionierung. Das metallische Gefäßsystem besteht wahlweise aus Aluminiumdruckguß oder Al- bzw. Stahlschweißkonstruktionen. Die Sammelschienensystem ist ein- oder dreipolig ausgeführt (im Bild 5.2.2 einpolig). Die Entscheidung zwischen beiden Formen wird einerseits durch Zuverlässigkeit in bezug auf ein- oder mehrpoligen Kurzschluß infolge Durchschlags oder Überschlags und andererseits durch die Ökonomie getroffen. Die Vorteile der einpoligen Konstruktion liegen in der relativ einfachen Gestaltung der Abstandhalter und des Ausschlusses dieses mehrpoligen Kurzschlusses, der Nachteil in dem höheren Raum- und Materialbedarf.

Die Abstandhalter können als Stützer, Scheiben oder Konen ausgeführt werden. Mit ersteren ist keine Schottung möglich. Scheibentypen haben einen Überschlagweg, der gleich dem Durchschlagweg ist, und außerdem eine inhomogene radiale Potentialverteilung. Eine Verbesserung ist möglich, wenn von der ebenen Scheibe abgegangen wird und die Grenzfläche so gestaltet ist, daß die Feldstärke an ihr über dem Radius konstant ist (Bild 5.2.4). Der Einbau von Steuerelektroden ist zweckmäßig. Konustypen bringen Vorteile hinsichtlich Überschlagstreckenvergrößerung und Entlastung der elektrischen Beanspruchung des festen Isoliermaterials (Bild 5.2.5).

Zur Verbesserung des Verhältnisses von Durchschlagspannung zu Überschlagspannung ($U_D < U_{\text{Ü}}$) können Wülste an der Innenelektrode vorgesehen werden, wie das im Bild 5.2.5 angedeutet ist. In den Sammelschienensektionen werden im Außenzylinder

5.2. Druckgasisolierungen 303

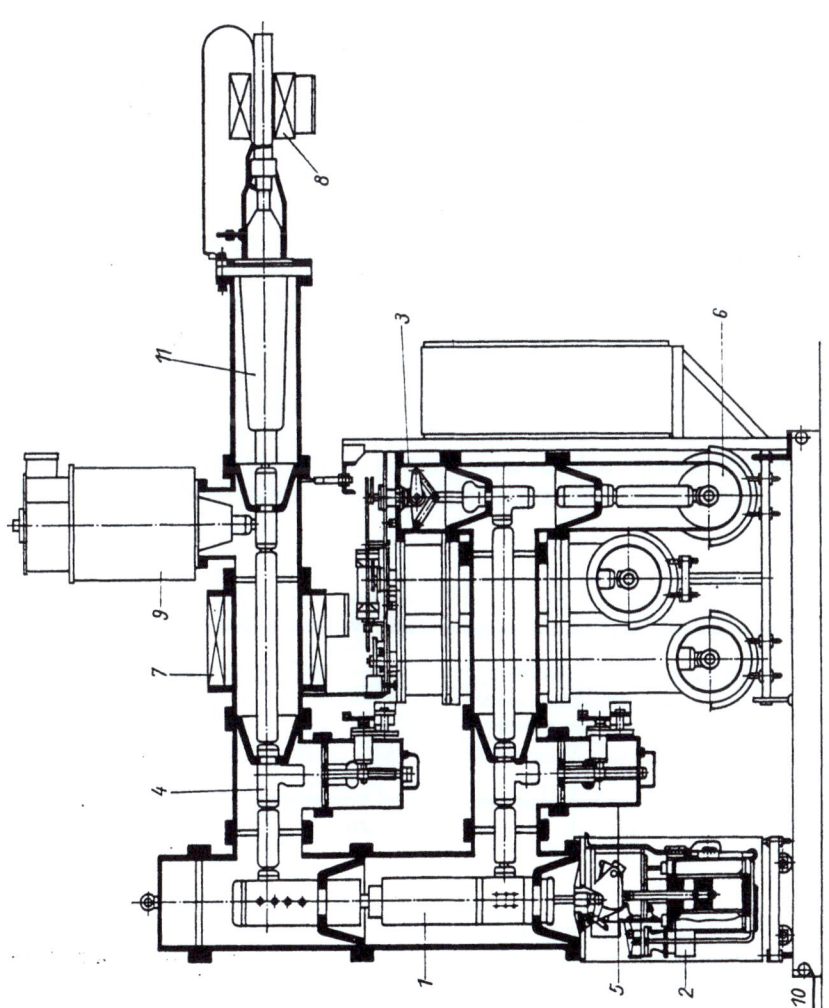

Bild 5.2.2
Schnitt durch eine SF$_6$-Schaltanlage
mit Einfachsammelschiene Typ TRO (GSAS 123)
für 110 kV
1 Leistungsschalter; 2 Leistungsschalterantrieb;
3 Sammelschienentrenner; 4 Erdungsschalter;
5 Sammelschienenerdungsschalter; 6 Sammelschiene;
7 Stromwandler für Schutzfunktionen;
8 Kabelaufsteckwandler; 9 Spannungswandler; 10 Rahmen;
11 Kabelendverschluß

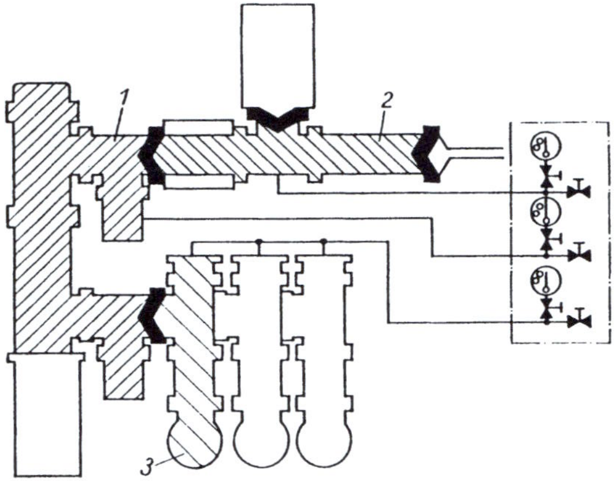

Bild 5.2.3. Schottungsprinzip eines Schaltfeldes
einer SF$_6$-Schaltanlage mit Einfachsammelschiene
1 Leistungsschaltersektion; 2 Kabeleingangssektion;
3 Sammelschienensektion

304 5. Auslegung, Konstruktion und Technologie von elektrischen Isolierungen

(Gefäß) Löcher oder Nuten als Partikelfallen angebracht, so daß frei bewegliche Partikel durch die Schwerkraft in den Feldschatten gelangen können.

Der Leistungsschalter wird meist als autopneumatischer Ein- oder Doppeldüsenschalter ausgelegt und über Schaltstangen pneumatisch gesteuert angetrieben.

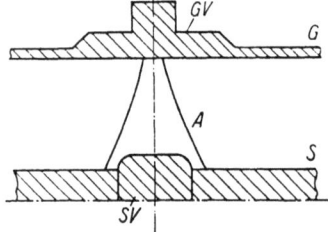

Bild 5.2.4. Schnitt durch einen Sammelschienenabschnitt mit Scheibenabstandhalter (A) und Gefäß- (GV) und Sammelschienenverbindung (SV); Abstandhalter mit konstanter Feldverteilung an der Oberfläche

G Gefäß; S Sammelschiene

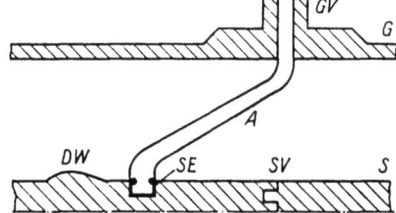

Bild 5.2.5. Schnitt durch einen Sammelschienenabschnitt mit Konusabstandhalter (A)

G Gefäß; S Sammelschiene; SV Sammelschienenverbindung; GV Gefäßverbindung; DW Durchschlagwulst; SE Feldsteuerungseinlage im Abstandhalter

Lichtbogenlöschung und Isolierung der Schaltkammer werden von SF_6 übernommen (Bild 5.2.6). Der Trenner ist nur zum Schalten der kapazitiven Ströme ausgelegt. Ein Kurzschließer wird zum Schutz eingebaut. Der Spannungswandler kann mit Öl-Papier-Isolierung ausgeführt werden; es besteht jedoch auch die Möglichkeit einer SF_6-Kunststoff-Folienisolierung. Die Stromwandler sind im Gefäß als Aufsteckwandler mit geringer Isolation für Schutz-, Meß- und Zählzwecke eingesetzt. Überspannungsableiter werden vorwiegend als ZnO-Ableiter integriert. Anlageneingänge können als Kabelendverschlüsse mit Anschlußmöglichkeiten für Ölkabel und feststoffisolierte Kabel mit langgestrecktem Konus im SF_6-Teil und Öl-Papier- bzw. Folien-Wickelkonusisolierung, ggf. mit Feldsteuerung, ausgelegt werden. Eine andere Variante ist die Durchführung. Sie ist als gesteuerte Hartpapierdurchführung mit SF_6 auch im Freiluftteil (s. Abschn. 5.4 und 5.3.5.2) oder mit SF_6-Abstandhalter und hermetisch abgeschlossener Öl-Papier-Durchführung mit Steuerung und Porzellanüberwurf für Freiluft oder Innenraumeinsatz ausgeführt. SF_6-Anlagen stehen für Nennspannungen von 110 bis 750 kV (1200 kV) zur Verfügung. Auch im Mittelspannungsbereich gibt es zunehmend Einsatzfälle.

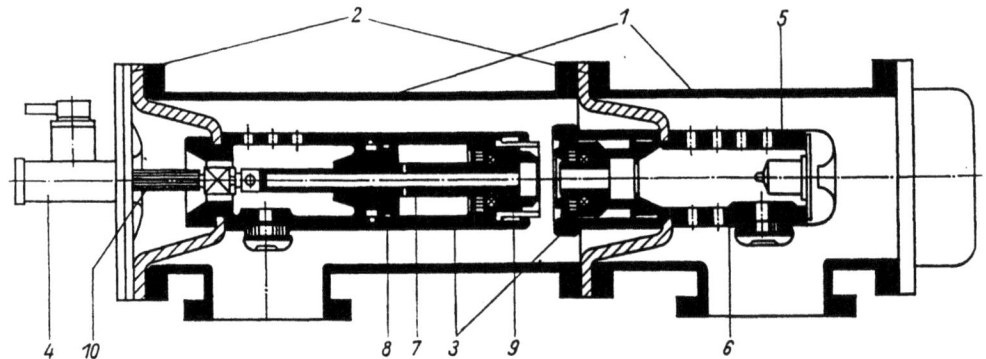

Bild 5.2.6. Aufbau einer Schaltkammer einer SF_6-Schaltanlage

1 Gefäß; 2 Abstandhalter; 3 Schaltkammer; 4 Antrieb; 5 Filter; 6 feststehender Kontakt; 7 Schaltrohr mit Kompressionskolben; 8 Kompressionszylinder; 9 Kopfteil; 10 Schaltstange

Ein weiteres Einsatzgebiet für Druckgasisolierungen sind SF_6-Kabel. Sie werden vorwiegend als Hochleistungs- und Höchstspannungskabel projektiert. Sowohl halbflexible einphasige Kabel mit Wellrohrmantel als auch starre dreiphasige Rohrkabel sind realisierbar. Die Produktionskosten werden zwischen 380 und 750 kV Reihenspannung etwa denen von PE- und Öl-Papier-Kabeln gleichgesetzt. Bei 1150 kV sollen sie mit denen von Kryokabeln vergleichbar sein. Ein Einsatz wird als Alternativlösung für Kraftwerksausleitungen und Höchstspannungsleitungskreuzungen gesehen. Die konstruktiven Lösungen sind dem Sammelschienensystem der SF_6-Schaltanlage ähnlich. Die Auslegungs- und Technologieprobleme sind völlig analog. Eine Orientierung für die Dimensionierung wird im Bild 5.2.7 gegeben. Besondere Schwierigkeiten sind in der Vorortmontage für längere Trassen zu sehen.

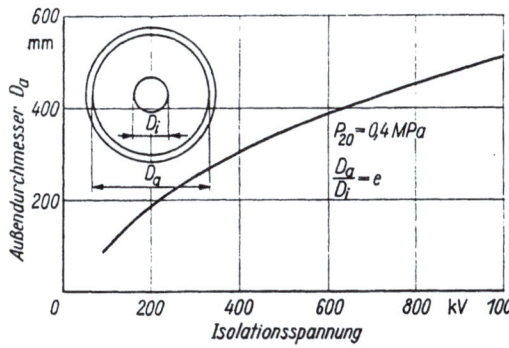

Bild 5.2.7
Orientierung für SF_6-Rohrkabeldurchmesser in Abhängigkeit von der Isolationsspannung des Systems bei optimiertem Durchmesserverhältnis

Eine für die Hochspannungsmeßtechnik wichtige Anwendung wird in breitem Umfang praktiziert. Preßgaskondensatoren (s. Abschn. 4) für Hochspannungsmessungen werden anstelle von Stickstoff mit SF_6 gefüllt. Damit ist eine weitere Verringerung des Elektrodendurchmessers gegenüber früheren Konstruktionen möglich. Die dielektrischen Verluste sind etwas höher als im Stickstoff, spielen aber für die meisten Anwendungen in Schering-Brücken oder bei Spannungsteilern bzw. Scheitelwertmeßgeräten keine entscheidende Rolle. Ein koaxiales Zylinderelektrodensystem mit kugelförmigen Begrenzungen wird angewendet. Die Isolierung gegen Erde erfolgt über einen entsprechend dimensionierten Hartpapierzylinder.

Mehr und mehr werden auch Höchstspannungsgeneratoren vom Van-de-Graaff-Typ (s. Abschn. 4) im Drucktank mit SF_6 isoliert, ebenso Teilchenbeschleuniger für kernphysikalische Zwecke.

5.3. Flüssigkeits- und Mischisolierungen

5.3.1. Flüssigkeitsisolierungen
[3] [7] [52] [77] [78]

Eine Flüssigkeitsisolierung ist einer Gasisolierung unter Normaldruckbedingungen hinsichtlich der Durchschlagfestigkeit im Kurz- und Langzeitbereich überlegen. Jedoch muß beachtet werden, daß eine extrem starke Abhängigkeit von der Qualität der Flüssigkeit, d. h. vom Fremdstoffgehalt (Teilchen- und Faserverschmutzung, Feuchtigkeit), besteht. Wegen des notwendigen Kontakts mit festen Isolierstoffen und den allgemeinen Erfordernissen des Druckausgleichs bei thermisch bedingter Volumenänderung, die eine Feuchtigkeitsaufnahme in vielen Fällen einschließen, ist die zeitliche Änderung der Ölqualität zu berücksichtigen. Die meist eingesetzten organischen Isolierflüssigkeiten unterliegen darüber hinaus einer thermischen, elektrischen und Strahlungsalterung. Besondere Empfindlichkeit besteht gegenüber Teilentladungen und hohen Temperaturen. Die Alterungsprodukte verschlechtern die Durchschlagfestigkeit und die dielektrischen Eigenschaften. Die für die Anwendung notwendigen Daten können den Abschnitten 3.4.3, 3.4.5, 3.5.2, 3.6.2 und 3.6.4 entnommen werden.

Für die Auslegung und Konstruktion von Flüssigisolierungen kann man folgende Regeln ableiten:

- Als Isolierflüssigkeiten können praktisch alle flüssigen Kohlenwasserstoffe genutzt werden.

  Besondere Bedeutung besitzen aufbereitete *Mineralöle* mit aliphatischen, naphthenischen und aromatischen Anteilen. Die Zusammensetzung muß so gewählt werden, daß im gesamten Anwendungstemperaturbereich die *Viskosität* Werte beibehält, die die elektrische Festigkeit und die Kühlwirkung durch Konvektion sichern.

  Bei hohen Betriebs- und Überspannungsfeldstärken muß die *Gasabspaltung* gering bleiben und die *Gaslöslichkeit* genügend hoch sein und schnell vonstatten gehen. Diese Eigenschaften werden wesentlich durch die Aromatenanteile festgelegt.

  Je nach Verwendungszweck muß der *Fremdstoff-* und *Wassergehalt* begrenzt werden.

  Hinsichtlich der *dielektrischen Verluste* bestehen bei Mineralölen günstige Voraussetzungen, durch Reinigung niedrige Verlustziffern zu erhalten. Die Brandgefahr muß beachtet werden. *Chlorierte Kohlenwasserstoffe* haben eine hohe thermische Stabilität, bei guter Entfeuchtung und Entgasung sowie Reinigung hohe Durchschlagfestigkeit, sind jedoch als langzeitig wirkendes Umweltgift und im Falle der Zersetzung bei extremen Temperaturen als stark toxisch anzusehen. Ihr Einsatz ist künftig abzulehnen. Für die Anwendung als flüssiges Isoliermedium mit hoher Durchschlagfestigkeit und für die Wärmeklassen H und C ist *Silikonöl* geeignet. Die vergleichsweise hohen Kosten sind zu beachten.

- Die meisten Anwendungsfälle werden durch schwach inhomogene Felder repräsentiert. Da die Durchschlagfestigkeit bei technisch reinen Isolierflüssigkeiten weitgehend durch Fremdstoffe bestimmt wird, muß sowohl für Wechselspannung als auch für Impulsspannung eine Extrapolation der Durchschlagfestigkeit, ausgehend von einem experimentell bestimmten Festigkeitswert E_{D0}, für ein wirksames Volumen V_0 durchgeführt werden:

$$E_{Dh} = E_{Dh0} - k_V \ln \frac{V}{V_0}. \qquad (5.3.1)$$

E_{Dh} ist die Höchstfeldstärke für den Durchschlag im schwach inhomogenen Feld; der Index 0 bezeichnet die gemessene Bezugsgröße, und V ist das wirksame Volumen, d.h. der Teil des Feldes, in dem die Feldstärke $E \geq 0,9 E_h$ ist. Diese Gesetzmäßigkeit gilt mit genügender Genauigkeit für Kugel–Platte, Zylinder–Platte, koaxiale Zylinder und ähnliche Anordnungen. Bild 5.3.1 gibt einen Überblick über mittlere Festigkeitswerte für Transformatorenöl in Abhängigkeit vom wirksamen Volumen.

- Flüssigkeitsisolierungen müssen so ausgelegt werden, daß die Teilentladungseinsetzfeldstärke im Dauerbetrieb nicht überschritten wird, da sich anderenfalls durch Degradationsgasbildung der Langzeitdurchschlag ausbildet.

  Durch Überspannungsvorgänge ausgelöste Teilentladungen müssen bei Betriebsspannung verlöschen, d.h., die Aussetzspannung muß oberhalb der oberen Betriebsspannung liegen. Die Prüfspannung sollte die Einsetzspannung kritischer Teilentladungen nicht erreichen (Dauerschädigung).

- Bei inhomogenen Feldern wird im Falle der Längsgrenzfläche bei 50-Hz-Wechselspannung und Überschlagstrecken von $l < 20$ cm eine Festigkeitsabsenkung von maximal 15% gegenüber dem reinen Öldurchschlag festgestellt. Impulsspannungen haben eine noch geringere Absenkung.

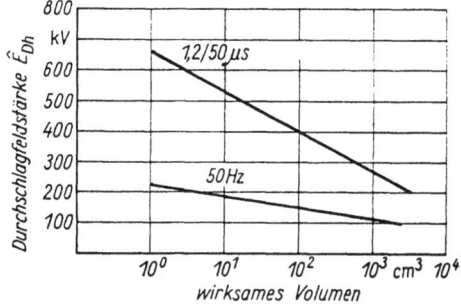

Bild 5.3.1
Durchschlaghöchstfeldstärke in kV/cm von Transformatorenöl bei 90 °C in Abhängigkeit vom wirksamen Volumen, aufgenommen an unterschiedlichen schwach inhomogenen Elektrodenanordnungen

- Stark inhomogene Felder mit Schräggrenzschicht führen zu stabilen Teilentladungen beim Überschreiten der Einsetzspannung, die, bedingt durch den Gleitentladungscharakter, einen relativ hohen Energieumsatz haben und zu beachtlichen Zerstörungen des festen Dielektrikums und zur Degradation des Öls führen. Für die Gleitentladungseinsetzspannung sind die Dicke des festen Isolierstoffs und die Dielektrizitätskonstante verantwortlich.

Viele mit Öl eingesetzten festen Isolierstoffe haben eine wirksame Dielektrizitätskonstante von etwa 4. Für 50-Hz-Wechselspannung ergibt sich dann eine Gleitentladungseinsetzspannung, die praktisch nur noch von der Dicke des festen Dielektrikums abhängt (vgl. (3.5.16)), von

$$U_{gle} = 39 d^{0,45};\tag{5.3.2}$$

U in kV; d in cm,

und für Spannungen U eine Gleitfunkenlänge von

$$l_{gf} = \frac{U - U_{glfe}}{12,8}.\tag{5.3.3}$$

Werden die Elektroden mit einem Isolierstoff abgedeckt, so erhöht sich die Überschlagspannung.

Im Falle von Impulsspannungsbelastung ist die Überschlagspannung für negative Polarität um etwa 25% höher als für positive. Die Überschlagspannung für positive Polarität beträgt etwa 10 kV/cm.

5.3.2. Auslegung von Öl-Barrieren-Isolierungen

Die Erkenntnisse zum Durchschlagmechanismus von Isolierflüssigkeiten zeigen die entscheidende Bedeutung des wirksamen Volumens auf die Durchschlagfestigkeit. Offensichtlich muß eine Verbesserung der Durchschlagfestigkeit mit einer Unterteilung der Ölstrecke durch Isolierfolien, Preßspan- oder Hartpapierplatten und Papierschichtungen zu erreichen sein, da damit Brückenbildung, Teilchen- und Ionenwanderung wirksam behindert werden. Außerdem wird dadurch bei Wechselspannung eine Bewegungseinschränkung der Ladungsträger zur Reduzierung der dielektrischen Verluste führen, wenn die Ölspalten genügend klein gehalten werden können (Mikrometerbereich). Als eine

Möglichkeit der Erhöhung der Durchschlagfestigkeit gilt die *Abdeckung der Elektroden* durch isolierende Schichten. Im einfachsten Fall kann das durch eine Lackierung der blanken Elektroden geschehen. Damit wird im Ölkanal die Vorschiebung des Elektrodenpotentials durch leitfähige Brücken verhindert. In vielen praktischen Fällen wird eine Preßspan- oder Öl-Papier-Abdeckung von wenigen Millimetern Dicke verwendet. Die Fehlstellenüberdeckung und die elektrische Festigkeit werden dadurch günstiger. Eine große Wirkung entsteht im schwach inhomogenen Feld und insbesondere, wenn eine schlechte Ölqualität vorliegt. Bis zu 100% Steigerung der Durchschlagfestigkeit der Ölstrecke ist dann möglich. Im stark inhomogenen Feld ist die Wirkung einer dünnen Elektrodenabdeckung bei Wechselspannung nicht höher als 15%, da sich die Feldstärke im Öl in der Nähe der Abdeckung kaum ändert und die Teilentladung die entscheidende Rolle für den Durchschlag spielt, also den Brückeneffekt weit übertrifft. Wird allerdings eine dicke Festkörperabdeckung, etwa eine Einbettung der Elektrode in einen Harzformstoff, verwendet, so kann die Feldstärke im Ölkanal bedeutend reduziert werden.

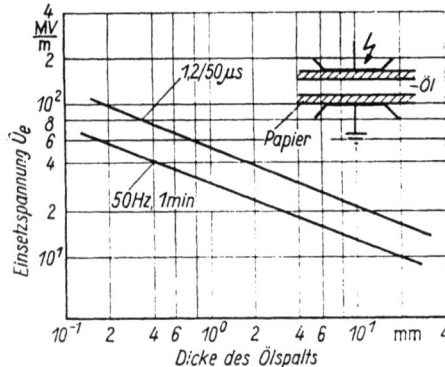

Bild 5.3.2
Spezifische Entladungseinsetzspannung einer Ölstrecke in einem quasihomogenen Feld mit isoliert abgedeckten Elektroden

Die 1-min-50-Hz-Durchschlagfeldstärke in einem Ölspalt mit Isolierstoffbegrenzung (zwischen abgedeckten Elektroden) bei quasihomogenem Feld wird im Bild 5.3.2 gemeinsam mit der 1,2/50-µs-Durchschlagfeldstärke dargestellt. Neben der Elektrodenabdeckung bewährt sich die Einführung von *Barrieren* in die Ölstrecke. Der größte Effekt tritt bei stark inhomogenen Feldern auf, wenn die Teilentladungseinsetzspannung im Ölkanal bereits überschritten ist (s. Bild 3.5.45). Die Wirkung resultiert aus der Aufladung der Barrieren durch Ladungsträger und ist stellungsabhängig. Eine Auslegung für den Dauerbetrieb kann darauf nicht erfolgen, da erhebliche Zerstörungen eintreten würden. Eine Erhöhung der Durchschlagspannung der Ölstrecke kann jedoch auch unterhalb der TE-Einsetzspannung im stark inhomogenen Feld wie auch im schwach inhomogenen Feld (s. Bild 3.5.45) durch Behinderung der Brückenbildung und durch Feldvergleichmäßigung infolge der Ansammlung von Ionen auf der Barriere erfolgen. Barrieren können aus Preßspan- oder Hartpapierschirmen bestehen. Im Falle der Impulsbelastung ist der Barriereneffekt wesentlich niedriger, insbesondere wenn Bedingungen vorliegen, die die Verbesserung weitgehend auf Unterdrückung der Brückenbildung durch Feststoffteilchen und Feuchtigkeit zurückführen.

Da die Abdeckungen und Barrieren im allgemeinen eine größere Dielektrizitätskonstante haben als die Isolierflüssigkeit (ausgenommen Chlordiphenyle), ist die Belastung stets in der Ölstrecke zu suchen. Bei Verwendung von Öl und Preßspan ist das Feldstärkeverhältnis etwa 2:1.

Beim Überschreiten der Einsetzspannung wird der Ölkanal eine Teilentladung aufweisen oder durchschlagen. Die Durchschlagfestigkeit der Barrieren entscheidet dann über den Gesamtdurchschlag der Isolierstrecke. Ölgetränkter Preßspan hat eine mindestens 3fach höhere Durchschlagfestigkeit als technisch gereinigte Transformatorenöle.

Für schwach inhomogene Felder mit Öl-Barrieren-Isolierung können für Ölstandardqualitäten folgende zugeschnittene Gleichungen für die Berechnung angesetzt werden:
50-Hz/1-min-Durchschlagspannung

$$U_{D\,eff} = 28{,}5\left[1 + \left(\frac{2{,}14}{\sqrt{d}}\right)\right]d \qquad (5.3.4)$$

1,2/50-µs-Impulsdurchschlagspannung

$$\hat{U}_D = 82{,}5\left[1 + \left(\frac{2{,}14}{\sqrt{d}}\right)\right]d; \qquad (5.3.5)$$

d ist die Ölkanaldicke in cm und U_D die Durchschlagspannung in kV.

Diese Formeln gelten für Ölkanäle in der Größenordnung von 1 cm.

Der Impulsfaktor (Stoßfaktor) für Blitzspannungsimpulse gegenüber der 50-Hz-1-min-Wechselspannungsfestigkeit ist $f_s = 1{,}9 \ldots 2{,}1$ und für Schaltspannungsimpulse $f_{sch} = 1{,}3$ bis 1,5.

Während des Betriebs unterliegen Öl-Barrieren-Isolierungen einer Alterung. Die Alterung erfolgt auf der Basis thermischer Belastung, elektrischer Erscheinungen und mechanischer Schwingungen. Entsprechend den Ausführungen im Abschnitt 3.6.2 ist mit der Degradation des Öls zu rechnen. Für die Gesamtisolierung sind die dabei auftretenden *Gasabspaltungen*, die *X-Wachs-Bildungen* und andere niedermolekulare Degradationsprodukte (chemische Sekundärwirkungen) von Bedeutung. Folgen sind die Reduzierung der Durchschlagfestigkeit bzw. der Teilentladungseinsetzspannung durch Gasblasen, die Erhöhung der dielektrischen Verluste durch Temperaturanstieg wegen der Vergrößerung des Strömungswiderstands durch X-Wachs-Ablagerung in den Ölkanälen (Wärmedurchschlag) und die Vergrößerung der dielektrischen Verluste und der Leitfähigkeit durch ionogene Degradationsprodukte. Durch die Zusammensetzung des Isolieröls (Verhältnis der Alkane, Naphtene und Aromaten) können die einzelnen Alterungsmechanismen im bestimmten Maße verändert werden (s. Abschn. 3.5.2, 3.5.2.2 und 3.6.2).

Die Dimensionierung der Öl-Barrieren-Isolierung ist auf der Grundlage dieser Zusammenhänge vorzunehmen. Im Falle der Verwendung von Transformatorenöl heißt das:

- Festlegung der Durchschlagfestigkeit des Ölkanals auf der Basis der Veränderung der Isolierölqualität durch thermische Alterung über die normative Lebensdauer der Isolierung bei 90 °C (WBK Y) und daraus Ableitung der Kanalabmessungen.
- Nachrechnung der Kipptemperatur (s. Abschn. 3.5.3.2) unter Berücksichtigung der Veränderung der dielektrischen Verluste im Laufe der Alterung und Vergleich mit der Dimensionierung der Kanalabmessungen nach Gesichtspunkten des elektrischen Durchschlags (Berücksichtigung der getränkten Preßspanbarrieren).
- Vermeidung von Heißstellen mit erhöhter Alterungsgeschwindigkeit des Isolieröls durch konstruktive Maßnahmen.
- Minimierung oxydativer und hydrolytischer Alterungseffekte durch Luftabschluß.

Durch die Temperatur werden auch die Barriereisolierstoffe, wie Hartpapier und Preßspan, gealtert. Im allgemeinen bleibt jedoch im Laufe der Alterung die hauptsächliche elektrische Belastung der Ölstrecke bestehen.

Eine ausgesprochen elektrische Feldalterung des Isolieröls wird nicht beobachtet. Jedoch sind bei hohen Feldstärken geringe Gasabspaltungen festzustellen. Es handelt sich dabei um adsorbierte Gase und Dämpfe wie auch um Wasserstoffmoleküle, die durch

310   5. Auslegung, Konstruktion und Technologie von elektrischen Isolierungen

hochenergetische Elektronen von den Kohlenwasserstoffen abgespalten werden. Kritisch können diese Gase nur werden, wenn die Abspaltung in Abschnitten der Isolierung erfolgt, die einen Öl- und Gasaustausch mechanisch behindern und dadurch eine Gassättigung des Öls hervorrufen.

Wird in der Ölstrecke die Teilentladungseinsetzspannung überschritten oder sind Gasreste im Preßspan oder an den Elektroden unterhalb der Abdeckung vorhanden, in denen bei Betriebsspannung oder während anstehender Überspannungen Teilentladungen einsetzen, so wird eine Teilentladungsdegradation in der Öl-Barrieren-Isolierung eingeleitet. Teilentladungen mit einer Impulsladung von 1 bis 100 pC im strömenden Öl sind unkritisch auch über längere Zeit, da die Gasblasen durch die Löslichkeit der Gase im Öl in kurzer Zeit aufgelöst werden. Diese Intensität hat auch in der Nähe von festen Isolierstoffbarrieren keine nachweisbare Zerstörung zur Folge. X-Wachs-Bildung wird allerdings bei Langzeiteinwirkung beobachtet.

Entladungen mit wesentlich höherer Intensität generieren so viel Gas, daß die Entladungsintensität bis zum Teildurchschlag der Ölstrecke ansteigt.

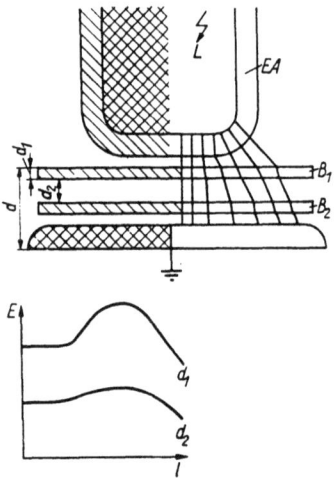

Bild 5.3.3. Feldstärkeverteilung im Ölzwickel zwischen der Elektrodenabdeckung EA und der Barriere B_1 entlang der Oberfläche von B_1
$d_1 < d_2$; $U = $ const; L Leiter

Bild 5.3.4
Ausnutzungsfaktor einer Anordnung Leiter mit isolierender Abdeckung in Öl gegen Flächenleiter

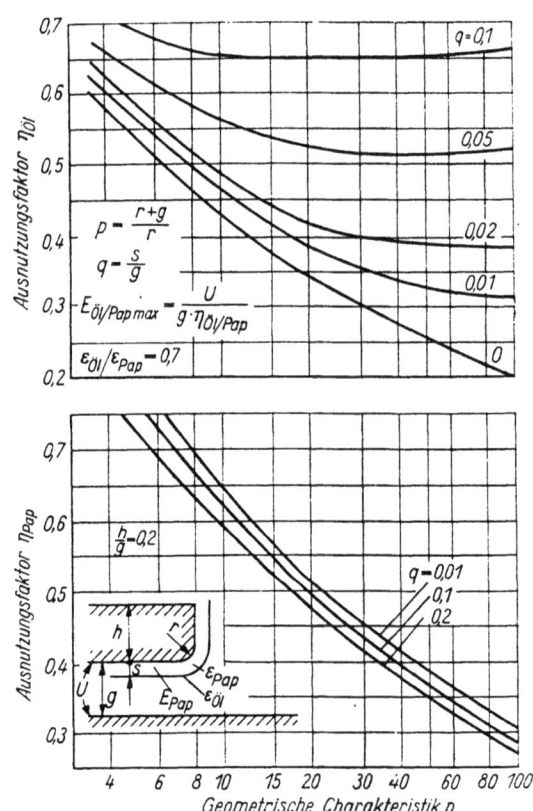

Kritische Teilentladungen entstehen wegen der ungünstigen Feldstärkeverteilung in Ölzwickeln, z. B. zwischen einem abgedeckten Leiter und einer Barriere (Bild 5.3.3). Die Feldstärke hängt von der Dicke der Abdeckung und dem Abstand d sowie vom Abrundungsradius der Leiter ab. Im Bild 5.3.4 ist der Ausnutzungsfaktor (Homogenitätsgrad) in der Abdeckung und im Ölspalt in Abhängigkeit von den genannten Parametern aufgetragen. Dabei ist im Öl die mittlere Feldstärke auf die maximale Feldstärke an der Abdeckungsoberfläche (analog zu Bild 5.3.3) bezogen und in der Abdeckung auf die maximale Feldstärke auf der Leiteroberfläche.

Die an der Oberfläche der Abdeckung oder der Barriere auftretende Feldstärke hat auch eine tangentiale Komponente.

Die gasabspaltenden Teilentladungen schaffen die Voraussetzung, daß an der Oberfläche oder innerhalb der Preßspanbarriere Entladungskanäle gebildet werden und sich großflächig ausbreiten können. Die Ausbreitungsgeschwindigkeit ist sehr niedrig (Größenordnung cm/h). Bei dem Vorwachsen der Kanäle ist die umgesetzte Energie so groß, daß verkohlte leitfähige Bahnen entstehen, die erst im feldschwachen Raum zum Stehen kommen.

Entsteht in einem Ölkanal ein Teildurchschlag, so setzt sich dieser Durchschlagkanal infolge der inhomogenen Belastung der Barriere in Form einer Gleitentladung auf der Oberfläche fort. Impulse dieser Entladungen liegen in der Größenordnung von 10^{-7} C und führen zu bleibenden Schädigungen in Form leitfähiger Bahnen. Teilentladungen mit einer größeren Intensität als 10^{-8} C dürfen weder bei Überspannung noch im Prüfregime auftreten.

Schlußfolgerungen aus dem Teilentladungsgeschehen bei Wechsel- und Impulsspannungsbelastung sind:

- Inhomogenitäten mit starker Felderhöhung müssen vermieden werden.
- Die Barrierengestaltung ist so vorzunehmen, daß möglichst keine Gleitanordnungen entstehen.
- Die Dimensionierung der Öl-Barrieren-Isolierung ist im Normalbetrieb für Teilentladungsfreiheit vorzunehmen.
- Bei Überspannung und im Prüfungsfall dürfen stromstarke Teilentladungen nicht auftreten.
- Die Konstruktion ist so zu gestalten, daß keine Gasblasenansammlungen in feldstarken Räumen erzwungen werden.
- Die Ölzusammensetzung muß eine große Gaslöslichkeit garantieren.
- Eine gute Trocknung und Entgasung von Isolieröl und Barrierenmaterial ist erforderlich für eine hohe Ausnutzung der Isolierung.

Wird eine Öl-Barrieren-Isolierung bei *Gleichspannungsbelastung* angewendet, so ist wegen der Leitfähigkeitsverhältnisse (s. Abschn. 3.4.3) die Feldbelastung gegenüber Wechselspannung umgekehrt. Hartpapier liegt um 4 bis 5 Größenordnungen und ölgetränkter Preßspan um 2 bis 3 Größenordnungen in der Leitfähigkeit unter dem Isolieröl technischer Reinheit. Die Hauptbelastung liegt also auf den Barrieren. Dennoch ist das Unterteilen einer Ölstrecke wegen der Verhinderung der Brückenbildung bedeutsam. Teilentladungen können im Isolieröl bei Vorliegen von Gasblasen und im Feststoff entstehen. Die Folgefrequenz der Impulse ist im Vergleich zu Wechselspannung niedrig; damit sinkt auch die Gefährdung der Isolierung. Wegen der starken Abhängigkeit der elektrischen Leitfähigkeit von der Temperatur können sich Feldstärkeverteilungen bei Änderung des Betriebszustands wesentlich umbilden.

5.3.3. Auslegung von Öl-Papier-Isolierungen
[7] [76]

Während bei den Öl-Barrieren-Isolierungen die Festigkeitssteigerung gegenüber der reinen Flüssigkeitsisolierung durch die Reduzierung der Wirkung technischer Verunreinigungen durch Unterteilungen der Ölstrecke in Millimeterbereich hervorgerufen wird,

312   5. *Auslegung, Konstruktion und Technologie von elektrischen Isolierungen*

geht der Effekt der Öl-Papier-Isolierung, auch Weichpapierisolierung genannt, von einer Feinstunterteilung der Ölstrecke aus.

Im Falle der Wechselspannungsbelastung ist aufgrund der Unterschiede der Dielektrizitätskonstanten von Zellulosefasern ($\varepsilon_r \approx 5{,}8 \ldots 6$) und Isolieröl ($\varepsilon_r \approx 2 \ldots 2{,}2$) die höchste Feldbelastung in der dünnen Ölschicht zwischen den einzelnen Papieren und in den sehr kleinen ölgefüllten Hohlräumen im Papier zwischen den Fasern und Makrofibrillen.

Die Dielektrizitätskonstante des ölgetränkten Papiers ist die eines Mischdielektrikums. Sie ist abhängig vom Anteil der Zellulosefaser. Bild 5.3.5 zeigt diesen Zusammenhang. Damit ist die elektrische Belastung in den ölgefüllten Hohlräumen am höchsten, in den dünnen Ölschichten zwischen den Papierlagen aber immer noch 1,3- bis 2mal höher als die mittlere Feldstärke der gesamten Öl-Papier-Isolierung.

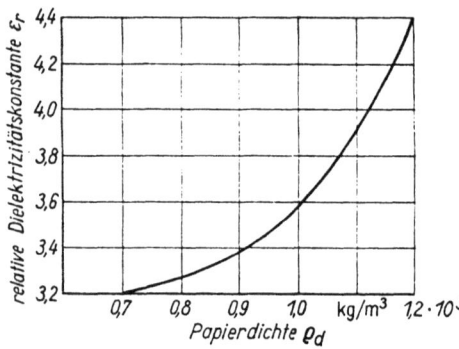

Bild 5.3.5
Abhängigkeit
der relativen Dielektrizitätskonstante
eines Öl-Papier-Dielektrikums
von der Dichte des Papiers

Das Verhältnis von Feldstärken in der Ölschicht $E_\text{Ö}$ zur mittleren Feldstärke $\bar{E}_\text{ÖP} = U/(d_\text{p} + d_\text{Ö})$ der Öl-Papier-Isolierung läßt sich berechnen durch

$$\frac{E_\text{Ö}}{E_\text{ÖP}} = \frac{1 + \dfrac{d_\text{Ö}}{d_\text{p}}}{\dfrac{d_\text{Ö}}{d_\text{p}} + \dfrac{\varepsilon_\text{Ö}}{\varepsilon_\text{ÖP}}}. \tag{5.3.6}$$

Ist die Ölschicht sehr dünn gegenüber der getränkten Papierdicke ($d_\text{Ö} \ll d_\text{p}$), so geht (5.3.6) über in

$$\frac{E_\text{Ö}}{E_\text{ÖP}} \approx \frac{\varepsilon_\text{ÖP}}{\varepsilon_\text{Ö}}. \tag{5.3.7}$$

Ist der Ölfilm dagegen etwa gleich dick wie die Papierlage ($d_\text{Ö} \approx d_\text{p}$), dann folgt

$$\frac{E_\text{Ö}}{E_\text{ÖP}} = \frac{2\varepsilon_\text{ÖP}}{\varepsilon_\text{Ö} + \varepsilon_\text{ÖP}}. \tag{5.3.8}$$

In der technischen Ausführung existieren beide Fälle. Werden Papierbahnen aufeinander gelegt oder gewickelt, dann ist der Ölspalt sehr dünn; werden Bänder auf Stoß oder überlappt gewickelt, so tritt der Fall gleicher Größenordnung der Dicke der Ölschicht und der Papierlage ein. Beispiele sind das Dielektrikum von Kondensatoren auf der einen Seite und Kabelisolierungen auf der anderen.

Die Betriebssicherheit einer solchen Öl-Papier-Isolierung hängt stark von der Alterung ab. Die Hauptfaktoren sind elektrische Teilentladungsvorgänge, thermische Belastung, mechanische Beanspruchung und der Einfluß von Sauerstoff und Wasser.

Wie bei der Öl-Barrieren-Isolierung treten Teilentladungen zuerst in den Ölzwischenschichten auf. Jedoch liegt die TE-Einsetzfeldstärke wesentlich höher. Dieses Verhalten ist auf die hohe elektrische Festigkeit sehr dünner Schichten von Isolierflüssigkeiten zurückzuführen (s. Abschn. 3.5.2). Je höher die Dichte des verwendeten Isolierpapiers, um so größer wird wegen der ε_r-Relationen die elektrische Belastung der Ölschicht, um so niedriger werden die Teilentladungseinsetzfeldstärken der Isolierung. Oberhalb der Einsetzfeldstärke der Teilentladungen wird die Alterungskurve der Isolierung von diesen bestimmt.

Die Ölqualität ist für die Höhe der Einsetzspannung wesentlich. Dabei spielen weniger die Festkörperverunreinigungen als vielmehr der Gasgehalt und die Gaslöslichkeit des Isolieröls die entscheidende Rolle. Die Lebensdauer, d.h. die Zeit bis zum Durchschlag bei vorgegebener Feldstärke an der Isolierung, kann durch eine Gerade im doppellogarithmischen Maßstab von E und t_D dargestellt werden.

Der Lebensdauerexponent für die elektrische Alterung liegt gegenüber dem von Feststoffisolierungen sehr hoch, abhängig von den genannten Parametern bei $n = 20 \ldots 40$.

Während des Betriebs vorhandene Teilentladungen geringer Intensität (einige Picocoulomb) können in den Ölzwischenschichten so viel Gas bilden, daß eine Lösung nicht mehr möglich ist und Gasblasen die TE-Intensität wesentlich verstärken.

Die Menge eines abgespaltenen Gases Q_G, die je Zeiteinheit in einem bestimmten Ölvolumen gelöst werden kann, ist proportional der Differenz aus der maximalen löslichen Gasmenge $Q_{G\,max}$ und der bereits zum Zeitpunkt t gelösten Menge Q_{Gt} bei festgelegtem Druck und konstanter Temperatur:

$$\frac{dQ_G}{dt} = \beta_G (Q_{G\,max} - Q_{Gt}); \tag{5.3.9}$$

β_G charakterisiert die Adsorption für eine bestimmte Gasart.

Es bedeutet die durch Teilentladung mit einer Energie von 1 W·s abgespaltene Gasmenge Q_{GTE}. Wird nun

$$\frac{dQ_{GTE}}{dt} \gg \frac{dQ_G}{dt}, \tag{5.3.10}$$

so wächst die Teilentladungsintensität. Gleichzeitig wird mit diesem Übergang die Teilentladungseinsetzspannung herabgesetzt, da die Zündung nunmehr in Gasblasen erfolgen kann.

Der zeitliche Verlauf bis zu diesem Übergang wird gekennzeichnet durch

$$\frac{dQ_G}{dt} = \beta_G \left(Q_{G\,max} - \frac{dQ_{GTE}}{dt} t \right). \tag{5.3.11}$$

Das bedeutet, daß im abgeschlossenen Ölvolumen bei geringen TE-Intensitäten mit der Zeit die Menge der pro Zeiteinheit lösbaren Gase geringer wird und schließlich der Umschlag erfolgt.

Wird die Gaslöslichkeit von der Gasbildung nur kurzzeitig überschritten, z.B. durch Überspannungen oder im Prüfprozeß, so ist eine Wiederverfestigung durch Adsorption der Gase möglich.

Mit der Intensität der Teilentladung im Ölfilm steigt auch die Bildung von Alterungsprodukten des Öls. Da das Isolierpapier infolge der Zellulosestruktur über große innere

Hohlräume verfügt und außerdem die OH-Gruppen der Zellulose wegen der hohen Dipolmomente ein großes Adsorptionspotential aufweisen, werden Alterungsprodukte des Öls bis zu einem gewissen Grad im Isolierpapier adsorbiert. Damit werden die Verlustziffer und die Leitfähigkeit der Ölkomponente langsamer erhöht, als es durch die Teilentladung im Öl ohne Papier der Fall wäre.

Häufig entsteht die Teilentladung nicht durch Überschreitung der Einsatzfeldstärke im Ölfilm einer Öl-Papier-Isolierung im schwach inhomogenen Feld, sondern im stark inhomogenen Feld an den Elektrodenrändern. Das ist beispielsweise beim Kondensatordielektrikum der Fall.

Die TE-Einsetzspannung ist $U_e = \bar{E}_e d$ mit

$$\bar{E}_e = \frac{E_{max}}{\sqrt{\pi}} \sqrt{\frac{r}{d+r}}; \qquad (5.3.12)$$

r ist der Abrundungsradius der Elektroden und d die Dicke des Dielektrikums zwischen den Elektroden; E_{max} ist die höchste örtliche Feldstärke am Elektrodenrand. Die Einsetzfeldstärke ist also offensichtlich eine Wurzelfunktion vom Typ

$$E_e = k_1 d^{-k_2}. \qquad (5.3.13)$$

Der Koeffizient k_2 liegt in der Größenordnung von 0,5 bis 0,6, und k_1 ist von der Festlegung der TE-Intensität abhängig.

Öl-Papier-Isolierungen weisen eine starke Druckabhängigkeit auf. Mit steigendem Druck wächst die Teilentladungseinsetzspannung. Das ist auf die Erhöhung der Durchschlagfestigkeit des Öls zurückzuführen (s. Abschn. 3.5.2.2). Die Wirkung ist um so größer, je höher der Gasblasengehalt ist.

Eine weitere Verbesserung des elektrischen Alterungsverhaltens ist zu erzielen, wenn die Feldbelastung in den Flüssigkeitsschichten herabgesetzt wird. Ein Angleich der Dielektrizitätskonstante der Flüssigkeit an die der Zellulosefaser wäre der beste Weg.

Eine gute Anpassung wird durch chlorierte Kohlenwasserstoffe erreicht. Chlordiphenyle haben nahezu die gleiche Dielektrizitätskonstante wie Zellulose. Über mehrere Jahrzehnte wurde dieser Weg erfolgreich beschritten. Gründe der Umweltbelastung verbieten künftig diese Lösung.

Bei Gleichspannungsanwendung wird die höhere Leitfähigkeit des Öls im Vergleich zur getränkten Papierlage in Betracht zu ziehen sein. Es entsteht eine Entlastung des Isolieröls. Dadurch ist eine Erhöhung der Teilentladungseinsetzspannung gegenüber Wechselspannung begründet. Allerdings ist eine starke Temperaturabhängigkeit der Leitfähigkeit des getränkten Papiers zu erwarten. Es kommt zu einer Verschiebung der Belastung und damit zur Reduzierung der TE-Einsetzspannung mit steigender Temperatur. Bezeichnet man mit $E_{eT=}$ die Einsetzfeldstärke für Gleichspannungsbelastung bei der Temperatur T und mit $E_{eT0=}$ bei der Temperatur T_0, so ergibt sich eine Abhängigkeit folgender Art:

$$E_{eT=} = E_{eT0=} \exp[-k_e(T - T_0)]. \qquad (5.3.14)$$

Bei Kondensatorpapierwickeln liegt k_e bei etwa $1,4 \cdot 10^{-2}$ im Anwendungstemperaturbereich. Gleichzeitig wird die Folgefrequenz der TE-Impulse wegen des verbesserten Ladungsausgleichs (s. Abschn. 3.5.1 und 3.6.4) erhöht, d.h. Verstärkung des Energieumsatzes je Zeiteinheit mit der Folge der Steigerung der Alterungsgeschwindigkeit. Ähnlich wirkt eine Erhöhung der Feuchtigkeit der Isolierung. Hinzu kommt, daß feuchte

Weichpapierisolierungen bei hohen Feldstärken Wasserdampf und H_2-Gas abspalten, die die Teilentladungsbedingungen verschärfen.

Wie in den Abschnitten 3.5.2.2 und 3.4.7 bereits gezeigt wurde, nehmen Isolierflüssigkeiten und feste Isolierstoffe mit großer innerer Oberfläche größere Wassermengen auf. Mit dem *Wassergehalt* verändern sich nicht nur die Leitfähigkeit und die Durchschlagfestigkeit, sondern es werden auch die Alterungsabläufe beeinflußt.

In einer Öl-Papier-Isolierung wird durch Kontakt mit der feuchten Luft Wasser durch das Öl aufgenommen. Der Grad und die Geschwindigkeit hängen von der Ölzusammensetzung ab. Die hohe Adsorptionsfähigkeit des Isolierpapiers führt zu einem Wasseraustausch zwischen Öl und Papier; die Gleichgewichtsfeuchtigkeit ändert sich mit der Temperatur entsprechend dem Schnittpunkt der Sorptionsisothermen für beide Komponenten. Die unterschiedliche Adsorption bewirkt allerdings, daß bei Ölfeuchtigkeiten von 10 ppm schon > 1 % Papierfeuchte vorliegen.

Eine Öl-Papier-Isolierung reagiert sehr empfindlich auf die Feuchtigkeit des Isolierpapiers. Im Bereich von absoluter Trockenheit bis etwa 10 % Feuchtigkeitsgehalt (Gleichgewichtsfeuchtigkeit von 65 % relativer Luftfeuchte und 20 °C) ändert sich der tan δ um mindestens 3 Größenordnungen und der spezifische Widerstand um etwa 5 Größenordnungen.

Die Temperaturabhängigkeit von tan δ ist bei Wassergehalten von < 1 % im Bereich von 20 bis 100 °C relativ schwach, steigt aber im angegebenen Temperaturintervall bei 5 % Feuchtigkeitsgehalt um mehr als 2 Größenordnungen. Die Dielektrizitätskonstante der Mischisolierung steigt zwischen 0 und 5 % Feuchte bei Papieren mit einer Dichte von $0{,}75 \cdot 10^3$ kg/m³ von etwa 3,2 auf 6. Die Änderungen sind dichtebezogen zu betrachten.

Wie bei Gleichspannungsbelastung fällt auch bei Wechselspannung die Einsetzfeldstärke und Durchschlagsspannung mit steigendem Wasseranteil. Die Ursachen sind jedoch in der Erhöhung der Dielektrizitätskonstante des Isolierpapiers und der damit verbundenen stärkeren Belastung der Ölschichten zu suchen. Bild 5.3.6 stellt diesen Zusammenhang für eine Öl-Papier-Isolierung mit Papieren geringer Dichte dar.

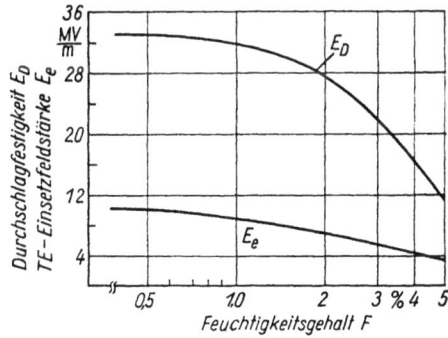

Bild 5.3.6
Einfluß der Feuchtigkeit des Isolierpapiers in einer Öl-Papier-Isolierung auf die TE-Einsetzspannung und die Durchschlagfestigkeit bei 90 °C; Isolierdicke $d = 1$ mm

Die Änderung des Feuchtigkeitsgehalts hat auch mechanische Auswirkungen. Durch die Anlagerung von H_2O-Molekülen an die OH-Gruppen der Zellulose entstehen Oberflächenbelegungen mit Bindungsenergien von 40 bis 60 kJ/mol in den Hohlräumen der Zellulosefaser. Das hat beachtliche Kapillarkräfte zur Folge, die zur Quellung des Faserfilzes führen. Die Dimensionsänderung eines Kabelpapiers ist im Bild 5.3.7 in Abhängigkeit vom Feuchtigkeitsgehalt aufgetragen. Wegen der Herstellungstechnologie des Isolierpapiers auf Langsiebmaschinen ist die Quer- und Dickenquellung prozentual größer als die Längsquellung, bezogen auf die Papierbildungsrichtung. Bei normaler Luftfeuchte gelagerte und gewickelte Papiere werden bei der Trocknung auf Zug beansprucht, so daß

316 5. Auslegung, Konstruktion und Technologie von elektrischen Isolierungen

hohe mechanische Kräfte die mechanische und thermische Alterung verstärken. Es kann sogar zur Überschreitung der Zugfestigkeit des Papiers kommen.

Die thermische Alterung von Öl-Papier-Isolierungen findet im Öl und in der Zellulosefaser in einem sehr komplizierten Prozeß statt. Die für die Ölalterung und die Öl-Barrieren-Isolierungsalterung genannten Grundsätze gelten auch hierbei (siehe Abschnitt 3.6.2 und 5.3.2). Jedoch kommt die Alterung der Zellulose und die Wechselwirkung der Alterungsprodukte hinzu (Bild 5.3.8).

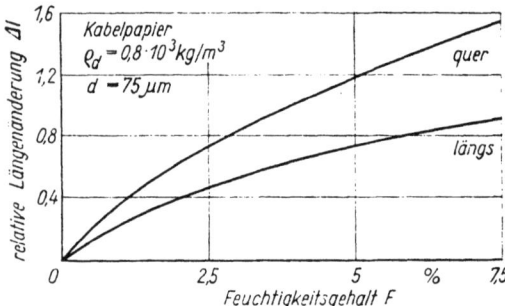

Bild 5.3.7
Dimensionsänderung eines Isolierpapiers in Abhängigkeit vom Wassergehalt (Δl in %)

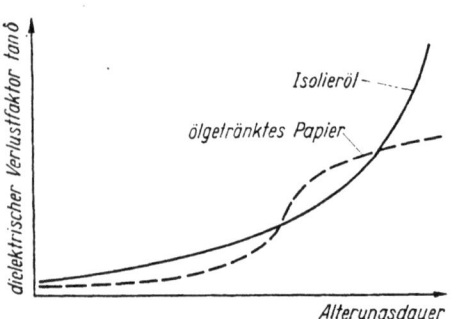

Bild 5.3.8. Schematischer Verlauf des dielektrischen Verlustfaktors tan δ der Komponenten einer Weichpapierisolierung bei thermischer Alterung zur Kennzeichnung der Wechselwirkung mit den Alterungsprodukten

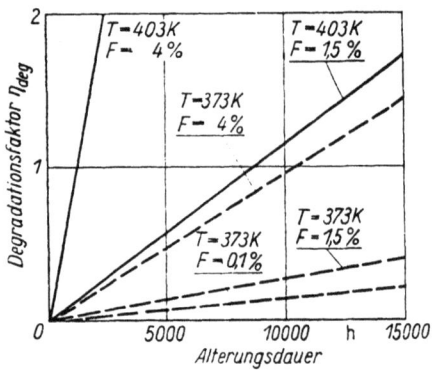

Bild 5.3.9. Einfluß von Temperatur T und Feuchtigkeit F auf die Alterungsgeschwindigkeit von Öl-Papier-Isolierungen

Die Alterung des Papiers verläuft unter Abspaltung von CO und CO_2 und Molekülkettenabbruch. Die Zahl der OH-Gruppen und der endständigen COOH-Gruppen und damit die Adsorptionsfähigkeit wachsen. Die niedermolekularen Alterungsprodukte des Öls werden von der Zellulose adsorbiert und sind hinsichtlich Leitfähigkeits- und Verlustfaktorerhöhung über längere Zeit wenig wirksam. Dafür wird die chemische Degradation in der Zellulose erhöht. Sauerstoff und Wasser beschleunigen die Gesamtalterung. Wird die Alterung durch die Änderung des Polymerisationsgrades P_m des Isolierpapiers charakterisiert und aus der Änderung ein Degradationsfaktor η_{deg} gebildet

$$\eta_{deg} = 1000 \left(\frac{1}{P_{m1}} - \frac{1}{P_{m2}} \right), \tag{5.3.15}$$

wobei der Index jeweils P_m zu einem bestimmten Zeitpunkt angibt, dann kann die Wirkung des Feuchtigkeitseinflusses und der Temperatur auf die Alterung gezeigt werden (Bild 5.3.9).

5.3. Flüssigkeits- und Mischisolierungen

Die mechanische Festigkeit des Isolierpapiers wird bei der thermischen Alterung stark abgesenkt, während die elektrische Festigkeit über große Zeiträume im mechanisch unbelasteten Zustand wenig beeinflußt wird. In Isolierkonstruktionen mit Öl-Papier-Isolierung sind jedoch meist elektromechanische Belastungen zu berücksichtigen.

Bei der Alterung von Öl-Papier-Isolierungen spielen in der Praxis häufig *katalytische Prozesse* eine bedeutende Rolle. Temperaturen > 70 °C in Verbindung mit größeren Kupferoberflächen wirken stark beschleunigend auf die Degradation des Isolieröls und damit auf die gesamte Weichpapierisolierung.

Die Alterungsprozesse können durch Inhibitoren gebremst werden.

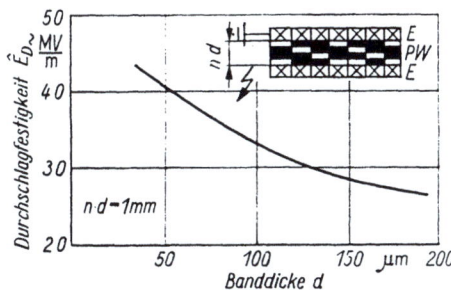

Bild 5.3.10
Abhängigkeit der Durchschlagfestigkeit einer ölgetränkten Papierbandwicklung von der Papierdicke
E Elektrode; PW Papierbandwicklung

Die *Auslegung* einer Weichpapierisolierung muß von den zu garantierenden Parametern im Betrieb ausgehen. Die bisher besprochenen Einflußgrößen, die zur Veränderung des Eigenschaftsbildes führen, sind quantitativ im Rahmen der projektierten Lebensdauer zu berücksichtigen.

Nachstehend sollen wesentliche Kriterien für den Betrieb von Öl-Papier-Isolierungen behandelt werden. Das wichtigste Kriterium ist die *elektrische Festigkeit* mit ihren Abhängigkeiten. Bei Wechselspannung ist die Ölschicht zwischen den Isolierpapierlagen am höchsten beansprucht.

Je dünner die Ölschicht, desto höher ist die elektrische Festigkeit. Werden dünne Papiere verwendet, ist der Ölfilm ebenfalls in der Dicke gering. Auf eine bestimmte Isolierdicke bezogen, ergibt sich mit dieser stärkeren Unterteilung eine höhere Durchschlagfestigkeit. Bild 5.3.10 zeigt die genannte Wirkung.

Wird eine Bahnwicklung realisiert, so ist die Dicke des Ölfilms zwischen den einzelnen Lagen von der Oberflächenrauhigkeit, d.h. vom Aufmahlungsgrad der Zellulosefasern und von der Nachverdichtung des Papiers und von dem Wickelzug oder Preßdruck abhängig. Ferner muß berücksichtigt werden, daß insbesondere dünne Papiere in der Größenordnung von $d = 6 \ldots 20$ μm Löcher und leitfähige oder halbleitende Einschlüsse aufweisen. Je nach Qualität des Papiers liegen 10 bis 100 solche Einschlüsse je m² vor. Durch die Überdeckungswirkung wird ein direkter Durchschlag verhindert. Eine Schichtung mit n Schichten hat dann die Wirksamkeit von $n - 1$ Schichten, wenn man davon ausgeht, daß die Überdeckungswahrscheinlichkeit von zwei Einschlüssen in aufeinanderfolgenden Papierbahnen sehr klein ist. Bezeichnet man die Durchschlagfestigkeit der fehlerfreien Papierschicht der Dicke d mit E_{Dff}, so ist die Durchschlagspannung der gesamten Schichtung mit

$$U_\text{D} = E_{\text{Dff}}(n-1)d \qquad (5.3.16)$$

und mit $E_\text{D} = U_\text{D}/nd$

$$E_\text{D} = E_{\text{Dff}}(n-1)/n. \qquad (5.3.17)$$

318   5. Auslegung, Konstruktion und Technologie von elektrischen Isolierungen

Daraus ist ersichtlich, daß mit Zunahme der Zahl der Schichten die Durchschlagfestigkeit steigt. Wird diese ausnutzbare Festigkeitssteigerung auf der Basis konstanter Einzelschichtdicke genutzt, dann verschiebt sich bei ebenen Elektroden mit unkorrigiertem Randfeld, wie sie als Folien- oder Aufdampfelektroden bei Kondensatoren vorliegen, die Wahrscheinlichkeit des Durchschlagortes von der Fläche auf den Rand, da mit Erhöhung der Schichtungsdicke die Inhomogenität des Randfeldes größer wird. Daraus ergibt sich eine Durchschlagfestigkeitskurve mit einem Maximum (Bild 5.3.11).

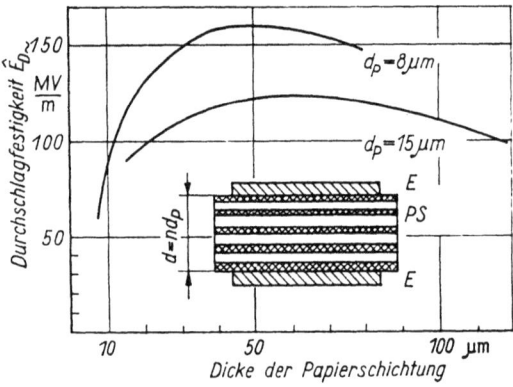

Bild 5.3.11
Abhängigkeit der Durchschlagfestigkeit
von Öl-Papier-Isolierungen
von der Schichtungsdicke bei Variation
der Einzelschichtdicke
mit inhomogenem Randfeld
d_p Einzelschichtdicke des Papiers
PS Papierschichtung mit Zwischenölfilm × × × ×

Die absolut höhere Durchschlagfestigkeit der Kondensatorpapierschichtung gegenüber der Bandwicklung des Kabelpapiers ist auf die unterschiedliche Ölfilmdicke und auf die höhere Dichte des Kondensatorpapiers zurückzuführen:

$$\gamma_{dKond} = (1{,}0 \ldots 1{,}3) \, 10^3 \, kg/m^3,$$

$$\gamma_{dKab} = (0{,}7 \ldots 1{,}0) \, 10^3 \, kg/m^3.$$

Während die höhere Papierdichte die elektrische Festigkeit des getränkten Papiers bedeutend erhöht, wird der Teildurchschlag im Ölfilm begünstigt. Bei Kurzzeitbelastung entscheidet jedoch die hohe Festigkeit des Mischdielektrikums, während die Langzeitfestigkeit durch die Teilentladungen im Ölspalt wegen der Zerstörung des Papiers herabgesetzt wird, d. h. die Alterungsgeschwindigkeit ansteigt.

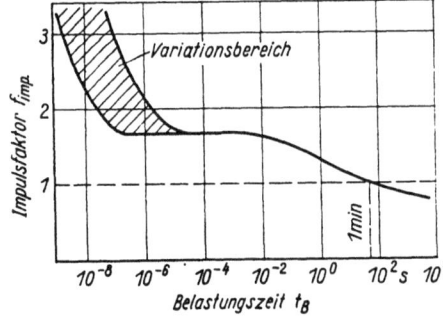

Bild 5.3.12
Verhältnis der Durchschlagfestigkeit
von aperiodischen und periodischen
Schwingungen zur 1-min-Festigkeit
(Impulsfaktor) von Öl-Papier-Isolierungen
Das schraffierte Feld berücksichtigt unterschiedliche
Parameter, wie Dichte, Dicke, Wicklungs-
und Schichtungsart des Papiers

Eine Erhöhung der elektrischen Festigkeit einer Öl-Papier-Isolierung ist auch durch Vergrößerung des hydrostatischen Drucks des Tränkmediums möglich. Der Effekt ist größer bei Bandisolierungen mit größerer Dicke und geringerer Dichte. Hier beträgt der Gewinn bei Druckerhöhung auf 1 MPa etwa 170 %.

Die Abhängigkeiten der Impulsfestigkeit von Öl-Papier-Isolierungen von Papierdicke, Schichtungsaufbau, Dichte usw. sind analog zu den bei Wechselspannung behandelten. Entscheidend ist die Kenntnis der *Stoßkennlinie*, d. h. die Abhängigkeit der Festigkeit bzw. der Durchschlagspannung von der Impulsbelastungszeit.

Die Durchschlagfestigkeit steigt unterhalb von 10 µs je nach Aufbau der Schichtung und der Isolierdicke bei unterschiedlichen Einwirkzeiten aperiodischer Impulse steil an.

Die Durchschlagfestigkeit von Öl-Papier-Isolierungen in Abhängigkeit von der Belastungszeit mit aperiodischen und periodischen Schwingungen kann durch den Impulsfaktor wiedergegeben werden (Bild 5.3.12). Die Kurve verschiebt sich innerhalb einer zeitlichen Größenordnung bei Variation der Parameter der Isolierung.

Zusammengefaßt können folgende Regeln für die Auslegung einer Öl-Papier-Isolierung aufgestellt werden:

- Die Kurzzeitdurchschlagfestigkeit hat gleichartige Abhängigkeiten für Impuls- und Wechselspannung; sie wird weitgehend durch die Durchschlagfestigkeit der getränkten Papierlagen bestimmt.
- Mit steigender Dichte des Zellulosepapiers erhöht sich die Kurzzeitfestigkeit.
- Mit steigender Isolierungsdicke sinkt im schwach inhomogenen Feld die Durchschlagfestigkeit.
- Bei Bänderwickelisolierungen sinkt die Durchschlagfestigkeit mit Erhöhung der Bandschichtdicke bei gleichbleibender Isolierungsdicke.
- Bänderwickelisolierungen haben eine niedrigere Durchschlagfestigkeit als Bahnwickelisolierungen bei gleicher Papier- und Isolierungsdicke.
- Bei dünnen Isolierpapieren müssen leitfähige Einschlüsse berücksichtigt werden; die Festigkeit steigt mit der Zahl der Papierlagen und fällt mit Wirksamkeit des Randfeldeffekts der Elektroden.
- Die Alterungsgeschwindigkeit im elektrischen Feld wird bei Wechsel- und Impulsspannung durch Teilentladungen im Zwischenölfilm bestimmt.
- Hohe Dichte des Isolierpapiers erhöht die Feldstärke im Ölfilm und somit die TE-Intensität, was zur Verringerung der Langzeitfestigkeit führt.
- Eine Verbesserung der Langzeitfestigkeit wird durch Erhöhung des Drucks und durch Verringerung der Ölspaltdicke durch Glättung der Papieroberfläche erreicht.
- Mit steigender Temperatur sinkt die Langzeitfestigkeit durch Steigerung der TE-Intensität.
- Die Festigkeit des Isolieröls hat entscheidenden Anteil an der Langzeitfestigkeit; deshalb sind eine gute Entgasung, Filterung und Entfeuchtung notwendig.
- Die Hohlraumfreiheit des Isolierpapiers (vollständige Tränkung) ist für die Kurzzeitfestigkeit *und* für die Lebensdauer bedeutsam; deshalb ist eine Entgasung des Papiers zur Realisierung des Tränkprozesses erforderlich, ebenso eine hochgradige Trocknung.
- Neben der Teilentladungsalterung müssen die thermische und mechanische Alterung berücksichtigt werden; die Alterungsgeschwindigkeit wächst exponentiell mit der Temperatur; mit 8 K Temperaturerhöhung verringert sich die Lebensdauer auf die Hälfte.
- Sauerstoff, Wasser und Kupferoberflächen erhöhen die Alterungsgeschwindigkeit und müssen durch Inhibitoren in der Wirksamkeit gebremst oder durch Ausschluß, Abdeckung und andere konstruktive und technologische Maßnahmen minimiert werden.
- Die Zusammensetzung des Öls entscheidet über das Alterungsverhalten und die Alterungsprodukte; Gasabspaltung, Gaslöslichkeit, thermisch-oxydativer Abbau müssen berücksichtigt werden.

320   5. Auslegung, Konstruktion und Technologie von elektrischen Isolierungen

- Mechanische Schwingungen oder Vorspannungen setzen die Alterungsgeschwindigkeit herauf; beim Wickeln, Trocknen und Wiederbefeuchten durch Wasseraufnahme aus der Umwelt oder durch Reaktionswasser der Alterung treten Adsorptions- und Desorptionsspannungen (Quellung, Schrumpfung) auf, die bei der Dimensionierung beachtet werden müssen.
- Für Kurz- und Langzeitfestigkeit bei Gleichspannungsbelastung ist wegen der Entlastung im Ölspalt die Qualität der Papierisolierung entscheidend; die elektrische Alterungsgeschwindigkeit ist wesentlich niedriger als bei Wechselspannung.
- Zur besseren DK-Anpassung an die Zellulose können flüssige Kohlenwasserstoffe mit höherem ε_r eingesetzt werden.

5.3.4. Typische Technologien zur Realisierung von Öl-Barrieren und Öl-Papier-Isolierungen

Öl-Barrieren-Isolierungen werden vorwiegend in Transformatoren angewendet. Daraus ergibt sich der Aufbau in Form von Hartpapier- oder Preßspanzylindern und ebenen Anordnungen aus beiden Materialien, Hartpapier wird aus phenolharzgetränkten Papierbahnen in einem Polykondensationsverfahren, Preßspan aus reiner Sulfatzellulose im Papierbildungsprozeß hergestellt und nachträglich verdichtet und geformt.

Öl-Papier-Isolierungen entstehen durch Schichtung, Lagen- oder Bandwicklung, letztere auf Stoß oder mit unterschiedlicher Überlappung aus Sulfatzellulosepapieren.

Aus den bereits früher erwähnten Gründen der Durchschlagfestigkeit, der dielektrischen Verluste und der Alterung müssen alle genannten Isolierstoffe intensiv getrocknet und anschließend mit Öl getränkt werden.

Die *Trocknung* geschieht durch Desorption des angelagerten Wassers. Das Wasser liegt in Form einer multimolekularen Adsorptionsschicht an der Oberfläche der Zellulosemoleküle vor. Eine Desorption erfolgt, wenn Energie zugeführt wird, die die Bindungsenergie der Adsorptionsbindung überschreitet. Das erfolgt technisch durch Erwärmung des Papiers bzw. des Preßspans. Mit steigender Temperatur wächst der Partialdampfdruck des Wassers exponentiell. Damit entsteht eine Druckdifferenz zwischen dem Wasser innerhalb der Faser und der Trocknungsatmosphäre. Durch Druckabsenkung im Trocknungsraum kann die Differenz weiter erhöht werden. Damit wächst die Trocknungsgeschwindigkeit durch Beschleunigung der Strömungsvorgänge. Die Trocknungsgeschwindigkeit wird festgelegt durch die Dampf-Luft-Diffusion bei Normaldruck und durch die Dampfströmung durch die Kapillaren nach dem Gesetz der laminaren oder turbulenten Strömung und durch die Molekularströmung in den Mikrohohlräumen im Fall der Vakuumtrocknung. Effektive Trocknungsanlagen nutzen die Vakuumtrocknung.

Zunächst trocknen die Oberflächen aus; die Trocknungsgeschwindigkeit ist nahezu konstant. Danach wächst der Strömungswiderstand durch die geschrumpften Deckschichten an; er wächst weiter mit dem Austrocknen des Kapillarsystems größerer Abmessungen. Für diesen Trocknungsabschnitt ist die Transportleistung P_T durch die Poiseulle-Strömung bestimmt:

$$P_T = \frac{f_P D_K^2 \gamma_d \Delta p}{32 \eta_v l}; \quad (5.3.18)$$

f_P Porenfaktor, stellt das Verhältnis von Trocknungsoberfläche zum gesamten Kapillarenquerschnitt dar; D_K mittlerer wirksamer Kapillarendurchmesser; γ_d Dichte; η_v Zähigkeit des Wasserdampfes bei der entsprechenden Temperatur; l Länge der Kapillaren zwischen dem Verdampfungspunkt und der Trocknungsoberfläche; Δp Druckdifferenz zwischen Verdampfungsort und Trocknungsatmosphäre.

Es ist klar ersichtlich, daß mit fortschreitender Trocknung (l wächst) die Trocknungsgeschwindigkeit kleiner wird, andererseits durch Temperaturerhöhung (p am Verdampfungsort steigt) und Druckabsenkung in der Trocknungsatmosphäre die Trocknungsgeschwindigkeit erhöht werden kann.

Der nächste Trocknungsabschnitt ist durch Unterschreitung der 1-%-Feuchtigkeitsgrenze gekennzeichnet. Die verdampfenden Wassermoleküle müssen Hohlräume von $<10^{-8}$ m durchströmen. Dafür ist die Molekularströmung nach Knudsen gültig:

$$P_T = f_p \frac{4}{3} D \sqrt{\frac{M}{2\pi RT}} \frac{\Delta p}{\Delta l}. \qquad (5.3.19)$$

Verantwortlich ist die im Vergleich zu den Hohlraumabmessungen große freie Weglänge.

In diesem Trocknungsabschnitt ist offensichtlich die Trocknungsgeschwindigkeit, eine außerordentlich den technologischen Ablauf und die Ökonomie bestimmende Größe, nur durch Temperaturerhöhung wesentlich zu verbessern (trotz $1/T$). Der Grund liegt in der exponentiellen Abhängigkeit des Δp von T.

Durch Veränderung der Temperatur der Isolierung und des Drucks in der Trockenkammer kann die Trocknungszeit stark beeinflußt werden (Bild 5.3.13).

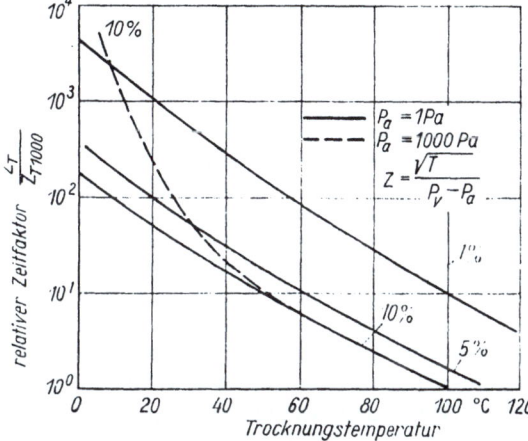

Bild 5.3.13. *Veränderung der Trocknungszeit gegenüber einer Papiertemperatur von 100°C und 10% Wassergehalt, berechnet nach (5.3.19) unter Benutzung der Sorptionsisothermen bei Variation der Parameter*

p_a Druck in der Trocknungsanlage
p_v Druck an der Verdampfungsstelle

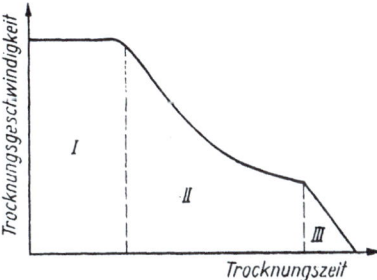

Bild 5.3.14. *Schematischer Verlauf der Trocknungsgeschwindigkeit in Abhängigkeit von der Trocknungszeit*

I   Gebiet der Oberflächentrocknung und der Entfeuchtung großer Kapillaren
II Trocknung durch Kapillarströmung bestimmt
III Gebiet der Molekularströmung und der Temperaturabsenkung durch Verdampfung im Kontakt mit der Zellulosefaser; Desorption von mehrmolekularen H_2O-Schichten

Den Gesamtablauf eines Trocknungsvorgangs zeigt schematisch Bild 5.3.14 anhand der Trocknungsgeschwindigkeit.

Für die Trocknungstechnologie von Barrieren- und Papierisolierungen sind folgende Grundsätze ableitbar:

- Die Trocknungstemperatur ist so hoch wie möglich zu wählen, um die Trocknungsgeschwindigkeit zu optimieren, die mechanischen Schrumpfkräfte und die thermische Alterung sind bei der Grenztemperaturfestlegung zu beachten, 120°C sind im allgemeinen anwendbar.

- Am günstigsten ist die Anwendung einer Vakuumtrocknung. Vakuumtrockenkammern sind so auszulegen, daß eine Feuchtigkeit der Zellulose von < 0,1 % erreicht werden kann; dazu ist ein Dampfdruck von 0,1 bis 1 Pa erforderlich.
- Da eine Feuchtigkeitsdiffusion von der höheren zur niedrigen Temperatur erfolgt, ist der Aufheizvorgang möglichst von innen nach außen vorzunehmen (Leiterheizung beim Kabel, in Spezialfällen dielektrische Hochfrequenzerwärmung), damit wird eine Erhöhung des Strömungswiderstands durch die ausgetrocknete Oberfläche vermieden.
- Konvektive oder Strahlungswärmeübertragung ist wenig effektiv wegen der Trocknung an der Oberfläche; bei dicken Isolierungen ist eine lange Aufheizdauer erforderlich.
- Durch die Verdampfung wird die Temperatur stark abgesenkt, und damit werden die Restfeuchte und der technologische Durchlauf ungünstig beeinflußt; ggf. muß erneut aufgeheizt werden. Wegen des höheren Trockengrades ist jedoch die Aufheizzeit sehr hoch und nur mit Unterbrechung des Vakuumprozesses möglich (außer Strahlung).
- Eine sehr effektive Lösung ist die Kerosindampfungstrocknung. Die Isolierung wird durch die Kondensation des Dampfes, der erhitzt in die Trockenkammer oder den Trafokessel eingeleitet wird, erwärmt; die Wärmemenge je Zeiteinheit ist sehr groß, so daß eine kurze Aufheizzeit resultiert.

Das Prinzip einer Lösungsmitteldampftrocknungsanlage ist im Bild 5.3.15 dargestellt.

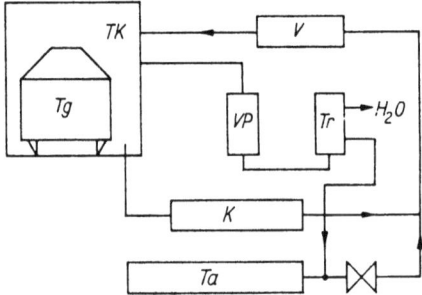

Bild 5.3.15
Schema einer Kerosindampftrocknungsanlage
TK Trockenkammer; Tg Trockengut, z.B. Transformator; Ta Tank; K Kondensator; V Verdampfer; VP Vakuumpumpe; Tr Trenner

- Die Trocknungsdauer hängt von der Isolierdicke, der Papier- oder Preßspandichte und von der Schichtung oder Wicklungsart ab. Kritisch sind Kondensatorenwickel mit ausschließlich axialer Strömung, Druckringe und Abstandstücke aus Preßspan bei Transformatoren und sehr dicke Weichpapierisolierungen für Höchstspannungstransformatoren sowie Hartpapierelemente.
- Als Vakuumpumpen werden Rotationspumpen für das Grobvakuum und Diffusions- oder Dampfstrahlpumpen für das Feinvakuum eingesetzt.

Die Tränkung mit Öl setzt eine gute Ölaufbereitung voraus. Auch Neuöl wird entgast und entfeuchtet. Neben Filterung wird eine Zerstäubung im Vakuum oder besser eine Spreitung über Raschig-Ringe oder Bleche im Vakuum vorgenommen. Weitere Behandlungsschritte sind ggf. (z.B. bei Kondensatorentränkung) Fullerungen, d.h. das Leiten des Öls über Adsorber. Die Tränkung erfolgt bei allen hochwertigen Barrieren- und Öl-Papier-Isolierungen im Vakuum. Dabei ist es zweckmäßig, mit erwärmten Isolierflüssigkeiten zu arbeiten, um die niedrige Viskosität zu nutzen. Eine Vakuumimprägnierung gewährleistet Hohlraum- und Gaseinschlußfreiheit.

5.3.5. Beispiele für konstruktive Lösungen von Öl-Barrieren- und Öl-Papier-Isolierungen

5.3.5.1. Transformatoren
[3] [7]

Alle größeren Leistungstransformatoren sind gegenwärtig fast ausschließlich für Ölisolierungen ausgelegt. Für Spezialfälle stehen Transformatoren mit Silikonöl- oder Chlordiphenylisolierung zur Verfügung. Letztere werden künftig nicht mehr eingesetzt.

Man unterscheidet Maschinen- oder Blocktransformatoren, Netztransformatoren und Verteilertransformatoren. Öltransformatoren sind im Nieder-, Mittel- und Hochspannungsbereich im Einsatz. Grenzleitungstransformatoren werden in ihren Abmessungen durch das Bahnprofil und in der Masse durch die Transportmittel begrenzt.

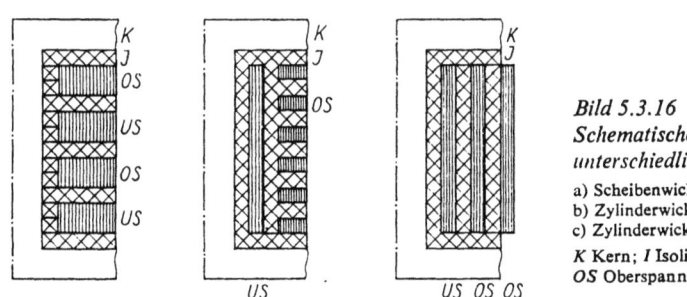

Bild 5.3.16
Schematische Darstellung unterschiedlicher Wicklungsarten
a) Scheibenwicklung
b) Zylinderwicklung mit Scheibenspulen
c) Zylinderwicklung mit Lagenspulen
K Kern; I Isolierung; US Unterspannungswicklung; OS Oberspannungswicklung

Die Isolierung hat einen entscheidenden Einfluß auf die Parameter des Gerätes. Neben der Potentialtrennung hat sie auch die Aufgabe der Verlustwärmeabführung und der mechanischen Abstützung der Wicklung im Normalbetrieb und im Kurzschlußfall.

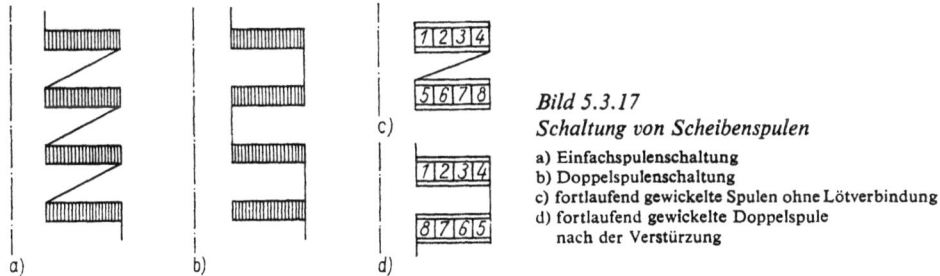

Bild 5.3.17
Schaltung von Scheibenspulen
a) Einfachspulenschaltung
b) Doppelspulenschaltung
c) fortlaufend gewickelte Spulen ohne Lötverbindung
d) fortlaufend gewickelte Doppelspule nach der Verstürzung

Es gibt verschiedene Wicklungsausführungen und -schaltungen. Man unterscheidet *Scheibenwicklungen* und *Zylinderwicklungen*, wobei die letzteren aus *Scheibenspulen*- oder *Lagenspulen* aufgebaut werden können. Bei Scheibenwicklungen liegen die Unter- und Oberspannungswicklungen scheibenförmig nebeneinander; bei Zylinderwicklungen sind sie koaxial angeordnet (Bild 5.3.16).

Die Windungen liegen bei Scheibenspulen radial übereinander und bei Lagenspulen axial nebeneinander.

Scheibenwicklungen werden im Nieder- und Mittelspannungsbereich eingesetzt; für Hochspannung sind beide Arten der Zylinderwicklung bis zu den höchsten Spannungen gebräuchlich.

Scheibenspulen können als Doppelspulen, als Einzelspulen oder verstürzt gewickelt und verschaltet werden (Bild 5.3.17). Lagenspulen sind wahlweise als Doppellagen oder

Einzellagen mit innerer oder äußerer Verbindung zu verschalten (Bild 5.3.18). Isoliertechnische Vorteile sind bei der Doppelspulenschaltung wegen der einfachen geometrischen Verbindung auf gleichem Potential vorhanden; jedoch sind Lötverbindungen herzustellen, weil keine fortlaufende Wicklung möglich ist. Außerdem sind Anfang und Ende der Doppelspule für 2× Spulenspannung zu isolieren. Einfachspulen haben nur maximal die einfache Spulenspannung zu isolieren, technologische Vorteile wegen der fortlaufenden Wicklung, jedoch isoliertechnisch Probleme mit der Isolierung der Verbindung.

Konstruktiv sind drei wesentliche Isolierprobleme zu lösen:

- Isolierung der Oberspannungswicklung gegen die Unterspannungswicklung
  Diese Isolierung wird *Streukanalisolierung* oder *Grundfeldisolierung* genannt; sie ist feldmäßig weitgehend homogen belastet.
- Isolierung der Oberspannungswicklung gegen das Joch des Magnetkreises
  Diese Isolierung wird *Endisolierung* oder *Randfeldisolierung* genannt; sie ist durch beachtliche Inhomogenität des elektrischen Feldes gekennzeichnet.
- Isolierung der Windungen einer Spule gegeneinander.
  Sie wird als *Längsisolierung* bezeichnet und ist nur bei Impulsspannungsbelastung wegen der nichtlinearen Spannungsverteilung kritisch.

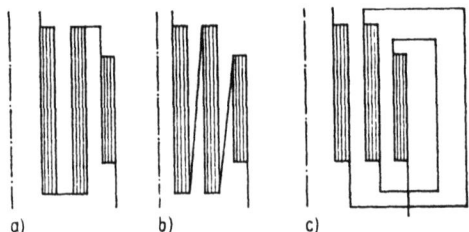

Bild 5.3.18
Schaltung von Lagenspulen
a) Doppelspulenschaltung
b) Einfachspulenschaltung, innere Verschaltung
c) Einfachspulenschaltung, äußere Verschaltung

Außerdem ist den *Lagenisolierungen* und insbesondere den *Ableitungsisolierungen* wegen der häufig auftretenden Gleitentladungen Beachtung zu schenken.

Bild 5.3.19 gibt einen schematischen Überblick über die genannten Isolierungskomponenten.

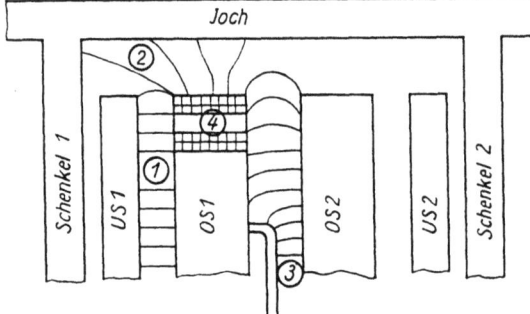

Bild 5.3.19
Schematische Darstellung der Spulen- und Wicklungsanordnung und der Feldausbildung eines Mehrphasentransformators
US Unterspannungswicklung
OS Oberspannungswicklung
① Gebiet der Grundfeldisolierung
② Gebiet der Endisolierung oder Randfeldisolierung
③ Gebiet der Ausleitungsisolierung
④ Längsisolierung zwischen den Windungen

Die Windungsisolierung besteht bei kleinen Profildrahtquerschnitten aus einem Lackauftrag (Lackdraht), bei größeren Querschnitten aus Papierbändern oder aus beiden Isolierstoffen. Letzteres gilt auch für Drilleiter. Zwischen den einzelnen Windungen einer Lagen- oder Scheibenspule besteht im normalen Betriebsfall nur eine geringe Spannungsdifferenz. Im Falle der Blitzspannungsbeanspruchung ist die Spannungsdifferenz jedoch, insbesondere zwischen den Eingangswindungen, sehr hoch. Das ist auf die Verkopplung von Längs- und Querkapazitäten zurückzuführen. Bild 5.3.20 zeigt das Ersatzschaltbild einer Trafospule. Bei hohen Frequenzen, also auch bei Beanspruchung mit steilen Wellen, sind für die Spannungsverteilung praktisch nur die Kapazitäten wirksam. Nach den Erkenntnissen des Abschnitts 3.2.2.2 gilt dafür die Spannungsverteilung nach einer hyperbolischen Funktion gemäß Gleichung

$$U_{si} = U_{so} \frac{\sinh \gamma i - \sinh \gamma (i-1)}{\sinh \gamma n}. \quad (5.3.20)$$

Dabei hat die Wicklung n Spulen bzw. Windungen; U_{si} ist die Spannung an der i-ten Spule und U_{so} die Momentanstoßspannung am Wicklungseingang.

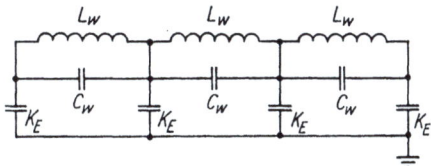

Bild 5.3.20
Ersatzschaltbild einer Transformatorspule
L_W Windungsinduktivität; C_W Windungskapazität;
K_E Erdkapazität der Windung

Gleichung (5.3.20) beschreibt die Anfangsspannungsverteilung beim Einlauf einer Blitzspannungswelle in eine Transformatorwicklung. Über der Eingangsspule ist die maximale Spannung

$$U_{s1} \approx U_{so} \sqrt{\frac{K_E}{C_W}}. \quad (5.3.21)$$

Die Endverteilung wird durch die Spannungsverteilung im Normalbetriebsfall, d.h. durch die durch die Windungsinduktivitäten festgelegten Spannungsabfälle, bestimmt. Zwischen Anfangsverteilung und Endverteilung laufen hochfrequente Ausgleichvorgänge ab, die eine hohe Belastung der Windungsisolierung darstellen (Bild 5.3.21). Die höchste Belastung ist zwischen den Eingangswindungen bzw. Eingangsspulen. Eine Möglichkeit zur Vermeidung von Durchschlägen der Öl-Papier-Isolierung zwischen diesen Windungen oder den Scheibenspulen besteht in der Verstärkung der Papierisolierung. Diese Maßnahme ist technologisch ungünstig und verringert die Längskapazitäten, was die Inhomogenität der Verteilung weiter erhöht. Eine andere Möglichkeit wird in der Verschachtelung der Windungen in einer Scheibenspule gesehen, was eine Erhöhung der Längskapazität bedeutet. Weiterhin kann man eine Schildung der Eingangsspulen einer Lagenwicklung vornehmen. Werden isolierte Potentialsteuerringe mit dem Eingang leitend verbunden, so verringert sich die Nichtlinearität der Spannungsverteilung. Die Erklärung liegt in der Doppelverkettung (s. Abschn. 5.1).

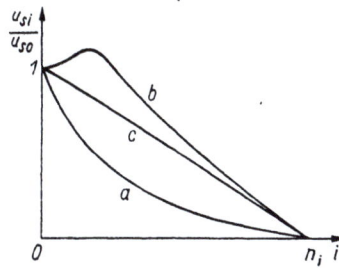

Bild 5.3.21.
Spannungsverteilung an den Windungen einer Transformatorenwicklung
a Anfangsverteilung; b Hüllkurve der Ausgleichschwingungen; c Enverteilung

Der Blitzspannungsbeanspruchungsfaktor f_{s1} der Eingangsspule ist definiert durch

$$f_{s1} = \frac{\hat{u}_{s1}}{\hat{u}_{\sim 1}} = \frac{\hat{u}_{s0}}{\hat{u}_{\sim}} n \sqrt{\frac{K_E}{C_W}}. \qquad (5.3.22)$$

Mit größerer Zahl der Spulen bzw. Windungen steigt die Anfangsspannungsbelastung der Eingangsspule bzw. -windung. Die Blitzspannungsbelastung ist um ein Vielfaches höher als die Wechselspannungsbelastung. Das muß auch für die Prüfspannungen gelten. Die Blitzspannungsfestigkeit einer Weichpapierisolierung oder Öl-Barrieren-Isolierung ist nur 2- bis 3mal höher als die 50-Hz-Festigkeit. Deshalb ist für dieses Isolierelement des Transformators die Auslegung nach Blitzprüfspannung vorzunehmen.

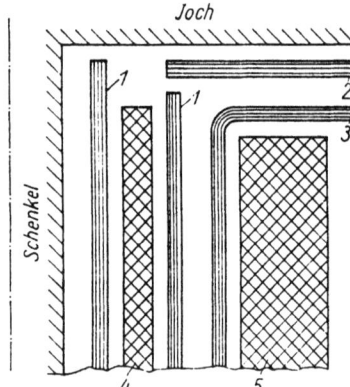

Bild 5.3.22
Schema einer Öl-Barrieren-Isolierung eines Transformators
1 Zylinderbarriere, Hartpapier oder Preßspan
2 Scheibenbarriere, Hartpapier oder Preßspan
3 Winkelringbarriere, Hartpapier oder Preßspan
4 Unterspannungswicklung
5 Oberspannungswicklung

Die Hauptisolierung wird in Form von Öl-Barrieren-Isolierung oder Weichpapierisolierung realisiert.

Die prinzipielle Konstruktion ist in den Bildern 5.3.22 und 5.3.23 zu erkennen. Bei höheren Spannungsreihen wird heute bevorzugt hochwertiger Preßspan für Wickelzylinder eingesetzt. Öl-Barrieren-Isolierungen sind wie Weichpapierisolierungen gebräuchlich.

Besondere Bedeutung haben die Randfeldisolierungen. Zur Homogenisierung des Randfeldes werden Schirmelektroden aus geschlitzten Metallringen oder hochohmigen Ringen mit Papieraufpolsterung auf dem Potential der letzten Windung eingesetzt. Die Isolierung besteht aus Preßspan- oder Hartpapierwinkelringen mit Ölkanälen dazwischen oder aus Weichpapierkragen, die aus umgebogenen, eingerissenen Grundfeldisolierungsbahnen mit Distanzringen in Form der Spreizflanschisolierung ausgeführt werden (Bilder 5.3.22 und 5.3.23).

Probleme entstehen durch die Schräggrenzflächen an den Winkelringen, da sich hier gefährliche Gleitentladungen ausbilden, die zur Zerstörung der Isolierung führen (Bild 5.3.24). Das gilt auch für die Weichpapierausführung, wobei hier die Stauchung bei der Pressung zu sogenannten Schwanenhälsen an der Biegekante Anlaß gibt. Preßspanringe mit feldangepaßten Radien können zu einer bedeutenden Verbesserung der Randfeldisolierung beitragen.

Bei Weichpapierisolierungen ist auf die richtige Ölkanaldimensionierung zu achten, die auch technologische Abweichungen im höheren Maße berücksichtigen muß, als es bei einer Barrierenisolierung notwendig ist. Ausleitungen bestehen aus Profildraht mit Papierisolierung. Bei der Verlegung ist das stark inhomogene Feld gegenüber Erdpotential

5.3. Flüssigkeits- und Mischisolierungen   327

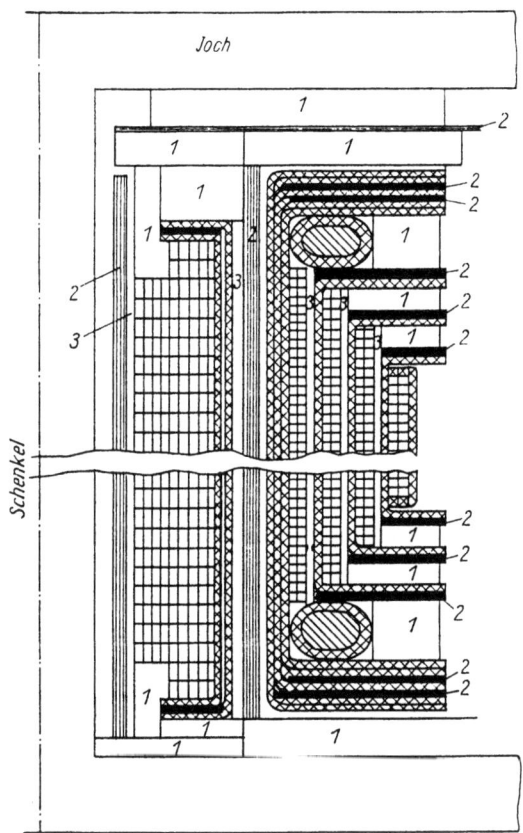

Bild 5.3.23
Transformatorisolierung;
Lagenwicklung, Weichpapier-
Spreizflansch

1 Hartpapierdistanzstücke und Preßringe
2 Hartpapier- oder Preßspanwickelzylinder
  und Distanzscheiben
3 Distanzleisten

× × × × × Papierbahnen
\ \ \ \ \ Schirmringe
┼┼┼┼ Oberspannungswicklung

│││││ Unterspannungswicklung

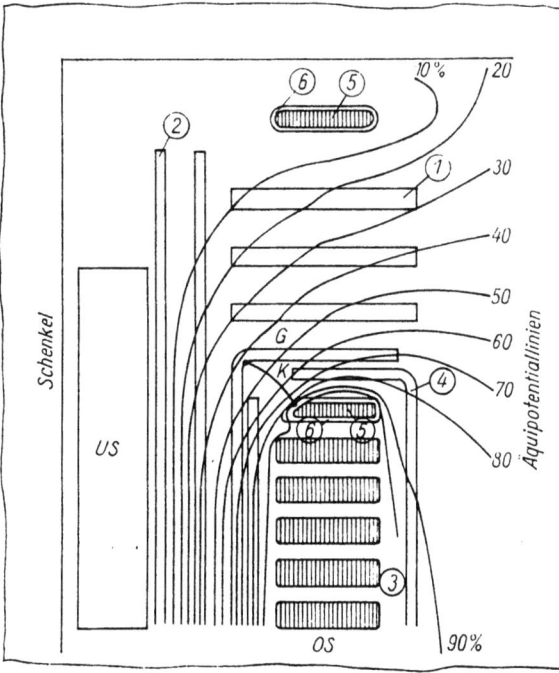

Bild 5.3.24
Schematische Darstellung
des Haupt- und Randfeldes
der Öl-Barrieren-Isolierung
eines Transformators
(Abstützungen und Druckringe
sind nicht dargestellt)

① Barrieren
② Wickelzylinder + Barrierenzylinder
③ Scheibenspulen
④ Winkelringe
⑤ Schirmringe
⑥ Papierabdeckung

US Unterspannungswicklung
OS Oberspannungswicklung
K kritischer Durchschlagweg
G Gleitentladungsbereich

zu beachten. Dabei treten meist Gleitentladungsprobleme mit niedrigem Spannungsbedarf für die Funkenentladung auf.

Leistungstransformatoren unterliegen der *Produktionskontrolle* und der *Betriebsüberwachung*. Dazu werden verschiedene Prüfungen durchgeführt. Die aus Gründen der Auslegung der Isolierung wichtige Blitzspannungsprüfung gibt die Möglichkeit der Überprüfung der Isolierfähigkeit der Wicklungen und Spulen gegeneinander und gegen Erde. Fehler werden durch einen Zusammenbruch der Spannungswelle auf dem Oszillographenschirm registriert oder automatisch bewertet. Es müssen leistungsstarke Blitzimpulsanlagen verwendet werden (s. Abschn. 4.5.1). Windungsfehler oder generell Fehler in der Längsisolierung sind recht schwer zu erkennen, da nur geringe Veränderungen des Oszillogramms auftreten.

Die Grund- und Randfeldisolierung wird mit Wechselspannung auf Durchschlag geprüft. Bei Möglichkeit der galvanischen Trennung der Wicklungen voneinander können die einzelnen Wicklungen gegen Erde bzw. gegen die anderen geerdeten Wicklungen mit Hilfe eines Prüftransformators geprüft werden.

Bei verschalteten Transformatoren kann der Transformator eigenerregt werden. Leerlaufend wird er bis zur gewünschten Prüfwechselspannung gefahren. Die Prüfung wird mit erhöhter Frequenz durchgeführt, um eine zu hohe Sättigung des Magnetkreises zu vermeiden. Weitere Isolierungsprüfungen sind: die Überprüfung von tan δ, der Teilentladungsintensität und der Degradationsprodukte durch Gaschromatographie (s. Abschnitt 4).

Zunehmend werden solche Prüfungen auch als permanente Betriebsdiagnoseverfahren eingesetzt.

5.3.5.2. Durchführungen
[5] [7]

Durchführungen für Reihenspannungen von 110 kV und darüber werden häufig neben den feststoffisolierten (s. Abschn. 5.4) als Öl-Barrieren-Typen, meist jedoch mit Weichpapierisolierung ausgeführt. Wie bereits in den Abschnitten 3.2.4, 3.5.1.4, 3.6.4 und 5.1.2 dargelegt, sind Durchführungen Gleitanordnungen mit stark inhomogener Feldverteilung an den Grenzschichten. Durch auftretende Gleitfunken wird die spezifische Überschlagsspannung sehr klein. Die Überschlagcharakteristik gemäß Bild 5.1.19 zeigt, daß bei höheren Spannungen über eine Verlängerung des Überschlagwegs keine Konstruktion mehr technisch und ökonomisch sinnvoll realisiert werden kann. Eine kapazitive oder ohmsche Steuerung ist notwendig. Die heute fast ausschließlich angewandte Durchführung mit Kondensatorsteuerung ist im Bild 5.3.25 schematisch dargestellt.

Bei der Konstruktion geht man zunächst vom Bolzendurchmesser aus, der vom Nennstrom und der durch die Isolierung bestimmten (thermische Belastung, Kipptemperatur) Stromdichte festgelegt wird:

$$r_{\text{Bolzen}} = \sqrt{\frac{I_n}{\pi G_{\text{zul}}}}. \tag{5.3.23}$$

Für Öl-Barrieren-Isolierungen liegt der zulässige Grenzwert bei etwa 2 A/mm²; für Weichpapier- und Hartpapierisolierungen ist der Wert niedriger. Bei Verwendung von Rohren ist eine analoge Berechnung durchzuführen. Zur Bestimmung der Länge des luftseitigen Porzellanüberwurfs ist die 50-Hz-Überschlagspannung für den beregneten Isolator und die Blitzüberschlagspannung zu berechnen. Für 50 Hz können 250 kV/m,

5.3. Flüssigkeits- und Mischisolierungen

für 1,2/50 μs etwa 600 kV/m spezifische Überschlagspannung angenommen werden. Die Isolatorform ist nach Fremdschichtgesichtspunkten im Zusammenhang mit der Kriechweglänge zu bestimmen (s. Abschn. 5.1). Entsprechend den Forderungen der Isolationskoordination (s. Abschn. 4.2) ist aus den Prüfspannungswerten die Isolatorlänge festzulegen. Analog ist mit dem Überwurf der Ölseite zu verfahren, wobei die Ölüberschlagspannung (s. Abschn. 3.5.2) zu berücksichtigen ist. Die spezifische Wechselspannung ist mit 700 bis 800 kV/m ansetzbar. Der innere Isolierungsaufbau wird bei der *Öl-Barrieren-Isolierung* so vorgenommen, daß Hartpapierrohre koaxial ineinander geschoben und distanziert werden, so daß das Ölvolumen in Kanäle aufgetrennt wird. Die Rohre werden mit Metallfolien belegt. Damit werden Steuerkondensatoren aufgebaut. Die Wahl der radialen Abstände und der Länge der Steuerfolien entscheidet über die radiale und axiale Feldverteilung. Man dimensioniert so, daß durch die Feldstärke am Belagende die Teilentladungseinsetzspannung im Normalbetrieb nicht überschritten wird und bei Impuls- und Wechselspannungsprüfung keine Gleitfunken entstehen (axiale Feldstärke). Außerdem darf die maximale Feldstärke an einer Ölstrecke

$$E_{\max \text{Ö}} = \frac{U_i}{r_i \ln \frac{r_{i+1}}{r_i}} \frac{C_i}{C_{\text{Ö}}} \qquad (5.3.24)$$

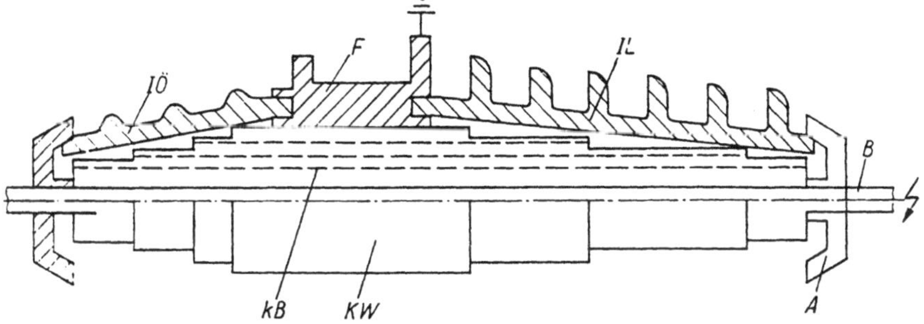

Bild 5.3.25. Schematische Darstellung einer Transformatordurchführung mit kapazitiver Feldsteuerung und Öl-Papier-Isolierung
F Flansch; IÖ Isolator im Ölteil; IL Isolator im Luftteil; B Bolzen; KW Kondensatorwickel; KB kapazitive Steuerbeläge; A Abschlußarmatur

die Langzeitdurchschlagfestigkeit des Öls nicht überschreiten. In (5.3.24) bedeuten U_i und C_i die Teilspannung und die Teilkapazität zwischen den Belägen mit den Radien r_{i+1} und r_i, zwischen denen die Dielektrika Öl und Hartpapier liegen. $C_{\text{Ö}}$ ist die Kapazität der Ölschicht.

Bei *weichpapier-* und *feststoffisolierten Durchführungen* mit kapazitiver Steuerung kann eine weit stärkere Unterteilung der gesamten Isolierdicke erfolgen.

Die Steuerung kann nach folgenden alternativen Prinzipien vorgenommen werden:
– konstante radiale Feldstärke, $E_r = $ const
– konstante axiale Feldstärke, $E_a = $ const
– definiertes Verhältnis von axialer und radialer Feldstärke.

Als Basis für die Berechnung zeigt Bild 5.3.26 die radialen und axialen Abstufungen und die geometrischen Größen der Durchführung. Die Δl und die Längen l sind jeweils einseitig vom Flansch zusammengefaßt.

Ziel der Durchführungskonstruktion und -berechnung ist, die Grenzen der Durch-

5. Auslegung, Konstruktion und Technologie von elektrischen Isolierungen

schlag- und Überschlagwerte des betreffenden Dielektrikums weitgehend zu nutzen und eine Optimierung der Durchführung nach Abmessung und Masse vorzunehmen. Für die Beanspruchung gilt

$$E_r, E_a = f(r, l). \qquad (5.3.25)$$

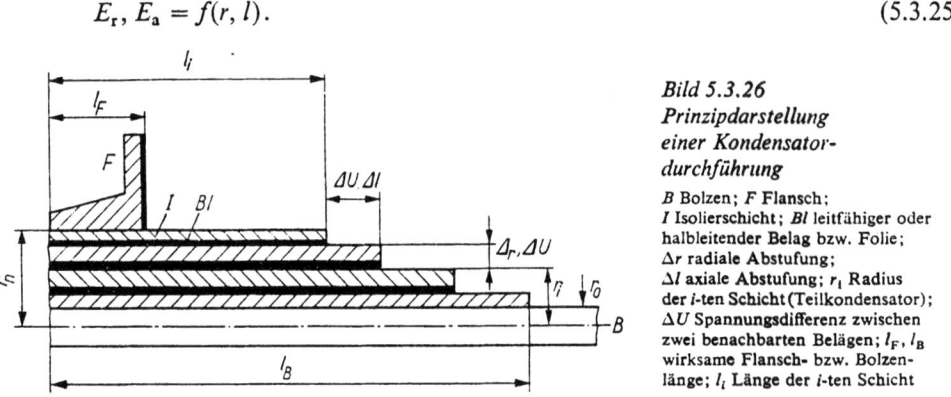

Bild 5.3.26
Prinzipdarstellung einer Kondensatordurchführung

B Bolzen; F Flansch;
I Isolierschicht; Bl leitfähiger oder halbleitender Belag bzw. Folie;
Δr radiale Abstufung; r_i Radius der i-ten Schicht (Teilkondensator);
ΔU Spannungsdifferenz zwischen zwei benachbarten Belägen; l_F, l_B wirksame Flansch- bzw. Bolzenlänge; l_i Länge der i-ten Schicht

Geht man zu infinitesimalen Größen für ΔU, Δr, Δl über, so ergibt sich

$$E_r = -\frac{dU}{dr} \qquad (5.3.26)$$

$$E_a = -\frac{dU}{dl} \qquad (5.3.27)$$

$$\frac{E_r}{E_a} = \frac{dl}{dr}. \qquad (5.3.28)$$

Da die Teilkapazitäten C zwischen Flansch und Bolzen in Reihe geschaltet sind, ist der Verschiebungsstrom überall gleich und die Spannungsänderung

$$dU = \frac{i}{\omega C} = \frac{i}{2\pi\varepsilon_0\varepsilon_r\omega} \frac{dr}{rl}. \qquad (5.3.29)$$

Geht man von einem einheitlichen ε_r aus, was aus technologischen Gründen dominiert, so ist $i/2\pi\varepsilon_0\varepsilon_r\omega = K_0$ konstant, und (5.3.29) kann mit (5.3.26) bis (5.3.28) in die radiale und die axiale Feldstärke übergeführt werden:

$$E_r = -K_0 \frac{1}{rl} \qquad (5.3.30)$$

$$E_a = -K_0 \frac{1}{rl} \frac{dr}{dl}. \qquad (5.3.31)$$

Entsprechend den oben angegebenen Steuerungsvarianten folgt:
- Durchführung mit konstanter radialer Feldstärke
  Nach (5.3.30) ist E_r dann konstant, wenn das Produkt rl für alle r gleich ist.

$$l = \frac{1}{r} \frac{K_0}{K_1}. \qquad (5.3.32)$$

Damit ändert sich aber die axiale Feldstärkeverteilung; sie ist nichtlinear:

$$E_a = -K_1 \frac{1}{l^2} \qquad (5.3.33)$$

bzw.

$$E_a = -K'_1 r^2. \qquad (5.3.34)$$

Während die Beanspruchung für das Mischdielektrikum überall gleich groß ist, d.h. eine gute Materialausnutzung besteht, ist die axiale elektrische Beanspruchung ungleichmäßig und am Flansch am größten. Damit entsteht eine Überschlagbetonung und eine Neigung zum Korona- und Gleitfunkeneinsatz am Flansch.

— Durchführung mit konstanter axialer Feldstärke

$$E_a = -K_0 \frac{1}{rl} \frac{dr}{dl} = K_2. \qquad (5.3.35)$$

Integriert man (5.3.35), so ist die Länge der Zylinderkondensatoren gegeben durch

$$l = \frac{1}{K_2} \sqrt{K'_2 - \ln r}. \qquad (5.3.36)$$

Die radiale Feldstärke wird damit ungleichmäßig und beschrieben durch

$$E_r = K''_2 \frac{1}{r} \frac{1}{\sqrt{K'_2 - \ln r}}. \qquad (5.3.37)$$

Die Abhängigkeit von zwei Konstanten läßt die Möglichkeit einer Randwertfestlegung zu. Beispielsweise können Schichtdicken und Längenabstufungen ungleichmäßig gestaltet werden, um eine Annäherung an die lineare Feldstärkeverteilung in radialer Richtung zu erzielen, oder die Feldstärken am Flansch und Bolzen können festgelegt werden. Ist die radiale Feldstärke am Bolzen und Flansch als gleich groß gefordert, so entsteht eine geringe Ungleichmäßigkeit.

— Durchführung mit einem konstanten Verhältnis zwischen axialer und radialer Feldstärkeverteilung

Nach dieser Forderung ist

$$\frac{E_r}{E_a} = K_3. \qquad (5.3.38)$$

Mit dieser Gleichung und den Bestimmungsgleichungen (5.3.30) und (5.3.31) ist

$$\frac{dl}{dr} = \frac{1}{K_3} = K'_3. \qquad (5.3.39)$$

Damit wird

$$r = K'_3 l + K''_3. \qquad (5.3.40)$$

Das bedeutet, daß die Abstufung der Längen der Teilkondensatoren linear mit der Vergrößerung des Radius fällt.

Die Feldstärkeverteilung ist axial und radial gleichartig ungleichmäßig:

$$E_r = \frac{K_3'''}{r\,(r - K_3'')} \tag{5.3.41}$$

$$E_a = \frac{K_3'''}{l\,(K_3'\,l + K_3''')}. \tag{5.3.42}$$

In der Praxis wird meist so konstruiert, daß die axiale Feldstärke konstant und die Feldstärke am Bolzen und Flansch etwa gleich groß ist; dann ergibt sich jeweils ein Maximum am Flansch und Bolzen.

Bei Weichpapier- und Öl-Barrieren-Durchführungen gelten praktisch die gleichen technologischen Forderungen wie bei den analogen Transformatoren.

Die Zuverlässigkeit und Alterung hängen von der Veränderung des Dielektrikums im Betrieb ab.

Weichpapierdurchführungen sind auf Wärmedurchschlag auszulegen und zu berechnen (s. Abschn. 3.5.3.2).

5.3.5.3. Kondensatoren

Aus der großen Zahl von Kondensatorentypen sind die Phasenschieberkondensatoren für Nieder- und Mittelspannung, die Impulskondensatoren, Kopplungskondensatoren, Glättungs- und Kommutierungskondensatoren und Hochspannungsschutzbeschaltungskondensatoren auf der Basis von Öl-Papier-Isolierungen aufgebaut. In neuerer Zeit wird das Papierdielektrikum häufig durch Kunststoffolien, vorwiegend Polypropylenfolien, ersetzt. Damit entsteht ein Typ einer Mikro-Öl-Barrieren-Isolierung, wobei allerdings die Belastung wegen der gleichen Dielektrizitätskonstante nahezu gleichmäßig auf die beiden Isolierstoffe aufgeteilt wird.

Eine grundsätzliche Anordnung des Wickelkondensators wird im Bild 5.3.27 gezeigt. Praktisch alle Wickelkondensatoren werden in Form von Rundwickeln hergestellt. Häufig wird nach Entfernen des Wickeldorns durch Pressen daraus ein Flachwickel geformt. Der Verformung sind wegen der Stauchungs- und Zugkräfte Grenzen gesetzt.

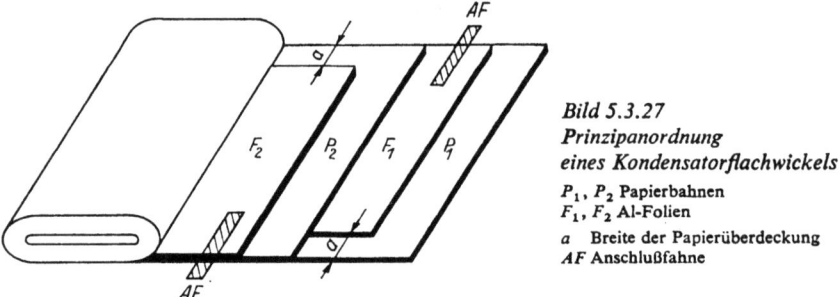

Bild 5.3.27
Prinzipanordnung
eines Kondensatorflachwickels
P_1, P_2 Papierbahnen
F_1, F_2 Al-Folien
a Breite der Papierüberdeckung
AF Anschlußfahne

Flachwickel werden parallel und bei Kondensatoren >1000 V auch in Reihe geschaltet und in ein rechteckiges Gefäß gepackt. Wickel gegen Wickel und gegen das Gehäuse werden durch Papier oder Preßspan isoliert. In den letzten Jahren hat der Rundwickel wieder Bedeutung erlangt, da durch angepaßte Metallgefäße das ungenutzte Volumen verringert werden kann. Durch einfache Steckverbindungstechniken können dann äußere Verschaltungen vorgenommen werden.

5.3. Flüssigkeits- und Mischisolierungen

Ein aus mehreren Papierschichten bestehendes Dielektrikum wird mit dünnen Aluminiumfolien als Elektroden gewickelt. Dabei werden Deck- und Trägerfolie seitlich um einige Millimeter versetzt gewickelt. Die Papierbahn ist breiter als die Al-Folie, so daß aufeinanderfolgende Elektroden jeweils links- oder rechtsbündig zum Dielektrikum sind. Beim Wickeln werden Anschlußstreifen aus Al-Folie in den Wickel eingelegt, die seitlich überstehen und auf diese Art parallelgeschaltete Anschlußbahnen darstellen. Eine Möglichkeit der verlustarmen Kontaktierung besteht im Aufbringen einer Zinn- oder Zinkschicht auf die Stirnseiten. Man wendet hier das Flammspritzen an. Die Anschlüsse werden dann angelötet. Das Dielektrikum besteht aus mehreren Papierlagen von 8 bis 15 μm Dicke der Einzelschicht.

Durch die Überdeckung der leitfähigen Einschlüsse und Löcher mit ungestörtem Papier steigt die elektrische Durchschlagfestigkeit der Schichtung (s. Bild 5.3.11).

Anstelle der Metallfolien können auch metallisierte (mit Al und Zn vakuumbedampfte) Papiere als Elektroden eingesetzt werden. Bekannt sind auch Mischdielektrika, bestehend aus Papier und PP-Folien. Durch das hohe ε_r des Zellulosepapiers wird vorwiegend die PP-Folie mit $\varepsilon_r = 2{,}2$ im Wechselspannungs- und Impulsspannungsfall belastet. Die Folie hat eine wesentlich höhere Durchschlagfestigkeit als das getränkte Papier. Das Papier sorgt aber für eine gute Tränkung des Zwischenraums zwischen Elektrode und PP-Folie. Die Papiere können metallisiert ausgeführt werden. Auf diese Weise wird das Volumen besser genutzt.

In den letzten Jahren werden zunehmend Allfilmkondensatoren hergestellt, bei denen das Dielektrikum aus PP-Folien mit einseitiger Bedampfung besteht. Die Schicht zwischen Folie und bedampfter Rückseite der nächsten Folie wird mit Tränkmittel ausgefüllt. Eine Tränkungshilfe wird durch Oberflächenstrukturierung der Folie geboten.

Kondensatoren müssen im Vakuum entgast, entfeuchtet und getränkt werden. Als Tränkmittel stehen Isolieröle aus apolaren Kohlenwasserstoffen, Silikonöle und verschiedene Typen von flüssigen Kohlenwasserstoffen, wie Dioctylphtalat, Dibutylphtalat, u. a. zur Verfügung.

Das Isolierpapier für Wechselspannungskondensatoren muß wegen der Forderung nach geringen dielektrischen Verlusten eine niedrigere Dichte (etwa $(1{,}0 \ldots 1{,}1) \cdot 10^3$ kg/m³) haben. Für Gleich- und Impulsspannung kann wegen der höheren Durchschlagfestigkeit ein Papier mit höherer Dichte verwendet werden. Die dielektrischen Verluste spielen dann eine untergeordnete Rolle ($\gamma_d \approx (1{,}2 \ldots 1{,}25) \cdot 10^3$ kg/m³).

Kondensatoren für den 50-Hz-Einsatz sind insbesondere im Zusammenhang mit dem Randfeld bei der Festlegung der Betriebsfeldstärke zu sehen. Die erwähnte Folienversetzung und Kantenabdeckung stellt eine Gleitanordnung dar. Die Koronaeinsetzspannung und die Gleitentladungseinsetzspannung sind durch eine Wurzelfunktion festgelegt:

$$U_e = K_e d^{-0{,}5}. \tag{5.3.43}$$

Eine Überschreitung der Einsetzspannung führt zu einem Belag- bzw. Folienabbau und zur Alterung der Isolierstoffe.

Bei Dielektrika mit höheren dielektrischen Verlusten und bei sehr kompakter Anordnung der Wickel mit ungünstigem Oberflächen-/Volumen-Verhältnis muß der Kondensator auf Wärmedurchschlag berechnet werden (s. Abschn. 3.5.3.2).

Kondensatoren für die Oberwellenkompensation, für Kommutierungszwecke in der Leistungselektronik und für Mittelfrequenzanwendungen müssen deshalb mit einem ausgesprochen verlustarmen Dielektrikum ausgelegt werden. Hierbei treten immer stärker Allfilmkondensatoren oder solche, bei denen Papier nur als Elektrodenträger und Tränkhilfe verwendet wird, in Erscheinung. Wechselspannungskondensatoren haben gegenwärtig nutzbare Arbeitsfeldstärken von 30 bis 50 MV/m. Das ist die höchste Belastungsfeldstärke von allen elektrotechnischen Isolierungen im Dauerbetrieb.

Gleichspannungskondensatoren sind hinsichtlich der Teilentladungen unkritischer (s. Abschn. 3.5.1.4 und 3.6.4), auch ist das Verlustproblem nicht so wesentlich. Deshalb ist die Betriebsfeldstärke wesentlich höher anzusetzen. Es ist üblich, mit größer als 100 MV/m zu arbeiten.

Impulskondensatoren für Ladungsspeicherung und extrem schnelle Entladung müssen induktivitätsarm aufgebaut werden. Sowohl der Wickelaufbau hinsichtlich Durchmesser und Wickelbreite als auch die Kontaktierung und äußere Verschaltung müssen den hohen Impulsströmen Rechnung tragen.

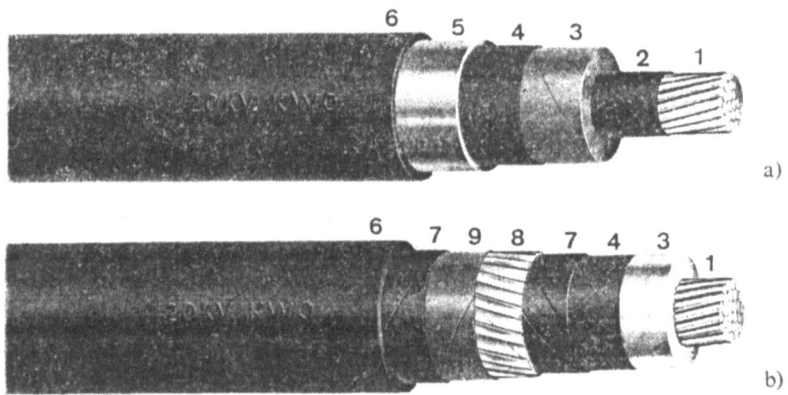

Bild 5.3.28. Einleiterkabel
a) Massekabel; b) Kunststoffkabel
1 Ader (Al-Leiter); *2* Leiterglättung; *3* Papierisolierung; *3'* Isolierung aus vernetztem PE; *4* Aderschirmung; *5* Bleimantel; *6* Plastmantel; *7* halbleitende Bänder; *8* konzentrische Al-Leiter; *9* Korrosionsschutz

5.3.5.4. Kabel
[52] [104]

Energiekabel werden als Ein- und Mehrleiterkabel ausgeführt. Letztere können mit Sektorenleitern oder Rundleitern versehen werden (Bilder 5.3.28 und 5.3.29). Die Leiter sind aus Al- oder Cu-Drähten verseilt aufgebaut und profiliert. Sie werden mit einer Leiterglättung, im Fall von Öl-Papier-Isolierungen mit graphitiertem oder Al-kaschiertem Papier versehen. Die Isolierung besteht bei Masse- und Ölkabeln aus einer der Reihenspannung zugeordneten Papierschichtungsdicke. Die Papierisolierung wird in Form von Bändern fortlaufend überlappt oder auf Lücke (Bild 5.3.30) im Winkel <90° zur Kabelachse um den Leiter gewunden. Nach einer weiteren Abschirmungsschicht aus halb-

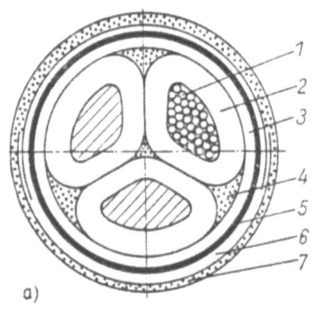 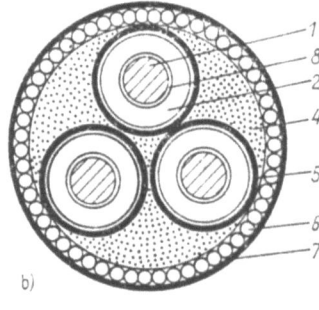

Bild 5.3.29
Mehrleiterkabel;
Gegenüberstellung

a) Dreileitergürtelkabel mit Sektorenleitern
b) Dreileiterkabel mit drei Mänteln auf Erdpotential

1 Leiter; *2* Aderisolierung; *3* Gürtelisolierung; *4* Zwickelfüllung; *5* Mantel; *6* Bewehrung; *7* Schutz; *8* Innenleiterglättung

leitendem Material oder aus Metallbändern folgt der Mantel in Form eines schmelzflüssig aufgepreßten Pb- oder Al-Überzugs. Als äußere Schicht folgen Bewehrungen, die mechanische und Abdichtungsaufgaben zu erfüllen haben. Mehrleiterkabel können für alle Leiter eine gemeinsame Abschirmung haben *(Gürtelkabel)*, oder jede Ader ist für sich isoliert und mit einer Abschirmung versehen *(Dreimantelkabel)*. In beiden Fällen ist die Feldausbildung sehr unterschiedlich (Bild 5.3.31).

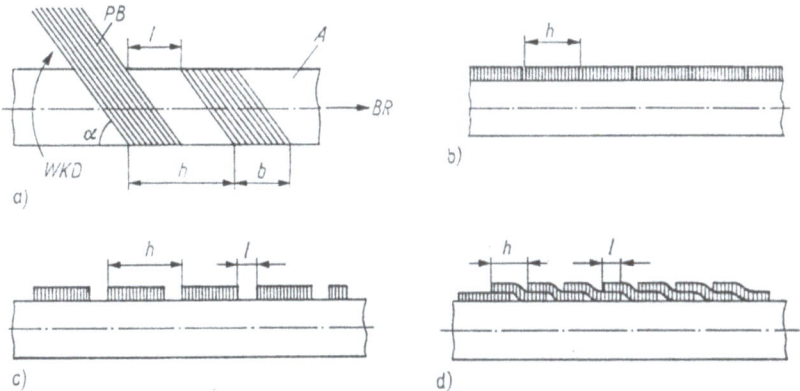

Bild 5.3.30. *Wickelschema und Varianten der Bandwicklung*
a) Wickelschema; b) Papierband auf Stoß gewickelt; c) Papierband mit negativer Überlappung (Lücke) gewickelt;
d) Papierband mit positiver Überlappung gewickelt; *PB* Papierband; *A* Ader; *BR* Bewegungsrichtung bei der Produktion; *WKD* Wickelkorbdrehrichtung; *l* Überlappung; *h* Ganghöhe; *b* Papierbandbreite; α Bandwinkel zur Kabelachse

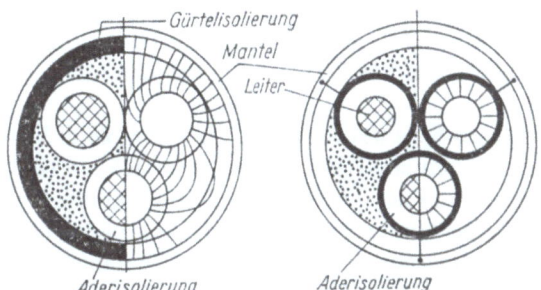

Bild 5.3.31
Feldausbildung im Gürtelkabel und im Dreimantelkabel

Neben Mischisolierungen mit Flüssigkomponente stehen Feststoff-Gas-Isolierungen (s. Abschn. 5.2) und reine Feststoffisolierungen (s. Abschn. 5.4) für die Kabelkonstruktion zur Verfügung.

Massekabel werden auch heute noch im Nieder- und Mittelspannungsbereich wegen ihrer guten Betriebzusverlässigkeit und Ökonomie eingesetzt, obwohl ein großer Anteil dieser Spannungs- und Leistungsbereiche bereits vorwiegend durch PE- oder PVC-isolierte Kabel abgedeckt wird.

Ein- und Mehrleiterkabel mit Papierisolierung werden mit einem hochviskosen Kabelöl, das aus Mineralöl und Kolophonium- oder synthetischer Polymerzumischung besteht, getränkt. Der Tränkung geht eine Vakuumtrocknung und -entgasung bei Temperaturen bis 130 °C voraus. Die Tränkung wird bei Temperaturen um 100 °C mit geringem Überdruck vorgenommen.

Eine absolute Hohlraumfüllung ist auch bei diesen Tränktemperaturen durch die hohe Viskosität nicht möglich. Deshalb darf die maximale Betriebsfeldstärke 3 bis 4 MV/m nicht übersteigen, um eine Teilentladungsalterung zu verhindern. Die Betriebsfeldstärke

336 5. Auslegung, Konstruktion und Technologie von elektrischen Isolierungen

und die auf 80 °C festgelegte Dauertemperatur werden zudem durch den Wärmedurchschlag begrenzt. Die hohe Viskosität hat den Vorteil, daß solche Kabel auf Gefällestrecken ohne Sperrmuffen verlegt werden können. Das Massekabel ist praktisch wartungsfrei.

Ölkabel haben grundsätzlich den gleichen Aufbau der Isolierung, jedoch erfolgt die Tränkung nach einer Trocknung und Entgasung im Feinvakuum mit niederviskosem Mineralöl. Das Öl wird ständig unter einem gewissen Druck gehalten, um durch Temperaturschwankungen entstehende Hohlraumbildungen zu vermeiden. Die Druckbeaufschlagung wird unterschiedlich realisiert. Danach richtet sich die Kabel- und insbesondere die Kabelmantelkonstruktion. Man unterscheidet Niederdruck- und Hochdruckölkabel.

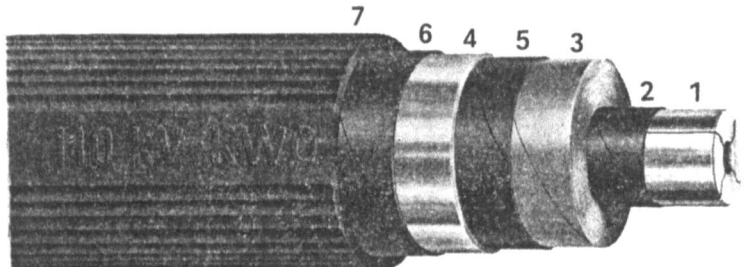

Bild 5.3.32. Einleiterölkabel mit Ölkanal im Leiter
1 Al-Leiter aus Profildrähten mit Ölkanal; *2* Leiterglättung; *3* Papier-Öl-Isolierung; *4* Bleimantel; *5* Aderschirm; *6* Korrosionsschutz; *7* Plastschutzhülle

Niederdruckölkabel haben einen Al- oder Pb-Mantel. Der Öldruck wird meist nur als hydrostatischer Druck der Ölsäule im Ausgleichgefäß gehalten, und das Öl wird durch eine oder mehrere Hohladern oder durch Schläuche und Kanäle zwischen den Adern geführt (Bild 5.3.32).

Kabel mit erhöhtem Druck stehen als *Gasaußendruckkabel*, das sind komplette bleiummantelte Ölkabel in einem Stahlrohr, in dem ein Gasdruck bis etwa 1,5 MPa aufrechterhalten wird, zur Verfügung. Der ständige Druck vermeidet Hohlraumbildung und das Entstehen von Teilentladungen durch Behinderung der Aufweitung des Bleimantels beim Lastspiel. In ähnlicher Weise werden *Gasinnendruckkabel* ausgeführt. Bei ihnen entfällt der Kabelmantel an jeder Ader; die Abschirmung bleibt bestehen.

Hochdruckölkabel haben den gleichen Aufbau wie Innendruckkabel, jedoch ist das Stahlrohr mit Öl gefüllt.

Die maximalen Betriebsfeldstärken liegen bei Wechselspannung für Hochdruckölkabel von allen Kabeltypen am höchsten und betragen bis 15 MV/m. In den letzten Jahren wurden *kryoresistive Kabel* entwickelt. Sie basieren auf Tiefkühlung des Leiters und des Isoliermediums mit Hilfe von flüssigem Stickstoff bei etwa 77 K unter Drücken bis 3 MPa. Die Isolierung besteht aus Zellulosepapier oder Mischungen aus Zellulose- und Polyethylenfaserpapieren mit möglichst niedriger Verlustziffer zur Reduzierung der Verlustwärme. Sie werden als Rohrkabel und mit Al-Wellrohrmantel ausgeführt. Die niedrige Temperatur reduziert die Leitungsverluste des Aluminiums. Die maximale Betriebsfeldstärke beträgt 25 bis 30 MV/m. Solche Kabel befinden sich noch im Versuchsbetrieb.

Die *elektrische* und die *thermische Auslegung* der Kabel sind von besonderer Bedeutung, da sie, sich gegenseitig bedingend, die Alterung und die Zuverlässigkeit beeinflussen. Für das elektrische und das thermische Feld werden zweckmäßigerweise Lösungen der Poisson- bzw. Laplace-Gleichung in Zylinderkoordinaten verwendet (s. Abschn. 3.2.2).

Mit r_0 als Aderradius und r_a als Außenradius der Isolierung wird die Feldstärke in der Isolierschicht, abhängig vom Radius r:

$$E = \frac{U}{r \ln \frac{r_a}{r_0}}. \qquad (5.3.44)$$

Bei nichthomogenem Dielektrikum oder bei Radiusabhängigkeit der Temperatur und damit des ε_r und $\varkappa$ ist die Feldstärkeverteilung bei Gleich- und Wechselspannung unterschiedlich.

Wenn $\varepsilon_r \varepsilon_0 / \varkappa \gg 1/f$, dann folgt die Feldstärkeverteilung den ε_r-Verhältnissen.

Wenn $\varepsilon_r \varepsilon_0 / \varkappa \ll 1/f$, dann folgt die Feldverteilung den $\varkappa$-Verhältnissen.

Ist λ_W die spezifische Wärmeleitfähigkeit, T_A und T_M die Ader- und die Manteltemperatur, dann können die Gradienten von U und T beschrieben werden durch

$$E = \frac{U}{\varepsilon r \int_{r_0}^{r_a} \frac{1}{\varepsilon} \frac{dr}{r}} \qquad (5.3.45)$$

$$E = \frac{U}{\varkappa r \int_{r_0}^{r_a} \frac{1}{\varkappa} \frac{dr}{r}} \qquad (5.3.46)$$

$$\frac{\partial \vartheta}{\partial r} = \frac{T_A - T_M}{\lambda_W r \int_{r_0}^{r_a} \frac{1}{\lambda_W} \frac{dr}{r}}. \qquad (5.3.47)$$

Bleiben ε, $\varkappa$ und λ_W unabhängig vom Radius, so ergibt das jeweilige Integral $\ln r_a/r_0$. Diese geometrische Kenngröße ist für die Kabelkonstruktionen bedeutsam.

Damit ist der Ausnutzungsfaktor eines koaxialen Kabels

$$\eta = \frac{E_{mittl}}{E_{max}} = \frac{r_0 \ln \frac{r_a}{r_0}}{r_a - r_0}. \qquad (5.3.48)$$

E_{mittl} ist die mittlere Feldstärke ($E_{mittl} = U/(r_a - r_0)$ und E_{max} die Feldstärke an der Leiteroberfläche. Das Verhältnis der Radien und damit die Isolierungsdicke ergibt sich aus

$$\frac{r_a}{r_0} = \exp\left(\frac{U_m \sqrt{2}}{r_0 \hat{E}_{zul} \sqrt{3}}\right); \qquad (5.3.49)$$

E_{zul} ist die für das Isoliersystem maximal zulässige Betriebsfeldstärke und U_m die Isolationsspannung.

Die beste Ausnutzung des Isoliermaterials würde erreicht, wenn bei Wechselstrom $\varepsilon r = $ const und bei Gleichstrom $\varkappa r = $ const wäre; vgl. (5.3.45) und (5.3.46). Daraus erwächst die Notwendigkeit der Annäherung an solche Verhältnisse durch Abstufung der Dielektrizitätskonstanten. Im allgemeinen werden für Öl-Papier-Kabelisolierungen nicht mehr als zwei oder drei Anpassungen durch Veränderung der ε_r im Wechselspannungsfall vorgenommen. Anstelle des Integrals von (5.3.45) steht die Summenbildung. In jeder Schicht tritt eine Feldstärkeabsenkung auf, wobei sich am Übergang die Feldstärke sprunghaft ändert und jeweils ein Maximum für die folgende Schicht entsteht. Allgemein gilt für die Maximalfeldstärke der i-ten Schicht

$$E_i = \frac{U}{r_i \varepsilon_i \sum_{i=1}^{i=n} \frac{1}{\varepsilon_i} \ln \frac{r_{i+1}}{r_i}}. \tag{5.3.50}$$

Öl-Papier-Isolierungen können durch Wahl der Papierdichte von $\gamma_d = (1{,}2 \ldots 0{,}8) \times 10^3$ kg/m³ gesteuert werden, da ε_r dann zwischen 4,5 und 3,25 variiert werden kann.

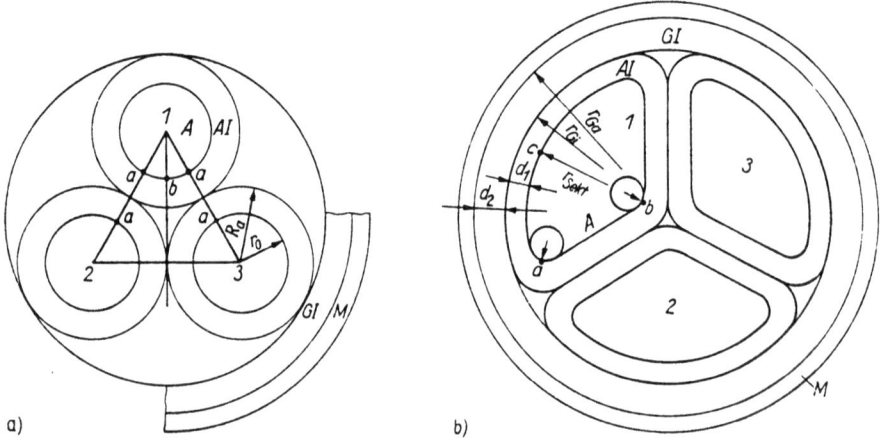

Bild 5.3.33. Schematische Darstellung eines Dreileiter-Gürtelkabels für die Berechnung der maximalen Feldstärke

a) Adern mit kreisförmigem Querschnitt; b) Sektorleiter
AI Aderisolierung; *GI* Gürtelisolierung; *M* Mantel; *A* Ader

Während die vorgenannten Betrachtungen am Einleiterkabel abgeleitet wurden, ist für Dreileiterkabel die Feldstärke an bestimmten Punkten von Interesse. Im Falle des Dreileiterkabels mit isolierten Rundleitern und Gürtelisolierung interessieren die Punkte a und b gemäß Bild 5.3.33a, da bei verketteter Spannung zwischen Ader 1 und Ader 2 bzw. Ader 3 die maximale Feldstärke jeweils im Punkt a zu finden ist und bei der Phasenlage $-0{,}5\,U_{LE}$ an den Adern 2 und 3 und U_{LE} an Ader 1 die maximale Feldstärke im Punkt b anliegt. Die Höchstfeldstärke in der Isolierung ist näherungsweise

$$E_{max} = U_{LL} \left(\frac{1}{2(R_a - r_0)} + \frac{0{,}18}{r_0} \right) \tag{5.3.51}$$

$$E_{max\,a} = \frac{U_{LL} \sqrt{\frac{\frac{R_a}{r_0} + 1}{\frac{R_a}{r_0} - 1}}}{2 r_0 \ln \left(\frac{R_a}{r_0} + \sqrt{\left(\frac{R_a}{r_0}\right)^2 - 1} \right)}. \tag{5.3.52}$$

Bei Sektorleitern sind die Punkte a, b, c von Bedeutung (Bild 5.3.33b).

$$E_c = \frac{U_{LE}}{r_{\text{Sektor}} \ln \frac{r_{\text{Sektor}} + d_1 + d_2}{r_{\text{Sektor}}}}. \tag{5.3.53}$$

Es entsteht praktisch das Problem des Einleiterkabels, jedoch mit der Isolierung von Ader und Gürtel als Gesamtisolierung. Die Feldstärken in a) und b) müssen durch Verwendung von Ersatzradien analog zu (5.3.51) und (5.3.52) berechnet werden.

Die Feldstärke in der Isolierung von Sektorenleitern mit Abschirmung (Potential an der Oberfläche der Isolierung durch leitfähige Bänder festgelegt) müssen hinsichtlich der Punkte a, b, c durch koaxiale Zylinder mit Ersatzradien berechnet werden.

Die Durchschlagsspannung wird durch die Wahl des Aufbaus des Dielektrikums, wie Papierdicke, Überlappung, Lücke und Papierdichte, bestimmt und selbstverständlich durch die Feldverteilung. Weiterhin sind die dielektrischen Verluste für den Durchschlagmechanismus bedeutsam. Die Lebensdauer ist abhängig von der thermischen und Teilentladungsalterung der Öl-Papier-Isolierung (s. Abschn. 3.6.2 und 3.6.4). Die Verlegung und dynamische Belastung durch Kurzschlüsse rufen mechanische Spannungen hervor, die ebenfalls die Lebensdauer beeinflussen (s. Abschn. 3.6.3 und 3.6.7).

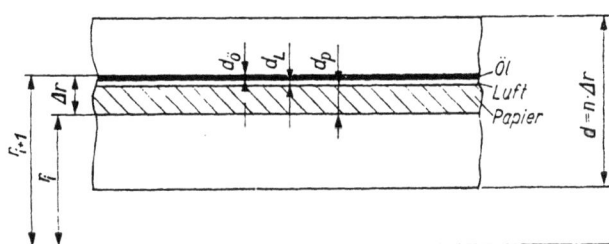

Bild 5.3.34. Dreischichtmodell einer Öl-Papier-Isolierschicht mit Lufteinschluß
Δr Dicke der Schicht; d Dicke der gesamten Isolierung; $d_\text{Ö}$, d_L, d_P Einzelschichtdicken von Öl, Luft und Papier

Bei der Betrachtung der Durchschlagfestigkeit kann man von einem Dreischichtmodell ausgehen (Bild 5.3.34).
Ist die Dicke der Dreischichtanordnung $\Delta r = d_\text{Ö} + d_\text{P} + d_\text{L}$ mit der Bedeutung $d_\text{Ö}$ Ölschichtdicke, d_P Papierdicke, d_L Lufteinschlußdicke, dann ist das Verhältnis der Feldstärke in der Luftschicht zur lokalen Feldstärke des Dielektrikums in der Nähe dieses Lufteinschlusses

$$\frac{E_\text{L}}{E} = \frac{1 + \dfrac{d_\text{Ö} + d_\text{P}}{d_\text{L}}}{1 + \dfrac{d_\text{Ö}}{d_\text{L}\varepsilon_\text{Ö}} + \dfrac{d_\text{P}}{d_\text{L}\varepsilon_\text{P}}}. \tag{5.3.54}$$

Das analoge Feldstärkeverhältnis der Ölschicht ist

$$\frac{E_\text{Ö}}{E_\text{L}} = \frac{1 + \dfrac{d_\text{L} + d_\text{P}}{d_\text{Ö}}}{1 + \dfrac{d_\text{L}\varepsilon_\text{Ö}}{d_\text{Ö}} + \dfrac{d_\text{P}\varepsilon_\text{Ö}}{d_\text{Ö}\varepsilon_\text{P}}}. \tag{5.3.55}$$

Die praktisch interessierenden Fälle sind

- hohlraumfrei $d_L = 0$ Hauptbelastung im Öl bei Wechselspannung und Impulsspannung; Belastung im Öl-Papier-System bei Gleichspannung
- Lufteinschluß vorhanden   Teilentladung; unterschiedliche Auswirkung bei Gleich- und Wechselspannung.

Eine Berechnung der Durchschlagfestigkeit bei Bedingungen des Wärmedurchschlags ist nach Gesichtspunkten des Abschnitts 3.5.3.2 möglich.

Die Verlustwärmeabführung muß normalerweise über die Isolierung des Kabels erfolgen. Durch die Wärmeleitfähigkeit der Isolierung und den Wärmeübergang in die Erde wird bei vorgegebener Gesamtverlustleistung die Temperatur bestimmt. Geht man von der isolierstoffbedingten Grenztemperatur aus, werden die Übertragungsleistungen bei einem kabelspezifischen Verlustniveau durch die Art der Kühlung bestimmt. Gegenüber einem natürlich gekühlten Kabel bringt eine indirekte Kühlung durch parallel verlegte Kühlleitungen eine Erhöhung der Übertragungsleistung von etwa 100%, bei Mantelkühlung von 500% und bei Leiterkühlung noch darüber.

5.4. Festkörperisolierungen
[7] [54] bis [56]

Feste Isolierstoffe sind als Komponente in jeder Isolierung erforderlich. Es liegt jedoch nahe, Isolierungen zu entwickeln, die konsequent nur Festkörper in Ein- oder Mehrstoffsysteme einbeziehen. Solche Isolierungen haben den Vorteil einer hohen Durchschlagfestigkeit (s. Abschn. 3.3, 3.4 und 3.5.3). Außerdem ist die Wärmeleitfähigkeit von allen Aggregatzuständen am größten, und die notwendigen Eigenschaftsparameter für die verschiedenen Aufgaben einer Isolierung sind durch große Breite an möglichen Strukturen relativ leicht wählbar.

Diesen grundlegenden Vorteilen steht der Nachteil der Nichtregenerierbarkeit nach einem Durchschlag entgegen. Ebenfalls ist der aus technologischen Gründen stets vorhandene Fehlstellengehalt in molekularen und makroskopischen Dimensionen die Ursache für eine drastische Reduzierung der theoretischen Festigkeit bei der technischen Anwendung.

Schließlich sind alle festen Isolierstoffe durch Belastungen einer Alterung ausgesetzt.

Festkörperisolierungen müssen nach diesen Gesichtspunkten ausgewählt und dimensioniert werden.

5.4.1. Auswahl von Isolierstoffen und Auslegung von Festkörperisolierungen

Anorganische Isolierkörper unterliegen nur einer sehr geringen Alterung.

Beachtung ist vor allem der Gleichstrombelastung zu schenken, da hierbei Materialdekomposition durch Ionenwanderung beobachtet wird. Sonst ist die Dimensionierung so vorzunehmen, daß alle Belastungen weit unterhalb der im Kurzzeitversuch festgestellten Festigkeitswerte liegen, da die Streuung der Eigenschaften sehr hoch ist. Die elektrische Durchschlagfestigkeit ist an technologisch repräsentativen Modellen in Form einer Extremwertverteilung zu ermitteln und auf der Basis der Streuung nach dem Vergrößerungsgesetz zu extrapolieren (s. Abschn. 3.5.3.1 und 3.1).

5.4. Festkörperisolierungen

Die technologischen Spezifika der anorganischen Isolierstoffe sind zu berücksichtigen. Hierzu gehört vor allem der Hochtemperaturbildungsprozeß des Formkörpers (Glas, Keramik, Vitrokeramik). Daraus leiten sich Forderungen nach Grobtoleranzen ab, da eine nachträgliche Bearbeitung sehr kostenaufwendig ist (Ausnahme: spezielle Vitrokeramik). Auch sind meist eingefrorene mechanische Spannungen vorhanden, die die elektrische und mechanische Festigkeit negativ beeinflussen. Die meist vorhandene starke Temperaturabhängigkeit der elektrischen und dielektrischen Größen ist hinsichtlich der dielektrischen Verluste und des möglichen Wärmedurchschlags bei der Berechnung für Betriebs- und Störungsbelastungen zu berücksichtigen.

Organische feste Isolierstoffe werden nach konstruktiven und technologischen Gesichtspunkten ausgewählt. Die breite Palette von Strukturen und Verarbeitungslinien (s. Abschnitt 3.3) gibt eine hohe Anpassungsmöglichkeit der Isolierung an das erforderliche Eigenschafts- und Verhaltensspektrum und an die Ökonomie.

Für mittlere mechanische Anforderungen werden vorwiegend *Duroplaste* eingesetzt. Für isoliertechnische Massenware mit geringem elektrischem Festigkeitsbedarf stehen Phenol-, Kresol- und Melaminharze zur Verfügung, die in Polykondensationsreaktionen in den unlöslichen, unschmelzbaren Festkörperzustand bei Abspaltung von niedermolekularen Reaktionsprodukten übergeführt werden. Als Preßmassen werden anorganische oder organische Füllstoffe sowie Kurzglasfaserverstärkungen zugesetzt. Die gleichen Harzsysteme bilden über die Tränkung von Trägerbahnen aus Papier oder Textilgewebe in Form von Prepregs im Preßverfahren die Basis für flächenförmige Laminate. Während die genannten Duroplaste nur bis zur Wärmebeständigkeitsklasse (WBK) E eingesetzt werden können, sind auf der gleichen Trägerbasis mit Epoxidharz und ungesättigtem Polyesterharz Isolierhalbzeuge bis WBK B herstellbar. Dabei verbessert sich die elektrische Festigkeit. Epoxid- und Polyesterharze härten abspaltungsfrei durch Polyaddition mit Härtersystemen aus und können daher auch als Gießharzformstoffe verwendet werden. Durch spezielle Härter, den Einsatz von Novalak-Epoxidharz oder cycloaliphatischen Epoxiden, kann die Temperaturbeständigkeit in die WBK F verschoben werden, wenn anorganische Füllstoffe, Glasfaserverstärkung oder Glimmerprodukte Verwendung finden.

Die WBK H ist gegenwärtig nur mit Silikonharzen und Poly-(Isocyanuratoxazolidon-) Harzen als Duroplast ausführbar. Für Laminate und Preßmassen sind anorganische Zusätze erforderlich.

Die wichtigsten *Thermoplaste* auf der Basis einer Polymerisationsreaktion sind PVC, PE, PP, PET, Polyimid u.a. Sie sind die Grundlage für flexible Isolierungen in Form von Folien, Bändern oder extrudierten Formstoffen. Für alle Wärmebeständigkeitsklassen stehen Thermoplastgruppen zur Verfügung. Die Herstellungsverfahren sind Rakeln, Blasen oder Extrudieren im thermoplastischen Zustand. Die Materialien können rein oder mit Füllstoffen verarbeitet werden.

Einige Thermoplaste können chemisch oder durch Korpuskel- oder Quantenstrahlung vernetzt werden und erhalten dann elastomere Eigenschaften und eine höhere Temperaturbeständigkeit.

Als *Elastomere* stehen in der Reihe der thermischen Beständigkeit Butadien-Styren-, Ethylen-Propylen-, PVC-, Polyurethan- und Silikonprodukte zur Verfügung. Sie lassen sich ähnlich wie die Thermoplaste verarbeiten.

Die Auslegung von Isolierungen aus hochpolymeren Kunststoffen muß stets von der notwendigen Lebensdauer, den Festigkeitsanforderungen und von dem Alterungsverlauf ausgehen. Basis ist die für jede Belastung untersuchte Veränderung des Eigenschaftsbildes in Form der Lebensdauerkurve (s. Abschn. 3.6.1 bis 3.6.6). Ist der Alterungsablauf bekannt und die Quantifizierung der Degradationsvorgänge möglich, so ist durch einen Vergleich der für die Alterung dominierende Faktor zu ermitteln. Damit kann der Festigkeitsabfall in einem bestimmten Zeitraum ermittelt werden.

Sind in dem Anwendungsbereich die unterschiedlichen Belastungen in der gleichen Größenordnung der Alterungswirkung, dann müssen die Berechnungen nach Gesetzen der Multistressalterung (s. Abschn. 3.6.7) vorgenommen werden. Eine Überprüfung durch integrale oder Motorettenprüfung ist bei komplizierten Belastungssystemen erforderlich.

5.4.2. Beispiele für konstruktive Lösungen von Festkörperisolierungen

Aus der enormen Vielfalt von konstruktiven Lösungen sollen einige typische Beispiele ausgewählt werden, die für das Anforderungsbild, die Materialauswahl und Zusammensetzung, die Technologie und die Konstruktions- und Berechnungsmethode repräsentativ sind.

5.4.2.1. Maschinenisolierungen
[7] [52] [108]

Für alle elektrischen Maschinen ist die Isolierung nicht nur Mittel zur Potentialtrennung, sondern gleichzeitig Träger des Wärmeflusses, und sie ist für die Aufnahme und Übertragung statischer und dynamischer mechanischer Kräfte verantwortlich. Bei allen Lösungen steht das Problem der *Hauptisolierung* im Vordergrund. Daneben stehen Aufgaben der Windungsisolierung. Die erstere hat die Wicklungsspannung gegen den Magnetkreis oder andere geerdete Bauteile zu isolieren.

Die *Windungsisolierung* isoliert benachbarte Windungen, die auf unterschiedlichem Potential liegen, gegeneinander.

Isolierungen sind je nach Konstruktion im Läufer und Ständer sowie zwischen den Kommutatorlamellen bzw. zwischen Welle und Schleifring erforderlich. Das Grundprinzip ist überall gleich.

Zwischen *Niederspannungs-* und *Hochspannungsmaschinenisolierungen* liegt der markanteste Unterschied in der Frage der Überschreitung der Teilentladungseinsetzspannung und in den thermomechanischen Problemen, die aus Leistungsgröße und Abmessung resultieren. Die Besonderheiten der elektromagnetischen Auslegung der rotierenden Maschinen, insbesondere der Magnetflußführung, lassen andere Lösungen als Festkörperisolierungen praktisch nicht zu. Die aus dem komplexen Anforderungsbild resultierende Art der Festkörperisolierung begrenzt auch gleichzeitig die Arbeitsspannung der Maschinen nach oben.

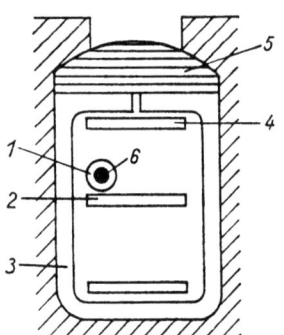

Bild 5.4.1
Prinzipdarstellung der Wicklungsisolierung einer Niederspannungsmaschine
1 Leiterisolierung; *2* Strangisolierung; *3* Nutauskleidung; *4* Verschlußkappe; *5* Nutverschlußelement; *6* Leiter

Niederspannungsmaschinen bis 1000 V werden heute zwecks Minimierung des Magnet- und Leitermaterialeinsatzes vorwiegend für die WBK B und F, in wenigen Anwendungsfällen für WBK H und nur in speziellen Einsatzgebieten für WBK C ausgelegt. Das Prinzip einer Wicklungsisolierung stellt Bild 5.4.1 dar. Die Windungsisolierung besteht aus

Drahtlack, für hohe Impulsfestigkeiten aus Glimmerbandisolierung für Formdrähte und ggf. wegen thermischer Gründe aus unterschiedlichen Umspinnungen.

Die Drahtlacke sind vorwiegend Thermoplaste für die unterschiedlichen thermischen und mechanischen Forderungen. In bestimmten Fällen der notwendigen Eigenschaftskombination werden auch Zweischichtsysteme verwendet.

Die wichtigsten Drahtbeschichtungen sind gegenwärtig Polyurethan-(B), Polyethylenterephthalat-(B/F), Polyesterimid- (F), Polyamidimid- (H), Polyimidlacke (H/C). Die Wärmebeständigkeitsklasse ist in Klammern angegeben.

Es werden sehr hohe Anforderungen an Wärmeschockbeständigkeit, Abriebfestigkeit, elektrische Parameter, Lösungsmittelbeständigkeit, Querrißfestigkeit, Fehlstellendichte, Biegedehnung usw. gestellt.

Für kleinere Maschinen können auch backlackbeschichtete Drähte eingesetzt werden. Ein schmelzfähiger Überzug fixiert die Spule im thermischen Prozeß und ermöglicht ggf. den Wegfall einer Tränkung oder Lackierung.

Drahtwicklungen werden im Wickel-, Träufel- und Einziehverfahren hergestellt. Ihre Isolierung muß gegenüber dem Blechpaket in der Nut und gegenüber anderen Strängen und dem Gehäuse im Wickelkopf gesichert werden.

Die Nutisolierung wird bei Niederspannungsmaschinen als Auskleidung realisiert. Sie hat eine beachtliche mechanische Beanspruchung bei der Fertigung und im Betrieb aufzunehmen. Ein guter Kontakt zur Wicklung und zum Blechpaket ist aus Gründen der Wärmeabführung notwendig.

Als Werkstoffe werden Zellulosepreßspan bei WBK E und mit PET-Folie kaschierter Preßspan für WBK B benutzt. Während Preßspan der Polsterung dient, soll die Folie gleichzeitig die Durchschlagfestigkeit erhöhen und die Sauerstoffeinwirkung verringern. Für die WBK F wird PET-Folie mit PET-Vlies kaschiert. Für WBK F und H sind mit gutem Erfolg Papier und Preßspäne aus aromatischem Polyamid im Einsatz.

Bei Klein- und Kleinstmaschinen ist die Wirbelsinter- und Spritzpulverbeschichtung mit hoher Produktivität für die Nutisolierung eingeführt.

Die Fixierung, Verfestigung und Hermetisierung der Wicklung wird durch das Tränken erreicht. Tauch-, Vakuum- und Träufeltränkung sowie Guß- und Druckimprägnierung werden angewendet. Ungesättigte Polyester, Epoxide und Polyesterimidharze stehen lösungsmittelfrei zur Verfügung und haben weitgehend das lösungsmittelhaltige Lackieren abgelöst. Dadurch wächst wegen des nicht notwendigen Abdunstvorgangs die Produktivität, und durch Fehlen von Hohlräumen erhöht sich die Wärmeableitung.

Für höhere Leistungen werden anstelle der Drahtwickelspulen vorgeformte und isolierte Spulen, sogenannte Formspulen, verwendet. Die Isolierung besteht meist aus getränkten Isolierfolienbändern. Die Festlegung der Wicklung erfolgt durch Nutverschlußelemente. Diese werden aus Polyamid extrudiert, aus Hartpapier geschnitten oder neuerdings vorwiegend glasrovingverstärkt kontinuierlich gezogen.

Für Niederspannungsisolierungen besteht die größte Belastung in der mechanischen und thermischen Beanspruchung. Diese beiden Größen bewirken die Alterung der Isolierung. Elektrische Windungsschlüsse sind durch die Technologie oder durch die beiden Alterungsgrößen hervorgerufen. Teilentladungsalterung oder eine elektrische Feldalterung ist kaum zu befürchten. Ein Durchschlag ist meist das Ergebnis der stark reduzierten elektrischen Festigkeit durch andere Alterungsvorgänge oder durch Veränderung des Leitungsverhaltens der Isolierung durch Feuchtigkeitsaufnahme.

Eine echte elektrische Belastung mit Ausfallfolgen wird durch Schaltspannungen mit sehr kurzen Anstiegszeiten und hoher Folgefrequenz, insbesondere durch Schalthandlungen von Vakuumschaltern hervorgerufen, herbeigeführt.

Ein Hauptgesichtspunkt der Auslegung der Isolierung ist die thermische und mechanische Alterung. Die Vielzahl von Isolierstoffen erfordert die Kenntnis der Alterungsabläufe des jeweiligen Stoffes. Eine Prognose über die Lebensdauer und Zuverlässigkeit einer neuentwickelten Isolierung ist jedoch nur mit einem beschleunigten Motorettentest möglich. Hierbei wird ein repräsentatives Modell durch die Hauptfaktoren belastet und zeitgerafft (auf der Basis der Kenntnisse der Alterungsvorgänge) untersucht.

Hochspannungsmaschinen sind nach ähnlichen Gesichtspunkten zu isolieren wie Niederspannungsmaschinen. In den Vordergrund tritt jedoch neben der mechanischen und thermischen Alterung die elektrische. Entsprechend der jeweiligen Belastungsgröße und -zeit entsteht hier ein echtes Multistressalterungsproblem (s. Abschn. 3.6.7). Oft dominiert jedoch die Teilentladungsalterung und bestimmt die Lebensdauer. Wegen der Spannungshöhe sind die Isolierungen des Ständers von größter Bedeutung. Sie sollen deshalb im Mittelpunkt der Betrachtung stehen.

Bei Hochspannungsmaschinen sind *Nut-* und *Wickelkopfisolierungen* neben der Windungsisolierung getrennt zu untersuchen. Es existieren komplette Formspulen und für große Leistungen Generatorstäbe mit angesetzten Spulenköpfen.

Formspulen und Stäbe müssen im Nutteil mit einer Isolierhülse versehen werden, da bei den hohen Feldstärken von einigen MV/m eine Nutisolierung in Form einer Auskleidung wie bei Niederspannungsmaschinen allein nicht ausreicht.

Früher wurde für die Herstellung der Isolierung im Nutteil Micafolium verwendet, eine Bahn aus großen Glimmerspaltstücken leicht verklebt mit geringer Dicke. Die Hülse wurde durch Umbügeln und Pressen geformt und verdichtet. Die Kompoundierung, eine Art Tränkung, wurde mit Schellack oder Bitumen vorgenommen. Das thermoplastische Verhalten begünstigt die Herstellung, bietet jedoch geringe Haftfestigkeit am Kupfer und läßt bei höheren Betriebstemperaturen eine Migration zu, die Hohlräume und damit Teilentladungen hervorruft. Der Wickelkopf wurde mit flexiblem Micafolium umwickelt.

Seit einigen Jahren wird eine Duroplastisolierung bevorzugt. Die Teilleiter werden je nach Wärmebeständigkeitsklasse mit unterschiedlichen organischen oder anorganischen Bändern umsponnen oder durch entsprechende dünne Prepregs distanziert. Es folgt die Kompoundierung mit einem flüssigen UP- oder EP-Harz im Vakuumdruckverfahren, danach das Verpressen und Anhärten der Teilleiterisolierung. Darauf erfolgt das Aufbringen der Hauptisolierung aus Glimmerpapierbahnen mit entsprechendem Bindemittel. Durch Temperatur und Druck wird eine innige Verbindung hergestellt; die Lufteinschlüsse werden beseitigt, und es wird eine Aushärtung vorgenommen. Die Wickelkopfisolierung wird mit flexiblen Glimmerisolierstoffen mit dem gleichen Harzsystem ausgeführt. Nutisolierung und Kopfisolierung haben unterschiedliche Festigkeit und verschiedenes Alterungsverhalten bei diesem diskontinuierlichen Verfahren.

Wesentlich produktiver und einheitlicher in der Qualität ist das kontinuierliche Isolierverfahren. Die Hauptisolierung wird dabei mit Isolierbändern, bestehend aus einem Trägermaterial, meist Glasseide, Glimmerpapier und ggf. einer Kunststoffolie, gewickelt. Je nach Wärmebeständigkeitsklasse wird mit UP-, EP- oder Silikonharz imprägniert und anschließend ausgehärtet. Es wird kontinuierlich über Nut- und Kopfteil gewickelt.

Anstelle der vorimprägnierten Bänder können auch tränkfähige Isolierbänder angewendet werden. In diesem Fall wird die fertige Spule, oder auch die bereits im Stator eingebaute Spule mit einem angepaßten Harz vakuumgetränkt und anschließend ausgehärtet.

Bild 5.4.2 zeigt einen Schnitt durch eine Nut einer Hochspannungsmaschine mit dem typischen Isolierungsaufbau. Hochspannungsmaschinen werden bis etwa 20 kV ausgeführt, in wenigen Fällen darüber. Wesentlich höhere Spannungen sind wegen der geringen notwendigen Isolierdicken mit wesentlichen Lebensdauereinbußen verbunden.

Die Rotorisolierung der Erreger- und Dämpferwicklung ist geringen Spannungen, jedoch hohen thermischen und mechanischen Belastungen ausgesetzt. Es werden vorwiegend glasfaserverstärkte dünne Streifen und Nutwinkel aus thermoreaktiven Harzen, ggf. mit Folienlaminierung, eingesetzt.

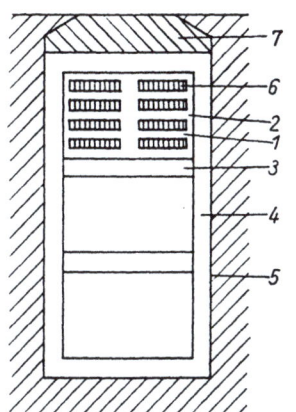

Bild 5.4.2
Schema einer Wicklungsisolierung
im Ständer einer Hochspannungsmaschine
1 Teilleiterisolierung; *2* Leiterisolierung; *3* Leiterbeilage;
4 Isolierhülse (Hauptisolierung); *5* Nutenglimmschutz; *6* Teilleiter
7 Nutverschluß

Das Hauptproblem der Hochspannungsisolierung ist die Auslegung nach Gesichtspunkten der Veränderung der technischen Parameter während des Betriebs.
Nachstehend sollen einige dieser Probleme genannt werden:

- Eine sorgfältige Materialauswahl, eine exakte thermische, mechanische und elektrische Dimensionierung und eine hochgradige Gewährleistung der festgelegten Technologie ist Voraussetzung für die Erreichung der projektierten Lebensdauer und Zuverlässigkeit der Maschinenisolierung.
  Von Bedeutung ist die Kompatibilität der Isolierungselemente, d.h. die Entwicklung eines abgestimmten Isoliersystems. Besonders wichtig sind hohlraumfreie Isolierungen.
- Die Isolierung in der Nut hat bei teilweise beachtlichen Nutteillängen (bis zu 10000 mm bei den heute größten Turbogeneratoren) den Ausdehnungsunterschied zwischen dem Blechpaket (WAK $\alpha_{FE} = 12 \cdot 10^{-6} K^{-1}$) und dem Kupferleiter (WAK $\alpha_{Cu} = 17 \cdot 10^{-6} K^{-1}$), während der Temperaturänderung durch die Lastspiele auszugleichen. Dabei ist der Wärmeausdehnungskoeffizient der Hochpolymeren $\alpha = (60 \ldots 250) 10^{-6} K^{-1}$ und der der anorganischen Glimmerkristalle $\alpha < 5 \cdot 10^{-6} K^{-1}$.
- Die hohen mechanischen Zug-, Druck- und Schubspannungen sind nur über Schichtisolierungen mit orientierten Glimmerpartikeln zu beherrschen. Es besteht jedoch dadurch eine beachtliche mechanische Alterung (s. Abschn. 3.6.3), die zu Delaminierung, Hohlraumbildung und schließlich Teilentladungszerstörung führt. Anlaufvorgänge von Maschinen sind wegen der schnellen Temperaturerhöhung des Kupfers besonders gefährlich.
  Während bei thermoplastischen Isolierungen eine gewisse innere Gleiteigenschaft vorliegt, muß die thermoreaktive Isolierung die mechanischen Spannungen voll aufnehmen. Hierzu ist die hohe mechanische Festigkeit der textilen Glasfaserverstärkung erforderlich.
- Die thermische Belastung führt zur Alterung der organischen Komponenten (s. Abschnitt 3.6.2). Dadurch sind Masseverlust und Reduzierung der Festigkeitswerte der Isolierung bedingt. Delaminierung der Schichtisolierung ruft Hohlraumbildung hervor. Die thermische Alterung kann zur Ursache für Teilentladungsalterung werden.

Eine sorgfältige Auswahl der Isolierstoffe für die zu erwartende thermische Belastung ist erforderlich.
- Für Hochspannungsmaschinen ist der Einsatz von Glimmererzeugnissen, wie Micafolium oder Glimmerpapier, unerläßlich, da nicht nur die elektrische Festigkeit, die Wärmeleitfähigkeit und die thermomechanischen Eigenschaften, sondern insbesondere die Barrierenwirkung gegen Teilentladungen die Lebensdauer entscheidend beeinflussen. Die anorganischen Schichtkristalle sind außerordentlich TE-resistent und haben durch die Überdeckung in der Isolierung eine gute Flächenwirkung, ohne die Flexibilität des Systems aufzuheben.
- Der Übergang vom Nutteil zum Kopfteil der Wicklung ist bei diskontinuierlicher Isoliertechnologie kritisch. Aber auch bei kontinuierlichen Verfahren ist der Nutaustritt besonders gefährdet, da Anlauf- und Stoppvorgänge hier eine hohe mechanische Belastung mit der Folge der Alterung herbeiführen.
- Elektrische Probleme treten zwischen der Nuthülse und der Nutwand auf, wenn Teile der Isolierung nicht satt mit dem Ständerblechpaket Kontakt haben, da jeder Luftzwischenraum zu hohen Feldstärken (Quergrenzschichtproblem) und damit zu einer Teilentladung Anlaß gibt (Bild 5.4.3).

Zur Vermeidung solcher Luftschichten wird die Isolierungsoberfläche mit einer Glimmschutzschicht versehen. Es handelt sich dabei um einen mit Graphit pigmentierten halbleitenden Lack oder ein vorimprägniertes halbleitendes Isolierband, das als letzte Schicht einer kontinuierlichen Isolierung aufgebracht und ausgehärtet wird.

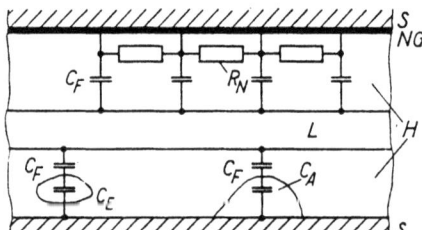

Bild 5.4.3
Schematische Darstellung von Delaminierungs- und Ablöseerscheinungen und Ersatzschaltbild sowie Ersatzschaltbild des Nutglimmschutzes

S Ständerblechpaket; L Leiter; H Hauptisolierung; NG Nutglimmschutz; R_N Widerstand; C_F Kapazität der Feststoffisolierung; C_A Kapazität der Luftschicht in einer Ablösung; C_E Kapazität eines Delaminierungseinschlusses

Die Leitfähigkeit darf nicht zu hoch sein, um keinen Kurzschluß der Ständerbleche herzustellen.

Der Scheitelwert der Feldstärke $\hat{E}_L$ eines Lufteinschlusses der Dicke d_L bei einer Gesamtdicke der Isolierung d_I kann aus der Nennspannung der Maschine für den Extremfall der an der Stelle des Einschlusses anliegenden Arbeitsspannung berechnet werden nach

$$\hat{E}_L = \frac{\sqrt{2}\,U_n}{\sqrt{3}\left(d_L + \frac{\varepsilon_L d_I}{\varepsilon_I}\right)}. \tag{5.4.1}$$

Die Arbeitsfeldstärke moderner Hochspannungsmaschinenisolierungen liegt zwischen 1,5 und 4 MV/m. Die höheren Werte gelten für die höheren Reihenspannungen. Mit Teilentladungen ist praktisch bei allen Maschinen mit einer Nennspannung von 6 kV und größer zu rechnen, wenn Hohlräume entstanden sind.
- Ein besonders kritisches Isolierproblem ergibt sich am Nutaustritt auch aus elektrischen Gründen. Wie Bild 5.4.4 zeigt, handelt es sich hier um ein Durchführungsproblem (s. Abschn. 3.2.4, 3.5.1.4 und 5.3.5.2). Am Nutaustritt bzw. am Ende des Nutglimmschutzes liegt eine Gleitanordnung vor, so daß mit Gleitentladungen auf der Isolierungsoberfläche gerechnet werden muß.

Eine Reduzierung der Feldstärke und eine Linearisierung der Potentialverteilung können durch Anbringen eines Endenglimmschutzes erreicht werden (Bild 5.4.5). Er ist ähnlich dem Nutglimmschutz als halbleitender Lackauftrag oder als halbleitendes Band realisierbar. Als Pigmentierung wird Siliziumkarbid und Graphit benutzt. Mit SiC sind Spannungsabhängigkeiten zu erreichen, was insbesondere für die Belastung mit Impulsspannungen von Bedeutung ist.

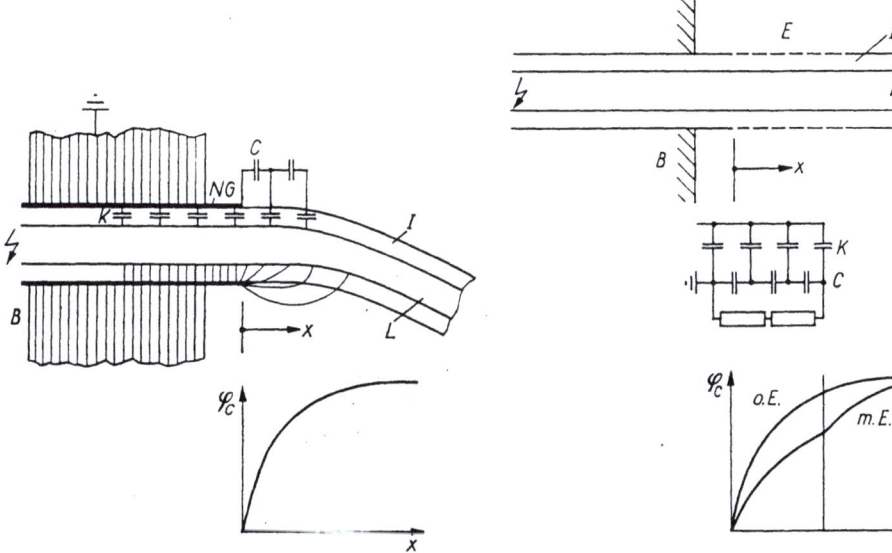

Bild 5.4.4. Feldbild und Potentialverteilung am Nutaustritt einer Hochspannungsmaschine
L Leiter; I Isolierung; B Blechpaket; NG Nutglimmschutz; C Längskapazität; K Querkapazität

Bild 5.4.5. Endenglimmschutz am Nutaustritt einer Hochspannungsmaschine – Wirkung auf die Potentialverteilung;
Bezeichnung wie Bild 5.4.3
E Endenglimmschutz; o ohne, m mit

- Beim Einlaufen von Impulsen in die Maschinenwicklung entsteht eine Spannungserhöhung am Spuleneingang, da die Kapazitäten für hohe Frequenzen wirksam sind. Die Potentialverteilung erhält hyperbolischen Charakter (s. Abschn. 3.2.2.2 und 5.3.5.1). Da Hochspannungsmaschinen meist über Kabel angeschlossen werden, spielt die Blitzspannung eine untergeordnete Rolle. Die durch Schalthandlungen entstehenden Überspannungen müssen jedoch bei der Auslegung der Isolierung berücksichtigt werden. Durch den Wicklungsaufbau kann die kapazitive Verkopplung wirksam werden.
- Da die Isolierung in den meisten Anwendungsfällen nicht hermetisch abgeschlossen ist, tritt im Stillstand der Maschine wegen der niedrigen Temperatur eine Feuchtigkeitsaufnahme auf. Damit erhöhen sich die dielektrischen Verluste; in extremen Fällen kann es zum Wärmedurchschlag kommen. Beim Anfahren der Maschine ist diesem Umstand Rechnung zu tragen. Eine langsame Trocknung durch Leitererwärmung ist erforderlich.

Die Prüfung elektrischer Maschinen erfolgt mit der Betriebsspannungsart. Zum Beispiel ist für die Wicklung einer Hochspannungsmaschine in den nationalen Standards meist eine 1-min-Prüfspannung U_P vorgegeben:

$$U_P = 2U_n + 3\,\text{kV}; \quad (\text{Generatoren} \geqq 6\,\text{kV}) \tag{5.4.2}$$

U_P und U_n in kV.

Vor dieser Abnahmeprüfung erfolgen die Spulenprüfung und die Prüfung nach dem Einbau mit höherer Spannung.

Wiederholungsprüfungen der Maschine werden bei 75% der Prüfspannung durchgeführt. Prophylaktische Prüfungen zur Ermittlung des Zuverlässigkeitsniveaus im Betrieb werden mit $1,5\ U_n$ absolviert.

Eine Kontrolle der Feuchtigkeit kann durch Widerstandsmessung bei Gleichspannung oder Nachladestrommessungen durchgeführt werden. Eine Überprüfung von entstehenden Hohlräumen erfolgt durch TE-Messung oder durch Feststellung der Änderung des dielektrischen Verlustfaktors $\Delta \tan \delta$.

5.4.2.2. Feststoffisolierte Kabel
[53]

Neben den Kabeln mit Mischisolierung (s. Abschn. 5.3.5) sind schon frühzeitige *Niederspannungskabel* und *isolierte Leitungen* mit natürlichen und synthetischen Elastomeren produziert worden (z.B. Kautschuk und Butadien-Styren-Polymere). Später kamen Thermoplastisolierungen, meist mit Polyvinylchlorid, hinzu. Gegenwärtig sind Niederspannungskabel je nach Verwendungszweck nach Verschleiß-, thermischen und mechanischen Gesichtspunkten ausgelegt. Entsprechend ist der Plastwerkstoffeinsatz für die Isolierung, den Abschirmungs-, Mantel- und Bewehrungsaufbau. Festverlegte Kabel haben eine extrudierte PVC- oder PE-Isolierung. Sie werden mantelfrei, mit PVC-Mantel oder mit einem Metallmantel versehen. Für oft bewegte Kabel und Leitungen sind Elastomere, wie Butadien-Styren, Polychloropren, Butadiennitril und Silikonkautschuk, im Einsatz. Bedeutende Verbesserungen wurden mit Polypropylen-Ethylen-Terpolymeren erzielt. Die Technologie besteht in ihrem wesentlichen Teil aus dem Extrusionsschritt, mit dem der Leiter mit der Isolierung umgeben wird.

Nachrichtenkabel sind als symmetrische oder koaxiale Leitungen aufgebaut. Entscheidendes Ziel ist die verlustarme Übertragung des Signals mit geringer Dämpfung. Da eine reine Luftisolierung, die am besten für diese Forderungen geeignet wäre, nicht realisiert werden kann, müssen Isolierstoffe mit niedrigen dielektrischen Verlusten, hohem spezifischem Widerstand und genügender mechanischer Festigkeit eingesetzt werden. Der Luftanteil sollte dabei am gesamten Isoliervolumen möglichst groß sein. Typische Lösungen des konstruktiven Aufbaus zeigt Bild 5.4.6. Als Isolierstoffe kommen Polystyren, Polyethylen, Polytetrafluorethylen und Polyvinylcarbazol wegen der apolaren Eigenschaften in Frage.

Mittelspannungskabel für die Energieübertragung im Bereich ≥ 1 bis 30 kV sind heute zu einem erheblichen Anteil mit Polyethylen isoliert. Die Kabelisolierung wird extrudiert. Die zulässige Leitertemperatur beträgt 70°C, im Kurzschlußfall 165°C.

Eine wesentliche Verbesserung der Temperaturstabilität kann durch Vernetzung des PE erreicht werden. Zwei Verfahren stehen zur Verfügung, die chemische und die Strahlenvernetzung.

Bild 5.4.7 zeigt das Grundprinzip der Strahlenvernetzung. Die Wasserstoffatome am Ethylen werden durch die Energieabsorption, ausgehend von der Wechselwirkung hochenergetischer γ- oder β-Strahlung mit dem Polyethylen, abgespalten. Dadurch werden die Moleküle benachbart liegender Molekülketten reaktionsfähig, und es bilden sich Quervernetzungen aus, die dem Stoff den Charakter eines stabileren Elastomers geben. Die zweite Variante geht von der Vernetzung durch thermochemische Reaktion mit Hilfe von Dicumylperoxid aus. Im Ergebnis liegt ein vernetztes Polyethylen vor, das eine Leiterdauertemperatur von 90°C und eine Leiterkurzschlußtemperatur von >250°C zuläßt.

5.4. Festkörperisolierungen

Mit der Isolierung wird bei PE-Kabeln gleichzeitig die innere Leiterglättung mit halbleitendem (graphitpigmentiertem) PE und ggf. auch eine solche Abschirmung in einer Mehrfachextrusion hergestellt. Mittelspannungskunststoffkabel haben eine maximale Betriebsfeldstärke von 3 bis 5 MV/m. Diese Begrenzung ist im Zusammenhang mit der elektrischen Alterung zu sehen (s. Abschn. 3.6.4).

Hochspannungskabel mit PE-Isolierung werden bis 380 kV hergestellt. Zur Vermeidung von mechanischen Spannungen, Rißbildungen, Lunkern u. dgl. müssen die Isolierungsdicken möglichst klein gehalten werden; das ist auch aus technologischen Gründen notwendig. Die maximale Betriebsfeldstärke muß deshalb auf 8 bis 12 MV/m, d. h. auf das 3- bis 4fache gegenüber üblichen Mittelspannungskabeln, heraufgesetzt werden.

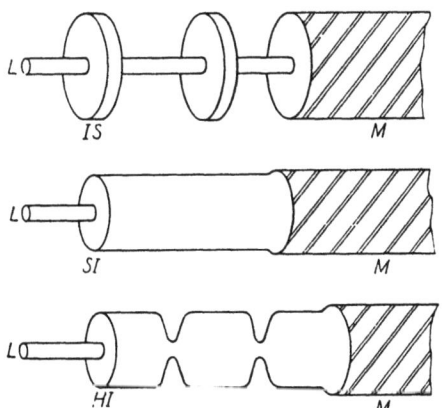

Bild 5.4.6. Koaxialkabel der Nachrichtentechnik
L Leiter; M Mantel; IS Scheibenisolierung;
SI Schaumisolierung; HI Hohlprofilisolierung

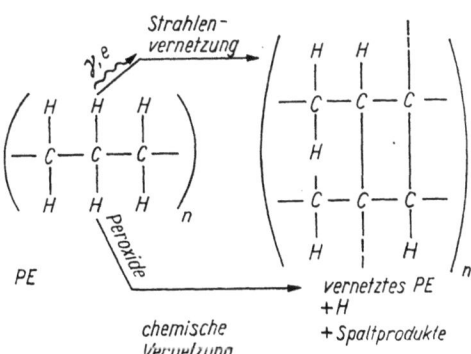

Bild 5.4.7. Schematische Darstellung der Vernetzung von Polyethylen

Zur Sicherung der notwendigen Lebensdauer, der Zuverlässigkeit und einer wirtschaftlichen Fertigung müssen Fehlstellen mit starker Feldstärkeerhöhung und damit erhöhter Alterungsgeschwindigkeit und Teilentladungskanalbildung ausgeschaltet werden.

Zwei Wege stehen dafür zur Verfügung:
- extrem hohe Reinheit des PE-Granulats, sauberste Fertigungsbedingungen und, im Falle der Vernetzung, Ausschluß von Feuchtigkeit im technologischen Prozeß zur Vermeidung von Mikrohohlraumbildung.
Die Abkühlungsbedingungen und die mechanische Behandlung während des Produktionsprozesses müssen so gestaltet werden, daß minimale mechanische Spannungen und keine Hohlräume entstehen.
- Einbau von Alterungsstabilisatoren.
Damit müssen thermische und oxydative Prozesse reduziert werden, um die Isolierstoffqualität so hoch wie möglich zu halten. Außerdem muß Einfluß auf die Feldstärkeentlastung an Fehlstellen genommen werden. Das ist möglich durch Einsatz von elektrisch leitfähigen oder dielektrisch wirksamen Pigmenten oder Flüssigkeiten. Durch deren Migration in Richtung der Punkte erhöhter Feldstärke (Umgebung der Fehlstellen) mit Hilfe der Maxwell-Kräfte wird entweder der Durchmesser der Leitfähigkeitszone oder der des Gebietes verstärkter Polarisation erhöht, was zu einer Verringerung der elektrischen Feldstärke in der Umgebung führt.

350 5. Auslegung, Konstruktion und Technologie von elektrischen Isolierungen

Die Restfeuchte des PE muß nach dem Produktionsprozeß niedrig sein; das Eindringen von Feuchtigkeit muß weitestgehend vermieden werden. Bereits bei verhältnismäßig niedrigen Feldstärken bilden sich „water trees" aus. Es gibt zwei Formen:
- „bow tietrees"; Strukturen mit erhöhtem Wassergehalt, im Zusammenhang mit einer Fehlstelle oder einem Hohlraum entstanden
- „vented trees"; feinste wassergesättigte Kanäle in Feldrichtung, vorwiegend ausgehend von den Elektroden oder von der Leiterglättungsschicht.

Bild 5.4.8 zeigt die beiden Grundtypen im Vergleich.

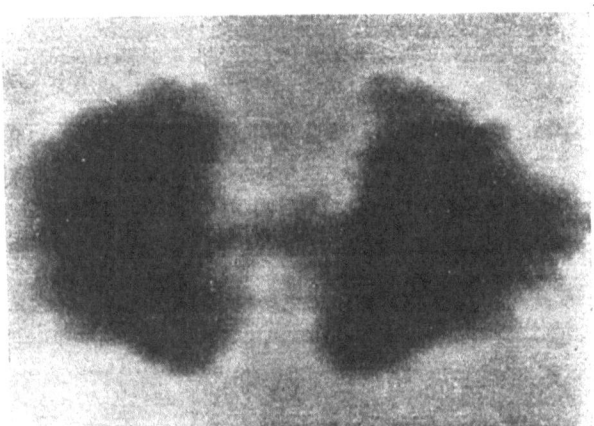

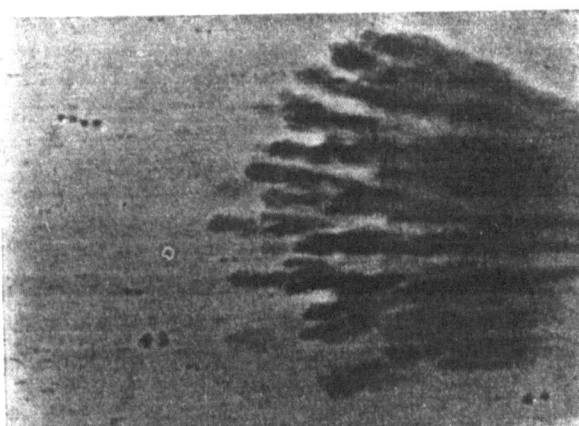

Bild 5.4.8
„Water trees" in einer vernetzten Polyethylenkabelisolierung
o.: Einschluß mit „bow tietrees"
u.: „vented trees"

Gegenwärtig ist der Mechanismus der Entstehung und der Entwicklung noch nicht restlos geklärt, ebenso die Frage nach den Schädigungsbedingungen. Nachgewiesen ist hingegen die Möglichkeit der Entstehung elektrischer Trees aus einem „water tree" (Bild 5.4.9).

Drei Wege zur Beseitigung oder Reduzierung der „water tree"-Bildung deuten sich an:
- Ausschluß der Wasserdiffusion durch Wassersperren im Kabel oder durch einen Metallmantel.
- Einflußnahme auf die Struktur des PE während des technologischen Prozesses, insbesondere bei einer möglichen Vernetzung und auf jeden Fall bei der Kühlung; Einflußnahme auf die Dichte und Reinheit des PE.
- Einbau von chemischen Absorbern für Restwasser.

Für die Kabelherstellung wird vorwiegend PE niedriger Dichte verwendet. Das ist ein Hochdruckpolyethylen mit höherem Verzweigungsgrad. Im Vordergrund stehen mechanische Vorteile der größeren Flexibilität bei Nachteilen der Wärmebeständigkeit gegenüber Niederdruckpolyethylen.

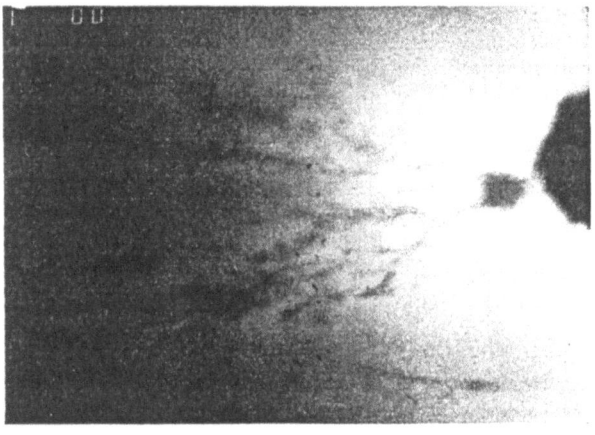

Bild 5.4.9
Zündung eines elektrischen Trees aus einem „water tree"

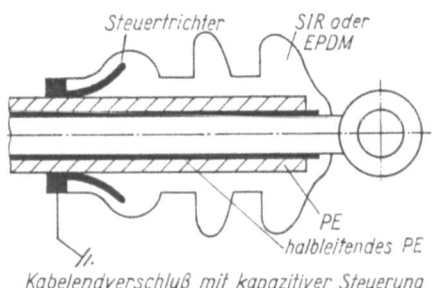

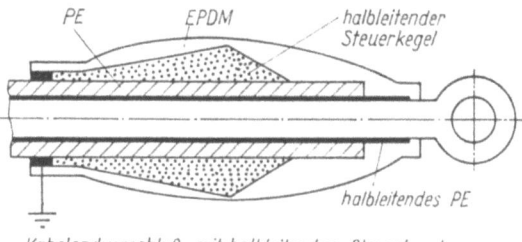

Bild 5.4.10
Ausführungsformen von ungesteuerten und gesteuerten Kabelendverschlüssen und Verbindungsmuffen für kunststoffisolierte Kabel

Bei *Gleichspannungsanwendung* entstehen Probleme durch die hohe Raumladungsbildung, die bei Polaritätsumkehr oder überlagerter Stoßspannung umgekehrter Polarität zu einer bedeutenden Verringerung der elektrischen Festigkeit führt.

352   5. *Auslegung, Konstruktion und Technologie von elektrischen Isolierungen*

Kabelendverschlüsse und *Verbindungsmuffen* für Kunststoffkabel werden im Mittelspannungsbereich als vorgefertigte, aufsteckbare, ungesteuerte oder durch Steuerelektroden kapazitiv bzw. durch halbleitende Kegel ohmisch gesteuerte Isolierteile eingesetzt. Für Niederspannungsverbindungen können isolierende Schrumpfschläuche verwendet werden. Für Hochspannung stehen hierfür selbstverschweißende Wickelbänder aus PE oder Elastomeren zur Verfügung.

Kabelendverschlüsse für hohe Spannungen müssen ähnlich wie für Öl-Papier-Kabel mit kapazitiver Steuerung aufgebaut werden. Bild 5.4.10 gibt einen Überblick über verschiedene Ausführungsformen.

5.4.2.3. Feststoffisolierte Schaltanlagen

Zur Verbesserung der Raumausnutzung können Mittelspannungsanlagen teilfeststoffisoliert oder vollfeststoffisoliert ausgeführt werden.

Diese Anlagen bieten auch einen höheren Schutz gegen Überschlag und Störlichtbogenwanderung.

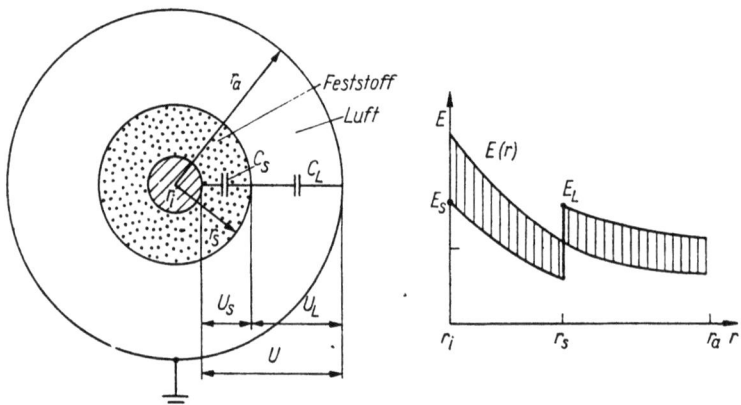

Bild 5.4.11. Prinzip der Feldverteilung in einer teilfeststoffisolierten Schaltanlage
Index S → Feststoff
L → Luft

r_i Sammelschienenradius; r_a Abstand zu Anlagenteilen mit unterschiedlichem Potential; r_s Außenradius der Isolierung

Bei der *Teilfeststoffisolierung* sind die spannungführenden Teile mit einer Isolierschicht umgeben. Sie bauen gegen die auf Erdpotential liegenden Anlagenabschnitte und gegen andere Phasen der Anlage ein elektrisches Feld auf, das sowohl im Feststoff als auch in der Luft verläuft. Es entstehen damit Quer- und Schräggrenzschichten an der Isolierstoffoberfläche. Dadurch wird die Luft gegenüber der reinen Luftanordnung höher belastet; die Änderung ist jedoch wegen der relativ großen Luftstrecken nicht erheblich (Bild 5.4.11). Der entscheidende Vorteil besteht in der konsequenten Barrierenbildung und der Verhinderung einer Lichtbogenwanderung bei einem möglichen Durchschlag der Luftstrecke.

Vollfeststoffisolierte Anlagen sind so konstruiert, daß die gesamte Spannung an der Feststoffisolierung anliegt. Die Raumeinsparung gegenüber luftisolierten Anlagen ist sehr hoch. Die Isolierprobleme sind ähnlich wie beim kunststoffisolierten Kabel. Schwerpunkt ist die Vermeidung von Hohlräumen und Fehlstellen, um Teilentladungen und deren Bildung auszuschließen (s. Abschn. 3.5.3 und 3.6.4).

Das Isoliersystem wird vorwiegend als teilchenverstärkter Epoxidharzformstoff aufgebaut. Eine andere Variante ist die Bewicklung der spannungführenden Teile mit reaktiv härtenden Isolierbändern in Analogie zur Generatorstabisolierung.

Bei feststoffisolierten Anlagen müssen *Montage- und Arbeitsverbindungen* geschaffen werden, um die Anforderungen und Möglichkeiten von Herstellung und Montage wie auch die Realisierung einer Betriebstrennstrecke zu erfüllen.

Montageverbindungen können meist als Preßverbindung mit einem Elastomer in der Fuge ausgebildet werden. Die Anpreßkraft ermöglicht die Verdrängung von Lufteinschlüssen, so daß die elektrische Fugenfestigkeit genügend hoch für den Betrieb realisiert werden kann.

Trotzdem ist eine Fugengestaltung, die die Minimierung der Feldstärke in der Fuge zuläßt, günstig; in der Arbeitsfuge ist sie unumgänglich.

Wird die Fuge radial angeordnet, so ist die Längsgrenzschicht zwischen äußerem Belag auf Erdpotential und der spannungführenden Strombahn kritisch, zumal die Radialabmessungen klein gehalten werden sollen. Eine Konusfuge mit einem geringen Konusanstiegswinkel stellt eine Schräggrenzschicht mit hoher Neigung zur Teilentladung dar. Die Tangentialfeldstärke spielt bei der Ausbildung von Gleitentladungen eine große Rolle. Es ist zweckmäßig, die Fugenform so zu wählen, daß die Tangentialfeldstärke überall gleich ist.

5.4.2.4. Trockentransformatoren

Aus sicherheitstechnischen Gründen kann ein absolutes Verbot für flüssige, brennbare Isoliermittel bestehen (Bergwerke, Kaufhäuser, Theater usw.). In einem solchen Fall werden feststoffisolierte Transformatoren eingesetzt. Konventionelle Trockentransformatoren sind im Aufbau den Leistungstransformatoren mit Öl-Papier-Isolierung ähnlich. Die Windungsisolierung besteht aus Isolierbändern; die Hauptisolierung ist eine Luftisolierung mit festen Isolierstoffen als Distanzierung. Durch diese Reihenschaltung von festem Isolierstoff und Luft sind die Betriebsspannungen auf die Nieder- und Mittelspannungsebene begrenzt. Um eine höhere Leistung zu realisieren, wird häufig die Isolierung für die WBK F oder H ausgelegt.

Eine wesentliche Verbesserung bringen Folienwickeltransformatoren mit EP-Verguß getrennt für Überspannungs- und Unterspannungswicklung. Die als Leiter verwendete Al-Folie wird in der Lage mit PET-Folie isoliert, und insgesamt wird die Spule vergossen. Da die Grundfeldisolierung aus einer Reihenschaltung von Luft und Festkörper zwischen der Unterspannungs- und der Oberspannungswicklung besteht, ist eine Spannungsbegrenzung dadurch gegeben. Isolierprobleme bringen die Stirnkanten der Al-Folien, die eine Feldstärke im Umguß von wenigen MV/m nicht überschreiten dürfen, um eine Zündung von Teilentladungen über die gesamte projektierte Lebensdauer zu vermeiden.

Die Auslegung erfolgt nach Gesichtspunkten der Lebensdauerbestimmung über die elektrische und thermische Alterung (s. Abschn. 3.6).

Literaturverzeichnis

[1] *Mosch, W.*, u.a.: Hochspannungsisoliertechnik; in: Taschenbuch Elektrotechnik, Herausgeber *Philippow, E.*; Bd.6. Berlin: VEB Verlag Technik, München: Carl Hauser Verlag 1982
[2] *Kind, D.*: Einführung in die Hochspannungs-Versuchstechnik, 3.Auflage. Braunschweig: Friedr. Vieweg u. Sohn 1982
[3] *Kind, D.; Kaerner, H.*: Hochspannungsisoliertechnik für Elektrotechniker. Braunschweig: Friedr. Vieweg u. Sohn 1982
[4] *Hilgarth, G.*: Hochspannungstechnik; in: Leitfaden der Elektrotechnik, Bd.6. Stuttgart: Verlag B.G.Teubner 1981
[5] *Razevig, D.V.*, u.a.: Tehnika vysokih naprâženiâ. Moskva: Ènergiâ 1976
[6] *Larionov, V.P.*, u.a.: Tehnika vysokih naprâženiâ. Moskva: Ènergoizdat 1982
[7] *Kostenko, M.V.*, u.a.: Tehnika vysokih naprâženiâ. Moskva: Izdat. Vysšaâ skola 1973
[8] *Kuffel, E.; Abdullah, M.*: High Voltage Engineering. Oxford: Pergamon Press 1970
[9] *Kuffel, E.; Zaengl, W.S.*: High Voltage Engineering-Fundamentals. Oxford: Pergamon Press 1984
[10] *Alston, L.L.*: High Voltage Technology. Oxford: Pergamon Press 1968
[11] *Greenwood, A.*: Electrical Transients in Power Systems. New York: John Wiley & Sons 1971
[12] *Rüdenberg, R.*: Elektrische Wanderwellen. Berlin: Springer-Verlag 1962
[13] *Sirotinski, L.I.*: Hochspannungstechnik Innere Überspannungen. Berlin: VEB Verlag Technik 1966
[14] *Sirotinski, L.I.*: Äußere Überspannungen – Wanderwellen. Berlin: VEB Verlag Technik 1966
[15] *Hauschild, W.; Mosch, W.*: Statistik für Elektrotechniker. Berlin: VEB Verlag Technik 1984
[16] *Smirnow, N.V.; Dunin-Barkowski, I.V.*: Mathematische Statistik in der Technik. Berlin: VEB Deutscher Verlag der Wissenschaften 1969
[17] *Barlow, R.E.; Proschan, F.*: Statistische Theorie der Zuverlässigkeit. Berlin: Akademie-Verlag 1978
[18] *Prinz, H.*: Hochspannungsfelder. München: R.Oldenbourg Verlag 1969
[19] *Iossel, Y.Y.*: Rasčet potencialnyh polej v ènergetike. Leningrad: Energiâ 1978
[20] *Kostenko, N.N.*, u.a.: Metody rasčeta èlektričeskih polej. Moskva: Izdat. Vysšaâ škola 1963
[21] *Mierdel, G.*: Elektrophysik, 2.Auflage. Berlin: VEB Verlag Technik 1972
[22] *Korinski, J.V.*, u.a.: Spravočnik po èlektričeskim materialam. 2.Auflage. Moskva: Izdat. Ènergiâ 1974
[23] *Bartenev, G.M.; Zelenev, J.V.*: Physik der Polymere. Leipzig: Akad. Verlagsges. Geest u. Portig 1979
[24] *Hahn, L.; Munke, I.*: Werkstoffkunde für Elektrotechnik und Elektronik, 4.Auflage. Berlin: VEB Verlag Technik 1986
[25] *Nitzsche, K.*: Funktionswerkstoffe der Elektrotechnik und Elektronik. Leipzig: VEB Deutscher Verlag für Grundstoffindustrie 1985
[26] *Anderson, J.C.*: Dielectrics. London: Chapman and Hall 1964
[27] *Smyth, C.P.*: Dielectric Behavior and Structure. New York: McGraw-Hill 1955
[28] *Fröhlich, H.*: Theory of Dielectrics. Oxford: Clarendon Press 1958
[29] *Borisova, M.E.; Kojkov, S.N.*: Fizika dièlektrikov. Leningrad: Izdat. Leningr. Universiteta 1979
[30] *Sašin, B.I.*, u.a.: Èlektričeskie svojstva polymerov. Leningrad: Izdat. Chimika 1977
[31] *Gorogovatskij, A.*: Osnovy termodepolârisacionnogo analiza. Moskva: Nauka 1981
[32] *Gänger, B.*: Der elektrische Durchschlag von Gasen. Berlin, Göttingen, Heidelberg: Springer-Verlag 1953
[33] *Craggs, J.D.; Meek, J.M.*: Electrical Breakdown of Gases. Oxford: Clarendon Press 1953
[34] *Hess, H.*: Der elektrische Durchschlag in Gasen. Reihe Wiss. Taschenbücher Math. Phys. Berlin: Akademie-Verlag 1976
[35] *Mosch, W.; Hauschild, W.*: Hochspannungsisolierungen mit Schwefelhexafluorid. Berlin: VEB Verlag Technik, Heidelberg: Dr. Alfred Hüthig Verlag 1979
[36] *Raether, H.*: Electron Avalanches and Breakdown in Gases. London: Butterworth 1964

[37] *Sirotinski, L.I.:* Hochspannungstechnik, Bd.1, Teil 1, Gasentladungen. Berlin: VEB Verlag Technik 1955
[38] *Strigel, R.:* Elektrische Stoßfestigkeit. Berlin: Springer-Verlag 1955
[39] *Lipšteju, R.A.; Šahnovič, M.I.:* Transformatornoe maslo. Moskva: Ènergoatomizdat 1983
[40] *Kojkov, S.N.; Cikin, A.N.:* Èlektričeskoe starenie tverdih dièlektrikov. Leningrad: Ènergiâ 1968
[41] *Kučinskij, G.S.:* Častičnye razrâdy v vysokovoltnyh konstrukciâh. Leningrad: Ènergiâ 1979
[42] *Schwab, A.:* Hochspannungsmeßtechnik. Berlin, Heidelberg, New York: Springer-Verlag 1969
[43] *Stamm, H.; Porzel, R.:* Elektronische Meßverfahren. Berlin: VEB Verlag Technik 1969
[44] *Widmann, W.; Potthoff, K.:* Meßtechnik der hohen Wechselspannungen. Braunschweig: Friedr. Vieweg u. Sohn 1965
[45] *Bergmann, K.:* Elektrische Meßtechnik. Braunschweig: Friedr. Vieweg u. Sohn 1980
[46] *Rost, A.:* Messung dielektrischer Stoffeigenschaften. Berlin: Akademie-Verlag 1978
[47] *Ašner, A.M.:* Stoßspannungsmeßtechnik. Berlin, Heidelberg, New York: Springer-Verlag 1974
[48] *Bowdler, G.W.:* Measurements in High Voltage Test Circuits. Oxford: Pergamon Press 1973
[49] *Hecht, A.:* Elektrokeramik. Berlin: Springer-Verlag 1959
[50] *Levitov, V.I.:* Korona peremennogo toka. Moskva: Ènergiâ 1975
[51] *Aleksandrov, G.N.; Ivanov, V.L.:* Stekloplastikovaâ izolâciâ linii elektroperedacii. Kišinev: Štininca 1983
[52] *Sirotinski, L.I.:* Hochspannungstechnik, Bd.2. Berlin: VEB Verlag Technik 1958
[53] *Mair, H.J.:* Kunststoffe in der Kabeltechnik. Württemberg: Grafenau 1983
[54] *Beyer, M.:* Epoxidharze in der Elektrotechnik. Württemberg: Grafenau 1983
[55] *Stamm, H.; Hanella, K.:* Elektrische Gießharze. Berlin: VEB Verlag Technik 1968
[56] *John, M.:* Epoxidharze. Leipzig: VEB Deutscher Verlag für Grundstoffindustrie 1969
[57] *Anderson, R.B.; Eriksson, A.J.:* Lightning parameters for engineering application. electra/Cigré (1980) H.69
[58] *Vajda, G.:* Izsledovaniâ povreždenie izolâcii. Moskva: Ènergiâ 1968
[59] *Dmitrevskij, V.S.:* Rasčet i konstruirovanie èlektričeskoj izolâcii. Moskva: Ènergoizdat 1981
[60] TGL 20445 Isolationskoordination; siehe auch: DIN 57111/VDE 0111 Isolationskoordination für Betriebsmittel in Drehstromnetzen über 1 kV
[61] *Gumpel, E.J.:* Statistical theory of extreme values and some practical applications. National Bureau of Standards; Applied Mathematics Series 33, Febr. 1954
[62] *Reichert, K.:* Über Verfahren zur numerischen Berechnung elektrostatischer Felder. ETZ-A 93 (1972) H.13, S.338 u. 339
[63] *Steinbigler, H.:* Digitale Berechnung elektrischer Felder. ETZ-A 90 (1969) H.25, S.663–666
[64] *Zienkiewicz, D.C.:* The Finite Element Method in Engineering Science. London: McGraw-Hill 1971
[65] *Moon, P.; Spencer, P.:* Field Theory Handbook. Berlin, Heidelberg, New York: Springer-Verlag 1971
[66] IEC Publ.243. Recommended methods of test for electric strength of solid insulating materials at power frequencies
[67] IEC Publ.156. Method for the determination of electric strength of insulating oils
[68] IEC Publ.60. High voltage test techniques
[69] IEC Publ.52. Recommendations for voltage measurements by means of sphere-gaps
[70] IEC Publ.270. Partial discharge measurements; siehe auch: TGL 20625 Hochspannungsprüftechnik – Messung von Teilentladungen, DIN 57334/VDE 0334 Hochspannungsprüftechnik; Teilentladungsmessungen
[71] IEC Publ.506. Switching impuls tests on high voltage insulators
[72] IEC Publ.212. Standard conditions for use prior to and during the testing of solid electrical insulating materials
[73] IEC Publ.160. Standard atmospheric conditions for test purposes
[74] IEC Publ.371. Insulating materials based on built-up mica or treated mica paper
[75] IEC Publ.455. Solventless polymerizable resinous compounds
[76] IEC Publ.554. Cellulosic papers
[77] IEC Publ.296. New insulating oils for transformers and switchgear
[78] IEC Publ.465. New liquid hydrocarbon dielectrics
[79] IEC Publ.376. Specification and acceptance of new sulphur hexafluoride
[80] IEC Publ.93. Recommended methods of test for volume and surface resistivities of electrical insulating materials
[81] IEC Publ.167. Methods of tests for the determination of the insulation resistance of insulating materials

Literaturverzeichnis

[82] IEC Publ. 216. Guide for the determination of thermal endurance properties of electrical insulating materials
[83] IEC Publ. 250. Recommended methods for the determination of the permittivity and dielectric dissipation factor of electrical insulating materials
[84] IEC Publ. 567. Guide for the sampling of gases and of oil from filled electrical equipment and for the analysis of free and dissolved gases
[85] IEC Publ. 112. Recommended method for determining the comparative tracking index of solid insulating materials under moist conditions
[86] IEC Publ. 480. Test of SF_6 after removing from electrical equipment
[87] IEC Publ. 610. Principal aspects of functional evaluation of electrical insulation systems: ageing mechanisms and diagnostic procedures
[88] IEC Publ. 587. Test method for evaluating resistance to tracking and erosion of electrical insulating materials used under severe ambient conditions
[89] IEC Draft. Tests on composite insulators for a. c. overhead lines with a nominal voltage greater than 1000 V (Document 36 (Secretariat) 63)
[90] IEC Publ. 507. On artificial pollution tests for high voltage insulators to be used on a. c. systems
[91] IEC Publ. 383. Recommendation for tests on insulators of ceramic material of glass for overhead lines with a nominal voltage greater than 1000 Volts
[92] IEC Publ. 575. Thermal-mechanical performance test and mechanical performance test on string insulator units
[93] TGL 20618/05 Hochspannungsprüftechnik; siehe auch: DIN 57432/VDE 0432 Hochspannungsprüftechnik
[94] TGL 1259/1 Phenolharze für Schichtpreßstoffe
[95] TGL 14067 Bestimmung des statischen Biegeverhaltens starrer Plaste
[96] TGL 14070 Bestimmung der Zugfestigkeit
[97] TGL 200-0009 Bestimmung der Durchschlagspannung und Durchschlagfestigkeit bei netzfrequenter Wechselspannung
[98] TGL 200-0018 Bestimmung der Kriechstromfestigkeit
[99] TGL 200-0006/1 Bestimmung der relativen Dielektrizitätskonstante und des dielektrischen Verlustfaktors von Isolierstoffen – Prüfung
[100] TGL 15347 Bestimmung der elektrischen Widerstandswerte fester und flüssiger Isolierstoffe
[101] *Izeki, N.:* Voltage-time characteristics of SF_6 gas. electra/Cigré (1985) H. 101
[102] Cigré WG 15.03-Publ. 1977. Breakdown in gases in uniform fields
[103] Cigré SC 34-Publ. 1980. Non conventional current and voltage transformer
[104] Cigré WG 21.12. Compressed gas insulated in use internationally. electra/Cigré (1984) H. 94
[105] *Rizk, F. A. M.:* Mathematical models for pollution flashovers. electra/Cigré (1981) H. 78
[106] *Lambeth, P. J.:* The use of semiconducting glaze insulators. electra/Cigré (1983) H. 86
[107] *Inuishi, Y.:* Electrical discharges of SF_6 gas in nonuniform fields. electra/Cigré (1982) H. 84
[108] WG 11.07 Evaluation of the quality of the insulation of high voltage large rotating machines. electra/Cigré (1980) H. 70
[109] WG 31.04 Electric power transmission at voltage of 1000 kV and above. electra/Cigré (1983) H. 91
[110] TGL 20618/06 Prüfung künstlich beregneter Isolierungen; Hochspannungsprüftechnik; Prüfung fremdschichtbehafteter Isolierungen; siehe auch: DIN 57448/VDE 0448 Prüfung von Isolatoren für Betriebs-Wechselspannungen über 1 kV unter Fremdschichteinfluß
[111] TGL 8678/01, 02, 03 Elektrotechnische Anlagen; Freiluftisolierungen mit Fremdschichten in Anlagen über 1 kV Wechselspannung
[112] *Lindmayer, M.:* Schaltgeräte – Grundlagen, Aufbau, Wirkungsweise. Berlin, Heidelberg, New York, London, Paris, Tokyo: Springer-Verlag 1987
[113] *Kahle, M.,* u.a.: A diagnostic system for ageing studies on base of acoustical emission analysis. Proceedings Cigré-Symposium „New and improved materials for electrotechnology". Vienna: May 1987; paper 820-04
[114] *Ieda, M.,* u.a.: Testing of high polymer insulation for outdoor application – Review, analysis and development. Cigré (1986) paper 15-11 presented in the name of Study Committee 15 (Insulating Materials)
[115] *Paloniemi, P.:* Theory of equalization of thermal ageing processes of electrical insulating materials in thermal endurance tests, Part 1. IEEE Trans. El. Ins. Vol. ET/6 (1981) p. 1
[116] *Leibnitz, E.; Struppe, H. G.:* Handbuch der Gaschromatographie. 3. Auflage. Leipzig: Akadem. Verlagsgesellschaft Geest u. Portig 1984
[117] *Glöckner, G.:* Polymercharakterisierung durch Flüssigkeitschromatographie. Berlin: VEB Deutscher Verlag der Wissenschaften 1981

[118] *Kahle, M.; Palm, K.; Götz, H.:* Physikalische Strukturmeßverfahren zur Charakterisierung der elektrischen und thermischen Alterung von Isolierstoffen. XIX. Internation. Wiss. Koll. TH Ilmenau 1974. Reihe Elektrische, mechanische und thermische Beanspruchung elektrotechnischer Geräte und Anlagen, S.9
[119] *Dechand, J.:* Ultrarotspektroskopische Untersuchungen an Polymeren. Berlin: Akademie-Verlag 1972
[120] *Hauschild, W.; Küttner, H.; Thümmler, K.:* Systeme zur breitbandigen Messung von Teilentladungen in Hochspannungsisolierungen. Elektrie 35 (1981) H.7, S.353–357
[121] IEC Publ.567. Guide for the sampling of gases and oil from oil-filled electrical equipment and the analysis of free and dissolved gases
[122] IEC Publ.422. Guide for the maintenance and monitoring of insulating oils in operation
[123] IEC Publ.599. Interpretation of analysis of gases in transformers and other oil-filled electrical equipment in operation
[124] Gasisolierte Schaltanlage GSAS 123. Firmenschrift des VEB Transformatorenwerk „Karl Liebknecht" Berlin

Sachwörterverzeichnis

Abbildungsfunktionen 64
Additiv 191
Alterung 195, 309
    Kriechstrom- 228
    Multistress- 234
    Strahlungs- 232
Alterung, elektrische 208
–, hydrolytische 203, 309
–, katalytische 205
–, mechanische 206
–, thermische 197
–, thermooxydative 205, 309
Alterungsprodukte 171
Alterungsrate 210
Analysemethoden
–, chromatographische 247
–, mikroskopische 248
–, spektroskopische 248
–, thermische 246
Anlaufphase 225
Ausfallrate 51
Ausnutzungsfaktor 79

Barrierenanordnung 155
Barrierenwirkung 173
Beanspruchung 21
Belastung 21
–, betriebstechnische 23
–, elektrische 26
–, mechanische 23
–, thermische 25
Betrieb, ungestört 27
Beweglichkeit 98, 104
Bindungsarten 87
Blitz 38, 40
Blitzentladungen 146
Borda-Profil 76
Brückenmethoden 243
Bündelleiter 276

Degradation
    Öl- 166
    Teilentladungs- 168
Diagnose 237
    Isolierstoff- 241
    Kriechstromfestigkeit 245
    Teilentladungs- 251
    Zustandserfassung 250
Diagnoseverfahren
–, dielektrische 254

–, gaschromatographische 254
Dielektrikum, nichtideales 93
Dielektrizitätskonstante 118, 312
–, komplexe 121
Differenzenverfahren 68
Diffusion
    Gas- 228
    Ladungsträger 97
Dipolmoment 59, 113
Druckgasisolierung
    Auslegung 299
    Geräte und Anlagen 302
    Technologie 301
Durchführungen 289
    Kondensator- 330
    Öl/Barrieren- 328
    Weichpapier- 331
Durchschlag 47
    Festkörper- 174
    Grenzflächen- 153
    Lawinen- 135
    Wärme- 175, 180
Durchschlag, elektrischer 175f.
–, flüssige Isolierstoffe 161
–, gasförmige Isolierstoffe 135
–, mechanischer 178
Durchschlagfestigkeit 139, 179, 228, 317f.
    Isolieröl 170
    Struktureinfluß 186
Durchschlagfestigkeit, innere 150
Durchschlagmechanismus 135, 161
Durchschlagspannung 48, 143, 151

Eigenfeldverstärkung 140
Einfluß
    Belastungszeit 194
    Feuchtigkeit 315
Einschlüsse 84, 157, 216
Einstoffsystem 75
Elastomere 341
elektronegative Gase 147
Elektronenanlagerung 97
Elektronenemission 99
Elektronenleitung 108
elektrostatisches Feld
–, homogenes 75
–, inhomogenes 76, 141

Feld, elektromagnetisches 55
Feldemission 99, 178

Sachwörterverzeichnis 359

Feldmessung 269
Feldstärke 55
Feldstärkeverteilung 337
Feldtypen 77
Festkörper 89
Feuchtigkeitseinfluß 315
Finite-Elemente-Verfahren 72
Flüssigkeitsdurchschlag 164
Flüssigkeitsisolierung 305
Fremdschicht 293
Fremdschichtzonen 297
Füllstoffe 189

Gasabspaltung 309, 313
Gaslöslichkeit 167, 313
geometrische Charakteristik 80
Gewitter 37
Glas 187, 192, 280
Glaspunkt 90
Gleitanordnungen 159
Gleitentladung 159, 173
Gleitfunken 142, 160
Gliedspannung 67
graphische Lösung 73
Gruppenbeweglichkeit 128
Gürtelfeldstärke 85

Haftstellen 108
Halogenkohlenwasserstoffe 172
Häufigkeitsverteilung, Blitz 39
Hochfrequenzentladungen 146
Hochpolymere 187, 283
Hochspannungsmessung
　Kugelfunkenstrecke 263
　Oszillographen 269
　Scheitelspannung 268
　Teiler 265
　Vorwiderstand 264
　Wandler 264
Hochspannungsmessung, elektrostatische 263
Hochspannungsmeßtechnik 254
Hochspannungsprüftechnik 254
Höchstfeldstärke 77
Homogenitätsgrad 79

Impulsfaktor 145
Impulsladung 218
Infrarotspektroskopie 249
Ionen 98
Ionenleitfähigkeit 106
Ionisation
　Photo- 96
　Stoß- 95
Ionisation, thermische 96
Ionisationskoeffizient 101
Isolationsgruppen 240
Isolationsklassen 240
Isolationskoordination 239
Isolationspegel 239

Isolatoren 279
Isolierflüssigkeiten, organische 162
Isoliergase, Eigenschaften 148
Isoliergase, synthetische 147
Isolierpapier 203
Isolierstoffe
-, amorphe 89, 126
-, anorganische 191
-, feste 89, 341
-, flüssige 88, 172
-, hochpolymere 192
Isoliertechnik, Bedeutung 15
Isolierung
　Druckgas- 298
　Festkörper- 340
　Maschinen- 342
　Öl/Barrieren- 307
　Öl/Papier- 311
　Technologie 320
Isoliervermögen 46

Kabel 334
　Endverschlüsse 351
　Masse- 335
　Öl/Papier- 336
　Verbindungsmuffen 351
Kabel, feststoffisolierte 348
Kanalaufbauphase 225
Kanaldurchschlag 140
Keramik 187, 280
Kondensator 332
konforme Abbildung 64
Konstantspannungsversuch 50, 212
Koordinatentransformation 62
Koordinationsform 241
Koronaeinsetzfeldstärke 276
Koronaverlustleistung 278
Korrekturfaktor 147
Kriechweg 295
Kunststoffe 92, 280

Ladestrom 119
Ladungsträger 93
Ladungsüberlagerungsverfahren 70
Längsgrenzfläche 82, 153, 173
Lawinendurchschlag 178
Leader-Entladung 141
Lebensdauer 52
Lebensdauerkennlinie 225, 231
Lebensdauerkurve 211, 214
Leitungsmechanismus
-, in Festkörpern 105
-, in Flüssigkeiten 102
-, in Isoliergasen 95
Leitungsprozesse 132
Löcherleitung 108
Luftisolierung
-, fremdschichtbehaftet 291
-, grenzflächenfreie 273
-, mit Grenzflächen 279

Mehrstoffsystem 81

Nennstehspannung 240

Optimierung 16
Ortskurvendarstellung 123

Partikeleinfluß 152
Paschen-Gesetz 138
Polarisation
    Elektronen- 111
    Frequenzabhängigkeit 114, 121
    Ionen- 112
    Orientierungs- 113
    Raumladungs- 112
    Temperaturabhängigkeit 116
    Verschiebungs- 111
Polarisationsprozesse 132
Polarisationsspektrum 125
Polarisationszustand 110
Polfeldstärke 85
Polymere 90
-, lineare 90
-, vernetzte 91
Potential 55
Potentialfeld, Diskretisierung 66
Potentialgleichung
    Lösungen 60
    numerische Lösung 67
    Poisson- 56
Potentialverteilung 94
Prüfblitzspannung 145, 257
Prüfschaltspannung 257
Prüfung
    Gleichspannungs- 261
    Impulsspannungs- 257
    Wechselspannungs- 255

Quergrenzflächen 82, 154

Rekombination 97
Relaxationsprozesse 126
Rogowski-Profil 76

Schaltanlagen
-, SF_6-isoliert 302
-, feststoffisoliert 352
Schaltüberspannungen 32
Schichtdickenabhängigkeit 194
Schichtdielektrikum 84
Schräggrenzfläche 86, 158
Schutz, aktiver und passiver 237
Schutzpegel 239
Schwaiger-Kurven 80
Schwefelhexafluorid 149
Segmentbeweglichkeit 128
Silikonöl 172
Simulationsmethode 75
Sorptionsisothermen 229
Spannungssteigerungsversuch 50, 212
Spannungsüberhöhung, zeitweilige 29

Spannungsverteilung, Transformator 325
Stoffstruktur 87
Stoßkennlinien 145
Strahlungsbelastung 22
Streamer-Entladung 140, 163

Teilentladung 137, 142, 157, 215, 310, 340
Teilentladungseinsetzspannung 137, 217, 310, 314
Teilentladungskanal 225
Teilentladungsstörungen 142
Temperatureinfluß 191
Temperaturindex 201
Thermoplaste 341
Townsend-Kriterium 136
Transformator 323
    Spannungsverteilung 325
    Trocken- 353
Transformatorenöl 164, 206
Trocknung 320
Tunnelung 99

Überschlag 173
Überschlagspannung 154
    Regen- 293
Überspannung 237
Überspannungen
-, äußere 36
-, innere 28
-, Schalt- 32
Überspannungsableiter 238
Umweltfaktoren 21

Verluste 16
Verlustfaktor
    Druckabhängigkeit 129
    Feldstärkeabhängigkeit 131
    Temperaturabhängigkeit 129
Verlustfaktor, dielektrischer 129
Verlustziffer, dielektrische 124
Verteilung
    Extremwert- 212
    Lebensdauer- 201, 207
    Misch- 212
    Weibull- 188
Verteilungsdichte 51
Verteilungsfunktion 49
Verzögerungszeit 144
Vitrokeramik 192, 280

Wanderwellen 42
Wärmebeständigkeitsklassen 201
Wartungsaufwand 17
Wassergehalt 168, 315
Water tree 226, 350
Werkstoffe, keramische 201

Zündspannung 173
Zustandsdiagramm 149
Zustandsgleichung 88
Zuverlässigkeit 52
Zweischichtkondensator 120

If you have any concerns about our products,
you can contact us on
ProductSafety@springernature.com

In case Publisher is established outside the EU,
the EU authorized representative is:
Springer Nature Customer Service Center GmbH
Europaplatz 3, 69115 Heidelberg, Germany

Printed by Libri Plureos GmbH
in Hamburg, Germany